KB218393

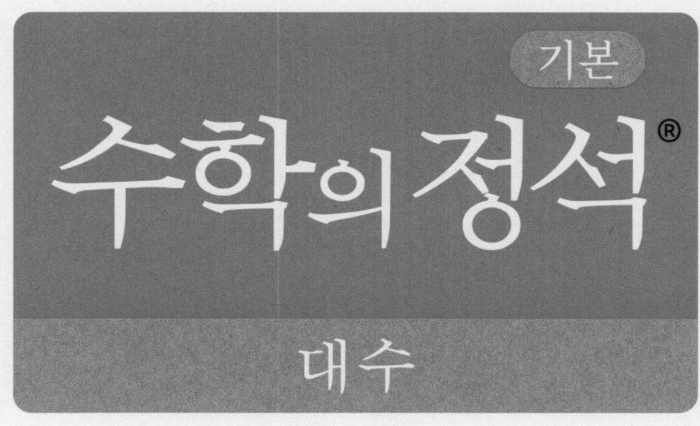

홍성대 지음

동영상 강의
www.sungji.com

성지출판(주)

머 리 말

고등학교에서 다루는 대부분의 과목은 기억력과 사고력의 조화를 통하여 학습이 이루어진다. 그중에서도 수학 과목의 학습은 논리적인 사고력이 중요시되기 때문에 진지하게 생각하고 따지는 학습 태도가 아니고서는 소기의 목적을 달성할 수가 없다. 그렇기 때문에 학생들이 수학을 딱딱하게 여기는 것은 당연한 일이다. 더욱이 수학은 계단적인 학문이기 때문에 그 기초를 확고히 하지 않고서는 막중한 부담감만 주는 귀찮은 과목이 되기 쉽다.

그래서 이 책은 논리적인 사고력을 기르는 데 힘쓰는 한편, 기초가 없어 수학 과목의 부담을 느끼는 학생들에게 수학의 기본을 튼튼히 해 줌으로써 쉽고도 재미있게, 그러면서도 소기의 목적을 달성할 수 있도록, 내가 할 수 있는 온갖 노력을 다 기울인 책이다.

진지한 마음으로 처음부터 차근차근 읽어 나간다면 수학 과목에 대한 부담감은 단연코 사라질 것이며, 수학 실력을 향상시키는 데 있어서 필요충분한 벗이 되리라 확신한다.

끝으로 이 책을 내는 데 있어서 아낌없는 조언을 해주신 서울대학교 윤옥경 교수님을 비롯한 수학계의 여러분들께 감사드린다.

1966. 8. 31.

지은이 홍 성 대

개정판을 내면서

2022 개정 교육과정에 따른 고등학교 수학 과정(2025학년도 고등학교 입학생부터 적용)은

공통 과목 : 공통수학1, 공통수학2, 기본수학1, 기본수학2,

일반 선택 과목 : 대수, 미적분Ⅰ, 확률과 통계,

진로 선택 과목 : 미적분Ⅱ, 기하, 경제 수학, 인공지능 수학, 직무 수학,

융합 선택 과목 : 수학과 문화, 실용 통계, 수학과제 탐구

로 나뉘게 된다. 이 책은 그러한 새 교육과정에 맞추어 꾸며진 것이다.

특히, 이번 개정판이 마련되기까지는 우선 남진영 선생님, 박재희 선생님, 박지영 선생님의 도움이 무척 컸음을 여기에 밝혀 둔다. 믿음직스럽고 훌륭한 세 분 선생님이 개편 작업에 적극 참여하여 꼼꼼하게 도와준 덕분에 더욱 좋은 책이 되었다고 믿어져 무엇보다도 뿌듯하다. 아울러 편집부 김소희, 오명희 님께도 그동안의 노고에 대하여 감사한 마음을 전한다.

「수학의 정석」은 1966년에 처음으로 세상에 나왔으니 올해로 발행 58주년을 맞이하는 셈이다. 거기다가 이 책은 이제 세대를 뛰어넘은 책이 되었다. 할아버지와 할머니가 고교 시절에 펼쳐 보던 이 책이 아버지와 어머니에게 이어졌다가 지금은 손자와 손녀의 책상 위에 놓여 있다.

이처럼 지난 반세기를 거치는 동안 이 책은 한결같이 학생들의 뜨거운 사랑과 성원을 받아 왔고, 이러한 관심과 격려는 이 책을 더욱 좋은 책으로 다듬는 데 큰 힘이 되었다.

이 책이 학생들에게 두고두고 사랑받는 좋은 벗이요 길잡이가 되기를 간절히 바라마지 않는다.

2024. 1. 15.

지은이 홍 성 대

차 례

1. 지수
§1. 거듭제곱근의 계산 ········ *7*
§2. 지수의 확장 ········ *12*
연습문제 1 ········ *19*

2. 로그
§1. 로그의 정의 ········ *20*
§2. 로그의 성질 ········ *23*
연습문제 2 ········ *33*

3. 상용로그
§1. 상용로그의 성질 ········ *35*
§2. 상용로그의 활용 ········ *43*
연습문제 3 ········ *45*

4. 지수함수와 로그함수
§1. 지수함수와 로그함수 ········ *46*
§2. 지수·로그함수의 최대와 최소 ········ *53*
연습문제 4 ········ *57*

5. 지수방정식과 로그방정식
§1. 지수방정식 ········ *59*
§2. 로그방정식 ········ *63*
연습문제 5 ········ *68*

6. 지수부등식과 로그부등식
§1. 지수부등식과 로그부등식 ········ *70*
§2. 지수와 로그의 대소 비교 ········ *78*
연습문제 6 ········ *81*

7. 삼각함수의 정의

§1. 호도법 ········· 83
§2. 삼각비의 정의 ········· 87
§3. 일반각의 삼각함수 ········· 89
연습문제 7 ········· 95

8. 삼각함수의 기본 성질

§1. 삼각함수의 기본 공식 ········· 96
§2. $\frac{n}{2}\pi\pm\theta$의 삼각함수 ········· 101
연습문제 8 ········· 106

9. 삼각함수의 그래프

§1. 삼각함수의 그래프 ········· 108
§2. 삼각함수의 최대와 최소 ········· 119
연습문제 9 ········· 122

10. 삼각방정식과 삼각부등식

§1. 삼각방정식 ········· 124
§2. 삼각부등식 ········· 132
연습문제 10 ········· 135

11. 사인법칙과 코사인법칙

§1. 사인법칙 ········· 137
§2. 코사인법칙 ········· 143
연습문제 11 ········· 151

12. 삼각함수의 활용

§1. 삼각형의 넓이 ········· 153
§2. 삼각함수의 활용 ········· 159
연습문제 12 ········· 164

13. 등차수열

§1. 수열 ······ 166
§2. 등차수열의 일반항 ······ 168
§3. 등차수열의 합 ······ 176
§4. 수열의 합과 일반항의 관계 ······ 182
연습문제 13 ······ 184

14. 등비수열

§1. 등비수열의 일반항 ······ 186
§2. 등비수열의 합 ······ 193
연습문제 14 ······ 199

15. 수열의 합

§1. 기호 $\sum$의 뜻과 그 성질 ······ 201
§2. 기호 $\sum$와 수열의 합 ······ 205
§3. 여러 가지 수열의 합 ······ 209
연습문제 15 ······ 216

16. 수학적 귀납법

§1. 수열의 귀납적 정의 ······ 219
§2. 수학적 귀납법 ······ 234
연습문제 16 ······ 240

연습문제 풀이 및 정답 ······ 243

유제 풀이 및 정답 ······ 305

상용로그표 ······ 351

삼각함수표 ······ 353

찾아보기 ······ 354

1. 지　　수

거듭제곱근의 계산／지수의 확장

§1. 거듭제곱근의 계산

1 a의 n제곱근과 $\sqrt[n]{a}$

이를테면

$\mathbf{8}$의 세제곱근과 $\sqrt[3]{8}$,　$\mathbf{16}$의 네제곱근과 $\sqrt[4]{16}$

등의 관계에 대한 물음에 자신 있게 대답하는 학생이 의외로 적다. 그것은 용어나 기호의 정의를 소홀히 공부했기 때문이다.

수학을 공부하는 데 있어서 공식이나 정리를 이해하고 기억해 두고서 이를 이용하는 것은 두말할 나위 없이 중요한 일이지만 실은 그보다도

용어나 기호의 정의를 소중히 여기는 마음가짐

이 더 중요하다.

▶ 8의 세제곱근과 $\sqrt[3]{8}$의 관계 : 세제곱해서 8이 되는 수, 곧 $x^3=8$을 만족시키는 x를 **8의 세제곱근**이라고 한다. 그런데

$$x^3=8\text{에서}\quad x^3-2^3=0\qquad \therefore\ (x-2)(x^2+2x+4)=0$$

$$\therefore\ x=2,\ -1+\sqrt{3}i,\ -1-\sqrt{3}i$$

이므로

$$8\text{의 세제곱근은} \Longrightarrow \mathbf{2,\ -1+\sqrt{3}\boldsymbol{i},\ -1-\sqrt{3}\boldsymbol{i}}$$

이다. 이 중에서 실수 2를 기호 $\sqrt[3]{8}$로 나타내기로 하고, $\sqrt[3]{8}$을 세제곱근 8이라고 읽는다.

마찬가지로 -8의 세제곱근(곧, $x^3=-8$을 만족시키는 x)은

$$-2,\quad 1+\sqrt{3}i,\quad 1-\sqrt{3}i$$

의 세 개가 있으며, 이 중에서 실수 -2를 $\sqrt[3]{-8}$로 나타낸다.

▶ **16의 네제곱근과 $\sqrt[4]{16}$의 관계** : 네제곱해서 16이 되는 수, 곧 $x^4=16$을 만족시키는 x를 **16의 네제곱근**이라고 한다. 그런데

$$x^4=16\text{에서}\quad x^4-2^4=0 \qquad \therefore\ (x-2)(x+2)(x^2+4)=0$$
$$\therefore\ x=2,\ -2,\ 2i,\ -2i$$

이므로

$$\textbf{16의 네제곱근은} \Longrightarrow \mathbf{2,\ -2,\ 2}\boldsymbol{i}\mathbf{,\ -2}\boldsymbol{i}$$

이다. 이 중에서 양의 실수 2를 $\sqrt[4]{16}$으로, 음의 실수 -2를 $-\sqrt[4]{16}$으로 나타내기로 한다.

기본정석 — **a의 n제곱근과 $\sqrt[n]{a}$**

(1) **a의 n제곱근의 정의** : n이 2 이상의 정수일 때 n제곱해서 실수 a가 되는 수, 곧 $x^n=a$를 만족시키는 x를 a의 n제곱근이라고 한다.
이때, a의 제곱근, 세제곱근, 네제곱근, …을 통틀어서 a의 거듭제곱근이라고 한다.

(2) **a의 n제곱근과 $\sqrt[n]{a}$ (n제곱근 a)의 관계**

(i) **n이 홀수인 경우**

a가 실수일 때 a의 n제곱근 중에서 실수는 오직 한 개 있으며, 이것을 $\sqrt[n]{a}$로 나타낸다.

(ii) **n이 짝수인 경우**

$a>0$일 때 : a의 n제곱근 중에서 실수는 양수 한 개, 음수 한 개가 있으며, 양수를 $\sqrt[n]{a}$로, 음수를 $-\sqrt[n]{a}$로 나타낸다.

$a=0$일 때 : 0의 n제곱근은 0 하나뿐이다. 곧, $\sqrt[n]{0}=0$이다.

$a<0$일 때 : a의 n제곱근 중에서 실수는 없다.

정석 $(\sqrt[n]{a})^n=a$

Advice | **a의 n제곱근**

a의 제곱, 세제곱 등 a의 거듭제곱에 대해서는 이미 중학교에서 공부하였다. 또, a의 제곱근, 세제곱근에 대해서도 공통수학1에서 공부하였다.

여기서는 일반적으로 a의 n제곱근에 대해서 생각해 보자.

a의 n제곱근은 방정식 $x^n=a$의 해와 같고, 그중에서 실수인 것은 함수 $y=x^n$의 그래프와 직선 $y=a$의 교점의 x좌표와 같다.

이제 함수 $y=x^n$의 그래프를 이용하여 a의 n제곱근 중에서 실수인 것을 구해 보자.

* ***Note*** 함수 $y=x^n$의 그래프에 대해서는 미적분Ⅰ에서 자세히 공부한다.

▶ $x^n=a$에서 n이 홀수인 경우

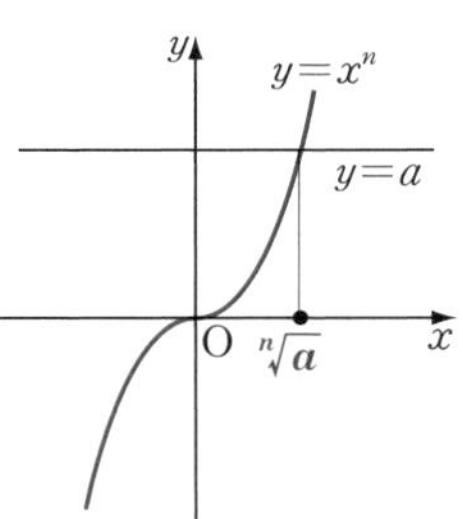

이를테면 $y=x^3$, $y=x^5$, $\cdots$과 같이 n이 홀수인 경우의 함수 $y=x^n$의 그래프는 오른쪽 그림과 같이 원점에 대하여 대칭인 곡선이다.

이때, 이 곡선과 직선 $y=a$의 교점은 실수 a의 값에 관계없이 한 개 존재한다.

따라서 a의 n제곱근 중에서 실수인 것은 하나뿐이며, 이것을 $\sqrt[n]{a}$로 나타낸다. 곧,

$\{x \mid x^3=2,\ x\text{는 실수}\}=\{\sqrt[3]{2}\}$, $\cdots$

▶ $x^n=a$에서 n이 짝수인 경우

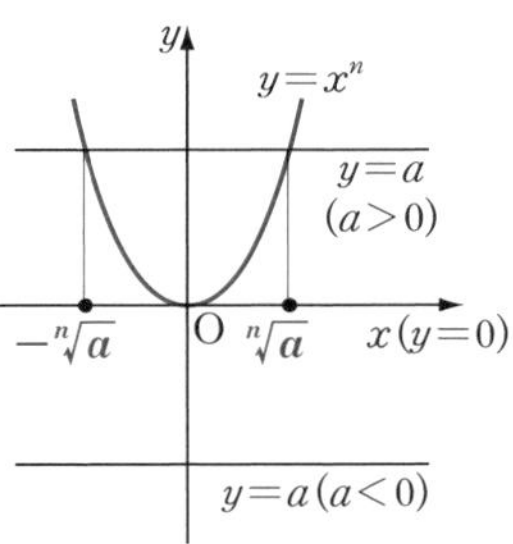

이를테면 $y=x^2$, $y=x^4$, $\cdots$과 같이 n이 짝수인 경우의 함수 $y=x^n$의 그래프는 오른쪽 그림과 같이 y축에 대하여 대칭인 곡선이다.

$a>0$일 때, 이 곡선과 직선 $y=a$의 교점은 두 개 있고 그 교점의 x좌표는 양수와 음수이다.

따라서 a의 n제곱근 중에서 실수인 것은 양수와 음수 각각 한 개씩 있으며, 이것을 각각 $\sqrt[n]{a}$, $-\sqrt[n]{a}$로 나타낸다. 곧,

$\{x \mid x^4=2,\ x\text{는 실수}\}=\{\sqrt[4]{2},\ -\sqrt[4]{2}\}$, $\cdots$

$a=0$일 때, 이 곡선과 직선 $y=a$의 교점의 x좌표는 0 하나뿐이므로 0의 n제곱근은 0이다. 곧, $\sqrt[n]{0}=0$이다.

$a<0$일 때, 이 곡선과 직선 $y=a$의 교점은 존재하지 않으므로 a의 n제곱근 중에서 실수는 존재하지 않는다. 곧,

$\{x \mid x^2=-2,\ x\text{는 실수}\}=\varnothing$, $\{x \mid x^4=-2,\ x\text{는 실수}\}=\varnothing$, $\cdots$

**Note* 1° $n=2$일 때 $\sqrt[2]{a}$는 2를 생략하고 $\sqrt{a}$로 나타낸다.

2° $n=2$일 때 이를테면 $x^2=-16$을 만족시키는 실수 x는 존재하지 않지만, 복소수의 범위에서는 x(허수)가 존재하고 $x=\pm\sqrt{-16}$으로 나타낸다. 그러나 $n=4, 6, \cdots$일 때 $\sqrt[4]{-16}$, $\sqrt[6]{-16}$, $\cdots$과 같은 표현은 고등학교 교육과정에서 다루지 않는다.

보기 1 다음 중에서 옳은 것은?

① 125의 세제곱근은 $\sqrt[3]{125}$이다. ② 81의 네제곱근은 $\pm\sqrt[4]{81}$이다.

③ $\sqrt[3]{125}$는 125의 세제곱근 중 하나이다.

④ -125의 세제곱근은 한 개이다.

⑤ -81의 네제곱근 중 실수는 $\pm\sqrt[4]{-81}$이다.

답 ③

2 거듭제곱근의 계산 법칙

거듭제곱근에 관하여 다음 계산 법칙이 성립한다.

기본정석 — 거듭제곱근의 계산 법칙

$a>0$, $b>0$이고 m, n은 2 이상의 정수일 때,

(1) $\sqrt[n]{a}\sqrt[n]{b}=\sqrt[n]{ab}$

(2) $\dfrac{\sqrt[n]{a}}{\sqrt[n]{b}}=\sqrt[n]{\dfrac{a}{b}}$

(3) $(\sqrt[n]{a})^m=\sqrt[n]{a^m}$

(4) $\sqrt[m]{\sqrt[n]{a}}=\sqrt[mn]{a}=\sqrt[n]{\sqrt[m]{a}}$

(5) $\sqrt[np]{a^{mp}}=\sqrt[n]{a^m}$ (p는 양의 정수)

Advice | 이를테면 (1)은 다음과 같이 증명한다.

지수법칙으로부터 $(\sqrt[n]{a}\sqrt[n]{b})^n=(\sqrt[n]{a})^n(\sqrt[n]{b})^n=ab$

$a>0$, $b>0$이므로 $\sqrt[n]{a}\sqrt[n]{b}>0$, $ab>0$

따라서 $\sqrt[n]{a}\sqrt[n]{b}$는 ab의 양의 n제곱근이다. $\therefore\ \sqrt[n]{a}\sqrt[n]{b}=\sqrt[n]{ab}$

보기 2 다음 값을 구하시오.

(1) $\sqrt[4]{81}$ (2) $\sqrt[5]{-32}$ (3) $\sqrt[4]{2}\sqrt[4]{8}$ (4) $\sqrt[3]{0.0001}\sqrt[3]{10}$

(5) $\dfrac{\sqrt[3]{2}}{\sqrt[3]{16}}$ (6) $\dfrac{\sqrt[4]{64}}{\sqrt[4]{4}}$ (7) $\sqrt[3]{\left(\dfrac{8}{27}\right)^2}$ (8) $\sqrt[4]{\dfrac{8^{10}+4^{10}}{8^4+4^{11}}}$

(9) $\sqrt[4]{\sqrt[3]{16}}\times\sqrt{\sqrt[3]{16}}$ (10) $\sqrt[12]{3^4}+\sqrt[9]{3^{12}}-2\sqrt[3]{3}$

연구 (1) $\sqrt[4]{81}=\sqrt[4]{3^4}=\mathbf{3}$ (2) $\sqrt[5]{-32}=\sqrt[5]{(-2)^5}=\mathbf{-2}$

(3) $\sqrt[4]{2}\sqrt[4]{8}=\sqrt[4]{2\times8}=\sqrt[4]{16}=\sqrt[4]{2^4}=\mathbf{2}$

(4) $\sqrt[3]{0.0001}\sqrt[3]{10}=\sqrt[3]{0.0001\times10}=\sqrt[3]{0.001}=\sqrt[3]{0.1^3}=\mathbf{0.1}$

(5) $\dfrac{\sqrt[3]{2}}{\sqrt[3]{16}}=\sqrt[3]{\dfrac{2}{16}}=\sqrt[3]{\dfrac{1}{8}}=\sqrt[3]{\left(\dfrac{1}{2}\right)^3}=\mathbf{\dfrac{1}{2}}$

(6) $\dfrac{\sqrt[4]{64}}{\sqrt[4]{4}}=\sqrt[4]{\dfrac{64}{4}}=\sqrt[4]{16}=\sqrt[4]{2^4}=\mathbf{2}$

(7) $\sqrt[3]{\left(\dfrac{8}{27}\right)^2}=\left(\sqrt[3]{\dfrac{8}{27}}\right)^2=\left\{\sqrt[3]{\left(\dfrac{2}{3}\right)^3}\right\}^2=\left(\dfrac{2}{3}\right)^2=\mathbf{\dfrac{4}{9}}$

(8) $\sqrt[4]{\dfrac{8^{10}+4^{10}}{8^4+4^{11}}}=\sqrt[4]{\dfrac{(2^3)^{10}+(2^2)^{10}}{(2^3)^4+(2^2)^{11}}}=\sqrt[4]{\dfrac{2^{30}+2^{20}}{2^{12}+2^{22}}}=\sqrt[4]{\dfrac{2^{20}(2^{10}+1)}{2^{12}(1+2^{10})}}$

$=\sqrt[4]{2^8}=\sqrt[4]{4^4}=\mathbf{4}$

(9) $\sqrt[4]{\sqrt[3]{16}}\times\sqrt{\sqrt[3]{16}}=\sqrt[3]{\sqrt[4]{16}}\times\sqrt[3]{\sqrt{16}}=\sqrt[3]{2}\times\sqrt[3]{4}=\sqrt[3]{8}=\mathbf{2}$

(10) $\sqrt[12]{3^4}+\sqrt[9]{3^{12}}-2\sqrt[3]{3}=\sqrt[3\times4]{3^{1\times4}}+\sqrt[3\times3]{3^{4\times3}}-2\sqrt[3]{3}$

$=\sqrt[3]{3}+3\sqrt[3]{3}-2\sqrt[3]{3}=\mathbf{2\sqrt[3]{3}}$

기본 문제 1-1 다음 네 수의 대소를 비교하시오.

$$\sqrt{2},\quad \sqrt[3]{3},\quad \sqrt[4]{5},\quad \sqrt[6]{6}$$

정석연구 2, 3, 4, 6의 최소공배수가 12이므로 주어진 수들을 $\sqrt[12]{a}$의 꼴로 고친 다음

정석 a, b가 양수일 때, $a>b \iff \sqrt[n]{a}>\sqrt[n]{b}$

를 이용한다.

모범답안 $\sqrt{2}=\sqrt[12]{2^6}=\sqrt[12]{64},\qquad \sqrt[3]{3}=\sqrt[12]{3^4}=\sqrt[12]{81},$

$\sqrt[4]{5}=\sqrt[12]{5^3}=\sqrt[12]{125},\qquad \sqrt[6]{6}=\sqrt[12]{6^2}=\sqrt[12]{36}$

$\therefore\ \boldsymbol{\sqrt[4]{5}>\sqrt[3]{3}>\sqrt{2}>\sqrt[6]{6}}$ ← 답

유제 **1**-1. 다음 수들의 대소를 비교하시오.

(1) $\sqrt[4]{2},\ \sqrt[5]{3}$

(2) $\sqrt{3},\ \sqrt[3]{4},\ \sqrt[4]{10}$

답 (1) $\boldsymbol{\sqrt[5]{3}>\sqrt[4]{2}}$ (2) $\boldsymbol{\sqrt[4]{10}>\sqrt{3}>\sqrt[3]{4}}$

기본 문제 1-2 다음 식을 간단히 하시오. 단, $a>0$이다.

(1) $\sqrt[3]{\dfrac{\sqrt{a}}{\sqrt[4]{a}}}\times\sqrt{\dfrac{\sqrt[6]{a}}{\sqrt[3]{a}}}$

(2) $\sqrt{\dfrac{\sqrt[4]{a}}{\sqrt[3]{a}}}\times\sqrt[3]{\dfrac{a}{\sqrt[4]{a}}}\times\sqrt[4]{\dfrac{\sqrt[3]{a}}{\sqrt{a}}}$

정석연구 $a>0$, $b>0$이고 m, n이 2 이상의 정수일 때, 다음이 성립한다.

정석 $\sqrt[n]{\dfrac{a}{b}}=\dfrac{\sqrt[n]{a}}{\sqrt[n]{b}},\qquad \sqrt[m]{\sqrt[n]{a}}=\sqrt[mn]{a}$

모범답안 (1) (준 식)$=\dfrac{\sqrt[3]{\sqrt{a}}}{\sqrt[3]{\sqrt[4]{a}}}\times\dfrac{\sqrt{\sqrt[6]{a}}}{\sqrt{\sqrt[3]{a}}}=\dfrac{\sqrt[6]{a}}{\sqrt[12]{a}}\times\dfrac{\sqrt[12]{a}}{\sqrt[6]{a}}=\boldsymbol{1}$ ← 답

(2) (준 식)$=\dfrac{\sqrt{\sqrt[4]{a}}}{\sqrt{\sqrt[3]{a}}}\times\dfrac{\sqrt[3]{a}}{\sqrt[3]{\sqrt[4]{a}}}\times\dfrac{\sqrt[4]{\sqrt[3]{a}}}{\sqrt[4]{\sqrt{a}}}$

$=\dfrac{\sqrt[8]{a}}{\sqrt[6]{a}}\times\dfrac{\sqrt[3]{a}}{\sqrt[12]{a}}\times\dfrac{\sqrt[12]{a}}{\sqrt[8]{a}}=\dfrac{\sqrt[3]{a}}{\sqrt[6]{a}}=\dfrac{\sqrt[6]{a^2}}{\sqrt[6]{a}}=\sqrt[6]{\dfrac{a^2}{a}}$

$=\boldsymbol{\sqrt[6]{a}}$ ← 답

유제 **1**-2. 다음 식을 간단히 하시오. 단, $a>0$이다.

(1) $\sqrt{\dfrac{\sqrt[3]{a}}{\sqrt[4]{a}}}\times\sqrt[4]{\dfrac{\sqrt{a}}{\sqrt[3]{a}}}$

(2) $\sqrt{\dfrac{\sqrt[5]{a}}{\sqrt[4]{a}}}\times\sqrt[5]{\dfrac{\sqrt[4]{a}}{\sqrt{a}}}\times\sqrt[4]{\dfrac{\sqrt{a}}{\sqrt[5]{a}}}$

답 (1) $\boldsymbol{\sqrt[12]{a}}$ (2) **1**

§2. 지수의 확장

1 지수가 양의 정수일 때의 지수법칙

중학교에서 공부한 지수법칙을 정리하면 다음과 같다.

정석 m, n이 양의 정수일 때,

① $a^m \times a^n = a^{m+n}$

② $a^m \div a^n = \begin{cases} a^{m-n} & (m>n,\ a\neq 0) \\ 1 & (m=n,\ a\neq 0) \\ \dfrac{1}{a^{n-m}} & (m<n,\ a\neq 0) \end{cases}$

③ $(a^m)^n = a^{mn}$

④ $(ab)^n = a^n b^n$

지금까지 다룬 지수법칙은 지수가 양의 정수일 때에 한한 것이었다. 이제 그 범위를 정수, 유리수, 실수로 확장했을 때 어떻게 되는지 알아보자.

2 지수가 정수일 때의 지수법칙

$a\neq 0$일 때, m, n이 양의 정수이고 $m>n$이면 지수법칙

$$a^m \div a^n = a^{m-n} \qquad \cdots\cdots ㉮$$

이 성립한다. 이제 $m=n$, $m<n$일 때를 생각해 보자.

(i) 이를테면 ㉮의 양변에 $m=n=3$을 대입하면

(좌변)$=a^3\div a^3=1$, (우변)$=a^{3-3}=a^0$

이므로 $a^0=1$로 약속하면 ㉮은 $m=n$일 때에도 성립한다.

(ii) 이를테면 ㉮의 양변에 $m=2$, $n=5$를 대입하면

(좌변)$=a^2\div a^5=\dfrac{a^2}{a^5}=\dfrac{1}{a^3}$, (우변)$=a^{2-5}=a^{-3}$

이므로 $a^{-3}=\dfrac{1}{a^3}$로 약속하면 ㉮은 $m=2$, $n=5$일 때에도 성립한다.

기본정석 — 지수가 정수일 때의 지수법칙

(1) 영($\mathbf{0}$), 음의 정수 지수의 정의

$a\neq 0$이고 n이 양의 정수일 때, $a^0=1$, $a^{-n}=\dfrac{1}{a^n}$

(2) 지수가 정수일 때의 지수법칙

$a\neq 0$, $b\neq 0$이고 m, n이 정수일 때,

① $a^m\times a^n=a^{m+n}$ ② $a^m\div a^n=a^{m-n}$

③ $(a^m)^n=a^{mn}$ ④ $(ab)^n=a^nb^n$

Advice | $a\neq 0$에 주의해야 한다. 이를테면 $0^2\div 0^2=0^0$과 같은 계산은 의미가 없으며, $0^0=1$이라고 하는 것은 잘못이다. $\mathbf{0^0}$은 정의하지 않는다.

보기 1 다음 값을 구하시오.

(1) $\left(\dfrac{2}{3}\right)^0$　　(2) $(-10)^0$　　(3) 2^{-1}　　(4) 5^{-2}

연구 (1) **1**　　(2) **1**　　(3) $\boldsymbol{\dfrac{1}{2}}$　　(4) $\boldsymbol{\dfrac{1}{25}}$

보기 2 다음을 간단히 하시오. 단, $a\neq0$, $b\neq0$이다.

(1) $a^{-3}\times a^4\div a^{-2}$　　(2) $(-a^{-5})^{-4}$　　(3) $\{(a^2b^{-4})^{-3}\}^{-1}$

연구 (1) $a^{-3}\times a^4\div a^{-2}=a^{-3+4-(-2)}=\boldsymbol{a^3}$

(2) $(-a^{-5})^{-4}=\dfrac{1}{(-a^{-5})^4}=\dfrac{1}{(-1)^4(a^{-5})^4}=\dfrac{1}{a^{-20}}=\boldsymbol{a^{20}}$

(3) $\{(a^2b^{-4})^{-3}\}^{-1}=(a^2b^{-4})^3=(a^2)^3(b^{-4})^3=\boldsymbol{a^6b^{-12}}$

3 지수가 유리수일 때의 지수법칙

$a>0$이고 m, n이 정수일 때, 지수법칙

$$(a^m)^n=a^{mn} \qquad \cdots\cdots ㉮$$

이 성립한다. 이제 지수의 범위를 유리수로 확장해 보자.

이를테면 ㉮의 양변에 $m=\dfrac{3}{4}$, $n=4$를 대입하면

(좌변)$=(a^{\frac{3}{4}})^4$,　(우변)$=a^{\frac{3}{4}\times4}=a^3$

여기서 $a^{\frac{3}{4}}>0$이므로 $a^{\frac{3}{4}}$을 a^3의 네제곱근 중에서 양수인 것으로 보아 $a^{\frac{3}{4}}=\sqrt[4]{a^3}$으로 약속하면 ㉮은 $m=\dfrac{3}{4}$, $n=4$일 때에도 성립한다.

기본정석 지수가 유리수일 때의 지수법칙

(1) 유리수 지수의 정의

$a>0$이고 m, $n(n\ge2)$이 정수일 때,

$$\boldsymbol{a^{\frac{1}{n}}=\sqrt[n]{a},\quad a^{\frac{m}{n}}=\sqrt[n]{a^m}}$$

(2) 지수가 유리수일 때의 지수법칙

$\boldsymbol{a>0}$, $\boldsymbol{b>0}$이고 $\boldsymbol{r}$, $\boldsymbol{s}$가 유리수일 때,

① $\boldsymbol{a^r\times a^s=a^{r+s}}$　　② $\boldsymbol{a^r\div a^s=a^{r-s}}$

③ $\boldsymbol{(a^r)^s=a^{rs}}$　　④ $\boldsymbol{(ab)^r=a^rb^r}$

Advice | $a<0$일 때에는 위의 지수법칙을 자유로이 쓸 수가 없다.

$\{(-3)^2\}^{\frac{1}{2}}=(-3)^{2\times\frac{1}{2}}=(-3)^1=-3$은 잘못된 계산이고,

$\{(-3)^2\}^{\frac{1}{2}}=(3^2)^{\frac{1}{2}}=3^{2\times\frac{1}{2}}=3^1=3$이 옳은 계산이다.

보기 3 다음을 간단히 하시오.

(1) $27^{\frac{1}{3}}$　　(2) $\left(\frac{1}{4}\right)^{-\frac{1}{4}}$　　(3) $3^{\frac{1}{2}}\times 3^{\frac{2}{3}}\div 3^{\frac{1}{6}}$

(4) $(\sqrt{2})^5$　　(5) $\sqrt{a}\times\sqrt[3]{a}\ (a>0)$

연구 (1) $27^{\frac{1}{3}}=(3^3)^{\frac{1}{3}}=3^{3\times\frac{1}{3}}=3^1=\mathbf{3}$

(2) $\left(\frac{1}{4}\right)^{-\frac{1}{4}}=\left(\frac{1}{2^2}\right)^{-\frac{1}{4}}=(2^{-2})^{-\frac{1}{4}}=2^{(-2)\times\left(-\frac{1}{4}\right)}=2^{\frac{1}{2}}=\boldsymbol{\sqrt{2}}$

(3) $3^{\frac{1}{2}}\times 3^{\frac{2}{3}}\div 3^{\frac{1}{6}}=3^{\frac{1}{2}+\frac{2}{3}-\frac{1}{6}}=3^1=\mathbf{3}$

(4) $(\sqrt{2})^5=(2^{\frac{1}{2}})^5=2^{\frac{5}{2}}=2^{2+\frac{1}{2}}=2^2\times 2^{\frac{1}{2}}=\boldsymbol{4\sqrt{2}}$　⇦ $(\sqrt{2})^5=\sqrt{2}\sqrt{2}\sqrt{2}\sqrt{2}\sqrt{2}$

(5) $\sqrt{a}\times\sqrt[3]{a}=a^{\frac{1}{2}}\times a^{\frac{1}{3}}=a^{\frac{1}{2}+\frac{1}{3}}=a^{\frac{5}{6}}=\boldsymbol{\sqrt[6]{a^5}}$

4 지수가 실수일 때의 지수법칙

이를테면 무리수 $\sqrt{2}=1.41421\times\times\times$에 대하여 $\sqrt{2}$에 가까워지는 유리수

$$1,\ 1.4,\ 1.41,\ 1.414,\ 1.4142,\ \cdots$$

를 지수로 하는 수

$$3^1,\ 3^{1.4},\ 3^{1.41},\ 3^{1.414},\ 3^{1.4142},\ \cdots$$

을 계산하면 오른쪽과 같다.

$3^1=3$
$3^{1.4}\fallingdotseq 4.65554$
$3^{1.41}\fallingdotseq 4.70697$
$3^{1.414}\fallingdotseq 4.72770$
$3^{1.4142}\fallingdotseq 4.72873$
$3^{1.41421}\fallingdotseq 4.72879$
$\cdots$

이 계산을 계속하면 일정한 수에 한없이 가까워진다는 것을 알 수 있다. 이 수를 $3^{\sqrt{2}}$으로 정의한다.

일반적으로 a가 양의 실수이고 x가 무리수일 때, a^x을 위와 같은 방법으로 정의한다.

이와 같이 지수를 실수의 범위까지 확장해도 다음과 같은 지수법칙이 성립함이 알려져 있다.

기본정석 지수가 실수일 때의 지수법칙

$\boldsymbol{a>0,\ b>0}$이고 $\boldsymbol{x,\ y}$가 실수일 때,

① $\boldsymbol{a^x\times a^y=a^{x+y}}$　　② $\boldsymbol{a^x\div a^y=a^{x-y}}$

③ $\boldsymbol{(a^x)^y=a^{xy}}$　　④ $\boldsymbol{(ab)^x=a^xb^x}$

보기 4 다음 값을 구하시오.

(1) $2^{\sqrt{3}}\times 2^{\sqrt{12}}\div 2^{\sqrt{27}}$　　(2) $\{(\sqrt{2})^{\sqrt{2}}\}^{\sqrt{2}}$

연구 (1) $2^{\sqrt{3}}\times 2^{\sqrt{12}}\div 2^{\sqrt{27}}=2^{\sqrt{3}+\sqrt{12}-\sqrt{27}}=2^{\sqrt{3}+2\sqrt{3}-3\sqrt{3}}=2^0=\mathbf{1}$

(2) $\{(\sqrt{2})^{\sqrt{2}}\}^{\sqrt{2}}=(\sqrt{2})^{\sqrt{2}\times\sqrt{2}}=(\sqrt{2})^2=\mathbf{2}$

기본 문제 **1**-3 다음을 간단히 하시오. 단, $a>0$이다.

(1) $\left\{\left(\dfrac{4}{9}\right)^{-\frac{2}{3}}\right\}^{\frac{9}{4}}$ (2) $\{(-3)^4\}^{\frac{3}{4}}$ (3) $4\times24^{\frac{1}{3}}+81^{\frac{1}{3}}-5\times192^{\frac{1}{3}}$

(4) $\sqrt{2\sqrt[3]{4\sqrt[4]{8}}}$ (5) $\sqrt{\dfrac{a}{\sqrt{a}}\times\sqrt[3]{a}}$ (6) $\dfrac{\sqrt[3]{\sqrt{a}\sqrt[3]{a^2}}}{\sqrt[4]{a\sqrt[3]{a}}}$

정석연구 (1), (2), (3)은 다음 지수법칙을 이용한다.

정석 $a>0,\ b>0$이고 $r,\ s$가 유리수일 때,

① $a^r\times a^s=a^{r+s}$ ② $a^r\div a^s=a^{r-s}$

③ $(a^r)^s=a^{rs}$ ④ $(ab)^r=a^rb^r$

(4), (5), (6)은 아래 **정석**의 유리수 지수의 정의와 거듭제곱근의 계산 법칙을 이용하여 주어진 식을 유리수 지수로 나타낸 다음, 위의 지수법칙을 이용한다.

정석 $a>0$이고 $m,\ n$은 2 이상의 정수일 때,

$\sqrt[n]{a}=a^{\frac{1}{n}},\quad \sqrt[n]{a^m}=a^{\frac{m}{n}},\quad \sqrt[m]{\sqrt[n]{a}}=\sqrt[mn]{a}$

모범답안 (1) (준 식)$=\left(\dfrac{4}{9}\right)^{-\frac{2}{3}\times\frac{9}{4}}=\left(\dfrac{4}{9}\right)^{-\frac{3}{2}}=\left\{\left(\dfrac{2}{3}\right)^2\right\}^{-\frac{3}{2}}=\left(\dfrac{2}{3}\right)^{2\times\left(-\frac{3}{2}\right)}$

$=\left(\dfrac{2}{3}\right)^{-3}=\left(\dfrac{3}{2}\right)^3=\mathbf{\dfrac{27}{8}}$ ← 답

(2) (준 식)$=(3^4)^{\frac{3}{4}}=3^{4\times\frac{3}{4}}=3^3=\mathbf{27}$ ← 답 ⇦ $a>0$일 때 $(a^r)^s=a^{rs}$

(3) (준 식)$=4\times(2^3\times3)^{\frac{1}{3}}+(3^3\times3)^{\frac{1}{3}}-5\times(2^6\times3)^{\frac{1}{3}}$

$=4\times2\times3^{\frac{1}{3}}+3\times3^{\frac{1}{3}}-5\times2^2\times3^{\frac{1}{3}}=-9\times3^{\frac{1}{3}}=\mathbf{-9\sqrt[3]{3}}$ ← 답

(4) (준 식)$=\{2\times(4\times8^{\frac{1}{4}})^{\frac{1}{3}}\}^{\frac{1}{2}}=\{2\times(2^2\times2^{\frac{3}{4}})^{\frac{1}{3}}\}^{\frac{1}{2}}=\{2\times(2^{\frac{11}{4}})^{\frac{1}{3}}\}^{\frac{1}{2}}$

$=(2\times2^{\frac{11}{12}})^{\frac{1}{2}}=(2^{\frac{23}{12}})^{\frac{1}{2}}=\mathbf{2^{\frac{23}{24}}}$ ← 답

(5) (준 식)$=(a\div a^{\frac{1}{2}}\times a^{\frac{1}{3}})^{\frac{1}{2}}=(a^{1-\frac{1}{2}+\frac{1}{3}})^{\frac{1}{2}}=(a^{\frac{5}{6}})^{\frac{1}{2}}=\mathbf{a^{\frac{5}{12}}}$ ← 답

(6) (준 식)$=\dfrac{\sqrt[6]{a}\sqrt[9]{a^2}}{\sqrt[4]{a}\sqrt[12]{a}}=\dfrac{a^{\frac{1}{6}}a^{\frac{2}{9}}}{a^{\frac{1}{4}}a^{\frac{1}{12}}}=a^{\frac{1}{6}+\frac{2}{9}-\frac{1}{4}-\frac{1}{12}}=a^{\frac{2}{36}}=\mathbf{a^{\frac{1}{18}}}$ ← 답

유제 **1**-3. 다음을 간단히 하시오. 단, $a>0$이다.

(1) $\left(-\dfrac{1}{2}\right)^{-5}$ (2) $\left\{\left(\dfrac{27}{125}\right)^{-\frac{1}{3}}\right\}^{\frac{3}{2}}\times\left(\dfrac{27}{5}\right)^{\frac{1}{2}}$ (3) $16^{\frac{1}{3}}\div24^{\frac{2}{3}}\times18^{\frac{1}{3}}$

(4) $\sqrt[3]{\sqrt[3]{5^{3^3}}\times5^3}$ (5) $\sqrt{a^3}\times\sqrt[4]{a^3}\div\sqrt[4]{a}$ (6) $\sqrt{a\sqrt{a\sqrt{a}}}$

답 (1) $\mathbf{-32}$ (2) $\mathbf{5}$ (3) $\mathbf{\dfrac{1}{\sqrt[3]{2}}}$ (4) $\mathbf{625}$ (5) $\mathbf{a^2}$ (6) $\mathbf{a^{\frac{7}{8}}}$

기본 문제 1-4 다음 식을 간단히 하시오. 단, $a>0$, $b>0$이다.

(1) $(a^{\frac{1}{4}}-b^{\frac{1}{4}})(a^{\frac{1}{4}}+b^{\frac{1}{4}})(a^{\frac{1}{2}}+b^{\frac{1}{2}})$ (2) $(a-b)\div(a^{\frac{1}{3}}-b^{\frac{1}{3}})$

정석연구 (1) $(a^{\frac{1}{4}}-b^{\frac{1}{4}})(a^{\frac{1}{4}}+b^{\frac{1}{4}})$은 $(A-B)(A+B)$의 꼴이므로

정 석 $(A-B)(A+B)=A^2-B^2$

을 이용한다.

(2) $a-b=(a^{\frac{1}{3}})^3-(b^{\frac{1}{3}})^3$이므로

정 석 $A^3-B^3=(A-B)(A^2+AB+B^2)$

을 이용하면 다음과 같이 변형할 수 있다.

$$a-b=(a^{\frac{1}{3}})^3-(b^{\frac{1}{3}})^3=(a^{\frac{1}{3}}-b^{\frac{1}{3}})(a^{\frac{2}{3}}+a^{\frac{1}{3}}b^{\frac{1}{3}}+b^{\frac{2}{3}})$$

이상과 같은 유리수 지수의 계산이 복잡하다고 느낄 때에는

같은 항을 x, y 등으로 치환

하여 계산해도 된다.

모범답안 (1) $a^{\frac{1}{4}}=x$, $b^{\frac{1}{4}}=y$로 놓으면 $a^{\frac{1}{2}}=x^2$, $b^{\frac{1}{2}}=y^2$

$$\therefore\ (a^{\frac{1}{4}}-b^{\frac{1}{4}})(a^{\frac{1}{4}}+b^{\frac{1}{4}})(a^{\frac{1}{2}}+b^{\frac{1}{2}})=(x-y)(x+y)(x^2+y^2)$$
$$=(x^2-y^2)(x^2+y^2)=x^4-y^4$$
$$=(a^{\frac{1}{4}})^4-(b^{\frac{1}{4}})^4=\boldsymbol{a-b} \longleftarrow \text{답}$$

(2) $a-b=(a^{\frac{1}{3}})^3-(b^{\frac{1}{3}})^3$이므로 $a^{\frac{1}{3}}=x$, $b^{\frac{1}{3}}=y$로 놓으면

$$(a-b)\div(a^{\frac{1}{3}}-b^{\frac{1}{3}})=(x^3-y^3)\div(x-y)=(x-y)(x^2+xy+y^2)\div(x-y)$$
$$=x^2+xy+y^2=(a^{\frac{1}{3}})^2+a^{\frac{1}{3}}b^{\frac{1}{3}}+(b^{\frac{1}{3}})^2$$
$$=\boldsymbol{a^{\frac{2}{3}}+a^{\frac{1}{3}}b^{\frac{1}{3}}+b^{\frac{2}{3}}} \longleftarrow \text{답}$$

유제 **1**-4. 다음 식을 간단히 하시오. 단, $a>0$, $b>0$이다.

(1) $(a^{\frac{1}{2}}+b^{\frac{1}{2}})(a^{\frac{1}{2}}-b^{\frac{1}{2}})$ (2) $(a^{\frac{1}{2}}+b^{-\frac{1}{2}})(a^{\frac{1}{2}}-b^{-\frac{1}{2}})$

(3) $(a^{\frac{1}{3}}+b^{\frac{1}{3}})(a^{\frac{2}{3}}-a^{\frac{1}{3}}b^{\frac{1}{3}}+b^{\frac{2}{3}})$ (4) $(a-a^{-1})\div(a^{\frac{1}{2}}-a^{-\frac{1}{2}})$

(5) $(a+b^{-1})\div(a^{\frac{1}{3}}+b^{-\frac{1}{3}})$

답 (1) $\boldsymbol{a-b}$ (2) $\boldsymbol{a-\frac{1}{b}}$ (3) $\boldsymbol{a+b}$ (4) $\boldsymbol{a^{\frac{1}{2}}+a^{-\frac{1}{2}}}$ (5) $\boldsymbol{a^{\frac{2}{3}}-a^{\frac{1}{3}}b^{-\frac{1}{3}}+b^{-\frac{2}{3}}}$

유제 **1**-5. $a^{\frac{2}{3}}+b^{\frac{2}{3}}=4$, $x=a+3a^{\frac{1}{3}}b^{\frac{2}{3}}$, $y=b+3a^{\frac{2}{3}}b^{\frac{1}{3}}$일 때, $(x+y)^{\frac{2}{3}}+(x-y)^{\frac{2}{3}}$의 값을 구하시오. 단, $a>b>0$이다. 답 8

기본 문제 1-5 다음 물음에 답하시오.

(1) $x^{\frac{1}{2}}+x^{-\frac{1}{2}}=4(x>0)$일 때, $x+x^{-1}$, x^2+x^{-2}, $x^{\frac{3}{2}}+x^{-\frac{3}{2}}$의 값을 구하시오.

(2) $x>1$이고 $x+x^{-1}=7$일 때, $x^{\frac{1}{2}}-x^{-\frac{1}{2}}$의 값을 구하시오.

정석연구 조건이 식으로 주어진 경우,

조건식과 구하려는 식을 비교

하여 어떻게 변형해야 할지를 결정해야 한다. 이 문제는 다음에 착안한다.

$x^{\frac{1}{2}}$ —제곱→ x —제곱→ x^2

$x^{\frac{1}{2}}$ —세제곱→ $x^{\frac{3}{2}}$

모범답안 (1) $x^{\frac{1}{2}}+x^{-\frac{1}{2}}=4$ ……①

①의 양변을 제곱하면 $(x^{\frac{1}{2}}+x^{-\frac{1}{2}})^2=4^2$에서

$$x+2x^{\frac{1}{2}}x^{-\frac{1}{2}}+x^{-1}=16 \quad \therefore\ x+x^{-1}=14 \qquad ……②$$

②의 양변을 제곱하면 $(x+x^{-1})^2=14^2$에서

$$x^2+2xx^{-1}+x^{-2}=196 \quad \therefore\ x^2+x^{-2}=194$$

①의 양변을 세제곱하면 $(x^{\frac{1}{2}}+x^{-\frac{1}{2}})^3=4^3$에서

$$x^{\frac{3}{2}}+3xx^{-\frac{1}{2}}+3x^{\frac{1}{2}}x^{-1}+x^{-\frac{3}{2}}=64 \quad \therefore\ x^{\frac{3}{2}}+3(x^{\frac{1}{2}}+x^{-\frac{1}{2}})+x^{-\frac{3}{2}}=64$$

여기에서 $x^{\frac{1}{2}}+x^{-\frac{1}{2}}=4$이므로 $x^{\frac{3}{2}}+x^{-\frac{3}{2}}=52$

답 $\boldsymbol{x+x^{-1}=14,\ x^2+x^{-2}=194,\ x^{\frac{3}{2}}+x^{-\frac{3}{2}}=52}$

(2) $(x^{\frac{1}{2}}-x^{-\frac{1}{2}})^2=x-2x^{\frac{1}{2}}x^{-\frac{1}{2}}+x^{-1}=x+x^{-1}-2$

여기에서 $x+x^{-1}=7$이므로 $(x^{\frac{1}{2}}-x^{-\frac{1}{2}})^2=5$

그런데 $x>1$이므로 $x^{\frac{1}{2}}-x^{-\frac{1}{2}}>0$ $\therefore$ $\boldsymbol{x^{\frac{1}{2}}-x^{-\frac{1}{2}}=\sqrt{5}}$ ← 답

유제 1-6. $x^{\frac{1}{2}}+x^{-\frac{1}{2}}=3(x>0)$일 때, 다음 값을 구하시오.

(1) $x+\dfrac{1}{x}$ (2) $x^2+\dfrac{1}{x^2}$ (3) $x\sqrt{x}+\dfrac{1}{x\sqrt{x}}$

답 (1) **7** (2) **47** (3) **18**

유제 1-7. $a^{2x}+a^{-2x}=6(a>0,\ 0<a^x<1)$일 때, 다음 값을 구하시오.

(1) a^x+a^{-x} (2) a^x-a^{-x} (3) $a^{3x}-a^{-3x}$

답 (1) **$2\sqrt{2}$** (2) **-2** (3) **-14**

기본 문제 **1**-6 $e^{2x}=3$일 때, 다음 값을 구하시오. 단, $e>0$이다.

(1) $\left(\dfrac{1}{e^4}\right)^{-3x}$ (2) $\dfrac{e^x+e^{-x}}{e^x-e^{-x}}$ (3) $\dfrac{e^{3x}+e^{-3x}}{e^x+e^{-x}}$

정석연구 문제의 조건에 e^{2x}의 값이 주어져 있으므로 (1), (2), (3)의 식을 각각 e^{2x}을 포함한 식으로 변형하면 된다.

특히 (1)을 변형할 때에는 $a>0$, $b>0$일 때

$$\left(\frac{b}{a}\right)^{-n}=\frac{1}{\left(\frac{b}{a}\right)^n}=\frac{1}{\frac{b^n}{a^n}}=\frac{a^n}{b^n}=\left(\frac{a}{b}\right)^n \quad \text{곧,}$$

정석 $\left(\dfrac{b}{a}\right)^{-n}=\left(\dfrac{a}{b}\right)^n$

을 이용하면 계산을 효율적으로 할 수 있다.

또, (3)의 경우는 분자를 변형하면

$$\frac{e^{3x}+e^{-3x}}{e^x+e^{-x}}=\frac{(e^x)^3+(e^{-x})^3}{e^x+e^{-x}}=\frac{(e^x+e^{-x})(e^{2x}-e^xe^{-x}+e^{-2x})}{e^x+e^{-x}}$$
$$=e^{2x}-1+\frac{1}{e^{2x}}$$

이므로 여기에 $e^{2x}=3$을 대입하면 된다. 그러나 만일 분모가 e^x-e^{-x}인 경우에는 약분이 되지 않으므로 일반적으로는 다음 **정석**을 이용한다.

정석 분자, 분모에 e^{-x}, e^{-2x} 등을 포함한 식은

$\Longrightarrow$ 분자, 분모에 e^x, e^{2x} 등을 곱한다.

모범답안 (1) $\left(\dfrac{1}{e^4}\right)^{-3x}=(e^4)^{3x}=e^{12x}=(e^{2x})^6=3^6=\mathbf{729}$ ← 답

(2) 분자, 분모에 e^x을 곱하면

$$\frac{e^x+e^{-x}}{e^x-e^{-x}}=\frac{e^{2x}+1}{e^{2x}-1}=\frac{3+1}{3-1}=\mathbf{2} \leftarrow \text{답}$$

(3) 분자, 분모에 e^x을 곱하면

$$\frac{e^{3x}+e^{-3x}}{e^x+e^{-x}}=\frac{e^{4x}+e^{-2x}}{e^{2x}+1}=\frac{(e^{2x})^2+\frac{1}{e^{2x}}}{e^{2x}+1}=\frac{3^2+\frac{1}{3}}{3+1}=\mathbf{\frac{7}{3}} \leftarrow \text{답}$$

유제 **1**-8. $3^{x+1}=6$일 때, $\left(\dfrac{1}{27}\right)^{-x}$의 값을 구하시오. 답 8

유제 **1**-9. $a^{-2}=5$일 때, 다음 값을 구하시오. 단, $a>0$이다.

(1) $\dfrac{a^3-a^{-3}}{a+a^{-1}}$ (2) $\dfrac{a^3+a^{-3}}{a^3-a^{-3}}$ 답 (1) $-\mathbf{\dfrac{62}{15}}$ (2) $-\mathbf{\dfrac{63}{62}}$

연습문제 1

1-1 $f(x)=a^x(a>0)$일 때, 다음 중 옳지 않은 것은?

① $f(x)\times f(y)=f(x+y)$ ② $f(x)\div f(y)=f(x-y)$

③ $\{f(x)\}^y=f(xy)$ ④ $f(x\div y)=f(x)-f(y)$

⑤ $f(2x)=\{f(x)\}^2$

1-2 다음 값을 구하시오.

(1) $\sqrt{\sqrt{2}+1}\times\sqrt[4]{3-2\sqrt{2}}$ (2) $\sqrt[3]{54}+\frac{3}{2}\sqrt[6]{4}+\sqrt[3]{-\frac{1}{4}}$

(3) $(x^a)^{b-c}\times(x^b)^{c-a}\times(x^c)^{a-b}$ $(x>0)$

1-3 다음 중 한 개의 값만 나머지와 다르다. 다른 것은?

① $\sqrt{(\sqrt{2^{\sqrt{2}}})^{\sqrt{2}}}$ ② $\{\sqrt{(\sqrt{2})^{\sqrt{2}}}\}^{\sqrt{2}}$ ③ $\sqrt{\{(\sqrt{2})^{\sqrt{2}}\}^{\sqrt{2}}}$

④ $(\sqrt{\sqrt{2^{\sqrt{2}}}})^{\sqrt{2}}$ ⑤ $(\sqrt{2})^{\sqrt{(\sqrt{2})^{\sqrt{2}}}}$

1-4 임의의 양수 x, y에 대하여 기호 $*$를 $x*y=x^y$으로 정의하자. a, b, c, n이 모두 양수일 때, 다음 중 옳은 것은?

① $a*b=b*a$ ② $(a*b)*c=a*(b*c)$

③ $(ab)*c=(a*c)(b*c)$ ④ $a*(bc)=(a*b)(a*c)$

⑤ $(a*b)^n=(an)*(bn)$

1-5 $x=\sqrt[6]{2}$일 때, $\dfrac{1+x+x^2+\cdots+x^{10}}{x^{-2}+x^{-3}+\cdots+x^{-12}}$의 값을 구하시오.

1-6 양수 a, b에 대하여 $a^{2x}=b^{3y}=\sqrt{5}$이고 $ab=\sqrt[3]{5}$일 때, $\dfrac{3}{x}+\dfrac{2}{y}$의 값을 구하시오.

1-7 함수 $f(x)=(x-3)^2+k$에 대하여 다음 조건을 만족시키는 자연수 n의 개수가 2가 되도록 하는 상수 k의 값의 합을 구하시오.

$(\sqrt[3]{2})^{f(n)}$의 6제곱근 중 실수인 것을 모두 곱한 값이 $-\sqrt[4]{8}$이다.

1-8 $x=2^{\frac{1}{3}}+2^{-\frac{1}{3}}$일 때, 다음 값을 구하시오.

(1) $2x^3-6x$ (2) $(\sqrt{x^2-4}-x)^3$

1-9 $f(x)=\dfrac{a^x-a^{-x}}{a^x+a^{-x}}$$(a>0)$에 대하여 $f(k)=\dfrac{1}{2}$일 때, $f(2k)$의 값을 구하시오.

2. 로 그

로그의 정의／로그의 성질

§1. 로그의 정의

1 로그의 정의

이를테면 $x^2=4$를 만족시키는 x의 값은 양수 2와 음수 -2 두 개 있다. 곧,

$$x^2=4 \iff x=2,\ -2$$

이다.

그러나 $x^2=3$을 만족시키는 x의 값은 유리수의 범위에서는 구할 수 없다. 그래서 새로운 기호 루트($\sqrt{\ \ }$)를 써서 양수는 $\sqrt{3}$으로, 음수는 $-\sqrt{3}$으로 나타내었다. 곧,

$$x^2=3 \iff x=\sqrt{3},\ -\sqrt{3}$$

으로 약속하였다.

이제 $2^x=8$을 만족시키는 실수 x의 값을 생각해 보자. 여기서 $2^3=8$이므로 이 식을 만족시키는 x의 값은 $x=3$이고, 하나뿐임이 알려져 있다. 곧,

$$2^x=8 \iff 2^x=2^3 \iff x=3$$

이다.

그러나 이를테면 $2^x=3$을 만족시키는 실수 x의 값은 지금까지 우리가 알고 있는 수로는 나타낼 수 없다.

그래서 기호 log를 써서

$$2^x=3 \iff x=\log_2 3$$

으로 나타내기로 약속한다.

$$2^x=3 \iff x=\log_2 3$$

이 약속을 따르면 $2^3=8$은 log를 써서 다음과 같이 나타낼 수 있다.

$$2^3=8 \iff 3=\log_2 8$$

기본정석 **로그의 정의**

$a>0$, $a\neq1$일 때, 양수 b에 대하여 $a^x=b$를 만족시키는 실수 x는 오직 하나 존재한다. 이때, x를 a를 밑으로 하는 b의 로그라 하고, $\boldsymbol{x=\log_a b}$로 나타낸다. 또, b를 $\log_a b$의 진수라고 한다.

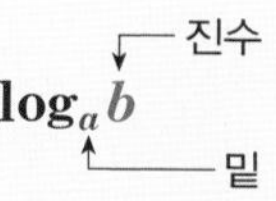

정의 $\boldsymbol{a>0,\ a\neq1,\ b>0}$일 때, $\boldsymbol{a^x=b} \iff \boldsymbol{x=\log_a b}$

Advice | $\boldsymbol{\log_a b}$에서는 $\boldsymbol{a>0,\ a\neq1,\ b>0}$임에 주의해야 한다.

첫째 — x가 실수이면 a^x은 $a>0$일 때만 생각하므로 $\log_a b$에서도 $a>0$인 경우만 생각한다. 곧, $\log_0 3$, $\log_{-2} 3$ 등은 생각하지 않는다.

또, $1^x=1$을 만족시키는 실수 x는 무수히 많고, $1^x=2$, $1^x=3$ 등을 만족시키는 실수 x는 없다. 따라서 $\log_1 1$, $\log_1 2$, $\log_1 3$과 같이 밑이 1인 로그는 생각하지 않는다.

둘째 — x가 실수일 때 $3^x>0$이므로 $3^x=-5$를 만족시키는 실수 x는 없다. 따라서 $\log_3(-5)$와 같이 진수가 음수인 로그는 생각하지 않는다. 같은 이유로 $\log_3 0$과 같이 진수가 0인 로그도 생각하지 않는다.

앞으로 $\log_a b$라고 쓸 때에는 따로 조건을 밝히지 않아도 $a>0$, $a\neq1$, $b>0$임을 가정하는 것이라고 본다.

보기 1 다음 등식을 $x=\log_a b$의 꼴로 나타내시오.

(1) $4^2=16$ (2) $10^{-2}=0.01$ (3) $9^{\frac{1}{2}}=3$

연구 $\boldsymbol{a>0,\ a\neq1,\ b>0}$일 때, $\boldsymbol{a^x=b} \iff \boldsymbol{x=\log_a b}$

(1) $\boldsymbol{2=\log_4 16}$ (2) $\boldsymbol{-2=\log_{10} 0.01}$ (3) $\boldsymbol{\frac{1}{2}=\log_9 3}$

보기 2 다음 등식을 $a^x=b$의 꼴로 나타내시오.

(1) $\log_{10} 1=0$ (2) $\log_3 243=5$ (3) $\log_{25} 5=0.5$

연구 (1) $\boldsymbol{10^0=1}$ (2) $\boldsymbol{3^5=243}$ (3) $\boldsymbol{25^{0.5}=5}$

보기 3 다음 값이 정의되기 위한 x의 값의 범위를 구하시오.

(1) $\log_3(x-2)^2$ (2) $\log_{x+2} 3$ (3) $\log_{x-2}(-x^2+4x-3)$

연구 $\boldsymbol{\log_a b}$가 정의되기 위한 조건은 $\Longrightarrow$ $\boldsymbol{a>0,\ a\neq1,\ b>0}$

(1) $(x-2)^2>0$이어야 하므로 $\boldsymbol{x\neq2}$

(2) $x+2>0$, $x+2\neq1$이어야 하므로 $\boldsymbol{-2<x<-1,\ x>-1}$

(3) 밑 : $x-2>0$, $x-2\neq1$, 진수 : $-x^2+4x-3>0$ $\therefore$ $\boldsymbol{2<x<3}$

기본 문제 2-1 다음 등식을 만족시키는 x의 값을 구하시오.

(1) $\log_8 0.25=x$ (2) $\log_{2\sqrt{2}} 64=x$ (3) $\log_x 81=2$

(4) $\log_x 9=\dfrac{2}{3}$ (5) $\log_{25} x=1.5$ (6) $\log_5(\log_{32} x)=-1$

정석연구 $\log_a b=m$의 꼴에서 a, b, m 중 어느 두 값을 알고 나머지 한 값을 구하고자 할 때에는 대개의 경우

정석 $\log_a b=m$의 꼴을 $\Longrightarrow$ $a^m=b$의 꼴로 변형

하여 구하면 된다. 이때, 밑과 진수의 조건에 주의한다.

모범답안 (1) $\log_8 0.25=x$에서 $8^x=0.25$

$\therefore (2^3)^x=\dfrac{1}{4}$ $\therefore 2^{3x}=2^{-2}$ $\therefore 3x=-2$ $\therefore \boldsymbol{x=-\dfrac{2}{3}}$ ← 답

(2) $\log_{2\sqrt{2}} 64=x$에서 $(2\sqrt{2})^x=64$ 곧, $(\sqrt{8})^x=64$

$\therefore (8^{\frac{1}{2}})^x=8^2$ $\therefore 8^{\frac{1}{2}x}=8^2$ $\therefore \dfrac{1}{2}x=2$ $\therefore \boldsymbol{x=4}$ ← 답

(3) $\log_x 81=2$에서 $x^2=81$

그런데 $x>0,\ x\neq1$이어야 하므로 $\boldsymbol{x=9}$ ← 답

(4) $\log_x 9=\dfrac{2}{3}$에서 $x^{\frac{2}{3}}=9$

양변을 $\dfrac{3}{2}$제곱하면 $(x^{\frac{2}{3}})^{\frac{3}{2}}=9^{\frac{3}{2}}$ $\therefore x=(3^2)^{\frac{3}{2}}$ $\therefore \boldsymbol{x=27}$ ← 답

(5) $\log_{25} x=1.5$에서 $25^{1.5}=x$

$\therefore (5^2)^{1.5}=x$ $\therefore 5^3=x$ $\therefore \boldsymbol{x=125}$ ← 답

(6) $\log_5(\log_{32} x)=-1$에서 $5^{-1}=\log_{32} x$

곧, $\log_{32} x=\dfrac{1}{5}$에서 $32^{\frac{1}{5}}=x$ $\therefore (2^5)^{\frac{1}{5}}=x$ $\therefore \boldsymbol{x=2}$ ← 답

유제 2-1. 다음 값을 구하시오.

(1) $\log_3 81$ (2) $\log_8 2$ (3) $\log_7 \dfrac{1}{\sqrt{7}}$

(4) $\log_2(\cos 45^\circ)$ (5) $\log_{2\sqrt{5}} 400$ (6) $\log_2(4^{\frac{3}{4}}\times\sqrt{2^5})^{\frac{1}{2}}$

답 (1) **4** (2) $\boldsymbol{\dfrac{1}{3}}$ (3) $\boldsymbol{-\dfrac{1}{2}}$ (4) $\boldsymbol{-\dfrac{1}{2}}$ (5) **4** (6) **2**

유제 2-2. 다음 등식을 만족시키는 x의 값을 구하시오.

(1) $\log_x 4=4$ (2) $\log_x 81=-\dfrac{4}{3}$ (3) $\log_8(\log_{81} x)=-1$

답 (1) $\boldsymbol{x=\sqrt{2}}$ (2) $\boldsymbol{x=\dfrac{1}{27}}$ (3) $\boldsymbol{x=\sqrt{3}}$

§2. 로그의 성질

1 로그의 기본 성질

로그에서는 다음 성질이 성립한다.

기본정석 — 로그의 기본 성질

$a>0,\ a\neq1$이고 $x>0,\ y>0$일 때,

(1) $\log_a a=1,\ \log_a 1=0$　　(2) $\log_a xy=\log_a x+\log_a y$

(3) $\log_a \dfrac{x}{y}=\log_a x-\log_a y$　　(4) $\log_a x^n=n\log_a x$ (n은 실수)

Advice 1° 위의 기본 성질은 공식으로 암기함과 동시에 활용하는 능력도 함께 길러 두어야 한다.

또한 공식을 유도하는 과정도 익혀 두길 바란다.

(1) $a^1=a$로부터　$\log_a a=1$,　$a^0=1$로부터　$\log_a 1=0$

(예) $\log_{10}10=1$,　$\log_3 3=1$,　$\log_{10}1=0$,　$\log_3 1=0$

(2) $\log_a x=p$, $\log_a y=q$로 놓으면　$a^p=x,\ a^q=y$

$$\therefore\ xy=a^p\times a^q=a^{p+q}\qquad 곧,\ a^{p+q}=xy$$

로그의 정의에 의하여

$$\log_a xy=p+q\qquad 곧,\ \log_a xy=\log_a x+\log_a y$$

일반적으로 양수 $x_1,\ x_2,\ \cdots,\ x_n$에 대하여 다음 성질이 성립한다.

$$\log_a(x_1\times x_2\times\cdots\times x_n)=\log_a x_1+\log_a x_2+\cdots+\log_a x_n$$

(예) $\log_2 14=\log_2(2\times7)=\log_2 2+\log_2 7=1+\log_2 7$,
$\log_4 105=\log_4(3\times5\times7)=\log_4 3+\log_4 5+\log_4 7$

(3) $\log_a x=p$, $\log_a y=q$로 놓으면　$a^p=x,\ a^q=y$

$$\therefore\ \frac{x}{y}=\frac{a^p}{a^q}=a^{p-q}\qquad 곧,\ a^{p-q}=\frac{x}{y}$$

로그의 정의에 의하여　$\log_a\dfrac{x}{y}=p-q$　　곧, $\log_a\dfrac{x}{y}=\log_a x-\log_a y$

(예) $\log_2\dfrac{7}{3}=\log_2 7-\log_2 3$,　$\log_{10}\dfrac{2\times7}{3}=\log_{10}2+\log_{10}7-\log_{10}3$

(4) $\log_a x=p$로 놓으면　$a^p=x$　　$\therefore\ a^{np}=x^n$

로그의 정의에 의하여　$\log_a x^n=np$　　곧, $\log_a x^n=n\log_a x$

(예) $\log_a x^3=3\log_a x$,　$\log_3 81=\log_3 3^4=4\log_3 3=4\times1=4$

보기 1 x, y, z가 양수일 때, 다음을 $\log_a x$, $\log_a y$, $\log_a z$로 나타내시오.

(1) $\log_a x^2y^3z$　　(2) $\log_a \dfrac{x^4}{yz^2}$

연구 ABC를 $(AB)\times C$로 생각하면 $\log_a ABC$는 다음과 같이 변형할 수 있다.

정석 $A>0,\ B>0,\ C>0$일 때,

$$\log_a ABC=\log_a AB+\log_a C=\log_a A+\log_a B+\log_a C$$

(1) $\log_a x^2y^3z=\log_a x^2+\log_a y^3+\log_a z=\mathbf{2\log_a x+3\log_a y+\log_a z}$

(2) $\log_a \dfrac{x^4}{yz^2}=\log_a x^4-(\log_a y+\log_a z^2)=\mathbf{4\log_a x-\log_a y-2\log_a z}$

보기 2 다음 값을 구하시오.

(1) $\log_a a^3$　　(2) $\log_{a^2} a$　　(3) $\log_a \dfrac{\sqrt[3]{a}}{a^2}$

연구 (1) $\log_a a^3=3\log_a a=3\times1=\mathbf{3}$

(2) $\log_{a^2} a=\log_{a^2}(a^2)^{\frac{1}{2}}=\dfrac{1}{2}\log_{a^2} a^2=\dfrac{1}{2}\times1=\mathbf{\dfrac{1}{2}}$

(3) $\log_a \dfrac{\sqrt[3]{a}}{a^2}=\log_a \sqrt[3]{a}-\log_a a^2=\dfrac{1}{3}\log_a a-2\log_a a=\dfrac{1}{3}\times1-2\times1=\mathbf{-\dfrac{5}{3}}$

보기 3 $A=\log_a \dfrac{x^2}{y^3}$, $B=\log_a \dfrac{y^2}{x^3}$일 때, $3A+2B$를 간단히 하시오.

연구 $3A+2B=3\log_a \dfrac{x^2}{y^3}+2\log_a \dfrac{y^2}{x^3}=\log_a\left(\dfrac{x^2}{y^3}\right)^3+\log_a\left(\dfrac{y^2}{x^3}\right)^2$

$=\log_a \dfrac{x^6}{y^9}+\log_a \dfrac{y^4}{x^6}=\log_a\left(\dfrac{x^6}{y^9}\times\dfrac{y^4}{x^6}\right)=\log_a \dfrac{1}{y^5}=\mathbf{-5\log_a y}$

Advice 2° $f(x)=\log_a x$일 때, 로그의 성질은 다음과 같이 나타낼 수 있다.

$x>0,\ y>0$이고 n은 실수일 때,

$$f(xy)=f(x)+f(y),\quad f\left(\frac{x}{y}\right)=f(x)-f(y),\quad f(x^n)=nf(x)$$

Advice 3° 이를테면

$$\log_a(x+y)=\log_a x+\log_a y,\quad \log_a xy=\log_a x\times\log_a y$$

와 같이 착각에서 오는 잘못을 저지르는 학생이 적지 않다.

이와 같은 일이 없도록 특히 주의하길 바란다.

$\log_a(x+y)\neq\log_a x+\log_a y$	$\log_a(x-y)\neq\log_a x-\log_a y$
$\log_a xy\neq\log_a x\times\log_a y$	$\log_a \dfrac{x}{y}\neq\dfrac{\log_a x}{\log_a y}$
$(\log_a x)^n\neq\log_a x^n$	$\log_{ab} x\neq\log_a x+\log_b x$

2 밑의 변환 공식

로그의 밑을 다른 수로 바꾸고자 할 때, 다음 공식을 이용한다.

기본정석 — 밑의 변환 공식

$a>0,\ a\neq1,\ b>0$일 때,

(1) $\log_a b=\dfrac{\log_c b}{\log_c a}\ (c>0,\ c\neq1)$ (2) $\log_a b=\dfrac{1}{\log_b a}\ (b\neq1)$

Advice | 이 공식은 다음과 같이 증명한다.

(1) $\log_a b=x$로 놓으면 $a^x=b$

양변의 $c\,(c>0,\ c\neq1)$를 밑으로 하는 로그를 잡으면 $\log_c a^x=\log_c b$

$$\therefore\ x\log_c a=\log_c b \qquad \therefore\ x=\frac{\log_c b}{\log_c a} \qquad \text{곧, } \log_a b=\frac{\log_c b}{\log_c a}$$

(예) $\log_2 3=\dfrac{\log_{10}3}{\log_{10}2},\quad \log_2 3=\dfrac{\log_5 3}{\log_5 2},\quad \log_3 2=\dfrac{\log_7 2}{\log_7 3}$

Note 위와 같이 $A=B$의 꼴을 $\log_c A=\log_c B$의 꼴로 변형하는 것을

양변의 c를 밑으로 하는 로그를 잡는다

고 말한다.

(2) $\log_a b=x$로 놓으면 $a^x=b$

양변의 $b\,(b>0,\ b\neq1)$를 밑으로 하는 로그를 잡으면 $\log_b a^x=\log_b b$

$$\therefore\ x\log_b a=1 \qquad \therefore\ x=\frac{1}{\log_b a} \qquad \text{곧, } \log_a b=\frac{1}{\log_b a}$$

(예) $\log_2 3=\dfrac{1}{\log_3 2},\quad \log_5 7=\dfrac{1}{\log_7 5}$

Note (1)에서 특히 $c=b$일 때 $\log_a b=\dfrac{\log_b b}{\log_b a}=\dfrac{1}{\log_b a}$

보기 4 다음 값을 구하시오.

(1) $\log_2 3\times\log_3 2$ (2) $\log_2 3\times\log_3 4\times\log_4 2$

연구 밑이 각각 다르다. 이와 같이

정석 밑이 다를 때는 ⟹ 밑을 같게 한다.

(1) $\log_2 3\times\log_3 2=\dfrac{\log_{10}3}{\log_{10}2}\times\dfrac{\log_{10}2}{\log_{10}3}=\mathbf{1}$ ⇦ 또는 $\log_3 2=\dfrac{1}{\log_2 3}$을 이용

(2) $\log_2 3\times\log_3 4\times\log_4 2=\dfrac{\log_{10}3}{\log_{10}2}\times\dfrac{\log_{10}4}{\log_{10}3}\times\dfrac{\log_{10}2}{\log_{10}4}=\mathbf{1}$

Note (1), (2)를 일반화하면 다음과 같다.

$$\log_a b\times\log_b a=1,\quad \log_a b\times\log_b c\times\log_c a=1$$

기본 문제 2-2 $\log_{10}2=a$, $\log_{10}3=b$일 때, 다음을 a, b로 나타내시오.

(1) $\log_{10}5$ (2) $\log_{10}600$ (3) $\log_{10}0.72$ (4) $\log_{10}\sqrt[3]{500}$

정석연구 특히 $5=10\div2$인 것에 착안하여

$$\log_{10}5=\log_{10}\frac{10}{2}=\log_{10}10-\log_{10}2=1-\log_{10}2$$

와 같이 변형할 수 있다. 자주 이용되므로 기억해 두길 바란다.

우리가 일상생활에서 주로 사용하는 수는 십진법으로 나타낸 수이므로 로그의 계산에서도 10을 밑으로 하는 로그를 사용하는 것이 편리하다. 그래서 로그에서는 10을 밑으로 하는 로그를 자주 사용한다. 이것을 상용로그라고 한다 (p. 35 참조). 상용로그에서는 밑 10을 생략하기도 한다.

이 책에서도 밑이 생략된 로그는 상용로그를 뜻하는 것으로 약속한다.

정 의 $\log_{10}A=\log A$

모범답안 (1) $\log_{10}5=\log_{10}\frac{10}{2}=\log_{10}10-\log_{10}2=1-\log_{10}2=\boldsymbol{1-a}$ ← 답

(2) $\log_{10}600=\log_{10}(2\times3\times10^2)=\log_{10}2+\log_{10}3+\log_{10}10^2$

$=\boldsymbol{a+b+2}$ ← 답

(3) $\log_{10}0.72=\log_{10}\frac{72}{100}=\log_{10}\frac{2^3\times3^2}{10^2}=\log_{10}2^3+\log_{10}3^2-\log_{10}10^2$

$=3\log_{10}2+2\log_{10}3-2\log_{10}10=\boldsymbol{3a+2b-2}$ ← 답

(4) $\log_{10}\sqrt[3]{500}=\log_{10}500^{\frac{1}{3}}=\frac{1}{3}\log_{10}500=\frac{1}{3}\log_{10}\frac{1000}{2}$

$=\frac{1}{3}(\log_{10}10^3-\log_{10}2)=\frac{1}{3}(3-a)=\boldsymbol{-\frac{1}{3}a+1}$ ← 답

Advice | $\log_{10}1=0$, $\log_{10}10=1$,

$\log_{10}100=\log_{10}10^2=2\log_{10}10=2$,

$\log_{10}1000=\log_{10}10^3=3\log_{10}10=3$

또, $\log_{10}0.1=\log_{10}\frac{1}{10}=\log_{10}10^{-1}=-1$,

$\log_{10}0.01=\log_{10}\frac{1}{100}=\log_{10}10^{-2}=-2$

이며, 이 결과는 자주 이용되므로 기억해 두는 것이 좋다.

$\cdots$
$\log_{10}100=2$
$\log_{10}10=1$
$\log_{10}1=0$
$\log_{10}0.1=-1$
$\log_{10}0.01=-2$
$\cdots$

유제 **2**-3. $\log2=a$, $\log3=b$일 때, 다음을 a, b로 나타내시오.

(1) $\log50$ (2) $\log1.08$ (3) $\log\left(\frac{3}{5}\right)^{-20}$ (4) $\log0.48$

답 (1) $\boldsymbol{2-a}$ (2) $\boldsymbol{2a+3b-2}$ (3) $\boldsymbol{-20(a+b-1)}$ (4) $\boldsymbol{4a+b-2}$

기본 문제 2-3 다음 물음에 답하시오.

(1) $\log_3 6=a$일 때, $\log_3 288$을 a로 나타내시오.

(2) $\log 0.5=a$, $\log 9=b$일 때, $\log 72$를 a, b로 나타내시오.

(3) $\log 6=2a$, $\log 1.5=2b$일 때, $\log 24$를 a, b로 나타내시오.

정석연구 (1) $\log_3 288=\log_3(2^5\times 3^2)=\log_3 2^5+\log_3 3^2=5\boldsymbol{\log_3 2}+2$

(2) $\log 72=\log(2^3\times 3^2)=\log 2^3+\log 3^2=3\boldsymbol{\log 2}+2\boldsymbol{\log 3}$

(3) $\log 24=\log(2^3\times 3)=\log 2^3+\log 3=3\boldsymbol{\log 2}+\boldsymbol{\log 3}$

위와 같이 변형되므로 먼저

(1)은 조건식으로부터 $\log_3 2$의 값을 구해 보고,

(2), (3)은 조건식으로부터 $\log 2$, $\log 3$의 값을 구해 본다.

정석 $a>0$, $a\neq 1$이고 $x>0$, $y>0$일 때,

$$\log_a xy=\log_a x+\log_a y,\quad \log_a x^n=n\log_a x \ (n\text{은 실수})$$

모범답안 (1) $\log_3 6=a$에서 좌변을 변형하면

$\log_3(2\times 3)=a \quad \therefore \log_3 2+\log_3 3=a \quad \therefore \log_3 2=a-1$

$\therefore \log_3 288=\log_3(2^5\times 3^2)=\log_3 2^5+\log_3 3^2=5\log_3 2+2\log_3 3$

$=5(a-1)+2=\boldsymbol{5a-3}$ ← 답

(2) $\log 0.5=a$에서 $\log 2^{-1}=a \quad \therefore -\log 2=a \quad \therefore \log 2=-a$

$\log 9=b$에서 $\log 3^2=b \quad \therefore 2\log 3=b \quad \therefore \log 3=\dfrac{b}{2}$

$\therefore \log 72=\log(2^3\times 3^2)=\log 2^3+\log 3^2=3\log 2+2\log 3$

$=3\times(-a)+2\times\dfrac{b}{2}=\boldsymbol{-3a+b}$ ← 답

(3) $\log 6=2a$에서 $\log(2\times 3)=2a \quad \therefore \log 2+\log 3=2a$ ……①

$\log 1.5=2b$에서 $\log\dfrac{3}{2}=2b \quad \therefore \log 3-\log 2=2b$ ……②

①+②하면 $2\log 3=2(a+b) \quad \therefore \log 3=a+b$

①−②하면 $2\log 2=2(a-b) \quad \therefore \log 2=a-b$

$\therefore \log 24=\log(2^3\times 3)=\log 2^3+\log 3=3\log 2+\log 3$

$=3(a-b)+(a+b)=\boldsymbol{4a-2b}$ ← 답

유제 **2**-4. $\log_2 12=a$일 때, $\log_2 9$를 a로 나타내시오. 답 $\boldsymbol{2a-4}$

유제 **2**-5. $\log\left(1-\dfrac{1}{3}\right)=a$, $\log\left(1-\dfrac{1}{9}\right)=b$일 때, $\log\left(1-\dfrac{1}{81}\right)$을 a, b로 나타내시오. 답 $\boldsymbol{6a-b+1}$

기본 문제 2-4 다음 값을 구하시오.

(1) $4\log_3\sqrt{3}+3\log_3 2+6\log_3(\sin 45^\circ)$

(2) $\dfrac{\log 2+\log\sqrt{3}-\log\sqrt{15}}{\log 0.8}$ (3) $(\log_9 4+\log_9 2)(\log_4 162-\log_4 2)$

정석연구 (1), (2) 다음 로그의 성질을 이용한다.

정석 $a>0,\ a\neq 1$이고 $x>0,\ y>0$일 때,

$$\log_a xy=\log_a x+\log_a y,\quad \log_a\frac{x}{y}=\log_a x-\log_a y$$
$$\log_a x^n=n\log_a x\ (n\text{은 실수})$$

(3) 이를테면 $\log_{3^2}5^4$과 같이 밑과 진수가 a^m, b^n의 꼴인 경우에는

$$\log_{a^m}b^n=\frac{\log b^n}{\log a^m}=\frac{n\log b}{m\log a}=\frac{n}{m}\log_a b \qquad ⇦ \log_a b=\frac{\log_c b}{\log_c a}$$

임을 이용하면 편리할 때가 있다.

정석 $a>0,\ a\neq 1,\ b>0$이고 $m(m\neq 0)$, n이 실수일 때,

$$\log_{a^m}b^n=\frac{n}{m}\log_a b$$

모범답안 (1) (준 식)$=\log_3(\sqrt{3})^4+\log_3 2^3+\log_3\left(\dfrac{1}{\sqrt{2}}\right)^6=\log_3\left(9\times 8\times\dfrac{1}{8}\right)$

$=\log_3 9=\log_3 3^2=2\log_3 3=\mathbf{2}$ ← 답

(2) (분자)$=\log\left(2\times\sqrt{3}\times\dfrac{1}{\sqrt{15}}\right)=\log\dfrac{2}{\sqrt{5}}$, (분모)$=\log\dfrac{8}{10}=\log\dfrac{4}{5}$이므로

$$(\text{준 식})=\frac{\log\frac{2}{\sqrt{5}}}{\log\frac{4}{5}}=\frac{\log\frac{2}{\sqrt{5}}}{\log\left(\frac{2}{\sqrt{5}}\right)^2}=\frac{\log\frac{2}{\sqrt{5}}}{2\log\frac{2}{\sqrt{5}}}=\mathbf{\frac{1}{2}} \leftarrow \text{답}$$

(3) (준 식)$=\log_9(4\times 2)\times\log_4\dfrac{162}{2}=\log_9 8\times\log_4 81=\log_{3^2}2^3\times\log_{2^2}3^4$

$=\dfrac{3}{2}\log_3 2\times\dfrac{4}{2}\log_2 3=\mathbf{3}$ ← 답 ⇦ $\log_a b\times\log_b a=1$

유제 **2**-6. 다음 값을 구하시오.

(1) $2\log 5+4\log\sqrt{2}$ (2) $\log 2+\log\sqrt{10}-\log\sqrt{0.4}$

(3) $\dfrac{\log\sqrt{27}+\log 8-\log\sqrt{1000}}{\log\sqrt{1.2}}$ (4) $\dfrac{\log_2\sqrt{810}+\log_2\sqrt{3.6}+\frac{1}{2}}{\log_2 63-\log_2 3.5}$

(5) $(\log_8 2^5+\log_{49}7)\times\log_{0.1}10^6$ (6) $(\log_a b+\log_{a^2}b^2)(\log_b a^2+\log_{b^2}a)$

답 (1) **2** (2) **1** (3) **3** (4) $\mathbf{\frac{3}{2}}$ (5) **−13** (6) **5**

기본 문제 **2**-5 이차방정식 $x^2-5x+5=0$의 두 근을 α, β라고 하자.
(1) $\log_6(\alpha+\beta^{-1})+\log_6(\beta+\alpha^{-1})+\log_6\alpha\beta$의 값을 구하시오.
(2) $d=\alpha-\beta\,(\alpha>\beta)$일 때, $\log_d\alpha+\log_d\beta$의 값을 구하시오.

정석연구 로그의 성질을 이용하면

(1) $\log_6(\alpha+\beta^{-1})(\beta+\alpha^{-1})\alpha\beta$ (2) $\log_d\alpha\beta$

이다.

공통수학**1**에서 공부한 이차방정식의 근과 계수의 관계를 이용한다.

정 석 이차방정식 $\boldsymbol{ax^2+bx+c=0}$의 두 근을 α, β라고 할 때,

$$\alpha+\beta=-\frac{\boldsymbol{b}}{\boldsymbol{a}},\quad \alpha\beta=\frac{\boldsymbol{c}}{\boldsymbol{a}}$$

모범답안 근과 계수의 관계로부터 $\alpha+\beta=5,\ \alpha\beta=5$

(1) (준 식)$=\log_6(\alpha+\beta^{-1})(\beta+\alpha^{-1})\alpha\beta$

$$=\log_6\left(\alpha+\frac{1}{\beta}\right)\left(\beta+\frac{1}{\alpha}\right)\alpha\beta=\log_6\left(\alpha\beta+1+1+\frac{1}{\alpha\beta}\right)\alpha\beta$$

$$=\log_6\{(\alpha\beta)^2+2\alpha\beta+1\}=\log_6(\alpha\beta+1)^2$$

$$=\log_6(5+1)^2=\log_6 6^2=\mathbf{2} \longleftarrow \boxed{답}$$

(2) $\alpha>\beta$이므로 $d=\alpha-\beta>0$

$$\therefore\ d=\alpha-\beta=\sqrt{(\alpha-\beta)^2}=\sqrt{(\alpha+\beta)^2-4\alpha\beta}=\sqrt{5^2-4\times5}=\sqrt{5}$$

$$\therefore\ \log_d\alpha+\log_d\beta=\log_d\alpha\beta=\log_{\sqrt{5}}5=\log_{\sqrt{5}}(\sqrt{5})^2=\mathbf{2} \longleftarrow \boxed{답}$$

Advice | (2)에서 $\log_{\sqrt{5}}5$의 값은 다음 방법으로 구할 수도 있다.

(i) $\log_{\sqrt{5}}5=x$로 놓으면

$$\log_{\sqrt{5}}5=x \iff (\sqrt{5})^x=5 \quad \therefore\ 5^{\frac{1}{2}x}=5^1 \quad \therefore\ \frac{1}{2}x=1 \quad \therefore\ x=\mathbf{2}$$

(ii) $\log_{\sqrt{5}}5=\log_{5^{\frac{1}{2}}}5^1=\dfrac{1}{\frac{1}{2}}=\mathbf{2}$

유제 **2**-7. 이차방정식 $x^2-8x+2=0$의 두 근을 α, β라고 할 때, $\log_2(\alpha^{-1}+\beta^{-1})$의 값을 구하시오. 답 **2**

유제 **2**-8. 이차방정식 $x^2-8x+4=0$의 두 근을 α, β라고 할 때, $\log_{\frac{2}{5}}\left(\alpha+\dfrac{1}{\beta}\right)+\log_{\frac{2}{5}}\left(\beta+\dfrac{1}{\alpha}\right)$의 값을 구하시오. 답 **−2**

유제 **2**-9. 이차방정식 $x^2-6x+2=0$의 두 근을 α, β라 하고, $d=\alpha^2+\beta^2$이라고 할 때, $\log_d\alpha^3+\log_d\beta^3$의 값을 구하시오. 답 $\mathbf{\frac{3}{5}}$

기본 문제 **2**-6 다음 물음에 답하시오.

(1) $f(x)=3^{2x}$이고 $a=\log_9 2+\log_9 4$일 때, $f(a)$의 값을 구하시오.

(2) $(3^{\log 4}+2^{\log 9})\times 3^{\log\frac{1}{4}}$의 값을 구하시오.

정석연구 다음 두 성질은 지수가 로그인 꼴을 정리할 때 이용하면 편리하다. 공식으로 기억해 두고 활용하길 바란다.

(i) 로그의 정의로부터

$$a^x=b \iff x=\log_a b$$

이다. 곧, $a^{\square}=b$를 만족시키는 $\square$를 $\log_a b$로 나타내기로 약속한 것이다.

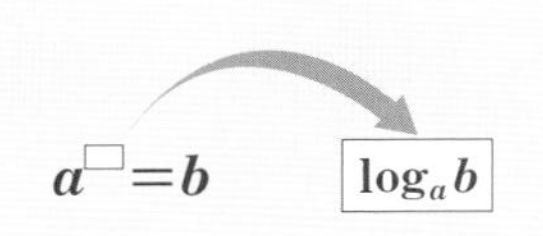

따라서

정석 $a^{\log_a b}=b$

가 성립한다. 이를테면 $3^{\log_3 2}=2$, $10^{\log_{10}3}=3$이다.

(ii) $a^{\log_b c}=a^{\frac{\log_a c}{\log_a b}}=(a^{\log_a c})^{\frac{1}{\log_a b}}=(a^{\log_a c})^{\log_b a}=c^{\log_b a}$이다.

곧, $a^{\log_b c}=c^{\log_b a}$이 성립한다.

정석 $a^{\log_b c}=c^{\log_b a}$ ⇦ a와 c를 서로 바꿀 수 있다.

모범답안 (1) $f(x)=3^{2x}$이고, $a=\log_9 2+\log_9 4=\log_9(2\times 4)=\log_9 8$이므로

$f(a)=3^{2a}=(3^2)^a=9^a=9^{\log_9 8}=\mathbf{8}$ ← 답

(2) (준 식)$=(3^{\log 4}+2^{\log 3^2})\times 3^{\log 4^{-1}}=(3^{\log 4}+2^{2\log 3})\times 3^{-\log 4}$

$=(3^{\log 4}+4^{\log 3})\times 3^{-\log 4}=(3^{\log 4}+3^{\log 4})\times 3^{-\log 4}$

$=2\times 3^{\log 4}\times 3^{-\log 4}=\mathbf{2}$ ← 답

* ***Note*** (1)은 다음과 같이 풀 수도 있다.

$a=\log_9(2\times 4)=\log_9 8=\log_{3^2}2^3=\frac{3}{2}\log_3 2$

$\therefore f(a)=3^{2a}=3^{3\log_3 2}=3^{\log_3 2^3}=3^{\log_3 8}=8$

유제 **2**-10. 다음을 간단히 하시오.

(1) $3^{3\log_3 2+\log_3 5-\log_3 4}$ (2) $a^{\frac{\log(\log a)}{\log a}}$ $(a>1)$ 답 (1) **10** (2) $\mathbf{\log a}$

유제 **2**-11. $f(x)=(\sqrt{3})^x$이고 $a=\log_3 10\sqrt{6}-\frac{1}{2}\log_3\frac{1}{5}-\frac{3}{2}\log_3\sqrt[3]{30}$일 때, $f(a)$의 값을 구하시오. 답 $\sqrt{10}$

유제 **2**-12. 다음 중 $5^{\log_3 2}$과 같은 것은?

① $2^{\log_5 3}$ ② $2^{\log_3 5}$ ③ $3^{\log_5 2}$ ④ $3^{\log_2 5}$ ⑤ $5^{\log_2 3}$ 답 ②

기본 문제 2-7 $45^x=27$, $5^y=81$일 때, 다음 물음에 답하시오.

(1) x, y의 값을 각각 로그를 이용하여 나타내시오.

(2) $\dfrac{3}{x}-\dfrac{4}{y}$의 값을 구하시오.

정석연구 (1) x, y의 값은 다음 로그의 정의를 이용하여 구한다.

정 의 $a^x=b \iff x=\log_a b$

곧, $45^x=27$에서 로그의 정의로부터 $x=\mathbf{\log_{45}27}$ ……①

$5^y=81$에서 로그의 정의로부터 $y=\mathbf{\log_5 81}$ ……②

또는 다음 성질을 이용하여 구할 수도 있다.

정 석 $A>0$, $B>0$일 때, $A=B \iff \log_a A=\log_a B$

$45^x=27$에서 $\log 45^x=\log 27$

$\therefore x\log 45=\log 27$

$\therefore x=\dfrac{\mathbf{\log 27}}{\mathbf{\log 45}}$ ……③

$5^y=81$에서 $\log 5^y=\log 81$

$\therefore y\log 5=\log 81$

$\therefore y=\dfrac{\mathbf{\log 81}}{\mathbf{\log 5}}$ ……④

밑의 변환 공식으로부터 ①과 ③, ②와 ④가 같은 값임을 알 수 있다.

모범답안 (1) **정석연구** 참조

(2) $\dfrac{3}{x}-\dfrac{4}{y}=3\times\dfrac{\log 45}{\log 27}-4\times\dfrac{\log 5}{\log 81}=3\times\dfrac{\log 45}{3\log 3}-4\times\dfrac{\log 5}{4\log 3}$

$=\dfrac{\log 45-\log 5}{\log 3}=\dfrac{\log 9}{\log 3}=\dfrac{2\log 3}{\log 3}=\mathbf{2}$ ← 답

Advice | (2)는 다음 방법으로 구할 수도 있다.

(i) $x=\log_{45}27=3\log_{45}3$, $y=\log_5 81=4\log_5 3$이므로

$\dfrac{3}{x}-\dfrac{4}{y}=\dfrac{3}{3\log_{45}3}-\dfrac{4}{4\log_5 3}=\log_3 45-\log_3 5=\log_3\dfrac{45}{5}=\log_3 3^2=\mathbf{2}$

(ii) $45^x=27$에서 $45^x=3^3$ $\therefore 45=3^{\frac{3}{x}}$ ……⑤

$5^y=81$에서 $5^y=3^4$ $\therefore 5=3^{\frac{4}{y}}$ ……⑥

⑤÷⑥하면 $\dfrac{45}{5}=3^{\frac{3}{x}}\div 3^{\frac{4}{y}}$ $\therefore 3^2=3^{\frac{3}{x}-\frac{4}{y}}$ $\therefore \dfrac{3}{x}-\dfrac{4}{y}=\mathbf{2}$

유제 **2**-13. $11.2^x=1000$, $0.112^y=1000$일 때, $\dfrac{1}{x}-\dfrac{1}{y}$의 값을 구하시오.

답 $\mathbf{\dfrac{2}{3}}$

유제 **2**-14. a, b, c가 양수이고, $a^x=b^y=c^z=81$, $\log_3 abc=4$일 때, $\dfrac{1}{x}+\dfrac{1}{y}+\dfrac{1}{z}$의 값을 구하시오.

답 **1**

기본 문제 **2**-8 다음 물음에 답하시오.

(1) $10^x=a,\ 10^y=b,\ 10^z=c$ 일 때, $\log_{ab}\sqrt{b^2c}$ 를 $x,\ y,\ z$ 로 나타내시오.
단, $x+y\neq0$ 이다.

(2) $\log_2 3=a,\ \log_3 7=b$ 일 때, $\log_{42}56$ 을 $a,\ b$ 로 나타내시오.

정석연구 (1) $10^x=a,\ 10^y=b,\ 10^z=c$ 를 로그 형식으로 나타내면

$$\log_{10}a=x,\quad \log_{10}b=y,\quad \log_{10}c=z$$

이다. 이때, 밑이 모두 10이므로 $\log_{ab}\sqrt{b^2c}$ 의 밑도 10으로 변형한다.

(2) 먼저 조건식과 구하고자 하는 식의 밑을 3으로 통일한다.

정석 $\boldsymbol{\log_a b=\dfrac{1}{\log_b a},\quad \log_a b=\dfrac{\log_c b}{\log_c a}}$

모범답안 (1) $\log_{10}a=x,\ \log_{10}b=y,\ \log_{10}c=z$ 이므로

$$\log_{ab}\sqrt{b^2c}=\frac{\log_{10}\sqrt{b^2c}}{\log_{10}ab}=\frac{\frac{1}{2}(\log_{10}b^2+\log_{10}c)}{\log_{10}a+\log_{10}b}$$

$$=\frac{2\log_{10}b+\log_{10}c}{2(\log_{10}a+\log_{10}b)}=\boldsymbol{\frac{2y+z}{2(x+y)}} \longleftarrow \text{답}$$

(2) $\log_2 3=a$ 에서 $\dfrac{1}{\log_3 2}=a\quad \therefore\ \log_3 2=\dfrac{1}{a}$

$$\therefore\ \log_{42}56=\frac{\log_3 56}{\log_3 42}=\frac{\log_3(2^3\times7)}{\log_3(2\times3\times7)}=\frac{3\log_3 2+\log_3 7}{\log_3 2+\log_3 3+\log_3 7}$$

$$=\frac{3\times\frac{1}{a}+b}{\frac{1}{a}+1+b}=\boldsymbol{\frac{3+ab}{1+a+ab}} \longleftarrow \text{답}$$

유제 **2**-15. $a>1,\ b>1$ 일 때, $(3\log_8 a+2\log_2 b)\times\log_{ab^2}16$ 의 값을 구하시오.

답 **4**

유제 **2**-16. $3^x=a,\ 3^y=b$ 일 때, 다음을 $x,\ y$ 로 나타내시오.
단, $x\neq0,\ x+y\neq0$ 이다.

(1) $\log_a b$ (2) $\log_{a^2}b$ (3) $\log_{ab}a^2b$

답 (1) $\boldsymbol{\dfrac{y}{x}}$ (2) $\boldsymbol{\dfrac{y}{2x}}$ (3) $\boldsymbol{\dfrac{2x+y}{x+y}}$

유제 **2**-17. $\log_{10}2=a,\ \log_{10}3=b$ 일 때, 다음을 $a,\ b$ 로 나타내시오.

(1) $\log_{800}1.08$ (2) $\log_{\sqrt{12}}\sqrt[3]{48}$

답 (1) $\boldsymbol{\dfrac{2a+3b-2}{3a+2}}$ (2) $\boldsymbol{\dfrac{2(4a+b)}{3(2a+b)}}$

유제 **2**-18. $\log_2 3=a$ 일 때, $\log_3\sqrt{6\sqrt{6}}+\log_6\sqrt{3\sqrt{3}}$ 을 a 로 나타내시오.

답 $\boldsymbol{\dfrac{3(2a^2+2a+1)}{4a(a+1)}}$

연습문제 2

2-1 $\log_{10}(ax^2-ax+1)$이 모든 실수 x에 대하여 정의되기 위한 실수 a의 값의 범위를 구하시오.

2-2 $x=\sqrt{3}+\sqrt{2}$, $y=\sqrt{3}-\sqrt{2}$ 일 때, $\log_{625}(3x^2-5xy+3y^2)$의 값은?

① 0　② $\frac{1}{2}$　③ 1　④ $\frac{3}{2}$　⑤ 2

2-3 다음 ☐ 안에 충분, 필요, 필요충분 중에서 알맞은 것을 써넣으시오.
단, a, b는 1이 아닌 양수이다.

(1) x가 실수일 때, $a^x=b^x$은 $a=b$이기 위한 ☐조건이다.

(2) $x>0$일 때, $\log_a x=\log_b x$는 $a=b$이기 위한 ☐조건이다.

2-4 $\log_2 23$의 소수 첫째 자리 이하를 버린 값을 x, $\log_3 143$의 소수 첫째 자리에서 반올림한 값을 y라고 할 때, x^2+y^2의 값은? 단, $\sqrt{3}=1.7$로 계산한다.

① 32　② 41　③ 50　④ 61　⑤ 70

2-5 $a^3b^2=1\,(a>0,\ a\neq 1,\ b>0)$일 때, $\log_a a^2b^3$의 값을 구하시오.

2-6 1이 아닌 양수 x, y에 대하여 $xy=81$, $\log_x 3=\log_9 y$일 때, $\left(\log_3 \dfrac{x}{y}\right)^2$의 값을 구하시오.

2-7 다음 물음에 답하시오.

(1) $0<\log a<1$일 때, $\sqrt{\log 10a-\sqrt{\log a^4}}$을 간단히 하시오.

(2) $a=0.01$일 때, $\log(\sqrt{1+a^2}+1)-\log(\sqrt{1+a^2}-1)^{-1}$의 값을 구하시오.

2-8 $\dfrac{(\log 2)^3+(\log 5)^3-1}{(\log 2)^2+(\log 5)^2-1}$의 값을 구하시오.

2-9 다음 값을 구하시오.

(1) $\log\left(1+\frac{1}{1}\right)+\log\left(1+\frac{1}{2}\right)+\log\left(1+\frac{1}{3}\right)+\cdots+\log\left(1+\frac{1}{9}\right)$

(2) $\log_2(\log_3 4)+\log_2(\log_4 5)+\log_2(\log_5 6)+\cdots+\log_2(\log_{80} 81)$

2-10 $\log_2(2+\sqrt{3})$의 정수부분을 x, 소수부분을 y라고 할 때, 2^{xy}의 값을 구하시오.

2-11 양수 x, y, z가 $\log_2 x+2\log_4 y+3\log_8 z=1$을 만족시킬 때, $\{(2^x)^y\}^z$의 값을 구하시오.

2-12 다음 물음에 답하시오.

(1) $b^c=9$, $c^a=4$, $c^c=16$일 때, b^a의 값을 구하시오. 단, $b>0$, $c>0$이다.

(2) $4^x=5^y=20^z$일 때, $\dfrac{1}{x}+\dfrac{1}{y}-\dfrac{1}{z}$과 $yz+zx-xy$의 값을 구하시오.
단, $xyz\neq0$이다.

2-13 $\log_2\{\log_3(\log_4 x)\}=1$, $\log_4\{\log_3(\log_2 y)\}=1$일 때, $\log_8 x$와 $\log_x y$의 값을 구하시오.

2-14 $x>1$, $y>1$, $z>1$, $w>0$이고, $\log_x w=24$, $\log_y w=40$, $\log_{xyz} w=12$일 때, $\log_z w$의 값은?

① 32 ② 36 ③ 49 ④ 60 ⑤ 72

2-15 $\log_a b+3\log_b a=\dfrac{13}{2}$일 때, $\dfrac{a+b^4}{a^2+b^2}$의 값은? 단, $a>b>1$이다.

① 1 ② 2 ③ 3 ④ 4 ⑤ 5

2-16 1보다 큰 세 실수 a, b, c에 대하여 $\log_a c:\log_b c=3:2$일 때, $\log_a b+\log_b a$의 값을 구하시오.

2-17 삼각형의 세 변의 길이 a, b, c가

$$\log_{a+b}c+\log_{a-b}c=2\log_{a+b}c\times\log_{a-b}c$$

를 만족시킬 때, 이 삼각형은 어떤 삼각형인가? 단, $c\neq1$이다.

2-18 x에 관한 이차방정식 $x^2-px+q=0$의 두 근이 $\log_{a^2}b^4$, $\log_{b^2}a^4$일 때, 다음 중 옳은 것만을 있는 대로 고른 것은?
단, p, q는 상수이고, $a>1$, $b>1$이다.

ㄱ. $q=4$	ㄴ. $b=a^2$이면 $p=5$이다.
ㄷ. p의 최솟값은 4이다.	

① ㄱ ② ㄱ, ㄴ ③ ㄱ, ㄷ ④ ㄴ, ㄷ ⑤ ㄱ, ㄴ, ㄷ

2-19 다음 물음에 답하시오.

(1) $\log_3 4$는 유리수가 아님을 증명하시오.

(2) $p\log_3 12-q\log_3 4-2=0$을 만족시키는 유리수 p, q의 값을 구하시오.

2-20 $\log_9 3n^4-\log_3\sqrt[4]{n}$의 값이 100 이하의 자연수가 되도록 하는 자연수 n의 개수는?

① 11 ② 12 ③ 13 ④ 14 ⑤ 15

3. 상용로그

상용로그의 성질／상용로그의 활용

§1. 상용로그의 성질

1 상용로그

양수 A에 대하여 10을 밑으로 하는 로그 $\log_{10} A$를 상용로그라 하고, 보통 밑 10을 생략하여 **log A**와 같이 나타낸다. ⇦ p. 26 참조

10^n의 꼴로 나타내어지는 수에 대한 상용로그의 값은 이를테면

$$\log 10000 = \log 10^4 = 4\log 10 = 4,$$ ⇦ $\log 10 = \log_{10} 10 = 1$

$$\log 0.001 = \log 10^{-3} = -3\log 10 = -3$$

과 같이 로그의 성질을 이용하여 쉽게 구할 수 있다.

그러나 양수 A에 대하여 $\log A$의 값을 쉽게 구할 수 있는 일반적인 방법은 없다. 이 값은 상용로그표(p. 351, 352)를 이용하여 구한다.

다음 표는 상용로그표의 일부분이다. 상용로그표는 0.01의 간격으로 1.00부터 9.99까지의 수에 대한 상용로그의 값을 반올림하여 소수 넷째 자리까지 나타낸 것이다. 이를테면 이 표에서 $\log 3.24$의 값은 3.2의 가로줄과 4의 세로줄이 만나는 곳의 수 0.5105이다. 이 값은 반올림하여 구한 것이지만 편의상 등호를 사용하여 $\log 3.24 = 0.5105$로 나타낸다. 역으로 생각하면 상용로그의 값 0.5105로부터 진수 3.24를 알 수 있다.

수	0	1	2	3	4	5	6	7	8	9
1.0	.0000	.0043	.0086	.0128	.0170	.0212	.0253	.0294	.0334	.0374
⋮	⋮	⋮	⋮	⋮	⋮	⋮	⋮	⋮	⋮	⋮
3.1	.4914	.4928	.4942	.4955	.4969	.4983	.4997	.5011	.5024	.5038
3.2	.5051	.5065	.5079	.5092	**.5105**	.5119	.5132	.5145	.5159	.5172
3.3	.5185	.5198	.5211	.5224	.5237	.5250	.5263	.5276	.5289	.5302
⋮	⋮	⋮	⋮	⋮	⋮	⋮	⋮	⋮	⋮	⋮
9.9	.9956	.9961	.9965	.9969	.9974	.9978	.9983	.9987	.9991	.9996

보기 1 상용로그표를 이용하여 다음 값을 구하시오.

(1) $\log 3240$ (2) $\log 0.00324$

연구 상용로그표에서 $\log 3.24=0.5105$이므로

(1) $\log 3240=\log(3.24\times 10^3)=\log 10^3+\log 3.24=3+0.5105=\mathbf{3.5105}$

(2) $\log 0.00324=\log(3.24\times 10^{-3})=\log 10^{-3}+\log 3.24=-3+0.5105=\mathbf{-2.4895}$

보기 2 상용로그표를 이용하여 다음을 만족시키는 x의 값을 구하시오.

(1) $\log x=0.3324$ (2) $\log x=2.3324$ (3) $\log x=-2.6676$

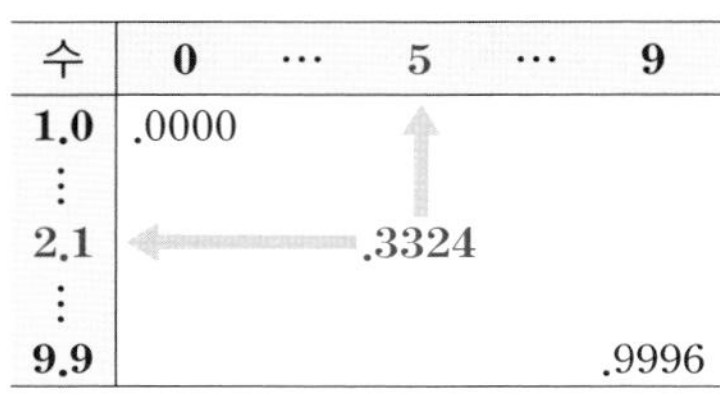

수	0	…	5	…	9
1.0	.0000				
⋮					
2.1	←		.3324		
⋮					
9.9					.9996

연구 (1) 상용로그표에서 0.3324를 찾은 다음, 가로줄의 2.1에 세로줄의 5를 이어 쓰면 진수 2.15를 얻는다. 곧,

$\log 2.15=0.3324$ $\therefore$ $\boldsymbol{x=2.15}$

(2) 상용로그표에는 $1\le A<10$인 A에 대한 $\log A$의 값이 계산되어 있기 때문에 상용로그의 값은 0.3324와 같이 0 이상 1 미만의 값이 나타나 있다. 따라서 2.3324와 같은 값은 나타나 있지 않다.

이런 경우에는 2.3324를 정수부분과 소수부분으로 나누어 다음과 같이 구한다.

$$\log x=2.3324=2+0.3324=\log 10^2+\log 2.15=\log(10^2\times 2.15)$$
$$=\log 215 \quad \therefore\ \boldsymbol{x=215}$$

(3) $\log x=-2.6676=-2-0.6676=(-2-1)+(1-0.6676)=-3+0.3324$

$$=\log 10^{-3}+\log 2.15=\log(10^{-3}\times 2.15)=\log 0.00215$$
$$\therefore\ \boldsymbol{x=0.00215}$$

2 상용로그의 성질

위의 **보기 1**에서 $\log 3.24=0.5105$임을 알고 $\log 3240$, $\log 0.00324$의 값을 구해 보았다. 이와 같은 방법으로 하면 진수인 3.24와 숫자 배열은 같고 소수점의 위치만 달리하는 수들, 곧

32.4, 324, 0.324, 0.0324

의 상용로그의 값도 다음과 같이 구할 수 있다.

① $\log 3.24=\mathbf{0+0.5105}=0.5105$

② $\log 32.4=\log(3.24\times 10)=\log 10+\log 3.24=\mathbf{1+0.5105}=1.5105$

③ $\log 324=\log(3.24\times 10^2)=\log 10^2+\log 3.24=\mathbf{2+0.5105}=2.5105$

④ $\log 0.324=\log(3.24\times 10^{-1})=\log 10^{-1}+\log 3.24=\mathbf{-1+0.5105}=-0.4895$

⑤ $\log 0.0324=\log(3.24\times 10^{-2})=\log 10^{-2}+\log 3.24=\mathbf{-2+0.5105}=-1.4895$

이와 같이 상용로그의 값은

(정수)+(0 이상 1 미만의 수) ⇦ (정수)$+\alpha$ $(0\le\alpha<1)$

의 꼴로 나타낼 수 있다. ⇦ $\log 100=2+0$

이때, 앞의 정수를 상용로그의 **지표**라 하고, 뒤의 0 이상 1 미만의 수를 상용로그의 **가수**라고 한다. 그러나 고등학교 교육과정에서는 이러한 용어를 사용하지 않고 있으므로 이 단원에서는 지표를 **상용로그의 정수부분**, 가수를 **상용로그의 소수부분**이라고 부르기로 한다.

앞면의 ①~⑤에서 붉은색 수와 초록색 수를 잘 살펴보면

첫째 — ①, ②, ③과 같이 진수가 1보다 큰 경우, 진수의 정수부분의 자릿수에 의하여 상용로그의 정수부분(붉은색 수)이 결정된다. 곧, 진수의 정수부분이 1자리 수이면 상용로그의 정수부분은 $1-1$, 2자리 수이면 상용로그의 정수부분은 $2-1$, 3자리 수이면 상용로그의 정수부분은 $3-1$, ⋯이다.

둘째 — ④, ⑤와 같이 진수가 1보다 작은 경우, 진수가 소수 몇째 자리에서 처음으로 0이 아닌 숫자가 나타나느냐에 따라 상용로그의 정수부분(붉은색 수)이 결정된다. 곧, 소수 첫째 자리이면 상용로그의 정수부분은 -1, 둘째 자리이면 상용로그의 정수부분은 -2, ⋯이다.

셋째 — ①~⑤와 같이 진수의 숫자 배열만 같으면 소수점의 위치에 관계없이 상용로그의 소수부분(초록색 수)은 항상 같은 값 0.5105이다.

이와 같은 상용로그의 성질을 정리하면 다음과 같다.

기본정석 **상용로그의 성질**

(1) 상용로그의 정수부분의 성질

양수 A의 상용로그의 값 $\log A$에 대하여

① 진수 A의 정수부분이 n자리 수이면 $\log A$의 정수부분은 $n-1$ 이다.

$$\log \underbrace{\square\square\square\cdots\square}_{n\text{자리}}.\square\square\square\cdots=(n-1)+0.\times\times\times\times$$

② 진수 A가 소수 n째 자리에서 처음으로 0이 아닌 숫자가 나타나면 $\log A$의 정수부분은 $-n$이다.

소수 n째 자리 ↓

$$\log 0.000\cdots0\square\square\square\cdots=-n+0.\times\times\times\times$$

(2) 상용로그의 소수부분의 성질

진수의 숫자 배열이 같은 수들의 상용로그의 소수부분은 같다.

Advice | 상용로그의 값을

$$\log A \Longrightarrow (\text{정수})+\alpha\ (0\le\alpha<1)$$

의 꼴로 나타낼 때, 소수부분 α가 같은 수들의 진수 A의 숫자 배열은 같다. 여기에서 소수부분 α는 **0** 이상 **1** 미만의 수라는 것에 특히 주의해야 한다.

이를테면 $-1.6308(=-1-0.6308)$에서 정수부분을 -1, 소수부분을 -0.6308이라고 해서는 안 된다. -0.6308이 음수이기 때문이다. 이때에는

$$-1.6308=-1-0.6308=(-1-1)+(1-0.6308)=-2+0.3692$$

로 고쳐 쓴 다음, 정수부분을 -2, 소수부분을 0.3692라고 해야 한다.

보기 3 $\log 4.38=0.6415$로 계산할 때, 다음 값을 구하시오.

(1) $\log 438000$ (2) $\log 0.00438$ (3) $\log 0.438^2$

연구 p. 36의 **보기 1**과 같은 유형의 문제이다. 여기에서는 앞에서 공부한 상용로그의 성질을 이용하여 값을 구해 보자. 이때,

정 석 상용로그의 정수부분은 진수의 소수점의 위치를 보고 정한다.
진수의 숫자 배열이 같은 수들의 상용로그의 소수부분은 같다.

(1) 438000은 6자리 수이므로 상용로그의 정수부분은 $6-1(=5)$이다.

$\therefore\ \log 438000=5+0.6415=\mathbf{5.6415}$

(2) 0.00438은 소수 셋째 자리에서 처음으로 0이 아닌 숫자가 나타나므로 상용로그의 정수부분은 -3이다.

$\therefore\ \log 0.00438=-3+0.6415=\mathbf{-2.3585}$

(3) $\log 0.438^2=2\log 0.438$에서 0.438은 소수 첫째 자리에서 처음으로 0이 아닌 숫자가 나타나므로 상용로그의 정수부분은 -1이다.

$\therefore\ \log 0.438^2=2\log 0.438=2(-1+0.6415)=\mathbf{-0.717}$

보기 4 $\log 23.4=1.3692$로 계산할 때, 다음을 만족시키는 x의 값을 구하시오.

(1) $\log x=4.3692$ (2) $\log x=-1.6308$

연구 p. 36의 **보기 2**와 같은 유형의 문제이다. 상용로그의 성질을 이용해 보자.

(1) $\log x=4.3692$에서 상용로그의 정수부분이 4이므로 x는 정수부분이 5자리 수이다. 또, $\log 23.4=1.3692$와 상용로그의 소수부분이 같으므로 진수 x의 숫자 배열은 23.4의 숫자 배열과 같다. $\therefore\ \boldsymbol{x=23400}$

(2) $\log x=-2+0.3692$에서 상용로그의 정수부분이 -2이므로 x는 소수 둘째 자리에서 처음으로 0이 아닌 숫자가 나타난다. 또, $\log 23.4=1.3692$와 상용로그의 소수부분이 같으므로 진수 x의 숫자 배열은 23.4의 숫자 배열과 같다. $\therefore\ \boldsymbol{x=0.0234}$

기본 문제 **3**-1 다음 수는 「몇 자리 수인가」 또는 「소수 몇째 자리에서 처음으로 0이 아닌 숫자가 나타나는가」를 조사하시오.
단, $\log 2=0.3010$, $\log 3=0.4771$로 계산한다.

(1) 6^{100} (2) $\{(5^5)^5\}^5$ (3) $2^{30}\times 3^{20}$
(4) 5^{-30} (5) $2^{200}\div 3^{300}$

정석연구 주어진 수의 상용로그의 값을 구한 다음, 아래 **정석**을 이용한다.

정 석 n이 양의 정수일 때,
$\log A=n+0.\times\times\times\times \iff A$는 정수부분이 $(n+1)$자리 수
$\log A=-n+0.\times\times\times\times \iff A$는 소수 n째 자리에서 처음으로 **0**이 아닌 숫자가 나타난다

(1) $\log 6^{100}=100\log 6=100(\log 2+\log 3)=100(0.3010+0.4771)=77.81$
곧, $\log 6^{100}$의 정수부분이 77이므로 6^{100}은 **78**자리 수이다.

(2) $\log\{(5^5)^5\}^5=\log 5^{5\times5\times5}=\log 5^{125}=125(\log 10-\log 2)$
$=125(1-0.3010)=87.375$
곧, $\log\{(5^5)^5\}^5$의 정수부분이 87이므로 $\{(5^5)^5\}^5$은 **88**자리 수이다.

(3) $\log(2^{30}\times 3^{20})=30\log 2+20\log 3=30\times 0.3010+20\times 0.4771=18.572$
곧, $\log(2^{30}\times 3^{20})$의 정수부분이 18이므로 $2^{30}\times 3^{20}$은 **19**자리 수이다.

(4) $\log 5^{-30}=-30(\log 10-\log 2)=-30(1-0.3010)=-20.97=-21+0.03$
곧, $\log 5^{-30}$의 정수부분이 -21이므로 5^{-30}은 소수 **21**째 자리에서 처음으로 0이 아닌 숫자가 나타난다.

(5) $\log(2^{200}\div 3^{300})=200\log 2-300\log 3$
$=200\times 0.3010-300\times 0.4771=-82.93=-83+0.07$
곧, $\log(2^{200}\div 3^{300})$의 정수부분이 -83이므로 $2^{200}\div 3^{300}$은 소수 **83**째 자리에서 처음으로 0이 아닌 숫자가 나타난다.

유제 **3**-1. 다음 수의 자릿수를 구하시오.
단, $\log 2=0.3010$, $\log 3=0.4771$로 계산한다.

(1) 2^{50} (2) 6^{52} (3) $(\tan 60^\circ)^{100}$ (4) $2^{100}\times 3^{10}$

답 (1) **16** (2) **41** (3) **24** (4) **35**

유제 **3**-2. 다음 수는 소수 몇째 자리에서 처음으로 0이 아닌 숫자가 나타나는가를 조사하시오. 단, $\log 2=0.3010$, $\log 3=0.4771$로 계산한다.

(1) 3^{-20} (2) $(\sin 45^\circ)^{30}$ (3) $\sqrt[5]{0.0004}$

답 (1) 소수 **10**째 자리 (2) 소수 **5**째 자리 (3) 소수 첫째 자리

기본 문제 3-2 $\log 2=0.3010$, $\log 3=0.4771$, $\log 7=0.8451$로 계산할 때,

(1) 3^{30}은 몇 자리 수인가? 또, 가장 높은 자리의 숫자를 구하시오.

(2) $6^{50}\div 7^{50}$은 소수 몇째 자리에서 처음으로 0이 아닌 숫자가 나타나는가를 조사하고, 그 숫자를 구하시오.

정석연구 가장 높은 자리의 숫자란 맨 앞자리의 숫자로서 이를테면 5263에서는 5이다. 가장 높은 자리의 숫자를 구할 때에는 다음에 착안한다.

정 석 숫자 배열은 상용로그의 소수부분과 관계가 있다.

이를테면 $\log A=2.4256$이라고 할 때, $\log A$의 정수부분이 2이므로 A는 정수부분이 3자리 수이고, $\log A$의 소수부분 0.4256은 $\log 2$의 소수부분 0.3010과 $\log 3$의 소수부분 0.4771 사이에 있다. 곧,

$$\log 2=0.3010 \text{이므로} \quad \log 200=2.3010,$$
$$\log 3=0.4771 \text{이므로} \quad \log 300=2.4771$$
$$\therefore \log 200<\log A<\log 300 \qquad \therefore 200<A<300$$

따라서 A의 가장 높은 자리의 숫자는 2이다.

모범답안 (1) $\log 3^{30}=30\log 3=30\times 0.4771=14.313$

곧, $\log 3^{30}$의 정수부분이 14이므로 3^{30}은 **15자리 수** ← 답

또, $\log(2\times 10^{14})=\log 2+14\log 10=14.3010$,

$\log(3\times 10^{14})=\log 3+14\log 10=14.4771$

$\therefore \log(2\times 10^{14})<\log 3^{30}<\log(3\times 10^{14}) \qquad \therefore 2\times 10^{14}<3^{30}<3\times 10^{14}$

따라서 3^{30}의 가장 높은 자리의 숫자는 **2** ← 답

(2) $\log(6^{50}\div 7^{50})=50\log 6-50\log 7=50(\log 2+\log 3)-50\log 7$

$=50(0.3010+0.4771-0.8451)=-3.35=-4+0.65$

곧, 처음으로 0이 아닌 숫자가 나타나는 것은 소수 넷째 자리 ← 답

또, $\log 0.0004=\log(10^{-4}\times 2^2)=-4\log 10+2\log 2=-4+0.602$,

$\log 0.0005=\log(10^{-4}\times 5)=-4\log 10+\log 5=-4+0.699$

$$\therefore \log 0.0004<\log(6^{50}\div 7^{50})<\log 0.0005$$
$$\therefore 0.0004<6^{50}\div 7^{50}<0.0005$$

따라서 소수 넷째 자리 숫자는 **4** ← 답

유제 **3**-3. $\log 2=0.3010$, $\log 3=0.4771$로 계산할 때, 다음 물음에 답하시오.

(1) 3^{20}의 가장 높은 자리의 숫자를 구하시오.

(2) $27^{100}\div 5^{200}$의 가장 높은 자리의 숫자를 구하시오. 답 (1) **3** (2) **2**

기본 문제 3-3 7^{100}은 85자리 수이고, 11^{100}은 105자리 수이다. 이것을 이용하여 다음 수의 자릿수를 구하시오.

(1) 7^{25} (2) 77^{20}

정석연구 7^{100}이 85자리 수이므로 $\log 7^{100}=84.\times\times\times$이다.

이것을 일반적으로 나타낼 때 다음 두 가지 방법을 생각할 수 있다.

(i) $\log 7^{100}=84+\alpha\ (0\le\alpha<1)$ (ii) $84\le\log 7^{100}<85$

이 문제에서는 $\log 7^{25}$과 $\log 77^{20}$의 정수부분 또는 그 범위를 구해야 하므로 (ii)를 이용해 보자.

정석 A가 n자리 수이면

(i) $\log A=(n-1)+\alpha\ (0\le\alpha<1)$

(ii) $n-1\le\log A<n$

모범답안 (1) 7^{100}이 85자리 수이므로 $84\le\log 7^{100}<85$

$\therefore\ 84\le 100\log 7<85$ $\therefore\ 0.84\le\log 7<0.85$ ……①

$\therefore\ 0.84\times 25\le 25\log 7<0.85\times 25$ $\therefore\ 21\le\log 7^{25}<21.25$

따라서 $\log 7^{25}$의 정수부분이 21이므로 7^{25}의 자릿수는 **22** ← 답

(2) 11^{100}이 105자리 수이므로 $104\le\log 11^{100}<105$

$\therefore\ 104\le 100\log 11<105$ $\therefore\ 1.04\le\log 11<1.05$ ……②

①+②하면 $1.88\le\log 7+\log 11<1.90$

$\therefore\ 1.88\le\log 77<1.90$

각 변에 20을 곱하면 $1.88\times 20\le 20\log 77<1.90\times 20$

$\therefore\ 37.6\le\log 77^{20}<38$

따라서 $\log 77^{20}$의 정수부분이 37이므로 77^{20}의 자릿수는 **38** ← 답

Note $\log 7$, $\log 11$의 값을 직접 대입하지 않고, 주어진 조건에서 $\log 7$, $\log 11$의 값의 범위를 구한 다음 이를 활용하는 문제이다.

유제 **3**-4. 23^{100}이 137자리 수일 때, 23^{23}의 자릿수를 구하시오. 답 **32**

유제 **3**-5. 양의 정수 a, b에 대하여 a^{10}은 9자리 수이고, b^{10}은 11자리 수일 때, 다음 수의 자릿수를 구하시오.

(1) a^5 (2) b^7 (3) $(ab)^3$

답 (1) **5** (2) **8** (3) **6**

유제 **3**-6. 양의 정수 a, b에 대하여 a^2은 7자리 수이고, ab^3은 20자리 수일 때, b의 자릿수를 구하시오. 답 **6**

기본 문제 3-4 $10\le x<100$이고, $\log x$의 소수부분과 $\log x^2$의 소수부분이 같을 때, x의 값을 구하시오.

정석연구 이를테면 $\log 3000=3.4771$, $\log 30=1.4771$과 같이 상용로그의 소수부분이 같을 때에는

$$\log 3000-\log 30=2,\quad \log 30-\log 3000=-2$$

와 같이 한쪽 값에서 다른 쪽 값을 뺀 것이 정수임을 이용한다.

모범답안 $\log x$의 소수부분과 $\log x^2$의 소수부분이 같으므로

$$\log x^2-\log x=2\log x-\log x=\log x$$

는 정수이다.

그런데 $10\le x<100$이므로 $\log 10\le \log x<\log 100$ $\quad\therefore\ 1\le \log x<2$

$$\therefore\ \log x=1 \qquad \therefore\ \boldsymbol{x=10} \longleftarrow \text{답}$$

*Note 여기에서 상용로그의 소수부분은 '0 이상 1 미만의 수'를 뜻한다.

⇦ p. 37 참조

Advice | 이와 같은 유형의 문제는 다음과 같이 풀 수도 있다.

$10\le x<100$이므로 $\log x$의 정수부분은 1이다.

따라서 $\log x$의 소수부분을 α라고 하면 $\log x=1+\alpha\ (0\le\alpha<1)$ ……㉮

$$\therefore\ \log x^2=2\log x=2+2\alpha$$

(i) $0\le\alpha<\dfrac{1}{2}$일 때, $\log x^2$의 소수부분은 2α이다.

따라서 문제의 조건으로부터 $\alpha=2\alpha$ $\quad\therefore\ \alpha=0$

㉮에 대입하면 $\log x=1$ $\quad\therefore\ x=10$

(ii) $\dfrac{1}{2}\le\alpha<1$일 때, $\log x^2=2+2\alpha=3+(2\alpha-1)$ ⇦ $0\le 2\alpha-1<1$

이므로 $\log x^2$의 소수부분은 $2\alpha-1$이다.

따라서 문제의 조건으로부터 $\alpha=2\alpha-1$ $\quad\therefore\ \alpha=1$

그런데 $\dfrac{1}{2}\le\alpha<1$이므로 적합하지 않다. 답 $\boldsymbol{x=10}$

정석 $\log A$의 정수부분을 n, 소수부분을 α라고 하면

$$\log A=n+\alpha\ (n\text{은 정수, } 0\le\alpha<1)$$

유제 3-7. 다음을 만족시키는 양수 x의 값을 구하시오. 단, a는 양수이다.

(1) $\log x$의 정수부분은 2이고, $\log a$의 소수부분과 $\log\dfrac{a}{x}$의 소수부분이 같다.

(2) $\log x$의 정수부분은 5이고, $\log x$의 소수부분과 $\log\sqrt{x}$의 소수부분의 합이 1이다.

답 (1) $\boldsymbol{x=100}$ (2) $\boldsymbol{x=\sqrt[3]{10^{16}}}$

§2. 상용로그의 활용

기본 문제 3-5 원금 1000만 원을 연이율 3 %, 1년마다 복리로 10년 동안 예금했을 때, 원리합계를 구하시오.

단, $\log 1.03=0.0128$, $\log 1.34=0.1280$으로 계산한다.

정석연구 원금 a원을 연이율 r, 1년마다 복리로 계산하면 원리합계는

1년 후 $a+ar=a(1+r)$(원), ⇦ (원금)+(이자)

2년 후 $a(1+r)+a(1+r)r=a(1+r)^2$(원),

3년 후 $a(1+r)^2+a(1+r)^2r=a(1+r)^3$(원)

같은 방법으로 계속하면 n년 후의 원리합계는 $a(1+r)^n$원이다.

정석 원금 $\boldsymbol{a}$를 연이율 $\boldsymbol{r}$, **1**년마다 복리로 $\boldsymbol{n}$년 동안 예금할 때, 원리합계 S는 $\Longrightarrow$ $\boldsymbol{S=a(1+r)^n}$

모범답안 10년 후의 원리합계는 $1000(1+0.03)^{10}=1000\times1.03^{10}$(만 원)

$x=1.03^{10}$으로 놓으면 $\log x=\log 1.03^{10}=10\log 1.03=10\times0.0128=0.1280$

문제의 조건에서 $\log 1.34=0.1280$이므로 $x=1.34$

따라서 구하는 원리합계는 $1000\times1.34=$**1340**(만 원) ⟵ 답

Advice | 인구 a명이 매년 r의 비율로 증가할 때,

1년 후의 인구는 $a+ar=a(1+r)$(명),

2년 후의 인구는 $a(1+r)+a(1+r)r=a(1+r)^2$(명),

3년 후의 인구는 $a(1+r)^2+a(1+r)^2r=a(1+r)^3$(명)

같은 방법으로 계속하면 n년 후의 인구는 $a(1+r)^n$명이다.

유제 **3**-8. 원금 100만 원을 연이율 4 %, 1년마다 복리로 은행에 예금하였다. 20년 후에 받을 수 있는 원리합계를 구하시오.

단, $\log 1.04=0.0170$, $\log 2.19=0.3400$으로 계산한다. 답 **219**만 원

유제 **3**-9. 인구 10만 명인 도시가 있다. 이 도시의 인구가 매년 1 %의 비율로 증가할 때, 30년 후의 이 도시의 인구를 구하시오.

단, $\log 1.01=0.0043$, $\log 1.35=0.1290$으로 계산한다. 답 **13**만 **5**천 명

유제 **3**-10. 올해 10억 원의 영업 이익을 거둔 어느 회사가 있다. 이 회사의 영업 이익이 매년 2 %씩 증가할 때, 10년 후의 영업 이익을 구하시오.

단, $\log 1.02=0.0086$, $\log 1.22=0.0860$으로 계산한다. 답 **12**억 **2**천만 원

기본 문제 3-6 어떤 산업에서 노동의 투입량을 x, 자본의 투입량을 y라고 할 때, 그 산업의 생산량 z는 다음과 같다.

$$z=2x^{\alpha}y^{1-\alpha}\ (0<\alpha<1)$$

자료에 의하면 2023년도의 노동과 자본의 투입량은 2010년도보다 각각 2배, 4배이고, 2023년도 산업 생산량은 2010년도 산업 생산량의 2.5배이다. 이때, 상수 α의 값을 구하시오. 단, $\log 2=0.3$으로 계산한다.

정석연구 2010년도의 노동과 자본의 투입량을 각각 a, b라 하고, 산업 생산량을 t라고 하면 2023년도의 노동과 자본의 투입량은 각각 $2a$, $4b$이고, 산업 생산량은 $2.5t$이다.

이 값들을 주어진 식 $z=2x^{\alpha}y^{1-\alpha}$에 대입하여 얻은 두 식을 비교하면 α의 값을 구할 수 있다.

정석 필요한 문자를 도입하여 식으로 나타낸다.

모범답안 2010년도의 노동과 자본의 투입량을 각각 a, b라 하고, 산업 생산량을 t라고 하면

$$t=2a^{\alpha}b^{1-\alpha} \qquad \cdots\cdots ①$$

이때, 문제의 조건으로부터 2023년도의 노동과 자본의 투입량은 각각 $2a$, $4b$이고, 산업 생산량은 $2.5t$이므로

$$2.5t=2(2a)^{\alpha}(4b)^{1-\alpha}$$

$$\therefore\ 2.5t=2a^{\alpha}b^{1-\alpha}2^{\alpha}4^{1-\alpha}=2a^{\alpha}b^{1-\alpha}2^{2-\alpha}$$

여기에 ①을 대입하면 $2.5t=t\times 2^{2-\alpha}$ $\quad\therefore\ 2^{2-\alpha}=2.5$

양변의 상용로그를 잡으면

$$(2-\alpha)\log 2=\log 2.5 \qquad \therefore\ 2-\alpha=\frac{\log 2.5}{\log 2}$$

$$\therefore\ \alpha=2-\frac{\log 2.5}{\log 2}=2-\frac{1-2\log 2}{\log 2}=2-\frac{1-2\times 0.3}{0.3}=\boldsymbol{\frac{2}{3}} \longleftarrow \text{답}$$

유제 **3**-11. 디지털 사진을 압축할 때, 원본 사진과 압축한 사진의 다른 정도를 나타내는 지표인 최대 신호 대 잡음비를 P, 원본 사진과 압축한 사진의 평균제곱오차를 $E(E>0)$라고 하면 $P=20\log 255-\log E$가 성립한다고 한다.

두 원본 사진 A, B를 압축했을 때 최대 신호 대 잡음비를 각각 P_{A}, P_{B}라 하고, 평균제곱오차를 각각 E_{A}, E_{B}라고 하자.

$P_{\mathrm{A}}-P_{\mathrm{B}}=1$일 때, $E_{\mathrm{B}}=kE_{\mathrm{A}}$를 만족시키는 상수 k의 값을 구하시오.

답 $\boldsymbol{k=10}$

연습문제 3

3-1 $\log 2=0.3010$, $\log 3=0.4771$로 계산할 때, 다음 값을 반올림하여 소수 넷째 자리까지 구하시오.

(1) $\log 0.72$ (2) $\log \sqrt[3]{\sin 60^\circ}$ (3) $\log_{\sqrt{10}} 18$

3-2 a, b, c가 각각 5자리, 6자리, 7자리의 양의 정수일 때, a^2bc는 최대 몇 자리 정수인가?

3-3 7^x이 15자리의 정수일 때, 정수 x의 값과 7^x의 일의 자리 숫자를 구하시오. 단, $\log 7=0.8451$로 계산한다.

3-4 상용로그의 정수부분이 5인 자연수의 개수를 x, 역수의 상용로그의 정수부분이 -4인 자연수의 개수를 y라고 할 때, $\log x-\log y$의 값은?

① -2 ② -1 ③ 0 ④ 1 ⑤ 2

3-5 네 자리 자연수 N의 상용로그의 소수부분을 α라고 할 때, α가 $0.4<\alpha<0.5$를 만족시킨다. 이때, N^5의 자릿수는?

① 16 ② 17 ③ 18 ④ 19 ⑤ 20

3-6 $\log 10x$의 정수부분과 $\log \dfrac{100}{x}$의 정수부분의 합을 구하시오.

3-7 양수 x에 대하여 $\log x$의 정수부분을 $f(x)$라고 할 때, $f(n+10)=f(n)+1$을 만족시키는 1000 이하의 자연수 n의 개수를 구하시오.

3-8 양수 x에 대하여 $\log x$의 정수부분과 소수부분을 각각 $f(x)$, $g(x)$라고 하자. $f(x)-5g(x)=4$를 만족시키는 모든 x의 값의 곱이 10^a일 때, 실수 a의 값을 구하시오.

3-9 빛이 특수 코팅된 어떤 유리 1장을 통과할 때마다 그 밝기가 10 %씩 줄어든다고 한다. 빛이 이 유리 10장을 통과했을 때, 그 밝기는 처음의 몇 %가 되는지 구하시오. 단, $\log 3=0.477$, $\log 3.47=0.540$으로 계산한다.

3-10 화재가 발생한 화재실의 온도는 시간에 따라 변한다. 어떤 화재실의 초기 온도를 T_0(℃), 화재가 발생한 지 t분 후의 온도를 T(℃)라고 할 때,

$$T=T_0+k\log(8t+1) \quad (k\text{는 상수})$$

이 성립한다고 한다. 초기 온도가 24 ℃인 이 화재실에서 화재가 발생한 지 $\dfrac{9}{8}$분 후의 온도는 384 ℃이었고, 화재가 발생한 지 a분 후의 온도는 744 ℃이었다. a의 값을 구하시오.

4. 지수함수와 로그함수

지수함수와 로그함수／
지수·로그함수의 최대와 최소

§1. 지수함수와 로그함수

1 지수함수와 로그함수의 뜻

실수 x에 a^x을 대응시키는 함수

$$\boldsymbol{y=a^x\ (a>0,\ a\neq1)} \qquad \cdots\cdots①$$

을 a를 밑으로 하는 x의 지수함수라고 한다.

또, 양의 실수 x에 $\log_a x$를 대응시키는 함수

$$\boldsymbol{y=\log_a x\ (a>0,\ a\neq1)} \qquad \cdots\cdots②$$

를 a를 밑으로 하는 x의 로그함수라고 한다.

①에서 로그의 정의에 의하여

$$\boldsymbol{x=\log_a y\ (a>0,\ a\neq1)}$$

이고, x와 y를 바꾸면 ②이므로 ①, ②는 서로 역함수이다.

정 석 $y=a^x$ $\underset{\text{역함수}}{\overset{\text{역함수}}{\rightleftarrows}}$ $y=\log_a x$

2 지수함수 $\boldsymbol{y=a^x}$의 그래프

이를테면 $y=2^x$의 그래프를 그려 보자.

$x=\cdots,\ -1,\ 0,\ 1,\ 2,\ 3,\ \cdots$을 대입하고 이에 대응하는 y의 값을 구하여 이들 x, y의 순서쌍 (x, y)의 집합을 좌표평면 위에 나타내면 오른쪽 그림의 초록 곡선을 얻는다.

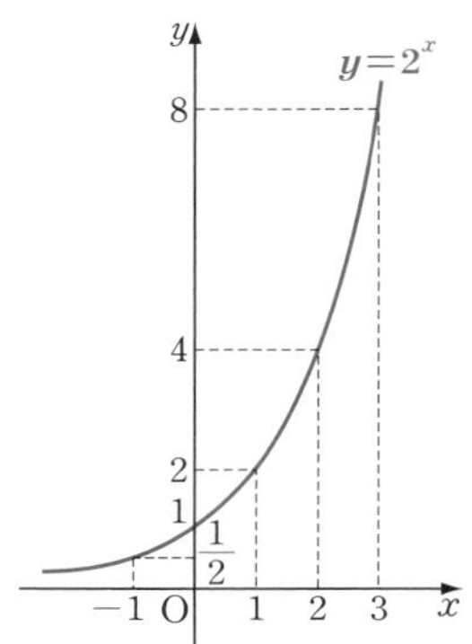

* ***Note*** $x=1.5$일 때에는

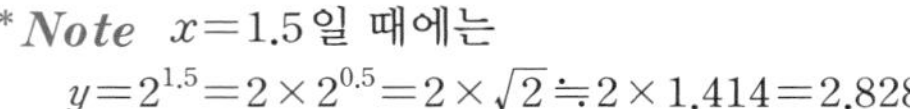
$y=2^{1.5}=2\times2^{0.5}=2\times\sqrt{2}\fallingdotseq2\times1.414=2.828$

이와 같은 방법으로

$$y=3^x,$$

$$y=\left(\frac{1}{2}\right)^x,$$

$$y=\left(\frac{1}{3}\right)^x$$

등의 그래프를 그리면 오른쪽과 같다.

이와 같이 일반적으로 지수함수 $y=a^x$에서는

$a>1$인 경우,

$0<a<1$인 경우

의 증감 상태가 다르다는 것에 주의해야 한다.

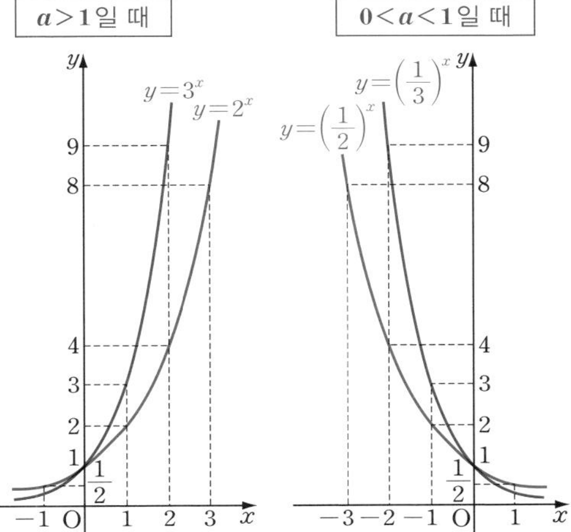

기본정석 **지수함수 $y=a^x(a>0,\ a\neq1)$의 성질**

(1) 정의역은 실수 전체의 집합 R이고, 치역은 $\{y\,|\,y>0\}$이다.

(2) 그래프는 점 $(0,\ 1)$을 지난다.

(3) 직선 $y=0$(x축)이 그래프의 점근선이다.

(4) $a>1$일 때, x의 값이 증가하면 y의 값도 증가한다.

$0<a<1$일 때, x의 값이 증가하면 y의 값은 감소한다.

보기 1 함수 $y=2^x$의 그래프를 이용하여 다음 함수의 그래프를 그리시오.

(1) $y=\left(\frac{1}{2}\right)^x$ (2) $y=-2^x$ (3) $y=2^x+1$ (4) $y=2^{x-1}$

연구 (1) $y=\left(\frac{1}{2}\right)^x \iff y=2^{-x}$ ⇦ 곡선 $y=2^x$과 y축에 대하여 대칭

(2) $y=-2^x \iff -y=2^x$ ⇦ 곡선 $y=2^x$과 x축에 대하여 대칭

(3) $y=2^x+1 \iff y-1=2^x$ ⇦ 곡선 $y=2^x$을 y축의 방향으로 1만큼 평행이동

(4) $y=2^{x-1}$ ⇦ 곡선 $y=2^x$을 x축의 방향으로 1만큼 평행이동

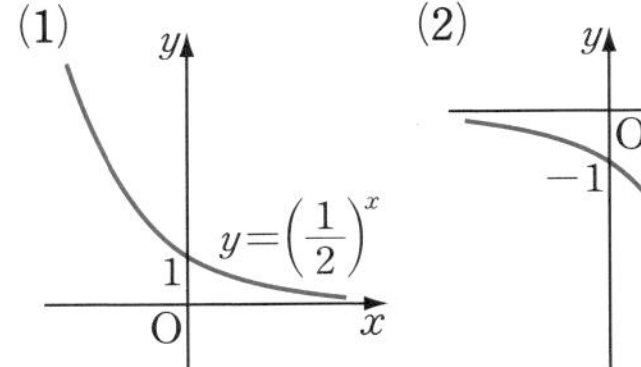

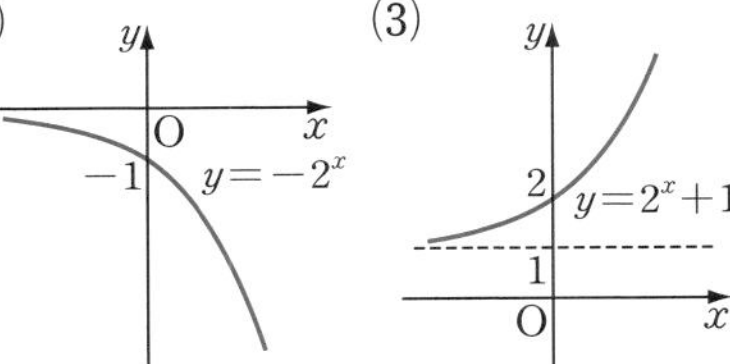

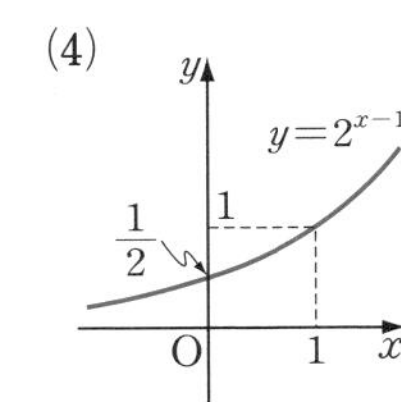

3 로그함수 $y=\log_a x$의 그래프

이를테면 로그함수 $y=\log_2 x$, $y=\log_{\frac{1}{2}} x$ 등의 그래프를 그릴 때에도

$$x=\cdots,\ \frac{1}{2},\ 1,\ 2,\ 4,\ 8,\ \cdots$$

을 대입하고(진수는 양수이므로 x에 양의 값만 대입한다), 이에 대응하는 y의 값을 구하여 이들 x, y의 순서쌍 (x, y)의 집합을 좌표평면 위에 나타내면 아래 그림의 초록 곡선을 얻는다.

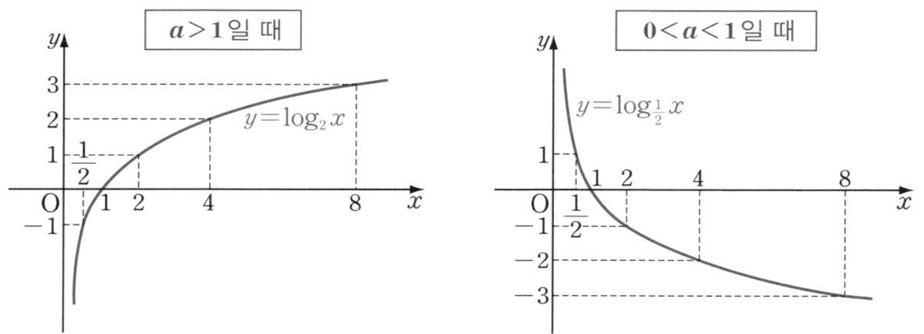

위의 그래프와 같이 $y=\log_a x$의 그래프에서도

$a>1$인 경우, **$0<a<1$**인 경우

의 증감 상태가 다르다는 것에 특히 주의해야 한다.

* ***Note*** $y=\log_{\frac{1}{2}} x \iff y=-\log_2 x$이므로 $y=\log_2 x$의 그래프와 $y=\log_{\frac{1}{2}} x$의 그래프는 x축에 대하여 대칭이다.

Advice | 두 함수 $y=\log_a x$와 $y=a^x$은 서로 역함수이므로

정석 $y=\log_a x$의 그래프와 $y=a^x$의 그래프는

$\Longrightarrow$ 직선 $y=x$에 대하여 대칭이다.

이 성질을 활용하면 $y=a^x$의 그래프를 이용하여 $y=\log_a x$의 그래프를 그릴 수 있다.

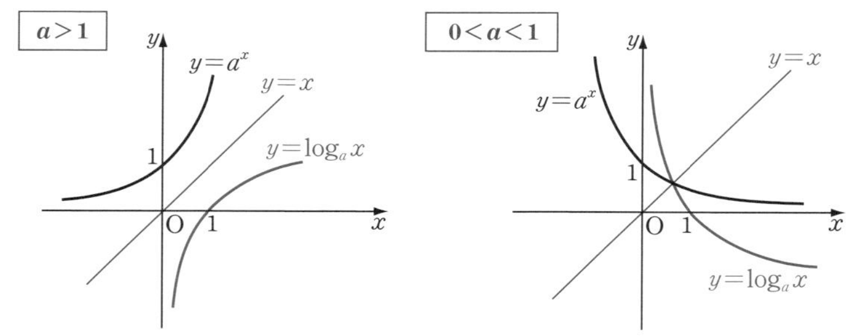

기본정석 **로그함수 $y=\log_a x\,(a>0,\ a\neq1)$의 성질**

(1) 정의역은 $\{x\,|\,x>0\}$이고, 치역은 실수 전체의 집합 R이다.
(2) 그래프는 점 $(1,\ 0)$을 지난다.
(3) 직선 $x=0$(y축)이 그래프의 점근선이다.
(4) $a>1$일 때, x의 값이 증가하면 y의 값도 증가한다.
$0<a<1$일 때, x의 값이 증가하면 y의 값은 감소한다.

보기 2 함수 $y=\log_2 x$의 그래프를 이용하여 다음 함수의 그래프를 그리시오.

(1) $y=\log_2(-x)$ (2) $y=\log_2\dfrac{1}{x}$ (3) $y=\log_2(x-1)$ (4) $y=\log_2 2x$

연구 (1) $y=\log_2(-x)$ ⇦ 곡선 $y=\log_2 x$와 y축에 대하여 대칭

(2) $y=\log_2\dfrac{1}{x} \iff y=-\log_2 x$ ⇦ 곡선 $y=\log_2 x$와 x축에 대하여 대칭

(3) $y=\log_2(x-1)$ ⇦ 곡선 $y=\log_2 x$를 x축의 방향으로 1만큼 평행이동

(4) $y=\log_2 2x \iff y=\log_2 2+\log_2 x \iff y-1=\log_2 x$

⇦ 곡선 $y=\log_2 x$를 y축의 방향으로 1만큼 평행이동

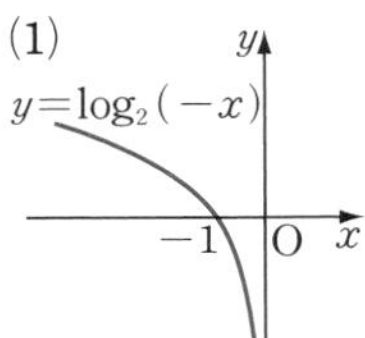

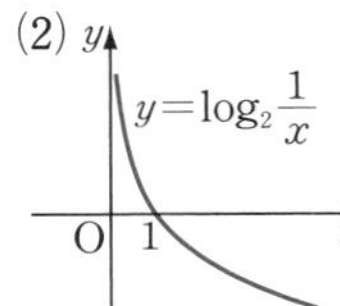

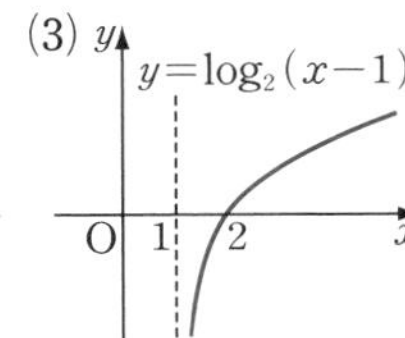

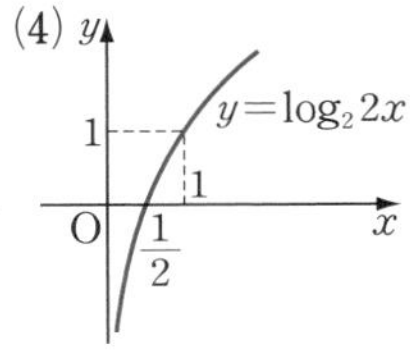

보기 3 두 함수 $y=2\log_3 x$와 $y=\log_3 x^2$의 그래프를 비교하시오.

연구 $y=2\log_3 x$에서 $x>0$이므로

$$x=\cdots,\ \frac{1}{9},\ \frac{1}{3},\ 1,\ 3,\ 9,\ \cdots$$

에 대응하는 y의 값을 구하여 그래프를 그리면 오른쪽 그림 (i)과 같다.

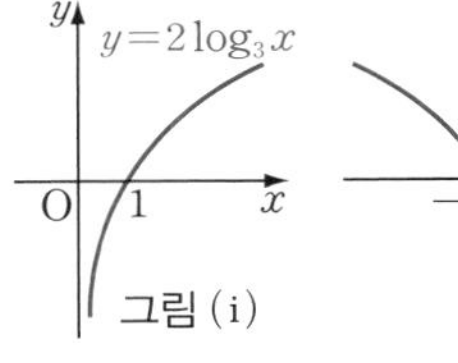

그림 (i)

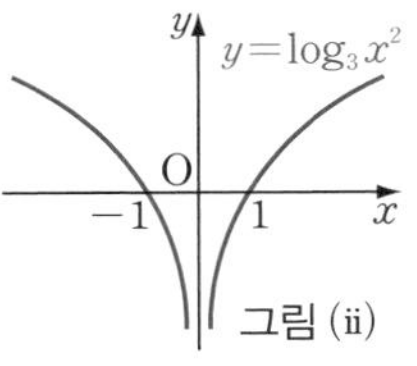

그림 (ii)

그러나 $y=\log_3 x^2$에서는 x^2이 진수이므로 0이 아닌 모든 실수 x에 대하여 정의된다. 따라서

$$x=\cdots,\ \pm\frac{1}{9},\ \pm\frac{1}{3},\ \pm1,\ \pm3,\ \pm9,\ \cdots$$

에 대응하는 y의 값을 구하여 그래프를 그리면 위의 그림 (ii)와 같다. 곧,

$y=2\log_3 x$의 정의역은 ⟹ **$\{x\,|\,x>0\}$**

$y=\log_3 x^2$의 정의역은 ⟹ **$\{x\,|\,x\neq0,\ x$는 실수$\}$**

*__Note__ $y=3\log_3 x$와 $y=\log_3 x^3$의 정의역은 모두 $\{x\,|\,x>0\}$이고, 같은 함수이다.

기본 문제 **4**-**1** 평행이동 $T:(x, y) \longrightarrow (x+m, y+n)$에 대하여 다음 물음에 답하시오.

(1) 곡선 $y=3^{2x}$이 T에 의하여 곡선 $y=81\times3^{2x}+1$로 이동될 때, 상수 m, n의 값을 구하시오.

(2) 곡선 $y=\log_2 3x$가 T에 의하여 곡선 $y=\log_2(6x-24)$로 이동될 때, 상수 m, n의 값을 구하시오.

정석연구 T는 x축의 방향으로 m만큼, y축의 방향으로 n만큼의 평행이동을 나타낸다.

정 석 평행이동 $\boldsymbol{T:(x, y) \longrightarrow (x+m, y+n)}$에 의하여
도형 $\boldsymbol{g(x, y)=0}$은 도형 $\boldsymbol{g(x-m, y-n)=0}$으로 이동된다.

모범답안 (1) $y=81\times3^{2x}+1 \iff y-1=3^4 3^{2x} \iff y-1=3^{2(x+2)}$

따라서 곡선 $y=81\times3^{2x}+1$은 곡선 $y=3^{2x}$을 x축의 방향으로 -2만큼, y축의 방향으로 1만큼 평행이동한 것이다.

$\therefore$ $\boldsymbol{m=-2,\ n=1}$ ← 답

(2) $y=\log_2(6x-24) \iff y=\log_2 2(3x-12)$
$\iff y=\log_2 2+\log_2(3x-12)$
$\iff y-1=\log_2 3(x-4)$

따라서 곡선 $y=\log_2(6x-24)$는 곡선 $y=\log_2 3x$를 x축의 방향으로 4만큼, y축의 방향으로 1만큼 평행이동한 것이다.

$\therefore$ $\boldsymbol{m=4,\ n=1}$ ← 답

* ***Note*** (1)은 다음과 같이 풀 수도 있다.

곡선 $y=3^{2x}$을 T에 의하여 평행이동하면

$y-n=3^{2(x-m)}$ 곧, $y=3^{2x}3^{-2m}+n$

$y=81\times3^{2x}+1$과 비교하면 $3^{-2m}=81$에서 $\boldsymbol{m=-2,\ n=1}$

유제 **4**-1. 곡선 $y=2^{3x}$이 평행이동 T에 의하여 이동된 곡선이 $y=\dfrac{1}{8}\times2^{3x}-2$일 때, T를 구하시오. 답 $\boldsymbol{T:(x, y) \longrightarrow (x+1, y-2)}$

유제 **4**-2. 평행이동 $T:(x, y) \longrightarrow (x+m, y+n)$에 의하여 곡선 $y=3^x$이 곡선 $y=2(3^x+1)$로 이동될 때, 3^m+2^n의 값을 구하시오. 답 $\boldsymbol{\dfrac{9}{2}}$

유제 **4**-3. 곡선 $y=\log_3 2x$를 평행이동 $T:(x, y) \longrightarrow (x+m, y+n)$에 의하여 이동했더니 곡선 $y=\log_3(54x-108)$과 겹쳐졌다.
이때, 상수 m, n의 값을 구하시오. 답 $\boldsymbol{m=2,\ n=3}$

기본 문제 **4**-2 다음 그림은 함수 $y=\log_{10}x$의 그래프이다.

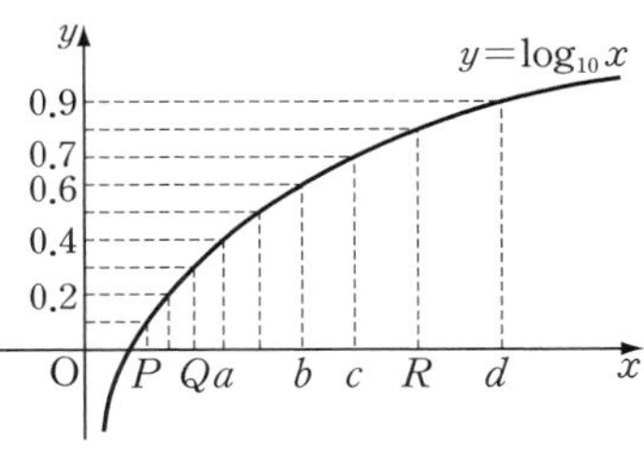

(1) $\log_{10}P=0.1$, $\log_{10}Q=0.3$, $\log_{10}R=0.8$일 때, $P^2Q\sqrt{R}$의 값은?

① 1 ② a ③ b
④ c ⑤ d

(2) $10^x=a$를 만족시키는 x의 값을 구하시오.

정석연구 함수 $y=\log_{10}x$는 집합 $\{x \mid x>0\}$에서 실수 전체의 집합으로의 일대일대응이므로

정석 $y=f(x)$가 일대일대응이면 $f(a)=f(b) \iff a=b$

임을 이용한다. 이를테면 위의 그래프에서 $\log_{10}d=0.9$이므로 $\log_{10}x=0.9$를 만족시키는 양수 x는 d이다.

정석 그래프를 보는 방법을 익혀 두자.

모범답안 (1) $\log_{10}P^2Q\sqrt{R}=\log_{10}P^2+\log_{10}Q+\log_{10}\sqrt{R}$

$$=2\log_{10}P+\log_{10}Q+\frac{1}{2}\log_{10}R$$

$$=2\times0.1+0.3+\frac{1}{2}\times0.8=0.9$$

그런데 그래프에서 $\log_{10}d=0.9$이고, $y=\log_{10}x$는 일대일대응이므로
$\log_{10}P^2Q\sqrt{R}=\log_{10}d$에서 $P^2Q\sqrt{R}=d$ 답 ⑤

(2) $10^x=a$에서 $\log_{10}a=x$

그런데 그래프에서 $\log_{10}a=0.4$이므로 $x=0.4$ ← 답

유제 **4**-4. 오른쪽 그림은 함수 $y=10^x$의 그래프이다. 다음 물음에 답하시오.

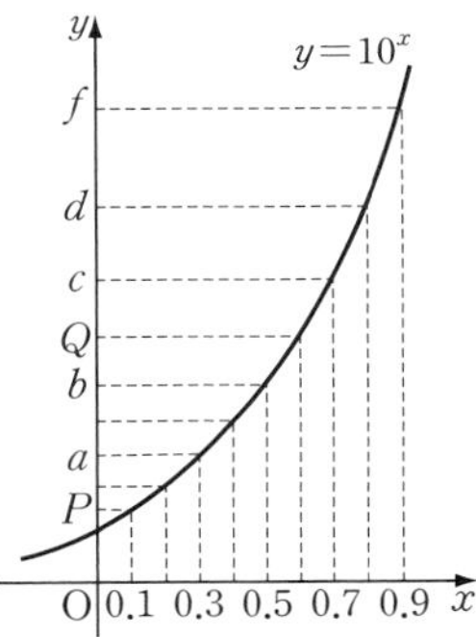

(1) $P=10^{0.1}$, $Q=10^{0.6}$일 때, $P^3\times\sqrt[3]{Q}$의 값은?

① a ② b ③ c
④ d ⑤ f

(2) $\log_{10}a^2bc$의 값은?

① 1.4 ② 1.6 ③ 1.8
④ 2.0 ⑤ 2.2

답 (1) ② (2) ③

기본 문제 4-3 다음 함수의 역함수를 구하시오.

(1) $y=2\times3^{x-2}$　　(2) $y=2+\log_3(x+1)$

(3) $y=\log_{10}(x+\sqrt{x^2-1})\ (x\geq1)$

정석연구 지수·로그함수의 역함수도 다음 순서에 따라 구한다.

> **정석** 함수 $\boldsymbol{y=f(x)}$의 역함수를 구하는 순서
>
> (i) 주어진 함수의 정의역과 치역을 조사한다.
>
> (ii) $\boldsymbol{y=f(x)}$를 $\boldsymbol{x=g(y)}$ 꼴로 고친다.
>
> (iii) $\boldsymbol{x}$와 $\boldsymbol{y}$를 바꾸어서 $\boldsymbol{y=g(x)}$로 한다.

(1) 정의역은 $X=\{x\,|\,x$는 실수$\}$이고, 치역은 $Y=\{y\,|\,y>0\}$이다.

(2) 정의역은 $X=\{x\,|\,x>-1\}$이고, 치역은 $Y=\{y\,|\,y$는 실수$\}$이다.

(3) 정의역은 $X=\{x\,|\,x\geq1\}$이고, 치역은 $Y=\{y\,|\,y\geq0\}$이다.

모범답안 (1) $y=2\times3^{x-2}(y>0)$에서　$y=2\times3^{-2}\times3^x$

$$\therefore\ 3^x=\frac{9}{2}y \qquad \therefore\ x=\log_3\frac{9}{2}y\ (y>0)$$

x와 y를 바꾸면　$y=\log_3\frac{9}{2}x\ (x>0)$　　답 $\boldsymbol{y=\log_3\frac{9}{2}x}$

*Note (진수)>0이므로 $x>0$을 생략해도 된다.

(2) $y=2+\log_3(x+1)$(y는 실수)에서　$y-2=\log_3(x+1)$

$$\therefore\ 3^{y-2}=x+1 \qquad \therefore\ x=3^{y-2}-1\ (y\text{는 실수})$$

x와 y를 바꾸면　$y=3^{x-2}-1$ (x는 실수)　　답 $\boldsymbol{y=3^{x-2}-1}$

(3) $y=\log_{10}(x+\sqrt{x^2-1})\,(y\geq0)$에서

$$10^y=x+\sqrt{x^2-1} \qquad \text{곧, } 10^y-x=\sqrt{x^2-1}$$

양변을 제곱하면　$10^{2y}-2\times10^y\times x+x^2=x^2-1$

$$\therefore\ 2\times10^y\times x=10^{2y}+1 \qquad \therefore\ x=\frac{1}{2}(10^y+10^{-y})\ (y\geq0)$$

x와 y를 바꾸면　$\boldsymbol{y=\frac{1}{2}(10^x+10^{-x})\ (x\geq0)}$ ← 답

유제 **4**-5. 다음 함수의 역함수를 구하시오.

(1) $y=3^x$　(2) $y=\dfrac{1}{2^x+1}$　(3) $y=\dfrac{1}{2}(2^x-2^{-x})$

(4) $y=\log_{10}x$　(5) $y=\log_3(x-1)$　(6) $y=1+\log_{10}(x-3)$

답 (1) $\boldsymbol{y=\log_3x}$　(2) $\boldsymbol{y=\log_2\dfrac{1-x}{x}}$　(3) $\boldsymbol{y=\log_2(x+\sqrt{x^2+1})}$

(4) $\boldsymbol{y=10^x}$　(5) $\boldsymbol{y=3^x+1}$　(6) $\boldsymbol{y=10^{x-1}+3}$

§2. 지수·로그함수의 최대와 최소

기본 문제 4-4 다음 함수의 최댓값과 최솟값을 구하시오.

(1) $y=2^{1-x}$ $(-1\leq x\leq 1)$ (2) $y=3^x 2^{-x}$ $(0\leq x\leq 2)$

(3) $y=4^x-2^{x+3}$ $(2\leq x\leq 3)$

정석연구 그래프를 그려서 생각하면 쉽게 이해할 수 있다.

정 석 제한 범위가 있는 함수의 최대와 최소 문제는

$\Longrightarrow$ 그래프를 그려서 해결한다.

모범답안 (1) $y=2^{1-x}=2\times 2^{-x}=2\left(\dfrac{1}{2}\right)^x$ $(-1\leq x\leq 1)$

의 그래프는 오른쪽과 같다. 따라서

$x=-1$에서 최대이고, 최댓값은 $y=2^{1+1}=4$

$x=1$에서 최소이고, 최솟값은 $y=2^{1-1}=1$

답 **최댓값 4, 최솟값 1**

(2) $y=3^x 2^{-x}=3^x\times\dfrac{1}{2^x}=\left(\dfrac{3}{2}\right)^x$ $(0\leq x\leq 2)$

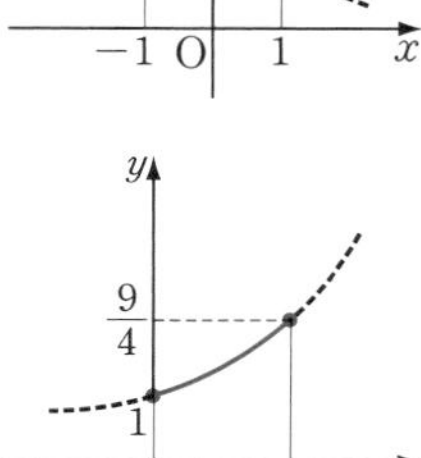

의 그래프는 오른쪽과 같다. 따라서

$x=2$에서 최대이고, 최댓값은 $y=\left(\dfrac{3}{2}\right)^2=\dfrac{9}{4}$

$x=0$에서 최소이고, 최솟값은 $y=\left(\dfrac{3}{2}\right)^0=1$

답 **최댓값 $\dfrac{9}{4}$, 최솟값 1**

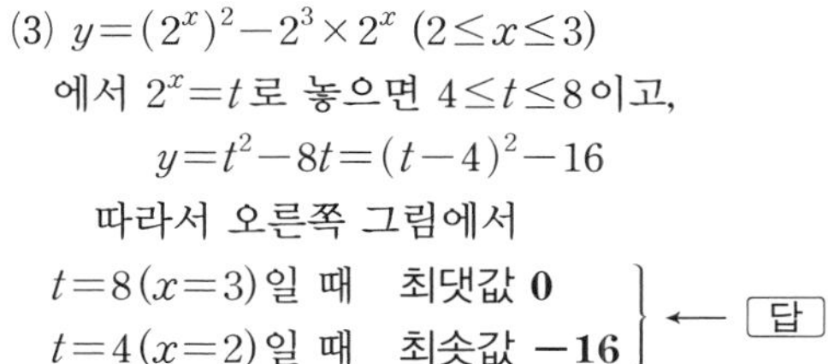

(3) $y=(2^x)^2-2^3\times 2^x$ $(2\leq x\leq 3)$

에서 $2^x=t$로 놓으면 $4\leq t\leq 8$이고,

$y=t^2-8t=(t-4)^2-16$

따라서 오른쪽 그림에서

$t=8(x=3)$일 때 **최댓값 0**

$t=4(x=2)$일 때 **최솟값 -16** ← 답

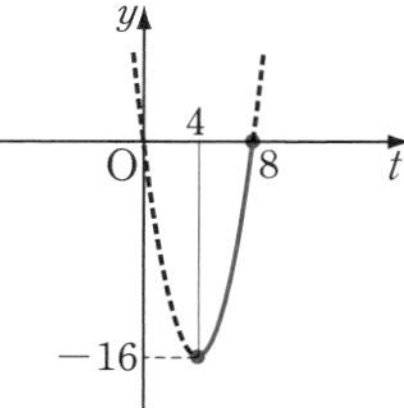

유제 **4**-6. 다음 함수의 최댓값과 최솟값을 조사하시오.

(1) $y=\left(\dfrac{1}{2}\right)^{x^2-2x+3}$ (2) $y=\left(\dfrac{1}{4}\right)^x-6\left(\dfrac{1}{2}\right)^x+1$ $(-2\leq x\leq 0)$

답 (1) 최댓값 $\dfrac{1}{4}$, 최솟값 없다. (2) 최댓값 -4, 최솟값 -8

기본 문제 4-5 다음 물음에 답하시오.

(1) $3 \le x \le 5$일 때, $y=\log_2(x-1)$의 최댓값과 최솟값을 구하시오.

(2) $\log_8(x^2-4x+12)$의 최솟값과 이때 x의 값을 구하시오.

(3) $x>0,\ y>0$이고 $x+y=18$일 때, $\log_{\frac{1}{3}}x+\log_{\frac{1}{3}}y$의 최솟값과 이때 x, y의 값을 구하시오.

정석연구 로그함수의 최댓값과 최솟값에 관한 문제에서는

정석 $y=\log_a x$는
$a>1$일 때 증가,
$0<a<1$일 때 감소

$a>1$일 때

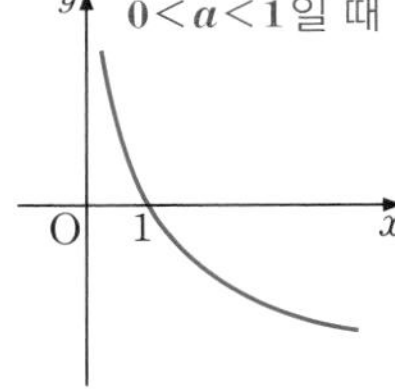

임에 주의해야 한다. 곧,

$a>1$인 경우 x가 최대일 때 y도 최대, x가 최소일 때 y도 최소이고,

$0<a<1$인 경우 x가 최대일 때 y는 최소, x가 최소일 때 y는 최대이다.

모범답안 (1) $y=\log_2(x-1)$에서 밑이 1보다 크므로

$x=5$일 때 최대이고, 최댓값은 $y=\log_2(5-1)=\log_2 4=2$

$x=3$일 때 최소이고, 최솟값은 $y=\log_2(3-1)=\log_2 2=1$

답 최댓값 **2**, 최솟값 **1**

(2) 진수 $x^2-4x+12$가 최소일 때 $\log_8(x^2-4x+12)$도 최소이다.

그런데 $x^2-4x+12=(x-2)^2+8 \ge 8$

따라서 $\log_8(x^2-4x+12)$는 $x=2$일 때 최소이고, 최솟값은 $\log_8 8=1$

답 $\boldsymbol{x=2}$일 때 최솟값 **1**

(3) $\log_{\frac{1}{3}}x+\log_{\frac{1}{3}}y=\log_{\frac{1}{3}}xy$이고, 밑이 1보다 작으므로 xy가 최대일 때 $\log_{\frac{1}{3}}x+\log_{\frac{1}{3}}y$는 최소이다.

한편 $x+y=18$에서 $y=-x+18$이므로

$$xy=x(-x+18)=-x^2+18x=-(x-9)^2+81 \le 81$$

따라서 $\log_{\frac{1}{3}}x+\log_{\frac{1}{3}}y$는 $x=9$일 때 최소이고, 최솟값은 $\log_{\frac{1}{3}}81=-4$

답 $\boldsymbol{x=9,\ y=9}$일 때 최솟값 **−4**

유제 **4**-7. $\log_{0.1}(x^2+2x+11)$의 최댓값을 구하시오. 답 **−1**

유제 **4**-8. $x>0,\ y>0$이고 $x+y=10$일 때, $\log_5 x+\log_5 y$의 최댓값과 이때 x, y의 값을 구하시오. 답 $\boldsymbol{x=5,\ y=5}$일 때 최댓값 **2**

기본 문제 4-6 다음 물음에 답하시오.

(1) $x \geq 2$일 때, 함수 $y=2(\log_2 2x)^2+\log_2(2x)^2+2\log_2 x+2$의 최솟값과 이때 x의 값을 구하시오.

(2) $y=100x^2 \div x^{\log x}$의 최댓값과 이때 x의 값을 구하시오.

정석연구 (1) $\log_2 2x=\log_2 2+\log_2 x$, $\log_2(2x)^2=2(\log_2 2+\log_2 x)$
이므로 $\log_2 x=t$로 치환하면 주어진 식은 t에 관한 이차식이다.

이때, $x>0$이면 t는 실수 전체의 값을 가지지만, $x \geq 2$이면 t는 $t \geq 1$의 값을 가진다는 것에 주의해야 한다.

정석 치환할 때에는 제한 범위에 주의한다.

(2) 주어진 식의 우변은 밑과 지수에 모두 미지수를 포함하고 있다. 이때, $x>0$이므로 $y>0$이다. 이 경우 양변의 상용로그를 잡으면 우변을 간단히 할 수 있다. 따라서 먼저 $\log y$의 최댓값을 구해 본다.

정석 지수가 복잡할 때에는 양변의 로그를 잡는다.

모범답안 (1) $y=2(1+\log_2 x)^2+2(1+\log_2 x)+2\log_2 x+2$
에서 $\log_2 x=t$로 놓으면 $x \geq 2$이므로 $t=\log_2 x \geq 1$이고,

$$y=2(1+t)^2+2(1+t)+2t+2=2(t+2)^2-2$$

따라서 $t=1(x=2)$일 때 최소이고, 이때 $y=2(1+2)^2-2=16$

답 **$x=2$일 때 최솟값 16**

(2) $y=100x^2 \div x^{\log x}$에서 $y>0$이므로 양변의 상용로그를 잡으면

$$\log y=\log(100x^2 \div x^{\log x})=\log 100+\log x^2-\log x^{\log x}$$
$$=-(\log x)^2+2\log x+2=-(\log x-1)^2+3 \quad \cdots\cdots ㉠$$

따라서 $\log x=1$일 때 $\log y$의 최댓값은 3이다.

이때, $\log x=1$에서 $x=10$, $\log y=3$에서 $y=1000$이다.

답 **$x=10$일 때 최댓값 1000**

***Note** ㉠에서 $\log x=t$로 치환하여 생각해도 된다. 이때, t는 실수 전체의 값을 가진다.

유제 **4**-9. $2 \leq x \leq 4$일 때, 다음 함수의 최댓값과 최솟값을 구하시오.

(1) $y=(\log_2 x)^2-\log_2 x^2+5$ (2) $y=(\log_{\frac{1}{2}} x)^2-\log_{\frac{1}{2}} x^2+5$

답 (1) **최댓값 5, 최솟값 4** (2) **최댓값 13, 최솟값 8**

유제 **4**-10. 함수 $y=100x^{\log x}$의 최솟값을 구하시오. 답 **100**

기본 문제 4-7 다음 물음에 답하시오.

(1) 함수 $f(x)=2^{a+x}+2^{a-x}$의 최솟값이 8일 때, 상수 a의 값을 구하시오.

(2) $a>1$, $b>1$일 때, $\log_{a^2}b+\log_b a^2$의 최솟값을 구하시오.

(3) $\dfrac{1}{4}<x<25$일 때, 함수 $f(x)=\log 4x\times\log\dfrac{25}{x}$의 최댓값을 구하시오.

정석연구 합 또는 곱이 일정한 경우의 최대와 최소에 관한 문제이다. 다음 산술평균과 기하평균의 관계를 이용한다.

정석 $a>0$, $b>0$일 때 $\dfrac{a+b}{2}\ge\sqrt{ab}$ (등호는 $a=b$일 때 성립)

이때, a, b는 모두 양수이어야 함에 주의한다.

모범답안 (1) 모든 실수 x에 대하여 $2^{a+x}>0$, $2^{a-x}>0$이므로

$$2^{a+x}+2^{a-x}\ge2\sqrt{2^{a+x}2^{a-x}}=2\sqrt{2^{2a}}=2^{a+1}\ (\text{등호는 } x=0 \text{일 때 성립})$$

따라서 $f(x)$의 최솟값은 2^{a+1}이다. 곧,

$$2^{a+1}=8 \quad \therefore\ 2^{a+1}=2^3 \quad \therefore\ \boldsymbol{a=2} \longleftarrow \text{답}$$

(2) $a>1$, $b>1$이므로 $\log_a b>0$, $\log_b a>0$이다.

$$\therefore\ \log_{a^2}b+\log_b a^2\ge2\sqrt{\log_{a^2}b\times\log_b a^2}=2\sqrt{\frac{1}{2}\log_a b\times2\log_b a}$$
$$=2\ (\text{등호는 } a^2=b \text{일 때 성립})$$

답 **2**

(3) $\dfrac{1}{4}<x<25$이므로 $\log 4x>0$, $\log\dfrac{25}{x}>0$이다.

$$\therefore\ \log 4x+\log\frac{25}{x}\ge2\sqrt{\log 4x\times\log\frac{25}{x}}\ \left(\text{등호는 } x=\frac{5}{2} \text{일 때 성립}\right)$$

그런데 $\log 4x+\log\dfrac{25}{x}=\log\left(4x\times\dfrac{25}{x}\right)=\log 100=2$이므로

$$2\ge2\sqrt{\log 4x\times\log\frac{25}{x}} \quad \therefore\ \log 4x\times\log\frac{25}{x}\le1$$

답 **1**

유제 **4**-11. $a>0$일 때, a^x+a^{-x}의 최솟값을 구하시오. 답 **2**

유제 **4**-12. $x+2y-2=0$일 때, 3^x+9^y의 최솟값을 구하시오. 답 **6**

유제 **4**-13. $x>1$일 때, 함수 $y=\log_2 x+\log_x 16$의 최솟값을 구하시오.

답 **4**

유제 **4**-14. $1<x<100$일 때, 함수 $y=\log x\times\log\dfrac{100}{x}$의 최댓값을 구하시오.

답 **1**

연습문제 4

4-1 다음 곡선 중에서 곡선 $y=\log_2 x$를 평행이동하여 겹쳐질 수 있는 것만을 있는 대로 고르시오.

① $y=\log_2 3x$　② $y=\log_2(2x+1)$　③ $y=1-\log_2 x$
④ $y=2\log_2 x+1$　⑤ $y=2-\log_2(1-x)$

4-2 다음 방정식의 그래프를 그리시오.

(1) $y=2^{|x|}$　(2) $y=\log_2|x|$
(3) $y=|\log_2(x-1)|$　(4) $|y|=\log_2|x|$

4-3 다음과 같은 평행이동 f와 대칭이동 g가 있다.

$$f:(x,\,y)\longrightarrow(x+\log_2 3,\,y-1),\quad g:(x,\,y)\longrightarrow(y,\,x)$$

(1) $g\circ f$에 의하여 곡선 $y=2^x$이 이동된 곡선의 방정식을 구하시오.
(2) $f\circ g$에 의하여 곡선 $y=\log_2 x$가 이동된 곡선의 방정식을 구하시오.

4-4 오른쪽 그림은 함수 $y=2^x+1$과 그 역함수 $y=f(x)$의 그래프이다. 다음 물음에 답하시오.

(1) $f(x)$를 구하시오.
(2) 그림에서 점 P의 y좌표를 구하시오.
　단, 점선은 좌표축에 평행하다.

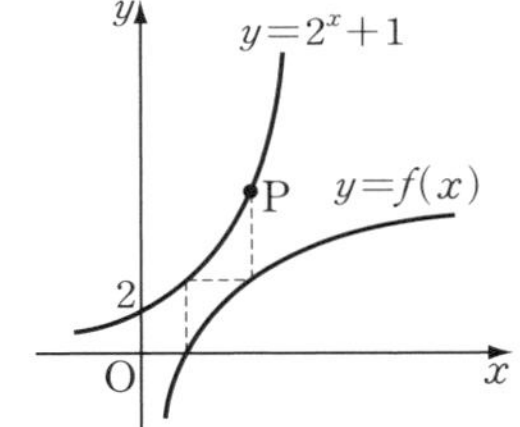

4-5 두 지수함수 $f(x)=a^{bx-1}$과 $g(x)=a^{1-cx}$의 그래프는 직선 $x=2$에 대하여 서로 대칭이다.
$f(4)+g(4)=\dfrac{5}{2}$일 때, 상수 a의 값은? 단, $0<a<1$이고, b, c는 상수이다.

① $\dfrac{1}{8}$　② $\dfrac{1}{4}$　③ $\dfrac{3}{8}$　④ $\dfrac{1}{2}$　⑤ $\dfrac{5}{8}$

4-6 함수 $y=k\times 3^x$의 그래프가 두 함수 $y=3^{-x}$, $y=-4\times 3^x+8$의 그래프와 만나는 점을 각각 P, Q라고 하자. 두 점 P와 Q의 x좌표의 비가 $1:2$이고 $0<k<1$일 때, 상수 k의 값은?

① $\dfrac{2}{9}$　② $\dfrac{2}{7}$　③ $\dfrac{4}{9}$　④ $\dfrac{4}{7}$　⑤ $\dfrac{8}{9}$

4-7 다음 물음에 답하시오.

(1) $f(x)=2^{x+1}$일 때, $f(g(x))=2x\,(x>0)$를 만족시키는 $g(x)$를 구하시오.
(2) $f(x)=\log_2(x+1)$일 때, $g(f(x))=2x$를 만족시키는 $g(x)$를 구하시오.
(3) $f(\log_2 x)=2x$일 때, $f(g(x))=4x^2$을 만족시키는 $g(x)$를 구하시오.

4-8 세 함수 $y=2^x+x-2$, $y=\log_2 x+x-2$, $y=x+\sqrt{x}-2$의 그래프가 x축과 만나는 점의 x좌표를 각각 a, b, c라고 할 때, 세 수 a, b, c의 대소를 비교하시오.

4-9 직선 $y=2-x$가 두 함수 $y=\log_2 x$, $y=\log_3 x$의 그래프와 만나는 점의 좌표를 각각 (x_1, y_1), (x_2, y_2)라고 할 때, 다음 두 수의 대소를 비교하시오.

(1) x_1, y_2 (2) x_2-x_1, y_1-y_2 (3) x_1y_1, x_2y_2

4-10 함수 $f(x)$는 모든 실수 x에 대하여 $f(x+2)=f(x)$를 만족시키고, $-\frac{1}{2}\le x<\frac{3}{2}$에서 $f(x)=\left|x-\frac{1}{2}\right|+1$이다. 함수 $y=2^{\frac{x}{n}}$의 그래프와 함수 $y=f(x)$의 그래프의 교점이 5개가 되는 자연수 n의 값을 구하시오.

4-11 함수 $f(x)=\frac{4^x}{4^x+2}$에 대하여 다음 식의 값을 구하시오.

(1) $f(x)+f(1-x)$ (2) $f\left(\frac{1}{101}\right)+f\left(\frac{2}{101}\right)+f\left(\frac{3}{101}\right)+\cdots+f\left(\frac{100}{101}\right)$

4-12 함수 $y=a^{x^2-3x+3}\,(a>1)$의 최솟값이 8일 때, 상수 a의 값은?

① 4 ② 8 ③ 16 ④ 32 ⑤ 64

4-13 함수 $y=2(\log_2 x)^2+a\log_2\frac{1}{x^2}+b$는 $x=\frac{1}{2}$일 때 최솟값 1을 가진다. 상수 a, b에 대하여 $a+b$의 값은?

① 1 ② 2 ③ 3 ④ 4 ⑤ 5

4-14 두 함수 $f(x)=x^2-2x+10\,(0\le x\le 1)$, $g(x)=\log_a x$의 합성함수 $(g\circ f)(x)$의 최댓값이 -1일 때, 상수 a의 값을 구하시오.

4-15 $x>0$일 때, $\frac{x(2^x-x)}{4^x}$의 최댓값을 구하시오.

4-16 다음 물음에 답하시오.

(1) 함수 $y=4^x+4^{-x}-2(2^x+2^{-x})$의 최솟값을 구하시오.

(2) 함수 $y=3^{\log x}\times x^{\log 3}-3(3^{\log x}+x^{\log 3})$의 최솟값을 구하시오.

4-17 $x\ge 1$, $y\ge 1$이고 $x^2y=16$일 때, $\log_2 x\times\log_2 y$의 최댓값과 최솟값을 구하시오.

4-18 $x>0$, $y>0$일 때, 다음 물음에 답하시오.

(1) $\log x+\log y=2$일 때, $x+4y$의 최솟값을 구하시오.

(2) $4x+y=4$일 때, $\log_4\sqrt{x}+\frac{1}{4}\log_{\frac{1}{2}}\frac{1}{y}$의 최댓값을 구하시오.

5. 지수방정식과 로그방정식

지수방정식／로그방정식

§1. 지수방정식

1 지수방정식

이를테면 $4^x=\frac{1}{32}$, $3^{x-1}=2^x$, $2^{2x}-2^x-2=0$과 같이 지수에 미지수를 포함한 방정식을 지수방정식이라고 한다.

위의 방정식들은 지수방정식의 기본 유형으로서 다음과 같이 푼다.

▶ $4^x=\frac{1}{32}$의 풀이 : $2^{2x}=2^{-5}$ $\quad\therefore\ 2x=-5 \quad \therefore\ \boldsymbol{x=-\frac{5}{2}}$

▶ $3^{x-1}=2^x$의 풀이 : 양변의 상용로그를 잡으면

$\log 3^{x-1}=\log 2^x \quad \therefore\ (x-1)\log 3=x\log 2 \quad \therefore\ x\log 3-\log 3=x\log 2$

$\therefore\ (\log 3-\log 2)x=\log 3 \quad \therefore\ \boldsymbol{x=\frac{\log 3}{\log 3-\log 2}}$

▶ $2^{2x}-2^x-2=0$의 풀이 : $2^x=X\,(X>0)$로 놓으면 $\quad X^2-X-2=0$

$\therefore\ (X-2)(X+1)=0 \quad \therefore\ X=2\,(\because\ X>0) \quad$ 곧, $2^x=2 \quad \therefore\ \boldsymbol{x=1}$

기본정석 — 지수방정식의 해법

(1) 항이 두 개인 경우 ⇦ (예) $4^x=\frac{1}{32}$, $3^{x-1}=2^x$

① 밑을 같게 할 수 있을 때에는 $a^{f(x)}=a^{g(x)}$의 꼴로 정리한 다음, $f(x)=g(x)$를 푼다. (단, $a>0$, $a\neq1$)

② 밑을 같게 할 수 없을 때에는 $a^{f(x)}=b^{g(x)}$의 꼴로 정리한 다음, $\log a^{f(x)}=\log b^{g(x)}$을 푼다. (단, $a>0$, $a\neq1$, $b>0$, $b\neq1$)

(2) 항이 세 개 이상인 경우 ⇦ (예) $2^{2x}-2^x-2=0$

$a^x=X\,(X>0)$로 치환하여 X에 관한 방정식으로 고쳐서 푼다.

기본 문제 5-1 다음 등식을 만족시키는 실수 x의 값을 구하시오.

(1) $3^x 2^{2-x}=6^x$ (2) $2^{x+1}\times 3=3^{2x+1}$

(3) $x^{\sqrt{x}}=(\sqrt{x})^x\ (x>0)$ (4) $(x+2)^x=3^x\ (x>-2)$

정석연구 지수방정식을 풀 때에는 특히 다음에 주의해야 한다.

첫째 — 밑이 같을 때에는 밑이 1인가 아닌가를 조사해야 한다.

이를테면 $1^2=1^3$, $1^4=1^7$과 같이

밑이 **1**일 때에는 지수가 같지 않아도 등식은 성립한다.

정석 $a>0,\ a^{f(x)}=a^{g(x)} \Longrightarrow f(x)=g(x)$ 또는 $a=1$

둘째 — 지수가 같을 때에는 지수가 0인가 아닌가를 조사해야 한다.

이를테면 $2^0=3^0$, $5^0=7^0$과 같이

지수가 **0**일 때에는 밑이 같지 않아도 등식은 성립한다.

정석 $m>0,\ n>0,\ m^{f(x)}=n^{f(x)} \Longrightarrow m=n$ 또는 $f(x)=0$

모범답안 (1) $3^x 2^{2-x}=6^x$에서 $3^x 2^{2-x}=3^x 2^x$

그런데 $3^x\neq 0$이므로 $2^{2-x}=2^x$ $\therefore\ 2-x=x$ $\therefore\ \boldsymbol{x=1}$ ← 답

(2) $2^{x+1}\times 3=3^{2x+1}$에서 $2^{x+1}=3^{2x}$ $\therefore\ \log 2^{x+1}=\log 3^{2x}$

$\therefore\ (x+1)\log 2=2x\log 3$ $\therefore\ (2\log 3-\log 2)x=\log 2$

$$\therefore\ \boldsymbol{x=\frac{\log 2}{2\log 3-\log 2}} \leftarrow \text{답}$$

(3) $x^{\sqrt{x}}=(\sqrt{x})^x$에서 $x^{\sqrt{x}}=x^{\frac{1}{2}x}$

$x\neq 1$일 때 $\sqrt{x}=\frac{1}{2}x$ $\therefore\ 4x=x^2$ $\therefore\ x=4\ (\because\ x>0)$

$x=1$일 때, 주어진 식은 $1^{\sqrt{1}}=(\sqrt{1})^1$이므로 성립한다. 답 $\boldsymbol{x=1,\ 4}$

(4) $(x+2)^x=3^x$에서

$x\neq 0$일 때 $x+2=3$ $\therefore\ x=1$

$x=0$일 때, 주어진 식은 $2^0=3^0$이므로 성립한다. 답 $\boldsymbol{x=0,\ 1}$

유제 **5**-1. 다음 등식을 만족시키는 실수 x의 값을 구하시오.

(1) $\left(\frac{1}{9}\right)^x=3\sqrt[4]{3}$ (2) $\dfrac{3^{x^2-1}}{3^{x+1}}=81$ (3) $2^{3x^3+6x^2+3}=8^{2x^3-x^2+x-2}$

(4) $3^x=3\times 2^{3x}$ (5) $x^{x^x}=(x^x)^x\ (x>0)$ (6) $(x-1)^{x-3}=4^{x-3}\ (x>1)$

답 (1) $\boldsymbol{x=-\frac{5}{8}}$ (2) $\boldsymbol{x=-2,\ 3}$ (3) $\boldsymbol{x=3}$ (4) $\boldsymbol{x=\dfrac{\log 3}{\log 3-3\log 2}}$

(5) $\boldsymbol{x=1,\ 2}$ (6) $\boldsymbol{x=3,\ 5}$

기본 문제 5-2 다음 지수방정식을 푸시오.

(1) $4^x-2^{x+2}-32=0$

(2) $(2+\sqrt{3})^x+(2-\sqrt{3})^x=4$

(3) $\begin{cases} 3^x+3^y=12 \\ 3^{x+y}=27 \end{cases}$

정석연구 (1) $2^x=t\,(t>0)$로 놓는다.

(2) $2-\sqrt{3}=\dfrac{(2-\sqrt{3})(2+\sqrt{3})}{2+\sqrt{3}}=\dfrac{1}{2+\sqrt{3}}=(2+\sqrt{3})^{-1}$임을 이용한다.

(3) $3^x=X\,(X>0)$, $3^y=Y\,(Y>0)$로 놓는다.

정 석 공통부분을 만들어 치환한다.

모범답안 (1) $4^x=(2^2)^x=(2^x)^2$, $2^{x+2}=2^x\times2^2=4\times2^x$이므로 주어진 방정식은

$$(2^x)^2-4\times2^x-32=0$$

$2^x=t\,(t>0)$로 놓으면 $t^2-4t-32=0$ $\therefore$ $(t-8)(t+4)=0$

그런데 $t>0$이므로 $t=8$ 곧, $2^x=8$ $\therefore$ $\boldsymbol{x=3}$ ← 답

(2) $2-\sqrt{3}=\dfrac{1}{2+\sqrt{3}}=(2+\sqrt{3})^{-1}$

$(2+\sqrt{3})^x=t\,(t>0)$로 놓으면 $(2-\sqrt{3})^x=t^{-1}$이므로 주어진 방정식은

$$t+t^{-1}=4 \quad \therefore\ t^2-4t+1=0 \quad \therefore\ t=2\pm\sqrt{3}$$

$t=2+\sqrt{3}$일 때, $(2+\sqrt{3})^x=2+\sqrt{3}$에서 $x=1$

$t=2-\sqrt{3}$일 때, $(2+\sqrt{3})^x=2-\sqrt{3}=(2+\sqrt{3})^{-1}$에서 $x=-1$

답 $\boldsymbol{x=\pm1}$

(3) $3^x=X\,(X>0)$, $3^y=Y\,(Y>0)$로 놓으면

$3^x+3^y=12$에서 $X+Y=12$

$3^{x+y}=27$, 곧 $3^x3^y=27$에서 $XY=27$

연립하여 풀면 $X=3,\ Y=9$ 또는 $X=9,\ Y=3$

$X=3, Y=9$일 때 $3^x=3,\ 3^y=9$ $\therefore$ $\boldsymbol{x=1,\ y=2}$

$X=9, Y=3$일 때 $3^x=9,\ 3^y=3$ $\therefore$ $\boldsymbol{x=2,\ y=1}$ ← 답

유제 **5**-2. 다음 지수방정식을 푸시오.

(1) $9^x-7\times3^x-18=0$

(2) $(3+2\sqrt{2})^x+(3-2\sqrt{2})^x=6$

(3) $\begin{cases} 2^x+2^y=20 \\ 2^{x+y}=64 \end{cases}$

(4) $\begin{cases} 4^{x+1}+3^{y+2}=29 \\ 2^{2x+1}+9^{\frac{y}{2}}=4 \end{cases}$

답 (1) $\boldsymbol{x=2}$ (2) $\boldsymbol{x=\pm1}$
(3) $\boldsymbol{x=2,\ y=4}$ 또는 $\boldsymbol{x=4,\ y=2}$ (4) $\boldsymbol{x=-\frac{1}{2},\ y=1}$

유제 **5**-3. $2^x-2^{-x}=4$일 때, 4^x의 값을 구하시오. 답 $\boldsymbol{9+4\sqrt{5}}$

기본 문제 **5**-3 다음 물음에 답하시오. 단, a는 실수이다.

(1) 지수방정식 $a^{2x}-2a^{x+2}+1=0\,(a>1)$의 두 근의 합을 구하시오.

(2) 지수방정식 $4^{x+a}-2^{x+4}+2^{2a+2}=0$이 오직 하나의 실근을 가질 때, a의 값을 구하시오.

정석연구 (1) 이를테면 방정식 $(2^x)^2-3\times2^x+2=0$의 두 근을 α, β라고 하면

$$(2^\alpha)^2-3\times2^\alpha+2=0,\quad (2^\beta)^2-3\times2^\beta+2=0$$

이다. 곧, 2^x 대신 2^α, 2^β을 대입하면 성립하므로 $2^x=t\,(t>0)$로 치환한 이차방정식 $t^2-3t+2=0$의 두 근은 2^α, 2^β임을 알 수 있다.

정석 $a(2^x)^2+b\times2^x+c=0$의 두 근이 α, β일 때, $at^2+bt+c=0$의 두 근은 2^α, 2^β이다.

(2) $t=2^x$은 집합 $\{x\,|\,x$는 실수$\}$에서 집합 $\{t\,|\,t>0\}$으로의 일대일대응이다.

따라서 x에 관한 방정식 $a(2^x)^2+b\times2^x+c=0$의 실근의 개수와 t에 관한 방정식 $at^2+bt+c=0$의 양의 실근의 개수는 같다.

곧, $2^x=t$로 치환하면 t는 양수라는 것을 잊지 않도록 한다.

정석 치환할 때에는 ⟹ 제한 범위에 주의한다.

모범답안 (1) $a^{2x}-2a^{x+2}+1=0$에서 $(a^x)^2-2a^2a^x+1=0$

이 방정식의 두 근을 α, β라고 하면 $a^x=t\,(t>0)$로 치환한 이차방정식 $t^2-2a^2t+1=0$의 두 근은 a^α, a^β이다.

따라서 근과 계수의 관계로부터 $a^\alpha a^\beta=1$ $\quad\therefore\ a^{\alpha+\beta}=1$

$a>1$이므로 $\alpha+\beta=\mathbf{0}$ ← 답

(2) $4^{x+a}-2^{x+4}+2^{2a+2}=0$에서 $4^a(2^x)^2-2^4 2^x+2^{2a+2}=0$ ……①

여기에서 $2^x=t$로 놓으면 $t>0$이고, $4^at^2-2^4t+2^{2a+2}=0$ ……②

①의 실근이 하나뿐이므로 ②의 양의 실근도 하나뿐이다.

그런데 이차방정식 ②의 두 근의 합이 $\dfrac{2^4}{4^a}>0$, 곱이 $\dfrac{2^{2a+2}}{4^a}>0$이므로 조건을 만족시키기 위해서는 이차방정식 ②가 중근을 가져야 한다.

$\therefore\ D/4=(-2^3)^2-4^a\times2^{2a+2}=0\quad\therefore\ 2^6=2^{4a+2}\quad\therefore\ \boldsymbol{a=1}$ ← 답

유제 **5**-4. x에 관한 지수방정식 $2^x+2^{-x}=a$의 두 근의 합을 구하시오. 단, a는 $a\ge2$인 실수이다. 답 **0**

유제 **5**-5. x에 관한 지수방정식 $4^x=2^{x+1}+a$가 서로 다른 두 실근을 가질 때, 실수 a의 값의 범위를 구하시오. 답 $\boldsymbol{-1<a<0}$

§2. 로그방정식

1 로그방정식

이를테면 $\log_2 x+\log_2(x-2)=3$, $(\log x)^2=\log x^2$, $x^{\log x}=x$와 같이 로그의 진수 또는 밑에 미지수를 포함한 방정식을 로그방정식이라고 한다.

위의 방정식들은 로그의 성질을 이용하여 다음과 같이 푼다.

▶ **$\log_2 x+\log_2(x-2)=3$의 풀이** : $\log_2 x+\log_2(x-2)=3$ ……①

에서 $\log_2 x(x-2)=3$ ……②

$$\therefore\ x(x-2)=2^3 \qquad \therefore\ x=-2,\ 4$$

그런데 $x=-2$는 ②를 만족시키지만 ①의 진수를 음수가 되게 하므로 해가 아니다. $\therefore$ $\boldsymbol{x=4}$

Advice | ①에서는 $x>0$, $x-2>0$이어야 하므로 $x>2$

②에서는 $x(x-2)>0$이어야 하므로 $x<0$, $x>2$

따라서 ①과 ②는 동치가 아니다. 곧, ②를 풀어 얻은 해 $x=-2$, 4가 반드시 ①의 해라고는 말할 수 없다.

이와 같은 잘못을 피하기 위해서는 구한 해를 원래 방정식에 대입하여 성립하는지를 확인해야 하고, 풀이에 그 과정을 밝혀야 한다.

▶ **$(\log x)^2=\log x^2$의 풀이** : $\log x=X$로 놓으면

$$X^2=2X \qquad \therefore\ X(X-2)=0 \qquad \therefore\ X=0,\ 2$$

$X=0$에서 $\log x=0$ $\quad\therefore$ $\boldsymbol{x=1}$, $\quad X=2$에서 $\log x=2$ $\quad\therefore$ $\boldsymbol{x=100}$

▶ **$x^{\log x}=x$의 풀이** : 양변의 상용로그를 잡으면

$$\log x^{\log x}=\log x \qquad \therefore\ \log x\times\log x=\log x \qquad \therefore\ (\log x)^2-\log x=0$$

$$\therefore\ (\log x)(\log x-1)=0 \qquad \therefore\ \log x=0,\ 1 \qquad \therefore\ \boldsymbol{x=1,\ 10}$$

기본정석 — 로그방정식의 해법

(1) $\log_a f(x)=\log_a g(x)$ 또는 $\log_a f(x)=b$의 꼴로 정리한 다음, 로그가 없는 꼴로 변형하여 풀어 본다. ⇦ (예) $\log_2 x+\log_2(x-2)=3$

$\boldsymbol{\log_a f(x)=\log_a g(x) \iff f(x)=g(x)}$ 단, $\boldsymbol{f(x)>0,\ g(x)>0}$

$\boldsymbol{\log_a f(x)=b \iff f(x)=a^b}$

(2) $\log_a x=X$로 치환해 본다. ⇦ (예) $(\log x)^2=\log x^2$

(3) 양변의 로그를 잡아 본다. ⇦ (예) $x^{\log x}=x$

기본 문제 5-4 다음 로그방정식을 푸시오.

(1) $\log 2x+\log(x-1)=\log(x^2+3)$

(2) $\log_2(x-5)=\log_4(x-2)+1$

(3) $3\log_x 10+\log_{10}x=4$

정석연구 (1) 먼저 $\log_a f(x)=\log_a g(x)$의 꼴로 고친다.

(2), (3) 아래 **정석**을 이용하여 먼저 밑을 같게 고친다.

정석 $\log_a b=\dfrac{\log_c b}{\log_c a}$, $\log_a b=\dfrac{1}{\log_b a}$

그리고 로그방정식을 풀 때에는 밑과 진수의 조건을 잊지 말아야 한다.

정석 $\log_a A$에서는 $\Longrightarrow$ $a>0,\ a\neq 1,\ A>0$

모범답안 (1) 주어진 방정식에서 $\log 2x(x-1)=\log(x^2+3)$

$\therefore\ 2x(x-1)=x^2+3$ $\quad\therefore\ x^2-2x-3=0$ $\quad\therefore\ x=-1, 3$ ……㉮

그런데 $x=-1$은 진수를 음수가 되게 하므로 해가 아니다. 답 $\boldsymbol{x=3}$

(2) $\log_4(x-2)=\dfrac{\log_2(x-2)}{\log_2 4}=\dfrac{1}{2}\log_2(x-2)$, $1=\log_2 2$이므로 주어진 방정식은 $\log_2(x-5)=\dfrac{1}{2}\log_2(x-2)+\log_2 2$

$\therefore\ 2\log_2(x-5)=\log_2(x-2)+\log_2 4$ $\quad\therefore\ \log_2(x-5)^2=\log_2 4(x-2)$

$\therefore\ (x-5)^2=4(x-2)$ $\quad\therefore\ x^2-14x+33=0$ $\quad\therefore\ x=3, 11$

그런데 $x=3$은 진수를 음수가 되게 하므로 해가 아니다. 답 $\boldsymbol{x=11}$

(3) $\log_x 10=\dfrac{1}{\log_{10}x}$이므로 주어진 방정식은 $\dfrac{3}{\log_{10}x}+\log_{10}x=4$

$\therefore\ (\log_{10}x)^2-4\log_{10}x+3=0$ $\quad\therefore\ (\log_{10}x-1)(\log_{10}x-3)=0$

$\therefore\ \log_{10}x=1$ 또는 $\log_{10}x=3$ $\quad\therefore\ \boldsymbol{x=10, 1000}$ ← 답

***Note** 이를테면 (1)에서 진수 조건은 $2x>0,\ x-1>0,\ x^2+3>0$이므로 $x>1$이다. 따라서 ㉮에서 구한 값 중에서 $x=3$만 해가 됨을 알 수 있다.

보통은 밑과 진수의 조건을 모두 구하는 것보다는 **모범답안**과 같이 방정식을 풀어 얻은 값을 원래 방정식에 대입하여 확인하는 것이 편리하다.

유제 **5**-6. 다음 로그방정식을 푸시오.

(1) $\log(2x-1)+\log(x-9)=2$ (2) $2(\log x)^2=7\log x-3$

(3) $\log_2(x-3)=\log_4(x-1)$ (4) $\log_x 4-\log_2 x=1$

답 (1) $\boldsymbol{x=13}$ (2) $\boldsymbol{x=1000, \sqrt{10}}$ (3) $\boldsymbol{x=5}$ (4) $\boldsymbol{x=\frac{1}{4}, 2}$

기본 문제 5-5 다음 방정식을 푸시오.

(1) $x^{\log x}-1000x^2=0$

(2) $5^{\log x}\times x^{\log 5}-3(5^{\log x}+x^{\log 5})+5=0$

정석연구 (1) $x^{\log x}$과 같이 밑과 지수에 모두 미지수가 있는 경우에는 주어진 방정식을

$$x^{\log x}=1000x^2$$

으로 변형한 다음, 양변의 상용로그를 잡아 본다.

정석 밑과 지수에 모두 미지수가 있으면 ⟹ 양변의 로그를 잡는다.

(2) 복잡한 문제처럼 보이지만 $x^{\log 5}=5^{\log x}$임을 이용하면 쉽게 풀린다.

일반적으로 $a^{\log_b c}=t$라고 하면

$$\log_b t=\log_b a^{\log_b c}=\log_b c\times\log_b a=\log_b a\times\log_b c=\log_b c^{\log_b a}$$

$$\therefore\ t=c^{\log_b a} \qquad \text{곧, } a^{\log_b c}=c^{\log_b a}$$

정석 $\boldsymbol{a^{\log_b c}=c^{\log_b a}}$ ⇦ p. 30 참조

모범답안 (1) $x^{\log x}-1000x^2=0$에서 $x^{\log x}=1000x^2$

양변의 상용로그를 잡으면 $\log x\times\log x=\log 1000+\log x^2$

$\therefore\ (\log x)^2-2\log x-3=0 \qquad \therefore\ (\log x+1)(\log x-3)=0$

$\therefore\ \log x=-1$ 또는 $\log x=3 \qquad \therefore\ x=0.1,\ 1000$

이 값은 모두 진수 조건 $x>0$을 만족시킨다. 답 $\boldsymbol{x=0.1,\ 1000}$

(2) $x^{\log 5}=5^{\log x}$이므로 주어진 방정식은

$$5^{\log x}\times 5^{\log x}-3(5^{\log x}+5^{\log x})+5=0$$

$\therefore\ (5^{\log x})^2-6\times 5^{\log x}+5=0 \qquad \therefore\ (5^{\log x}-1)(5^{\log x}-5)=0$

$\therefore\ 5^{\log x}=1$ 또는 $5^{\log x}=5 \qquad \therefore\ \log x=0$ 또는 $\log x=1$

$\therefore\ \boldsymbol{x=1,\ 10}$ ⟵ 답

Advice | 로그함수의 성질(p. 49)에서 공부한 바와 같이 일반적으로는 $\log x^2\neq 2\log x$이다. 왜냐하면 $\log x^2$은 $x^2>0$, 곧 $x\neq 0$일 때 정의되고, $2\log x$는 $x>0$일 때 정의되기 때문이다. 따라서 $\log x^2=2\log|x|$이다.

그러나 (1)에서는 문제의 식 중에 $\log x$가 있으므로 $x>0$인 조건이 주어졌다고 생각해도 된다. 이때에는 $\log x^2=2\log x$로 변형해도 된다.

유제 **5**-7. 다음 방정식을 푸시오.

(1) $x^{\log x}=10^4x^3$ (2) $2^{\log x}\times x^{\log 2}-2^{\log x+1}+1=0$

답 (1) $\boldsymbol{x=0.1,\ 10000}$ (2) $\boldsymbol{x=1}$

기본 문제 5-6 다음 연립방정식을 푸시오.

(1) $\begin{cases} 3^x 2^y = 576 \\ \log_{\sqrt{2}}(y-x) = 4 \end{cases}$ (2) $\begin{cases} \log_x 4 - \log_y 3 = 5 \\ \log_x 2 - \log_y 27 = 5 \end{cases}$ (3) $\begin{cases} xy = 8 \\ x^{\log_2 y} = 4 \ (x \ge y) \end{cases}$

정석연구 (1), (2) 소거법을 이용하여 미지수의 개수를 줄여 본다.

정석 연립방정식의 기본은 $\Longrightarrow$ 미지수의 개수를 줄인다.

특히 로그방정식의 경우 밑과 진수의 조건에 주의한다.

모범답안 (1) $3^x 2^y = 576$ ······① $\log_{\sqrt{2}}(y-x) = 4$ ······②

②에서 $y - x = (\sqrt{2})^4$ 곧, $y = x + 4$ ······③

③을 ①에 대입하면 $3^x 2^{x+4} = 576$ $\therefore 3^x 2^x = 36$ $\therefore 6^x = 6^2$

$\therefore x = 2$ $\therefore y = 6$ ($\because$ ③)

$x=2$, $y=6$은 ②의 진수를 양수가 되게 하므로 구하는 해이다.

답 $\boldsymbol{x=2,\ y=6}$

(2) $2\log_x 2 - \log_y 3 = 5$ ······① $\log_x 2 - 3\log_y 3 = 5$ ······②

$\log_x 2 = X$, $\log_y 3 = Y$로 놓으면

①은 $2X - Y = 5$ ······③ ②는 $X - 3Y = 5$ ······④

③, ④를 연립하여 풀면 $X=2$, $Y=-1$ $\therefore \log_x 2 = 2$, $\log_y 3 = -1$

$\log_x 2 = 2$에서 $x^2 = 2$ $\therefore x = \sqrt{2}$ ($\because x > 0$, $x \neq 1$)

$\log_y 3 = -1$에서 $y^{-1} = 3$ $\therefore y = \dfrac{1}{3}$ 답 $\boldsymbol{x=\sqrt{2},\ y=\dfrac{1}{3}}$

(3) $xy = 8$에서 양변의 2를 밑으로 하는 로그를 잡으면

$\log_2 xy = \log_2 8$ $\therefore \log_2 x + \log_2 y = 3$ ······①

$x^{\log_2 y} = 4$에서 양변의 2를 밑으로 하는 로그를 잡으면

$\log_2 x^{\log_2 y} = \log_2 4$ $\therefore \log_2 y \times \log_2 x = 2$ ······②

$x \ge y$이므로 ①, ②에서 $\log_2 x = 2$, $\log_2 y = 1$

$\therefore \boldsymbol{x=4,\ y=2}$ ← 답

유제 **5**-8. 다음 연립방정식을 푸시오.

(1) $\begin{cases} 2x - y = 8 \\ \log x + \log y = 1 \end{cases}$ (2) $\begin{cases} 2^x 3^{y+1} = 108 \\ \log_x y = 1 \end{cases}$ (3) $\begin{cases} \log_x y = 1 \\ y^{\log_2 x} = 4 \end{cases}$

(4) $\begin{cases} \log_x 16 - \log_y 2 = 3 \\ \log_x 4 + \log_y 8 = -2 \end{cases}$ (5) $\begin{cases} xy = 10^5 \\ x^{\log y} = 10^6 \ (x \ge y) \end{cases}$

답 (1) $\boldsymbol{x=5,\ y=2}$ (2) $\boldsymbol{x=2,\ y=2}$ (3) $\boldsymbol{x=y=2^{\pm\sqrt{2}}}$

(4) $\boldsymbol{x=4,\ y=\dfrac{1}{2}}$ (5) $\boldsymbol{x=1000,\ y=100}$

기본 문제 5-7 다음 물음에 답하시오.

(1) x에 관한 이차방정식 $x^2-(ab+1)x+a^{\log_2 b}+16=0$의 두 근이 4, 5 일 때, 양수 a, b의 값을 구하시오.

(2) 로그방정식 $\log 5x\times\log x+\log 2\times\log x-3=0$의 두 근의 곱을 구하시오.

[정석연구] (1) 이차방정식의 근과 계수의 관계를 이용한다.

(2) x에 관한 방정식 $a(\log x)^2+b\log x+c=0\,(a\neq 0)$의 두 근을 α, β라고 하면

$$a(\log\alpha)^2+b\log\alpha+c=0,\ \ a(\log\beta)^2+b\log\beta+c=0$$

이므로 $\log x=t$로 치환한 t에 관한 이차방정식 $at^2+bt+c=0$의 두 근은 $\log\alpha$, $\log\beta$이다.

정석 $\boldsymbol{a(\log x)^2+b\log x+c=0}$의 두 근이 α, β일 때,
$\boldsymbol{at^2+bt+c=0}$의 두 근은 $\boldsymbol{\log\alpha}$, $\boldsymbol{\log\beta}$이다.

$\log x=t$로 치환한 다음, 이 성질을 이용한다.

[모범답안] (1) 근과 계수의 관계로부터

$$4+5=ab+1,\ \ 4\times 5=a^{\log_2 b}+16 \quad \text{곧, } ab=8,\ \ a^{\log_2 b}=4$$

양변의 2를 밑으로 하는 로그를 각각 잡으면

$$\log_2 a+\log_2 b=3,\ \ \log_2 b\times\log_2 a=2$$

$$\therefore\ \log_2 a=1,\ \log_2 b=2 \text{ 또는 } \log_2 a=2,\ \log_2 b=1$$

$$\therefore\ \boldsymbol{a=2,\ b=4} \text{ 또는 } \boldsymbol{a=4,\ b=2} \longleftarrow \boxed{\text{답}}$$

(2) 주어진 방정식에서 $(\log 5+\log x)\log x+\log 2\times\log x-3=0$

$\therefore\ (\log x)^2+(\log 5+\log 2)\log x-3=0 \quad \therefore\ (\log x)^2+\log x-3=0$

이 방정식의 두 근을 α, β라고 하면 $\log x=t$로 치환한 이차방정식 $t^2+t-3=0$의 두 근은 $\log\alpha$, $\log\beta$이다.

따라서 근과 계수의 관계로부터 $\log\alpha+\log\beta=-1$

$$\therefore\ \log\alpha\beta=-1 \qquad \therefore\ \alpha\beta=10^{-1}=\boldsymbol{\frac{1}{10}} \longleftarrow \boxed{\text{답}}$$

[유제] **5**-9. x에 관한 이차방정식 $x^2-(1+\log pq)x+\log p^2q=0$의 두 근이 2, 3일 때, 상수 p, q의 값을 구하시오. [답] $\boldsymbol{p=100,\ q=100}$

[유제] **5**-10. 로그방정식 $\log 2x\times\log 3x=1$의 두 근을 α, β라고 할 때, $\alpha\beta$의 값을 구하시오. [답] $\boldsymbol{\alpha\beta=\frac{1}{6}}$

연습문제 5

5-1 $a>0$, $a\neq 1$이고, $\sqrt[7]{\left(\sqrt{a}\times\dfrac{a}{\sqrt[3]{a}}\right)^x}=\sqrt{\sqrt{a^6\sqrt[3]{a}}}$ 일 때, x의 값은?

① 8 ② 10 ③ 11 ④ 13 ⑤ 15

5-2 다음 방정식을 만족시키는 정수 x, y의 값을 구하시오.

(1) $8^x3^y=1728$ (2) $12^x6^y=288$

5-3 $(x^2-x-1)^{x+2}=1$을 만족시키는 정수 x의 개수는?

① 1 ② 2 ③ 3 ④ 4 ⑤ 5

5-4 다음 방정식을 푸시오.

(1) $2^{x+3}-2^{x-1}+2^{x-2}=3^{x+1}+3^{x-1}+3^{x-2}$

(2) $\sqrt{3^x}+2\sqrt{3^{-x}}=3$ (3) $\left(\dfrac{2}{3}\right)^{x^2+3}=\left(\dfrac{3}{2}\right)^{5x+1}$

(4) $(2^x-4)^3+(4^x-2)^3=(4^x+2^x-6)^3$

5-5 방정식 $4^x=9^x(4x-x^2)$의 서로 다른 실근의 개수를 구하시오.

5-6 두 함수 $y=2^x$, $y=-\left(\dfrac{1}{2}\right)^x+k$의 그래프가 서로 다른 두 점에서 만난다. 이 두 점을 잇는 선분의 중점의 좌표가 $\left(a, \dfrac{5}{4}\right)$일 때, $a+k$의 값을 구하시오. 단, k는 상수이다.

5-7 함수 $f(x)=|2^x-1|$에 대하여 실수 a, b가 $f(a)=f(b)$, $b-a=\log_2 3$을 만족시킬 때, a의 값을 구하시오.

5-8 x에 관한 방정식 $4^{2x}+4^xa-a^2=0$이 0과 $\dfrac{1}{2}$ 사이에 한 개의 실근을 가질 때, 자연수 a의 값을 구하시오.

5-9 x에 관한 방정식 $4^x+4^{-x}-2(2^x+2^{-x})+a=0$이 적어도 한 개의 실근을 가지기 위한 실수 a의 값의 범위를 구하시오.

5-10 1이 아닌 양수 x, $y\,(x>y)$에 대하여 $x^{x-y}=y^{18}$, $y^{x-y}=x^2$이 성립할 때, $x+y$의 값을 구하시오.

5-11 다음 방정식을 푸시오.

(1) $\log_2\{\log_3(\log_{10}x)\}=1$ (2) $\log_3 x\times\log_2 x=\log_3 2$

(3) $(\log_2 x)^3+\log_2 x^3=3(\log_2 x)^2+\log_2 x$ (4) $x^{\log_3 x-2}=27$

5-12 다음 연립방정식을 푸시오.

(1) $\begin{cases} \log_2(x-1)-\log_4(2y-1)=0 \\ 2y-x=1 \end{cases}$ (2) $\begin{cases} 4^x+2^y=48 \\ \log_2(3x-y)=0 \end{cases}$

(3) $\begin{cases} \log_{xy}(x-y)=1 \\ \log_{xy}(x+y)=0 \end{cases}$ (4) $\begin{cases} 5(\log_y x+\log_x y)=26 \\ xy=64 \end{cases}$

5-13 $f(x)=\log x$, $g(x)=x^2$일 때, 등식 $f(g(x))=g(f(x))$를 만족시키는 모든 x의 값의 합은?

① 11 ② 12 ③ 101 ④ 102 ⑤ 110

5-14 등식 $\log(2x-1)-\log x=1-\log y$를 만족시키는 자연수 x, y의 순서쌍 (x, y)의 개수는?

① 1 ② 2 ③ 3 ④ 4 ⑤ 5

5-15 자연수 a, b, c의 최대공약수가 1이고, $a\log_{72}3+b\log_{72}2=c$일 때, abc의 값은?

① 6 ② 12 ③ 18 ④ 24 ⑤ 36

5-16 다음 로그방정식을 푸시오.

$$\log_x xy\times\log_y xy+\log_x(x-y)\times\log_y(x-y)=0$$

5-17 x에 관한 방정식 $(\log x)^2+a\log x+a+2=0$의 한 근이 다른 근의 제곱과 같도록 상수 a의 값을 정하시오.

5-18 x에 관한 방정식 $\log_2 x+a\log_x 8=b$의 두 근이 $2, \dfrac{1}{8}$일 때, x에 관한 방정식 $\log_2 x+b\log_x 8=a$의 두 근의 곱을 구하시오. 단, a, b는 상수이다.

5-19 x에 관한 방정식 $\log_a 2x-\log_a(x^2+1)=1$을 만족시키는 실수 x가 존재하도록 실수 a의 값의 범위를 정하시오.

5-20 x에 관한 방정식 $\log x+\log(2-x)=\log(x+k)$가 서로 다른 두 실근을 가질 때, 실수 k의 값의 범위를 구하시오.

5-21 $0<k<1$인 상수 k에 대하여 두 함수 $y=\log_3 x$, $y=\log_3(x-k)$의 그래프가 x축과 만나는 점을 각각 A, B라고 하자. 또, 직선 $x=3-k$가 두 함수 $y=\log_3 x$, $y=\log_3(x-k)$의 그래프와 만나는 점을 각각 P, Q라 하고, x축과 만나는 점을 R이라고 하자.

$\triangle$PBQ$=\triangle$QBR일 때, $\triangle$PAB : $\triangle$QBR을 구하시오.

⑥. 지수부등식과 로그부등식

지수부등식과 로그부등식／
지수와 로그의 대소 비교

§1. 지수부등식과 로그부등식

1 지수부등식

이를테면 $25^x>625$, $2^x\le3$, $2^{2x}-2^x-2>0$과 같이 지수에 미지수를 포함한 부등식을 지수부등식이라고 한다.

지수부등식을 정리하면

$a^{f(x)}>a^{g(x)}$의 꼴, $a^{f(x)}>b^{g(x)}$의 꼴, $a^x=t$로 치환하는 꼴

등이 있다.

지수부등식의 해법의 기본은 지수방정식과 같지만, 밑의 범위에 따라 부등호의 방향이 바뀔 수 있다는 것에 특히 주의해야 한다.

기본정석 지수부등식의 해법

(1) 지수방정식의 해법과 같은 방법으로 푼다.

(2) 밑의 범위에 따라 부등호의 방향을 결정한다.

$a>1$일 때 $a^M>a^N \iff M>N$ ⇦ 부등호 방향이 그대로

$0<a<1$일 때 $a^M>a^N \iff M<N$ ⇦ 부등호 방향이 반대로

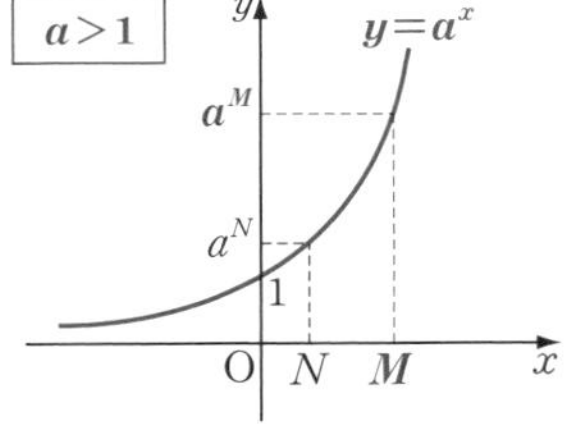

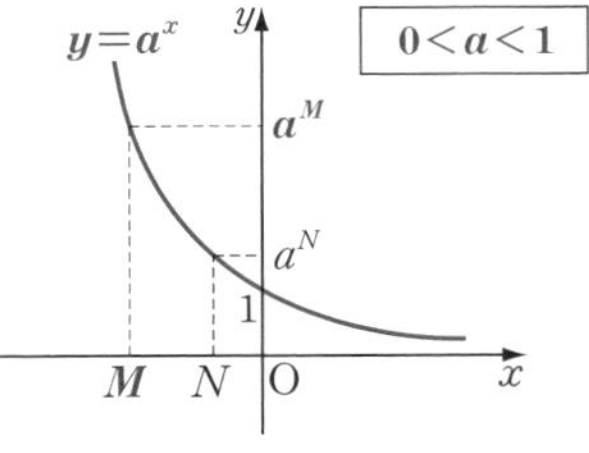

보기 1 다음 지수부등식을 푸시오.

(1) $25^x > 625$　　(2) $0.04^x > 0.2^{x+3}$

(3) $2^x \le 3$　　(4) $2^{2x} - 2^x - 2 > 0$

연구 지수방정식을 풀 때와 같은 방법으로 푼다.

(1) $25^x > 625$에서　$25^x > 25^2$　$\therefore$ $\boldsymbol{x > 2}$

(2) $0.04^x > 0.2^{x+3}$에서　$0.2^{2x} > 0.2^{x+3}$　$\therefore$ $2x < x+3$　$\therefore$ $\boldsymbol{x < 3}$

(3) $2^x \le 3$에서 양변의 상용로그를 잡으면

$$\log 2^x \le \log 3 \quad \therefore\ x\log 2 \le \log 3 \quad \therefore\ \boldsymbol{x \le \frac{\log 3}{\log 2}}$$

(4) $2^{2x} - 2^x - 2 > 0$에서 $2^x = t\,(t > 0)$로 놓으면

$$t^2 - t - 2 > 0 \quad \therefore\ (t+1)(t-2) > 0$$

$t+1 > 0$이므로　$t-2 > 0$　곧, $2^x > 2$　$\therefore$ $\boldsymbol{x > 1}$

2 로그부등식

이를테면 $\log_2 x + \log_2(x-1) < 1$, $(\log x)^2 - \log x^3 < 0$, $x^{\log x} > x$와 같이 로그의 진수 또는 밑에 미지수를 포함한 부등식을 로그부등식이라고 한다.

로그부등식을 정리하면

$\boldsymbol{\log_a f(x) > \log_a g(x)}$의 꼴,　$\boldsymbol{\log_a f(x) > b}$의 꼴,

$\boldsymbol{\log_a x = t}$로 치환하는 꼴,　양변의 로그를 잡는 꼴

등이 있으며, 로그부등식의 해법의 기본은 로그방정식과 같지만, 밑의 범위에 따라 부등호의 방향이 바뀔 수 있다는 것에 특히 주의해야 한다.

기본정석 　**로그부등식의 해법**

(1) 로그방정식의 해법과 같은 방법으로 푼다.

(2) 밑의 범위에 따라 부등호의 방향을 결정한다.

$\boldsymbol{a > 1}$일 때　$\boldsymbol{\log_a M > \log_a N \iff M > N\ (M > 0,\ N > 0)}$

$\boldsymbol{0 < a < 1}$일 때　$\boldsymbol{\log_a M > \log_a N \iff M < N\ (M > 0,\ N > 0)}$

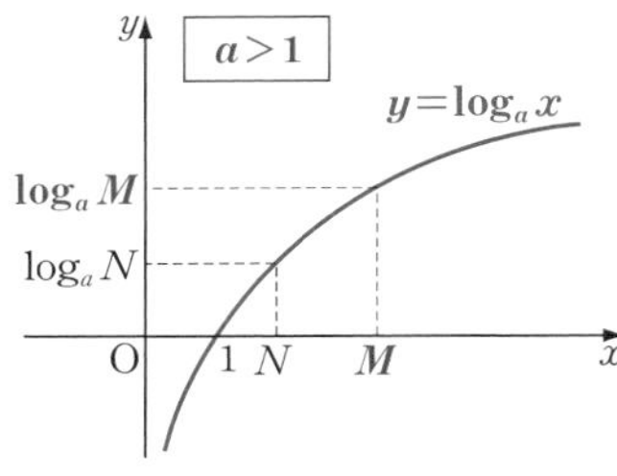

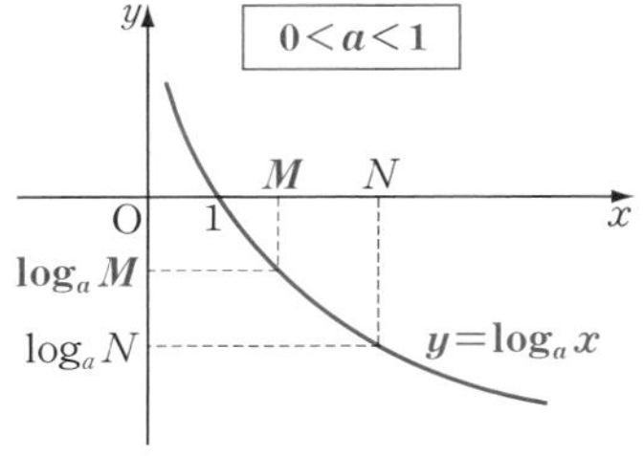

보기 2 다음 로그부등식을 푸시오.

(1) $\log_2 x+\log_2(x-1)<1$ (2) $\log_{0.1}(x-1)-\log_{0.1}(3-x)>0$

연구 **$\log_a f(x)>b$** 또는 **$\log_a f(x)>\log_a g(x)$**의 꼴

로그방정식을 풀 때와 거의 같은 방법으로 푼다.

다만 로그방정식에서는 일반적으로 로그 조건(밑, 진수에 대한 조건)을 뒤에 가서 검토하지만, 로그부등식에서는 대체로 로그 조건을 먼저 살피고 나서 이 조건에서 부등식을 푼다.

(1) 첫째 — 진수가 양수가 되는 x의 값의 범위를 구한다.

곧, $x>0$, $x-1>0$ $\quad\therefore\ x>1$ ……①

둘째 — 로그를 없앤 부등식을 만들고 이것을 푼다.

곧, $\log_2 x(x-1)<\log_2 2$ $\quad\therefore\ x(x-1)<2$ $\quad\therefore\ x^2-x-2<0$

$\therefore\ (x-2)(x+1)<0$ $\quad\therefore\ -1<x<2$ ……②

셋째 — 위의 공통 범위를 구한다.

곧, ①, ②의 공통 범위를 구하면 **$1<x<2$**

(2) 진수는 양수이므로 ⇦ (1)의 순서를 따른다.

$x-1>0,\ 3-x>0$ $\quad\therefore\ 1<x<3$ ……①

또, 주어진 부등식에서 $\log_{0.1}(x-1)>\log_{0.1}(3-x)$이므로

$x-1<3-x$ (부등호 방향이 바뀐다.) $\quad\therefore\ x<2$ ……②

①, ②의 공통 범위를 구하면 **$1<x<2$**

보기 3 다음 부등식을 푸시오.

(1) $(\log x)^2<\log x^3$ (2) $x^{\log x}>x$

연구 **$\log_a x=t$**로 치환하는 꼴, 양변의 로그를 잡는 꼴

(1) $\log_a x=t$로 치환하는 꼴이다. 간단할 때에는 치환하지 않고 풀어도 된다.

$(\log x)^2<\log x^3$에서 $\quad(\log x)^2-3\log x<0$ $\quad\therefore\ (\log x)(\log x-3)<0$

$\therefore\ 0<\log x<3$ $\quad\therefore\ \log 1<\log x<\log 10^3$ $\quad\therefore\ $ **$1<x<1000$**

(2) 양변의 로그를 잡는 꼴이다.

주어진 부등식에서 지수인 $\log x$의 밑이 10이므로 양변의 10을 밑으로 하는 로그를 잡는 것이 좋다. 이때, 부등호의 방향은 바뀌지 않는다.

또, $\log x=t$로 치환해도 되지만 간단하므로 그대로 풀어도 된다.

$x^{\log x}>x$에서 양변의 상용로그를 잡으면

$\log x^{\log x}>\log x$ $\quad\therefore\ \log x\times\log x>\log x$

$\therefore\ (\log x)(\log x-1)>0$ $\quad\therefore\ \log x<0,\ \log x>1$

$\therefore\ \log x<\log 1,\ \log x>\log 10$ $\quad\therefore\ $ **$0<x<1,\ x>10$**

기본 문제 6-1 다음 지수부등식을 푸시오.

(1) $3(\sqrt{3})^x<\sqrt[3]{9}$ (2) $x^{3x+1}>x^{x+5}$ $(x>0)$

(3) $2\times5^{2x+1}>5\times2^{5-2x}$ (4) $8^x-3\times4^x+2^{x+1}-6>0$

[정석연구] 지수부등식에서는 밑의 범위에 따라 부등호의 방향이 결정된다는 것에 주의해야 한다. 곧,

정석 $\boldsymbol{a>1}$ **일 때** $\boldsymbol{a^M>a^N \iff M>N}$

$\boldsymbol{0<a<1}$ **일 때** $\boldsymbol{a^M>a^N \iff M<N}$

[모범답안] (1) $3(\sqrt{3})^x<\sqrt[3]{9}$ 에서 $3\times3^{\frac{1}{2}x}<9^{\frac{1}{3}}$ $\therefore$ $3^{1+\frac{1}{2}x}<3^{\frac{2}{3}}$

밑이 1보다 크므로 $1+\dfrac{1}{2}x<\dfrac{2}{3}$ $\therefore$ $\boldsymbol{x<-\dfrac{2}{3}}$ ← [답]

(2) (i) $x>1$일 때 $3x+1>x+5$ $\therefore$ $x>2$

$x>1$과 $x>2$의 공통 범위는 $x>2$

(ii) $0<x<1$일 때 $3x+1<x+5$ $\therefore$ $x<2$

$0<x<1$과 $x<2$의 공통 범위는 $0<x<1$

(iii) $x=1$일 때, 주어진 부등식은 $1^4>1^6$이므로 성립하지 않는다.

(i), (ii), (iii)에서 $\boldsymbol{0<x<1,\ x>2}$ ← [답]

(3) $2\times5^{2x}\times5>5\times2^5\times2^{-2x}$ $\therefore$ $5^{2x}>2^{4-2x}$

$\therefore$ $\log5^{2x}>\log2^{4-2x}$ $\therefore$ $2x\log5>(4-2x)\log2$

$\therefore$ $2(\log5+\log2)x>4\log2$ $\therefore$ $\boldsymbol{x>2\log2}$ ← [답]

(4) $(2^3)^x-3(2^2)^x+2\times2^x-6>0$ $\therefore$ $(2^x)^3-3(2^x)^2+2\times2^x-6>0$

$2^x=t\,(t>0)$로 놓으면

$t^3-3t^2+2t-6>0$ $\therefore$ $(t-3)(t^2+2)>0$

$t^2+2>0$이므로 $t-3>0$ 곧, $2^x>3$ $\therefore$ $\boldsymbol{x>\log_2 3}$ ← [답]

[유제] **6**-1. 다음 지수부등식을 푸시오.

(1) $1<2^x<16\sqrt[3]{2}$ (2) $(2^3)^x>(3^x)^2$

(3) $2^{2x}-4\le2(2^{x+2}-8)$ (4) $2^x(2^{x+1}+8)\ge8^x(5-2^x)$

[답] (1) $\boldsymbol{0<x<\dfrac{13}{3}}$ (2) $\boldsymbol{x<0}$ (3) $\boldsymbol{1\le x\le\log_2 6}$ (4) $\boldsymbol{x\le1,\ x\ge2}$

[유제] **6**-2. 연립부등식 $\begin{cases}\dfrac{1}{81}<3^x<\dfrac{1}{9}\\[2mm] \left(\dfrac{1}{2}\right)^{1+x}<64<\left(\dfrac{1}{4}\right)^x\end{cases}$ 을 푸시오.

[답] $\boldsymbol{-4<x<-3}$

기본 문제 **6**-2 다음 로그부등식을 푸시오.

(1) $\log_{0.5}(x^2-19)-\log_{0.5}(x-5)<\log_{0.5}5$

(2) $\log_3(x-3)>\log_9(x-1)$ (3) $\log_x(3x-2)>2$

정석연구 로그를 없앨 때에는 밑의 범위에 따라 부등호의 방향을 결정한다.

정석 $a>1$일 때 $\log_a M>\log_a N \iff M>N>0$

$0<a<1$일 때 $\log_a M>\log_a N \iff 0<M<N$

따라서 (3)에서는 $x>1$일 때와 $0<x<1$일 때로 나누어 풀어야 한다.

모범답안 (1) 진수는 양수이므로 $x^2-19>0,\ x-5>0$ $\therefore\ x>5$ ……①

또, 주어진 부등식에서 $\log_{0.5}(x^2-19)<\log_{0.5}5+\log_{0.5}(x-5)$

$\therefore\ \log_{0.5}(x^2-19)<\log_{0.5}5(x-5)$

밑이 1보다 작으므로 $x^2-19>5(x-5)$ $\therefore\ x<2$ 또는 $x>3$ ……②

①, ②의 공통 범위를 구하면 $\boldsymbol{x>5}$ ← 답

(2) 진수는 양수이므로 $x-3>0,\ x-1>0$ $\therefore\ x>3$ ……①

또, 주어진 부등식에서 $\log_3(x-3)>\log_{3^2}(x-1)$

$\therefore\ \log_3(x-3)>\dfrac{1}{2}\log_3(x-1)$ $\therefore\ \log_3(x-3)^2>\log_3(x-1)$

$\therefore\ (x-3)^2>x-1$ $\therefore\ x<2$ 또는 $x>5$ ……②

①, ②의 공통 범위를 구하면 $\boldsymbol{x>5}$ ← 답

**Note* 밑의 변환 공식을 쓰면 $\log_9(x-1)=\dfrac{\log_3(x-1)}{\log_3 9}=\dfrac{1}{2}\log_3(x-1)$

(3) 진수와 밑의 조건에서 $x>\dfrac{2}{3},\ x\neq1$ ……①

또, 주어진 부등식에서 $\log_x(3x-2)>\log_x x^2$

(i) $x>1$일 때 $3x-2>x^2$ $\therefore\ 1<x<2$ ……②

①, ②의 공통 범위를 구하면 $1<x<2$

(ii) $0<x<1$일 때 $3x-2<x^2$ $\therefore\ 0<x<1$ ……③

①, ③의 공통 범위를 구하면 $\dfrac{2}{3}<x<1$

(i), (ii)에서 $\boldsymbol{\dfrac{2}{3}<x<1,\ 1<x<2}$ ← 답

유제 **6**-3. 다음 로그부등식을 푸시오.

(1) $\log(x-1)+\log(x+2)<1$ (2) $2\log_{0.5}(x-4)>\log_{0.5}(x-2)$

(3) $\log_2(x-5)<\log_4(x-2)+1$ (4) $\log_x 2>2$

답 (1) $\boldsymbol{1<x<3}$ (2) $\boldsymbol{4<x<6}$ (3) $\boldsymbol{5<x<11}$ (4) $\boldsymbol{1<x<\sqrt{2}}$

기본 문제 6-3 다음 부등식을 푸시오.

(1) $(\log_3 x)^2 < \log_3 x^4$ (2) $x^{\log_2 x} < 8x^2$

정석연구 (1) 진수 조건에서 $x>0$이므로 $\log_3 x^4 = 4\log_3 x$이다. 따라서 $\log_3 x = t$로 치환하면 주어진 부등식은 t에 관한 이차부등식이 된다.

정 석 로그방정식·부등식 $\Longrightarrow$ 치환할 수 있는지 확인한다.

(2) $x^{\log_2 x}$과 같이 밑과 지수에 모두 미지수가 있는 경우에는 양변의 로그를 잡는다. 여기서는 로그의 밑이 2이므로 2를 밑으로 하는 로그를 잡는다.

이때, 밑 2가 1보다 크므로

$$x^{\log_2 x} < 8x^2 \Longrightarrow \log_2 x^{\log_2 x} < \log_2 8x^2$$

과 같이 부등호의 방향이 그대로이다.

그러나 만일 밑이 $\frac{1}{2}$인 로그를 잡아야 할 경우에는

$$x^{\log_2 x} < 8x^2 \Longrightarrow \log_{\frac{1}{2}} x^{\log_2 x} > \log_{\frac{1}{2}} 8x^2$$ ⇦ 부등호 방향 반대

과 같이 부등호의 방향을 바꾸어야 한다는 것에 주의해야 한다.

정 석 부등식에서 양변의 로그를 잡을 때
$\Longrightarrow$ 밑의 범위에 주의한다.

모범답안 (1) 진수 조건에서 $x>0$이므로 $\log_3 x^4 = 4\log_3 x$

따라서 $(\log_3 x)^2 < \log_3 x^4$에서 $(\log_3 x)^2 - 4\log_3 x < 0$

$\therefore (\log_3 x)(\log_3 x - 4) < 0$ $\therefore 0 < \log_3 x < 4$

$\therefore \log_3 1 < \log_3 x < \log_3 3^4$ $\therefore \mathbf{1 < x < 81}$ ← 답

(2) 진수 조건에서 $x>0$

$x^{\log_2 x} < 8x^2$에서 양변의 2를 밑으로 하는 로그를 잡으면

$\log_2 x^{\log_2 x} < \log_2 8x^2$ $\therefore \log_2 x \times \log_2 x < \log_2 8 + \log_2 x^2$

$\therefore (\log_2 x)^2 - 2\log_2 x - 3 < 0$ $\therefore (\log_2 x + 1)(\log_2 x - 3) < 0$

$\therefore -1 < \log_2 x < 3$ $\therefore \log_2 2^{-1} < \log_2 x < \log_2 2^3$

$\therefore \mathbf{\frac{1}{2} < x < 8}$ ← 답

유제 **6**-4. 다음 부등식을 푸시오.

(1) $(\log x)^2 < 4 - \log x^3$ (2) $(\log_2 4x)(\log_2 8x) \le 12$

(3) $\log_2 4x > (\log_2 x)^2 > \log_2 x^2$ (4) $x^{\log x} < 10000x^3$

답 (1) $\mathbf{\frac{1}{10000} < x < 10}$ (2) $\mathbf{\frac{1}{64} \le x \le 2}$ (3) $\mathbf{\frac{1}{2} < x < 1}$ (4) $\mathbf{\frac{1}{10} < x < 10000}$

기본 문제 **6**-4 $f(x)=x^2-2x\log a+\log a+2$에 대하여 다음 물음에 답하시오.

(1) 방정식 $f(x)=0$이 중근, 실근, 서로 다른 두 허근을 가지도록 실수 a의 값 또는 값의 범위를 각각 정하시오.

(2) 방정식 $f(x)=0$의 근이 모두 음수가 되도록 실수 a의 값의 범위를 정하시오.

(3) 모든 실수 x에 대하여 $f(x)>0$이 되도록 실수 a의 값의 범위를 정하시오.

정석연구 이차방정식, 이차함수의 성질과 로그의 융합 문제이다. 특히

$$\text{판별식}\quad D=b^2-4ac$$

의 의미를 확실히 이해해 두어야 한다.

모범답안 $x^2-2(\log a)x+\log a+2=0$에서

$$D/4=(-\log a)^2-(\log a+2)=(\log a+1)(\log a-2)$$

(1) 중근 조건 : $D/4=0$으로부터 $\log a=-1, 2$

$$\therefore\ \boldsymbol{a=10^{-1},\ 10^2} \longleftarrow \text{답}$$

실근 조건 : $D/4\ge0$으로부터 $(\log a+1)(\log a-2)\ge0$

$$\therefore\ \log a\le-1,\ \log a\ge2 \quad \therefore\ \boldsymbol{0<a\le10^{-1},\ a\ge10^2} \longleftarrow \text{답}$$

허근 조건 : $D/4<0$으로부터 $(\log a+1)(\log a-2)<0$

$$\therefore\ -1<\log a<2 \quad \therefore\ \boldsymbol{10^{-1}<a<10^2} \longleftarrow \text{답}$$

(2) $x^2-2(\log a)x+\log a+2=0$의 두 근을 α, β라고 하면

$$D/4\ge0,\quad \alpha+\beta=2\log a<0,\quad \alpha\beta=\log a+2>0$$

으로부터 $-2<\log a\le-1$ $\quad\therefore\ \boldsymbol{10^{-2}<a\le10^{-1}} \longleftarrow$ 답

(3) $D/4<0$으로부터 $-1<\log a<2$ $\quad\therefore\ \boldsymbol{10^{-1}<a<10^2} \longleftarrow$ 답

유제 **6**-5. $f(x)=x^2-2x\log a+\log a$에 대하여 다음 물음에 답하시오.

(1) 곡선 $y=f(x)$가 x축에 접하도록 실수 a의 값을 정하시오.

(2) 곡선 $y=f(x)$가 x축과 서로 다른 두 점에서 만나도록 실수 a의 값의 범위를 정하시오.

(3) 곡선 $y=f(x)$가 x축과 만나지 않도록 실수 a의 값의 범위를 정하시오.

(4) 모든 실수 x에 대하여 $f(x)\ge0$이 되도록 실수 a의 값의 범위를 정하시오.

(5) 방정식 $f(x)=0$의 한 근은 양수, 다른 한 근은 음수가 되도록 실수 a의 값의 범위를 정하시오.

답 (1) $\boldsymbol{a=1,\ 10}$ (2) $\boldsymbol{0<a<1,\ a>10}$
(3) $\boldsymbol{1<a<10}$ (4) $\boldsymbol{1\le a\le10}$ (5) $\boldsymbol{0<a<1}$

기본 문제 **6**-5 A, B 두 도시에서 현재 A시의 인구는 B시의 인구의 1.5배이고, A시는 연 5 %, B시는 연 7 %의 비율로 인구가 증가하고 있다. 앞으로도 이와 같은 비율로 인구가 증가한다고 할 때, B시의 인구가 A시의 인구보다 많아지는 것은 몇 년 후부터인가? 단, $\log 1.05=0.0212$, $\log 1.07=0.0294$, $\log 2=0.3010$, $\log 3=0.4771$로 계산한다.

정석연구 현재의 인구가 a명이고, 매년 7 %의 비율로 증가하면

1년 후의 인구는 $a+(a\times0.07)=a\times1.07$(명),

2년 후의 인구는 $(a\times1.07)+(a\times1.07)\times0.07=a\times1.07^2$(명), …

이므로 n년 후의 인구는 $a\times1.07^n$명이다.

정 석 현재의 인구를 $\boldsymbol{a}$, 매년 인구 증가율을 $\boldsymbol{r}$이라고 하면

$\boldsymbol{n}$년 후의 인구 $\Longrightarrow$ $\boldsymbol{a(1+r)^n}$

모범답안 현재 B시의 인구를 a명이라고 하면 A시의 인구는 $1.5a$명이다.

따라서 n년 후에 B시의 인구가 A시의 인구보다 많아진다고 하면

$$a\times1.07^n>1.5a\times1.05^n \quad \text{곧,}\quad 1.07^n>1.5\times1.05^n$$

양변의 상용로그를 잡으면 $\log 1.07^n>\log(1.5\times1.05^n)$

$$\therefore\ n\log 1.07>\log 1.5+n\log 1.05$$

$$\therefore\ (\log 1.07-\log 1.05)n>\log 1.5=\log 3-\log 2$$

주어진 상용로그의 값을 대입하면

$$(0.0294-0.0212)n>0.4771-0.3010$$

$$\therefore\ 0.0082n>0.1761 \qquad \therefore\ n>21.4\times\times\times$$

따라서 B시의 인구가 A시의 인구보다 많아지는 것은 **22년 후** ← 답

유제 **6**-6. 인구 증가율이 매년 3 %일 때, 인구가 현재의 2배 이상이 되는 것은 몇 년 후부터인가?

단, $\log 1.03=0.0128$, $\log 2=0.3010$으로 계산한다. 답 **24년 후**

유제 **6**-7. 전체 인구에서 65세 이상 인구가 차지하는 비율이 20 % 이상인 사회를 초고령화 사회라고 한다. 2000년 1월 어느 나라의 총인구는 1000만 명이고, 65세 이상 인구는 50만 명이었다. 총인구는 매년 전년도보다 0.3 %씩 증가하고, 65세 이상 인구는 매년 전년도보다 4 %씩 증가한다고 할 때, 처음으로 초고령화 사회로의 진입이 예측되는 시기는 몇 년도인가?

단, $\log 1.003=0.0013$, $\log 1.04=0.0170$, $\log 2=0.3010$으로 계산한다.

답 **2038년도**

§2. 지수와 로그의 대소 비교

기본 문제 6-6 다음 물음에 답하시오.

(1) $0<x<1$일 때, 다음 A, B의 대소를 비교하시오.

$$A=x^{x^2},\quad B=x^{2x}$$

(2) $a>1>b>0,\ ab>1$일 때, 다음 A, B, C의 대소를 비교하시오.

$$A=\log_{a^2}b,\quad B=\log_a b^2,\quad C=\log_b a^2$$

정석연구 (1) A, B의 밑이 같으므로 먼저 지수의 대소를 비교한다.

정석 $\boldsymbol{a>1}$일 때 $\boldsymbol{a^M>a^N \iff M>N}$

$\boldsymbol{0<a<1}$일 때 $\boldsymbol{a^M>a^N \iff M<N}$ ⇦ 부등호 방향 반대

(2) A, B, C의 밑을 a나 b로 같게 하여 계산할 수 있다. 그러나 이때에는 주어진 조건 $a>1>b>0,\ ab>1$을 이용하기가 쉽지 않다. 이런 경우 상용로그를 이용하여 밑을 같게 할 수도 있다.

정석 밑이 같지 않은 경우 ⟹ 상용로그로 밑을 같게 해 본다.

모범답안 (1) $0<x<1$일 때 $x^2-2x=x(x-2)<0$ $\therefore\ x^2<2x$

$$\therefore\ x^{x^2}>x^{2x} \quad \text{곧, } \boldsymbol{A>B} \longleftarrow \boxed{\text{답}}$$

(2) $a>1>b>0$이므로 $\log a>\log 1>\log b$ 곧, $\log a>0,\ \log b<0$

또, $ab>1$이므로 $\log ab>\log 1$ 곧, $\log a+\log b>0$

$$\therefore\ A-B=\log_{a^2}b-\log_a b^2$$

$$=\frac{\log b}{\log a^2}-\frac{\log b^2}{\log a}=\frac{\log b}{2\log a}-\frac{2\log b}{\log a}=-\frac{3\log b}{2\log a}>0,$$

$$B-C=\log_a b^2-\log_b a^2$$

$$=\frac{\log b^2}{\log a}-\frac{\log a^2}{\log b}=\frac{2(\log b+\log a)(\log b-\log a)}{\log a\times\log b}>0$$

곧, $A-B>0,\ B-C>0$에서 $\boldsymbol{A>B>C} \longleftarrow \boxed{\text{답}}$

유제 **6**-8. $1<x<3$일 때, 다음 A, B의 대소를 비교하시오.

$$A=x^{x^2},\quad B=x^{3x}$$

답 $\boldsymbol{A<B}$

유제 **6**-9. $0<a<b<1$일 때, 다음 A, B, C의 대소를 비교하시오.

$$A=\log_a b,\quad B=\log_b a,\quad C=\log_a\frac{b}{a}$$

답 $\boldsymbol{C<A<B}$

기본 문제 6-7 다음 물음에 답하시오.

(1) 세 실수 $\sqrt[7]{8}$, $\sqrt[6]{5}$, $\sqrt[5]{6}$ 의 대소를 비교하시오.

단, $\log 2=0.3010$, $\log 3=0.4771$로 계산한다.

(2) 세 실수 6^{2^4}, 3^{6^2}, 2^{6^3}의 대소를 비교하시오.

정석연구 (1) 거듭제곱근의 값을 직접 계산하기가 쉽지 않다.

그러나 $\log 2$, $\log 3$의 값이 주어져 있으므로 각 수의 상용로그의 값을 구할 수 있다. 이 값들의 대소를 비교해 보자.

정석 $\log A>\log B \Longrightarrow A>B$

(2) 지수가 크므로 직접 계산하는 것보다는 각 수의 상용로그를 비교하는 것이 좋다. 그런데 이 문제에는 $\log 2$, $\log 3$의 값이 주어지지 않았으므로 (1)과 같이 $\log 2$, $\log 3$의 값을 이용하여 상용로그의 값을 구한 다음 이 값들을 비교하는 것은 바람직하지 않다.

모범답안 (1) $A=\sqrt[7]{8}$, $B=\sqrt[6]{5}$, $C=\sqrt[5]{6}$ 이라고 하면

$$\log A=\log\sqrt[7]{8}=\frac{3}{7}\log 2=\frac{3}{7}\times 0.3010=0.1290,$$

$$\log B=\log\sqrt[6]{5}=\frac{1}{6}\log 5=\frac{1}{6}\log\frac{10}{2}=\frac{1}{6}(1-\log 2)=\frac{1}{6}(1-0.3010)$$
$$=0.1165,$$

$$\log C=\log\sqrt[5]{6}=\frac{1}{5}\log 6=\frac{1}{5}(\log 2+\log 3)=\frac{1}{5}(0.3010+0.4771)$$
$$=0.15562$$

$\therefore\ \log B<\log A<\log C \quad \therefore\ B<A<C \quad \therefore\ \boldsymbol{\sqrt[6]{5}<\sqrt[7]{8}<\sqrt[5]{6}}$ ← 답

(2) $\log 6^{2^4}=2^4\log 6=16(\log 2+\log 3)=16\log 2+16\log 3,$

$\log 3^{6^2}=6^2\log 3=36\log 3, \quad \log 2^{6^3}=6^3\log 2=36\times 6\log 2=36\log 2^6$

여기서

$$36\log 3=16\log 3+20\log 3>16\log 3+20\log 2>16\log 3+16\log 2$$

$\therefore\ 36\log 3>16(\log 3+\log 2) \quad \therefore\ \log 3^{6^2}>\log 6^{2^4} \quad \therefore\ 3^{6^2}>6^{2^4}$ …①

또, $36\log 3<36\log 2^6 \quad \therefore\ \log 3^{6^2}<\log 2^{6^3} \quad \therefore\ 3^{6^2}<2^{6^3}$ ……②

①, ②에서 $\boldsymbol{6^{2^4}<3^{6^2}<2^{6^3}}$ ← 답

유제 **6**-10. 세 실수 10^{30}, 2^{100}, 5^{44}의 대소를 비교하시오.

단, $\log 2=0.3010$으로 계산한다. 답 $\boldsymbol{10^{30}<2^{100}<5^{44}}$

유제 **6**-11. 세 실수 2^{35}, 5^{13}, 6^{11}의 대소를 비교하시오.

단, $\log 2=0.3010$, $\log 3=0.4771$로 계산한다. 답 $\boldsymbol{6^{11}<5^{13}<2^{35}}$

기본 문제 **6**-8 a, b는 1이 아닌 양수이고, $a+b\neq1$, $ab\neq1$이다.
이때, 다음 A, B, C의 대소를 비교하시오.

$$A=\frac{1}{\log_a 2}+\frac{1}{\log_b 2},\ B=2\left(\frac{1}{\log_{a+b}2}-1\right),\ C=2\left(1+\frac{1}{\log_{ab}2}-\frac{1}{\log_{a+b}2}\right)$$

정석연구 겉으로는 세 식의 규칙성이 보이지 않아 복잡한 문제처럼 보이지만, 각 수의 로그의 진수가 모두 2이므로

$$\text{정석}\quad \log_a b=\frac{1}{\log_b a}$$

을 이용하여 모두 밑이 2인 로그로 바꾸면 세 식을 $\log_2 P$, $\log_2 Q$, $\log_2 R$의 꼴로 정리할 수 있다. 따라서 P, Q, R의 대소를 비교하면 $\log_2 P$, $\log_2 Q$, $\log_2 R$의 대소를 알 수 있다.

모범답안 $A=\log_2 a+\log_2 b=\log_2 ab$

$$B=2\{\log_2(a+b)-\log_2 2\}=2\log_2\frac{a+b}{2}=\log_2\left(\frac{a+b}{2}\right)^2$$

$$C=2\{\log_2 2+\log_2 ab-\log_2(a+b)\}=2\log_2\frac{2ab}{a+b}=\log_2\left(\frac{2ab}{a+b}\right)^2$$

한편 산술평균, 기하평균, 조화평균의 관계로부터

$$\frac{a+b}{2}\geq\sqrt{ab}\geq\frac{2ab}{a+b}$$ (등호는 $a=b$일 때 성립)

⇦ 기본 공통수학2 p. 148 참조

$$\therefore\ \left(\frac{a+b}{2}\right)^2\geq ab\geq\left(\frac{2ab}{a+b}\right)^2$$

$\therefore$ $\boldsymbol{B\geq A\geq C}$ (등호는 $\boldsymbol{a=b}$일 때 성립) ← 답

유제 **6**-12. $a>1$, $b>1$일 때, $P=\log\sqrt{ab}$, $Q=\sqrt{\log a\times\log b}$의 대소를 비교하시오.

답 $\boldsymbol{P\geq Q}$ (등호는 $\boldsymbol{a=b}$일 때 성립)

유제 **6**-13. 다음 A, B의 대소를 비교하시오.

(1) $x>0$, $y>0$일 때, $A=2\log(x+y)$, $B=\log x+\log y+\log 2$

(2) $x>2$, $y>2$일 때, $A=\log(x+y)$, $B=\log x+\log y$

답 (1) $\boldsymbol{A>B}$ (2) $\boldsymbol{A<B}$

유제 **6**-14. $a>0$, $b>0$, $c>0$일 때, 다음 A, B의 대소를 비교하시오.

$$A=\log\frac{a+b}{2}+\log\frac{b+c}{2}+\log\frac{c+a}{2},\quad B=\log a+\log b+\log c$$

답 $\boldsymbol{A\geq B}$ (등호는 $\boldsymbol{a=b=c}$일 때 성립)

연습문제 6

6-1 부등식 $\frac{16}{81}<\left(\frac{2}{3}\right)^{x^2}<\frac{3}{2}\left(\frac{4}{9}\right)^x$을 만족시키는 정수 x의 개수는?

① 1 ② 2 ③ 3 ④ 4 ⑤ 5

6-2 다음 부등식을 푸시오.

(1) $\log_{\frac{1}{2}} x>\log_{\frac{1}{3}} x$ (2) $x^x>x>0$

(3) $(2x)^{2x}>x^x\ (x>0)$ (4) $3\log_x 10+\log_{10} x>4$

6-3 두 집합 $A=\{x\,|\,a<x<b\}$, $B=\{x\,|\,4^x-5\times 2^{x+1}+16<0\}$에 대하여 $A\cap B=B$일 때, $b-a$의 최솟값은? 단, a, b는 상수이다.

① 1 ② 2 ③ 3 ④ 4 ⑤ 5

6-4 함수 $f(x)=\log_2 x$에 대하여 $(f\circ f\circ f)(x)\le 1$을 만족시키는 자연수 x의 개수는?

① 7 ② 8 ③ 14 ④ 15 ⑤ 16

6-5 부등식 $a^{x-1}<a^{2x+b}$의 해가 $x<2$일 때, x에 관한 부등식

$$\log_a(3x-2b)>\log_a(x^2-4)$$

의 해를 구하시오. 단, a, b는 상수이다.

6-6 지수함수 $y=a^x(a>1)$의 그래프와 직선 $y=\sqrt{3}$이 만나는 점을 A라고 하자. 점 B(4, 0)에 대하여 점 A가 선분 OB를 지름으로 하는 원의 내부에 있도록 하는 실수 a의 값의 범위를 구하시오. 단, O는 원점이다.

6-7 두 함수 $y=f(x)$, $y=g(x)$의 그래프가 오른쪽 그림과 같을 때, 부등식

$$\log_{g(x)} f(x)\ge 1$$

의 해를 구하시오.

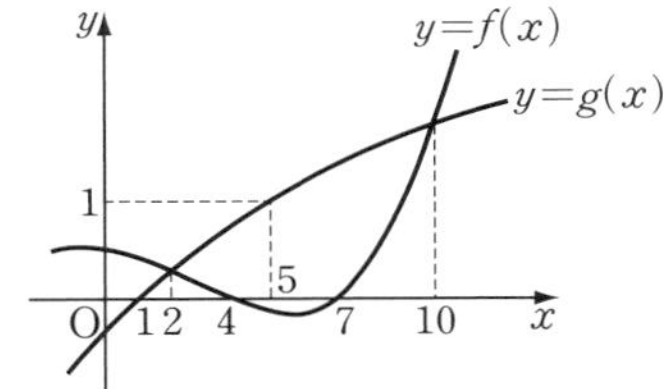

6-8 모든 실수 x에 대하여 부등식

$$2^{2x+1}-2^{x+2}+a\ge 0$$

이 성립하도록 하는 실수 a의 값의 범위를 구하시오.

6-9 $0<p<1$인 실수 p에 대하여 $\log_p(x^2+px+p)$의 값이 양수가 되는 x의 값의 범위를 구하시오.

6-10 모든 양수 x에 대하여 부등식 $x^{\log x}>(100x)^a$이 성립하기 위한 실수 a의 값의 범위를 구하시오.

6-11 실수 x, y가 $(\log_2 x)^2+(\log_2 y)^2=8$을 만족시킬 때, 다음 물음에 답하시오.

(1) $\log_2 x=X, \log_2 y=Y$라고 할 때, $X-Y$의 값의 범위를 구하시오.

(2) $\dfrac{x}{y}$의 값의 범위를 구하시오.

6-12 양수 x, y가 $x^{\log y}=10$을 만족시킬 때, xy의 값의 범위를 구하시오.

6-13 어느 저수지의 수량은 전날에 비하여 맑은 날에는 4 % 감소하고, 비 오는 날에는 8 % 증가한다. 매일의 날씨는 맑음, 비 중 어느 하나라고 하자.

17일 후의 저수량이 처음 저수량 이상이라고 하면 비 오는 날은 며칠 이상이었는가? 단, $\log 2=0.301$, $\log 3=0.477$로 계산한다.

6-14 부등식 $a^m<a^n<b^n<b^m$을 만족시키는 양수 a, b와 자연수 m, n에 대하여 다음 중 옳은 것은?

① $a<1<b,\ m>n$ ② $a<1<b,\ m<n$ ③ $a<b<1,\ m<n$
④ $1<a<b,\ m>n$ ⑤ $1<a<b,\ m<n$

6-15 다음 A, B, C의 대소를 비교하시오.

(1) $A=3^{\log_3 2},\ B=\dfrac{1}{\log_2 3}+\dfrac{1}{\log_3 2},\ C=\log_4 2+\log_9 3$

(2) $A=\log_2 3,\ B=\log_3 2,\ C=\log_4 8$

6-16 1이 아닌 양수 a, b가 $\log_a b<0$을 만족시킬 때, 다음 중 옳은 것만을 있는 대로 고른 것은?

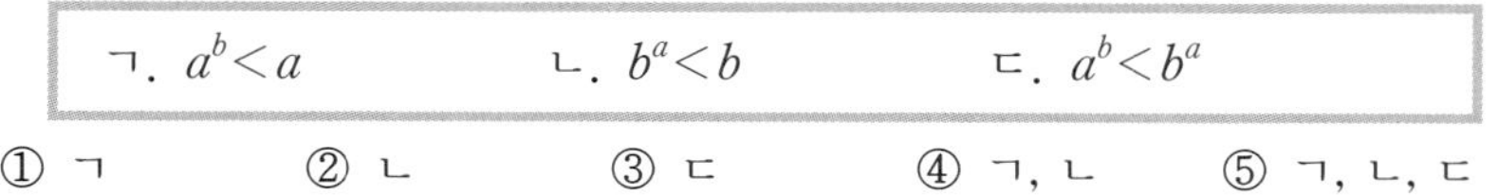
ㄱ. $a^b<a$ ㄴ. $b^a<b$ ㄷ. $a^b<b^a$

① ㄱ ② ㄴ ③ ㄷ ④ ㄱ, ㄴ ⑤ ㄱ, ㄴ, ㄷ

6-17 1이 아닌 양수 a, b가 어떤 양수 x에 대하여 부등식

$$\log_a(x+1)-\log_a x>\log_b(x+1)-\log_b x>0$$

을 만족시킨다. 이때, 세 수 $1, a, b$의 대소를 비교하시오.

6-18 다음 세 식의 대소를 비교하시오.

단, $0<a<1$이고, n은 2 이상의 자연수이다.

(1) $a,\ a^a,\ a^{a^a}$ (2) $\sqrt[n]{a^{n-1}},\ \sqrt[n]{a^{n+1}},\ \sqrt[n+1]{a^n}$

7. 삼각함수의 정의

호도법／삼각비의 정의
／일반각의 삼각함수

§1. 호 도 법

1 호도법과 육십분법의 관계

각의 크기를 나타낼 때 일상에서는 $20°$, $25°30'$과 같이 육십분법의 단위를 사용하지만, 수학, 과학, 공학 등에서는 호도법이라고 하는 단위를 사용한다.

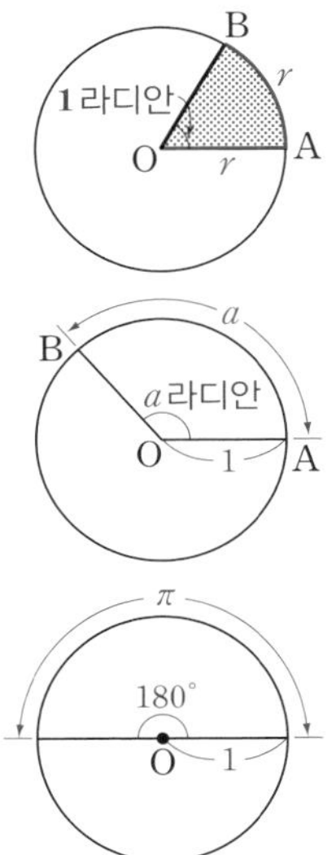

오른쪽 그림과 같이 반지름의 길이가 r인 원 위에 길이가 r인 호 AB를 잡을 때, 이 호에 대한 중심각 AOB의 크기는 반지름의 길이 r에 관계없이 항상 일정하다.

이와 같이 반지름의 길이 r과 호 AB의 길이가 같을 때, $\angle$AOB의 크기를 **1**라디안(radian)이라 하고, 이것을 단위로 하는 각의 측정법을 호도법이라 한다.

따라서 반지름의 길이가 1인 원에서 호 AB의 길이가 a이면 $\angle$AOB의 크기는 a라디안이다. 이것을 $\angle \mathrm{AOB}=a\ \mathrm{rad}$으로 나타내기도 한다.

또, 반지름의 길이가 1인 원에서 반원(중심각의 크기는 $180°$)의 호의 길이는 π이므로 $180°=\pi\ \mathrm{rad}$이다.

기본정석 호도법과 육십분법의 관계

$$\pi\ \mathbf{rad}=\mathbf{180°} \Longrightarrow \begin{cases} \mathbf{1\ rad}=\dfrac{\mathbf{180°}}{\pi} \fallingdotseq 57°17'45'' \\ \mathbf{1°}=\dfrac{\pi}{\mathbf{180}}\ \mathbf{rad} \fallingdotseq 0.017\ \mathrm{rad} \end{cases}$$

보기 1 다음에서 육십분법으로 나타낸 각의 크기는 호도법으로 고치고, 호도법으로 나타낸 각의 크기는 육십분법으로 고치시오.

(1) 36° (2) 120° (3) $\dfrac{\pi}{3}$ rad (4) 2 rad

연구 다음의 육십분법과 호도법의 관계를 이용한다.

$$\textbf{정석}\quad \pi\ \mathrm{rad}=180^\circ \Longrightarrow 1\ \mathrm{rad}=\frac{180^\circ}{\pi},\ 1^\circ=\frac{\pi}{180}\ \mathrm{rad}$$

(1) $36^\circ=36\times\dfrac{\pi}{180}\ \mathrm{rad}=\boldsymbol{\dfrac{\pi}{5}}\ \textbf{rad}$ (2) $120^\circ=120\times\dfrac{\pi}{180}\ \mathrm{rad}=\boldsymbol{\dfrac{2}{3}\pi}\ \textbf{rad}$

(3) $\dfrac{\pi}{3}\ \mathrm{rad}=\dfrac{\pi}{3}\times\dfrac{180^\circ}{\pi}=\mathbf{60^\circ}$ (4) $2\ \mathrm{rad}=2\times\dfrac{180^\circ}{\pi}=\boldsymbol{\dfrac{360^\circ}{\pi}}$

Advice 1° 호도법의 단위인 'rad'은 보통 생략한다.

곧, π rad$=180^\circ$를 흔히 $\pi=180^\circ$로 나타낸다.

$$\pi\ \mathrm{rad}=180^\circ \Longrightarrow \pi=180^\circ$$

2° 위의 **보기 1**과 같은 방법으로 하면 다음 표를 얻을 수 있다.

육십분법	0°	30°	45°	60°	90°	120°	135°	150°	180°	270°	360°
호도법	0	$\frac{\pi}{6}$	$\frac{\pi}{4}$	$\frac{\pi}{3}$	$\frac{\pi}{2}$	$\frac{2}{3}\pi$	$\frac{3}{4}\pi$	$\frac{5}{6}\pi$	π	$\frac{3}{2}\pi$	2π

이 관계는 자주 이용되므로 기억해 두는 것이 좋다. 만일 잊었을 때에는

$$\pi=180^\circ \text{를 기본으로 하여}$$

$\pi=180^\circ$의 양변에 $\dfrac{1}{6}$배, $\dfrac{1}{4}$배, $\cdots$, 2배를 하면 된다. 이를테면

$$\frac{\pi}{6}=\frac{180^\circ}{6}=30^\circ,\ \frac{\pi}{4}=\frac{180^\circ}{4}=45^\circ,\ \cdots,\ 2\pi=2\times180^\circ=360^\circ$$

2 부채꼴의 호의 길이와 넓이

한 원에서 부채꼴의 호의 길이와 넓이는 중심각의 크기에 각각 정비례하므로 이를 이용하면 다음 공식을 유도할 수 있다.

반지름의 길이가 r, 중심각의 크기가 θ rad인 부채꼴의 호의 길이를 l, 넓이를 S라고 하면

$$\frac{l}{2\pi r}=\frac{\theta}{2\pi}\text{이므로}\quad l=r\theta \qquad \cdots\cdots①$$

$$\frac{S}{\pi r^2}=\frac{\theta}{2\pi}\text{이므로}\quad S=\frac{1}{2}r^2\theta \qquad \cdots\cdots②$$

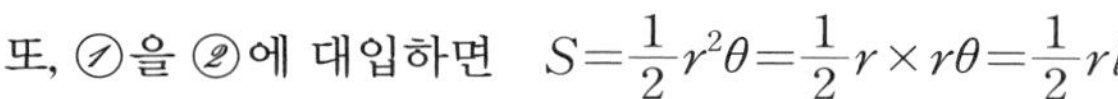

또, ①을 ②에 대입하면 $S=\dfrac{1}{2}r^2\theta=\dfrac{1}{2}r\times r\theta=\dfrac{1}{2}rl$

기본정석 — **부채꼴의 호의 길이와 넓이**

반지름의 길이가 r, 중심각의 크기가 θ rad인 부채꼴의 호의 길이를 l, 넓이를 S라고 하면 다음 관계가 성립한다.

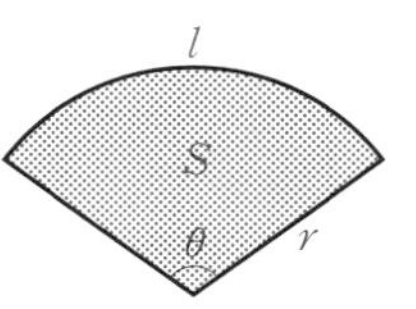

$$l=r\theta, \quad S=\frac{1}{2}r^2\theta, \quad S=\frac{1}{2}rl$$

Advice | 여기에서 θ는 육십분법에 의한 단위가 아니라 호도법에 의한 단위라는 사실을 특히 주의해야 한다.

보기 2 오른쪽 그림과 같이 반지름의 길이가 r, 중심각의 크기가 θ, 호의 길이가 l, 넓이가 S인 부채꼴에 대하여 다음 물음에 답하시오.

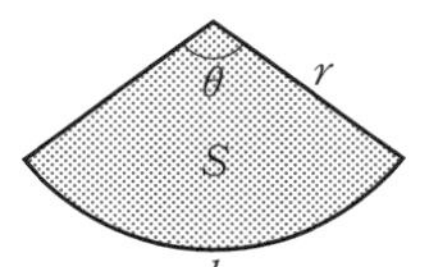

(1) $r=2$ cm, $\theta=2$ rad일 때, l과 S를 구하시오.

(2) $r=3$ cm, $l=6$ cm일 때, θ와 S를 구하시오.

(3) $\theta=30^\circ$, $S=3\pi$ cm^{2}일 때, r과 l을 구하시오.

(4) $l=2\pi$ cm, $S=6\pi$ cm^{2}일 때, r과 θ를 구하시오.

연구 부채꼴의 반지름의 길이 r, 중심각의 크기 θ, 호의 길이 l, 넓이 S 사이에 성립하는 관계식

$$l=r\theta \quad \cdots\cdots ① \qquad S=\frac{1}{2}r^2\theta \quad \cdots\cdots ② \qquad S=\frac{1}{2}rl \quad \cdots\cdots ③$$

을 이용하면 r, θ, l, S 중 어느 두 가지를 알 때 나머지를 구할 수 있다.

(1) $r=2$, $\theta=2$를 ①에 대입하면 $l=2\times2=\mathbf{4}$**(cm)**

②에 대입하면 $S=\frac{1}{2}\times2^2\times2=\mathbf{4}$**(cm^2)**

(2) $r=3$, $l=6$을 ①에 대입하면 $6=3\theta$ $\quad\therefore\ \theta=\mathbf{2}$**(rad)**

③에 대입하면 $S=\frac{1}{2}\times3\times6=\mathbf{9}$**(cm^2)**

(3) $\theta=\frac{\pi}{6}$, $S=3\pi$를 ②에 대입하면 $3\pi=\frac{1}{2}r^2\times\frac{\pi}{6}$ $\quad\therefore\ r=\mathbf{6}$**(cm)**

$\theta=\frac{\pi}{6}$, $r=6$을 ①에 대입하면 $l=6\times\frac{\pi}{6}=\boldsymbol{\pi}$**(cm)**

* *Note* $\theta=30^\circ$를 호도법으로 바꾸어야 한다는 것에 주의한다.

(4) $l=2\pi$, $S=6\pi$를 ③에 대입하면 $6\pi=\frac{1}{2}r\times2\pi$ $\quad\therefore\ r=\mathbf{6}$**(cm)**

$l=2\pi$, $r=6$을 ①에 대입하면 $2\pi=6\theta$ $\quad\therefore\ \theta=\boldsymbol{\frac{\pi}{3}}$**(rad)**

기본 문제 7-1 다음 물음에 답하시오.

(1) 둘레의 길이가 8 cm, 넓이가 4 cm^2인 부채꼴의 중심각의 크기를 구하시오.

(2) 둘레의 길이가 80 cm인 부채꼴의 넓이가 최대일 때, 이 부채꼴의 넓이와 중심각의 크기를 구하시오.

정석연구 반지름의 길이가 r, 중심각의 크기가 θ, 호의 길이가 l, 넓이가 S인 부채꼴에서 다음이 성립한다.

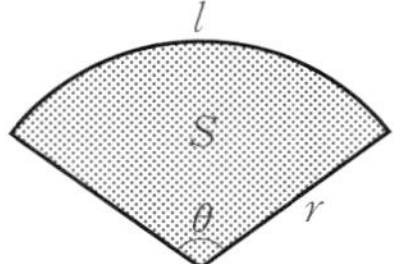

정석 $\boldsymbol{l=r\theta,\quad S=\dfrac{1}{2}r^2\theta,\quad S=\dfrac{1}{2}rl}$

모범답안 (1) 부채꼴의 반지름의 길이를 r cm, 호의 길이를 l cm, 중심각의 크기를 θ rad이라고 하면 문제의 조건으로부터

$2r+l=8$ ……①　　　$\dfrac{1}{2}rl=4$ ……②

①에서의 $l=8-2r$을 ②에 대입하면 $r(8-2r)=8$

$\therefore\ (r-2)^2=0 \quad \therefore\ r=2 \quad \therefore\ l=4$

그런데 $l=r\theta$이므로 $4=2\theta \quad \therefore\ \theta=\mathbf{2(rad)}$ ⟵ 답

(2) 부채꼴의 반지름의 길이를 r cm, 넓이를 S cm^2라고 하면 호의 길이는 $(80-2r)$ cm이므로

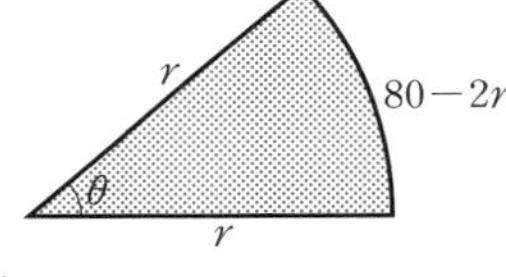

$S=\dfrac{1}{2}r(80-2r)=-r^2+40r$

$=-(r-20)^2+400\ (0<r<40)$

따라서 $r=20$일 때 S의 최댓값은 400이다.

한편 중심각의 크기를 θ rad이라고 하면 $S=\dfrac{1}{2}r^2\theta$이므로 $S=400$, $r=20$을 대입하면 $\theta=2$ 　　답 **400 cm^2, 2 rad**

유제 **7**-1. 한 원에서 부채꼴의 둘레의 길이가 이 원둘레의 반과 같을 때, 다음 물음에 답하시오.

(1) 이 부채꼴의 중심각의 크기를 구하시오.

(2) 이 부채꼴의 반지름의 길이가 2 cm일 때, 부채꼴의 넓이를 구하시오.

답 (1) $\boldsymbol{(\pi-2)}$ **rad** (2) $\boldsymbol{2(\pi-2)}$ $\textbf{cm}^2$

유제 **7**-2. 둘레의 길이가 40 cm인 부채꼴의 넓이가 최대일 때, 이 부채꼴의 반지름의 길이와 넓이를 구하시오. 　답 반지름 **10 cm**, 넓이 **100 cm^2**

유제 **7**-3. 둘레의 길이가 24 cm, 넓이가 32 cm^2인 부채꼴의 중심각의 크기를 구하시오. 　답 **1 rad, 4 rad**

§2. 삼각비의 정의

1 삼각비의 정의

$\angle C=90^\circ$, $\angle A=\theta$인 직각삼각형 ABC에서 세 변의 길이 a, b, c 사이의 비의 값을 다음과 같이 정의한다.

기본정석 삼각비의 정의

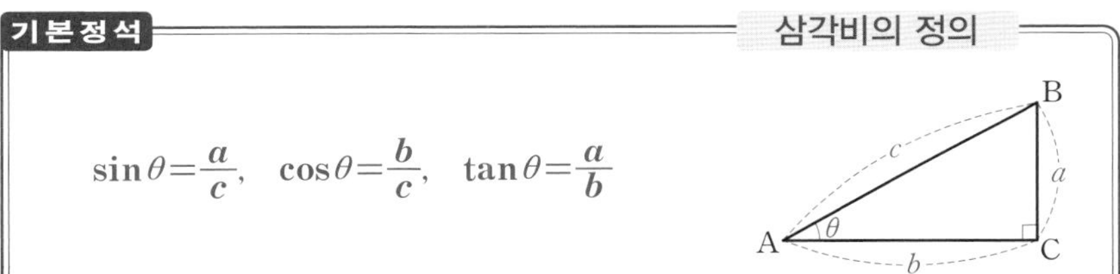

$$\sin\theta=\frac{a}{c},\quad \cos\theta=\frac{b}{c},\quad \tan\theta=\frac{a}{b}$$

2 특수각의 삼각비의 값

θ가 0°부터 90°까지 변할 때의 $\sin\theta$, $\cos\theta$, $\tan\theta$의 값을 나타낸 표를 삼각비의 표(삼각함수표)라고 한다. ⇦ p. 353 참조

그런데 30°, 45°, 60°에 대한 삼각비의 값은 정삼각형과 정사각형의 성질을 이용하면(삼각비의 표를 보지 않고서도) 쉽게 구할 수 있다. 곧, 그림과 같이 한 변의 길이가 2인 정삼각형과 한 변의 길이가 1인 정사각형으로부터 각각 직각삼각형(그림의 초록 선)을 잘라내면 30°, 45°, 60°에 대한 삼각비의 값을 쉽게 얻을 수 있다.

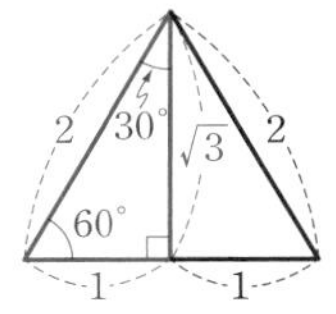

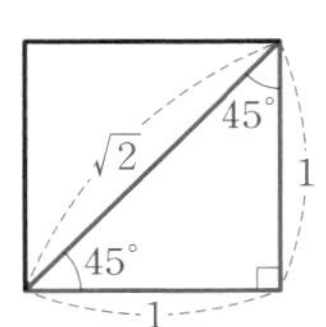

기본정석 특수각의 삼각비의 값

θ	$30^\circ\left(\frac{\pi}{6}\right)$	$45^\circ\left(\frac{\pi}{4}\right)$	$60^\circ\left(\frac{\pi}{3}\right)$
$\sin\theta$	$\frac{1}{2}$	$\frac{1}{\sqrt{2}}$	$\frac{\sqrt{3}}{2}$
$\cos\theta$	$\frac{\sqrt{3}}{2}$	$\frac{1}{\sqrt{2}}$	$\frac{1}{2}$
$\tan\theta$	$\frac{1}{\sqrt{3}}$	1	$\sqrt{3}$

삼각자를 연상해 보자.

기본 문제 7-2 다음 물음에 답하시오.

(1) $\angle C=90^\circ$인 직각삼각형 ABC에서 $\overline{AB}=3\overline{BC}$일 때, $\sin A$, $\cos A$, $\tan A$의 값을 구하시오.

(2) 오른쪽 그림을 이용하여 $\sin 15^\circ$, $\tan 15^\circ$의 값을 구하시오.

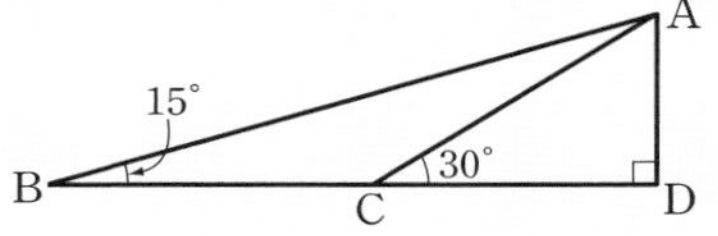

정석연구 (1) 오른쪽 그림에서

$$\sin A=\frac{a}{c},\quad \cos A=\frac{b}{c},\quad \tan A=\frac{a}{b}$$

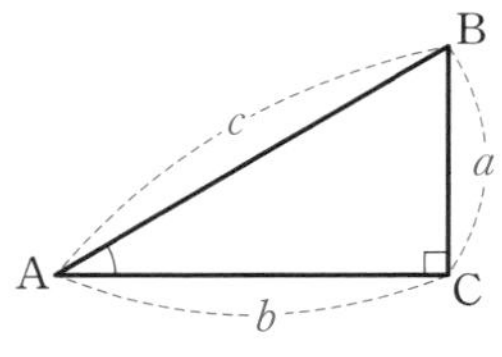

이다. 여기서 b, c를 a로 나타낸다.

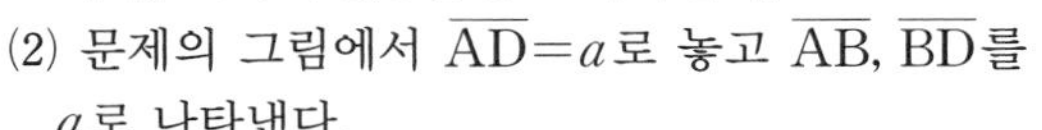

(2) 문제의 그림에서 $\overline{AD}=a$로 놓고 $\overline{AB}$, $\overline{BD}$를 a로 나타낸다.

모범답안 (1) $\overline{AB}=c$, $\overline{BC}=a$, $\overline{CA}=b$라고 하면 문제의 조건으로부터

$$c=3a \quad \cdots\cdots①\qquad a^2+b^2=c^2 \quad \cdots\cdots②$$

①을 ②에 대입하여 c를 소거하면

$$a^2+b^2=(3a)^2 \quad \therefore\ b^2=8a^2 \quad \therefore\ b=2\sqrt{2}a\ (\because\ a>0,\ b>0)$$

$$\therefore\ \sin A=\frac{a}{c}=\frac{a}{3a}=\mathbf{\frac{1}{3}},\quad \cos A=\frac{b}{c}=\frac{2\sqrt{2}a}{3a}=\mathbf{\frac{2\sqrt{2}}{3}},$$

$$\tan A=\frac{a}{b}=\frac{a}{2\sqrt{2}a}=\mathbf{\frac{\sqrt{2}}{4}} \quad \longleftarrow \text{답}$$

(2) $\overline{AD}=a$로 놓으면 $\overline{CD}=\sqrt{3}a$, $\overline{AC}=2a$이고 $\angle BAC=15^\circ$이므로

$$\overline{BC}=\overline{AC}=2a \quad \therefore\ \overline{BD}=\overline{BC}+\overline{CD}=2a+\sqrt{3}a=(2+\sqrt{3})a$$

$$\therefore\ \overline{AB}=\sqrt{\overline{AD}^2+\overline{BD}^2}=\sqrt{a^2+(2+\sqrt{3})^2a^2}=(\sqrt{6}+\sqrt{2})a$$

$$\therefore\ \sin 15^\circ=\frac{\overline{AD}}{\overline{AB}}=\frac{a}{(\sqrt{6}+\sqrt{2})a}=\mathbf{\frac{\sqrt{6}-\sqrt{2}}{4}},$$

$$\tan 15^\circ=\frac{\overline{AD}}{\overline{BD}}=\frac{a}{(2+\sqrt{3})a}=\mathbf{2-\sqrt{3}} \quad \longleftarrow \text{답}$$

유제 **7**-4. $\triangle ABC$의 세 변 AB, BC, CA의 길이 c, a, b 사이에 $a^2+b^2=c^2$, $b=\sqrt{3}a$인 관계가 있을 때, $\tan B$의 값을 구하시오. 답 $\sqrt{3}$

유제 **7**-5. 오른쪽 그림에서 $\tan\frac{\theta}{2}$를 a로 나타내시오. 답 $\sqrt{a^2+1}-a$

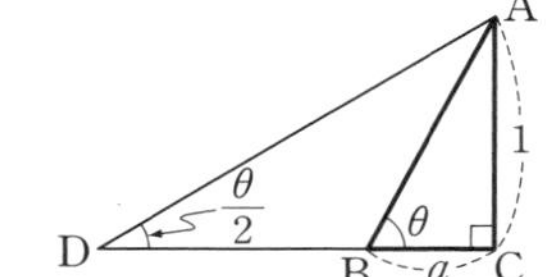

§3. 일반각의 삼각함수

1 양의 각과 음의 각

오른쪽 그림의 ∠XOP는 처음에 반직선 OX의 위치에 있었던 반직선 OP가 점 O를 중심으로 회전하여 현재의 위치에 와서 만들어진 것이라고 생각하면 편리할 때가 많다.

이때, 반직선 OX를 ∠XOP의 시초선, 반직선 OP를 ∠XOP의 동경이라고 한다. 그리고 동경 OP가 시초선 OX를 출발하여 회전한 양을 **∠XOP**의 크기라 하고, 동경 OP가 시초선 OX로부터 시계 반대 방향(양의 방향)으로 회전한 것을 양의 각, 시계 방향(음의 방향)으로 회전한 것을 음의 각이라고 한다. 이를테면

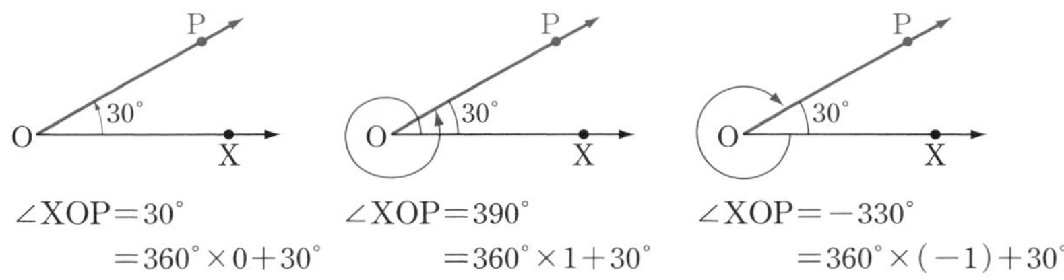

∠XOP$=30^\circ$
$=360^\circ\times 0+30^\circ$

∠XOP$=390^\circ$
$=360^\circ\times 1+30^\circ$

∠XOP$=-330^\circ$
$=360^\circ\times(-1)+30^\circ$

2 일반각

위의 세 그림에서 시초선 OX에 대하여 동경 OP의 위치는 모두 같지만, 동경 OP의 회전 방향이나 회전 횟수는 다르다는 것을 알 수 있다.

그러나 어느 경우이든 ∠XOP의 크기는

$$360^\circ\times n+30^\circ \ (n\text{은 정수}) \quad \cdots\cdots ㉮$$

의 꼴로 나타낼 수 있다. 이때, ㉮을 동경 OP가 나타내는 일반각이라고 한다.

기본정석 — 일반각

동경 OP가 시초선 OX와 이루는 한 각의 크기를 α°라고 하면 동경 OP가 나타내는 일반각은

$$360^\circ\times n+\alpha^\circ \ (n\text{은 정수})$$

$\alpha^\circ=\theta$일 때, 이것을 호도법으로 나타내면

$$2n\pi+\theta \ (n\text{은 정수})$$

Advice | 일반각에서 보통 $\alpha°$는 $0° \le \alpha° < 360°$ 또는 $-180° < \alpha° \le 180°$인 것을, θ(rad)는 $0 \le \theta < 2\pi$ 또는 $-\pi < \theta \le \pi$인 것을 택한다.

보기 1 크기가 다음과 같은 각의 동경이 나타내는 일반각을 구하시오.

(1) $1140°$ (2) $490°$ (3) -15π (4) $\dfrac{35}{6}\pi$

연구 이를테면 $2n\pi+60°$와 같이 육십분법과 호도법을 혼합해서 쓰는 일은 삼가야 한다. 그리고 문제에서 사용된 단위가 육십분법이면 답도 육십분법으로, 호도법이면 답도 호도법으로 나타내는 것이 좋다.

(1) $1140°=360°\times3+60°$이므로 $\boldsymbol{360°\times n+60°}$ ($\boldsymbol{n}$은 정수)

(2) $490°=360°\times1+130°$이므로 $\boldsymbol{360°\times n+130°}$ ($\boldsymbol{n}$은 정수)

(3) $-15\pi=2\pi\times(-8)+\pi$이므로 $\boldsymbol{2n\pi+\pi}$ ($\boldsymbol{n}$은 정수)

(4) $\dfrac{35}{6}\pi=2\pi\times2+\dfrac{11}{6}\pi$이므로 $\boldsymbol{2n\pi+\dfrac{11}{6}\pi}$ ($\boldsymbol{n}$은 정수)

3 사분면의 각

좌표평면에서 O를 원점, 시초선 OX를 x축의 양의 방향으로 할 때, 동경 OP가 제1사분면, 제2사분면, 제3사분면, 제4사분면의 어느 곳에 속해 있느냐에 따라 각각

제1사분면의 각, 제2사분면의 각,

제3사분면의 각, 제4사분면의 각

이라고 한다. 단, 동경 OP가 좌표축 위에 있을 때에는 그 각은 어느 사분면에도 속하지 않는다.

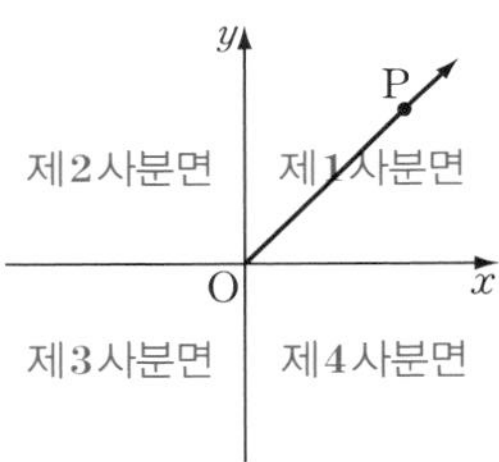

4 일반각의 삼각함수의 정의

일반각 θ의 삼각함수를 다음과 같이 정의한다.

기본정석 일반각의 삼각함수의 정의

오른쪽 그림에서 동경 OP가 x축의 양의 방향과 이루는 각의 크기를 θ라고 할 때,

$$\sin\theta=\frac{y}{r},\quad \cos\theta=\frac{x}{r},\quad \tan\theta=\frac{y}{x}$$

로 나타내고, 이들을 각각 θ의 사인함수, 코사인함수, 탄젠트함수라고 하며, 이 세 함수를 θ의 삼각함수라고 한다.

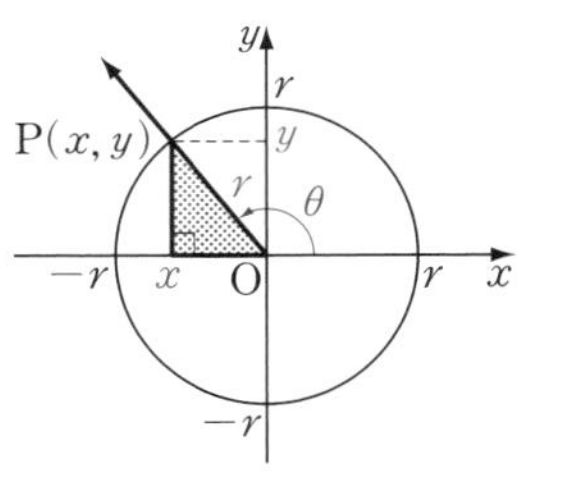

5 삼각함수의 값의 부호

앞면의 삼각함수의 정의에서 r은 원의 반지름의 길이이므로 양수이다. 또, x, y는 각각 동점 P의 x좌표, y좌표이다. 따라서 x, y의 부호는 점 P가 어느 사분면의 점인가에 따라 정해진다.

여기서 점 P의 위치에 따른 삼각함수의 값의 부호를 살펴보면 다음과 같다.

P가 제1사분면	**P가 제2사분면**	**P가 제3사분면**	**P가 제4사분면**
$x>0,\ y>0$	$x<0,\ y>0$	$x<0,\ y<0$	$x>0,\ y<0$

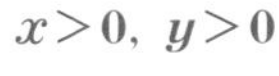

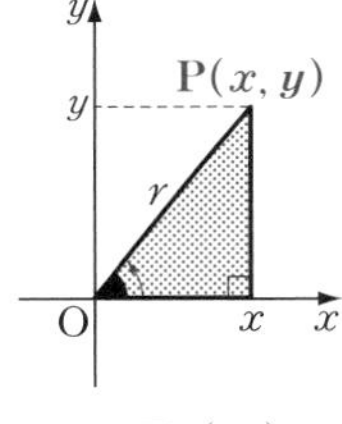

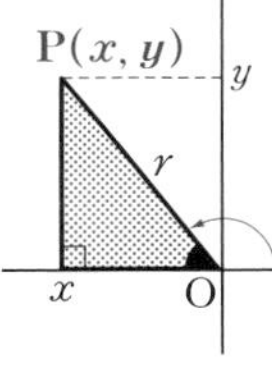

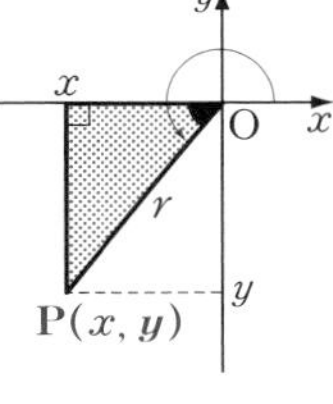

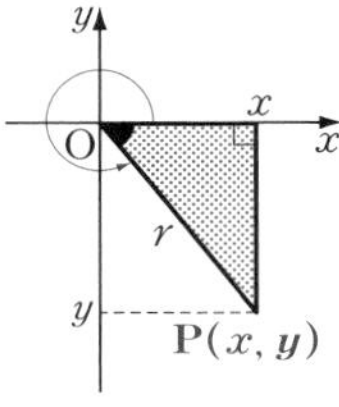

모두 (+)	**sin**만 (+)	**tan**만 (+)	**cos**만 (+)

곧, θ가 제1사분면의 각일 때에는 $x>0, y>0$이고, r은 항상 양수이므로

$$\sin\theta=\frac{y}{r}>0,\ \cos\theta=\frac{x}{r}>0,\ \tan\theta=\frac{y}{x}>0$$

또, θ가 제2사분면의 각일 때에는 $x<0, y>0$이고, r은 항상 양수이므로

$$\sin\theta=\frac{y}{r}>0,\ \cos\theta=\frac{x}{r}<0,\ \tan\theta=\frac{y}{x}<0$$

이다.

삼각함수의 값이
양수인 것

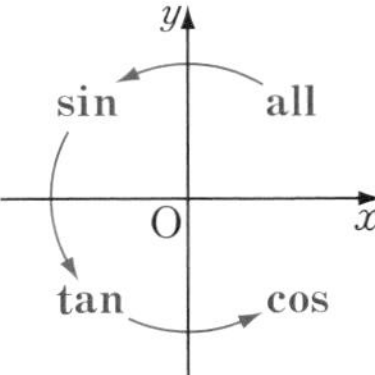

같은 방법으로 생각하면 θ가 제3사분면의 각일 때에는 $\tan\theta$의 값만 양수이고, 제4사분면의 각일 때에는 $\cos\theta$의 값만 양수임을 알 수 있다.

이와 같이 하여 각 사분면에서 삼각함수의 값이 양수인 것만을 조사하여 나타내어 보면 위의 그림과 같다.

Advice | 위의 그림에서 제1사분면부터 화살표 방향으로 읽어 보면

all, sin, tan, cos ⟹ 올, 사, 탄, 코 ⟹ 얼싸안고

이다. 좀 유치하기는 하나 이렇게 해서라도 기억해 두길 바란다.

보기 2 $\sin\theta>0$, $\cos\theta<0$을 만족시키는 θ는 제몇 사분면의 각인가?

연구 $\sin\theta>0$에서 θ는 제1사분면 또는 제2사분면의 각이고, $\cos\theta<0$에서 θ는 제2사분면 또는 제3사분면의 각이므로 θ는 **제2**사분면의 각이다.

기본 문제 7-3 다음 물음에 답하시오.

(1) 원점과 점 P$(-4,\ -3)$을 지나는 동경이 나타내는 각의 크기를 θ라고 할 때, $\sin\theta$, $\cos\theta$, $\tan\theta$의 값을 구하시오.

(2) $\sin\frac{9}{4}\pi$, $\cos\frac{14}{3}\pi$, $\tan\left(-\frac{9}{4}\pi\right)$의 값을 구하시오.

정석연구 (1) 점 P$(-4,\ -3)$을 좌표평면 위에 나타낸 다음 정의를 이용한다.

(2) 주어진 각의 동경을 좌표평면 위에 나타낸 다음 특수각의 삼각함수의 값을 이용한다. 이때, 특히 부호에 주의한다.

정석 일반각의 삼각함수의 값은 ⟹ 좌표평면에서 생각!

모범답안 (1) 오른쪽 그림에서 $\sin\theta$, $\cos\theta$, $\tan\theta$의 값을 구하면 된다.

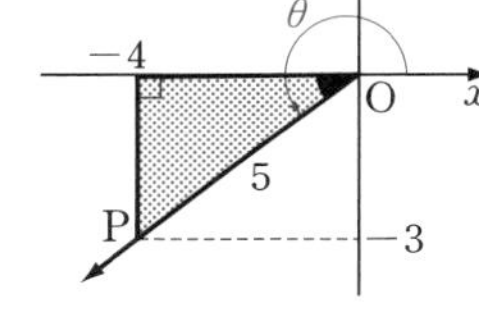

그림에서 P$(-4,\ -3)$이므로

$$\overline{\mathrm{OP}}=\sqrt{(-4)^2+(-3)^2}=5$$

곧, $r=5$, $x=-4$, $y=-3$이므로

$$\sin\theta=\frac{y}{r}=\mathbf{-\frac{3}{5}},\quad \cos\theta=\frac{x}{r}=\mathbf{-\frac{4}{5}},\quad \tan\theta=\frac{y}{x}=\mathbf{\frac{3}{4}}$$

(2) $\frac{9}{4}\pi=2\pi+\frac{\pi}{4}$, $\frac{14}{3}\pi=2\pi\times2+\frac{2}{3}\pi$, $-\frac{9}{4}\pi=-2\pi-\frac{\pi}{4}$

이므로 각각의 동경을 그려 보면 다음과 같다.

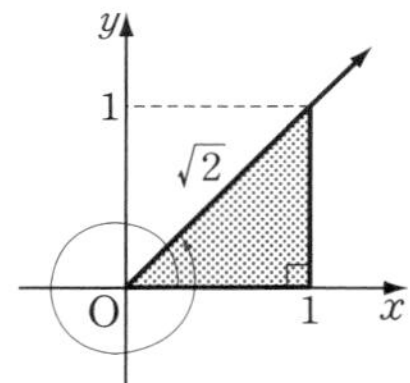

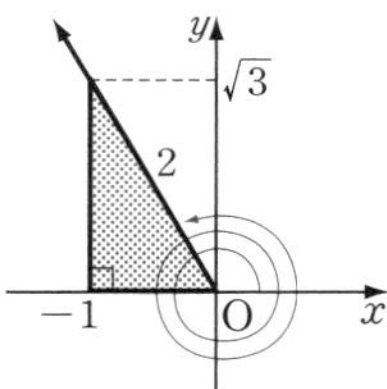

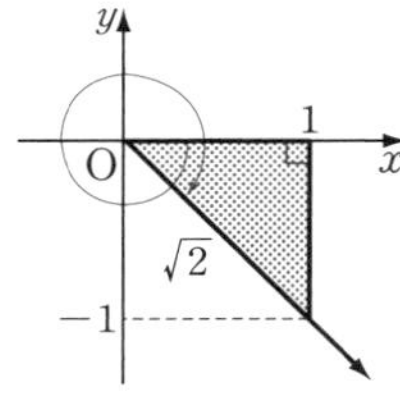

$\therefore\ \mathbf{\sin\frac{9}{4}\pi=\frac{1}{\sqrt{2}}}$ $\quad\therefore\ \mathbf{\cos\frac{14}{3}\pi=-\frac{1}{2}}$ $\quad\therefore\ \mathbf{\tan\left(-\frac{9}{4}\pi\right)=-1}$

유제 **7**-6. 원점과 점 P$(12,\ -5)$를 지나는 동경이 나타내는 각의 크기를 θ라고 할 때, $\sin\theta$, $\cos\theta$, $\tan\theta$의 값을 구하시오. 답 $\mathbf{-\frac{5}{13},\ \frac{12}{13},\ -\frac{5}{12}}$

유제 **7**-7. 다음 값을 구하시오.

(1) $\sin 675^\circ$ (2) $\cos(-510^\circ)$ (3) $\sin\frac{17}{6}\pi$ (4) $\tan\frac{22}{3}\pi$

답 (1) $\mathbf{-\frac{1}{\sqrt{2}}}$ (2) $\mathbf{-\frac{\sqrt{3}}{2}}$ (3) $\mathbf{\frac{1}{2}}$ (4) $\mathbf{\sqrt{3}}$

기본 문제 7-4 $90^\circ<\theta<180^\circ$일 때, 다음 물음에 답하시오.

(1) θ의 동경과 6θ의 동경이 일치할 때, $\sin(\theta+6^\circ)$의 값을 구하시오.

(2) θ의 동경과 6θ의 동경이 일직선 위에 있고 방향이 반대일 때, $\cos(\theta+12^\circ)$의 값을 구하시오.

정석연구 아래 그림에서 (i), (ii)는 두 동경이 서로 일치하는 경우의 예이고, (iii)은 두 동경이 일직선 위에 있고 방향이 반대인 경우의 예이다.

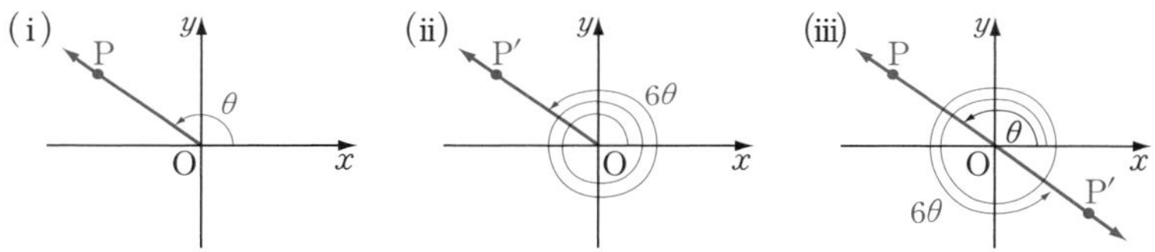

(1) $6\theta-\theta=360^\circ$만을 생각하기 쉬우나 일반각이므로 $6\theta-\theta=360^\circ\times n$($n$은 정수)이라고 해야 한다.

(2) $6\theta-\theta=180^\circ$만을 생각하기 쉬우나 일반각이므로 $6\theta-\theta=360^\circ\times n+180^\circ$ (n은 정수)라고 해야 한다.

모범답안 (1) 조건에 따라 $6\theta-\theta=360^\circ\times n$ (n은 정수) $\therefore\ \theta=72^\circ\times n$

그런데 $90^\circ<\theta<180^\circ$이므로 $90^\circ<72^\circ\times n<180^\circ$

n은 정수이므로 $n=2$ $\therefore\ \theta=144^\circ$

$\therefore\ \sin(\theta+6^\circ)=\sin(144^\circ+6^\circ)=\sin 150^\circ=\mathbf{\frac{1}{2}}$ ← 답

(2) 조건에 따라 $6\theta-\theta=360^\circ\times n+180^\circ$ (n은 정수) $\therefore\ \theta=72^\circ\times n+36^\circ$

그런데 $90^\circ<\theta<180^\circ$이므로 $90^\circ<72^\circ\times n+36^\circ<180^\circ$

n은 정수이므로 $n=1$ $\therefore\ \theta=108^\circ$

$\therefore\ \cos(\theta+12^\circ)=\cos(108^\circ+12^\circ)=\cos 120^\circ=\mathbf{-\frac{1}{2}}$ ← 답

Advice | 위와 같은 그림을 그려서 다음 성질을 확인해 보자.

정 석 두 각 α, β를 나타내는 동경 **OP**, **OP′**에 대하여 $\boldsymbol{n}$이 정수일 때,

일치한다 $\Longleftrightarrow$ $\boldsymbol{\alpha-\beta=360^\circ\times n}$

일직선 위에 있고 방향이 반대이다 $\Longleftrightarrow$ $\boldsymbol{\alpha-\beta=360^\circ\times n+180^\circ}$

$\boldsymbol{x}$축에 대하여 대칭이다 $\Longleftrightarrow$ $\boldsymbol{\alpha+\beta=360^\circ\times n}$

$\boldsymbol{y}$축에 대하여 대칭이다 $\Longleftrightarrow$ $\boldsymbol{\alpha+\beta=360^\circ\times n+180^\circ}$

유제 **7**-8. 각 α의 동경과 각 β의 동경이 직선 $y=x$에 대하여 대칭일 조건을 구하시오. 답 $\boldsymbol{\alpha+\beta=360^\circ\times n+90^\circ}$ (**n**은 정수)

기본 문제 **7**-5 좌표평면에서 중심이 원점 O이고 반지름의 길이가 1인 원을 10등분하여 각 분점을 차례로 $P_1, P_2, P_3, \cdots, P_{10}$이라고 하자.

$P_1(1, 0)$이라 하고, $\angle P_1OP_2=\theta$라고 할 때, 다음 물음에 답하시오.

(1) $\sin\theta+\sin2\theta+\sin3\theta+\cdots+\sin10\theta$의 값을 구하시오.

(2) $\cos\theta+\cos3\theta+\cos5\theta+\cos7\theta+\cos9\theta=a$일 때, $\cos2\theta+\cos4\theta+\cos6\theta+\cos8\theta$를 a로 나타내시오.

정석연구 $360^\circ\div10=36^\circ$이므로 $\theta=36^\circ$이고, $5\theta=5\times36^\circ=180^\circ$이므로 오른쪽 그림과 같이 P_1과 P_6은 원점에 대하여 대칭이다. 마찬가지로

P_2와 P_7, P_3과 P_8,

P_4와 P_9, P_5와 P_{10}

은 원점에 대하여 대칭이다.

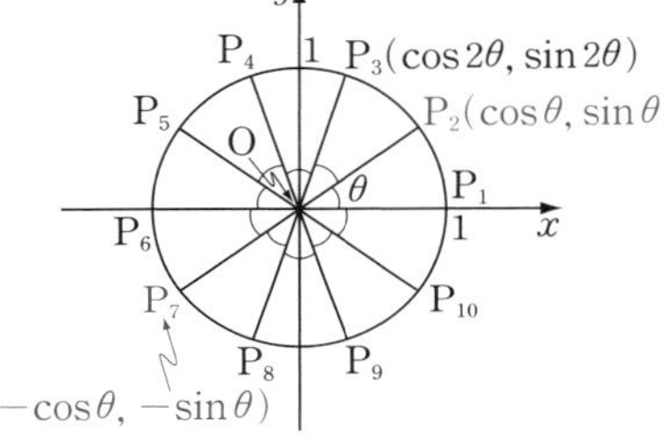

일반적으로

정석 두 점 P, Q가 원점에 대하여 대칭 $\iff$ $\mathbf{P(x, y)}$, $\mathbf{Q(-x, -y)}$

이므로, 이를테면 $\sin\theta$와 $\sin6\theta$는 절댓값은 같고 부호는 반대이다.

곧, $\sin\theta+\sin6\theta=0$, $\sin2\theta+\sin7\theta=0$, $\cdots$, $\sin5\theta+\sin10\theta=0$

모범답안 점 P_k와 점 $P_{k+5}(k=1, 2, 3, 4, 5)$는 원점에 대하여 대칭이다.

(1) $\sin\theta+\sin6\theta=0$, $\sin2\theta+\sin7\theta=0$, $\cdots$, $\sin5\theta+\sin10\theta=0$ 이므로

$$\sin\theta+\sin2\theta+\sin3\theta+\cdots+\sin10\theta=\mathbf{0} \longleftarrow \text{답}$$

(2) $\cos\theta+\cos6\theta=0$, $\cos2\theta+\cos7\theta=0$, $\cdots$, $\cos5\theta+\cos10\theta=0$ 이므로

$$\cos\theta+\cos2\theta+\cos3\theta+\cdots+\cos10\theta=0$$

여기에서 $\cos\theta+\cos3\theta+\cos5\theta+\cos7\theta+\cos9\theta=a$이고, $\cos10\theta=\cos360^\circ=1$이므로

$$\cos2\theta+\cos4\theta+\cos6\theta+\cos8\theta=\mathbf{-(a+1)} \longleftarrow \text{답}$$

유제 **7**-9. 좌표평면에서 중심이 원점 O이고 반지름의 길이가 1인 원을 12등분하여 각 분점을 차례로 $P_1, P_2, P_3, \cdots, P_{12}$라고 하자.

$P_1(1, 0)$이라 하고, $\angle P_1OP_2=\theta$라고 할 때, 다음 식의 값을 구하시오.

$$\cos\theta+\cos2\theta+\cos3\theta+\cdots+\cos12\theta$$

답 **0**

연습문제 7

7-1 좌표평면에 원 $C: x^2+y^2=16$과 점 $\mathrm{A}(4, 0)$이 있다. 반직선 OA 위의 점 P에 대하여 반직선 OP가 원점 O를 중심으로 양의 방향으로 $\frac{16}{5}\pi$만큼 회전한 다음, 다시 음의 방향으로 $\frac{8}{15}\pi$만큼 회전하여 원 C와 만나는 점을 Q라고 하자. 점 $\mathrm{B}(-4, 0)$을 지나고 x축에 수직인 직선이 반직선 OQ와 만나는 점을 R이라고 할 때, 두 선분 BR, QR 및 점 A를 포함하지 않는 호 BQ로 둘러싸인 도형의 넓이를 구하시오.

7-2 $\left(1+\sin\frac{\pi}{3}\right)\left(1-\cos\frac{\pi}{6}\right)\left(1+\tan\frac{\pi}{4}\right)$의 값을 구하시오.

7-3 중심이 O이고 반지름의 길이가 r인 구면 거울이 있다. 오른쪽 그림과 같이 직선 OX에 평행하게 입사된 빛이 거울에 반사된 후 직선 OX와 만나는 점을 A라 하고, 입사각의 크기를 θ라고 할 때, 선분 OA의 길이를 r, θ로 나타내시오.

단, 입사각의 크기와 반사각의 크기는 같다.

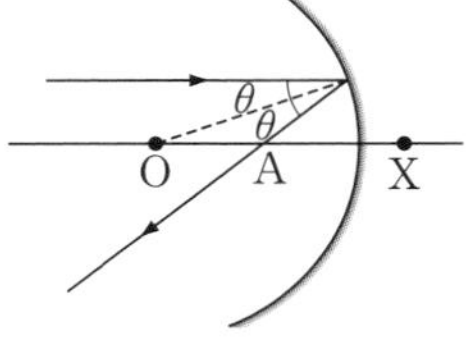

7-4 오른쪽 그림과 같이 반지름의 길이가 100 m인 원형의 호수 안에 동심원을 이루는 섬이 있다. 호숫가의 한 지점 A에서 그림과 같이 두 지점 B, C를 관측했더니 B에서 C까지의 호숫가의 길이는 100 m이었다. 섬의 반지름의 길이를 구하시오.

단, 선분 AB와 선분 AC는 모두 섬에 접한다.

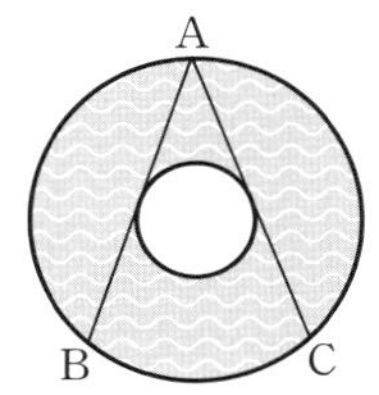

7-5 다음 중 θ가 제3사분면의 각인 것은?

① $\sin\theta<0$, $\cos\theta>0$　② $\sin\theta>0$, $\tan\theta>0$　③ $\sin\theta<0$, $\tan\theta<0$
④ $\cos\theta<0$, $\tan\theta>0$　⑤ $\cos\theta>0$, $\tan\theta<0$

7-6 $\frac{3}{2}\pi<\theta<2\pi$일 때, 다음 식을 간단히 하시오.

$$|\sin\theta+\cos\theta+\tan\theta+\sqrt{\sin^2\theta}+\sqrt[3]{\cos^3\theta}+\sqrt[4]{\tan^4\theta}|$$

7-7 오른쪽 $\triangle\mathrm{ABC}$에서 $\angle\mathrm{BAC}=\alpha$이다. $\overline{\mathrm{AD}}=5$, $\overline{\mathrm{CD}}=12$일 때, $\sin\alpha$, $\cos\alpha$, $\tan\alpha$의 값을 구하시오.

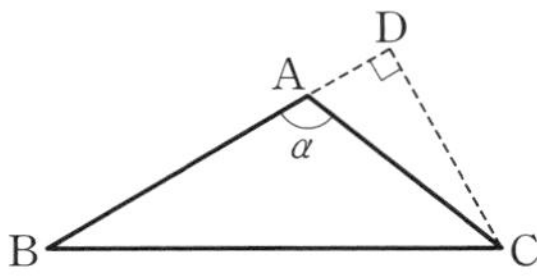

8. 삼각함수의 기본 성질

삼각함수의 기본 공식／$\frac{n}{2}\pi\pm\theta$의 삼각함수

§1. 삼각함수의 기본 공식

1 삼각함수 사이의 관계

오른쪽 그림과 같이 동경 OP가 x축의 양의 방향과 이루는 각의 크기를 θ라고 할 때,

$$\sin\theta=\frac{y}{r},\ \cos\theta=\frac{x}{r},\ \tan\theta=\frac{y}{x}$$

따라서 $\cos\theta\neq0$일 때, 곧 $x\neq0$일 때

$$\frac{\sin\theta}{\cos\theta}=\frac{y/r}{x/r}=\frac{y}{x}=\tan\theta$$

한편 $\mathrm{P}(x, y)$가 원 $x^2+y^2=r^2$ 위의 점이므로

$$\sin^2\theta+\cos^2\theta=\left(\frac{y}{r}\right)^2+\left(\frac{x}{r}\right)^2=\frac{x^2+y^2}{r^2}=\frac{r^2}{r^2}=1$$

또, $\sin^2\theta+\cos^2\theta=1$의 양변을 $\cos^2\theta$로 나누면

$$\frac{\sin^2\theta}{\cos^2\theta}+1=\frac{1}{\cos^2\theta}\quad 곧,\ \tan^2\theta+1=\frac{1}{\cos^2\theta}\quad\cdots\cdots①$$

*Note ①은 다음과 같이 보여도 된다.

$$\tan^2\theta+1=\left(\frac{y}{x}\right)^2+1=\frac{y^2+x^2}{x^2}=\frac{r^2}{x^2}=\left(\frac{r}{x}\right)^2=\frac{1}{\cos^2\theta}$$

기본정석 삼각함수의 기본 공식

(1) $\tan\theta=\frac{\sin\theta}{\cos\theta}$

(2) $\sin^2\theta+\cos^2\theta=1,\quad \tan^2\theta+1=\frac{1}{\cos^2\theta}$

기본 문제 8-1 다음 등식이 성립함을 증명하시오.

(1) $\cos^4\theta-\sin^4\theta=\cos^2\theta-\sin^2\theta=1-2\sin^2\theta$

(2) $\tan^2\theta-\sin^2\theta=\tan^2\theta\sin^2\theta$

(3) $\dfrac{1+2\sin\theta\cos\theta}{\cos^2\theta-\sin^2\theta}=\dfrac{1+\tan\theta}{1-\tan\theta}$

정석연구 삼각함수의 기본 공식을 이용하여 좌변을 우변의 꼴로 변형한다.

정 석 $\tan\theta=\dfrac{\sin\theta}{\cos\theta}$, $\sin^2\theta+\cos^2\theta=1$

(3)에서는 우변을 좌변의 꼴로 변형할 수도 있다.

모범답안 (1) $\cos^4\theta-\sin^4\theta=(\cos^2\theta+\sin^2\theta)(\cos^2\theta-\sin^2\theta)$

$=\cos^2\theta-\sin^2\theta=(1-\sin^2\theta)-\sin^2\theta$

$=1-2\sin^2\theta$

(2) $\tan^2\theta-\sin^2\theta=\dfrac{\sin^2\theta}{\cos^2\theta}-\sin^2\theta=\dfrac{\sin^2\theta(1-\cos^2\theta)}{\cos^2\theta}$

$=\dfrac{\sin^2\theta\sin^2\theta}{\cos^2\theta}=\dfrac{\sin^2\theta}{\cos^2\theta}\times\sin^2\theta=\tan^2\theta\sin^2\theta$

(3) $\dfrac{1+\tan\theta}{1-\tan\theta}=\dfrac{1+\dfrac{\sin\theta}{\cos\theta}}{1-\dfrac{\sin\theta}{\cos\theta}}=\dfrac{\cos\theta+\sin\theta}{\cos\theta-\sin\theta}=\dfrac{(\cos\theta+\sin\theta)^2}{\cos^2\theta-\sin^2\theta}$

$=\dfrac{\cos^2\theta+2\cos\theta\sin\theta+\sin^2\theta}{\cos^2\theta-\sin^2\theta}=\dfrac{1+2\sin\theta\cos\theta}{\cos^2\theta-\sin^2\theta}$

* ***Note*** (3)에서 좌변을 우변의 꼴로 변형할 때에는 다음을 이용한다.

$1+2\sin\theta\cos\theta=\sin^2\theta+\cos^2\theta+2\sin\theta\cos\theta=(\sin\theta+\cos\theta)^2$

유 제 **8**-1. 다음 등식이 성립함을 증명하시오.

(1) $(\sin\theta+\cos\theta)^2+(\sin\theta-\cos\theta)^2=2$

(2) $\sin^2\theta-\sin^4\theta=\cos^2\theta-\cos^4\theta$

(3) $\dfrac{\sin^2\theta}{1-\cos\theta}=1+\cos\theta$

(4) $\dfrac{1}{1+\sin\theta}+\dfrac{1}{1-\sin\theta}=2(1+\tan^2\theta)$

(5) $(1-\sin^2\theta)(1-\cos^2\theta)(1+\tan^2\theta)\left(1+\dfrac{1}{\tan^2\theta}\right)=1$

(6) $\left(1+\tan\theta+\dfrac{1}{\cos\theta}\right)\left(1+\dfrac{1}{\tan\theta}-\dfrac{1}{\sin\theta}\right)=2$

(7) $\left(\sin\theta-\dfrac{1}{\sin\theta}\right)^2+\left(\cos\theta-\dfrac{1}{\cos\theta}\right)^2-\left(\tan\theta-\dfrac{1}{\tan\theta}\right)^2=1$

기본 문제 **8**-2 다음 물음에 답하시오.

(1) θ가 예각이고 $\cos\theta=\frac{4}{5}$일 때, $\sin\theta$와 $\tan\theta$의 값을 구하시오.

(2) θ가 제3사분면의 각이고 $\tan\theta=\frac{5}{12}$일 때, $\sin\theta$와 $\cos\theta$의 값을 구하시오.

정석연구 $\sin\theta$, $\cos\theta$, $\tan\theta$의 값 중 어느 하나를 알고 나머지 값을 구하려고 할 때에는 다음 삼각함수의 기본 공식을 적절히 이용한다.

정석 $\tan\theta=\dfrac{\sin\theta}{\cos\theta}$, $\sin^2\theta+\cos^2\theta=1$, $\tan^2\theta+1=\dfrac{1}{\cos^2\theta}$

모범답안 (1) $\sin^2\theta+\cos^2\theta=1$에서 $\sin^2\theta=1-\cos^2\theta=1-\left(\frac{4}{5}\right)^2=\frac{9}{25}$

θ는 예각이므로 $\sin\theta=\frac{3}{5}$

$\therefore \tan\theta=\dfrac{\sin\theta}{\cos\theta}=\dfrac{3/5}{4/5}=\dfrac{3}{4}$ 답 $\sin\theta=\frac{3}{5}$, $\tan\theta=\frac{3}{4}$

(2) $\tan^2\theta+1=\dfrac{1}{\cos^2\theta}$에서 $\dfrac{1}{\cos^2\theta}=\left(\dfrac{5}{12}\right)^2+1=\dfrac{169}{144}$

θ는 제3사분면의 각이므로 $\dfrac{1}{\cos\theta}=-\dfrac{13}{12}$ $\therefore \cos\theta=-\dfrac{12}{13}$

또, $\sin^2\theta=1-\cos^2\theta=1-\left(-\dfrac{12}{13}\right)^2=\dfrac{25}{169}$

θ는 제3사분면의 각이므로 $\sin\theta=-\dfrac{5}{13}$

답 $\sin\theta=-\frac{5}{13}$, $\cos\theta=-\frac{12}{13}$

Advice | (2)의 경우 조건에 맞게 그림을 그리면 오른쪽과 같고, $\overline{OP}=\sqrt{12^2+5^2}=13$이므로

$$\sin\theta=-\frac{5}{13},\ \cos\theta=-\frac{12}{13}$$

(1)의 경우도 이와 같이 그림을 그려서 구해 보자.

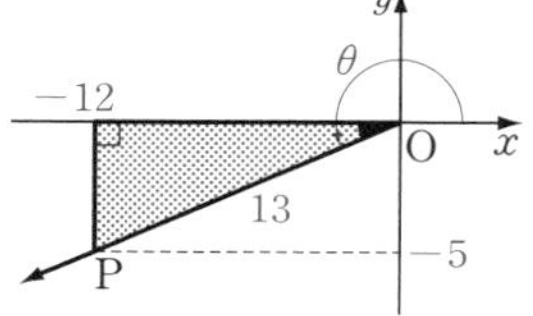

유제 **8**-2. $\sin\theta=-\frac{3}{5}\left(\frac{3}{2}\pi<\theta<2\pi\right)$일 때, $\cos\theta$와 $\tan\theta$의 값을 구하시오.

답 $\cos\theta=\frac{4}{5}$, $\tan\theta=-\frac{3}{4}$

유제 **8**-3. θ가 제2사분면의 각이고 $\tan\theta=-\frac{4}{3}$일 때, $\sin\theta$와 $\cos\theta$의 값을 구하시오.

답 $\sin\theta=\frac{4}{5}$, $\cos\theta=-\frac{3}{5}$

기본 문제 8-3 $\sin\theta+\cos\theta=\dfrac{1}{2}$일 때, 다음 식의 값을 구하시오.

(1) $\sin\theta\cos\theta$　(2) $\sin^3\theta+\cos^3\theta$　(3) $\sin^4\theta+\cos^4\theta$

(4) $\tan\theta+\dfrac{1}{\tan\theta}$　(5) $\sin\theta-\cos\theta$

정석연구 (1) 조건식의 양변을 제곱한 다음 $\sin^2\theta+\cos^2\theta=1$을 이용하여 정리하면 $\sin\theta\cos\theta$의 값을 구할 수 있다.

(2), (3), (4) 식을 적당히 변형하면 $\sin\theta+\cos\theta$와 $\sin\theta\cos\theta$만을 포함한 식으로 나타낼 수 있다.

(5) 먼저 $\sin\theta-\cos\theta$를 제곱한 다음 정리해 본다.

정석 $\sin\theta\pm\cos\theta=a$로부터 $\sin\theta\cos\theta$를 구할 때에는
⟹ 양변을 제곱한다.

모범답안 (1) 조건식의 양변을 제곱하면　$\sin^2\theta+2\sin\theta\cos\theta+\cos^2\theta=\dfrac{1}{4}$

그런데 $\sin^2\theta+\cos^2\theta=1$이므로　$\sin\theta\cos\theta=-\dfrac{3}{8}$ ← 답

(2) $\sin^3\theta+\cos^3\theta=(\sin\theta+\cos\theta)^3-3\sin\theta\cos\theta(\sin\theta+\cos\theta)$

$$=\left(\frac{1}{2}\right)^3-3\times\left(-\frac{3}{8}\right)\times\frac{1}{2}=\frac{11}{16}$$ ← 답

(3) $\sin^4\theta+\cos^4\theta=(\sin^2\theta)^2+(\cos^2\theta)^2=(\sin^2\theta+\cos^2\theta)^2-2\sin^2\theta\cos^2\theta$

$$=1^2-2\times\left(-\frac{3}{8}\right)^2=\frac{23}{32}$$ ← 답

(4) $\tan\theta+\dfrac{1}{\tan\theta}=\dfrac{\sin\theta}{\cos\theta}+\dfrac{\cos\theta}{\sin\theta}=\dfrac{\sin^2\theta+\cos^2\theta}{\sin\theta\cos\theta}=-\dfrac{8}{3}$ ← 답

(5) $(\sin\theta-\cos\theta)^2=\sin^2\theta-2\sin\theta\cos\theta+\cos^2\theta$

$$=\sin^2\theta+\cos^2\theta-2\sin\theta\cos\theta=1-2\times\left(-\frac{3}{8}\right)=\frac{7}{4}$$

$\therefore\ \sin\theta-\cos\theta=\pm\dfrac{\sqrt{7}}{2}$ ← 답

유제 **8**-4. $\sin\theta\cos\theta=\dfrac{1}{4}$일 때, 다음 식의 값을 구하시오.

(1) $\sin\theta+\cos\theta$　(2) $\sin\theta-\cos\theta$　(3) $\sin^3\theta-\cos^3\theta$　(4) $\tan\theta+\dfrac{1}{\tan\theta}$

답 (1) $\pm\dfrac{\sqrt{6}}{2}$　(2) $\pm\dfrac{\sqrt{2}}{2}$　(3) $\pm\dfrac{5\sqrt{2}}{8}$　(4) **4**

유제 **8**-5. $\sin\theta-\cos\theta=\dfrac{1}{\sqrt{3}}$일 때, 다음 식의 값을 구하시오.

(1) $\tan^3\theta+\dfrac{1}{\tan^3\theta}$　(2) $\dfrac{1}{\cos\theta}\left(\tan\theta-\dfrac{1}{\tan^2\theta}\right)$　답 (1) **18**　(2) $4\sqrt{3}$

기본 문제 8-4 x에 관한 이차방정식 $2x^2+px-1=0$의 두 근이 $\sin\theta$, $\cos\theta$일 때, 다음 물음에 답하시오.

(1) 상수 p의 값을 구하시오.

(2) $\tan\theta$, $\dfrac{1}{\tan\theta}$을 두 근으로 하고 이차항의 계수가 1인 x에 관한 이차방정식을 구하시오.

정석연구 이차방정식의 근과 계수의 관계와 삼각함수의 성질을 이용한다.

정석 (i) $\boldsymbol{ax^2+bx+c=0\,(a\neq 0)}$의 두 근을 α, β라고 하면

$$\alpha+\beta=-\frac{\boldsymbol{b}}{\boldsymbol{a}},\quad \alpha\beta=\frac{\boldsymbol{c}}{\boldsymbol{a}}$$

(ii) α, β를 두 근으로 하고 이차항의 계수가 **1**인 $\boldsymbol{x}$에 관한 이차방정식은 $\Longrightarrow$ $\boldsymbol{x^2-(\alpha+\beta)x+\alpha\beta=0}$

모범답안 (1) 근과 계수의 관계로부터

$$\sin\theta+\cos\theta=-\frac{p}{2}\quad\cdots\cdots①\qquad \sin\theta\cos\theta=-\frac{1}{2}\quad\cdots\cdots②$$

①의 양변을 제곱하면

$$\sin^2\theta+2\sin\theta\cos\theta+\cos^2\theta=\frac{p^2}{4}\qquad \therefore\ 1+2\sin\theta\cos\theta=\frac{p^2}{4}$$

②를 대입하면 $1+2\times\left(-\dfrac{1}{2}\right)=\dfrac{p^2}{4}$ $\therefore\ \dfrac{p^2}{4}=0$ $\therefore\ \boldsymbol{p=0}$ ← 답

(2) 조건을 만족시키는 x에 관한 이차방정식은

$$x^2-\left(\tan\theta+\frac{1}{\tan\theta}\right)x+\tan\theta\times\frac{1}{\tan\theta}=0$$

여기에서

$$\tan\theta+\frac{1}{\tan\theta}=\frac{\sin\theta}{\cos\theta}+\frac{\cos\theta}{\sin\theta}=\frac{1}{\sin\theta\cos\theta}=-2$$

이므로 $x^2-(-2)x+1=0$ 곧, $\boldsymbol{x^2+2x+1=0}$ ← 답

유제 **8**-6. x에 관한 이차방정식 $x^2-\left(\tan\theta+\dfrac{1}{\tan\theta}\right)x+1=0$의 한 근이 $2+\sqrt{3}$일 때, $\sin\theta\cos\theta$의 값을 구하시오. 답 $\boldsymbol{\dfrac{1}{4}}$

유제 **8**-7. x에 관한 이차방정식 $2x^2-x+a=0$의 두 근이 $\sin\theta$, $\cos\theta$일 때, 상수 a의 값과 $\dfrac{\sin\theta\tan\theta-\cos\theta}{\tan\theta-1}$의 값을 구하시오. 답 $\boldsymbol{-\dfrac{3}{4}}$, $\boldsymbol{\dfrac{1}{2}}$

유제 **8**-8. $\sin\theta+\cos\theta=0$일 때, $\sin^3\theta$, $\cos^3\theta$를 두 근으로 하고 이차항의 계수가 1인 x에 관한 이차방정식을 구하시오. 답 $\boldsymbol{x^2-\dfrac{1}{8}=0}$

§2. $\frac{n}{2}\pi\pm\theta$의 삼각함수

1 $\frac{n}{2}\pi\pm\theta$의 삼각함수의 공식

실수 θ에 대하여 다음 공식이 성립한다.

기본정석 — $\frac{n}{2}\pi\pm\theta$의 삼각함수

(1) 주기 공식

$\sin(2n\pi+\theta)=\sin\theta,\quad \cos(2n\pi+\theta)=\cos\theta,$

$\tan(n\pi+\theta)=\tan\theta$ (단, n은 정수)

(2) 음각 공식

$\sin(-\theta)=-\sin\theta,\quad \cos(-\theta)=\cos\theta,\quad \tan(-\theta)=-\tan\theta$

(3) 보각 공식

$\sin(\pi-\theta)=\sin\theta,\quad \cos(\pi-\theta)=-\cos\theta,$

$\tan(\pi-\theta)=-\tan\theta$

(4) 여각 공식

$\sin\left(\frac{\pi}{2}-\theta\right)=\cos\theta,\quad \cos\left(\frac{\pi}{2}-\theta\right)=\sin\theta,\quad \tan\left(\frac{\pi}{2}-\theta\right)=\frac{1}{\tan\theta}$

Advice 1° 위의 공식은 삼각함수의 정의와 대칭성을 이용하여 증명한다.

(1) 주기 공식

n이 정수일 때, θ와 $2n\pi+\theta$의 동경이 일치하므로 두 각에 대한 삼각함수의 값은 같다. 따라서

$$\sin(2n\pi+\theta)=\sin\theta,\quad \cos(2n\pi+\theta)=\cos\theta,$$
$$\tan(2n\pi+\theta)=\tan\theta \qquad \cdots\cdots ㉠$$

또, 오른쪽 그림에서 θ의 동경과 $\pi+\theta$의 동경은 원점에 대하여 대칭이므로

$$\tan(\pi+\theta)=\frac{-y}{-x}=\frac{y}{x}=\tan\theta$$

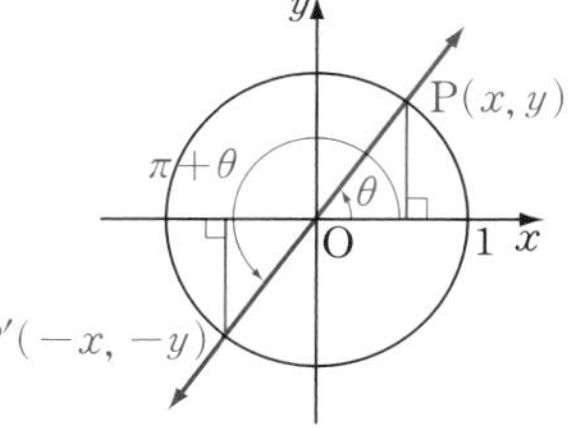

이다. 따라서 ㉠에서

$$\tan(n\pi+\theta)=\tan\theta$$

이다.

**Note* 주기에 관해서는 p. 112에서 공부한다.

(2) 음각 공식

각 θ의 동경 OP와 각 $-\theta$의 동경 OP′은 x축에 대하여 대칭이다. 따라서

$$\sin(-\theta)=-y=-\sin\theta,$$
$$\cos(-\theta)=x=\cos\theta,$$
$$\tan(-\theta)=\frac{-y}{x}=-\frac{y}{x}=-\tan\theta$$

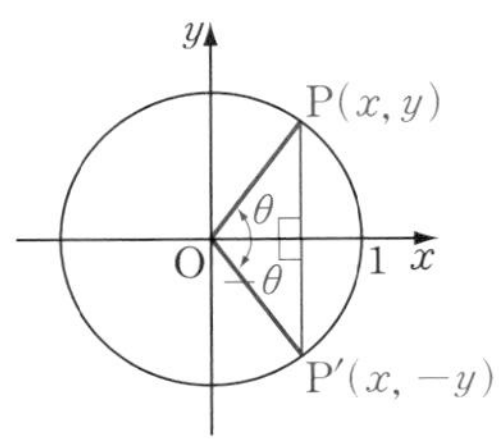

(3) 보각 공식, 여각 공식

보각 공식과 여각 공식도 오른쪽 그림과 같이 두 동경이 이루는 대칭성을 이용하면 쉽게 이해할 수 있다.

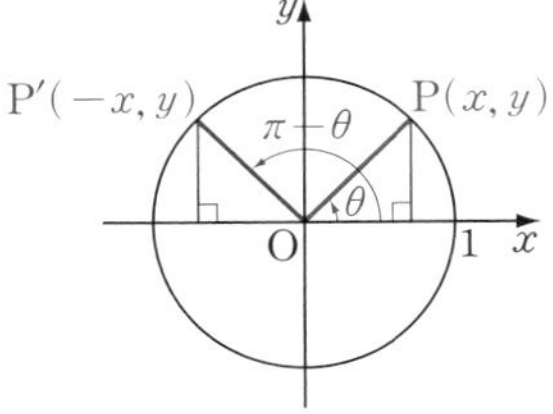

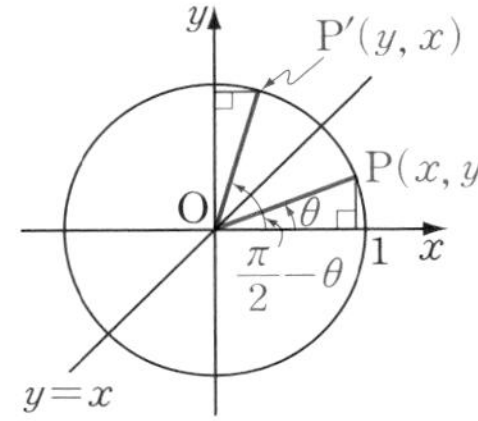

Advice 2° 이를테면 $\cos\left(\dfrac{\pi}{2}+\theta\right)$나 $\cos(\pi+\theta)$와 같이 위의 공식만으로 해결할 수 없는 경우 다음과 같이 그림을 그려서 간단히 할 수 있다.

이때, θ는 예각처럼 생각하고 그린다.

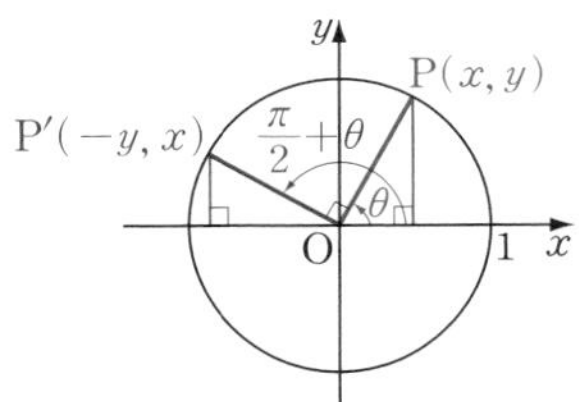

$$\cos\left(\frac{\pi}{2}+\theta\right)=-y=-\sin\theta$$

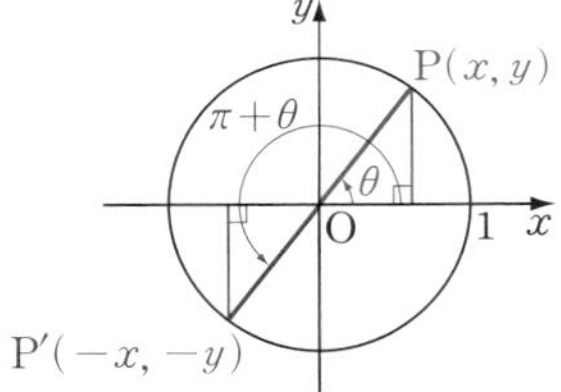

$$\cos(\pi+\theta)=-x=-\cos\theta$$

Advice 3° $\dfrac{n}{2}\pi\pm\theta$의 삼각함수 공식의 암기 방법

위의 모든 공식에서 좌변의 각은 모두 $\dfrac{n}{2}\pi\pm\theta$의 꼴로 변형할 수 있다.

첫째 — n이 짝수이면 sin은 sin, cos은 cos, tan는 tan 그대로 두고,

n이 홀수이면 sin은 cos, cos은 sin, tan는 $\dfrac{1}{\tan}$로 바꾼다.

둘째 — θ를 항상 예각으로 간주하고(설령 둔각이든, 어떤 각이든), $\dfrac{n}{2}\pi\pm\theta$의 동경을 그린다. 이때, 이 동경이 제몇 사분면에 존재하는가를 따져 여기에서 주어진 삼각함수의 부호가 양이면 '+'를, 음이면 '−'를 앞에 붙인다.

▶ $\mathbf{sin}\,(\pi-\theta)$는

첫째 — $\pi-\theta=\frac{\pi}{2}\times2-\theta$에서 n이 짝수이므로 sin은 sin 그대로 둔다.

곧, $\sin(\pi-\theta)=(+,\ -?)\sin\theta$

둘째 — θ를 예각으로 간주하면 $\pi-\theta$의 동경은 제2사분면에 있다.

그런데 제2사분면에서 sin의 부호는 $+$이므로

$$\boldsymbol{\sin(\pi-\theta)=\sin\theta}$$

▶ $\mathbf{tan}\left(\frac{3}{2}\pi+\theta\right)$는

첫째 — $\frac{3}{2}\pi+\theta=\frac{\pi}{2}\times3+\theta$에서 n이 홀수이므로 tan는 $\frac{1}{\tan}$로 바꾼다.

곧, $\tan\left(\frac{3}{2}\pi+\theta\right)=(+,\ -?)\frac{1}{\tan\theta}$

둘째 — θ를 예각으로 간주하면 $\frac{3}{2}\pi+\theta$의 동경은 제4사분면에 있다.

그런데 제4사분면에서 tan의 부호는 $-$이므로

$$\boldsymbol{\tan\left(\frac{3}{2}\pi+\theta\right)=-\frac{1}{\tan\theta}}$$

같은 방법으로 하면 p. 101의 공식과 다음 성질도 확인할 수 있다.

$$\boldsymbol{\sin(\pi+\theta)=-\sin\theta,\quad \cos(\pi+\theta)=-\cos\theta,\quad \tan(\pi+\theta)=\tan\theta}$$

$$\boldsymbol{\sin\left(\frac{\pi}{2}+\theta\right)=\cos\theta,\quad \cos\left(\frac{\pi}{2}+\theta\right)=-\sin\theta,\quad \tan\left(\frac{\pi}{2}+\theta\right)=-\frac{1}{\tan\theta}}$$

$$\boldsymbol{\sin\left(\frac{3}{2}\pi+\theta\right)=-\cos\theta,\quad \cos\left(\frac{3}{2}\pi+\theta\right)=\sin\theta,\quad \tan\left(\frac{3}{2}\pi+\theta\right)=-\frac{1}{\tan\theta}}$$

보기 1 다음 중에서 $\sin\theta$와 같은 것만을 있는 대로 고르시오.

① $\sin\left(\frac{\pi}{2}+\theta\right)$ ② $\cos\left(\frac{\pi}{2}+\theta\right)$ ③ $\sin(-\pi+\theta)$

④ $\cos\left(-\frac{3}{2}\pi-\theta\right)$ ⑤ $\cos\left(\frac{5}{2}\pi+\theta\right)$ ⑥ $\sin(3\pi-\theta)$

연구 ① $\sin\left(\frac{\pi}{2}+\theta\right)=\cos\theta$ ② $\cos\left(\frac{\pi}{2}+\theta\right)=-\sin\theta$

③ $\sin(-\pi+\theta)=\sin\left\{\frac{\pi}{2}\times(-2)+\theta\right\}=-\sin\theta$

④ $\cos\left(-\frac{3}{2}\pi-\theta\right)=\cos\left\{\frac{\pi}{2}\times(-3)-\theta\right\}=\sin\theta$

⑤ $\cos\left(\frac{5}{2}\pi+\theta\right)=\cos\left(\frac{\pi}{2}\times5+\theta\right)=-\sin\theta$

⑥ $\sin(3\pi-\theta)=\sin\left(\frac{\pi}{2}\times6-\theta\right)=\sin\theta$ 답 ④, ⑥

기본 문제 8-5 다음 물음에 답하시오.

(1) $\tan(\pi+A)\sin\left(\dfrac{\pi}{2}+A\right)+\dfrac{\cos(\pi-A)}{\tan(\pi-A)}$를 간단히 하시오.

(2) $\sin\dfrac{25}{6}\pi+\cos\dfrac{17}{3}\pi+\tan\dfrac{11}{4}\pi$의 값을 구하시오.

정석연구 주어진 각을

$$\frac{n}{2}\pi\pm\theta\;(n\text{은 정수})\text{의 꼴로 변형}$$

한 다음, 공식을 이용한다.

모범답안 (1) (준 식)$=\tan A\cos A+\dfrac{-\cos A}{-\tan A}$

$$=\frac{\sin A}{\cos A}\times\cos A+\cos A\times\frac{\cos A}{\sin A}=\sin A+\frac{\cos^2 A}{\sin A}$$

$$=\frac{\sin^2 A+\cos^2 A}{\sin A}=\frac{1}{\sin A}\longleftarrow \boxed{\text{답}}$$

(2) $\sin\dfrac{25}{6}\pi=\sin\left(\dfrac{\pi}{2}\times 8+\dfrac{\pi}{6}\right)=\sin\dfrac{\pi}{6}=\dfrac{1}{2}$

$\cos\dfrac{17}{3}\pi=\cos\left(\dfrac{\pi}{2}\times 11+\dfrac{\pi}{6}\right)=\sin\dfrac{\pi}{6}=\dfrac{1}{2}$

$\tan\dfrac{11}{4}\pi=\tan\left(\dfrac{\pi}{2}\times 5+\dfrac{\pi}{4}\right)=-\dfrac{1}{\tan\dfrac{\pi}{4}}=-1$

$$\therefore\ (\text{준 식})=\frac{1}{2}+\frac{1}{2}-1=\mathbf{0}\longleftarrow \boxed{\text{답}}$$

**Note* p. 101의 주기 공식과 음각 공식을 이용하여 풀어도 된다. 이를테면

$$\cos\frac{17}{3}\pi=\cos\left(2\pi\times 3-\frac{\pi}{3}\right)=\cos\left(-\frac{\pi}{3}\right)=\cos\frac{\pi}{3}=\frac{1}{2}$$

유제 **8**-9. 다음 식의 값을 구하시오.

(1) $\sin^2\theta+\sin^2\left(\dfrac{3}{2}\pi+\theta\right)+\sin^2\left(\dfrac{\pi}{2}-\theta\right)+\sin^2(\pi-\theta)$

(2) $\dfrac{\sin(\pi+\theta)\tan^2(\pi-\theta)}{\cos\left(\dfrac{3}{2}\pi+\theta\right)}-\dfrac{\sin\left(\dfrac{3}{2}\pi-\theta\right)}{\sin\left(\dfrac{\pi}{2}+\theta\right)\cos^2(2\pi-\theta)}$

답 (1) **2** (2) **1**

유제 **8**-10. 다음 식의 값을 구하시오.

(1) $\cos\dfrac{11}{6}\pi\tan\dfrac{7}{3}\pi$ (2) $\sin\dfrac{7}{6}\pi+\tan\left(-\dfrac{19}{4}\pi\right)$

(3) $\dfrac{\cos 750^\circ}{\sin 420^\circ+\sin 225^\circ}-\dfrac{\sin 1125^\circ}{\cos 330^\circ-\cos 135^\circ}$

답 (1) $\mathbf{\dfrac{3}{2}}$ (2) $\mathbf{\dfrac{1}{2}}$ (3) **5**

기본 문제 8-6 다음 물음에 답하시오.

(1) $\sin 50^\circ = a$ 일 때, $\sin 40^\circ$ 를 a 로 나타내시오.

(2) $\sin 70^\circ + \cos 160^\circ + \tan 100^\circ \tan 190^\circ$ 의 값을 구하시오.

(3) $\cos^2(\theta+20^\circ) + \cos^2(\theta-70^\circ)$ 의 값을 구하시오.

(4) $\tan\left(\theta+\dfrac{\pi}{3}\right)\tan\left(\theta-\dfrac{\pi}{6}\right)$ 의 값을 구하시오.

정석연구 (1) $40^\circ = 90^\circ - 50^\circ$ 임을 이용한다.

정석 $\sin(90^\circ - A) = \cos A,\quad \cos(90^\circ - A) = \sin A$

(2) $70^\circ = 90^\circ - 20^\circ,\ 160^\circ = 180^\circ - 20^\circ,\ 100^\circ = 90^\circ + 10^\circ,\ 190^\circ = 180^\circ + 10^\circ$
이므로 주어진 삼각함수를 10°, 20° 에 대한 삼각함수로 나타내어 보자.

(3) $(\theta+20^\circ) - (\theta-70^\circ) = 90^\circ$ 이므로 $\theta - 70^\circ = A$ 로 놓고 다음을 이용한다.

정석 $\sin(90^\circ + A) = \cos A,\quad \cos(90^\circ + A) = -\sin A$

(4) $\left(\theta+\dfrac{\pi}{3}\right) - \left(\theta-\dfrac{\pi}{6}\right) = \dfrac{\pi}{2}$ 이므로 $\theta - \dfrac{\pi}{6} = A$ 로 놓고 다음을 이용한다.

정석 $\tan\left(\dfrac{\pi}{2} - A\right) = \dfrac{1}{\tan A},\quad \tan\left(\dfrac{\pi}{2} + A\right) = -\dfrac{1}{\tan A}$

모범답안 (1) $\sin 40^\circ = \sin(90^\circ - 50^\circ) = \cos 50^\circ$

$= \sqrt{1-\sin^2 50^\circ} = \boldsymbol{\sqrt{1-a^2}}$ ← 답

(2) (준 식)$= \sin(90^\circ - 20^\circ) + \cos(180^\circ - 20^\circ) + \tan(90^\circ + 10^\circ)\tan(180^\circ + 10^\circ)$

$= \cos 20^\circ - \cos 20^\circ - \dfrac{1}{\tan 10^\circ} \times \tan 10^\circ = \mathbf{-1}$ ← 답

(3) $\theta - 70^\circ = A$ 로 놓으면

(준 식)$= \cos^2(90^\circ + A) + \cos^2 A = (-\sin A)^2 + \cos^2 A = \mathbf{1}$ ← 답

(4) $\theta - \dfrac{\pi}{6} = A$ 로 놓으면

(준 식)$= \tan\left(\dfrac{\pi}{2} + A\right)\tan A = -\dfrac{1}{\tan A} \times \tan A = \mathbf{-1}$ ← 답

* *Note* (3)에서 $\theta + 20^\circ = A$ 로, (4)에서 $\theta + \dfrac{\pi}{3} = A$ 로 놓고 풀 수도 있다.

유제 **8**-11. $\cos 70^\circ = a$ 일 때, $\cos 20^\circ$ 를 a 로 나타내시오. 답 $\boldsymbol{\sqrt{1-a^2}}$

유제 **8**-12. 다음 식의 값을 구하시오.

(1) $\cos 160^\circ - \cos 110^\circ + \sin 70^\circ - \sin 20^\circ$

(2) $\tan 80^\circ + \tan 100^\circ + \tan 190^\circ + \tan 350^\circ$ 답 (1) **0** (2) **0**

연습문제 8

8-1 모든 실수 θ에 대하여 $2\sin^2\theta-3\sin^4\theta=a\cos^4\theta+b\cos^2\theta+c$가 성립할 때, 상수 a, b, c의 값을 구하시오.

8-2 $\cos\theta+\cos^2\theta=1$일 때, 다음 식의 값을 구하시오.

(1) $\sin^2\theta+\sin^4\theta$　　(2) $\sin^2\theta+\sin^6\theta+\sin^8\theta$

8-3 다음 물음에 답하시오.

(1) $4\tan\theta=\cos\theta$일 때, $\sin\theta$의 값을 구하시오.

(2) $\dfrac{\cos\theta+\sin\theta}{\cos\theta-\sin\theta}=2+\sqrt{3}$일 때, $\tan\theta$의 값을 구하시오.

8-4 $\tan\theta=k$일 때, $\sin\theta\cos\theta-\cos^2\theta$를 k로 나타내시오.

8-5 $\tan\theta+\dfrac{1}{\tan\theta}=8\left(0<\theta<\dfrac{\pi}{2}\right)$일 때, 다음 식의 값을 구하시오.

(1) $\sin\theta\cos\theta$　　(2) $\sin\theta+\cos\theta$

(3) $\dfrac{1}{\sin^2\theta}+\dfrac{1}{\cos^2\theta}$　　(4) $\dfrac{1}{\tan\theta}\left(\dfrac{1}{1-\sin\theta}+\dfrac{1}{1+\sin\theta}\right)$

8-6 $\dfrac{1}{\sin\theta}-\dfrac{1}{\cos\theta}=\dfrac{4}{3}\left(0<\theta<\dfrac{\pi}{2}\right)$일 때, 다음 식의 값을 구하시오.

(1) $\sin\theta\cos\theta$　　(2) $\cos^3\theta+\sin^3\theta$

8-7 $\dfrac{\pi}{2}<\theta<\pi$인 θ에 대하여 $\dfrac{\cos\theta}{1-\cos\theta}-\dfrac{\cos\theta}{1+\cos\theta}=3$일 때, $\sin\theta$의 값을 구하시오.

8-8 다음을 만족시키는 $\sin\theta$, $\cos\theta$, $\tan\theta$의 값을 구하시오.

(1) $2\sin\theta-\cos\theta=1\ \left(0<\theta<\dfrac{\pi}{2}\right)$　　(2) $\sin\theta+\cos\theta=\dfrac{7}{5}\ \left(0<\theta<\dfrac{\pi}{4}\right)$

8-9 θ가 실수일 때, 다음을 만족시키는 점 $(x,\ y)$의 자취의 방정식을 구하시오.

$$x=5+2\cos\theta,\quad y=3+2\sin\theta$$

8-10 좌표평면 위에 원점을 지나지 않고 좌표축과 평행하지 않은 직선 l이 있다. 원점 O에서 직선 l에 내린 수선의 발 H에 대하여 선분 OH가 x축의 양의 방향과 이루는 각의 크기가 θ이고 $\overline{\mathrm{OH}}=p$일 때, 직선 l의 방정식을 구하시오.

8-11 $\angle A=90^\circ$인 $\triangle ABC$가 있다. 점 A에서 변 BC의 삼등분점 D와 E에 이르는 거리가 각각 $\cos x$, $\sin x$일 때, 변 BC의 길이를 구하시오.

8-12 포물선 $y=ax^2+x\sin\theta+\cos\theta$의 꼭짓점의 좌표가 $(4,\ 1)$일 때, $\tan\theta$의 값은? 단, a, θ는 상수이다.

① $-\dfrac{4}{3}$　　② $-\dfrac{3}{4}$　　③ $\dfrac{1}{4}$　　④ $\dfrac{3}{4}$　　⑤ $\dfrac{4}{3}$

8-13 다음 포물선의 꼭짓점의 자취의 방정식을 구하시오.

$$y=x^2-2x\sin\theta+\cos^2\theta$$

8-14 $\triangle ABC$에서 $\sin^2\dfrac{A}{2}+4\cos\dfrac{A}{2}=2$일 때, $\sin\dfrac{B+C-2\pi}{2}$의 값은?

① $\sqrt{2}-2$　　② $\sqrt{3}-2$　　③ $2-\sqrt{3}$　　④ $\sqrt{2}-1$　　⑤ $2-\sqrt{2}$

8-15 n이 양의 정수일 때, $\sin\left\{5n\pi+(-1)^n\dfrac{\pi}{6}\right\}$의 값을 구하시오.

8-16 $\cos^2 1^\circ+\cos^2 2^\circ+\cos^2 3^\circ+\cdots+\cos^2 88^\circ+\cos^2 89^\circ+\cos^2 90^\circ$의 값은?

① $\dfrac{87}{2}$　　② 44　　③ $\dfrac{89}{2}$　　④ 45　　⑤ $\dfrac{91}{2}$

8-17 좌표평면에 다음 규칙에 따라 오른쪽 그림과 같이 점 $A_n(n=0,\ 1,\ 2,\ \cdots)$을 정해 나간다.

(가) 점 A_0은 원점이고 점 A_1의 좌표는
$(\cos\alpha,\ \sin\alpha)$　　단, $0^\circ<\alpha<90^\circ$이다.

(나) 음이 아닌 정수 n에 대하여
$\angle A_nA_{n+1}A_{n+2}=90^\circ$,　$\overline{A_nA_{n+1}}=n+1$

이때, 점 A_5와 원점 사이의 거리는?

① $\sqrt{85}$　　② $4\sqrt{7}$　　③ $\sqrt{115}$
④ $3\sqrt{13}$　　⑤ $\sqrt{130}$

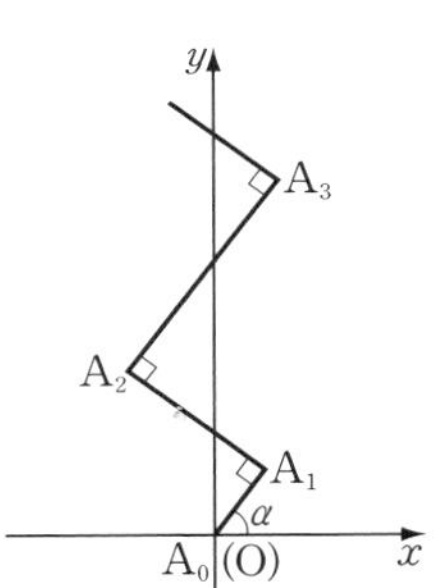

8-18 오른쪽 그림과 같이 직사각형 ABCD가 중심이 원점 O인 단위원에 내접해 있다. $\overline{OA}$가 x축의 양의 방향과 이루는 각의 크기가 θ일 때, $\cos(\pi-\theta)$와 같은 것은? 단, $0<\theta<\dfrac{\pi}{4}$이다.

① A의 x좌표　　② B의 y좌표
③ C의 x좌표　　④ C의 y좌표
⑤ D의 x좌표

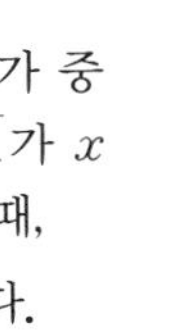

⑨. 삼각함수의 그래프

삼각함수의 그래프／
삼각함수의 최대와 최소

§1. 삼각함수의 그래프

1 삼각함수의 그래프

이를테면 $y=\sin\theta$에서 θ의 값이 0부터 2π까지 $\frac{\pi}{6}$만큼씩 변할 때 $\sin\theta$의 값의 변화를 표로 나타내면 다음과 같다.

θ	0	$\frac{\pi}{6}$	$\frac{\pi}{3}$	$\frac{\pi}{2}$	$\frac{2}{3}\pi$	$\frac{5}{6}\pi$	π	$\frac{7}{6}\pi$	$\frac{4}{3}\pi$	$\frac{3}{2}\pi$	$\frac{5}{3}\pi$	$\frac{11}{6}\pi$	2π
$\sin\theta$	0	$\frac{1}{2}$	$\frac{\sqrt{3}}{2}$	1	$\frac{\sqrt{3}}{2}$	$\frac{1}{2}$	0	$-\frac{1}{2}$	$-\frac{\sqrt{3}}{2}$	-1	$-\frac{\sqrt{3}}{2}$	$-\frac{1}{2}$	0

이때, θ의 값을 가로축에 나타내고, 이에 대응하는 $\sin\theta$의 값을 세로축에 나타내면 다음과 같이 $0\leq\theta\leq2\pi$에서 $y=\sin\theta$의 그래프를 그릴 수 있다.

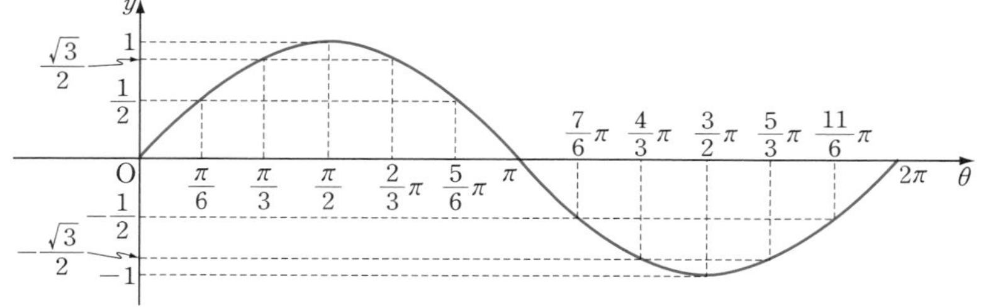

같은 방법으로 하면 $0\leq\theta\leq2\pi$에서 $y=\cos\theta$, $y=\tan\theta$의 그래프도 그릴 수 있다.

이제 일반적으로 세 함수 $y=\sin\theta$, $y=\cos\theta$, $y=\tan\theta$의 그래프를 그리는 방법에 대하여 알아보자.

(1) $\boldsymbol{y=\sin\theta}$의 그래프

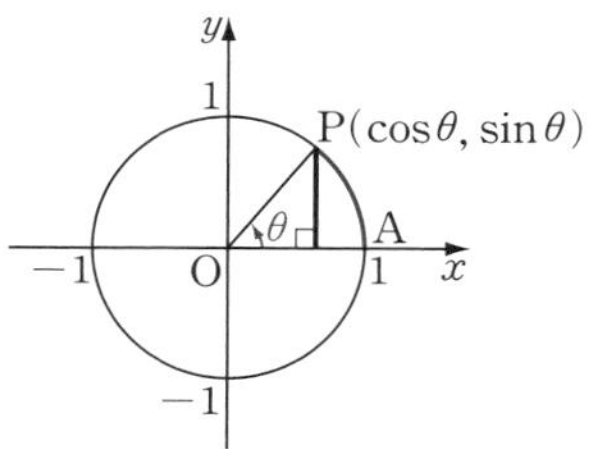

오른쪽 그림과 같이 중심이 원점인 단위원 위의 동점 P에 대하여 $\angle\text{AOP}=\theta(\text{rad})$이면

$\sin\theta$는 점 P의 y좌표

따라서 아래 그림과 같이 $0\le\theta\le2\pi$일 때 θ의 값(곧, 호 AP의 길이)을 가로축에 나타내고, 이에 대응하는 $\sin\theta$의 값을 세로축에 나타내면 함수 $y=\sin\theta$의 그래프를 그릴 수 있다.

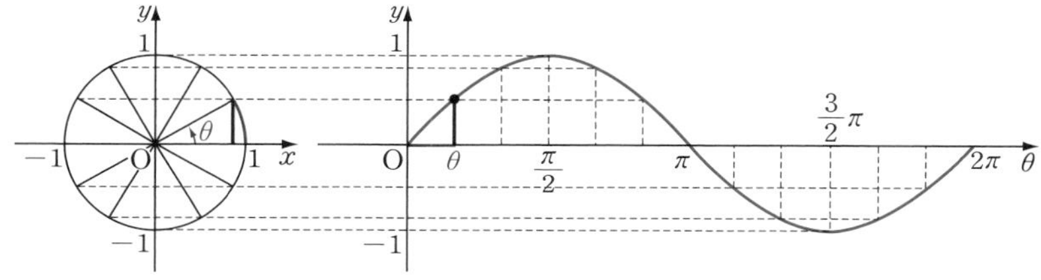

$2\pi\le\theta\le4\pi$일 때에도 점 P가 단위원 위를 $0\le\theta\le2\pi$일 때와 같이 움직이므로 $\sin\theta$의 값이 반복하여 나타난다. 따라서 $y=\sin\theta$의 그래프도 $0\le\theta\le2\pi$일 때와 같은 모양이 반복된다.

마찬가지로 $\theta<0$, $\theta>4\pi$일 때에도 같은 모양이 반복된다.

(2) $\boldsymbol{y=\cos\theta}$의 그래프

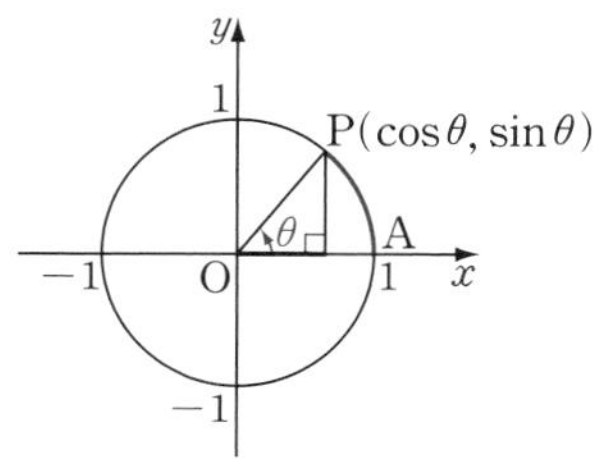

오른쪽 그림과 같이 중심이 원점인 단위원 위의 동점 P에 대하여 $\angle\text{AOP}=\theta(\text{rad})$이면

$\cos\theta$는 점 P의 x좌표

따라서 오른쪽 그림을 아래 그림의 왼쪽과 같이 회전시킨 다음, 아래 그림의 오른쪽과 같이 $0\le\theta\le2\pi$일 때 θ의 값(곧, 호 AP의 길이)을 가로축에 나타내고, 이에 대응하는 $\cos\theta$의 값을 세로축에 나타내면 함수 $y=\cos\theta$의 그래프를 그릴 수 있다.

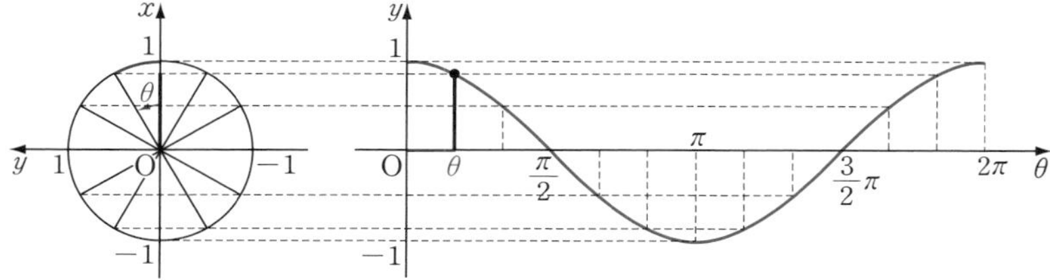

$2\pi \leq \theta \leq 4\pi$일 때에도 점 P가 단위원 위를 $0 \leq \theta \leq 2\pi$일 때와 같이 움직이므로 $\cos\theta$의 값이 반복하여 나타난다. 따라서 $y=\cos\theta$의 그래프도 $0 \leq \theta \leq 2\pi$일 때와 같은 모양이 반복된다.

마찬가지로 $\theta<0$, $\theta>4\pi$일 때에도 같은 모양이 반복된다.

(3) **$y=\tan\theta$의 그래프**

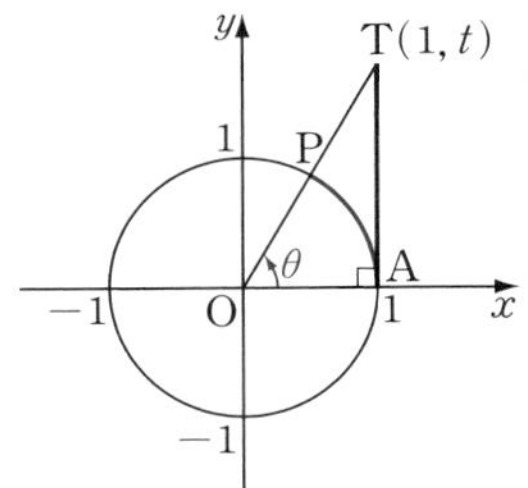

오른쪽 그림과 같이 $\angle AOP=\theta$(rad), 선분 OP의 연장선과 점 A(1, 0)을 지나고 x축과 수직인 직선이 만나는 점을 T(1, t)라고 하면

$$\tan\theta=\frac{t}{1}=t$$

따라서 아래 그림과 같이 $-\frac{\pi}{2}<\theta<\frac{\pi}{2}$일 때 θ의 값(곧, 호 AP의 길이)을 가로축에 나타내고, 이에 대응하는 $\tan\theta$의 값을 세로축에 나타내면 함수 $y=\tan\theta$의 그래프를 그릴 수 있다.

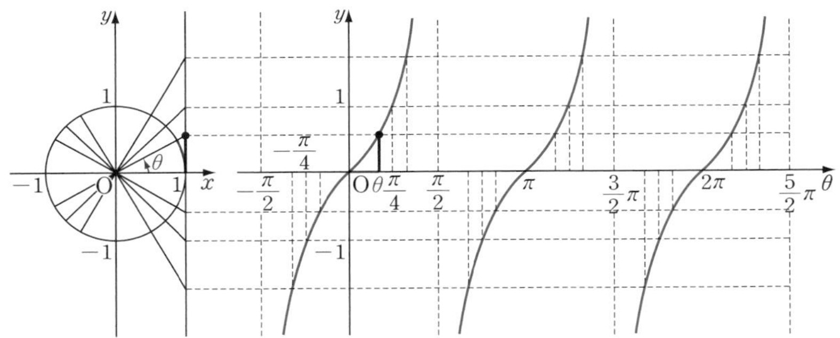

$-\frac{\pi}{2}<\theta<\frac{\pi}{2}$일 때 $\tan\theta$의 값은 θ가 $\frac{\pi}{2}$에 가까워지면 한없이 커지고, θ가 $-\frac{\pi}{2}$에 가까워지면 한없이 작아진다. 또, $\theta=\frac{\pi}{2}$, $-\frac{\pi}{2}$일 때 $\tan\theta$는 정의되지 않는다. 이때, 두 직선 $\theta=\frac{\pi}{2}$, $\theta=-\frac{\pi}{2}$는 $y=\tan\theta$의 그래프의 점근선이다.

또, $-\frac{3}{2}\pi<\theta<-\frac{\pi}{2}$, $\frac{\pi}{2}<\theta<\frac{3}{2}\pi$, $\cdots$일 때에는 $-\frac{\pi}{2}<\theta<\frac{\pi}{2}$일 때의 그래프와 같은 모양이 반복하여 나타난다.

일반적으로 함수의 정의역의 원소를 x로 나타내므로 함수 $y=\sin\theta$, $y=\cos\theta$, $y=\tan\theta$에서 θ를 x로 바꾸어 $y=\sin x$, $y=\cos x$, $y=\tan x$로 나타낸다.

삼각함수 $y=\sin x$, $y=\cos x$, $y=\tan x$의 그래프에 대하여 다음과 같이 정리할 수 있다.

기본정석 — **삼각함수의 그래프**

(1) $\boldsymbol{y=\sin x}$의 그래프

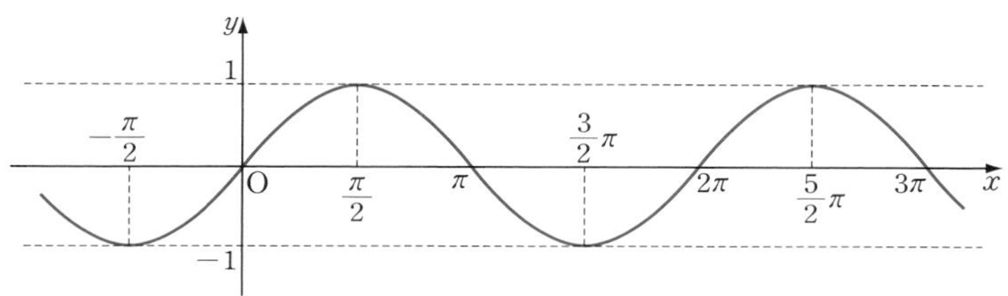

최댓값 **1**, 최솟값 $\boldsymbol{-1}$ 곧, $\boldsymbol{-1\le\sin x\le1}$, 주기 $\boldsymbol{2\pi(=360^\circ)}$

(2) $\boldsymbol{y=\cos x}$의 그래프

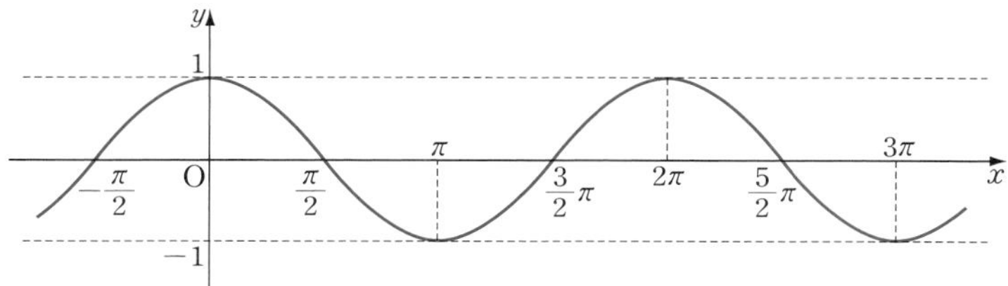

최댓값 **1**, 최솟값 $\boldsymbol{-1}$ 곧, $\boldsymbol{-1\le\cos x\le1}$, 주기 $\boldsymbol{2\pi(=360^\circ)}$

(3) $\boldsymbol{y=\tan x}$의 그래프

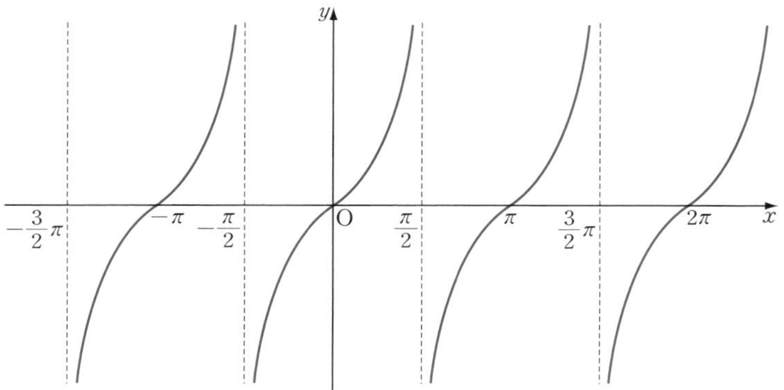

최댓값 없다, 최솟값 없다, 주기 $\boldsymbol{\pi(=180^\circ)}$

2 삼각함수의 성질

앞면의 삼각함수의 그래프를 살펴보면 다음 성질을 알 수 있다.

기본정석 — 삼각함수의 성질

(1) 정의역 : $y=\sin x$, $y=\cos x \Longrightarrow \{x \mid x\text{는 실수}\}$

$y=\tan x \Longrightarrow \left\{x \,\middle|\, x\text{는 실수, } x\neq n\pi+\frac{\pi}{2}\,(n\text{은 정수})\right\}$

(2) 치 역 : $y=\sin x$, $y=\cos x \Longrightarrow \{y \mid -1\leq y\leq 1\}$

$y=\tan x \Longrightarrow \{y \mid y\text{는 실수}\}$

(3) 주 기 : $y=\sin x$, $y=\cos x \Longrightarrow 2\pi\,(=360^\circ)$

$y=\tan x \Longrightarrow \pi\,(=180^\circ)$

(4) 대칭성 : $y=\sin x$, $y=\tan x$의 그래프는 원점에 대하여 대칭이다.

$y=\cos x$의 그래프는 y축에 대하여 대칭이다.

Advice 1° n이 정수일 때,

$$\sin(x+2n\pi)=\sin x,\ \cos(x+2n\pi)=\cos x,\ \tan(x+n\pi)=\tan x$$

이다. 이와 같이 0이 아닌 상수 T가 있어 모든 실수 x에 대하여

$$f(x+T)=f(x)$$

가 성립하면 함수 $f(x)$를 주기함수라고 한다. 또, 이러한 T 중에서 가장 작은 양수를 주기라고 한다.

이를테면 함수 $f(x)=\sin x$에 대하여 $f(x+T)=f(x)$를 만족시키는 가장 작은 양수 T는 2π이므로 $f(x)=\sin x$의 주기는 2π이다.

같은 이유로 $f(x)=\cos x$의 주기는 2π, $f(x)=\tan x$의 주기는 π이다.

2° $\sin(-x)=-\sin x$, $\cos(-x)=\cos x$, $\tan(-x)=-\tan x$이므로 $y=\sin x$, $y=\tan x$는 기함수이고, $y=\cos x$는 우함수이다.

3° $\cos x=\sin\left(x+\frac{\pi}{2}\right)$이므로 $y=\cos x$의 그래프는 $y=\sin x$의 그래프를 x축의 방향으로 $-\frac{\pi}{2}$만큼 평행이동한 것이라고 생각할 수도 있다.

보기 1 다음 중 옳은 것만을 있는 대로 고르시오.

① $0<x<\frac{\pi}{2}$에서 $\sin x$, $\tan x$는 증가하고, $\cos x$는 감소한다.

② $\pi<x<2\pi$에서 $\cos x$는 증가하고, $\tan x$는 감소한다.

③ $y=\tan x$의 정의역과 치역은 모두 실수 전체의 집합이다.

④ $y=\cos x$의 그래프는 y축에 대하여 대칭이고, $y=\sin x$, $y=\tan x$의 그래프는 원점에 대하여 대칭이다.

답 ①, ④

보기 2 다음 함수의 그래프를 그리고, 최댓값, 최솟값과 주기를 구하시오.

(1) $y=\sin\left(x-\dfrac{\pi}{3}\right)$ (2) $y=2\sin x$ (3) $y=\sin 2x$

연구 $y=\sin x$에서 (1)은 x 대신 $x-\dfrac{\pi}{3}$를, (2)는 y 대신 $\dfrac{1}{2}y$를, (3)은 x 대신 $2x$를 각각 대입한 것이므로

$y=\sin x$의 그래프를 기준으로 하여 그린다.

(1) $\boldsymbol{y=\sin\left(x-\dfrac{\pi}{3}\right)}$의 그래프

$y=\sin x$의 그래프를 x축의 방향으로 $\dfrac{\pi}{3}$만큼 평행이동한다.

최댓값 **1**, 최솟값 **−1**, 주기 $\boldsymbol{2\pi}$

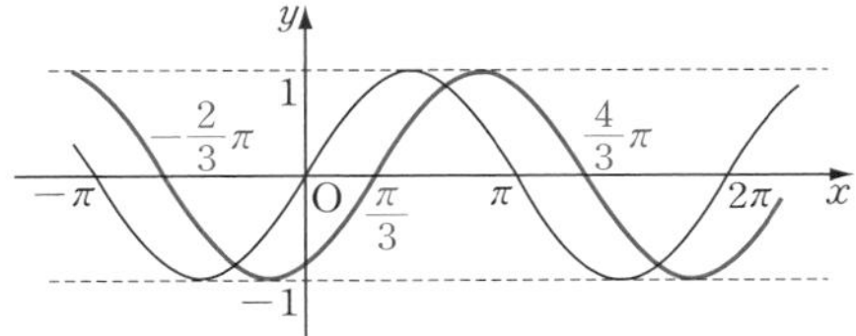

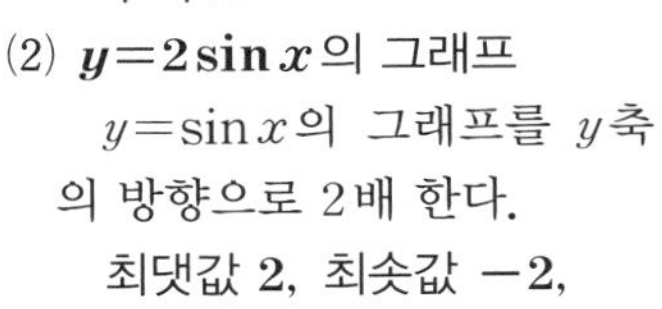
(2) $\boldsymbol{y=2\sin x}$의 그래프

$y=\sin x$의 그래프를 y축의 방향으로 2배 한다.

최댓값 **2**, 최솟값 **−2**, 주기 $\boldsymbol{2\pi}$

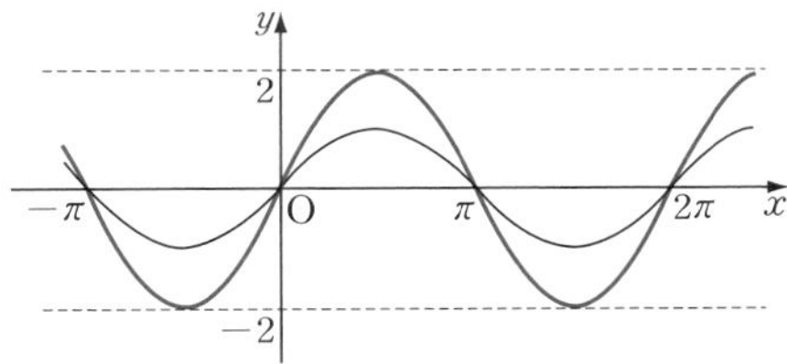

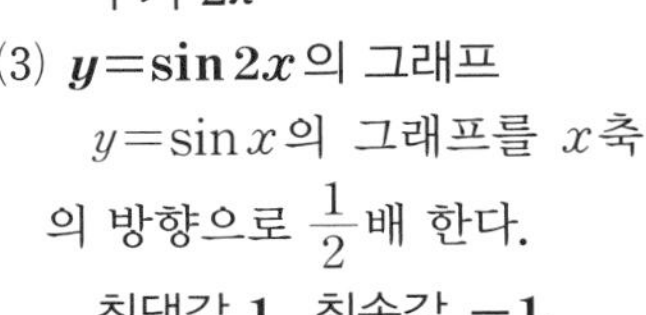
(3) $\boldsymbol{y=\sin 2x}$의 그래프

$y=\sin x$의 그래프를 x축의 방향으로 $\dfrac{1}{2}$배 한다.

최댓값 **1**, 최솟값 **−1**, 주기 $\boldsymbol{\pi}$

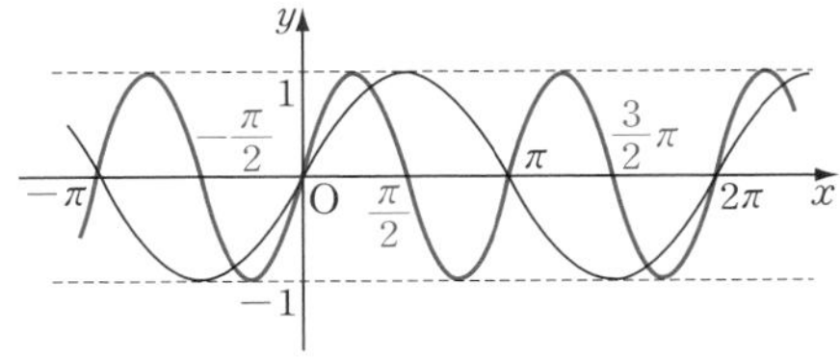

기본정석 $\boldsymbol{y=r\sin(\omega x+\alpha)}$**의 성질**

(i) r의 값이 변함에 따라 최댓값, 최솟값이 변한다.

최댓값 $|r|$, 최솟값 $-|r|$

그러나 r의 값이 변하더라도 주기는 변하지 않는다.

(ii) ω의 값이 변함에 따라 주기가 변한다.

주기 $2\pi\div|\omega|$

그러나 ω의 값이 변하더라도 최댓값, 최솟값은 변하지 않는다.

Advice ‖ $y=r\cos(\omega x+\alpha)$ 역시 위와 같은 성질을 가진다.

기본 문제 9-1 다음 함수의 그래프를 그리고, 최댓값, 최솟값과 주기를 구하시오.

(1) $y=\sin\left(2x-\dfrac{2}{3}\pi\right)$ (2) $y=3\cos 2x$ (3) $y=\tan 3x+1$

정석연구 삼각함수의 그래프를 그릴 때에는

정석 $\boldsymbol{y=r\sin\omega x}$ ⟹ 최댓값 $|r|$, 최솟값 $-|r|$, 주기 $2\pi\div|\omega|$
$\boldsymbol{y=r\cos\omega x}$ ⟹ 최댓값 $|r|$, 최솟값 $-|r|$, 주기 $2\pi\div|\omega|$
$\boldsymbol{y=r\tan\omega x}$ ⟹ 최댓값, 최솟값 없다, 주기 $\pi\div|\omega|$

를 이용하여 먼저

$$y=r\sin\omega x,\quad y=r\cos\omega x,\quad y=r\tan\omega x$$

꼴의 그래프를 그린 다음 x축, y축의 방향으로의 평행이동을 생각한다.

모범답안 (1) $y=\sin 2\left(x-\dfrac{\pi}{3}\right)$

이므로 $y=\sin 2x$의 그래프를 x축의 방향으로 $\dfrac{\pi}{3}$만큼 평행이동한 곡선이다.

최댓값 1, 최솟값 −1,

주기 $\boldsymbol{\dfrac{2\pi}{2}=\pi}$

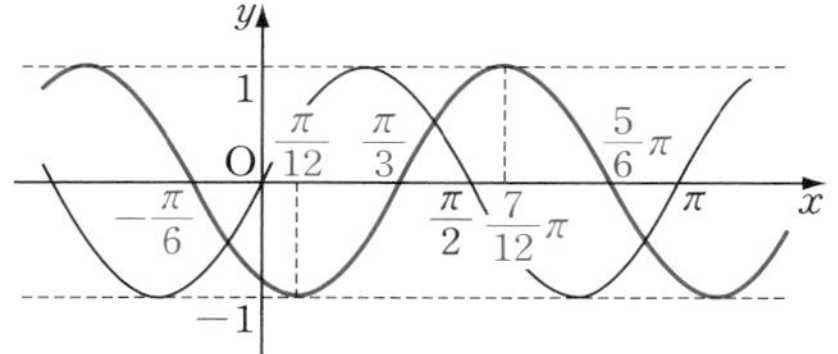

(2) $y=3\cos 2x$

최댓값 3, 최솟값 −3,

주기 $\boldsymbol{\dfrac{2\pi}{2}=\pi}$

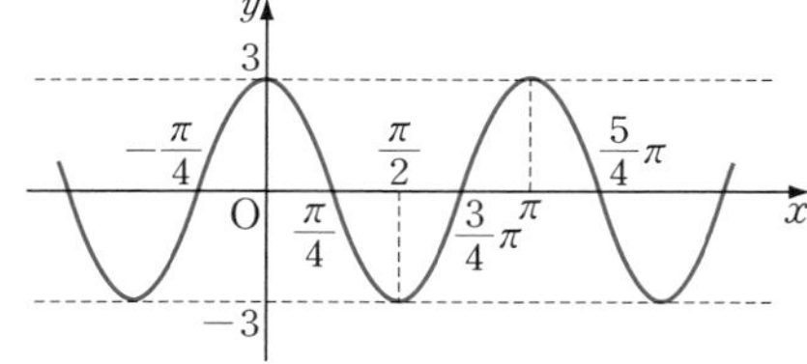

(3) $y-1=\tan 3x$이므로

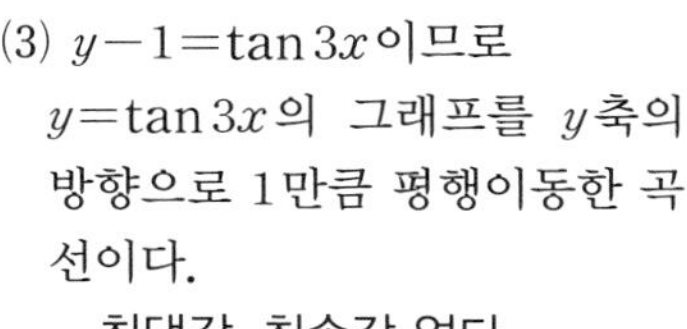

$y=\tan 3x$의 그래프를 y축의 방향으로 1만큼 평행이동한 곡선이다.

최댓값, 최솟값 없다,

주기 $\boldsymbol{\dfrac{\pi}{3}}$

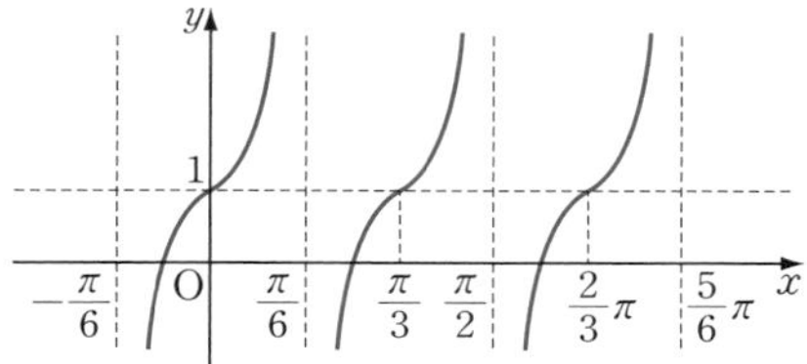

유제 **9**-1. 다음 함수의 그래프를 그리시오.

(1) $y=\sin x+2$ (2) $y=\dfrac{1}{2}\cos\left(3x+\dfrac{3}{4}\pi\right)$

기본 문제 9-2 다음 함수의 그래프를 그리시오.

(1) $y=\sin|x|$ (2) $y=|\cos x|$

정석연구 일반적으로

(1)은 $x\ge0$일 때 $y=\sin x$, $x<0$일 때 $y=\sin(-x)=-\sin x$

(2)는 $\cos x\ge0$일 때 $y=\cos x$, $\cos x<0$일 때 $y=-\cos x$

의 그래프를 그리지만,

$\boldsymbol{y=f(|x|)}$ 꼴의 그래프, $\boldsymbol{y=|f(x)|}$ 꼴의 그래프

를 그리는 방법에 따라 그려도 된다. ⇦ 기본 공통수학2 p. 205, 214 참조

모범답안 (1) x 대신 $-x$를 대입해도 같은 식이므로 그래프는 y축에 대하여 대칭이다.

따라서 먼저

$x\ge0$일 때 $y=\sin x$

의 그래프를 그리고, $x<0$인 부분은 $x\ge0$인 부분을 y축에 대하여 대칭이동하여 그린다.

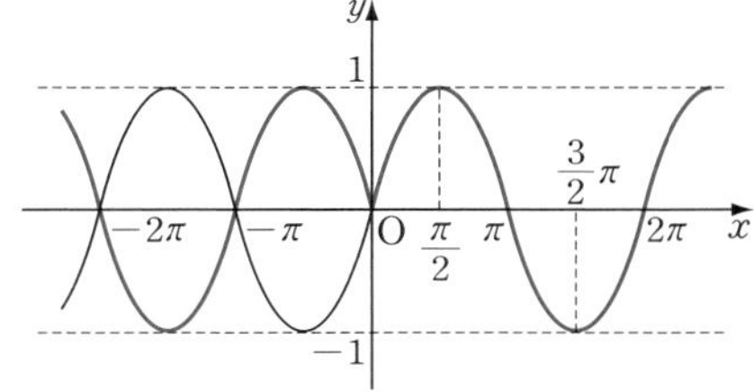

(2) $\cos x\ge0$일 때 $y=\cos x$

$\cos x<0$일 때 $y=-\cos x$

따라서 먼저 $y=\cos x$의 그래프를 그린 다음, x축 윗부분은 그대로 두고 x축 아랫부분은 x축을 대칭축으로 하여 위로 꺾어 올려 그린다.

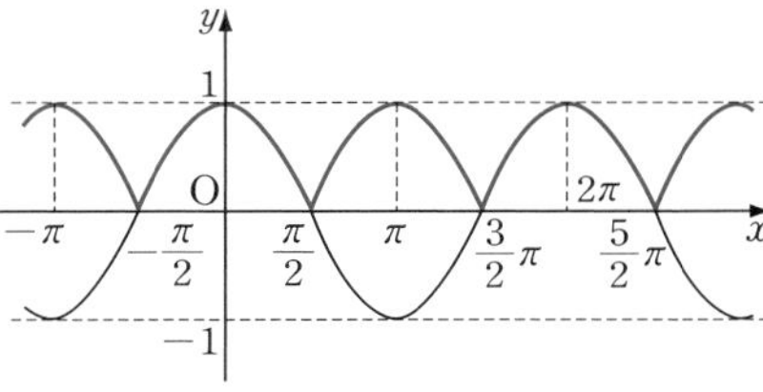

* ***Note*** 1° (1) $y=\sin|x|$는 주기함수가 아니다.

(2) $y=|\cos x|$의 주기는 π로서 $y=\cos x$의 주기의 $\dfrac{1}{2}$임을 알 수 있다.

일반적으로 $y=|\cos\omega x|$의 주기는 $y=\cos\omega x$의 주기의 $\dfrac{1}{2}$이다.

2° $y=\cos|x|$, $y=|\sin x|$의 그래프도 같은 방법으로 그린다. ⇦ 유제 9-2

3° $y=|\sin\omega x|$의 주기는 $y=\sin\omega x$의 주기의 $\dfrac{1}{2}$이다.

유제 **9**-2. 다음 중 두 함수의 그래프가 일치하는 것은?

① $y=\sin|x|$, $y=\sin x$ ② $y=\sin|x|$, $y=|\sin x|$

③ $y=\cos x$, $y=|\cos x|$ ④ $y=\cos|x|$, $y=\cos x$

답 ④

기본 문제 9-3 $0 \le x \le 4$에서 다음 함수의 그래프를 그리시오.
단, $[x]$는 x보다 크지 않은 최대 정수이다.

(1) $y=\sin \pi x$ (2) $y=[\sin \pi x]$

정석연구 (1) 삼각함수의 그래프를 그릴 때에는 먼저

최댓값, 최솟값, 주기

를 조사한다.

(2) $-1 \le \sin \pi x \le 1$이므로

$$-1 \le \sin \pi x < 0, \quad 0 \le \sin \pi x < 1, \quad \sin \pi x = 1$$

인 경우로 나누어 생각한다.

이때, (1)의 그래프를 살펴보면 위의 식을 만족시키는 x의 값 또는 값의 범위를 알 수 있다.

모범답안 (1) $y=\sin \pi x$에서

$$\text{최댓값 } 1, \quad \text{최솟값 } -1, \quad \text{주기 } \frac{2\pi}{\pi}=2$$

이므로 그래프는 아래 그림과 같다.

(2) $-1 \le \sin \pi x < 0$일 때 $y=[\sin \pi x]=-1$

$0 \le \sin \pi x < 1$일 때 $y=[\sin \pi x]=0$

$\sin \pi x = 1$일 때 $y=[\sin \pi x]=1$

따라서 그래프는 아래 그림과 같다.

(1)

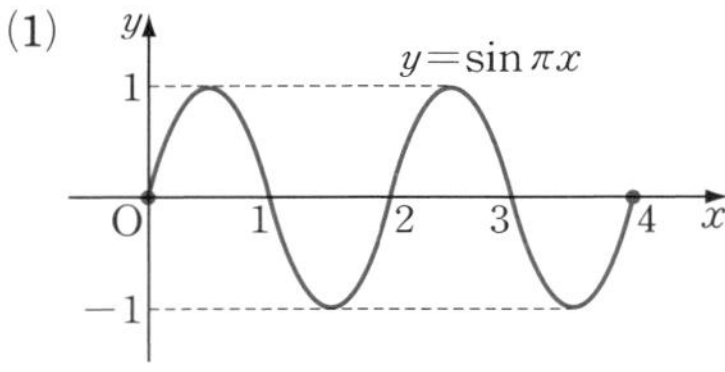

(2)

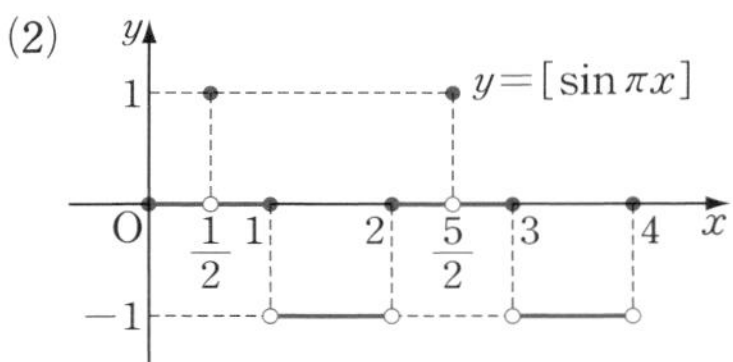

유제 9-3. $0 \le x \le 4$에서 다음 함수의 그래프를 그리시오.
단, $[x]$는 x보다 크지 않은 최대 정수이다.

(1) $y=\cos \dfrac{\pi}{2}x$ (2) $y=\left[\cos \dfrac{\pi}{2}x\right]$

유제 9-4. 실수 전체의 집합에서 정의된 두 함수 $f(x)=\sin x$, $g(x)=[x]$에 대하여 합성함수 $g \circ f$의 치역을 구하시오.
단, $[x]$는 x보다 크지 않은 최대 정수이다. 답 $\{-1, 0, 1\}$

기본 문제 9-4 오른쪽 그림은 주기가 8인 두 삼각함수

$$y=f(x),\ y=g(x)$$

의 그래프이다.

다음 중 옳지 <u>않은</u> 것은?

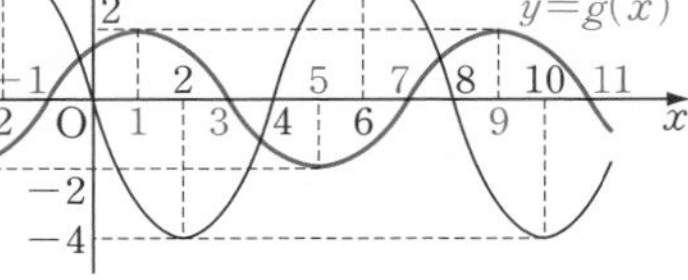

① $f(44)=0$ ② $g(52)<0$

③ $f(4)=g(-61)$ ④ $f(3)=2g(32)$ ⑤ $f(5)=2g(0)$

정석연구 두 함수가 모두 주기함수이므로 다음 **정석**을 이용한다.

> **정 석** T가 함수 $f(x)$의 주기이면
> $\Longrightarrow$ 모든 실수 x에 대하여 $f(x+T)=f(x)$

또, $f(x)$와 $g(x)$는 주기가 같으므로 다음 관계가 있음을 알 수 있다.

(i) 두 함수의 최댓값, 최솟값을 비교해 보면 $y=f(x)$의 그래프는 $y=g(x)$의 그래프를 y축의 방향으로 2배 한 것과 모양이 같다.

(ii) $y=g(x)$의 그래프를 x축의 방향으로 평행이동하여 x축과의 교점이 $y=f(x)$의 그래프의 x축과의 교점과 일치하게 할 수 있다.

모범답안 ① $f(44)=f(4+8\times5)=f(4)=0$ ⇦ $y=f(x)$의 그래프에서

② $g(52)=g(4+8\times6)=g(4)<0$ ⇦ $y=g(x)$의 그래프에서

③ $f(4)=0,\ g(-61)=g(3+8\times(-8))=g(3)=0$

$\therefore\ f(4)=g(-61)$

④ $f(3)<0,\ 2g(32)=2g(0+8\times4)=2g(0)>0$

$\therefore\ f(3)\neq2g(32)$

⑤ $y=f(x)$의 그래프는 $y=g(x)$의 그래프를 y축의 방향으로 2배 한 다음, x축의 방향으로 5만큼 평행이동한 것이므로 $f(x)=2g(x-5)$이다.

양변에 $x=5$를 대입하면 $f(5)=2g(0)$이 성립한다. 답 ④

유제 **9**-5. 함수 $f(x)$는 주기가 4인 주기함수이고, $-2\leq x\leq2$에서 $f(x)=|x|$이다. $f(19.2)$와 $f(-8.7)$의 값을 구하시오.

답 $\boldsymbol{f(19.2)=0.8,\ f(-8.7)=0.7}$

유제 **9**-6. 곡선 $y=\cos2x$가 평행이동 $T:(x,y)\longrightarrow(x+m,y+n)$에 의하여 곡선 $y=\cos(2x-6)+1$로 이동하였다. 다음 중 (m,n)으로 옳은 것은?

① $(-6,-1)$ ② $(6,1)$ ③ $(-3,-1)$

④ $(3,1)$ ⑤ $(2,6)$ 답 ④

기본 문제 9-5 함수 $f(x)=a\cos\left(\frac{3}{2}\pi-\frac{x}{p}\right)+b$는 $f\left(\frac{\pi}{6}\right)=\frac{5}{2}$를 만족시키고, $f(x)$의 최솟값은 -5, 주기는 2π이다.
$a>0$, $p>0$일 때, 상수 a, b, p의 값을 구하시오.

[정석연구] 최대, 최소, 주기에 관한 문제이므로 다음을 이용해 보자.

정석 $y=a\cos(\omega x+\alpha)+b$에서
최댓값 $|a|+b$, 최솟값 $-|a|+b$, 주기 $2\pi\div|\omega|$

[모범답안] $f(x)=a\cos\left(\frac{3}{2}\pi-\frac{x}{p}\right)+b=-a\sin\frac{x}{p}+b$ $(a>0,\ p>0)$

최솟값이 -5이므로 $-a+b=-5$ ……①

주기가 2π이므로 $2\pi\div\frac{1}{p}=2\pi$ $\therefore$ $\boldsymbol{p=1}$ ← [답]

$\therefore$ $f(x)=-a\sin x+b$

$f\left(\frac{\pi}{6}\right)=\frac{5}{2}$이므로 $-a\times\frac{1}{2}+b=\frac{5}{2}$ $\therefore$ $-a+2b=5$ ……②

①, ②를 연립하여 풀면 $\boldsymbol{a=15,\ b=10}$ ← [답]

Advice | 사인함수와 탄젠트함수의 최댓값, 최솟값, 주기는 다음과 같다.

$y=a\sin(\omega x+\alpha)+b$에서
최댓값 $|a|+b$, 최솟값 $-|a|+b$, 주기 $2\pi\div|\omega|$

$y=a\tan(\omega x+\alpha)+b$에서
최댓값, 최솟값 없다, 주기 $\pi\div|\omega|$

[유제] **9**-7. 다음 함수의 최댓값, 최솟값과 주기를 구하시오.

(1) $y=\frac{1}{3}\sin\left(x+\frac{\pi}{3}\right)$ (2) $y=-\sqrt{2}\cos\left(2x-\frac{\pi}{6}\right)$ (3) $y=\tan\frac{1}{3}x$

[답] (1) $\frac{1}{3}$, $-\frac{1}{3}$, 2π (2) $\sqrt{2}$, $-\sqrt{2}$, π (3) 없다, 없다, 3π

[유제] **9**-8. 함수 $f(x)=a\sin(bx+c)+d$의 최댓값은 5, 최솟값은 -1, 주기는 π이고, $f(0)=\frac{7}{2}$이다. $a>0$, $b>0$, $0<c<\frac{\pi}{2}$일 때, 상수 a, b, c, d의 값을 구하시오. [답] $a=3$, $b=2$, $c=\frac{\pi}{6}$, $d=2$

[유제] **9**-9. 오른쪽 그림은 함수
$y=\cos ax+b$ $(a>0)$
의 그래프이다. 상수 a, b의 값을 구하시오.

[답] $a=\frac{10}{3}$, $b=-\frac{1}{2}$

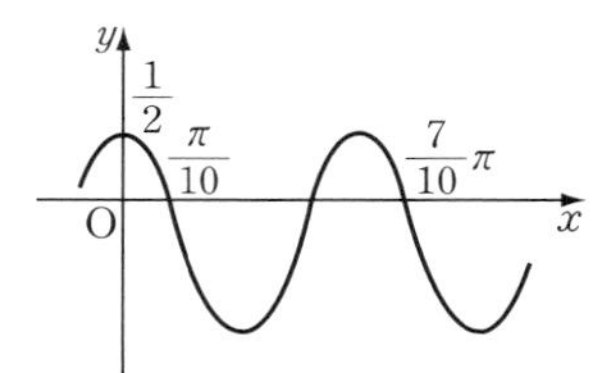

§2. 삼각함수의 최대와 최소

기본 문제 9-6 다음 함수의 최댓값과 최솟값을 구하시오.

(1) $y=\left|\sin x-\dfrac{1}{2}\right|+1$ (2) $y=3-|\cos x-2|$

정석연구 (1) $\sin x=t$로 치환하면 $y=\left|t-\dfrac{1}{2}\right|+1$이다.

이때, $-1\le\sin x\le1$이므로 $-1\le t\le1$임에 주의해야 한다.

(2) $\cos x=t$로 치환하면 $y=3-|t-2|$이다.

이때에도 $-1\le\cos x\le1$이므로 $-1\le t\le1$임에 주의해야 한다.

정 석 **$\sin x$, $\cos x$**를 치환하면 ⟹ 제한 범위가 생긴다.
제한 범위에서의 최대, 최소는 ⟹ 그래프를 이용한다.

모범답안 (1) $y=\left|\sin x-\dfrac{1}{2}\right|+1$에서

$\sin x=t$로 놓으면 $-1\le t\le1$이고,

$$y=\left|t-\frac{1}{2}\right|+1$$

오른쪽 그림으로부터

최댓값 $\mathbf{\dfrac{5}{2}}$, 최솟값 **1** ← 답

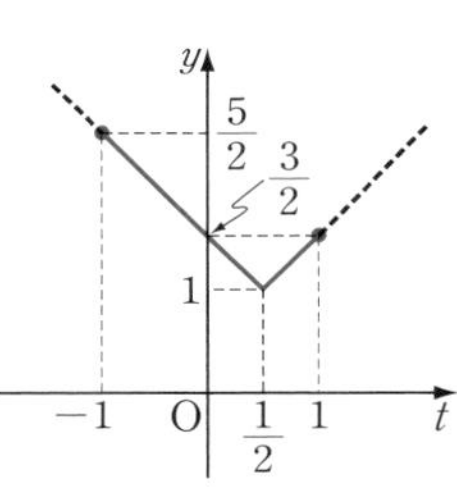

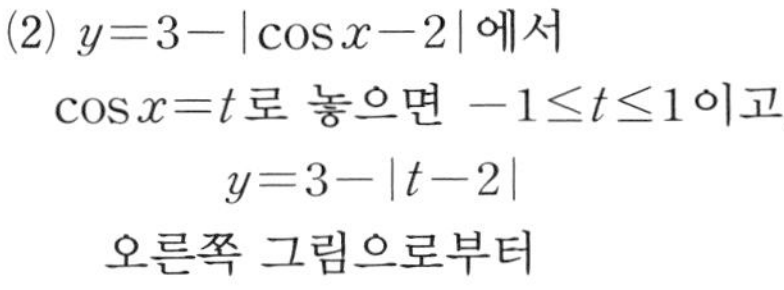

(2) $y=3-|\cos x-2|$에서

$\cos x=t$로 놓으면 $-1\le t\le1$이고,

$$y=3-|t-2|$$

오른쪽 그림으로부터

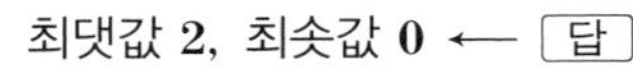

최댓값 **2**, 최솟값 **0** ← 답

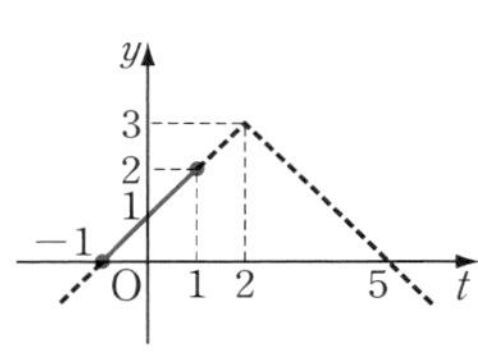

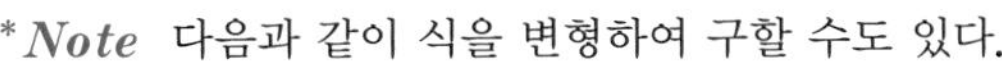

**Note* 다음과 같이 식을 변형하여 구할 수도 있다.

이를테면 (1)은 $-1\le\sin x\le1$이므로

$$-1-\frac{1}{2}\le\sin x-\frac{1}{2}\le1-\frac{1}{2}\quad\therefore\ -\frac{3}{2}\le\sin x-\frac{1}{2}\le\frac{1}{2}$$

$$\therefore\ 0\le\left|\sin x-\frac{1}{2}\right|\le\frac{3}{2}\quad\therefore\ 1\le\left|\sin x-\frac{1}{2}\right|+1\le\frac{5}{2}$$

유제 **9**-10. 다음 함수의 최댓값과 최솟값을 구하시오.

(1) $y=|\sin x-2|-3$ (2) $y=2-|2\cos x+1|$

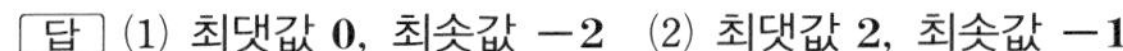

답 (1) 최댓값 **0**, 최솟값 **−2** (2) 최댓값 **2**, 최솟값 **−1**

기본 문제 9-7 다음 함수의 최댓값과 최솟값을 구하시오.

(1) $y=\sin^2 x-4\sin x+3\left(0\le x\le\dfrac{\pi}{2}\right)$

(2) $y=\cos^2\left(x+\dfrac{\pi}{2}\right)+\sin^2 x-4\cos(x+\pi)+1$

정석연구 (1) $\sin x=t$로 놓으면 y는 t에 관한 이차식이 된다.

(2) 삼각함수의 기본 성질을 이용하면 주어진 식을 $\cos x$에 관한 식으로 변형할 수 있다. 따라서 $\cos x=t$로 놓으면 된다.

그리고

정석 $\sin x$, $\cos x$를 치환하면 $\Longrightarrow$ 제한 범위가 생긴다

는 것에 항상 주의해야 한다.

모범답안 (1) $y=\sin^2 x-4\sin x+3$에서

$\sin x=t$로 놓으면

$$y=t^2-4t+3=(t-2)^2-1 \quad \cdots\cdots ㉮$$

그런데 $0\le x\le\dfrac{\pi}{2}$이므로

$$0\le\sin x\le 1 \qquad \therefore\ 0\le t\le 1$$

이 범위에서 ㉮의 최댓값, 최솟값을 구하면

최댓값 3, 최솟값 0 ⟵ 답

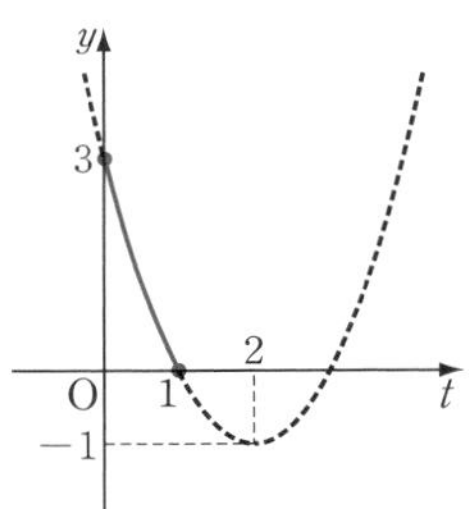

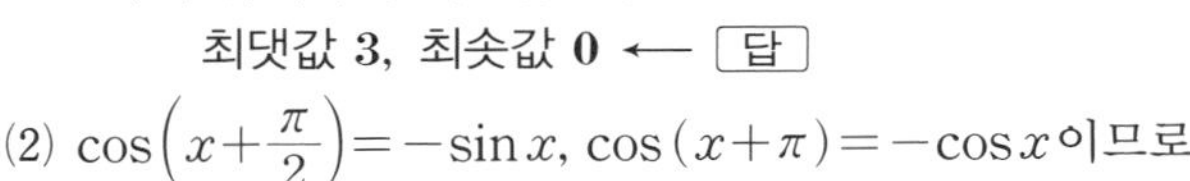

(2) $\cos\left(x+\dfrac{\pi}{2}\right)=-\sin x$, $\cos(x+\pi)=-\cos x$이므로

$$\begin{aligned} y&=\sin^2 x+\sin^2 x+4\cos x+1\\ &=2\sin^2 x+4\cos x+1\\ &=2(1-\cos^2 x)+4\cos x+1\\ &=-2\cos^2 x+4\cos x+3 \end{aligned}$$

$\cos x=t$로 놓으면 $-1\le t\le 1$이고,

$$y=-2t^2+4t+3=-2(t-1)^2+5$$

따라서 오른쪽 그림에서

최댓값 5, 최솟값 −3 ⟵ 답

유제 **9**-11. 다음 함수의 최댓값과 최솟값을 구하시오.

(1) $y=3\sin^2 x-4\cos^2 x$ (2) $y=-\cos^2 x+2\cos x$

(3) $y=\tan^2 x+\tan x+1\left(-\dfrac{\pi}{4}\le x\le\dfrac{\pi}{4}\right)$

답 (1) **3, −4** (2) **1, −3** (3) **3, $\dfrac{3}{4}$**

기본 문제 9-8 $0\le x\le 2\pi$에서 함수

$$y=\sin^2 x+2a\cos x-1$$

의 최댓값이 4일 때, 양수 a의 값을 구하시오.

정석연구 $\sin^2 x=1-\cos^2 x$이므로 대입하여 정리하면

$$y=1-\cos^2 x+2a\cos x-1=-\cos^2 x+2a\cos x$$

여기에서 $\cos x=t$로 놓으면 $-1\le t\le 1$이고,

$$y=-t^2+2at=-(t-a)^2+a^2$$

이다. 따라서

꼭짓점이 제한 범위의 안에 있을 때와 밖에 있을 때

로 나누어 생각하면 된다.

정 석 문자를 포함한 이차함수의 그래프 ⟹ 꼭짓점의 위치에 주의한다.

모범답안 $\sin^2 x=1-\cos^2 x$이므로

$$y=1-\cos^2 x+2a\cos x-1=-\cos^2 x+2a\cos x$$

여기에서 $\cos x=t$로 놓으면 $-1\le t\le 1$이고,

$$f(t)=-t^2+2at=-(t-a)^2+a^2$$

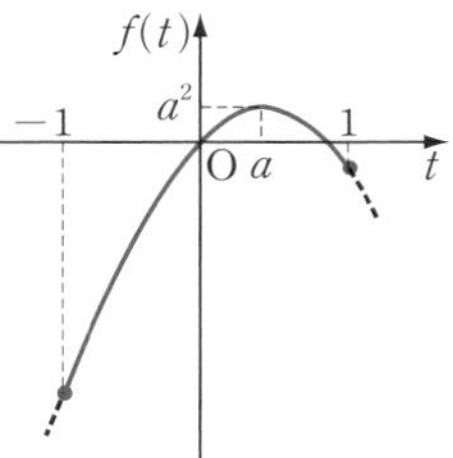

(i) $0<a<1$일 때

$t=a$에서 최댓값이 a^2이고, 문제의 조건에서 최댓값이 4이므로

$$a^2=4 \quad \therefore \ a=\pm 2$$

이것은 모두 $0<a<1$을 만족시키지 않으므로 적합하지 않다.

(ii) $a\ge 1$일 때

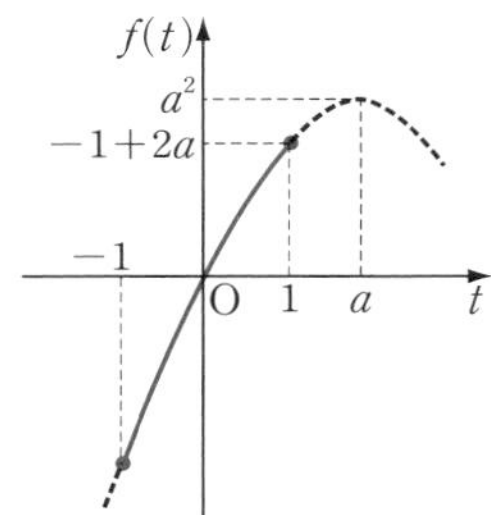

$t=1$에서 최댓값이 $-1+2a$이고, 문제의 조건에서 최댓값이 4이므로

$$-1+2a=4 \quad \therefore \ a=\frac{5}{2}$$

이것은 $a\ge 1$을 만족시킨다.

(i), (ii)에서 $\boldsymbol{a=\frac{5}{2}}$ ⟵ 답

유제 **9**-12. $0\le x\le 2\pi$에서 함수

$$y=1-2a\sin x-\cos^2 x$$

의 최솟값이 $-\frac{1}{4}$일 때, 양수 a의 값을 구하시오. 답 $\boldsymbol{a=\frac{1}{2}}$

연습문제 9

9-1 다음 함수의 최댓값, 최솟값과 주기를 구하시오.

(1) $y=|\sin 2x|$ (2) $y=|\cos 3x|$ (3) $y=|\tan 2x|$

9-2 다음 함수의 주기가 π일 때, 양수 a의 값을 구하시오.

(1) $y=|\sin ax|$ (2) $y=|\cos ax|$ (3) $y=|\tan ax|$

9-3 다음 중 모든 실수 x에 대하여 $f(x)=f(x+\sqrt{2})$를 만족시키는 것은?

① $f(x)=\cos \pi x$ ② $f(x)=\sin \sqrt{2}\pi x$ ③ $f(x)=\sin 2\pi x$

④ $f(x)=\cos \frac{\sqrt{2}}{2}\pi x$ ⑤ $f(x)=\sin \frac{\sqrt{2}}{2}\pi x$

9-4 함수 $f(x)=\sqrt{1+\cos x}+\sqrt{1-\cos x}$의 주기를 p라고 할 때, $f(p)$의 값은?

① π ② 2π ③ $\sqrt{2}$ ④ $2\sqrt{2}$ ⑤ 0

9-5 모든 실수 x에 대하여 $f(x+3)=f(x)$를 만족시키는 함수 $f(x)$가 있다.

$f(x)=\begin{cases} \sin \pi x & (0\le x<1) \\ 0 & (1\le x<2) \\ \sin \pi(x-1) & (2\le x\le 3) \end{cases}$일 때, $f\left(\frac{67}{2}\right)$의 값을 구하시오.

9-6 곡선 $y=2\sin\left(x-\frac{\pi}{3}\right)+1$이 $f:(x, y) \longrightarrow \left(2x, \frac{y}{2}\right)$에 의하여 이동된 곡선을 나타내는 함수의 주기와 최댓값을 구하시오.

9-7 곡선 $y=\cos 2x$를 x축에 대하여 대칭이동한 다음, x축의 방향으로 $\frac{\pi}{2}$만큼 평행이동한 곡선의 방정식을 구하시오.

9-8 $f(x)=\begin{cases} 1 & (x\ge 0) \\ 0 & (x<0) \end{cases}$, $g(x)=f(x)f(2\pi-x)\sin x$일 때, 함수 $y=g(x)$의 그래프를 그리시오.

9-9 다음 함수 중 우함수인 것만을 있는 대로 고른 것은?

ㄱ. $y=|\sin x|$ ㄴ. $y=\cos(2x+\pi)$ ㄷ. $y=\tan\left(\frac{\pi}{2}-x\right)$

① ㄱ ② ㄷ ③ ㄱ, ㄴ ④ ㄱ, ㄷ ⑤ ㄴ, ㄷ

9-10 $0<x<\frac{\pi}{4}$일 때, 다음 A, B, C의 대소를 비교하시오.

$$A=x^{\sin x}, \quad B=x^{\cos x}, \quad C=\log_{\frac{1}{x}} \tan x$$

9-11 두 양수 a, b에 대하여 $0 \le x \le \frac{2\pi}{a}$일 때 함수 $f(x)=3\sin(ax+b)$의 그래프가 오른쪽 그림과 같다. $y=f(x)$의 그래프가 x축과 만나는 점 중 원점에 가까운 점을 A라 하고, 함수 $f(x)$가 최소, 최대일 때의 $y=f(x)$의 그래프 위의 점을 각각 B, C라고 하자.

$\overline{AB}:\overline{AC}=1:\sqrt{3}$일 때, a의 값을 구하시오.

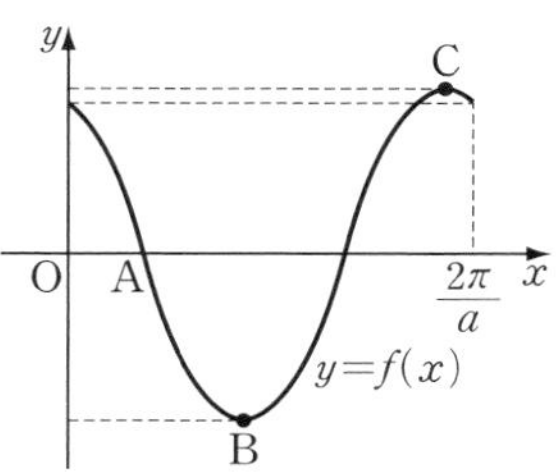

9-12 오른쪽 그림과 같이 함수 $f(x)=3\sin x$의 그래프와 직선 $y=2$의 교점의 x좌표 중 양수인 것을 작은 것부터 차례로 α, β, γ라고 할 때, $f(\alpha+\beta+\gamma)$의 값은?

y, 2, y=2, O, α, β, π, 2π, γ, 3π, x, y=3sin x

① -3 ② -2 ③ 0 ④ 2 ⑤ 3

9-13 오른쪽 그림과 같이 곡선 $y=2\sin x\,(x\ge 0)$와 직선 $y=1$의 교점의 x좌표를 작은 것부터 차례로 x_1, x_2, x_3, $\cdots$이라고 할 때,

$$x_1+x_2+x_3+x_4+x_5+x_6$$

의 값을 구하시오.

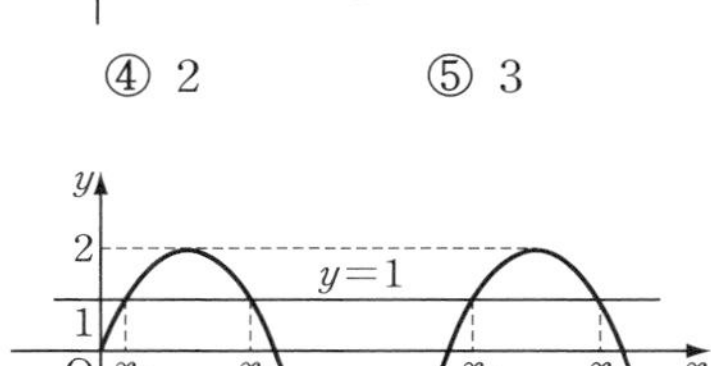

9-14 좌표평면에서 원 $x^2+y^2=1$ 위의 두 점 P, Q가 점 A$(1, 0)$을 동시에 출발하여 원 위를 시계 반대 방향으로 각각 매초 $\frac{\pi}{2}$, $\frac{\pi}{3}$의 속력으로 움직인다. 출발 후 120초가 될 때까지 두 점의 y좌표가 같아지는 횟수를 구하시오.

9-15 함수 $y=\frac{3\sin x}{\sin x+2}$의 최댓값과 최솟값을 구하시오.

9-16 두 함수 $f(x)=2\cos\left(x+\frac{\pi}{3}\right)+3$, $g(x)=\log_3 x+2$에 대하여 $\frac{\pi}{6}\le x\le\frac{2}{3}\pi$에서 합성함수 $(g\circ f)(x)$의 최댓값과 최솟값의 합을 구하시오.

9-17 $a^2+b^2=3ab\cos\gamma$일 때, $\sin^2(\pi+\alpha+\beta)+\cos\gamma$의 최댓값을 구하시오.
단, a, b는 양수이고, $\alpha+\beta+\gamma=\pi$이다.

9-18 모든 실수 x에 대하여 $a\sin^2 x+b\cos^2 x+c$의 값이 양수가 되기 위한 실수 a, b, c의 조건을 구하시오.

10. 삼각방정식과 삼각부등식

삼각방정식／삼각부등식

§1. 삼각방정식

1 삼각함수의 그래프

지금까지는 x의 값이 주어질 때 삼각함수의 값을 구했다. 여기에서는 함숫값이 주어질 때 x의 값을 구하는 방법을 알아보자.

보기 1 다음은 $y=\sin x$의 그래프이다. ①～⑫에 알맞은 x의 값을 구하시오.

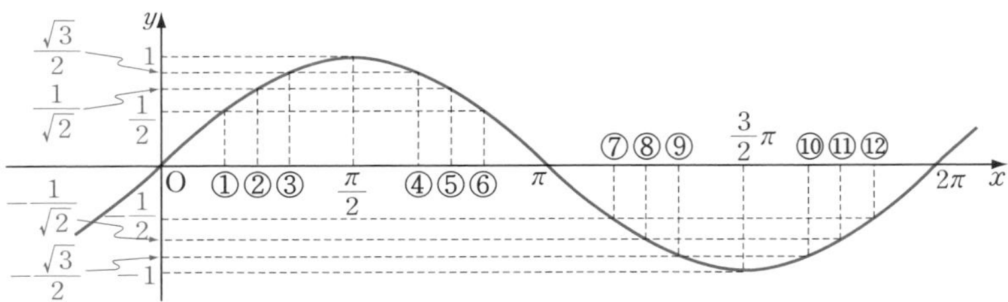

연구 그래프의 대칭성을 이용하여 다음과 같이 나누어 구한다.

(i) $\sin\frac{\pi}{6}=\frac{1}{2}$이므로 ①$=\boldsymbol{\frac{\pi}{6}}$, $\pi-$⑥$=\frac{\pi}{6}$이므로 ⑥$=\boldsymbol{\frac{5}{6}}\pi$

⑦$=\pi+\frac{\pi}{6}=\boldsymbol{\frac{7}{6}\pi}$, $2\pi-$⑫$=\frac{\pi}{6}$이므로 ⑫$=\boldsymbol{\frac{11}{6}}\pi$

(ii) $\sin\frac{\pi}{4}=\frac{1}{\sqrt{2}}$이므로 ②$=\boldsymbol{\frac{\pi}{4}}$, $\pi-$⑤$=\frac{\pi}{4}$이므로 ⑤$=\boldsymbol{\frac{3}{4}}\pi$

⑧$=\pi+\frac{\pi}{4}=\boldsymbol{\frac{5}{4}\pi}$, $2\pi-$⑪$=\frac{\pi}{4}$이므로 ⑪$=\boldsymbol{\frac{7}{4}\pi}$

(iii) $\sin\frac{\pi}{3}=\frac{\sqrt{3}}{2}$이므로 ③$=\boldsymbol{\frac{\pi}{3}}$, $\pi-$④$=\frac{\pi}{3}$이므로 ④$=\boldsymbol{\frac{2}{3}}\pi$

⑨$=\pi+\frac{\pi}{3}=\boldsymbol{\frac{4}{3}\pi}$, $2\pi-$⑩$=\frac{\pi}{3}$이므로 ⑩$=\boldsymbol{\frac{5}{3}\pi}$

보기 2 다음은 $y=\cos x$의 그래프이다. ①~⑫에 알맞은 x의 값을 구하시오.

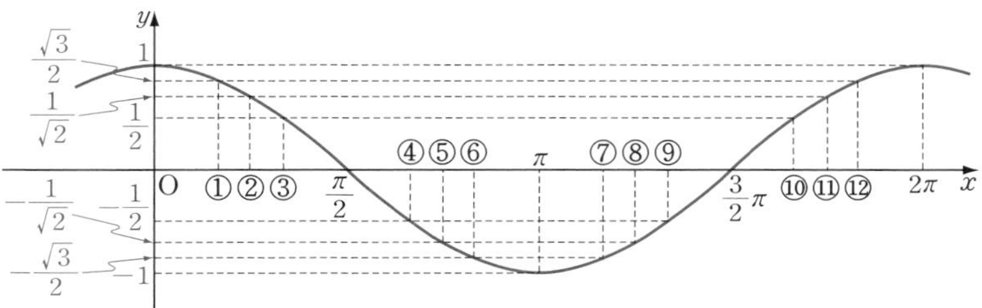

연구 역시 그래프의 대칭성을 이용하여 다음과 같이 나누어 구한다.

(i) $\cos\frac{\pi}{6}=\frac{\sqrt{3}}{2}$이므로 ①$=\boldsymbol{\frac{\pi}{6}}$, $2\pi-$⑫$=\frac{\pi}{6}$이므로 ⑫$=\boldsymbol{\frac{11}{6}\pi}$

$\pi-$⑥$=\frac{\pi}{6}$이므로 ⑥$=\boldsymbol{\frac{5}{6}\pi}$, ⑦$=\pi+\frac{\pi}{6}=\boldsymbol{\frac{7}{6}\pi}$

(ii) $\cos\frac{\pi}{4}=\frac{1}{\sqrt{2}}$이므로 ②$=\boldsymbol{\frac{\pi}{4}}$, $2\pi-$⑪$=\frac{\pi}{4}$이므로 ⑪$=\boldsymbol{\frac{7}{4}\pi}$

$\pi-$⑤$=\frac{\pi}{4}$이므로 ⑤$=\boldsymbol{\frac{3}{4}\pi}$, ⑧$=\pi+\frac{\pi}{4}=\boldsymbol{\frac{5}{4}\pi}$

(iii) $\cos\frac{\pi}{3}=\frac{1}{2}$이므로 ③$=\boldsymbol{\frac{\pi}{3}}$, $2\pi-$⑩$=\frac{\pi}{3}$이므로 ⑩$=\boldsymbol{\frac{5}{3}\pi}$

$\pi-$④$=\frac{\pi}{3}$이므로 ④$=\boldsymbol{\frac{2}{3}\pi}$, ⑨$=\pi+\frac{\pi}{3}=\boldsymbol{\frac{4}{3}\pi}$

보기 3 오른쪽은 $y=\tan x$의 그래프이다. ①~⑫에 알맞은 x의 값을 구하시오.

연구 $y=\tan x$는 주기가 π임을 이용하면 편리하다.

(i) $\tan\frac{\pi}{6}=\frac{1}{\sqrt{3}}$이므로 ①$=\boldsymbol{\frac{\pi}{6}}$

⑦$=\pi+\frac{\pi}{6}=\boldsymbol{\frac{7}{6}\pi}$, ⑥$=\pi-\frac{\pi}{6}=\boldsymbol{\frac{5}{6}\pi}$, ⑫$=2\pi-\frac{\pi}{6}=\boldsymbol{\frac{11}{6}\pi}$

(ii) $\tan\frac{\pi}{4}=1$이므로 ②$=\boldsymbol{\frac{\pi}{4}}$

⑧$=\pi+\frac{\pi}{4}=\boldsymbol{\frac{5}{4}\pi}$, ⑤$=\pi-\frac{\pi}{4}=\boldsymbol{\frac{3}{4}\pi}$, ⑪$=2\pi-\frac{\pi}{4}=\boldsymbol{\frac{7}{4}\pi}$

(iii) $\tan\frac{\pi}{3}=\sqrt{3}$이므로 ③$=\boldsymbol{\frac{\pi}{3}}$

⑨$=\pi+\frac{\pi}{3}=\boldsymbol{\frac{4}{3}\pi}$, ④$=\pi-\frac{\pi}{3}=\boldsymbol{\frac{2}{3}\pi}$, ⑩$=2\pi-\frac{\pi}{3}=\boldsymbol{\frac{5}{3}\pi}$

* ***Note*** $x<0$, $x>2\pi$일 때의 x의 값은 삼각함수의 주기를 이용하여 구한다.

2 삼각방정식

이를테면 $\sin x=0$, $\cos x=-\dfrac{1}{2}$, $\tan x=\sqrt{3}$과 같이 삼각함수의 각의 크기를 미지수로 하는 방정식을 삼각방정식이라고 한다.

보기 4 $0\le x<2\pi$일 때, 다음 삼각방정식의 해를 구하시오.

(1) $\sin x=\dfrac{\sqrt{3}}{2}$ (2) $\cos x=-\dfrac{1}{2}$ (3) $\tan x=-1$

연구 (1)은 $y=\sin x$, (2)는 $y=\cos x$, (3)은 $y=\tan x$의 그래프를 이용한다.

정석 삼각방정식의 기본 해법 ⟹ 삼각함수의 그래프를 이용한다.

삼각방정식의 해를 α, $\beta\,(\alpha<\beta)$라고 하자.

(1) $\sin\dfrac{\pi}{3}=\dfrac{\sqrt{3}}{2}$이므로 $\alpha=\dfrac{\pi}{3}$

또, $\beta=\pi-\alpha=\dfrac{2}{3}\pi$

$\therefore$ $\boldsymbol{x=\dfrac{\pi}{3},\ \dfrac{2}{3}\pi}$

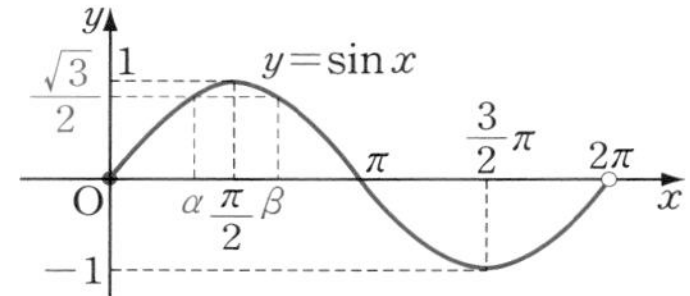

(2) $\cos\dfrac{\pi}{3}=\dfrac{1}{2}$이므로 $\alpha=\pi-\dfrac{\pi}{3}=\dfrac{2}{3}\pi$

또, $\beta=2\pi-\alpha=\dfrac{4}{3}\pi$

$\therefore$ $\boldsymbol{x=\dfrac{2}{3}\pi,\ \dfrac{4}{3}\pi}$

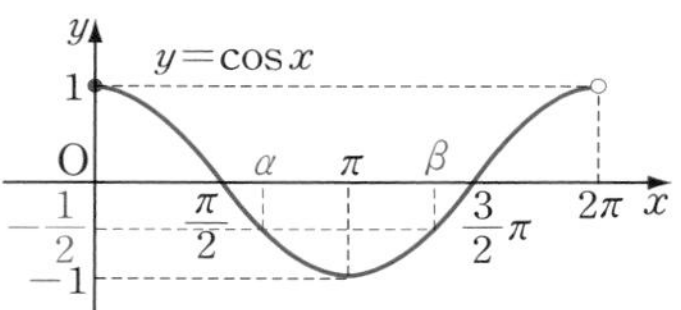

(3) $\tan\dfrac{\pi}{4}=1$이므로 $\alpha=\pi-\dfrac{\pi}{4}=\dfrac{3}{4}\pi$

또, $\beta=\pi+\alpha=\dfrac{7}{4}\pi$

$\therefore$ $\boldsymbol{x=\dfrac{3}{4}\pi,\ \dfrac{7}{4}\pi}$

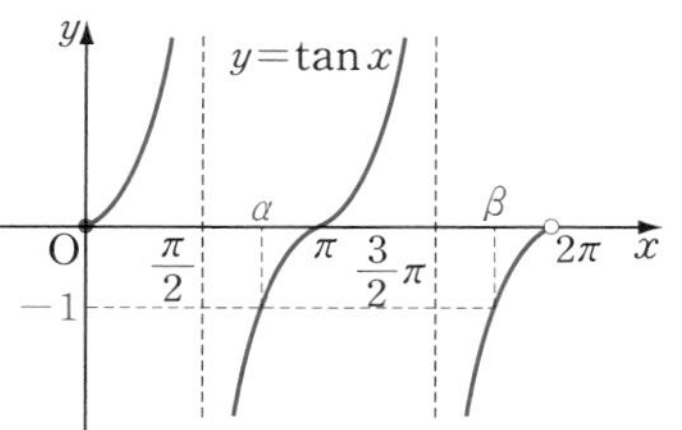

Advice | 각 θ를 나타내는 동경이 단위원과 만나는 점의 x좌표는 $\cos\theta$, y좌표는 $\sin\theta$이므로 다음과 같이 단위원을 이용하여 풀 수도 있다.

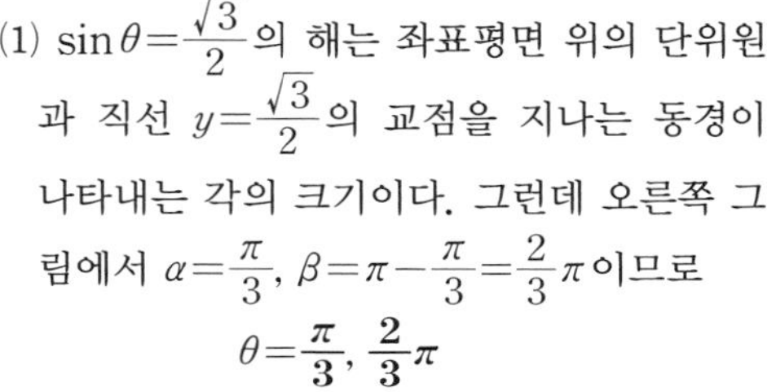

(1) $\sin\theta=\dfrac{\sqrt{3}}{2}$의 해는 좌표평면 위의 단위원과 직선 $y=\dfrac{\sqrt{3}}{2}$의 교점을 지나는 동경이 나타내는 각의 크기이다. 그런데 오른쪽 그림에서 $\alpha=\dfrac{\pi}{3}$, $\beta=\pi-\dfrac{\pi}{3}=\dfrac{2}{3}\pi$이므로

$$\theta=\boldsymbol{\dfrac{\pi}{3},\ \dfrac{2}{3}\pi}$$

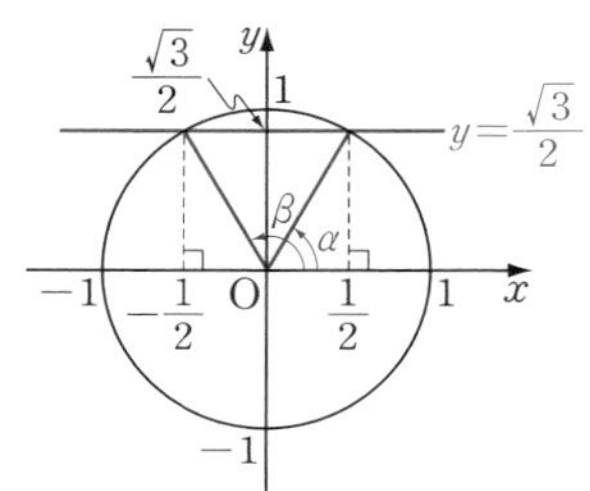

(2) $\cos\theta=-\frac{1}{2}$의 해는 좌표평면 위의 단위원과 직선 $x=-\frac{1}{2}$의 교점을 지나는 동경이 나타내는 각의 크기이다. 그런데 오른쪽 그림에서 $\alpha=\frac{2}{3}\pi$, $\beta=2\pi-\frac{2}{3}\pi=\frac{4}{3}\pi$이므로

$$\boldsymbol{\theta=\frac{2}{3}\pi,\ \frac{4}{3}\pi}$$

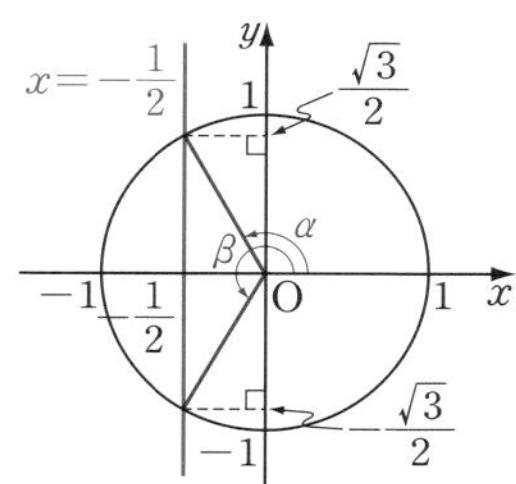

3 삼각방정식의 일반해 (고등학교 교육과정 밖의 내용)

이를테면 $0\leq x\leq\pi$, $0\leq x<2\pi$와 같이 x에 제한 범위가 있는 경우의 해를 특수해라 하고, x에 제한 범위가 없는 경우의 해를 일반해라고 한다.

고등학교 교육과정에서는 특수해만 구할 수 있으면 충분하다. 그러나 일반해를 공부하면 삼각방정식의 해의 특징을 잘 이해할 수 있어 소개한다.

▶ $\boldsymbol{\sin x=\frac{1}{2}}$의 일반해

사인함수는 주기가 2π이고, $0\leq x<2\pi$에서 $\sin x=\frac{1}{2}$의 해는 $x=\frac{\pi}{6}$, $\pi-\frac{\pi}{6}$이므로 x가 실수일 때, 이 방정식의 모든 해는

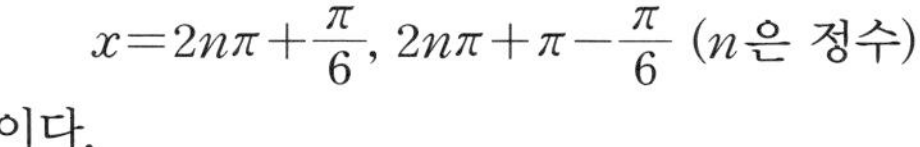

$$x=2n\pi+\frac{\pi}{6},\ 2n\pi+\pi-\frac{\pi}{6}\ (n\text{은 정수})$$

이다.

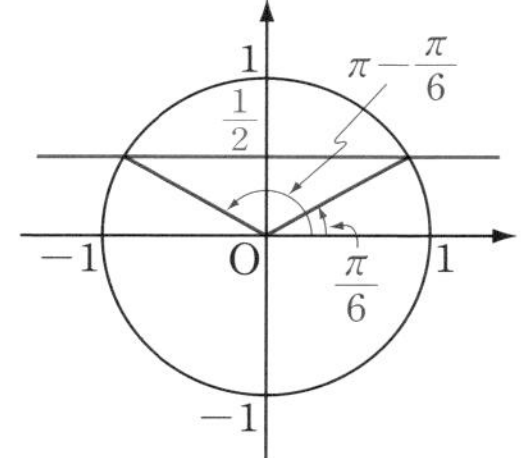

일반적으로 $\sin x=a\,(|a|\leq 1)$의 한 특수해를 α라고 하면 일반해는

$$\boldsymbol{x=2n\pi+\alpha,\ (2n+1)\pi-\alpha\ (n\text{은 정수})}$$

이다. 이를 다음과 같이 하나의 식으로 나타낼 수도 있다.

$$\boldsymbol{x=n\pi+(-1)^n\alpha\ (n\text{은 정수})}$$

▶ $\boldsymbol{\cos x=-\frac{1}{\sqrt{2}}}$의 일반해

코사인함수는 주기가 2π이고, $0\leq x<2\pi$에서 $\cos x=-\frac{1}{\sqrt{2}}$의 해는 $x=\frac{3}{4}\pi$, $2\pi-\frac{3}{4}\pi$이므로 x가 실수일 때, 이 방정식의 모든 해는

$$x=2n\pi\pm\frac{3}{4}\pi\ (n\text{은 정수})$$

이다.

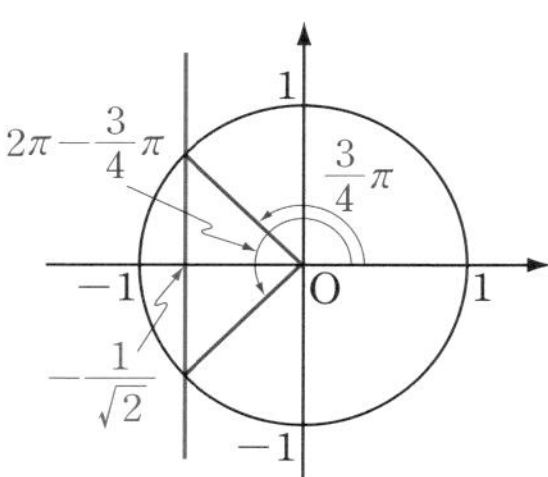

일반적으로 $\cos x=a\,(|a|\leq 1)$의 한 특수해를 α라고 하면 일반해는

$$\boldsymbol{x=2n\pi\pm\alpha\ (n\text{은 정수})}$$

▶ **$\tan x=\sqrt{3}$** 의 일반해

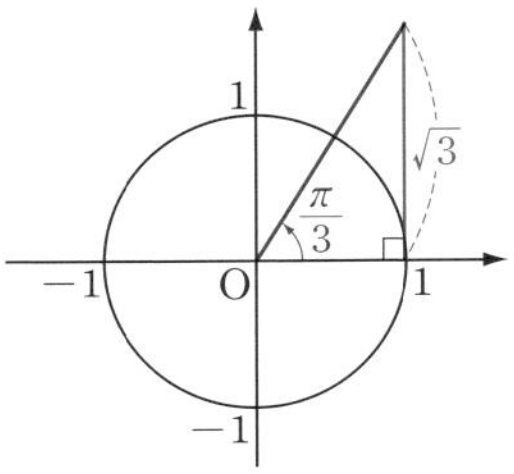

탄젠트함수는 주기가 π이고, $0\le x<\pi$에서 $\tan x=\sqrt{3}$의 해는 $x=\dfrac{\pi}{3}$이므로 x가 실수일 때, 이 방정식의 모든 해는

$$x=n\pi+\frac{\pi}{3}\ (n\text{은 정수})$$

이다.

일반적으로 $\tan x=a$의 한 특수해를 α라고 하면 일반해는

$$\boldsymbol{x=n\pi+\alpha}\ (\boldsymbol{n}\text{은 정수})$$

이다.

기본정석 **삼각방정식의 일반해**

특수해가 α(**rad**)일 때

(1) **$\sin x=a(|a|\le 1)$**의 일반해는
$\Longrightarrow$ $\boldsymbol{x=2n\pi+\alpha,\ (2n+1)\pi-\alpha}$ ($\boldsymbol{n}$은 정수)

(2) **$\cos x=a(|a|\le 1)$**의 일반해는 $\Longrightarrow$ $\boldsymbol{x=2n\pi\pm\alpha}$ ($\boldsymbol{n}$은 정수)

(3) **$\tan x=a$**의 일반해는 $\Longrightarrow$ $\boldsymbol{x=n\pi+\alpha}$ ($\boldsymbol{n}$은 정수)

보기 5 다음 삼각방정식의 일반해를 구하시오.

(1) $\sin x=-\dfrac{1}{2}$ (2) $\cos x=\dfrac{1}{\sqrt{2}}$ (3) $\tan x=-\sqrt{3}$

연구 먼저 특수해를 하나 구한다.

(1) $\sin\left(-\dfrac{\pi}{6}\right)=-\sin\dfrac{\pi}{6}=-\dfrac{1}{2}$이므로

$$\boldsymbol{x=2n\pi-\frac{\pi}{6},\ 2n\pi+\frac{7}{6}\pi}\ (\boldsymbol{n}\text{은 정수})$$

(2) $\cos\dfrac{\pi}{4}=\dfrac{1}{\sqrt{2}}$이므로 $\boldsymbol{x=2n\pi\pm\dfrac{\pi}{4}}$ ($\boldsymbol{n}$은 정수)

(3) $\tan\left(-\dfrac{\pi}{3}\right)=-\tan\dfrac{\pi}{3}=-\sqrt{3}$이므로 $\boldsymbol{x=n\pi-\dfrac{\pi}{3}}$ ($\boldsymbol{n}$은 정수)

***Note** 1° 일반해는 특수해를 어느 것으로 하는가에 따라 다른 표현이 가능하다.
이를테면 (3)은 $\tan\dfrac{2}{3}\pi=-\sqrt{3}$이므로 $x=n\pi+\dfrac{2}{3}\pi$라고 해도 된다.

2° 이를테면 $0\le x<2\pi$에서 (1)의 특수해는 다음과 같이 구하면 된다.
$0\le x<2\pi$이므로 $x=2n\pi-\dfrac{\pi}{6}$에서 $n=1$, $x=2n\pi+\dfrac{7}{6}\pi$에서 $n=0$일 때만 가능하다. 이때, $x=\dfrac{11}{6}\pi$, $x=\dfrac{7}{6}\pi$이다.

기본 문제 10-1 $0\le x<2\pi$ 일 때, 다음 삼각방정식의 해를 구하시오.

(1) $\sin\left(x-\dfrac{\pi}{3}\right)=-\dfrac{1}{2}$ (2) $\cos 2x=\dfrac{1}{2}$

정석연구 (1) $x-\dfrac{\pi}{3}=t$로 놓으면 $-\dfrac{\pi}{3}\le t<\dfrac{5}{3}\pi$이므로 이 범위에서 사인함수 $y=\sin t$의 그래프를 생각한다.

(2) $2x=t$로 놓으면 $0\le t<4\pi$이다. 그런데 코사인함수 $y=\cos t$의 주기는 2π이므로 $0\le t<2\pi$에서 방정식의 해를 구한 다음, 주기함수의 성질을 이용하면 나머지 해도 구할 수 있다.

정석 삼각방정식의 해 $\Longrightarrow$ 그래프를 이용한다.

모범답안 (1) $x-\dfrac{\pi}{3}=t$로 놓으면 오른쪽 그림에서 $t=-\dfrac{\pi}{6},\ \dfrac{7}{6}\pi$

$\therefore$ $\boldsymbol{x=\dfrac{\pi}{6},\ \dfrac{3}{2}\pi}$ ← 답

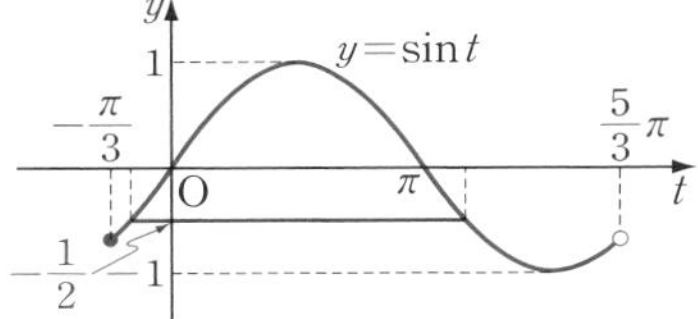

(2) $2x=t$로 놓으면 $0\le t<2\pi$일 때 오른쪽 그림에서 $t=\dfrac{\pi}{3},\ \dfrac{5}{3}\pi$

또, $2\pi\le t<4\pi$일 때 $t=\dfrac{7}{3}\pi,\ \dfrac{11}{3}\pi$

$\therefore$ $\boldsymbol{x=\dfrac{\pi}{6},\ \dfrac{5}{6}\pi,\ \dfrac{7}{6}\pi,\ \dfrac{11}{6}\pi}$ ← 답

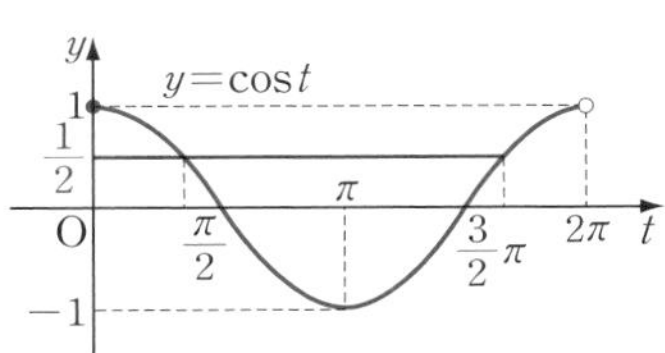

Advice | 일반해를 이용하여 풀 수도 있다.

(1) $\sin\left(-\dfrac{\pi}{6}\right)=-\dfrac{1}{2}$이므로 $x-\dfrac{\pi}{3}=2n\pi-\dfrac{\pi}{6},\ 2n\pi+\dfrac{7}{6}\pi$

$0\le x<2\pi$이므로 $n=0$을 대입하면 $\boldsymbol{x=\dfrac{\pi}{6},\ \dfrac{3}{2}\pi}$

(2) $\cos\dfrac{\pi}{3}=\dfrac{1}{2}$이므로 $2x=2n\pi\pm\dfrac{\pi}{3}$ $\therefore$ $x=n\pi\pm\dfrac{\pi}{6}$

$0\le x<2\pi$이므로 $n=0,\ 1,\ 2$를 대입하면 $\boldsymbol{x=\dfrac{\pi}{6},\ \dfrac{5}{6}\pi,\ \dfrac{7}{6}\pi,\ \dfrac{11}{6}\pi}$

유제 **10**-1. 다음 주어진 범위에서 삼각방정식의 해를 구하시오.

(1) $\cos\left(x+\dfrac{\pi}{3}\right)=\dfrac{1}{\sqrt{2}}$ $(0\le x<2\pi)$ (2) $\sin 2x=\dfrac{\sqrt{3}}{2}$ $(-\pi<x<\pi)$

(3) $2\cos\dfrac{7}{6}\pi\tan\dfrac{1}{2}x=1$ $(-2\pi<x<2\pi)$

답 (1) $\boldsymbol{x=\dfrac{17}{12}\pi,\ \dfrac{23}{12}\pi}$ (2) $\boldsymbol{x=-\dfrac{5}{6}\pi,\ -\dfrac{2}{3}\pi,\ \dfrac{\pi}{6},\ \dfrac{\pi}{3}}$ (3) $\boldsymbol{x=-\dfrac{\pi}{3},\ \dfrac{5}{3}\pi}$

기본 문제 10-2 다음 삼각방정식을 푸시오. 단, $0 \le x < 2\pi$ 이다.

(1) $2\cos^2 x - \sin x - 1 = 0$ (2) $\sin^4 x + \sin^2 x = \cos^4 x + \cos^2 x + 1$

(3) $\tan x - \dfrac{\sqrt{3}}{\tan x} + 1 - \sqrt{3} = 0$

정석연구 (1), (2) 다음 공식을 이용하여 $\sin x$ 또는 $\cos x$만의 식으로 고친다.

정 석 $\boldsymbol{\sin^2 x + \cos^2 x = 1 \Longrightarrow \begin{cases} \cos^2 x = 1 - \sin^2 x \\ \sin^2 x = 1 - \cos^2 x \end{cases}}$

(3) 양변에 $\tan x$를 곱하고 정리하면 $\tan x$에 관한 이차방정식이 된다.

모범답안 (1) $2\cos^2 x - \sin x - 1 = 0$ 에서 $2(1-\sin^2 x) - \sin x - 1 = 0$

$\therefore (2\sin x - 1)(\sin x + 1) = 0 \quad \therefore \sin x = \dfrac{1}{2}, -1$

$\sin x = \dfrac{1}{2}$ 에서 $x = \dfrac{\pi}{6}, \dfrac{5}{6}\pi$, $\sin x = -1$ 에서 $x = \dfrac{3}{2}\pi$

답 $\boldsymbol{x = \dfrac{\pi}{6}, \dfrac{5}{6}\pi, \dfrac{3}{2}\pi}$

(2) $\sin^4 x - \cos^4 x + \sin^2 x - \cos^2 x - 1 = 0$ 에서

$(\sin^2 x + \cos^2 x)(\sin^2 x - \cos^2 x) + \sin^2 x - \cos^2 x - 1 = 0$

$\therefore 2\sin^2 x - 2\cos^2 x - 1 = 0 \quad \therefore 2\sin^2 x - 2(1-\sin^2 x) - 1 = 0$

$\therefore \sin^2 x = \dfrac{3}{4} \quad \therefore \sin x = \pm\dfrac{\sqrt{3}}{2}$

$\sin x = \dfrac{\sqrt{3}}{2}$ 에서 $x = \dfrac{\pi}{3}, \dfrac{2}{3}\pi$, $\sin x = -\dfrac{\sqrt{3}}{2}$ 에서 $x = \dfrac{4}{3}\pi, \dfrac{5}{3}\pi$

답 $\boldsymbol{x = \dfrac{\pi}{3}, \dfrac{2}{3}\pi, \dfrac{4}{3}\pi, \dfrac{5}{3}\pi}$

(3) 양변에 $\tan x$를 곱하면 $\tan^2 x + (1-\sqrt{3})\tan x - \sqrt{3} = 0$

$\therefore (\tan x - \sqrt{3})(\tan x + 1) = 0 \quad \therefore \tan x = \sqrt{3}, -1$

$\tan x = \sqrt{3}$ 에서 $x = \dfrac{\pi}{3}, \dfrac{4}{3}\pi$, $\tan x = -1$ 에서 $x = \dfrac{3}{4}\pi, \dfrac{7}{4}\pi$

답 $\boldsymbol{x = \dfrac{\pi}{3}, \dfrac{3}{4}\pi, \dfrac{4}{3}\pi, \dfrac{7}{4}\pi}$

유제 **10**-2. 다음 삼각방정식을 푸시오. 단, $0 \le x < 2\pi$ 이다.

(1) $2\sin^2 x - 3\cos x = 0$ (2) $\sin^4 x = 1 + \cos^2 x$

(3) $\tan^2 x + (\sqrt{3}+1)\tan x + \sqrt{3} = 0$

답 (1) $\boldsymbol{x = \dfrac{\pi}{3}, \dfrac{5}{3}\pi}$ (2) $\boldsymbol{x = \dfrac{\pi}{2}, \dfrac{3}{2}\pi}$ (3) $\boldsymbol{x = \dfrac{2}{3}\pi, \dfrac{3}{4}\pi, \dfrac{5}{3}\pi, \dfrac{7}{4}\pi}$

기본 문제 10-3 $0\le x<2\pi$에서 다음 x에 관한 삼각방정식이 실근을 가지기 위한 실수 a의 값의 범위를 구하시오.

$$\sin^2 x+2\cos x+a=0$$

정석연구 $\sin^2 x=1-\cos^2 x$이므로 주어진 방정식은

$$1-\cos^2 x+2\cos x+a=0$$

$\cos x=t$로 놓으면 $-1\le t\le 1$이고, $t^2-2t-a-1=0$ ⋯⋯㉮

따라서 t에 관한 이차방정식 ㉮이 $-1\le t\le 1$에서 실근을 가지면 이때의 t의 값에 대하여 $\cos x=t$를 만족시키는 x의 값이 존재한다.

이와 같이 제한 범위에서 실근을 가질 조건을 생각할 때에는 $-1\le t\le 1$에서 $y=t^2-2t-a-1$의 그래프가 t축과 만날 조건을 생각하는 것이 알기 쉽다.

정석 제한 범위에서의 실근 문제 ⟹ 그래프를 활용해 보자.

모범답안 $\sin^2 x=1-\cos^2 x$이므로 주어진 방정식은

$$1-\cos^2 x+2\cos x+a=0$$

$\cos x=t$로 놓으면 $-1\le t\le 1$이고,

$$t^2-2t-a-1=0 \quad \cdots\cdots ㉮$$

이므로 주어진 방정식이 실근을 가지기 위해서는 $-1\le t\le 1$에서 방정식 ㉮이 실근을 가져야 한다.

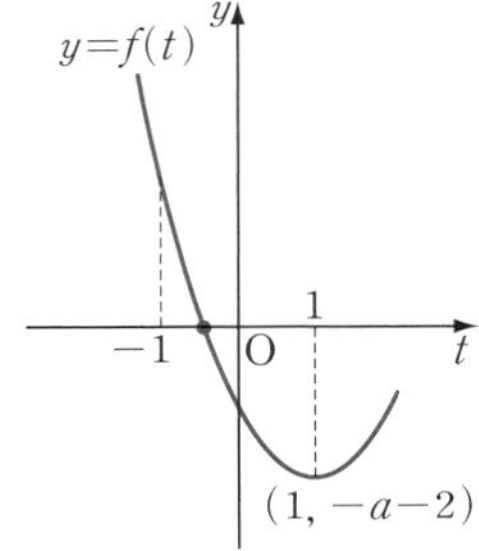

따라서 $f(t)=t^2-2t-a-1$로 놓을 때, $y=f(t)$의 그래프가 $-1\le t\le 1$에서 t축과 만나기 위한 a의 값의 범위를 구하면 된다.

그런데 $f(t)=(t-1)^2-a-2$이므로 오른쪽 위의 그림에서

$$f(-1)=2-a\ge 0,\ f(1)=-a-2\le 0$$

$$\therefore\ \boldsymbol{-2\le a\le 2} \longleftarrow \text{답}$$

Advice | 방정식 ㉮에서 $t^2-2t-1=a$이므로 $-1\le t\le 1$에서 두 함수

$$y=t^2-2t-1,\ y=a$$

의 그래프가 만나기 위한 a의 값의 범위를 구해도 된다.

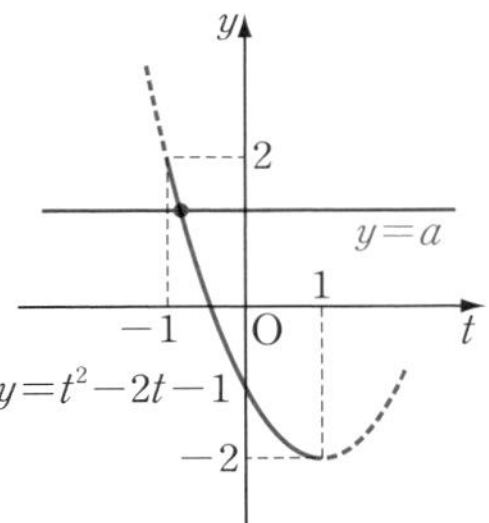

유제 **10**-3. $0\le x\le \pi$에서 x에 관한 삼각방정식 $2\sin^2 x-2\sin x-a+1=0$이 실근을 가지기 위한 실수 a의 값의 범위를 구하시오. 답 $\boldsymbol{\frac{1}{2}\le a\le 1}$

§2. 삼각부등식

1 간단한 삼각부등식

이를테면 $\sin x>0$, $\cos x \leq -\dfrac{1}{2}$, $\tan x \geq \sqrt{3}$ 과 같이 삼각함수의 각의 크기를 미지수로 하는 부등식을 삼각부등식이라고 한다.

삼각부등식에서도 삼각방정식의 경우와 같이 미지수 x에 제한 범위가 있는 경우에 대해서만 다루기로 한다.

보기 1 다음 삼각부등식을 푸시오. 단, $0 \leq x < 2\pi$ 이다.

(1) $\sin x > -\dfrac{1}{2}$ (2) $\cos x < \dfrac{1}{\sqrt{2}}$ (3) $\tan x \geq 1$

연구 각각의 그래프를 그려 보면 쉽게 해결된다.

정 석 삼각부등식 ⟹ 삼각함수의 그래프를 그려서 해결!

(1) $y=\sin x$ ……①

$y=-\dfrac{1}{2}$ ……②

로 놓을 때 ①의 그래프가 ②의 그래프보다 위쪽에 있는 x의 값의 범위를 구하면 되므로

$$\boldsymbol{0 \leq x < \frac{7}{6}\pi,\ \frac{11}{6}\pi < x < 2\pi}$$

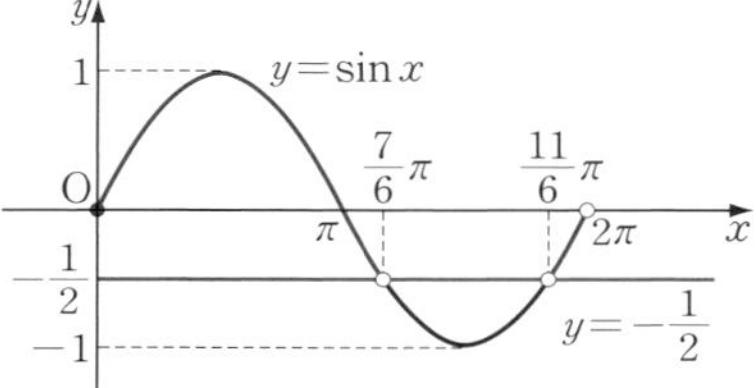

(2) $y=\cos x$ ……①

$y=\dfrac{1}{\sqrt{2}}$ ……②

로 놓을 때 ①의 그래프가 ②의 그래프보다 아래쪽에 있는 x의 값의 범위를 구하면 되므로

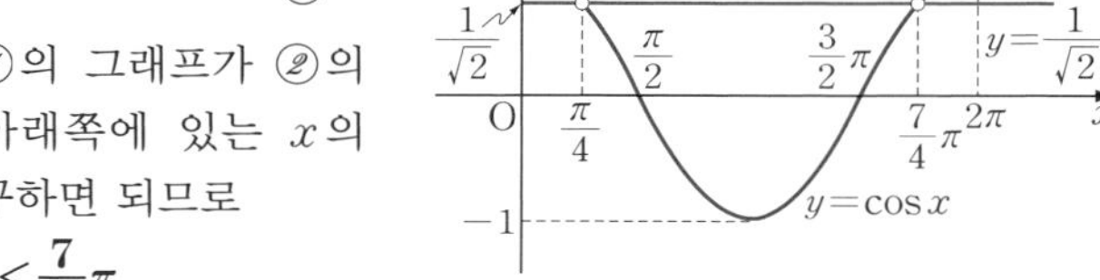

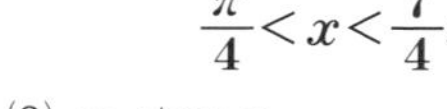

$$\boldsymbol{\frac{\pi}{4} < x < \frac{7}{4}\pi}$$

(3) $y=\tan x$ ……①

$y=1$ ……②

로 놓을 때 ①의 그래프가 ②의 그래프보다 아래쪽에 있지 않은 x의 값의 범위를 구하면 되므로

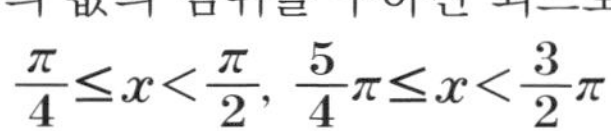

$$\boldsymbol{\frac{\pi}{4} \leq x < \frac{\pi}{2},\ \frac{5}{4}\pi \leq x < \frac{3}{2}\pi}$$

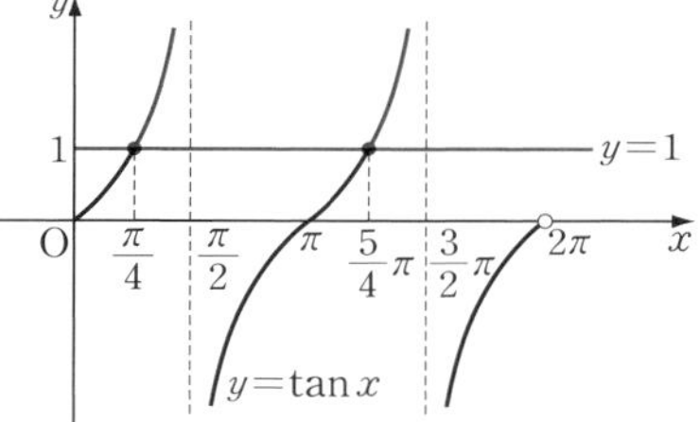

기본 문제 10-4 $0\le x<2\pi$ 일 때, 다음 삼각부등식의 해를 구하시오.

(1) $2\sin^2 x-3\cos x\ge 0$ (2) $\tan^2 x+(\sqrt{3}-1)\tan x-\sqrt{3}<0$

정석연구 (1) $\sin^2 x+\cos^2 x=1$ 임을 이용하여 $\cos x$ 에 관한 이차부등식을 만든 다음, $\cos x$ 의 값의 범위부터 구한다. 그리고 $y=\cos x$ 의 그래프를 그려서 x 의 값의 범위를 구한다.

(2) $\tan x$ 의 값의 범위부터 구한다. 그리고 $y=\tan x$ 의 그래프를 그려서 x 의 값의 범위를 구한다.

정석 삼각부등식의 해법 ⟹ 그래프를 이용한다.

모범답안 (1) 주어진 부등식에서 $2(1-\cos^2 x)-3\cos x\ge 0$

$\therefore\ 2\cos^2 x+3\cos x-2\le 0$

$\therefore\ (2\cos x-1)(\cos x+2)\le 0$

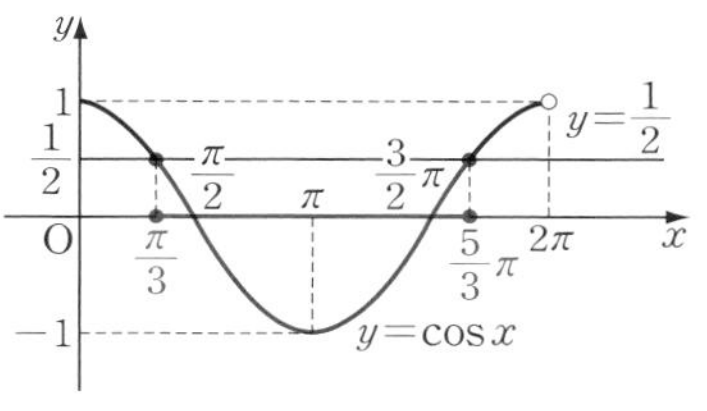

$\cos x+2>0$ 이므로

$2\cos x-1\le 0$ $\therefore\ \cos x\le\frac{1}{2}$

따라서 오른쪽 그래프에서

$\boldsymbol{\frac{\pi}{3}\le x\le\frac{5}{3}\pi}$ ← 답

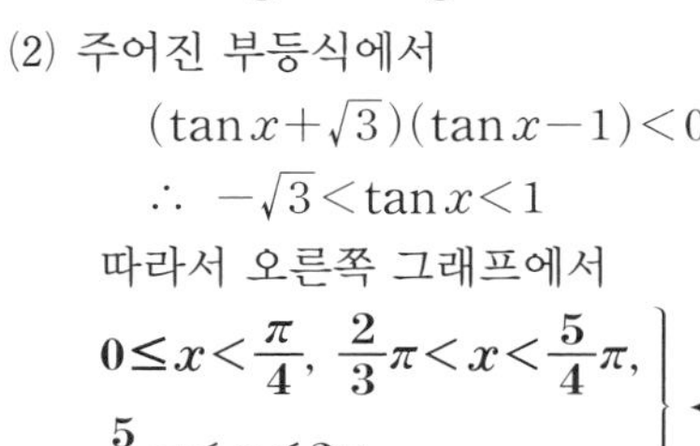

(2) 주어진 부등식에서

$(\tan x+\sqrt{3})(\tan x-1)<0$

$\therefore\ -\sqrt{3}<\tan x<1$

따라서 오른쪽 그래프에서

$\boldsymbol{0\le x<\frac{\pi}{4},\ \frac{2}{3}\pi<x<\frac{5}{4}\pi,\ \frac{5}{3}\pi<x<2\pi}$ ← 답

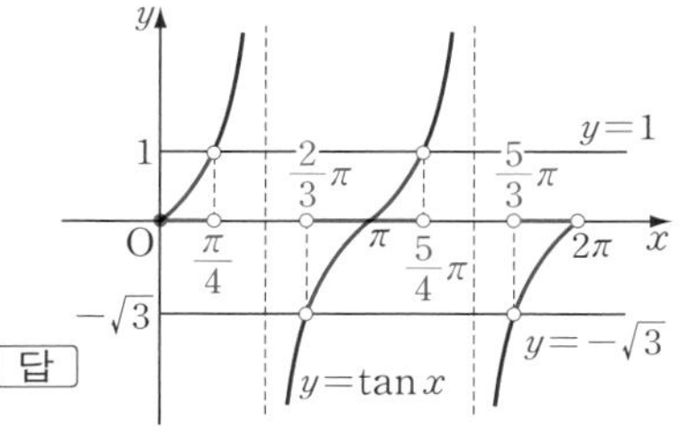

Advice | (1) 오른쪽 그림과 같이 단위원을 그리면 $\cos x\le\frac{1}{2}$ 의 해는 $\boldsymbol{\frac{\pi}{3}\le x\le\frac{5}{3}\pi}$

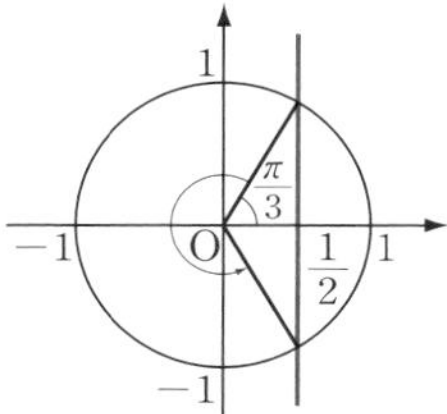

유제 **10**-4. $0\le x<2\pi$ 일 때, 다음 삼각부등식의 해를 구하시오.

(1) $\cos^2 x<1-\sin x$ (2) $\tan^2 x\ge 1$

답 (1) $\boldsymbol{\pi<x<2\pi}$

(2) $\boldsymbol{\frac{\pi}{4}\le x<\frac{\pi}{2},\ \frac{\pi}{2}<x\le\frac{3}{4}\pi,\ \frac{5}{4}\pi\le x<\frac{3}{2}\pi,\ \frac{3}{2}\pi<x\le\frac{7}{4}\pi}$

기본 문제 10-5 x에 관한 이차방정식 $x^2+2x+2\cos\theta=0$에 대하여 다음 물음에 답하시오. 단, $0\le\theta\le2\pi$이다.

(1) 이 방정식이 중근, 실근, 허근을 가지도록 하는 θ의 값 또는 값의 범위를 각각 구하시오.

(2) 이 방정식의 두 근이 모두 음수가 되도록 하는 θ의 값의 범위를 구하시오.

정석연구 이차방정식과 삼각함수를 융합한 문제로서, 우선 이차방정식의 성질을 확실히 알고 있어야 한다.

정 석 이차방정식 $\boldsymbol{ax^2+bx+c=0}$($\boldsymbol{a, b, c}$는 실수)에서

$$\boldsymbol{D=b^2-4ac}$$

$\boldsymbol{D>0}$ ⟺ 서로 다른 두 실근 }
$\boldsymbol{D=0}$ ⟺ 서로 같은 두 실근(중근) } 실근
$\boldsymbol{D<0}$ ⟺ 서로 다른 두 허근

모범답안 (1) $x^2+2x+2\cos\theta=0\ (0\le\theta\le2\pi)$에서 $D/4=1-2\cos\theta$

(i) 중근 조건 : $D/4=1-2\cos\theta=0$으로부터

$$\cos\theta=\frac{1}{2} \quad \therefore\ \boldsymbol{\theta=\frac{\pi}{3},\ \frac{5}{3}\pi} \longleftarrow \text{답}$$

(ii) 실근 조건 : $D/4=1-2\cos\theta\ge0$으로부터

$$\cos\theta\le\frac{1}{2} \quad \therefore\ \boldsymbol{\frac{\pi}{3}\le\theta\le\frac{5}{3}\pi} \longleftarrow \text{답}$$

(iii) 허근 조건 : $D/4=1-2\cos\theta<0$으로부터

$$\cos\theta>\frac{1}{2} \quad \therefore\ \boldsymbol{0\le\theta<\frac{\pi}{3},\ \frac{5}{3}\pi<\theta\le2\pi} \longleftarrow \text{답}$$

(2) 두 근을 α, β라고 할 때, $\alpha<0$, $\beta<0$일 조건은

$$D/4=1-2\cos\theta\ge0,\ \alpha+\beta=-2<0,\ \alpha\beta=2\cos\theta>0$$

$$\therefore\ 0<\cos\theta\le\frac{1}{2} \quad \therefore\ \boldsymbol{\frac{\pi}{3}\le\theta<\frac{\pi}{2},\ \frac{3}{2}\pi<\theta\le\frac{5}{3}\pi} \longleftarrow \text{답}$$

유제 **10**-5. 곡선 $y=x^2-2x-\sqrt{2}\sin\theta$에 대하여 다음 물음에 답하시오. 단, $0\le\theta\le2\pi$이다.

(1) 이 곡선이 x축에 접할 때, θ의 값을 구하시오.

(2) 이 곡선이 x축과 서로 다른 두 점에서 만날 때, θ의 값의 범위를 구하시오.

(3) 모든 실수 x에 대하여 $y>0$일 때, θ의 값의 범위를 구하시오.

답 (1) $\boldsymbol{\theta=\frac{5}{4}\pi,\ \frac{7}{4}\pi}$ (2) $\boldsymbol{0\le\theta<\frac{5}{4}\pi,\ \frac{7}{4}\pi<\theta\le2\pi}$ (3) $\boldsymbol{\frac{5}{4}\pi<\theta<\frac{7}{4}\pi}$

연습문제 10

10-1 다음 삼각방정식을 푸시오. 단, $0\le x<2\pi$이다.

(1) $\sin 2x=\frac{\sqrt{3}}{2}$ (2) $\cos 2x=-\frac{1}{2}$ (3) $\tan\frac{1}{2}x=\sqrt{3}$

(4) $\sin\left(x+\frac{\pi}{3}\right)=-\frac{1}{2}$ (5) $\sin\frac{3}{4}\pi\cos\frac{\pi}{6}\tan x=\frac{1}{2\sqrt{2}}$

10-2 다음 삼각방정식을 푸시오. 단, $0\le x<2\pi$이다.

(1) $\sin\left(x-\frac{\pi}{5}\right)=\sin\frac{\pi}{10}$ (2) $\cos\left(x-\frac{\pi}{5}\right)=\sin\frac{\pi}{10}$

(3) $\tan\left(x-\frac{\pi}{5}\right)=\tan\frac{7}{5}\pi$

10-3 $0\le x<2\pi$일 때, 방정식 $2\sin^2 x-1=0$과 부등식 $\sin x\cos x>0$을 동시에 만족시키는 모든 x의 값의 합을 구하시오.

10-4 $0\le x<4\pi$일 때, 방정식 $4\sin^2 x-8\sin\left(\frac{\pi}{2}+x\right)+1=0$의 모든 해의 합을 구하시오.

10-5 $0\le x<2\pi$일 때, 다음 방정식을 푸시오.

$$2\log\sin x-\log\cos x+\log 2-\log 3=0$$

10-6 어느 용수철에 질량이 m g인 추를 매달아 아래쪽으로 L cm만큼 잡아당겼다가 놓은 지 t초가 지난 후의 추의 높이를 h cm라고 하면 $h=20-L\cos\frac{2\pi t}{\sqrt{m}}$가 성립한다. 이 용수철에 질량이 64 g인 추를 매달아 아래쪽으로 $5\sqrt{2}$ cm만큼 잡아당겼다가 놓은 지 1초가 지난 후의 높이와 질량이 x g인 추를 매달아 아래쪽으로 10 cm만큼 잡아당겼다가 놓은 지 2초가 지난 후의 높이가 같을 때, x의 값은? 단, $L<20$이고 $x\ge 100$이다.

① 100 ② 144 ③ 196 ④ 256 ⑤ 324

10-7 삼각방정식 $\sin\pi x=\frac{3}{10}x$의 서로 다른 실근의 개수는?

① 1 ② 3 ③ 5 ④ 7 ⑤ 무수히 많다.

10-8 x에 관한 방정식 $2\cos^2 x-\sin x-1=a(\sin x+1)$이 $0<x<\pi$에서 실근을 가지기 위한 실수 a의 값의 범위를 구하시오.

10-9 좌표평면 위의 점 $(1, \cos\theta)$와 직선 $x\sin\theta+y\cos\theta=1$ 사이의 거리가 $\frac{1}{4}$일 때, θ의 값을 구하시오. 단, $0\le\theta\le\frac{\pi}{2}$이다.

10-10 포물선 $y=x^2-2x\sin\theta+\cos^2\theta\left(-\frac{\pi}{2}<\theta<\frac{\pi}{2}\right)$의 꼭짓점이 직선 $x+y=0$ 위에 있을 때, θ의 값은?

① $-\frac{\pi}{3}$ ② $-\frac{\pi}{6}$ ③ $\frac{\pi}{6}$ ④ $\frac{\pi}{4}$ ⑤ $\frac{\pi}{3}$

10-11 다음 삼각부등식을 푸시오.

(1) $\sin x\le\cos x\ (0\le x\le 2\pi)$ (2) $2\cos x>3\tan x\ \left(0<x<\frac{\pi}{2}\right)$

10-12 $0\le x<2\pi$일 때, 삼각부등식 $\sin x\ge\cos\frac{\pi}{9}$를 푸시오.

10-13 어느 난방기의 온도를 B(°C)로 설정했을 때, 가동한 지 t분 후의 실내 온도는 T(°C)가 되어 다음 관계식이 성립한다.

$$T=B-k\cos\frac{\pi}{60}t\ (B,\ k\text{는 양의 상수})$$

이 난방기를 가동한 지 20분 후의 실내 온도가 18 °C이었고, 40분 후의 실내 온도가 20 °C이었다. 이 난방기를 4시간 동안 가동했을 때, 실내 온도가 18 °C에서 20 °C 사이에 있었던 시간은 총 몇 분 동안인가?

① 40분 ② 60분 ③ 80분 ④ 100분 ⑤ 120분

10-14 오른쪽 그림은 함수

$y=\cos a(x+b)+c\ (a>0,\ 0<b<\pi)$

의 그래프이다.

$0\le\theta<\pi$일 때, $\cos a(\theta+b)+c<1$을 만족시키는 θ의 값의 범위를 구하시오.

단, $a,\ b,\ c$는 상수이다.

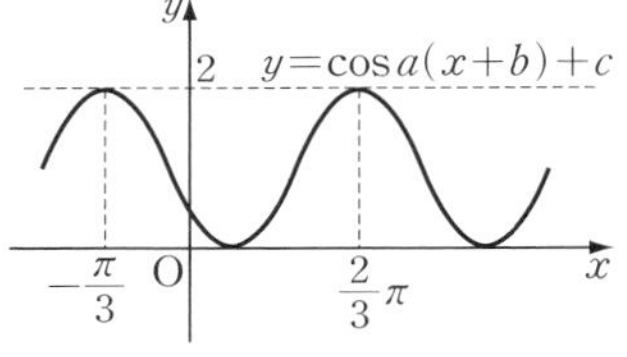

10-15 부등식 $\cos^2\theta-3\cos\theta-a+9\ge0$이 모든 실수 θ에 대하여 성립할 때, 실수 a의 값의 범위를 구하시오.

10-16 x에 관한 이차방정식 $x^2-\sqrt{2}x+\sin^2\theta-\cos^2\theta=0$이 실근을 가지도록 θ의 값의 범위를 정하시오. 단, $0\le\theta\le\pi$이다.

10-17 x에 관한 이차방정식 $2x^2+3x\cos\theta-2\sin^2\theta+1=0\,(0\le\theta<2\pi)$의 두 근 사이에 1이 있도록 θ의 값의 범위를 정하시오.

10-18 직선 $y=-x$와 포물선 $y=x^2+2x\cos\theta+1\,(0\le\theta\le2\pi)$이 있다.

(1) 직선과 포물선이 접하도록 θ의 값을 정하시오.

(2) 직선과 포물선이 서로 다른 두 점에서 만나도록 θ의 값의 범위를 정하시오.

11. 사인법칙과 코사인법칙

사인법칙／코사인법칙

§1. 사인법칙

1 사인법칙

△ABC에서 보통 각 A와 각 A의 크기를 구별하지 않고 모두 ∠A로 나타낸다.

특히 삼각함수에서는 △ABC의 세 각 A, B, C의 크기를 간단히 각각 A, B, C로 나타내고, 그 대변 BC, CA, AB의 길이를 각각 a, b, c로 나타낸다. 이 책에서는 특별한 말이 없는 한 이와 같이 나타내기로 한다.

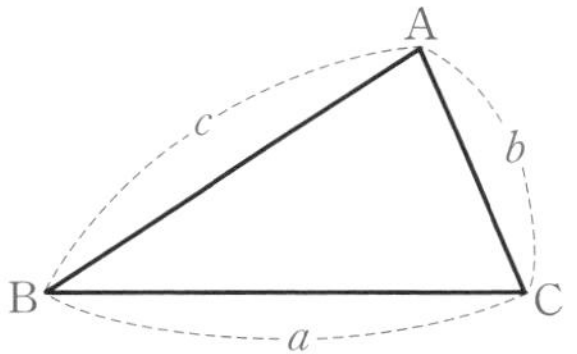

이때,

$$\boldsymbol{A,\ B,\ C,\ a,\ b,\ c}$$

를 삼각형의 **6요소**라고 한다.

△ABC의 외접원의 반지름의 길이를 R이라고 할 때, △ABC의 6요소와 R 사이에는 다음 관계가 성립한다.

기본정석 — 사인법칙

△ABC의 세 각의 크기 A, B, C와 세 변의 길이 a, b, c, 외접원의 반지름의 길이 R 사이에는 다음 관계가 성립한다.

$$\frac{a}{\sin A}=\frac{b}{\sin B}=\frac{c}{\sin C}=2R$$

이것을 사인법칙이라고 한다.

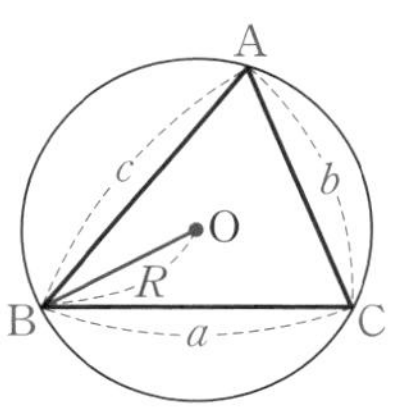

Advice ‖ 사인법칙은 삼각형 문제를 해결할 때 자주 이용하므로 기억해 두고 활용하길 바란다.

활용에 앞서 사인법칙을 증명해 보자.

(증명 **1**) △ABC의 외접원의 중심을 O라 하고, 선분 BO의 연장선이 외접원과 만나는 점을 A′이라고 하면 선분 BA′은 지름이므로 $\overline{\mathrm{BA'}}=2R$이다.

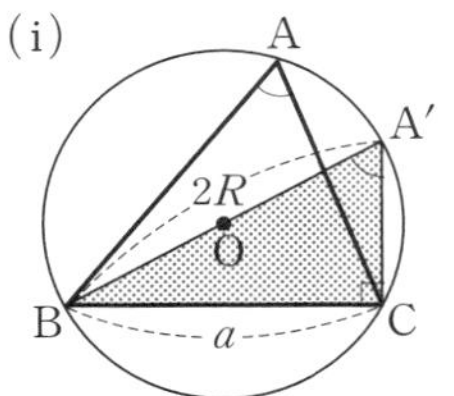

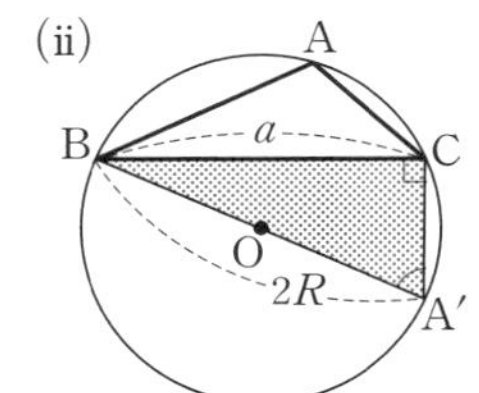

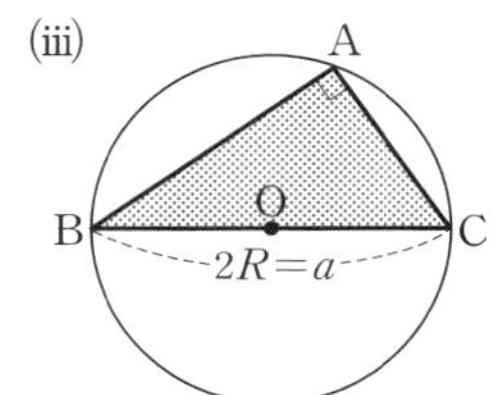

(i) $\boldsymbol{A<90^\circ}$일 때 $A=A'$, $\angle\mathrm{A'CB}=90^\circ$이므로

$$\sin A=\sin A'=\frac{\overline{\mathrm{BC}}}{\overline{\mathrm{BA'}}}=\frac{a}{2R} \qquad \therefore \frac{a}{\sin A}=2R$$

(ii) $\boldsymbol{A>90^\circ}$일 때 $A=180^\circ-A'$, $\angle\mathrm{A'CB}=90^\circ$이므로

$$\sin A=\sin(180^\circ-A')=\sin A'=\frac{a}{2R} \qquad \therefore \frac{a}{\sin A}=2R$$

(iii) $\boldsymbol{A=90^\circ}$일 때 $\sin A=1$, $a=2R$이므로 $\dfrac{a}{\sin A}=2R$

같은 방법으로 하면 $\dfrac{b}{\sin B}=2R$, $\dfrac{c}{\sin C}=2R$

$$\therefore \boldsymbol{\frac{a}{\sin A}=\frac{b}{\sin B}=\frac{c}{\sin C}=2R}$$

(증명 **2**) 아래 그림과 같이 점 A가 원점에 오도록 좌표축을 잡는다.

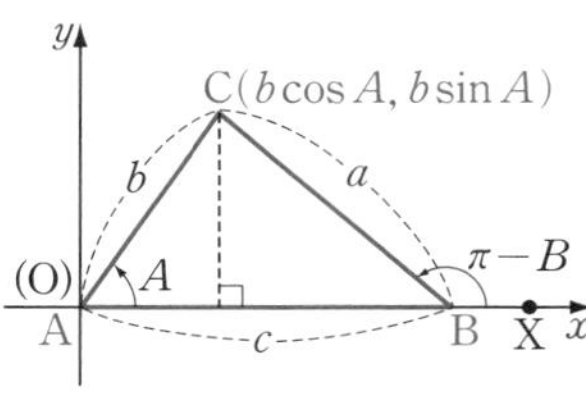

(i) 반직선 AB를 시초선, 반직선 AC를 동경으로 생각하면

$\mathrm{C}(b\cos A, b\sin A)$ ……①

(ii) B를 꼭짓점, 반직선 BX를 시초선, 반직선 BC를 동경으로 생각하면

$\mathrm{C}(c+a\cos(\pi-B), a\sin(\pi-B))$

곧, $\mathrm{C}(c-a\cos B, a\sin B)$ ……②

①, ②에서 점 C의 y좌표가 같아야 하므로

$$b\sin A=a\sin B \qquad \text{곧, } \frac{a}{\sin A}=\frac{b}{\sin B}$$

같은 방법으로 하면 $\dfrac{b}{\sin B}=\dfrac{c}{\sin C}$ $\quad\therefore \boldsymbol{\dfrac{a}{\sin A}=\dfrac{b}{\sin B}=\dfrac{c}{\sin C}}$

보기 1 오른쪽 그림에서 다음을 구하시오.

(1) $A=45^\circ$, $R=10\,\text{cm}$일 때, a

(2) $A=30^\circ$, $a=5\,\text{cm}$일 때, R

(3) $a=3$, $R=3$일 때, 예각 A

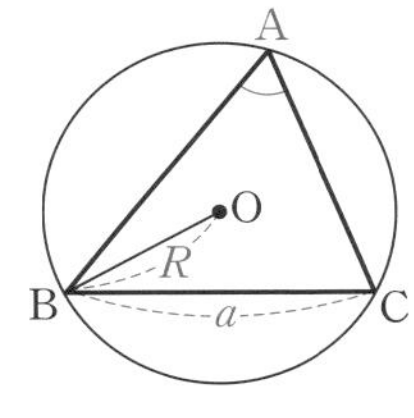

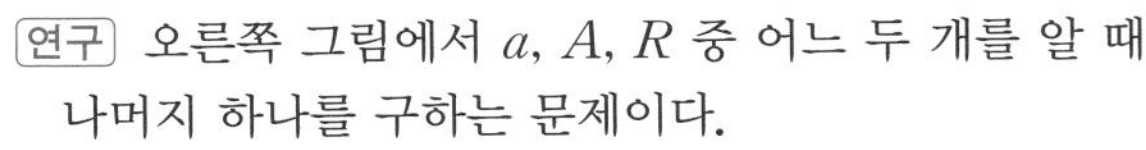

연구 오른쪽 그림에서 a, A, R 중 어느 두 개를 알 때, 나머지 하나를 구하는 문제이다.

이런 경우에는

정석 사인법칙 : $\dfrac{a}{\sin A}=2R$

을 이용한다.

(1) $\dfrac{a}{\sin A}=2R$에서 $\dfrac{a}{\sin 45^\circ}=2\times 10$ $\quad\therefore$ $\boldsymbol{a=10\sqrt{2}}$ **(cm)**

(2) $\dfrac{a}{\sin A}=2R$에서 $\dfrac{5}{\sin 30^\circ}=2R$ $\quad\therefore$ $\boldsymbol{R=5}$ **(cm)**

(3) $\dfrac{a}{\sin A}=2R$에서 $\dfrac{3}{\sin A}=2\times 3$ $\quad\therefore$ $\sin A=\dfrac{1}{2}$

A는 예각이므로 $\boldsymbol{A=30^\circ}$

보기 2 볼록사각형 ABCD에서 $\angle\text{B}=\angle\text{D}=90^\circ$, $\angle\text{A}=45^\circ$, $\overline{\text{AC}}=2\sqrt{2}\,\text{cm}$일 때, 대각선 BD의 길이를 구하시오.

연구 $\angle\text{B}=90^\circ$, $\angle\text{D}=90^\circ$이므로 사각형 ABCD는 대각선 AC를 지름으로 하는 원에 내접한다.

따라서 $\triangle$ABD에서 사인법칙에 의하여

$$\frac{\overline{\text{BD}}}{\sin A}=\overline{\text{AC}}$$

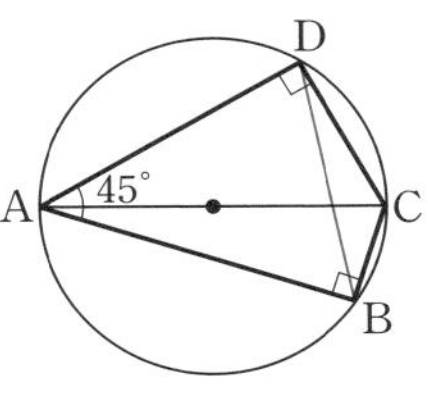

$\angle\text{A}=45^\circ$, $\overline{\text{AC}}=2\sqrt{2}\,\text{cm}$이므로

$$\overline{\text{BD}}=2\sqrt{2}\sin 45^\circ=\boldsymbol{2}\,\textbf{(cm)}$$

보기 3 $\triangle$ABC에서 $A=60^\circ$, $B=45^\circ$, $a=6$일 때, b를 구하시오.

연구 사인법칙으로부터

$$\frac{a}{\sin A}=\frac{b}{\sin B}$$

$a=6$, $A=60^\circ$, $B=45^\circ$이므로

$$\frac{6}{\sin 60^\circ}=\frac{b}{\sin 45^\circ}$$

$$\therefore\ b=\frac{6\sin 45^\circ}{\sin 60^\circ}=\boldsymbol{2\sqrt{6}}$$

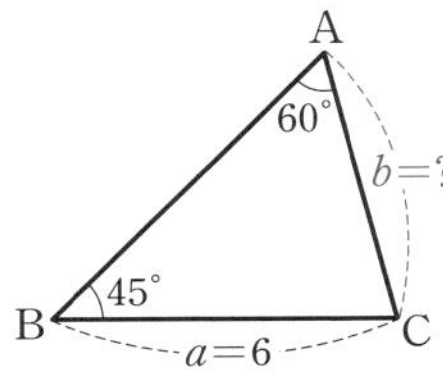

기본 문제 11-1 △ABC에서 다음 물음에 답하시오.

(1) $\sin A+\sin B>\sin C$임을 증명하시오.

(2) a, b, c 사이에 $2b=a+c$인 관계가 있을 때, $\sin A$, $\sin B$, $\sin C$ 사이의 관계식을 구하시오.

(3) $A:B:C=3:4:5$일 때, $a:b:c$를 구하시오.

단, $\sin 75^\circ=\dfrac{\sqrt{6}+\sqrt{2}}{4}$이다.

정석연구 다음 사인법칙을 자유자재로 활용할 수 있어야 한다.

$$\textbf{정석}\quad \frac{a}{\sin A}=\frac{b}{\sin B}=\frac{c}{\sin C}=2R$$

모범답안 (1) 사인법칙으로부터

$$\sin A=\frac{a}{2R},\quad \sin B=\frac{b}{2R},\quad \sin C=\frac{c}{2R} \qquad \Leftarrow \text{각을 변으로!}$$

$$\therefore\ \sin A+\sin B-\sin C=\frac{a}{2R}+\frac{b}{2R}-\frac{c}{2R}=\frac{a+b-c}{2R}>0$$

곧, $\sin A+\sin B-\sin C>0$ $\quad\therefore\ \sin A+\sin B>\sin C$

(2) 사인법칙으로부터

$$a=2R\sin A,\quad b=2R\sin B,\quad c=2R\sin C \qquad \Leftarrow \text{변을 각으로!}$$

이것을 $2b=a+c$에 대입하면 $\quad 2\times 2R\sin B=2R\sin A+2R\sin C$

$$\therefore\ 2\sin B=\sin A+\sin C \longleftarrow \boxed{\text{답}}$$

(3) $A+B+C=180^\circ$이므로

$$A=180^\circ\times\frac{3}{12}=45^\circ,\quad B=180^\circ\times\frac{4}{12}=60^\circ,\quad C=180^\circ\times\frac{5}{12}=75^\circ$$

그런데 사인법칙으로부터

$$a:b:c=\sin A:\sin B:\sin C \qquad \Leftarrow \text{변의 비와 사인의 비}$$

$$\therefore\ a:b:c=\sin 45^\circ:\sin 60^\circ:\sin 75^\circ=\frac{1}{\sqrt{2}}:\frac{\sqrt{3}}{2}:\frac{\sqrt{6}+\sqrt{2}}{4} \longleftarrow \boxed{\text{답}}$$

유제 **11**-1. △ABC에서 다음 물음에 답하시오.

(1) $C=90^\circ$일 때, $\sin^2 A+\sin^2 B=\sin^2 C$임을 증명하시오.

(2) $a^2>b^2+c^2$일 때, $\sin A$, $\sin B$, $\sin C$ 사이의 관계식을 구하시오.

(3) $a-2b+c=0$, $3a+b-2c=0$일 때, $\sin A:\sin B:\sin C$를 구하시오.

(4) $\sin A:\sin B:\sin C=4:5:2$일 때, $ab:bc:ca$를 구하시오.

답 (1) 생략 (2) $\sin^2 A>\sin^2 B+\sin^2 C$ (3) $3:5:7$ (4) $10:5:4$

기본 문제 11-2 △ABC에서 다음 물음에 답하시오.

(1) 다음 등식이 성립함을 보이시오.

$$c(\sin^2 A+\sin^2 B)=\sin C(a\sin A+b\sin B)$$

(2) x에 관한 이차방정식 $x^2\sin^2 A+2x\sin A\sin B+\sin^2 A+\sin^2 C=0$ 이 중근을 가질 때, △ABC는 어떤 삼각형인가?

정석연구 이와 같은 삼각형의 변과 각의 관계식은 변만의 관계식으로 변형하거나 각만의 관계식으로 변형한다.

정 석 $\dfrac{\boldsymbol{a}}{\sin \boldsymbol{A}}=\dfrac{\boldsymbol{b}}{\sin \boldsymbol{B}}=\dfrac{\boldsymbol{c}}{\sin \boldsymbol{C}}=2\boldsymbol{R}$에서

(i) 각의 관계를 변의 관계로 변형할 때에는

$\sin \boldsymbol{A}=\dfrac{\boldsymbol{a}}{2\boldsymbol{R}},\ \sin \boldsymbol{B}=\dfrac{\boldsymbol{b}}{2\boldsymbol{R}},\ \sin \boldsymbol{C}=\dfrac{\boldsymbol{c}}{2\boldsymbol{R}}$를 이용!

(ii) 변의 관계를 각의 관계로 변형할 때에는

$\boldsymbol{a}=2\boldsymbol{R}\sin \boldsymbol{A},\ \boldsymbol{b}=2\boldsymbol{R}\sin \boldsymbol{B},\ \boldsymbol{c}=2\boldsymbol{R}\sin \boldsymbol{C}$를 이용!

모범답안 (1) $c(\sin^2 A+\sin^2 B)=c\left\{\left(\dfrac{a}{2R}\right)^2+\left(\dfrac{b}{2R}\right)^2\right\}=\dfrac{c(a^2+b^2)}{4R^2}$

$$\sin C(a\sin A+b\sin B)=\frac{c}{2R}\left(a\times\frac{a}{2R}+b\times\frac{b}{2R}\right)=\frac{c(a^2+b^2)}{4R^2}$$

$$\therefore\ c(\sin^2 A+\sin^2 B)=\sin C(a\sin A+b\sin B)$$

(2) $(\sin^2 A)x^2+2(\sin A\sin B)x+\sin^2 A+\sin^2 C=0$에서

$$D/4=\sin^2 A\sin^2 B-\sin^2 A(\sin^2 A+\sin^2 C)=0$$

$\sin A\neq 0$이므로 양변을 $\sin^2 A$로 나누면 $\sin^2 B-\sin^2 A-\sin^2 C=0$

$$\therefore\ \left(\frac{b}{2R}\right)^2-\left(\frac{a}{2R}\right)^2-\left(\frac{c}{2R}\right)^2=0 \qquad \therefore\ b^2=a^2+c^2$$

따라서 △ABC는 $\boldsymbol{B=90^\circ}$인 직각삼각형 ← 답

유제 **11**-2. △ABC에서 다음 등식이 성립함을 보이시오.

$$a(\sin B-\sin C)+b(\sin C-\sin A)+c(\sin A-\sin B)=0$$

유제 **11**-3. 다음 등식을 만족시키는 △ABC는 어떤 삼각형인가?

(1) $\cos^2 A-\cos^2 B+\cos^2 C=1$ (2) $a\sin^2 A=b\sin^2 B$

답 (1) $\boldsymbol{B=90^\circ}$인 직각삼각형 (2) $\boldsymbol{a=b}$인 이등변삼각형

유제 **11**-4. △ABC에 대하여 x에 관한 이차방정식

$$x^2\sin A+2x\sin B+\sin C=0$$

이 중근을 가질 때, a, b, c 사이의 관계식을 구하시오. 답 $\boldsymbol{b^2=ac}$

기본 문제 11-3 다음 △ABC를 푸시오.

$A=30^\circ,\quad a=2,\quad b=2\sqrt{3}$

정석연구 삼각형의 6요소 A, B, C, a, b, c 중에서 몇 개의 값이 주어졌을 때, 나머지 요소의 값을 구하는 것을 삼각형을 푼다고 한다.

이 문제는 나머지 요소인 B, C와 c를 구하는 경우이다.

정석 △ABC에서

(i) $\boldsymbol{A+B+C=180^\circ}$ (ii) $\boldsymbol{\dfrac{a}{\sin A}=\dfrac{b}{\sin B}=\dfrac{c}{\sin C}}$

임을 활용해 보자.

모범답안 △ABC에서 사인법칙에 의하여

$\dfrac{a}{\sin A}=\dfrac{b}{\sin B}$이므로 $\dfrac{2}{\sin 30^\circ}=\dfrac{2\sqrt{3}}{\sin B}$

$\therefore\ \sin B=\sqrt{3}\sin 30^\circ=\dfrac{\sqrt{3}}{2}$

$\therefore\ B=60^\circ$ 또는 $B=120^\circ$

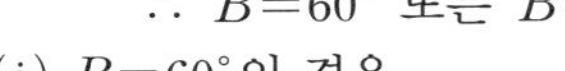

(i) $B=60^\circ$인 경우

$C=180^\circ-(A+B)=180^\circ-(30^\circ+60^\circ)=90^\circ$

$\dfrac{c}{\sin C}=\dfrac{a}{\sin A}$이므로 $\dfrac{c}{\sin 90^\circ}=\dfrac{2}{\sin 30^\circ}$ $\therefore\ c=4$

(ii) $B=120^\circ$인 경우 : 같은 방법으로 하면 $C=30^\circ,\ c=2$

답 $\boldsymbol{B=60^\circ,\ C=90^\circ,\ c=4}$ 또는 $\boldsymbol{B=120^\circ,\ C=30^\circ,\ c=2}$

Advice | 주어진 조건이 두 변의 길이와 끼인각이 아닌 한 각의 크기일 때에는 이를 만족시키는 삼각형이 두 개일 수 있다. 이를 그림으로 나타내면 다음과 같다.

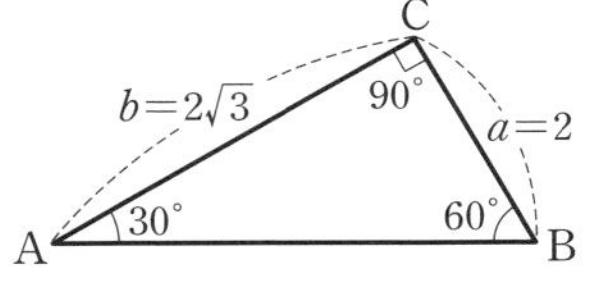

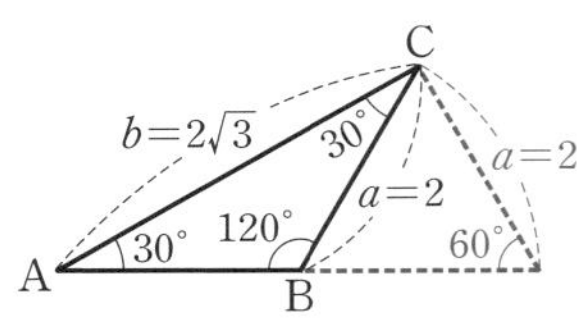

유제 **11**-5. 다음 △ABC를 푸시오.

(1) $A=30^\circ,\ a=3,\ c=6$ (2) $B=120^\circ,\ b=2\sqrt{3},\ c=2$

(3) $B=30^\circ,\ b=\sqrt{3},\ c=3$

답 (1) $\boldsymbol{B=60^\circ,\ C=90^\circ,\ b=3\sqrt{3}}$ (2) $\boldsymbol{A=30^\circ,\ C=30^\circ,\ a=2}$
(3) $\boldsymbol{A=90^\circ,\ C=60^\circ,\ a=2\sqrt{3}}$ 또는 $\boldsymbol{A=30^\circ,\ C=120^\circ,\ a=\sqrt{3}}$

§2. 코사인법칙

1 코사인법칙

삼각형의 6요소 사이에는 사인법칙 이외에 다음 두 법칙도 성립한다. 이 중 제이 코사인법칙을 간단히 코사인법칙이라고 한다.

기본정석 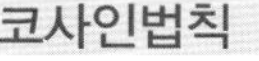

(1) 제일 코사인법칙

$$\boldsymbol{a=b\cos C+c\cos B}$$
$$\boldsymbol{b=c\cos A+a\cos C}$$
$$\boldsymbol{c=a\cos B+b\cos A}$$

(2) 제이 코사인법칙(코사인법칙)

$$\boldsymbol{a^2=b^2+c^2-2bc\cos A}$$
$$\boldsymbol{b^2=c^2+a^2-2ca\cos B}$$
$$\boldsymbol{c^2=a^2+b^2-2ab\cos C}$$

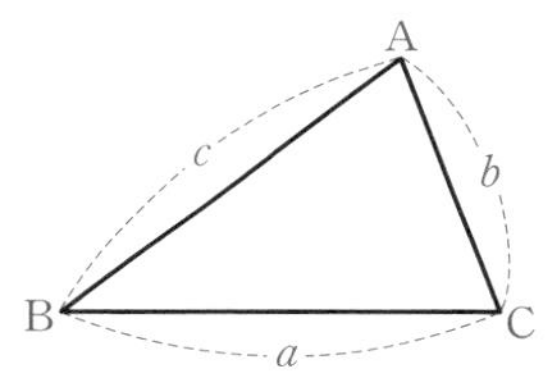

Advice 1° 제일 코사인법칙

(증명 **1**) △ABC의 꼭짓점 A에서 대변 BC 또는 그 연장선에 내린 수선의 발을 D라고 하자.

(i)
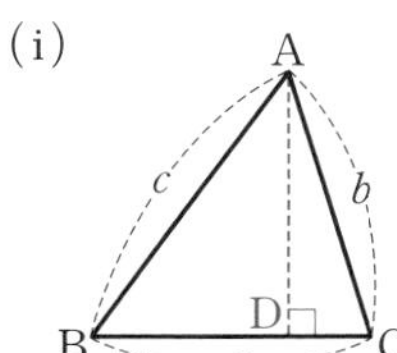

(ii)
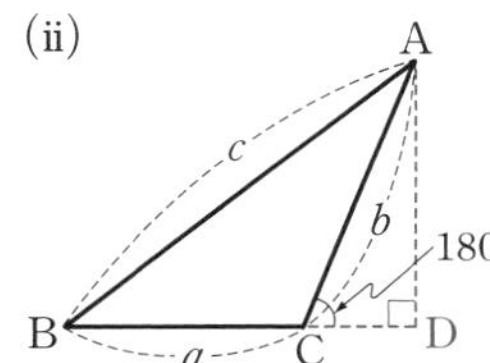

(iii)
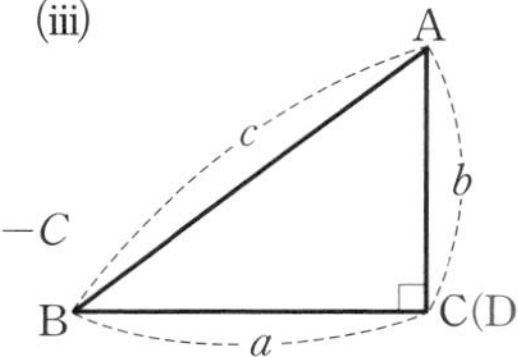

(i) 각 **B, C**가 모두 예각인 경우

$$a=\overline{\mathrm{BD}}+\overline{\mathrm{CD}}=c\cos B+b\cos C$$

(ii) 각 **C**가 둔각인 경우

$$a=\overline{\mathrm{BD}}-\overline{\mathrm{CD}}=c\cos B-b\cos(180^\circ-C)=c\cos B+b\cos C$$

각 B가 둔각인 경우에도 마찬가지이다.

(iii) 각 **C**가 직각인 경우 $a=c\cos B$

그런데 $\cos C=0$이므로 이때에도 $a=c\cos B+b\cos C$가 성립한다.

각 B가 직각인 경우에도 마찬가지이다.

같은 방법으로 하면 다음 법칙이 성립한다.

$$\boldsymbol{b=c\cos A+a\cos C,\quad c=a\cos B+b\cos A}$$

(증명 **2**) 사인법칙에서와 같이 좌표를 이용하여 증명할 수도 있다.

곧, p. 138의 (증명 **2**)의 ①, ②에서 점 C의 x좌표가 같아야 하므로

$$b\cos A=c-a\cos B \qquad \therefore\ c=a\cos B+b\cos A$$

보기 1 $\triangle$ABC에서 $B=30^\circ$, $C=45^\circ$, $b=2$, $c=2\sqrt{2}$일 때, A와 a를 구하시오.

연구 $A=180^\circ-(B+C)$

$=180^\circ-(30^\circ+45^\circ)=\mathbf{105^\circ}$

$\triangle$ABC에서 제일 코사인법칙에 의하여

$a=c\cos B+b\cos C$

$=2\sqrt{2}\cos 30^\circ+2\cos 45^\circ$

$=\boldsymbol{\sqrt{6}+\sqrt{2}}$

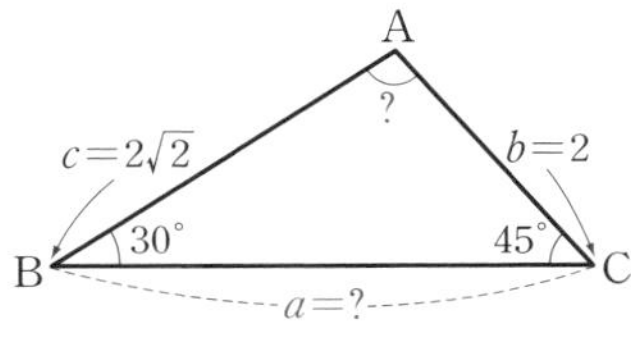

* ***Note*** 오른쪽 위의 그림에서 화살표「⟶」는 제일 코사인법칙을 암기하는 방법을 설명하고자 한 것이다.

Advice 2° 제이 코사인법칙(코사인법칙)

(증명 **1**) 제일 코사인법칙으로부터

$a=b\cos C+c\cos B$ ……①

$b=c\cos A+a\cos C$ ……②

$c=a\cos B+b\cos A$ ……③

①$\times a$에서 $a^2=ab\cos C+ac\cos B$ ……④

②$\times b$에서 $b^2=bc\cos A+ab\cos C$ ……⑤

③$\times c$에서 $c^2=ac\cos B+bc\cos A$ ……⑥

⑤+⑥−④에서 $b^2+c^2-a^2=2bc\cos A$

$$\therefore\ \boldsymbol{a^2=b^2+c^2-2bc\cos A}$$

같은 방법으로 하면

④+⑥−⑤에서 $b^2=c^2+a^2-2ca\cos B$

④+⑤−⑥에서 $c^2=a^2+b^2-2ab\cos C$

(증명 **2**) 오른쪽 그림과 같이 점 A가 원점에 오도록 좌표축을 잡으면

$a^2=(b\cos A-c)^2+(b\sin A-0)^2$

$=b^2\cos^2 A-2bc\cos A+c^2+b^2\sin^2 A$

$=b^2+c^2-2bc\cos A$

보기 2 두 변의 길이가 3 cm, 4 cm 이고 끼인각의 크기가 60° 인 삼각형의 나머지 한 변의 길이를 구하시오.

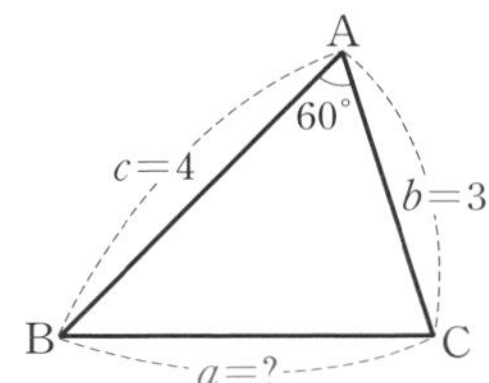

연구 오른쪽 그림에서 a를 구하는 문제이다.

정 석 $\boldsymbol{a^2=b^2+c^2-2bc\cos A}$

를 이용한다. 곧,

$$a^2=3^2+4^2-2\times3\times4\cos60°=13$$

$$\therefore\ a=\sqrt{\mathbf{13}}\,(\mathbf{cm})$$

보기 3 평행사변형 ABCD에서 $\overline{AB}=3$, $\overline{BC}=5$, $\angle ABC=60°$일 때, 대각선 BD의 길이를 구하시오.

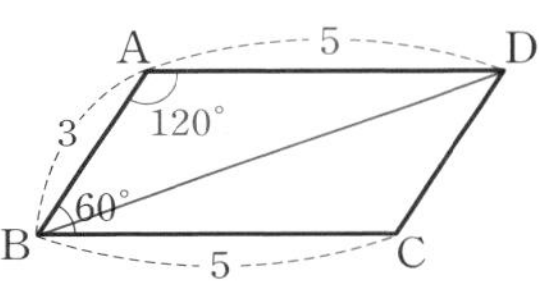

연구 오른쪽 그림에서

$\overline{AD}=\overline{BC}=5$, $\angle BAD=180°-60°=120°$

따라서 $\triangle ABD$에서

$$\overline{BD}^2=3^2+5^2-2\times3\times5\cos120°=49$$

$$\therefore\ \overline{\mathbf{BD}}=\mathbf{7}$$

보기 4 $\triangle ABC$에서 $a=6$, $b=5$, $c=4$일 때, $\cos A$의 값을 구하시오.

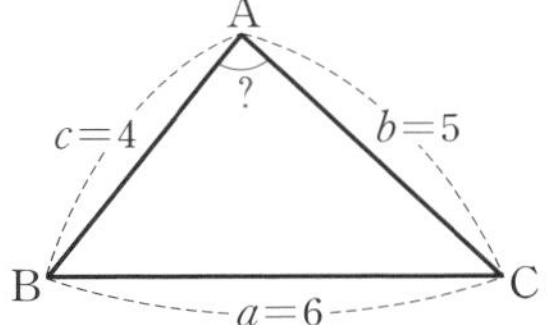

연구 $\triangle ABC$에서 세 변의 길이를 알면 $\cos A$, $\cos B$, $\cos C$의 값을 구할 수 있다.

곧, $a^2=b^2+c^2-2bc\cos A$에서

$$2bc\cos A=b^2+c^2-a^2$$

$$\therefore\ \cos A=\frac{b^2+c^2-a^2}{2bc}$$

같은 방법으로 하면 다음 변형식을 얻는다.

정 석 $\boldsymbol{\cos A=\frac{b^2+c^2-a^2}{2bc},\ \cos B=\frac{c^2+a^2-b^2}{2ca},\ \cos C=\frac{a^2+b^2-c^2}{2ab}}$

오른쪽 위의 그림에서

$$\cos A=\frac{b^2+c^2-a^2}{2bc}=\frac{5^2+4^2-6^2}{2\times5\times4}=\mathbf{\frac{1}{8}}$$

보기 5 $\triangle ABC$에서 다음 관계가 성립함을 보이시오.

(1) $0°<A<90°$이면 $a^2<b^2+c^2$ (2) $90°<A<180°$이면 $a^2>b^2+c^2$

연구 $a^2=b^2+c^2-2bc\cos A$에서 $2bc\cos A=b^2+c^2-a^2$

(1) $0°<A<90°$이면 $\cos A>0$ $\therefore\ b^2+c^2-a^2>0$ $\therefore\ a^2<b^2+c^2$

(2) $90°<A<180°$이면 $\cos A<0$ $\therefore\ b^2+c^2-a^2<0$ $\therefore\ a^2>b^2+c^2$

기본 문제 11-4 다음 △ABC를 푸시오.

(1) $B=60^\circ$, $C=45^\circ$, $c=2$ (2) $B=60^\circ$, $C=45^\circ$, $a=3+\sqrt{3}$

정석연구 B, C가 주어졌으므로 어느 경우이든 A는

$$\boldsymbol{A+B+C=180^\circ}$$

를 이용하면 쉽게 얻는다.

그러나 사인법칙을 이용하여 (1)의 경우 a를, (2)의 경우 b, c를 구하려면

sin 75°의 값

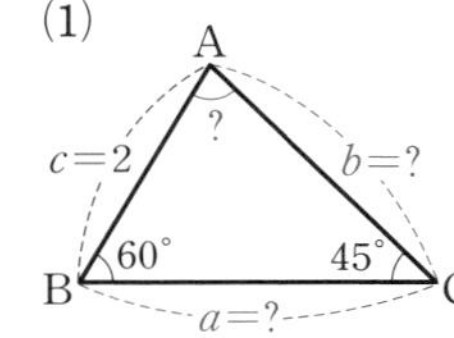

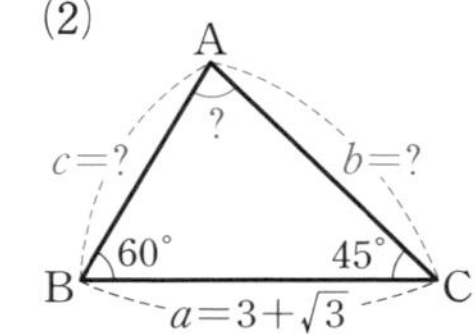

을 알아야만 한다. 만일 이 문제처럼 $\sin 75^\circ$의 값이 주어지지 않을 때에는

정석 제일 코사인법칙 : $\boldsymbol{a=c\cos B+b\cos C}$

를 이용하면 된다.

모범답안 (1) $A=180^\circ-(B+C)=180^\circ-(60^\circ+45^\circ)=75^\circ$

△ABC에서 사인법칙에 의하여

$$\frac{b}{\sin 60^\circ}=\frac{2}{\sin 45^\circ} \qquad \therefore\ b=\sqrt{6}$$

또, 제일 코사인법칙에 의하여

$$a=c\cos B+b\cos C=2\cos 60^\circ+\sqrt{6}\cos 45^\circ=1+\sqrt{3}$$

답 $\boldsymbol{A=75^\circ,\ a=1+\sqrt{3},\ b=\sqrt{6}}$

(2) $A=180^\circ-(B+C)=180^\circ-(60^\circ+45^\circ)=75^\circ$

△ABC에서 사인법칙에 의하여

$$\frac{b}{\sin 60^\circ}=\frac{c}{\sin 45^\circ} \qquad \therefore\ \sqrt{2}b=\sqrt{3}c \qquad \cdots\cdots①$$

또, 제일 코사인법칙에 의하여

$$3+\sqrt{3}=c\cos 60^\circ+b\cos 45^\circ \qquad \therefore\ c+\sqrt{2}b=2(3+\sqrt{3}) \qquad \cdots\cdots②$$

①, ②에서 $b=3\sqrt{2}$, $c=2\sqrt{3}$ 답 $\boldsymbol{A=75^\circ,\ b=3\sqrt{2},\ c=2\sqrt{3}}$

Advice | (1)의 결과를 이용하면 다음과 같이 $\sin 75^\circ$의 값을 구할 수 있다.

$$\frac{a}{\sin A}=\frac{c}{\sin C}\text{이므로}\quad \frac{1+\sqrt{3}}{\sin 75^\circ}=\frac{2}{\sin 45^\circ} \qquad \therefore\ \sin 75^\circ=\frac{\sqrt{6}+\sqrt{2}}{4}$$

보통은 삼각함수의 덧셈 정리를 써서 $\sin 75^\circ$의 값을 구한다. ⇦ 미적분Ⅱ

유제 **11**-6. 다음 △ABC를 푸시오.

$B=60^\circ$, $C=75^\circ$, $a=100$ 답 $\boldsymbol{A=45^\circ,\ b=50\sqrt{6},\ c=50(\sqrt{3}+1)}$

기본 문제 11-5 다음 △ABC를 푸시오.

(1) $A=45^\circ,\ b=2,\ c=\sqrt{6}+\sqrt{2}$ (2) $a=\sqrt{6},\ b=2,\ c=\sqrt{3}+1$

정석연구 (1) △ABC에서 두 변의 길이와 끼인각의 크기를 알 때, 나머지 한 변의 길이는

정석 코사인법칙 : $a^2=b^2+c^2-2bc\cos A$

를 이용하여 구하고, 나머지 각의 크기는 사인법칙을 이용하여 구한다.

(2) △ABC에서 세 변의 길이를 알고, 세 각의 크기를 구할 때에는

정석 $a^2=b^2+c^2-2bc\cos A \Longrightarrow \cos A=\dfrac{b^2+c^2-a^2}{2bc}$

을 이용하여 $\cos A$의 값부터 구한다.

모범답안 (1) △ABC에서 코사인법칙에 의하여

$$a^2=2^2+(\sqrt{6}+\sqrt{2})^2-2\times2\times(\sqrt{6}+\sqrt{2})\cos45^\circ=8$$

$a>0$이므로 $a=\sqrt{8}=2\sqrt{2}$

A, 45°, $c=\sqrt{6}+\sqrt{2}$, $b=2$, B, ?, ?, C, $a=?$

또, 사인법칙에 의하여

$\dfrac{b}{\sin B}=\dfrac{a}{\sin A}$이므로 $\dfrac{2}{\sin B}=\dfrac{2\sqrt{2}}{\sin45^\circ}$ $\therefore\ \sin B=\dfrac{1}{2}$

여기에서 $B=30^\circ$ 또는 $B=150^\circ$이지만 $B=30^\circ$만이 적합하다.

$\therefore\ C=180^\circ-(45^\circ+30^\circ)=105^\circ$ 답 $\boldsymbol{a=2\sqrt{2},\ B=30^\circ,\ C=105^\circ}$

(2) $\cos A=\dfrac{b^2+c^2-a^2}{2bc}=\dfrac{2^2+(\sqrt{3}+1)^2-(\sqrt{6})^2}{2\times2\times(\sqrt{3}+1)}=\dfrac{1}{2}$ $\therefore\ A=60^\circ$

$\cos B=\dfrac{c^2+a^2-b^2}{2ca}=\dfrac{(\sqrt{3}+1)^2+(\sqrt{6})^2-2^2}{2\times(\sqrt{3}+1)\times\sqrt{6}}=\dfrac{1}{\sqrt{2}}$ $\therefore\ B=45^\circ$

$\therefore\ C=180^\circ-(60^\circ+45^\circ)=75^\circ$ 답 $\boldsymbol{A=60^\circ,\ B=45^\circ,\ C=75^\circ}$

Advice | (2)에서 최소각은 $B=45^\circ$이고, 이것은 최소변 $b(=2)$의 대각이다. 만일 '$a=\sqrt{6},\ b=2,\ c=\sqrt{3}+1$인 △ABC에서 최소각의 크기를 구하시오'라고 하면 먼저 $\cos B$의 값을 구한다.

유제 **11**-7. 다음 △ABC를 푸시오.

$A=\dfrac{\pi}{3},\quad b=2,\quad c=\sqrt{3}+1$ 답 $\boldsymbol{a=\sqrt{6},\ B=\dfrac{\pi}{4},\ C=\dfrac{5}{12}\pi}$

유제 **11**-8. 세 변의 길이가 13, 8, 7인 △ABC에서 최대각의 크기를 구하시오. 답 **120°**

Advice | 삼각형의 해법에 관한 종합 정리

삼각형의 6요소 중에서 다음 (i), (ii), (iii) 중의 어느 한 조건이 주어지면 그 삼각형은 하나로 정해진다(그림에서 초록 문자가 주어진 요소).

(i) 세 변 (ii) 한 변과 두 각 (iii) 두 변과 끼인각

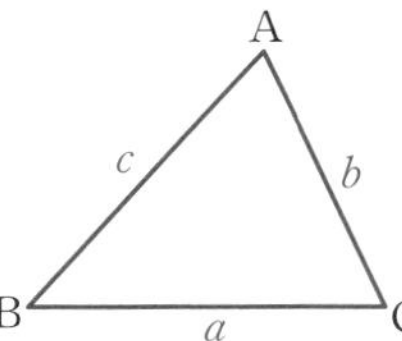

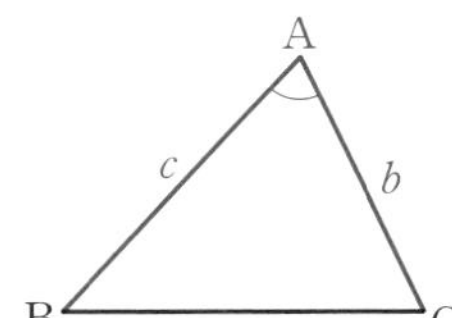

(i) 세 변의 길이가 주어질 때

세 변의 길이 a, b, c가 주어질 때에는

$$\cos A=\frac{b^2+c^2-a^2}{2bc},\quad \cos B=\frac{c^2+a^2-b^2}{2ca},\quad \cos C=\frac{a^2+b^2-c^2}{2ab}$$

을 이용하여 어느 두 각의 크기를 구하고, $A+B+C=180^\circ$로부터 나머지 한 각의 크기를 구한다.

(예) p. 147 **기본 문제 11-5**의 (2)

(ii) 한 변의 길이와 두 각의 크기가 주어질 때

A, B, C 중에서 어느 두 각의 크기를 알면 $A+B+C=180^\circ$로부터 나머지 한 각의 크기를 쉽게 구할 수 있다. 따라서 한 변의 길이와 양 끝 각의 크기가 주어진 형태라고 생각할 수 있다.

이때, 나머지 두 변의 길이는 사인법칙 또는 제일 코사인법칙

$$\frac{a}{\sin A}=\frac{b}{\sin B}=\frac{c}{\sin C},\quad a=b\cos C+c\cos B,\quad \cdots$$

를 이용하여 구한다.

(예) p. 146 **기본 문제 11-4**

(iii) 두 변의 길이와 끼인각의 크기가 주어질 때

두 변의 길이 b, c와 끼인각의 크기 A가 주어질 때, 나머지 한 변의 길이는

$$\text{코사인법칙 : } a^2=b^2+c^2-2bc\cos A$$

를 이용하여 구하고, 나머지 두 각의 크기는 사인법칙을 이용하여 구한다.

(예) p. 147 **기본 문제 11-5**의 (1)

* ***Note*** 두 변의 길이와 한 각의 크기가 주어질 때(주어진 각이 끼인각이 아닐 때)

p. 142의 **기본 문제 11-3**과 같이 삼각형이 하나로 정해지지 않는 경우가 있다. 나머지 요소는 사인법칙을 이용하여 구할 수 있다.

기본 문제 11-6 $\triangle ABC$에서 $\overline{AB}=12$, $\overline{BC}=18$, $\overline{CA}=15$이다.

(1) 변 BC의 중점을 M이라고 할 때, 선분 AM의 길이를 구하시오.

(2) 각 A의 이등분선이 변 BC와 만나는 점을 D라고 할 때, 선분 AD의 길이를 구하시오.

정석연구 $\triangle ABC$의 세 변의 길이가 주어졌으므로 먼저

정 석 $\cos B=\dfrac{c^2+a^2-b^2}{2ca}$

을 이용하여 $\cos B$의 값을 구한다.

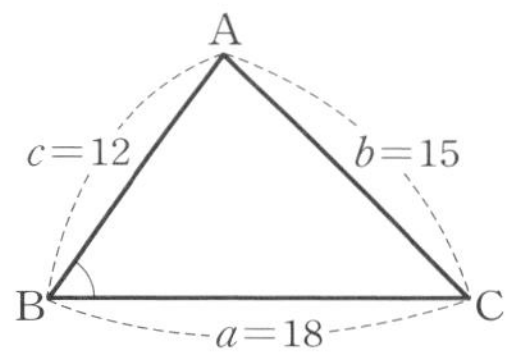

모범답안 $c=12$, $a=18$, $b=15$이므로

$$\cos B=\frac{12^2+18^2-15^2}{2\times12\times18}=\frac{9}{16}$$

(1) $\triangle ABM$에서 코사인법칙에 의하여

$$\overline{AM}^2=12^2+9^2-2\times12\times9\cos B$$

$\cos B=\dfrac{9}{16}$이므로 $\overline{AM}^2=\dfrac{207}{2}$

$\therefore\ \overline{AM}=\sqrt{\dfrac{207}{2}}=\mathbf{\dfrac{3\sqrt{46}}{2}}$ ← 답

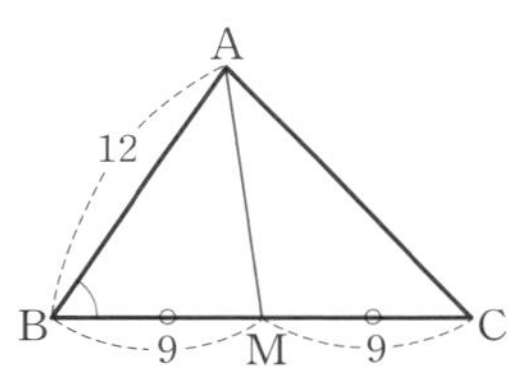

(2) 선분 AD가 각 A의 이등분선이므로

$$\overline{AB}:\overline{AC}=\overline{BD}:\overline{DC}$$

$\overline{BD}=x$로 놓으면

$$12:15=x:(18-x)$$

$\therefore\ 12(18-x)=15x\quad \therefore\ x=8$

따라서 $\triangle ABD$에서 코사인법칙에 의하여

$$\overline{AD}^2=12^2+8^2-2\times12\times8\cos B$$

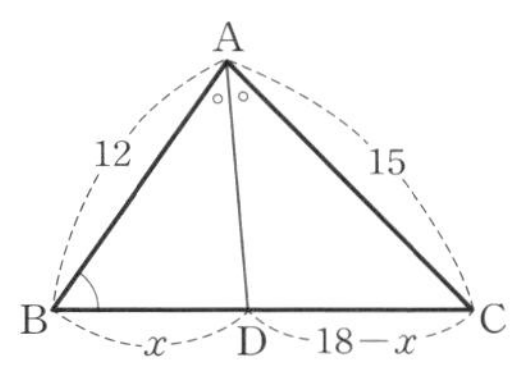

$\cos B=\dfrac{9}{16}$이므로 $\overline{AD}^2=100\quad \therefore\ \overline{AD}=\mathbf{10}$ ← 답

Note* (1) 공통수학2**에서 공부한 중선 정리, 곧

$$\overline{AB}^2+\overline{AC}^2=2(\overline{AM}^2+\overline{BM}^2)$$

을 이용하여 $\overline{AM}$을 구할 수도 있다.

유제 **11**-9. $\triangle ABC$에서 $\overline{AB}=3$, $\overline{BC}=7$, $\overline{CA}=5$이다.

(1) 변 BC 위의 점 P에 대하여 $\overline{BP}=2$일 때, 선분 AP의 길이를 구하시오.

(2) 점 A에서 변 BC에 내린 수선의 발을 H라고 할 때, 선분 AH의 길이를 구하시오.

답 (1) $\mathbf{\dfrac{5\sqrt{7}}{7}}$ (2) $\mathbf{\dfrac{15\sqrt{3}}{14}}$

기본 문제 11-7 다음 등식을 만족시키는 △ABC는 어떤 삼각형인가?

(1) $a\cos A=b\cos B$ (2) $2\sin A\cos B=\sin C$

(3) $\sin^2 A\tan B=\sin^2 B\tan A$

정석연구 사인법칙, 코사인법칙을 적절히 활용하여 변만의 관계식으로 변형한다. 한편 각만의 관계식으로 변형할 때에는 흔히 삼각함수의 덧셈 정리를 이용하며, 이는 미적분Ⅱ에서 공부한다.

정석 삼각형의 꼴을 알고자 할 때에는
변의 관계만으로 변형하거나 각의 관계만으로 변형한다.

모범답안 (1) 코사인법칙으로부터

$$a\times\frac{b^2+c^2-a^2}{2bc}=b\times\frac{c^2+a^2-b^2}{2ca} \qquad \therefore\ (a^2-b^2)c^2-(a^4-b^4)=0$$

$$\therefore\ (a^2-b^2)(c^2-a^2-b^2)=0 \qquad \therefore\ a=b \text{ 또는 } c^2=a^2+b^2$$

따라서 **$a=b$인 이등변삼각형 또는 $C=90^\circ$인 직각삼각형** ← 답

(2) 사인법칙과 코사인법칙으로부터

$$2\times\frac{a}{2R}\times\frac{c^2+a^2-b^2}{2ca}=\frac{c}{2R} \qquad \therefore\ c^2+a^2-b^2=c^2$$

$$\therefore\ a^2=b^2 \qquad \therefore\ a=b$$

따라서 **$a=b$인 이등변삼각형** ← 답

(3) 주어진 식에서 $\sin^2 A\times\dfrac{\sin B}{\cos B}=\sin^2 B\times\dfrac{\sin A}{\cos A}$

$$\therefore\ \sin A\cos A=\sin B\cos B$$

사인법칙과 코사인법칙으로부터

$$\frac{a}{2R}\times\frac{b^2+c^2-a^2}{2bc}=\frac{b}{2R}\times\frac{c^2+a^2-b^2}{2ca}$$

$$\therefore\ a^2(b^2+c^2-a^2)=b^2(c^2+a^2-b^2) \qquad \therefore\ (a^2-b^2)c^2-(a^4-b^4)=0$$

$$\therefore\ (a^2-b^2)(c^2-a^2-b^2)=0 \qquad \therefore\ a=b \text{ 또는 } c^2=a^2+b^2$$

따라서 **$a=b$인 이등변삼각형 또는 $C=90^\circ$인 직각삼각형** ← 답

유제 **11**-10. 다음을 만족시키는 △ABC의 변 사이의 관계를 말하시오.

(1) $\cos A:\cos B=a:b$ (2) $c=2a\cos B$

(3) $a\cos B-b\cos A=c$ (4) $a^2\cos A\sin B=b^2\sin A\cos B$

(5) $\sin A+\sin B=\sin C(\cos A+\cos B)$

답 (1) $\boldsymbol{a=b}$ (2) $\boldsymbol{a=b}$ (3) $\boldsymbol{a^2=b^2+c^2}$
(4) $\boldsymbol{a=b}$ 또는 $\boldsymbol{a^2+b^2=c^2}$ (5) $\boldsymbol{a^2+b^2=c^2}$

연습문제 11

11-1 오른쪽 그림과 같이 사각형 ABCD가 선분 BC를 지름으로 하는 원에 내접해 있다.

$\overline{BC}=13$, $\overline{CD}=5$일 때, $\sin A$의 값은?

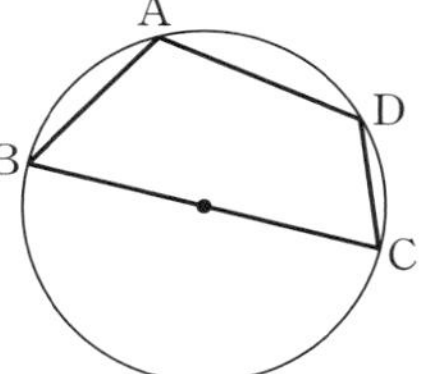

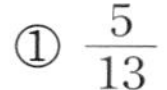

① $\frac{5}{13}$ ② $\frac{5}{12}$ ③ $\frac{7}{13}$ ④ $\frac{7}{12}$ ⑤ $\frac{12}{13}$

11-2 반지름의 길이가 2인 원에 내접하는 $\triangle ABC$에서 $4\cos(B+C)\cos A=-1$이 성립할 때, a는?

① $\sqrt{2}$ ② $\sqrt{3}$ ③ 2 ④ $2\sqrt{2}$ ⑤ $2\sqrt{3}$

11-3 $B=60°$, $C=45°$인 $\triangle ABC$의 변 BC 위에 꼭짓점 B, C가 아닌 점 P가 있다. 이때, $\triangle ABP$의 외접원의 반지름의 길이와 $\triangle ACP$의 외접원의 반지름의 길이의 비를 구하시오.

11-4 $\overline{AB}=\overline{AC}$인 이등변삼각형 ABC에 대하여 $A=120°$, $a=4$이고 점 P가 변 AC 위를 움직일 때, $\overline{BP}^2+\overline{CP}^2$의 최솟값은?

① 6 ② 7 ③ 8 ④ 9 ⑤ 10

11-5 한 변의 길이가 14인 정삼각형 ABC의 둘레를 점 P는 꼭짓점 A를 출발하여 꼭짓점 B를 향하고, 이와 동시에 점 Q는 꼭짓점 B를 출발하여 꼭짓점 C를 향하며, 점 P의 속력은 점 Q의 속력의 2배이다.

점 P가 점 B에 도착하기 전, 선분 PQ의 길이의 최솟값을 구하시오.

11-6 원에 내접하는 사각형 ABCD에서 $\overline{AB}=5$, $\overline{BC}=3$, $\overline{CD}=2$, $\angle ABC=60°$일 때, 변 AD의 길이를 구하시오.

11-7 $B=90°$인 직각삼각형 ABC의 내부에 점 P가 있다.

$\overline{PA}=10$, $\overline{PB}=6$, $\angle APB=\angle BPC=\angle CPA$일 때, 선분 PC의 길이는?

① 31 ② 33 ③ 35 ④ 37 ⑤ 39

11-8 $\triangle ABC$에서 다음이 성립할 때, A를 구하시오.

(1) $\dfrac{\sin A}{7}=\dfrac{\sin B}{5}=\dfrac{\sin C}{3}$ (2) $6\sin A=2\sqrt{3}\sin B=3\sin C$

11-9 $\triangle ABC$에서 $(b+c):(c+a):(a+b)=5:6:7$일 때, $\sin A$, $\cos A$, $\tan A$의 값을 구하시오.

11-10 세 변의 길이가 x^2+x+1, $2x+1$, x^2-1인 삼각형의 최대각의 크기를 구하시오.

11-11 $\triangle$ABC에서 $\sin A=\sqrt{2}\sin B$, $c^2=b^2+\sqrt{2}bc$일 때, A, B, C를 구하시오.

11-12 $\triangle$ABC에서 $a^2+b^2=2c^2$일 때, 다음 물음에 답하시오.

(1) $\cos C$의 값을 a, b로 나타내시오. (2) C의 범위를 구하시오.

(3) C가 최대이고 $\triangle$ABC의 넓이가 $9\sqrt{3}$일 때, $\triangle$ABC의 둘레의 길이를 구하시오.

11-13 다음 두 조건을 만족시키는 $\triangle$ABC가 있다.

(가) $a^2=b^2+c^2-bc$ (나) $\sin A=2\cos B\sin C$

(1) A를 구하시오. (2) $\triangle$ABC는 어떤 삼각형인가?

11-14 $B=60^\circ$인 $\triangle$ABC에서 각 B의 이등분선이 변 AC와 만나는 점을 D라고 할 때, $\overline{\text{AD}}:\overline{\text{DC}}=1:2$이다. $\overline{\text{AB}}:\overline{\text{AC}}$를 구하시오.

11-15 $\triangle$ABC에서 각 A의 이등분선이 변 BC와 만나는 점을 D라고 하자. $\overline{\text{AB}}=15$, $\overline{\text{AC}}=10$, $\overline{\text{AD}}=3\sqrt{6}$일 때, 변 BC의 길이는?

① 16 ② 17 ③ 18 ④ 19 ⑤ 20

11-16 오른쪽 그림과 같이 $\triangle$ABC의 세 꼭짓점 A, B, C에서 세 직선 BC, CA, AB에 내린 수선의 발을 각각 D, E, F라고 하자.

$\overline{\text{AD}}:\overline{\text{BE}}:\overline{\text{CF}}=4:3:2$이고 $\angle\text{ABC}=\theta$일 때, $\cos\theta$의 값을 구하시오.

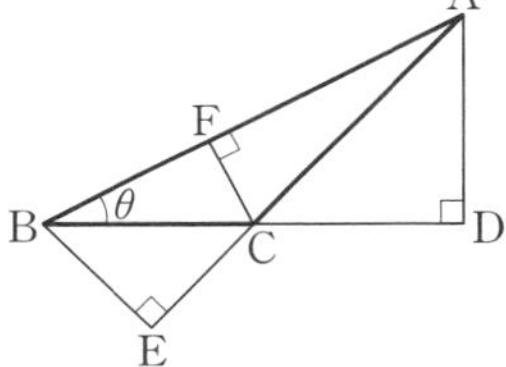

11-17 $\angle\text{A}=50^\circ$, $\overline{\text{AB}}=6$, $\overline{\text{AC}}=4\sqrt{3}$인 $\triangle$ABC가 있다. 변 AB 위의 점 D와 변 AC 위의 점 E에 대하여 $\overline{\text{BE}}+\overline{\text{ED}}+\overline{\text{DC}}$의 최솟값은?

① $2\sqrt{38}$ ② $2\sqrt{39}$ ③ $4\sqrt{10}$ ④ $2\sqrt{41}$ ⑤ $2\sqrt{42}$

11-18 $\overline{\text{AB}}=3$, $\overline{\text{BC}}=8$, $\overline{\text{CA}}=7$인 $\triangle$ABC에서 $\angle$A의 이등분선이 변 BC와 만나는 점을 D라 하고, $\triangle$ABC의 외접원이 직선 AD와 만나는 점 중 A가 아닌 점을 E라고 하자. $\triangle$BED의 외접원이 직선 AB와 만나는 점 중 B가 아닌 점을 F라고 할 때, 선분 CF의 길이를 구하시오.

11-19 한 변의 길이가 1인 정오각형 ABCDE에서 다음 물음에 답하시오.

(1) 선분 AC의 길이를 구하시오.

(2) 코사인법칙을 이용하여 $\cos\frac{\pi}{5}$, $\cos\frac{2}{5}\pi$, $\cos\frac{3}{5}\pi$의 값을 구하시오.

12. 삼각함수의 활용

삼각형의 넓이／삼각함수의 활용

§1. 삼각형의 넓이

1 두 변의 길이와 끼인각의 크기를 알 때의 삼각형의 넓이

$\triangle$ABC의 두 변의 길이 b, c와 끼인각의 크기 A를 알 때, 그 넓이 S를 구해 보자.

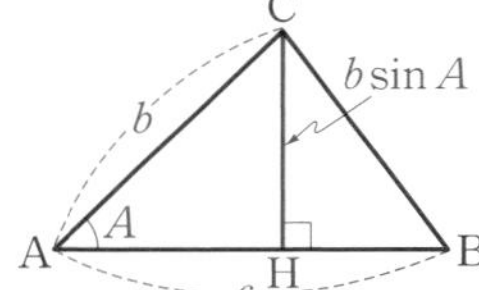

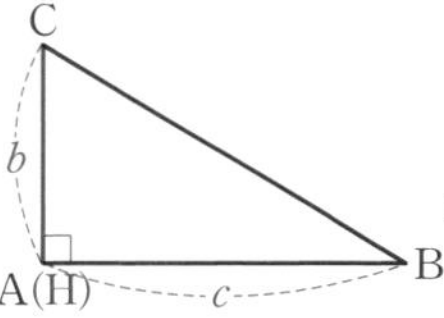

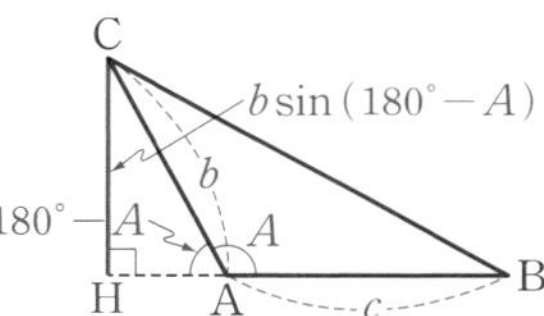

꼭짓점 C에서 변 AB 또는 그 연장선에 내린 수선의 발을 H라고 하면

$A<90^\circ$일 때 $\overline{\mathrm{CH}}=b\sin A$,

$A=90^\circ$일 때 $\overline{\mathrm{CH}}=b=b\sin A$,

$A>90^\circ$일 때 $\overline{\mathrm{CH}}=b\sin(180^\circ-A)=b\sin A$

이므로 각 A의 크기에 관계없이 $\triangle$ABC의 넓이 S는 다음과 같다.

$$S=\frac{1}{2}\times\overline{\mathrm{AB}}\times\overline{\mathrm{CH}}=\frac{1}{2}bc\sin A$$

기본정석 — **두 변과 끼인각을 알 때의 넓이**

$\triangle$ABC의 두 변의 길이와 끼인각의 크기를 알 때, $\triangle$ABC의 넓이를 S라고 하면

$$S=\frac{1}{2}bc\sin A=\frac{1}{2}ca\sin B=\frac{1}{2}ab\sin C$$

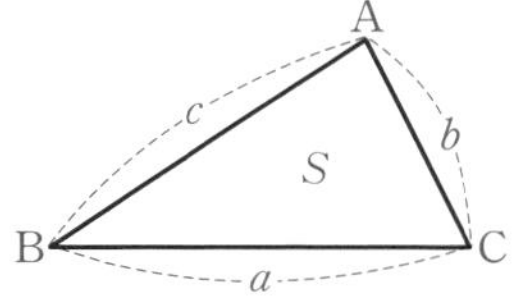

보기 1 한 변의 길이가 a인 정삼각형의 넓이 S를 구하시오.

연구 $S=\dfrac{1}{2}\times a\times a\times\sin 60^\circ=\dfrac{1}{2}\times a\times a\times\dfrac{\sqrt{3}}{2}=\boldsymbol{\dfrac{\sqrt{3}}{4}a^2}$

보기 2 두 변의 길이가 3, 4이고 끼인각의 크기가 135°인 삼각형의 넓이 S를 구하시오.

연구 $S=\dfrac{1}{2}\times 3\times 4\sin 135^\circ=\dfrac{1}{2}\times 3\times 4\times\dfrac{\sqrt{2}}{2}=\boldsymbol{3\sqrt{2}}$

2 세 변의 길이를 알 때의 삼각형의 넓이

삼각형의 세 변의 길이를 알면 그 넓이를 구할 수 있다.

이를테면 △ABC에서 $a=7$, $b=5$, $c=4$일 때, 그 넓이 S를 구해 보자.

△ABC에서 코사인법칙에 의하여

$$\cos A=\frac{b^2+c^2-a^2}{2bc}=\frac{5^2+4^2-7^2}{2\times5\times4}=-\frac{1}{5}$$

이므로

$$\sin A=\sqrt{1-\cos^2 A}=\sqrt{1-\left(-\frac{1}{5}\right)^2}=\frac{2\sqrt{6}}{5}$$

따라서 △ABC의 넓이 S는

$$S=\frac{1}{2}bc\sin A=\frac{1}{2}\times5\times4\times\frac{2\sqrt{6}}{5}=4\sqrt{6}$$

이와 같이 삼각형의 세 변의 길이를 알 때에는 코사인법칙을 이용하여 한 각에 대한 사인값을 구하면 삼각형의 넓이를 구할 수 있기는 하지만, 다음 헤론의 공식을 이용하면 좀 더 편리하게 구할 수 있다.

공식의 증명은 실력 대수(p. 141)에 소개되어 있으니 참고하기 바란다.

기본정석 **헤론(Heron)의 공식**

△ABC의 세 변의 길이를 알 때,
△ABC의 넓이를 S라고 하면

$$S=\sqrt{s(s-a)(s-b)(s-c)}$$
$$(2s=a+b+c)$$

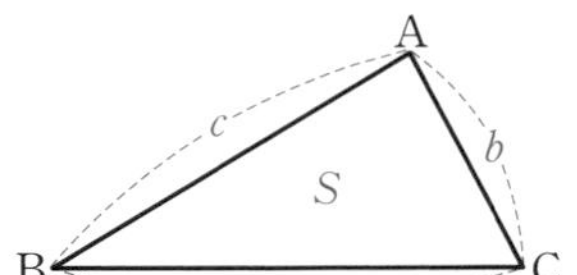

보기 3 헤론의 공식을 이용하여 세 변의 길이가 4, 5, 7인 삼각형의 넓이 S를 구하시오.

연구 $2s=4+5+7=16 \quad \therefore\ s=8$

$\therefore\ S=\sqrt{8(8-4)(8-5)(8-7)}=\boldsymbol{4\sqrt{6}}$

기본 문제 12-1 두 대각선의 길이가 a, b이고, 두 대각선이 이루는 각의 크기가 θ인 사각형이 있다.

(1) 이 사각형의 넓이 S를 a, b, θ로 나타내시오.

(2) $a+b=4$일 때, S의 최댓값과 이때의 a, b, θ의 값을 구하시오.

모범답안 (1) 사각형 ABCD의 꼭짓점 A, B, C, D를 지나고 대각선과 평행한 직선을 그어 사각형 EFGH를 만들면 사각형 EFGH는 평행사변형이고,

$$\overline{\mathrm{HE}}=a,\ \overline{\mathrm{EF}}=b,\ \angle\mathrm{HEF}=\theta$$

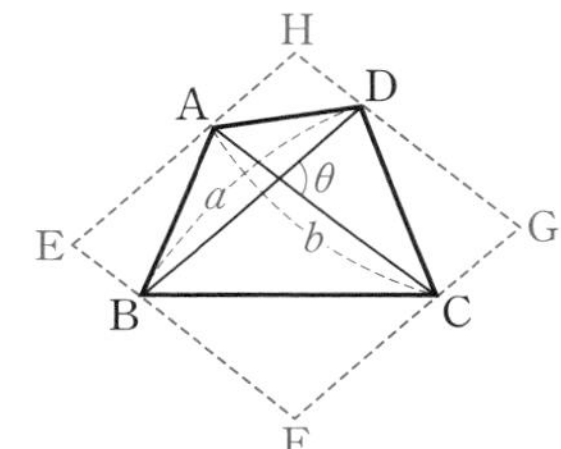

이다. 이때,

$$S=\square\mathrm{ABCD}=\frac{1}{2}\square\mathrm{EFGH}=\triangle\mathrm{EFH}$$

$$\therefore\ \boldsymbol{S=\frac{1}{2}ab\sin\theta} \longleftarrow \text{답}$$

(2) $S=\dfrac{1}{2}ab\sin\theta$에서 ab와 $\sin\theta$가 각각 최대일 때 S는 최대이다.

그런데 $a+b=4$이므로 ab는 $a=b=2$일 때 최댓값이 4이고, $\sin\theta$는 $\theta=90^\circ$일 때 최댓값이 1이므로 S의 최댓값은

$$S=\frac{1}{2}\times2\times2\times1=2$$

답 **최댓값 2, $\boldsymbol{a=2,\ b=2,\ \theta=90^\circ}$**

Advice | 넓이 S를 다음과 같이 구할 수도 있다.

사각형 ABCD를 오른쪽 그림과 같이 네 개의 삼각형으로 나누어

$$p+q=a,\ x+y=b$$

라고 하면

$$S=\triangle\mathrm{OAB}+\triangle\mathrm{OBC}+\triangle\mathrm{OCD}+\triangle\mathrm{ODA}$$

$$=\frac{1}{2}xp\sin\theta+\frac{1}{2}py\sin(180^\circ-\theta)+\frac{1}{2}yq\sin\theta+\frac{1}{2}qx\sin(180^\circ-\theta)$$

$$=\frac{1}{2}(xp+py+yq+qx)\sin\theta=\frac{1}{2}(x+y)(p+q)\sin\theta=\boldsymbol{\frac{1}{2}ab\sin\theta}$$

유제 **12**-1. 이웃하는 두 변의 길이가 a, b이고 끼인각의 크기가 θ인 평행사변형의 넓이를 구하시오. 답 $\boldsymbol{ab\sin\theta}$

유제 **12**-2. 두 대각선이 이루는 예각의 크기가 60°이고, 넓이가 $\sqrt{3}$인 등변사다리꼴의 대각선의 길이를 구하시오. 답 **2**

기본 문제 12-2 볼록사각형 ABCD에서

$$\overline{AB}=7,\ \overline{BC}=8,\ \overline{CD}=9,\ \overline{DA}=10,\ \angle B=120^\circ$$

일 때, 이 사각형의 넓이를 구하시오.

정석연구 두 점 A와 C를 이어 사각형 ABCD의 넓이를 △ABC의 넓이와 △ACD의 넓이의 합으로 생각한다.

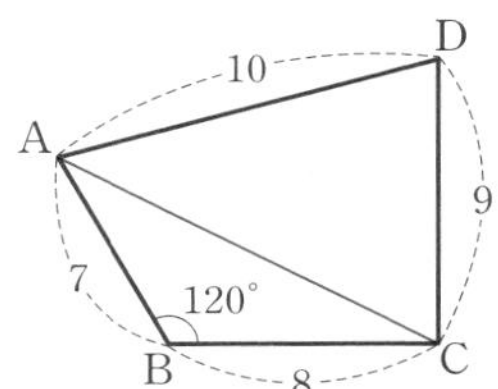

또, 삼각형의 넓이를 구할 때에는 다음 두 가지 방법을 이용한다.

정석 △ABC의 넓이 S를 구하는 방법

(i) $S=\dfrac{1}{2}ca\sin B$

(ii) $S=\sqrt{s(s-a)(s-b)(s-c)}$ $(2s=a+b+c)$

모범답안 $\triangle ABC=\dfrac{1}{2}\times7\times8\sin120^\circ=\dfrac{1}{2}\times7\times8\times\dfrac{\sqrt{3}}{2}=14\sqrt{3}$

또, △ABC에서 코사인법칙에 의하여

$$\overline{AC}^2=7^2+8^2-2\times7\times8\cos120^\circ=169 \qquad \therefore\ \overline{AC}=13$$

따라서 헤론의 공식에 의하여

$\triangle ACD=\sqrt{16(16-9)(16-10)(16-13)}=12\sqrt{14}$ ⇦ $s=\dfrac{1}{2}(9+10+13)=16$

그러므로 사각형 ABCD의 넓이는

$$\square ABCD=\triangle ABC+\triangle ACD=\mathbf{14\sqrt{3}+12\sqrt{14}}$$ ← 답

유제 **12**-3. 볼록사각형 ABCD에서

$$\overline{AB}=5,\ \overline{BC}=8,\ \overline{CD}=3,\ \overline{DA}=3,\ \angle C=60^\circ$$

일 때, 각 A의 크기와 △ABD의 넓이를 구하시오.

답 $A=120^\circ$, $\triangle ABD=\dfrac{15\sqrt{3}}{4}$

유제 **12**-4. 볼록사각형 ABCD에서

$$\overline{AD}=7,\ \overline{CD}=8,\ \overline{AB}:\overline{BC}=2:3,$$
$$\angle B=90^\circ,\ \angle D=120^\circ$$

일 때, 이 사각형의 넓이를 구하시오.

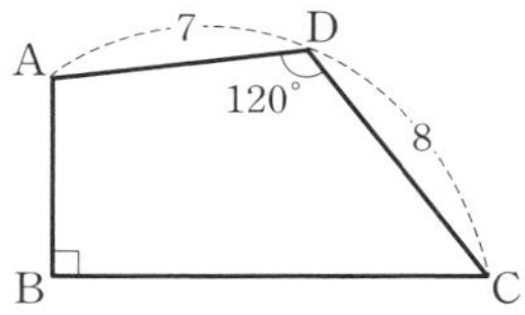

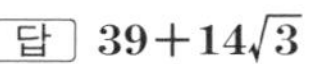
답 $\mathbf{39+14\sqrt{3}}$

유제 **12**-5. $\overline{AB}=6$, $\overline{BC}=10$, $\overline{CD}=5$, $\angle B=\angle C=60^\circ$인 볼록사각형 ABCD의 넓이를 구하시오.

답 $\mathbf{20\sqrt{3}}$

기본 문제 12-3 $\overline{AB}=8$, $\overline{AC}=3$, $A=60^\circ$인 $\triangle ABC$의 두 변 AB, AC 위에 각각 점 P, Q를 잡고 $\overline{AP}=x$, $\overline{AQ}=y$라고 하자. $\triangle APQ$의 넓이가 $\triangle ABC$의 넓이의 $\frac{1}{6}$일 때, 다음 물음에 답하시오.

(1) xy의 값을 구하시오.

(2) 선분 PQ의 길이의 최솟값을 구하시오.

정석연구 (1) 두 변의 길이와 끼인각의 크기를 알고 있으므로

정석 $S=\frac{1}{2}bc\sin A$

를 이용하여 $\triangle ABC$와 $\triangle APQ$의 넓이를 구한다.

(2) $\triangle APQ$에서 코사인법칙을 이용하면 $\overline{PQ}^2$을 x와 y로 나타낼 수 있다.
따라서 먼저 $\overline{PQ}^2$의 최솟값부터 구한다.

정석 $a^2=b^2+c^2-2bc\cos A$

모범답안 (1) $\triangle APQ=\frac{1}{6}\triangle ABC$이므로

$$\frac{1}{2}xy\sin 60^\circ=\frac{1}{6}\times\frac{1}{2}\times 8\times 3\sin 60^\circ$$

$\therefore$ $\boldsymbol{xy=4}$ ⟵ 답

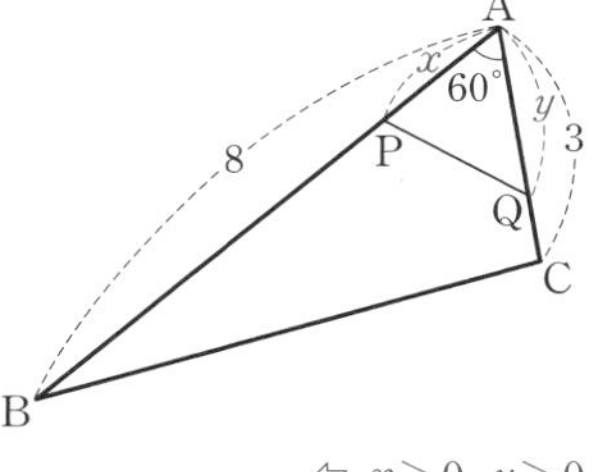

(2) $\triangle APQ$에서 코사인법칙에 의하여

$$\begin{aligned}\overline{PQ}^2&=x^2+y^2-2xy\cos 60^\circ\\&=x^2+y^2-xy=x^2+y^2-4\\&\ge 2\sqrt{x^2y^2}-4=2xy-4=2\times 4-4=4\end{aligned}$$

⇦ $x>0$, $y>0$

따라서 $x=y=2$일 때 $\overline{PQ}^2$은 최소이고, 최솟값은 4이므로 선분 PQ의 길이의 최솟값은 2이다. 답 **2**

유제 **12**-6. $\overline{AB}=4$, $\overline{AC}=6$인 $\triangle ABC$의 변 BC 위의 점 P에서 두 변 AB, AC에 내린 수선의 발을 각각 D, E라고 하자. $\triangle ABC$의 넓이가 $\triangle PDE$의 넓이의 8배일 때, $\overline{PD}\times\overline{PE}$의 값을 구하시오. 답 **3**

유제 **12**-7. 넓이가 4이고 $B=30^\circ$인 $\triangle ABC$가 있다. 변 AC의 길이가 최소일 때, $\overline{AB}+\overline{BC}$의 값을 구하시오. 답 **8**

유제 **12**-8. $\overline{AB}=2$, $\overline{BC}=3$, $\overline{CA}=4$인 $\triangle ABC$가 있다. 반직선 AB 위에 점 P를, 반직선 AC 위에 점 Q를 잡아 $\triangle APQ$의 넓이가 $\triangle ABC$의 넓이의 2배가 되도록 할 때, 선분 PQ의 길이의 최솟값을 구하시오. 답 $\boldsymbol{\sqrt{10}}$

기본 문제 12-4 △ABC의 넓이를 S라 하고, △ABC의 외접원의 반지름의 길이를 R, 내접원의 반지름의 길이를 r이라고 하자.

(1) 다음 관계식이 성립함을 보이시오.

$$S=\frac{abc}{4R},\quad R=\frac{abc}{4S},\quad S=2R^2\sin A\sin B\sin C$$

(2) $a=5,\ b=6,\ c=7$일 때, $S,\ r,\ R$을 구하시오.

정석연구 △ABC에서 $b,\ c$와 끼인각의 크기 A를 알 때의 넓이 S는

정석 $S=\frac{1}{2}bc\sin A$

이다. 여기에 다음 사인법칙을 이용하여 각을 변으로, 변을 각으로 고친다.

정석 $\dfrac{a}{\sin A}=\dfrac{b}{\sin B}=\dfrac{c}{\sin C}=2R$

모범답안 (1) $S=\frac{1}{2}bc\sin A$ ……㉮

㉮에 $\sin A=\frac{a}{2R}$를 대입하면

$$S=\frac{1}{2}bc\times\frac{a}{2R}\qquad\therefore\ S=\frac{abc}{4R}\qquad\therefore\ R=\frac{abc}{4S}$$

㉮에 $b=2R\sin B,\ c=2R\sin C$를 대입하면

$$S=\frac{1}{2}\times2R\sin B\times2R\sin C\times\sin A=2R^2\sin A\sin B\sin C$$

(2) (i) $2s=5+6+7=18\qquad\therefore\ s=9$

$\therefore\ S=\sqrt{9(9-5)(9-6)(9-7)}=\mathbf{6\sqrt{6}}$ ← 답

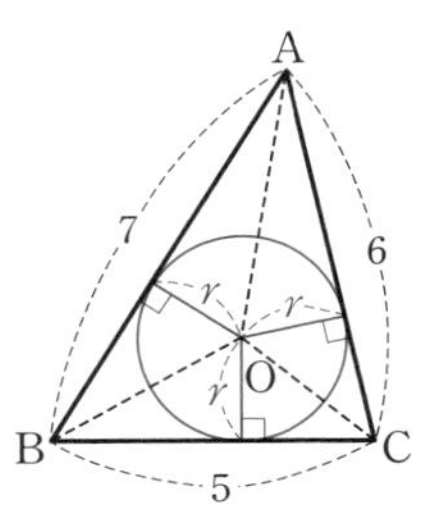

(ii) 내접원의 중심을 O라고 하면

△AOB+△BOC+△COA=△ABC이므로

$$\frac{1}{2}\times7\times r+\frac{1}{2}\times5\times r+\frac{1}{2}\times6\times r=6\sqrt{6}$$

$\therefore\ 9r=6\sqrt{6}\qquad\therefore\ \boldsymbol{r=\frac{2\sqrt{6}}{3}}$ ← 답

(iii) $R=\dfrac{abc}{4S}=\dfrac{5\times6\times7}{4\times6\sqrt{6}}=\mathbf{\dfrac{35\sqrt{6}}{24}}$ ← 답

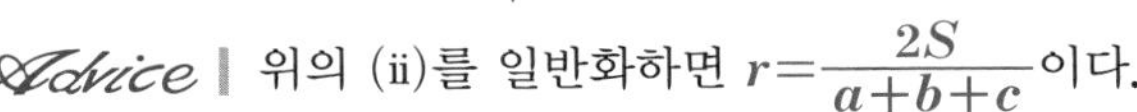

Advice | 위의 (ii)를 일반화하면 $r=\dfrac{2S}{a+b+c}$이다.

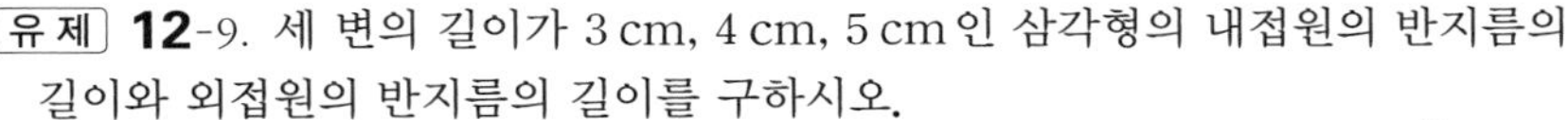

유제 **12**-9. 세 변의 길이가 3 cm, 4 cm, 5 cm인 삼각형의 내접원의 반지름의 길이와 외접원의 반지름의 길이를 구하시오.

답 내접원의 반지름 : **1 cm**, 외접원의 반지름 : $\mathbf{\frac{5}{2}}$ **cm**

§ 2. 삼각함수의 활용

기본 문제 12-5 해수면과 같은 높이에 있는 지점 A에서 산꼭대기 P를 올려본각의 크기가 45°이었다. 다음에 P를 향하여 경사도가 30°인 길을 따라 2 km 나아간 지점 B에서 P를 올려본각의 크기가 60°이었다. 이 산의 해수면으로부터의 높이를 구하시오.

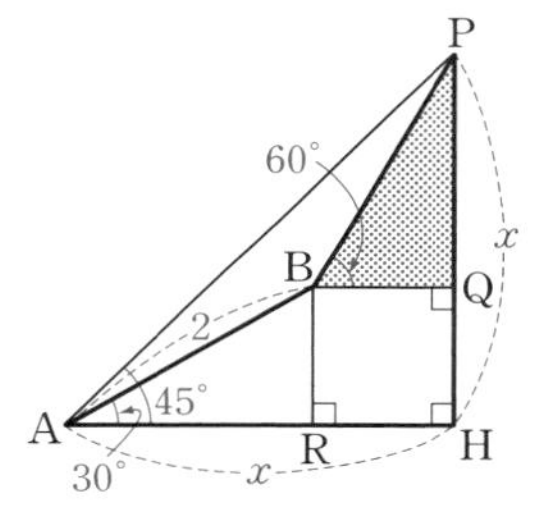

정석연구 문제의 뜻에 알맞게 그림으로 나타내면 오른쪽과 같다. 따라서

$$\overline{PH}=\overline{PQ}+\overline{QH}$$

의 값을 구하면 된다.

△PAH가 직각이등변삼각형이므로

$$\overline{PH}=\overline{AH}=x$$

로 놓은 다음, △PBQ에서 삼각비를 생각해 본다.

정석 활용 문제 ⟹ 문제의 뜻에 알맞게 그림으로 나타내어 본다.

모범답안 문제의 뜻에 알맞게 그림으로 나타내면 위와 같다.

△BAR에서 ∠BAR=30°, $\overline{AB}=2$이므로 $\overline{BR}=1$, $\overline{AR}=\sqrt{3}$이다.

한편 △PAH는 ∠PAH=45°인 직각이등변삼각형이므로 $\overline{PH}=x$라고 하면 $\overline{AH}=x$이다. 따라서 △PBQ에서

$$\overline{PQ}=\overline{PH}-\overline{QH}=x-1, \quad \overline{BQ}=\overline{RH}=\overline{AH}-\overline{AR}=x-\sqrt{3}$$

$$\therefore \frac{\overline{PQ}}{\overline{BQ}}=\frac{x-1}{x-\sqrt{3}}=\tan 60^\circ \qquad \therefore x-1=\sqrt{3}(x-\sqrt{3})$$

$$\therefore x=\sqrt{3}+1$$

답 $(\sqrt{3}+1)$ km

유제 **12**-10. 해수면과 같은 높이에 있는 지점 A에서 산꼭대기 P를 올려본각의 크기가 30°이었다. 다음에 P를 향하여 수평 거리 600 m를 나아가서 해수면으로부터 높이가 200 m인 지점 B에서 P를 올려본각의 크기가 45°이었다. 이 산의 해수면으로부터의 높이를 구하시오. 답 $200(\sqrt{3}+1)$ m

유제 **12**-11. 해수면과 같은 높이의 해변에 세워진 높이 100 m인 철탑의 맨 아래 지점 A와 맨 위 지점 B에서 산의 정상을 올려본각의 크기를 측정했더니 각각 60°와 45°이었다. 이 산의 해수면으로부터의 높이를 구하시오.

답 $50(3+\sqrt{3})$ m

기본 문제 12-6 오른쪽 그림과 같이 바다 위에 있는 두 섬의 P지점과 Q지점 사이의 거리를 구하기 위하여 육지 위의 두 지점 A, B에서 측정했더니

$\overline{AB}=750\text{ m}$, $\angle ABP=53^\circ$,
$\angle PAB=110^\circ$, $\angle PAQ=60^\circ$

이었다. 또, Q지점에 높이 270 m인 철탑 QR이 있고, $\angle RAQ=5^\circ$이었다. 이때, 두 지점 P, Q 사이의 거리를 구하시오. 단, 네 지점 A, B, P, Q의 해수면으로부터의 높이는 모두 같고, $\sin 17^\circ=0.3$, $\sin 53^\circ=0.8$, $\tan 5^\circ=0.09$, $\sqrt{7}=2.6$으로 계산한다.

정석연구 $\triangle APQ$에서 $\angle A$의 측정값이 60°이므로 나머지 측정값을 이용하여 먼저 선분 AP, AQ의 길이를 구한 다음, 오른쪽 그림에서

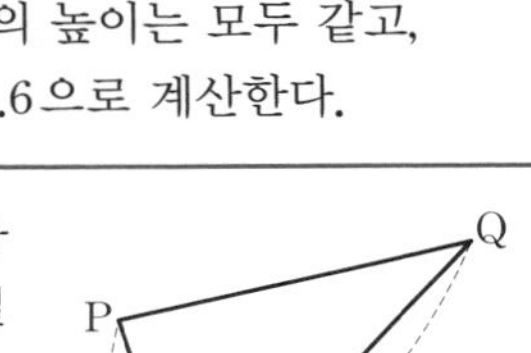

정석 $\overline{PQ}^2=a^2+b^2-2ab\cos A$

를 이용하여 선분 PQ의 길이를 구한다.

모범답안 $\triangle ABP$에서 $\angle APB=180^\circ-(110^\circ+53^\circ)=17^\circ$

이므로 사인법칙에 의하여

$$\frac{\overline{AP}}{\sin 53^\circ}=\frac{750}{\sin 17^\circ} \qquad \therefore \overline{AP}=\frac{750}{0.3}\times 0.8=2000(\text{m})=2(\text{km})$$

또, $\triangle ARQ$에서

$$\frac{\overline{QR}}{\overline{AQ}}=\tan 5^\circ \qquad \therefore \overline{AQ}=\frac{\overline{QR}}{\tan 5^\circ}=\frac{270}{0.09}=3000(\text{m})=3(\text{km})$$

따라서 $\triangle APQ$에서 코사인법칙에 의하여

$$\overline{PQ}^2=\overline{AP}^2+\overline{AQ}^2-2\times\overline{AP}\times\overline{AQ}\times\cos(\angle PAQ)$$
$$=2^2+3^2-2\times 2\times 3\cos 60^\circ=7$$
$$\therefore \overline{PQ}=\sqrt{7}=\mathbf{2.6(km)} \longleftarrow \boxed{답}$$

유제 **12**-12. 오른쪽 그림과 같이 P지점에 높이 210 m인 철탑 PQ가 있고,

$\overline{AB}=2\text{ km}$, $\angle ABP=45^\circ$, $\angle QBP=4^\circ$

이다. 이때, 두 지점 A, P 사이의 거리를 구하시오. 단, $\tan 4^\circ=0.07$로 계산한다.

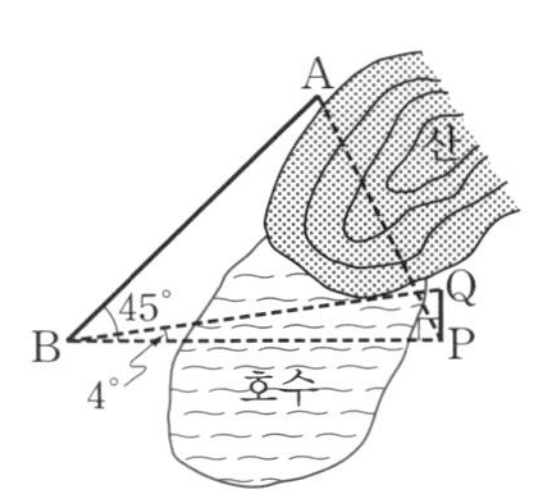

답 $\sqrt{13-6\sqrt{2}}$ **km**

기본 문제 **12**-7 다음 물음에 답하시오.

(1) 오른쪽 그림의 △SPR에서

$\overline{SP}=a,\ \overline{SQ}=b,\ \overline{SR}=c,\ \overline{PQ}=2,\ \overline{QR}=1$

일 때, a, b, c 사이의 관계식을 구하시오.

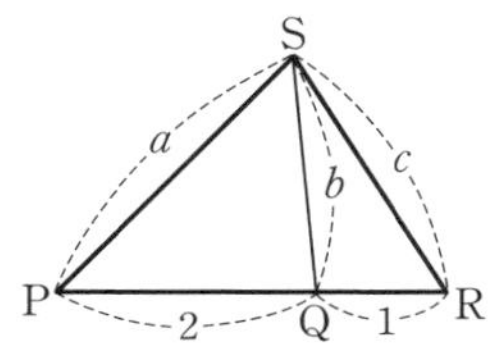

(2) 일직선 위에 있는 해수면 위의 세 지점 P, Q, R에서 산꼭대기 T를 올려본각의 크기가 각각 60°, 45°, 30°이었다. $\overline{PQ}=2$ km, $\overline{QR}=1$ km일 때, 이 산의 해수면으로부터의 높이를 구하시오.

모범답안 (1) △SPR에서 코사인법칙에 의하여

$$c^2=a^2+3^2-2\times a\times 3\cos P \quad \cdots\cdots ①$$

△SPQ에서 코사인법칙에 의하여

$$b^2=a^2+2^2-2\times a\times 2\cos P \quad \cdots\cdots ②$$

②×3−①×2하면 $3b^2-2c^2=a^2-6$

$$\therefore\ \boldsymbol{a^2-3b^2+2c^2-6=0} \longleftarrow \text{답}$$

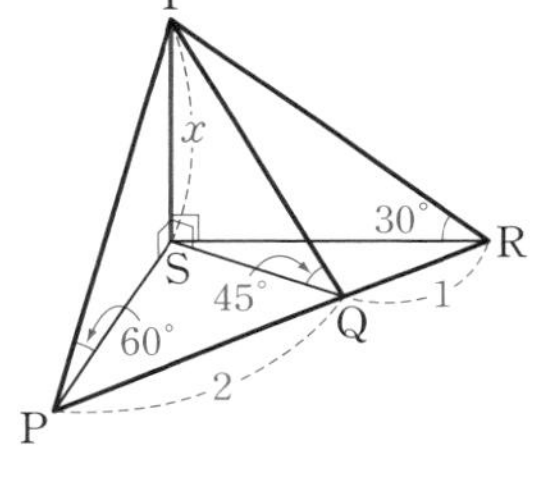

(2) 오른쪽 그림에서 산의 높이를 x라고 하면

$$\frac{x}{\overline{PS}}=\tan 60^\circ \quad \therefore\ \overline{PS}=\frac{x}{\sqrt{3}}$$

같은 방법으로 하면 $\overline{QS}=x,\ \overline{RS}=\sqrt{3}x$이므로 (1)의 결과에 대입하면

$$\left(\frac{x}{\sqrt{3}}\right)^2-3x^2+2(\sqrt{3}x)^2-6=0 \quad \therefore\ x^2=\frac{9}{5}$$

$x>0$이므로 $x=\sqrt{\dfrac{9}{5}}=\boldsymbol{\dfrac{3\sqrt{5}}{5}}$**(km)** ⟵ 답

Advice | $\overline{PQ}=\overline{QR}$일 때에는 다음 중선 정리가 성립한다.

정석 △**SPR**에서 변 **PR**의 중점을 **Q**라고 하면

$$\overline{SP}^2+\overline{SR}^2=2(\overline{PQ}^2+\overline{SQ}^2)$$

⇦ 기본 공통수학2 p. 12 참조

유제 **12**-13. 해수면 위의 A지점에서 한 비행기를 볼 때 그 방위는 정북이고, 올려본각의 크기는 45°이었다. 또, A지점에서 서쪽으로 500 m 떨어진 해수면 위의 B지점에서 이 비행기를 동시에 볼 때 올려본각의 크기는 30°이었다.

이 비행기의 해수면으로부터의 높이를 구하시오. 답 $\boldsymbol{250\sqrt{2}}$ **m**

유제 **12**-14. 해수면과 같은 높이에 있는 직선 도로 위에 500 m의 간격으로 세 지점 A, B, C가 있고, 각 지점에서 산꼭대기 P를 올려본각의 크기가 각각 30°, 45°, 60°이었다. 이 산의 해수면으로부터의 높이를 구하시오.

답 $\boldsymbol{250\sqrt{6}}$ **m**

기본 문제 12-8 오른쪽 그림과 같이 크기가 $42°$인 각을 이루면서 점 O에서 만나는 두 개의 강 사이에 마을 P가 있다. 강변의 두 점 A, B를 잡아 P, A, B를 연결하는 삼각형 모양의 길을 내려고 한다.

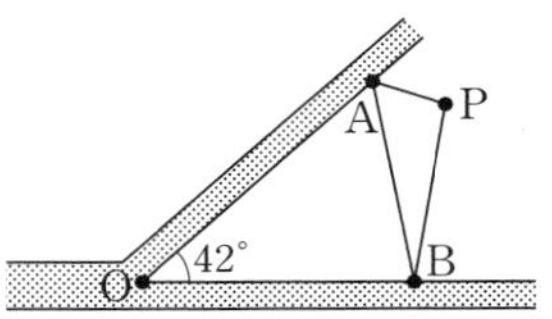

$\overline{OP}=50$ km일 때, $\overline{PA}+\overline{AB}+\overline{BP}$의 최솟값을 구하시오.
단, $\sin 6°=0.1$로 계산한다.

정석연구 이와 같은 유형의 문제는 공통수학**2**에서 공부하였다.

정석 최단 거리 작도 ⟹ 대칭을 이용해 보자.

모범답안 오른쪽 그림과 같이 강변에 대하여 점 P의 대칭점을 각각 P′, P″이라고 할 때, 직선 P′P″이 강변과 만나는 점을 각각 A, B라고 하면 $\overline{PA}+\overline{AB}+\overline{BP}$가 최소가 되고, 최소의 길이는 $\overline{P'P''}$이 된다. (증명은 아래 *Advice*)

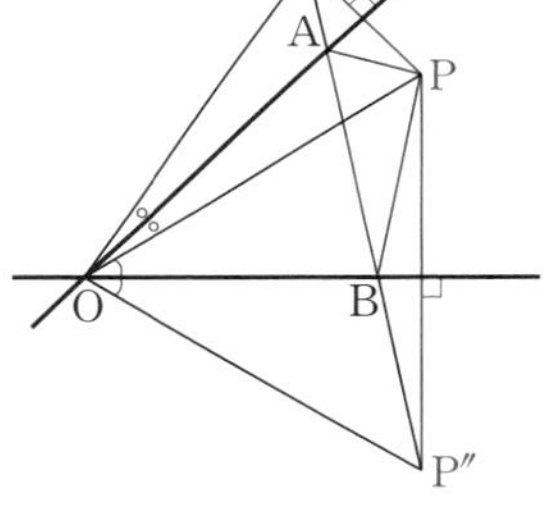

$\angle AOP=\angle AOP'$, $\angle BOP=\angle BOP''$
이므로 $\angle P'OP''=2\angle AOB=2\times42°=84°$
또, $\overline{OP'}=\overline{OP}=50$, $\overline{OP''}=\overline{OP}=50$

$\therefore\ \overline{P'P''}^2=50^2+50^2-2\times50\times50\cos 84°$

여기서 $\cos 84°=\cos(90°-6°)=\sin 6°=0.1$이므로

$\overline{P'P''}^2=5000-5000\times0.1=4500$ $\therefore\ \overline{P'P''}=\mathbf{30\sqrt{5}\,(km)}$ ← 답

Advice | 오른쪽 그림과 같이 A가 아닌 점 A′과 B가 아닌 점 B′을 각각 잡으면

$$\begin{aligned}\overline{PA'}+\overline{A'B'}+\overline{B'P}&=\overline{P'A'}+\overline{A'B'}+\overline{B'P''}\\&>\overline{P'P''}\\&=\overline{P'A}+\overline{AB}+\overline{BP''}\\&=\overline{PA}+\overline{AB}+\overline{BP}\end{aligned}$$

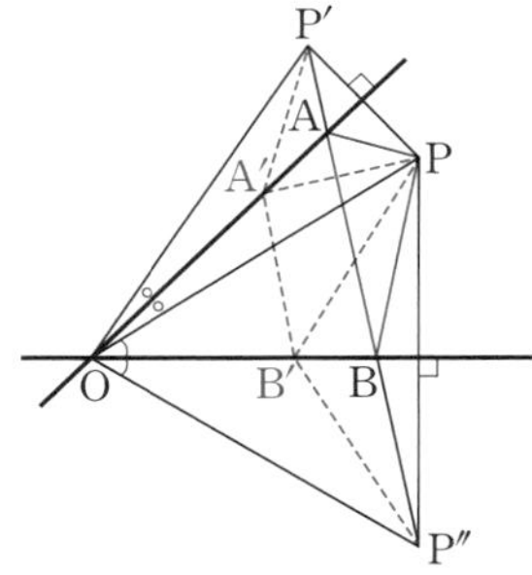

유제 **12**-15. 반지름의 길이가 10 cm이고 중심각의 크기가 $40°$인 부채꼴 OAB의 호 AB 위에 점 P가 있다. $\overline{OA}$, $\overline{OB}$ 위에 각각 점 Q, R을 잡을 때, $\triangle PQR$의 둘레의 길이의 최솟값을 구하시오.
단, $\sin 10°=0.17$로 계산한다. 답 $\sqrt{166}$ **cm**

기본 문제 12-9 오른쪽 그림은 직사각형 모양의 어느 극장의 평면도이다. 중앙 무대의 폭이 6 m이고, 무대의 좌우 양 끝 점 A, B와 객석 안의 한 점 X를 이은 선분이 이루는 각의 크기를 θ라고 하자. 이때, θ가 15° 이상 30° 이하가 되는 영역에 일등석을 놓으려고 한다. 이 영역의 넓이 S를 구하시오.

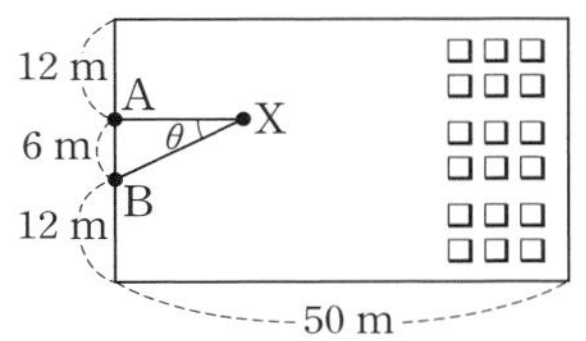

[정석연구] 오른쪽 그림의 원 O에서 호 AB에 대한 원주각의 크기를 θ라고 하면 중심각의 크기는 2θ이므로 $\angle\text{APB}=\theta$를 만족시키는 점 P의 자취는

호 **AB**에 대한 중심각의 크기가 2θ인 원

의 일부분이다.

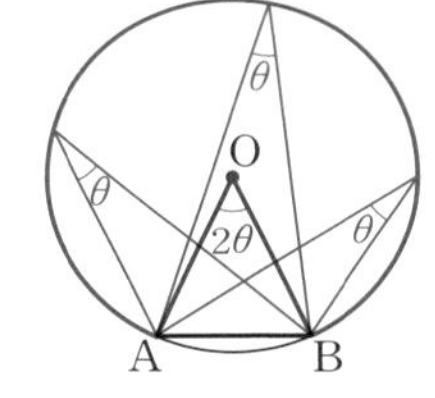

[모범답안] 호 AB에 대하여 중심각의 크기가 60°인 원을 O_1, 중심각의 크기가 30°인 원을 O_2라고 하면 일등석을 놓을 수 있는 영역은 오른쪽 그림의 점 찍은 부분이다. 이때, $\triangle\text{ABO}_1$은 정삼각형이므로 원 O_1의 반지름의 길이는 $\overline{\text{AB}}=6$이다. 또, 원 O_2의 반지름의 길이를 r이라고 하면 $\triangle\text{ABO}_2$에서

$$6^2=r^2+r^2-2\times r\times r\cos 30^\circ$$

$$\therefore\ r^2=36(2+\sqrt{3})$$

원 O_1의 활꼴의 넓이를 S_1, 원 O_2의 활꼴의 넓이를 S_2라고 하면

$$S_1=\frac{1}{2}\times 6^2\times\frac{5}{3}\pi+\frac{1}{2}\times 6^2\times\sin\frac{\pi}{3}=30\pi+9\sqrt{3},$$

$$S_2=\frac{1}{2}\times r^2\times\frac{11}{6}\pi+\frac{1}{2}\times r^2\times\sin\frac{\pi}{6}=33(2+\sqrt{3})\pi+9(2+\sqrt{3})$$

$$\therefore\ S=S_2-S_1=\mathbf{3(12+11\sqrt{3})\pi+18(m^2)}$$ ← [답]

[유제] **12**-16. 오른쪽 그림과 같이 야구장의 내부에 $\overline{\text{PA}}=\overline{\text{PB}}$인 점 P를 잡아 이를 중심으로 하는 원형 홈런 울타리를 만들었다.

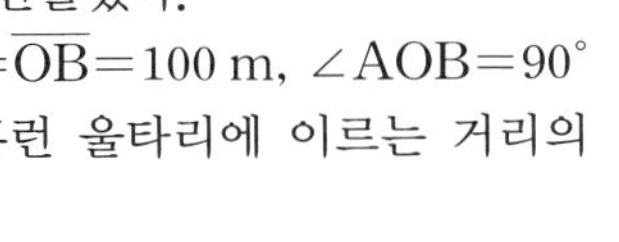
$\overline{\text{OP}}=50\text{ m}$, $\overline{\text{OA}}=\overline{\text{OB}}=100\text{ m}$, $\angle\text{AOB}=90^\circ$일 때, 홈(O)에서 홈런 울타리에 이르는 거리의 최댓값을 구하시오.

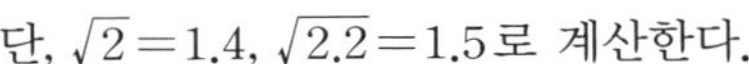
단, $\sqrt{2}=1.4$, $\sqrt{2.2}=1.5$로 계산한다.

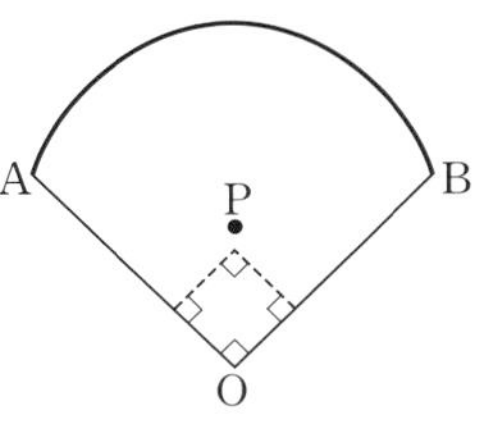

[답] **125 m**

연습문제 12

12-1 △ABC에서 $a=6$, $b=10$, $C=120^\circ$이다. 꼭짓점 A에서 직선 BC에 내린 수선의 발을 H라고 할 때, 선분 AH의 길이는?

① $2\sqrt{5}$ ② $3\sqrt{3}$ ③ $3\sqrt{5}$ ④ $4\sqrt{3}$ ⑤ $5\sqrt{3}$

12-2 오른쪽 그림과 같이 △ABC에서 세 변 BC, CA, AB를 1 : 2, 1 : 3, 1 : 4로 내분하는 점을 각각 D, E, F라고 하자. △ABC의 넓이가 60일 때,

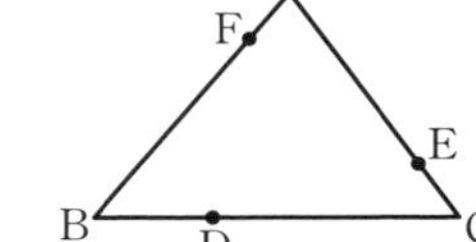

(1) △BDF의 넓이를 구하시오.
(2) △DEF의 넓이를 구하시오.

12-3 △ABC에서 각 A의 이등분선이 변 BC와 만나는 점을 P라고 하자. $b=3$, $c=6$, $A=120^\circ$일 때, 선분 AP의 길이는?

① $\dfrac{3}{2}$ ② 2 ③ $\dfrac{5}{2}$ ④ 3 ⑤ $\dfrac{7}{2}$

12-4 △ABC의 외접원에 대하여 호 AB, BC, CA의 길이가 각각 3, 4, 5일 때, △ABC의 넓이를 구하시오.

12-5 다음을 만족시키는 △ABC의 넓이를 구하시오.

(1) $b=2\sqrt{3}$, $c=6$, $B=30^\circ$, $C>90^\circ$ (2) $b=20$, $B=45^\circ$, $C=60^\circ$

12-6 반지름의 길이가 2인 원에 내접하고, 두 각의 크기가 각각 60°, 45°인 삼각형의 넓이를 구하시오.

12-7 반지름의 길이가 3인 원에 내접하고 둘레의 길이가 $6\sqrt{5}$인 △ABC에서 $\cos A=\dfrac{2}{3}$일 때, △ABC의 넓이는?

① $2\sqrt{10}$ ② $3\sqrt{5}$ ③ $5\sqrt{2}$ ④ $4\sqrt{5}$ ⑤ $3\sqrt{10}$

12-8 △ABC에서 $A=60^\circ$, $a=2\sqrt{7}$, $b+c=10$일 때, △ABC의 넓이는?

① $2\sqrt{7}$ ② $3\sqrt{7}$ ③ $5\sqrt{3}$ ④ $6\sqrt{3}$ ⑤ $7\sqrt{3}$

12-9 $\overline{AB}=8$, $\overline{AC}=6$인 예각삼각형 ABC의 넓이가 $3\sqrt{39}$일 때, △ABC의 외접원의 넓이를 구하시오.

12-10 평행사변형 ABCD에서 $\overline{AB}=7\text{ cm}$, $\overline{BC}=8\text{ cm}$, $\overline{AC}=11\text{ cm}$일 때,

(1) $\overline{BD}$의 길이를 구하시오. (2) □ABCD의 넓이를 구하시오.

12-11 두 대각선의 길이의 합이 $4\sqrt{7}$ 이고 두 대각선이 이루는 예각의 크기가 $\frac{\pi}{3}$ 인 사각형의 넓이가 $6\sqrt{3}$ 일 때, 두 대각선의 길이의 차를 구하시오.

12-12 정삼각형 ABC를 오른쪽 그림과 같이 꼭짓점 A가 변 BC 위에 오도록 접었다.

$\overline{BA'}=1$, $\overline{A'C}=2$ 일 때, 다음 물음에 답하시오.

(1) $\overline{PQ}$ 의 길이를 구하시오.

(2) $\triangle A'PQ$ 의 넓이를 구하시오.

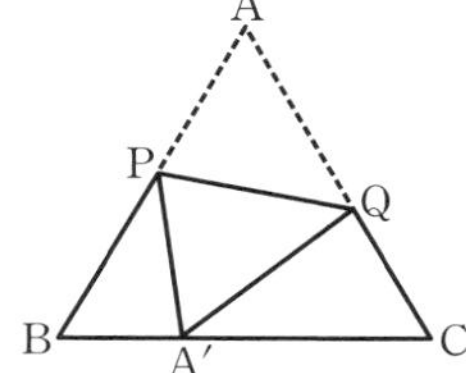

12-13 원에 내접하는 사각형 ABCD에서 $\overline{AB}=5$, $\overline{BC}=4$, $\overline{CD}=3$, $\overline{DA}=2$ 일 때, 다음 물음에 답하시오.

(1) $\cos A$ 의 값을 구하시오. (2) □ABCD의 넓이를 구하시오.

12-14 오른쪽 그림과 같이 원에 내접하는 사각형 ABCD가 있다. $\overline{AB}=5$, $\overline{AC}=3\sqrt{5}$, $\overline{AD}=7$ 이고, $\angle BAC=\angle CAD$ 일 때, 사각형 ABCD의 넓이는?

① 16 ② 17 ③ 18

④ 19 ⑤ 20

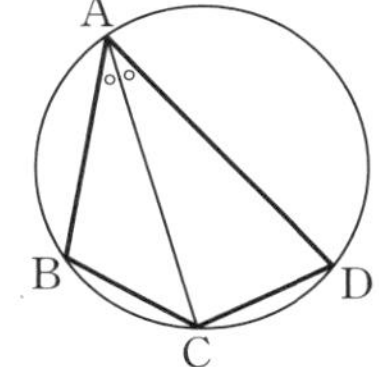

12-15 오른쪽 그림과 같이 $\overline{AB}=\overline{AD}=1$, $\overline{BC}=2$, $\angle A=\angle B=90^\circ$ 인 사다리꼴 ABCD가 있다. 변 AD 위를 움직이는 점 P에 대하여 $\overline{PB}=x$, $\overline{PC}=y$ 라고 할 때, xy 의 최댓값과 최솟값을 구하시오.

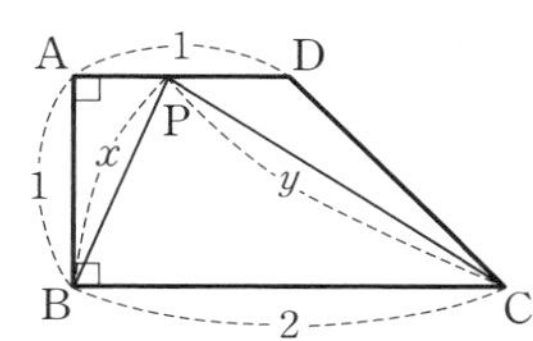

12-16 오른쪽 그림과 같이 직선거리가 500 m이고, 경사도가 37° 인 두 지점 A, B를 연결하는 우회 도로를 만들려고 한다. 우회 도로의 경사도가 12° 일 때, 이 도로의 길이를 구하시오.

단, $\sin 12^\circ=0.2$, $\sin 37^\circ=0.6$ 으로 계산한다.

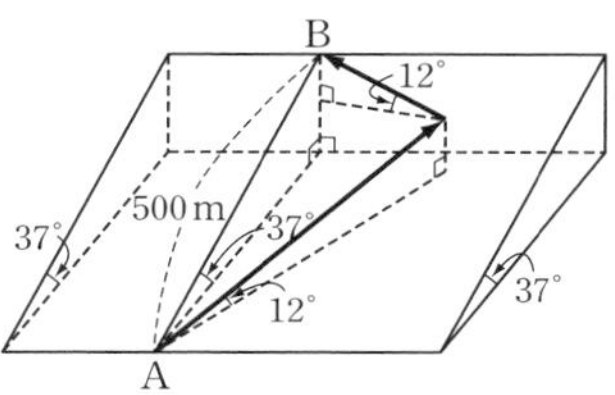

12-17 어떤 산꼭대기를 해수면 위의 세 지점 A, B, C에서 관측했더니 올려본각의 크기가 모두 15° 이었다. 지점 A에서 지점 B, C를 바라본 각의 크기가 30° 이고, 지점 B, C 사이의 거리가 1000 m일 때, 이 산의 해수면으로부터의 높이를 구하시오. 단, $\tan 15^\circ=2-\sqrt{3}$ 이다.

13. 등차수열

수열／등차수열의 일반항／등차수열의 합
／수열의 합과 일반항의 관계

§1. 수 열

1 수열·항·일반항

이를테면 $2n-1$의 n에 $1, 2, 3, \cdots, n, \cdots$을 차례로 대입하면

$$\mathbf{1, 3, 5, \cdots, 2n-1, \cdots} \qquad \cdots\cdots ⑦$$

이다. 이와 같이 어떤 일정한 규칙에 따라 차례로 얻어지는 수를 순서대로 나열한 것을 수열이라 하고, 수열을 이루는 각 수를 그 수열의 항이라고 한다. 이때, 각 항을 앞에서부터 차례로

첫째항, 둘째항, 셋째항, $\cdots$, n째항, $\cdots$

또는

첫째항(제1항), 제2항, 제3항, $\cdots$, 제n항, $\cdots$

이라고 한다.

일반적으로 수열을 나타낼 때에는 각 항의 번호를 써서

$$\boldsymbol{a_1, a_2, a_3, \cdots, a_n, \cdots} \qquad \cdots\cdots ⑧$$

와 같이 나타낸다.

수열 ⑦에서 $a_n=2n-1$이므로 n에 $1, 2, 3, \cdots, n, \cdots$을 대입하면 이 수열의 모든 항을 구할 수 있다. 이와 같이 제n항 a_n이 수열의 모든 항을 나타내고 있으므로 a_n을 이 수열의 일반항이라고 한다.

또, 수열 ⑧를 일반항 a_n을 써서

$$\{\boldsymbol{a_n}\}$$

과 같이 간단히 나타내기도 한다. 이에 따르면 수열 ⑦은 $\{\mathbf{2n-1}\}$과 같이 나타낼 수 있다.

**Note* 수의 범위를 복소수까지 확장하여 생각하면, 이를테면 $i, 2i, 3i, 4i, \cdots$와 같은 수의 나열도 수열로 볼 수 있다.

한편 수열 ㉠은 자연수 전체의 집합을 정의역으로 하는 함수의 함숫값을 나열한 것이라고 생각할 수 있다.

곧, 수열 ㉠은 자연수 전체의 집합 N에서 실수 전체의 집합 R로의 함수 $f: N \longrightarrow R$이 있어 N의 임의의 원소 n에 대하여

$$f: n \longrightarrow 2n-1 \quad \text{곧, } f(n)=2n-1$$

로 정의할 때, 그 함숫값을

$$f(1),\ f(2),\ f(3),\ \cdots,\ f(n),\ \cdots$$

과 같이 차례로 나열한 것이라고 생각할 수 있다.

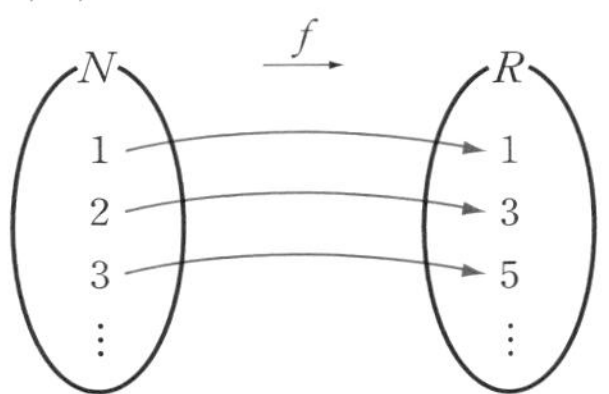

보기 1 다음 수열의 첫째항부터 제4항까지 구하시오.

(1) $\{n^2\}$ (2) $\{2n+2^n\}$

연구 (1) $a_n=n^2$으로 놓고, a_1, a_2, a_3, a_4를 구하면

$$a_1=1^2,\quad a_2=2^2,\quad a_3=3^2,\quad a_4=4^2$$

이므로 구하는 네 항은 **1, 4, 9, 16**

(2) $a_n=2n+2^n$으로 놓고, a_1, a_2, a_3, a_4를 구하면

$$a_1=2\times1+2^1,\quad a_2=2\times2+2^2,\quad a_3=2\times3+2^3,\quad a_4=2\times4+2^4$$

이므로 구하는 네 항은 **4, 8, 14, 24**

보기 2 함수 $f(n)=10^n-1$로 정의된 수열의 첫째항과 제4항을 구하시오.

연구 첫째항은 $f(1)=10^1-1=\mathbf{9}$, 제4항은 $f(4)=10^4-1=\mathbf{9999}$

Advice | 유한수열·무한수열

이를테면 일 년 중 짝수의 달은 수열 2, 4, 6, 8, 10, 12를 이룬다. 이와 같이 항이 유한개인 수열을 유한수열이라 하고, 유한수열의 마지막 항을 끝항이라고 한다.

또, 자연수의 수열 1, 2, 3, ⋯, n, ⋯과 같이 항이 무한히 계속되는 수열을 무한수열이라고 한다.

수열 $\{a_n\}$이 유한수열일 때 끝항이 a_l이면

$$a_1,\ a_2,\ a_3,\ \cdots,\ a_l$$

과 같이 나타내고, 수열 $\{a_n\}$이 무한수열일 때에는

$$a_1,\ a_2,\ a_3,\ \cdots,\ a_n,\ \cdots$$

과 같이 a_n의 다음에 세 개의 점을 찍어 유한수열과 구별해서 나타낸다.

* ***Note*** 고등학교 교육과정에서는 유한수열을 따로 정의하지 않으므로 유한수열, 끝항 등의 용어는 쓰지 않고 있다.

§2. 등차수열의 일반항

1 등차수열의 정의

두 수열

$$\mathbf{1,\ 3,\ 5,\ 7,\ 9,\ \cdots} \quad \cdots\cdots ① \qquad \mathbf{9,\ 7,\ 5,\ 3,\ 1,\ \cdots} \quad \cdots\cdots ②$$

에 대하여 생각해 보자.

이 수열의 규칙을 조사해 보면 ①은 첫째항 1에 차례로 2를 더하여 얻어진 수열이고, ②는 첫째항 9에 차례로 -2를 더하여 얻어진 수열이다.

이와 같이 첫째항에 차례로 일정한 수를 더하여 얻어지는 수열을 등차수열이라 하고, 더하는 일정한 수를 공차라고 한다.

위에서 ①은 첫째항이 1, 공차가 2인 등차수열이고, ②는 첫째항이 9, 공차가 -2인 등차수열이다.

* ***Note*** 등차수열(Arithmetic Progression)을 A.P.로 나타내기도 한다.

2 등차수열의 일반항

등차수열의 첫째항을 a, 공차를 d, 일반항(제 n항)을 a_n이라고 하면

$$\begin{array}{ccccccccccc} a_1, & & a_2, & & a_3, & \cdots, & a_{n-1}, & & a_n, & \cdots \\ \| & & \| & & \| & & \| & & \| & \\ a, & & a+d, & & a+2d, & \cdots, & a+(n-2)d, & & a+(n-1)d, & \cdots \\ & +d & & +d & & & & +d & & \end{array}$$

이므로

$$\boldsymbol{a_2-a_1=a_3-a_2=\cdots=a_n-a_{n-1}=a_{n+1}-a_n=\cdots=d,}$$
$$\boldsymbol{a_n=a+(n-1)d}$$

임을 알 수 있다.

위의 수열 ①, ②에서 일반항 a_n을 $a_n=a+(n-1)d$를 이용하여 구하면 다음과 같다.

①에서는 $a=1,\ d=2$이므로 $\quad a_n=1+(n-1)\times 2=\mathbf{2n-1}$

②에서는 $a=9,\ d=-2$이므로 $\quad a_n=9+(n-1)\times(-2)=\mathbf{-2n+11}$

기본정석 — 등차수열의 일반항

> 첫째항이 a, 공차가 d인 등차수열의 일반항을 a_n이라고 하면
>
> $$\boldsymbol{a_n=a+(n-1)d,\quad a_{n+1}-a_n=d}$$

보기 1 다음 등차수열의 제10항과 제n항을 구하시오.

(1) 3, 6, 9, ⋯　　(2) 8, 1, −6, ⋯　　(3) 1, 1, 1, ⋯

연구 첫째항을 a, 공차를 d, 제n항을 a_n이라고 하면

정 석 $a_n=a+(n-1)d$

(1) $a=3$, $d=3$인 경우이므로

$a_{10}=3+(10-1)\times3=\mathbf{30}$,　$a_n=3+(n-1)\times3=\mathbf{3n}$

(2) $a=8$, $d=-7$인 경우이므로

$a_{10}=8+(10-1)\times(-7)=\mathbf{-55}$,　$a_n=8+(n-1)\times(-7)=\mathbf{-7n+15}$

(3) $a=1$, $d=0$인 경우이므로

$a_{10}=1+(10-1)\times0=\mathbf{1}$,　$a_n=1+(n-1)\times0=\mathbf{1}$

* *Note* 1이 계속되는 수열이므로 $a_{10}=1$, $a_n=1$이다.

Advice | 등차수열의 일반항 a_n은 **보기 1**의 (1), (2)와 같이 공차가 0이 아닐 때에는 n에 관한 일차식 $a_n=dn+a-d$이고 n의 계수가 공차이다.

또, (3)과 같이 공차가 0일 때에는 a_n은 상수이다.

정 석 등차수열의 일반항 a_n은

공차가 **0**이 아닐 때 ⟹ a_n은 n에 관한 일차식이다.

공차가 **0**일 때 ⟹ a_n은 상수이다.

3 등차중항

세 수 a, x, b가 이 순서로 등차수열(A.P.)을 이룰 때, x를 a와 b의 등차중항이라고 한다. 이때, 다음 관계가 성립한다.

$$a,\ x,\ b\ (\text{A.P.}) \iff x-a=b-x \iff 2x=a+b$$

일반적으로 등차수열 $\{a_n\}$에 대하여 다음 관계가 성립한다.

$$a_1,\ a_2,\ \cdots,\ a_n,\ a_{n+1},\ a_{n+2},\ \cdots\ (\text{A.P.}) \iff a_{n+1}-a_n=a_{n+2}-a_{n+1}$$
$$\iff 2a_{n+1}=a_n+a_{n+2}$$

기본정석 — 등차중항

(1) $a,\ x,\ b\ (\text{A.P.}) \iff 2x=a+b \iff x=\dfrac{a+b}{2}$　⇦ 등차중항

(2) $a_1,\ a_2,\ \cdots,\ a_n,\ a_{n+1},\ a_{n+2},\ \cdots\ (\text{A.P.}) \iff 2a_{n+1}=a_n+a_{n+2}$

보기 2 두 수 3과 25의 등차중항을 구하시오.

연구 등차중항을 x라고 하면 3, x, 25가 이 순서로 등차수열을 이루므로

$x-3=25-x$　∴ $2x=28$　∴ $x=\mathbf{14}$

기본 문제 13-1 다음 물음에 답하시오.

(1) 등차수열 0.85, 0.91, 0.97, …에서 2.05는 제몇 항인가?

(2) 첫째항이 $\log_2 3$, 제5항이 $\log_2 243$인 등차수열의 공차를 구하시오.

(3) 공차가 0.3이고 제10항이 4.7인 등차수열의 첫째항을 구하시오.

(4) 제n항이 $-4n+1$인 등차수열의 첫째항과 공차를 구하시오.

정석연구 (1), (2), (3) 첫째항이 a, 공차가 d인 등차수열의 일반항 a_n은

정석 $\boldsymbol{a_n=a+(n-1)d}$

임을 이용한다.

(4) 등차수열의 일반항이 $a_n=-4n+1$임을 알고 첫째항 a_1과 공차 d를 구하는 문제이다.

이때, 공차 d는 이웃하는 두 항의 차인 $a_{n+1}-a_n$임을 이용하여 구한다.

정석 $\boldsymbol{a_{n+1}-a_n=d}$

모범답안 (1) 첫째항이 0.85, 공차가 0.06이므로 제n항이 2.05라고 하면

$2.05=0.85+(n-1)\times0.06$ ∴ $n=21$ ∴ **제21항** ← 답

(2) 공차를 d라고 하면 $\log_2 3+(5-1)\times d=\log_2 243$

∴ $4d=\log_2 243-\log_2 3=\log_2 81=4\log_2 3$ ∴ $d=\boldsymbol{\log_2 3}$ ← 답

(3) 첫째항을 a라고 하면 $a+(10-1)\times0.3=4.7$ ∴ $a=\boldsymbol{2}$ ← 답

(4) 일반항 a_n은 $a_n=-4n+1$이므로

$a_1=-4\times1+1=\boldsymbol{-3}$ ← 답

또, 공차를 d라고 하면

$d=a_{n+1}-a_n=\{-4(n+1)+1\}-(-4n+1)=\boldsymbol{-4}$ ← 답

***Note** 1° $d=a_2-a_1=(-4\times2+1)-(-4\times1+1)=\boldsymbol{-4}$

2° 등차수열의 일반항 a_n은 $a_n=a+(n-1)d=dn+a-d$이므로 $a_n=-4n+1$에서 n의 계수 -4가 공차이다.

유제 **13**-1. 다음은 등차수열이다. ☐ 안에 알맞은 수를 써넣으시오.

(1) ☐, ☐, 8, 12, … (2) ☐, $\dfrac{3}{2}$, 4, ☐, …

(3) $\log\dfrac{3}{2}$, ☐, ☐, $\log 12$, … (4) ☐, 3, ☐, -1, …

답 (1) **0, 4** (2) $\boldsymbol{-1,\ \dfrac{13}{2}}$ (3) $\boldsymbol{\log 3,\ \log 6}$ (4) **5, 1**

유제 **13**-2. 일반항 a_n이 $a_n=3n-1$인 등차수열의 첫째항, 제10항, 공차를 구하시오.

답 첫째항 **2**, 제**10**항 **29**, 공차 **3**

기본 문제 13-2 등차수열 $\{a_n\}$에 대하여 다음 물음에 답하시오.

(1) $a_{11}=13$, $a_{23}=49$일 때, a_{50}과 a_n을 구하시오.

(2) $a_5+a_8=32$, $a_{10}+a_{12}=50$일 때, $a_k=43$을 만족시키는 k의 값을 구하시오.

정석연구 (1)「제11항이 13, 제23항이 49인 등차수열의 제50항과 제n항(일반항)을 구하시오.」라는 문제이다. 곧,

$$\begin{array}{cccccccccccc} a_1, & a_2, & a_3, & \cdots, & a_{11}, & \cdots, & a_{23}, & \cdots, & \boldsymbol{a_{50}}, & \cdots, & \boldsymbol{a_n}, & \cdots \\ \downarrow & \downarrow & & & \downarrow & & \downarrow & & \downarrow & & \downarrow & \\ a & a+d & & & 13 & & 49 & & ? & & ? & \end{array}$$

(2)「제5항과 제8항의 합이 32, 제10항과 제12항의 합이 50인 등차수열에서 43은 제몇 항인가?」를 묻는 문제이다. 다음 **정석**을 이용한다.

정석 $\boldsymbol{a_n=a+(n-1)d}$

모범답안 첫째항을 a, 공차를 d라고 하자.

(1) $a_{11}=13$이므로 $a+10d=13$, $a_{23}=49$이므로 $a+22d=49$

두 식을 연립하여 풀면 $a=-17$, $d=3$

$\therefore\ a_{50}=-17+(50-1)\times3=\boldsymbol{130}$ ← 답

$a_n=-17+(n-1)\times3=\boldsymbol{3n-20}$ ← 답

(2) $a_5+a_8=32$이므로 $(a+4d)+(a+7d)=32$ $\therefore\ 2a+11d=32$

$a_{10}+a_{12}=50$이므로 $(a+9d)+(a+11d)=50$ $\therefore\ 2a+20d=50$

두 식을 연립하여 풀면 $a=5$, $d=2$

$\therefore\ a_n=5+(n-1)\times2=2n+3$

$a_k=43$이므로 $2k+3=43$ $\therefore\ \boldsymbol{k=20}$ ← 답

유제 **13**-3. 제5항이 14, 제20항이 -46인 등차수열 $\{a_n\}$이 있다.

(1) 첫째항과 공차를 구하시오. (2) 일반항 a_n을 구하시오.

(3) 제153항을 구하시오.

(4) 제몇 항에서 처음으로 음수가 되는가?

답 (1) 첫째항 **30**, 공차 $\boldsymbol{-4}$ (2) $\boldsymbol{-4n+34}$ (3) $\boldsymbol{-578}$ (4) 제**9**항

유제 **13**-4. 제2항과 제6항은 절댓값이 같고 부호가 반대이며, 제3항이 1인 등차수열 $\{a_n\}$의 첫째항과 공차를 구하시오. 답 첫째항 **3**, 공차 $\boldsymbol{-1}$

유제 **13**-5. $a_3=11$이고 $a_6:a_{10}=5:8$인 등차수열 $\{a_n\}$이 있다.
a_{20}과 a_n을 구하시오. 답 $\boldsymbol{a_{20}=62,\ a_n=3n+2}$

기본 문제 13-3 두 수열 $\{a_n\}$, $\{b_n\}$이 있다.

수열 $\{a_n\}$은 $a_1=2,\ a_{n+1}=a_n+3\ (n=1, 2, 3, \cdots)$,

수열 $\{b_n\}$은 $b_1=32,\ b_2=30,\ 2b_{n+1}=b_n+b_{n+2}\ (n=1, 2, 3, \cdots)$

를 만족시킬 때, 다음 물음에 답하시오.

(1) 수열 $\{a_n\}$의 일반항 a_n과 제10항 a_{10}을 구하시오.

(2) 수열 $\{b_n\}$의 일반항 b_n과 제15항 b_{15}를 구하시오.

(3) 수열 $\{a_n\}$은 제몇 항에서 처음으로 100보다 커지는가?

(4) $a_k=b_k$를 만족시키는 k의 값을 구하시오.

정석연구 등차수열 $\{a_n\}$의 성질을 정리하면 다음과 같다.

정석 수열 $\{a_n\}$에서

(i) $a_n=a+(n-1)d \iff$ 첫째항이 a, 공차가 d인 등차수열

(ii) $a_{n+1}-a_n=d$ (일정) $\iff$ 공차가 d인 등차수열

(iii) $2a_{n+1}=a_n+a_{n+2}\ (n=1, 2, 3, \cdots) \iff$ 등차수열

따라서 주어진 조건에서 수열 $\{a_n\}$은 첫째항이 2, 공차가 3인 등차수열, 수열 $\{b_n\}$은 첫째항이 32, 공차가 $b_2-b_1=-2$인 등차수열임을 알 수 있다.

(ii), (iii)과 같이 수열의 이웃하는 항 사이의 관계식을 점화식이라고 한다. 이에 대해서는 p. 220에서 다시 공부한다.

모범답안 (1) $a_{n+1}=a_n+3$에서 $a_{n+1}-a_n=3$

따라서 수열 $\{a_n\}$은 첫째항이 2, 공차가 3인 등차수열이므로

$a_n=2+(n-1)\times 3=3n-1 \quad \therefore\ a_{10}=29$

답 $a_n=3n-1,\ a_{10}=29$

(2) 수열 $\{b_n\}$은 첫째항이 32, 공차가 $-2(=b_2-b_1)$인 등차수열이므로

$b_n=32+(n-1)\times(-2)=-2n+34 \quad \therefore\ b_{15}=4$

답 $b_n=-2n+34,\ b_{15}=4$

(3) $a_n>100$인 n의 값의 범위를 구하면

$a_n=3n-1>100 \quad \therefore\ n>33.6\times\times\times$ 답 제34항

(4) $a_n=3n-1,\ b_n=-2n+34$이므로 $a_k=b_k$로부터

$3k-1=-2k+34 \quad \therefore\ k=7$ 답 $k=7$

유제 **13**-6. $a_1=50,\ a_{n+1}-a_n=-3(n=1, 2, 3, \cdots)$인 수열 $\{a_n\}$이 있다.

(1) $a_k=20$을 만족시키는 k의 값을 구하시오.

(2) 이 수열은 제몇 항에서 처음으로 음수가 되는가?

답 (1) $k=11$ (2) 제18항

기본 문제 **13**-4 다음 물음에 답하시오.

(1) 1, x, y가 이 순서로 등차수열을 이루고, -1, x^2, y^2도 이 순서로 등차수열을 이룰 때, x, y의 값을 구하시오.

(2) 첫째항부터 제4항까지의 합이 40이고, 제2항과 제3항의 곱이 첫째항과 제4항의 곱보다 8이 더 큰 등차수열의 첫째항부터 제4항까지 구하시오.

정석연구 (1) $a,\ b,\ c$ (A.P.) $\iff b-a=c-b \iff 2b=a+c$ 임을 이용한다.

정 석 $\boldsymbol{a, b, c}$가 이 순서로 등차수열 $\iff \boldsymbol{2b=a+c}$

(2) 등차수열을 이루는 세 수, 네 수, 다섯 수를

정 석 세 수가 등차수열 $\Longrightarrow \boldsymbol{a-d,\ a,\ a+d}$
네 수가 등차수열 $\Longrightarrow \boldsymbol{a-3d,\ a-d,\ a+d,\ a+3d}$
다섯 수가 등차수열 $\Longrightarrow \boldsymbol{a-2d,\ a-d,\ a,\ a+d,\ a+2d}$

와 같이 놓으면, 각 수의 합이 a로만 이루어진 식이 되므로 보다 쉽게 계산할 수 있다. 여기서 네 수가 등차수열일 때의 공차는 $2d$임에 주의한다.

모범답안 (1) 1, x, y가 이 순서로 등차수열을 이루므로 $2x=1+y$ ······①

-1, x^2, y^2이 이 순서로 등차수열을 이루므로 $2x^2=-1+y^2$ ······②

①, ②를 연립하여 풀면

$\boldsymbol{x=0,\ y=-1}$ **또는** $\boldsymbol{x=2,\ y=3}$ ← 답

(2) 구하는 네 항을 $a-3d$, $a-d$, $a+d$, $a+3d$로 놓으면

$(a-3d)+(a-d)+(a+d)+(a+3d)=40$ ······①

$(a-d)(a+d)=(a-3d)(a+3d)+8$ ······②

①에서 $4a=40$ $\therefore\ a=10$

②에서 $a^2-d^2=a^2-9d^2+8$ $\therefore\ d^2=1$ $\therefore\ d=\pm1$

따라서 구하는 네 항은 **7, 9, 11, 13 또는 13, 11, 9, 7** ← 답

**Note* 네 항을 a, $a+d$, $a+2d$, $a+3d$로 놓고 풀어도 되지만, 위와 같이 놓으면 중간 계산이 더 간편하다.

유제 **13**-7. 세 수 $\log 2$, $\log(x-1)$, $\log(x+3)$이 이 순서로 등차수열을 이룰 때, x의 값을 구하시오. 답 $\boldsymbol{x=5}$

유제 **13**-8. 첫째항부터 제3항까지의 합이 15이고, 제곱의 합이 83인 등차수열의 첫째항부터 제3항까지 구하시오. 답 **3, 5, 7 또는 7, 5, 3**

기본 문제 13-5 다음 물음에 답하시오.

(1) 다음과 같이 각 항의 분자가 1이고 분모가 등차수열을 이루는 수열 $\{a_n\}$에서 a_n과 a_{10}을 구하시오.

$$\frac{1}{2},\ \frac{1}{6},\ \frac{1}{10},\ \frac{1}{14},\ \frac{1}{18},\ \cdots$$

(2) 다음을 만족시키는 수열 $\{a_n\}$ $(a_n\neq0)$에서 a_n과 a_{10}을 구하시오.

$$a_1=24,\ a_2=12,\ a_{n+1}a_{n+2}-2a_na_{n+2}+a_na_{n+1}=0\ (n=1,\ 2,\ 3,\ \cdots)$$

정석연구 (1) 수열 $\frac{1}{2},\ \frac{1}{6},\ \frac{1}{10},\ \frac{1}{14},\ \frac{1}{18},\ \cdots$의 각 항의 역수를 항으로 하는 수열을 만들어 보면

$$2,\ 6,\ 10,\ 14,\ 18,\ \cdots$$

과 같이 첫째항이 2, 공차가 4인 등차수열을 이루고 있음을 알 수 있다.

(2) 조건식의 양변을 $a_na_{n+1}a_{n+2}$로 나누어 본다.

정석 수열의 나열 규칙
⟹ 각 항의 역수가 이루는 규칙도 찾아본다.

모범답안 (1) 주어진 수열의 각 항의 역수는

$$2,\ 6,\ 10,\ 14,\ 18,\ \cdots$$

이것은 첫째항이 2, 공차가 4인 등차수열이므로

$$\frac{1}{a_n}=2+(n-1)\times4=4n-2 \qquad \therefore\ \boldsymbol{a_n=\frac{1}{4n-2},\ a_{10}=\frac{1}{38}} \longleftarrow \text{답}$$

(2) 조건식의 양변을 $a_na_{n+1}a_{n+2}$로 나누면

$$\frac{1}{a_n}-\frac{2}{a_{n+1}}+\frac{1}{a_{n+2}}=0 \qquad \therefore\ \frac{2}{a_{n+1}}=\frac{1}{a_n}+\frac{1}{a_{n+2}}$$

따라서 수열 $\left\{\frac{1}{a_n}\right\}$은 등차수열이고, 첫째항은 $\frac{1}{a_1}$, 공차는 $\frac{1}{a_2}-\frac{1}{a_1}$이다.

$$\therefore\ \frac{1}{a_n}=\frac{1}{a_1}+(n-1)\left(\frac{1}{a_2}-\frac{1}{a_1}\right)=\frac{1}{24}+(n-1)\left(\frac{1}{12}-\frac{1}{24}\right)=\frac{n}{24}$$

$$\therefore\ \boldsymbol{a_n=\frac{24}{n},\ a_{10}=\frac{12}{5}} \longleftarrow \text{답}$$

Advice 1° **조화수열** (고등학교 교육과정 밖의 내용)

조화수열은 고등학교 교육과정에서 제외된 내용이지만, 등차수열의 응용으로 여기에서 간단히 다루어 보자.

이를테면 수열 $\frac{1}{1},\ \frac{1}{3},\ \frac{1}{5},\ \frac{1}{7},\ \frac{1}{9},\ \cdots$

의 각 항의 역수를 항으로 하는 수열을 만들어 보면

$$1,\ 3,\ 5,\ 7,\ 9,\ \cdots$$

와 같이 등차수열을 이루고 있음을 알 수 있다.

이와 같이 어떤 수열의 각 항의 역수들이 등차수열을 이룰 때, 그 수열을 조화수열이라고 한다.

Note 조화수열(Harmonic Progression)을 H.P.로 나타내기도 한다.

Advice 2° 조화중항

이를테면 세 수 4, x, 6이 이 순서로 조화수열을 이루면 세 수 $\dfrac{1}{4}, \dfrac{1}{x}, \dfrac{1}{6}$은 이 순서로 등차수열을 이룬다.

따라서 $\dfrac{2}{x}=\dfrac{1}{4}+\dfrac{1}{6}$이므로 $\dfrac{2}{x}=\dfrac{5}{12}$ $\quad\therefore\ 5x=24 \quad \therefore\ x=\dfrac{24}{5}$

이와 같이 0이 아닌 세 수 a, x, b가 이 순서로 조화수열을 이룰 때, x를 a와 b의 조화중항이라고 한다. 이때,

$$a,\ x,\ b\text{가 조화수열} \iff \frac{1}{a}, \frac{1}{x}, \frac{1}{b}\text{이 등차수열}$$
$$\iff \frac{2}{x}=\frac{1}{a}+\frac{1}{b}$$

또, $\dfrac{2}{x}=\dfrac{1}{a}+\dfrac{1}{b}$에서 $\dfrac{2}{x}=\dfrac{a+b}{ab}$ $\quad\therefore\ \dfrac{x}{2}=\dfrac{ab}{a+b} \quad \therefore\ x=\dfrac{2ab}{a+b}$

따라서 조화수열에서는 다음 관계가 성립한다.

정석 (i) $\boldsymbol{a, x, b}$가 조화수열 $\iff \boldsymbol{\dfrac{2}{x}=\dfrac{1}{a}+\dfrac{1}{b}} \iff \boldsymbol{x=\dfrac{2ab}{a+b}}$

⇦ 조화중항

(ii) 수열 $\{\boldsymbol{a_n}\}$이 조화수열 $\iff \boldsymbol{\dfrac{2}{a_{n+1}}=\dfrac{1}{a_n}+\dfrac{1}{a_{n+2}}}$

유제 **13**-9. 다음 조화수열의 일반항 a_n을 구하시오.

(1) $1,\ \dfrac{1}{3},\ \dfrac{1}{5},\ \dfrac{1}{7},\ \cdots$ (2) $6,\ 3,\ 2,\ 1.5,\ \cdots$

답 (1) $\boldsymbol{a_n=\dfrac{1}{2n-1}}$ (2) $\boldsymbol{a_n=\dfrac{6}{n}}$

유제 **13**-10. 0이 아닌 서로 다른 세 수 x, y, z 사이에 $yz+xy=2xz$인 관계가 성립할 때, 다음 중 나열된 순서로 등차수열을 이루는 것은?

① $x,\ y,\ z$ ② $x^2,\ y^2,\ z^2$ ③ $xy,\ yz,\ zx$

④ $\dfrac{1}{x},\ \dfrac{1}{y},\ \dfrac{1}{z}$ ⑤ $\dfrac{1}{x^2},\ \dfrac{1}{y^2},\ \dfrac{1}{z^2}$

답 ④

유제 **13**-11. 어떤 사람이 두 지점 사이를 갈 때는 6 km/h, 올 때는 4 km/h의 속력으로 왕복하였다. 이 사람의 평균 속력을 구하시오. 답 **4.8 km/h**

§3. 등차수열의 합

1 등차수열의 합의 공식

만일「1부터 10까지의 자연수의 합은 얼마인가?」라고 묻는다면, 고등학생이면 누구나「55이다.」라고 대답할 수 있을 것이다. 그것은 실제로 더해 보았든 계산기를 이용해 보았든 한 번쯤은 경험해 보았을 것이고, 그 과정에서 기억에 남았기 때문이라고 생각된다.

이제 위의 계산법 이외의 방법으로 합을 계산하는 방법을 생각해 보자.

1부터 10까지의 자연수의 합을 S라고 하면

$$\begin{array}{rl} S= & 1+\ 2+\ 3+\ 4+\ 5+\ 6+\ 7+\ 8+\ 9+10 \\ +)\ S= & 10+\ 9+\ 8+\ 7+\ 6+\ 5+\ 4+\ 3+\ 2+\ 1 \\ \hline 2S= & 11+11+11+11+11+11+11+11+11+11 \end{array} \quad \Leftarrow 11\text{이 }10\text{개}$$

$$\therefore\ 2S=11\times10 \qquad \therefore\ S=\mathbf{55}$$

이와 같은 계산법은 가우스가 10세 때 이미 생각해 낸 것이라고 한다.

일반적으로 첫째항이 a, 공차가 d, 제n항이 l인 등차수열의 첫째항부터 제n항까지의 합을 S_n이라고 하면

$$\begin{array}{rl} S_n= & a\ +\ a+d\ +a+2d+\cdots+l-2d+\ l-d\ +\ l \\ +)\ S_n= & l\ +\ l-d\ +l-2d+\cdots+a+2d+\ a+d\ +\ a \\ \hline 2S_n= & (a+l)+(a+l)+(a+l)+\cdots+(a+l)+(a+l)+(a+l) \end{array}$$

$\Leftarrow a+l$이 n개

$$\therefore\ 2S_n=n(a+l) \qquad \therefore\ S_n=\frac{n(a+l)}{2}$$

여기에 $l=a_n=a+(n-1)d$를 대입하면

$$S_n=\frac{n\{a+a+(n-1)d\}}{2}=\frac{n\{2a+(n-1)d\}}{2}$$

기본정석 **등차수열의 합의 공식**

첫째항이 a, 공차가 d, 제n항이 l인 등차수열의 첫째항부터 제n항까지의 합을 S_n이라고 하면

$$S_n=\frac{\boldsymbol{n(a+l)}}{\mathbf{2}},\quad S_n=\frac{\boldsymbol{n\{2a+(n-1)d\}}}{\mathbf{2}}$$

Advice | 첫째항과 제n항이 주어질 때에는 위의 첫 번째 공식을, 첫째항과 공차가 주어질 때에는 위의 두 번째 공식을 주로 이용한다.

보기 1 다음 물음에 답하시오.

(1) 1부터 100까지의 자연수의 합을 구하시오.

(2) 첫째항이 2, 제30항이 18인 등차수열의 첫째항부터 제30항까지의 합을 구하시오.

(3) 첫째항이 3, 공차가 -4인 등차수열의 첫째항부터 제10항까지의 합을 구하시오.

(4) 등차수열 3, 5, 7, $\cdots$, 41의 합을 구하시오.

연구 문제에 따라 다르기는 하지만 보통은 다음 **정석**과 같이 해결한다.

정석 등차수열에서

제$\boldsymbol{n}$항이 $\boldsymbol{l}$로 주어질 때의 합은 $\Longrightarrow$ $\boldsymbol{S_n=\dfrac{n(a+l)}{2}}$

공차가 주어질 때의 합은 $\Longrightarrow$ $\boldsymbol{S_n=\dfrac{n\{2a+(n-1)d\}}{2}}$

(1) $S_{100}=\dfrac{100(1+100)}{2}=\mathbf{5050}$ (2) $S_{30}=\dfrac{30(2+18)}{2}=\mathbf{300}$

(3) $S_{10}=\dfrac{10\{2\times3+(10-1)\times(-4)\}}{2}=\dfrac{10\times(-30)}{2}=\mathbf{-150}$

(4) 41이 제n항이라고 하면 $a_n=3+(n-1)\times2=41$ $\quad\therefore\ n=20$

$\therefore\ S_{20}=\dfrac{20(3+41)}{2}=\mathbf{440}$

보기 2 다음 등차수열의 합을 구하시오.

(1) $1+2+3+4+\cdots+n$ (2) $1+3+5+7+\cdots+(2n-1)$

(3) $2+4+6+8+\cdots+2n$

연구 첫째항과 제n항이 주어진 등차수열의 합이므로

(1) $S_n=\dfrac{n(1+n)}{2}=\boldsymbol{\dfrac{n(n+1)}{2}}$ (2) $S_n=\dfrac{n\{1+(2n-1)\}}{2}=\boldsymbol{n^2}$

(3) $S_n=\dfrac{n(2+2n)}{2}=\boldsymbol{n(n+1)}$

이를 정리하면 다음과 같다. 특히 자연수의 합, 홀수의 합은 그 결과를 공식으로 기억해 두고서 활용해도 된다.

기본정석 **특수한 등차수열의 합**

(1) 자연수의 합 $\boldsymbol{1+2+3+4+\cdots+n=\dfrac{n(n+1)}{2}}$

(2) 홀수의 합 $\boldsymbol{1+3+5+7+\cdots+(2n-1)=n^2}$

(3) 짝수의 합 $\boldsymbol{2+4+6+8+\cdots+2n=n(n+1)}$

기본 문제 13-6 4, x_1, x_2, x_3, $\cdots$, x_n, 34가 이 순서로 등차수열을 이룰 때, 다음 물음에 답하시오.

(1) 공차가 2일 때, n의 값을 구하시오.

(2) $n=29$일 때, 공차 d와 주어진 수의 총합 S를 구하시오.

(3) 주어진 수의 총합이 209일 때, n의 값과 공차 d를 구하시오.

정석연구 주어진 수열을 첫째항이 4, 제$(n+2)$항이 34인 등차수열로 보고 다음을 이용한다.

정석 등차수열 $\{a_n\}$에서 첫째항을 a, 공차를 d, 제n항을 l,
첫째항부터 제n항까지의 합을 S_n이라고 하면

$$a_n=a+(n-1)d,$$
$$S_n=\frac{n(a+l)}{2},\quad S_n=\frac{n\{2a+(n-1)d\}}{2}$$

모범답안 (1) 첫째항이 4, 공차가 2, 제$(n+2)$항이 34이므로

$4+\{(n+2)-1\}\times 2=34 \quad \therefore\ n=14$ ⇦ $a+(n-1)d=a_n$

(2) 첫째항이 4, 공차가 d, 제31항이 34이므로

$4+(31-1)d=34 \quad \therefore\ d=1$ ⇦ $a+(n-1)d=a_n$

또, $S=\dfrac{31(4+34)}{2}=589$ ⇦ $S_n=\dfrac{n(a+l)}{2}$

**Note* 첫째항이 4, 공차가 1인 등차수열의 첫째항부터 제31항까지의 합이므로 다음과 같이 구할 수도 있다.

$S=\dfrac{31\{2\times 4+(31-1)\times 1\}}{2}=589$ ⇦ $S_n=\dfrac{n\{2a+(n-1)d\}}{2}$

(3) 첫째항부터 제$(n+2)$항까지의 합이 209이므로

$\dfrac{(n+2)(4+34)}{2}=209 \quad \therefore\ n=9$

따라서 제11항이 34이므로 $4+(11-1)d=34 \quad \therefore\ d=3$

답 (1) $\boldsymbol{n=14}$ (2) $\boldsymbol{d=1,\ S=589}$ (3) $\boldsymbol{n=9,\ d=3}$

유제 **13**-12. 다음 등차수열의 첫째항부터 제10항까지의 합을 구하시오.

(1) $\dfrac{1}{\sqrt{2}-1},\ \sqrt{2},\ \dfrac{1}{\sqrt{2}+1},\ \cdots$ (2) $\log_2 4,\ \log_2 4^2,\ \log_2 4^3,\ \cdots$

답 (1) $\boldsymbol{-35+10\sqrt{2}}$ (2) **110**

유제 **13**-13. 2, a_1, a_2, a_3, $\cdots$, a_n, 29가 이 순서로 등차수열을 이루고, 그 합이 155일 때, n의 값과 공차 d를 구하시오. 답 $\boldsymbol{n=8,\ d=3}$

기본 문제 **13**-7 다음 물음에 답하시오.

(1) 어떤 등차수열의 첫째항부터 제 10 항까지의 합이 100 이고, 첫째항부터 제 20 항까지의 합이 400 일 때, 첫째항부터 제 30 항까지의 합을 구하시오.

(2) 어떤 등차수열의 첫째항이 3 이고, 첫째항부터 제 n 항까지의 합의 3 배가 제 $(n+1)$ 항부터 제 $2n$ 항까지의 합과 같을 때, 공차를 구하시오.

정석연구 (1) 첫째항부터 제 n 항까지의 합을 S_n 이라고 할 때, $S_{10}=100$, $S_{20}=400$ 인 등차수열에서 S_{30} 을 구하는 문제이다.

(2) 수열 $a_1, a_2, \cdots, a_n, a_{n+1}, a_{n+2}, \cdots, a_{2n}, \cdots$ 에서 $a_1=3$ 이고,

$$3(a_1+a_2+\cdots+a_n)=a_{n+1}+a_{n+2}+\cdots+a_{2n}$$

일 때, 공차 d 를 구하는 문제이다.

정 석 등차수열 $\{a_n\}$ 에서 첫째항을 $\boldsymbol{a}$, 공차를 $\boldsymbol{d}$, 첫째항부터 제 $\boldsymbol{n}$ 항까지의 합을 $\boldsymbol{S_n}$ 이라고 하면

$$S_n=\frac{n\{2a+(n-1)d\}}{2}$$

모범답안 (1) 첫째항을 a, 공차를 d, 첫째항부터 제 n 항까지의 합을 S_n 이라고 하면 $S_{10}=100$, $S_{20}=400$ 으로부터

$$\frac{10\{2a+(10-1)d\}}{2}=100, \quad \frac{20\{2a+(20-1)d\}}{2}=400$$

곧, $2a+9d=20$ ……① $\quad 2a+19d=40$ ……②

①, ②를 연립하여 풀면 $a=1,\ d=2$

$$\therefore\ S_{30}=\frac{30\{2\times1+(30-1)\times2\}}{2}=\mathbf{900}$$ ← 답

(2) 공차를 d, 첫째항부터 제 n 항까지의 합을 S_n 이라고 하면 문제의 조건으로부터

$$3S_n=S_{2n}-S_n \qquad \therefore\ 4S_n=S_{2n}$$

$$\therefore\ 4\times\frac{n\{2\times3+(n-1)d\}}{2}=\frac{2n\{2\times3+(2n-1)d\}}{2}$$

$$\therefore\ 2n(6+nd-d)=n(6+2nd-d)$$

전개하여 정리하면 $6n=nd$ 이고 $n\neq0$ 이므로 $d=\mathbf{6}$ ← 답

유제 **13**-14. 어떤 등차수열의 첫째항부터 제 6 항까지의 합이 -36 이고, 첫째항부터 제 11 항까지의 합이 -231 이다. 이 수열의 제 20 항을 구하시오.

답 $\mathbf{-105}$

기본 문제 **13**-8 첫째항이 15이고, 첫째항부터 제4항까지의 합이 48인 등차수열 $\{a_n\}$에 대하여 다음 물음에 답하시오.

(1) 일반항 a_n을 구하시오.

(2) 제몇 항에서 처음으로 음수가 되는가?

(3) 첫째항부터 제몇 항까지의 합이 최대가 되는가?

(4) 첫째항부터 제몇 항까지의 합이 63이 되는가?

정석연구 등차수열의 합의 공식을 이용하면 이 수열의 공차를 구할 수 있다.

정석 $a_n=a+(n-1)d,\ S_n=\dfrac{n\{2a+(n-1)d\}}{2}$를 이용!

모범답안 공차를 d라고 하면 문제의 조건으로부터

$$\frac{4\{2\times15+(4-1)d\}}{2}=48 \quad \therefore\ d=-2$$

(1) $a_n=15+(n-1)\times(-2)=-2n+17$ 답 $\boldsymbol{a_n=-2n+17}$

(2) $a_n<0$인 n의 값의 범위를 구하면

$$a_n=-2n+17<0 \quad \therefore\ n>8.5$$ 답 제**9**항

(3) 첫째항부터 제n항까지의 합을 S_n이라고 하면

$$S_n=\frac{n\{2\times15+(n-1)\times(-2)\}}{2}=-n^2+16n=-(n-8)^2+64$$

따라서 $n=8$일 때 S_n은 최대이다. 답 제**8**항

**Note* (2)의 결과로부터 주어진 수열은 제8항까지가 양수이고, 제9항부터 음수이므로 첫째항부터 제8항까지의 합이 최대라고 해도 된다.

(4) $S_n=-n^2+16n=63$으로 놓으면 $n^2-16n+63=0$

$\therefore\ (n-7)(n-9)=0 \quad \therefore\ n=7,\ 9$ 답 제**7**항 또는 제**9**항

유제 **13**-15. 첫째항이 -20이고 공차가 3인 등차수열이 있다.

(1) 이 수열은 제몇 항에서 처음으로 양수가 되는가?

(2) 이 수열은 첫째항부터 제몇 항까지의 합이 최소가 되는가?

(3) 이 수열은 첫째항부터 제몇 항까지의 합이 처음으로 양수가 되는가?

답 (1) 제**8**항 (2) 제**7**항 (3) 제**15**항

유제 **13**-16. 등차수열 $\dfrac{12-\sqrt{3}}{12},\ \dfrac{6-\sqrt{3}}{6},\ \dfrac{4-\sqrt{3}}{4},\ \dfrac{3-\sqrt{3}}{3},\ \cdots$에 대하여 다음 물음에 답하시오.

(1) 제몇 항에서 처음으로 음수가 되는가?

(2) 첫째항부터 제몇 항까지의 합이 최대가 되는가?

답 (1) 제**7**항 (2) 제**6**항

기본 문제 13-9 $\overline{AB}=15$인 $\triangle ABC$가 있다. 오른쪽 그림과 같이 변 CA를 30등분하는 점을 각각 $P_1, P_2, \cdots, P_{29}$라 하고, 변 CB를 30등분하는 점을 각각 $Q_1, Q_2, \cdots, Q_{29}$라고 하자.

이때, $\overline{P_1Q_1}+\overline{P_2Q_2}+\cdots+\overline{P_{29}Q_{29}}$의 값을 구하시오.

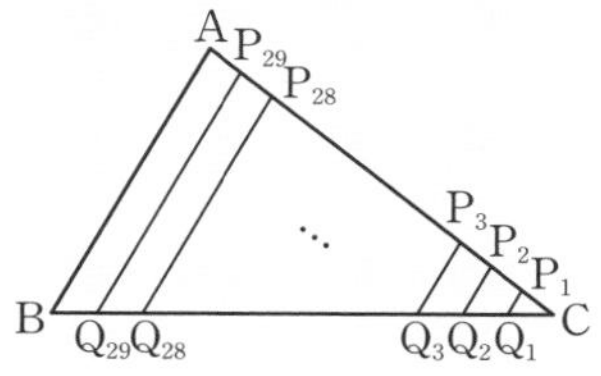

모범답안 두 직선 AB와 P_1Q_1이 평행하므로 $\triangle CAB \backsim \triangle CP_1Q_1$이다.

$$\therefore\ \overline{AB}:\overline{P_1Q_1}=\overline{CA}:\overline{CP_1}$$

그런데 $\overline{CP_1}=\dfrac{1}{30}\overline{CA}$이므로 $\overline{P_1Q_1}=\dfrac{1}{30}\overline{AB}$

이와 같은 방법으로 하면

$$\overline{P_2Q_2}=\frac{2}{30}\overline{AB},\quad \overline{P_3Q_3}=\frac{3}{30}\overline{AB},\quad \cdots$$

그런데 $\overline{AB}=15$이므로 수열 $\{\overline{P_nQ_n}\}$은 첫째항이 $\dfrac{1}{30}\overline{AB}=\dfrac{1}{2}$이고 공차가 $\dfrac{1}{30}\overline{AB}=\dfrac{1}{2}$인 등차수열이다.

$$\therefore\ (\text{준 식})=\frac{29\left\{2\times\frac{1}{2}+(29-1)\times\frac{1}{2}\right\}}{2}=\boldsymbol{\frac{435}{2}} \longleftarrow \boxed{\text{답}}$$

Advice | 오른쪽 그림과 같이 $\triangle ABC$를 두 개 붙이면 평행사변형이므로

$$\overline{P_1Q_1}+\overline{P_{29}Q_{29}}=\overline{P_2Q_2}+\overline{P_{28}Q_{28}}=\cdots$$
$$=\overline{P_{29}Q_{29}}+\overline{P_1Q_1}=\overline{AB}$$

따라서

$$\overline{P_1Q_1}+\overline{P_2Q_2}+\cdots+\overline{P_{29}Q_{29}}=\frac{\overline{AB}\times 29}{2}$$

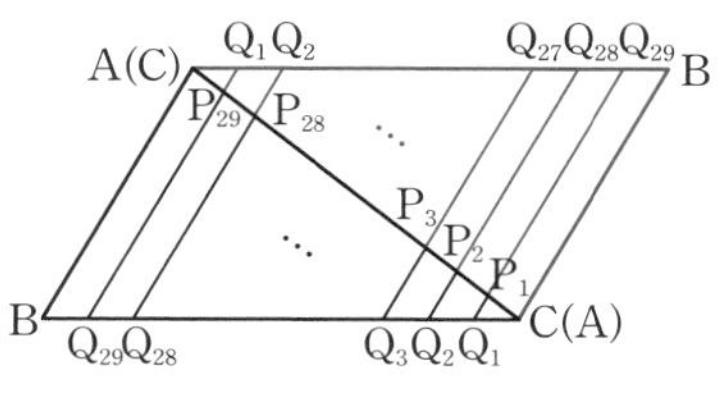

이것은 등차수열의 합의 공식을 유도하는 과정과 같은 원리이다.

유제 **13**-17. 오른쪽 그림과 같이 정삼각형 ABC의 한 변 AB를 33등분한 다음, 각 분점에서 변 BC에 평행한 직선을 그어 생긴 부분을 위에서부터 한 칸씩 건너뛰어 색칠하였다.

색칠한 부분의 넓이와 색칠하지 않은 부분의 넓이의 비를 구하시오. 답 **17 : 16**

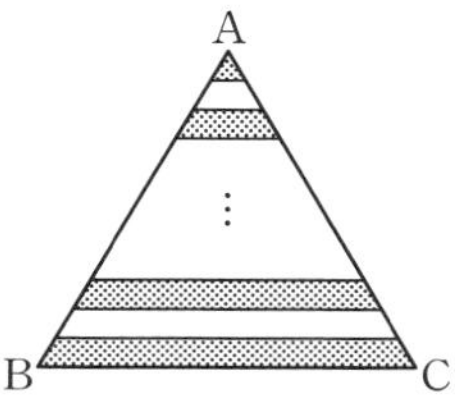

§4. 수열의 합과 일반항의 관계

1 수열의 합과 일반항의 관계

이를테면 등차수열 1, 3, 5, 7, ⋯에서 제10항은 일반항에 관한 공식

정석 $a_n=a+(n-1)d$

를 이용하여 다음과 같이 구할 수 있다.

$$a_{10}=1+(10-1)\times 2=19$$

이제 이 수열의 합을 이용하여 a_{10}을 구하는 방법을 생각해 보자.

$$1+3+5+7+\cdots+a_9+a_{10}=S_{10} \qquad \cdots\cdots①$$

$$1+3+5+7+\cdots+a_9 \qquad =S_9 \qquad \cdots\cdots②$$

①−②하면 $a_{10}=S_{10}-S_9$이고,

$$S_{10}=\frac{10\{2\times1+(10-1)\times2\}}{2}=100, \quad S_9=\frac{9\{2\times1+(9-1)\times2\}}{2}=81$$

이므로 $a_{10}=S_{10}-S_9=100-81=19$이다. 이 결과는 위와 같다.

이것을 일반화해서 생각해 보자.

$$a_1+a_2+a_3+\cdots+a_{n-1}+a_n=S_n \qquad \cdots\cdots③$$

$$a_1+a_2+a_3+\cdots+a_{n-1} \qquad =S_{n-1}\ (n=2, 3, 4, \cdots) \qquad \cdots\cdots④$$

③−④하면 $a_n=S_n-S_{n-1}\ (n=2, 3, 4, \cdots)$

한편 첫째항 a_1은 제1항까지의 합과 같으므로 $a_1=S_1$

기본정석 — 수열의 합과 일반항의 관계

수열 $\{a_n\}$의 첫째항부터 제n항까지의 합을 S_n이라고 하면

$$\boldsymbol{a_1=S_1,}$$
$$\boldsymbol{a_n=S_n-S_{n-1}\ (n=2, 3, 4, \cdots)}$$

Advice 1° 위의 관계는 등차수열뿐만 아니라 모든 수열에 적용된다.

2° $a_n=S_n-S_{n-1}$은 $n\ge2$일 때 성립한다는 것에 주의해야 한다.

⇦ 기본 문제 **13**-**10**의 (2) 참조

보기 1 수열 $\{a_n\}$의 첫째항부터 제n항까지의 합 S_n이 $S_n=n^2+3n$일 때, a_1, a_{10}을 구하시오.

연구 $a_1=S_1=1^2+3\times1=\mathbf{4}$

$a_{10}=S_{10}-S_9=(10^2+3\times10)-(9^2+3\times9)=\mathbf{22}$

기본 문제 13-10 첫째항부터 제n항까지의 합 S_n이 다음과 같은 수열 $\{a_n\}$의 일반항 a_n을 구하시오.

(1) $S_n=n^2+2n$ (2) $S_n=n^2+2n+3$

정석연구 $a_1=S_1$, $a_2=S_2-S_1$, $a_3=S_3-S_2$, $a_4=S_4-S_3$에 의하여 (1), (2)의 수열을 실제로 구해 보면 다음과 같다.

(1) $S_n=n^2+2n \Longrightarrow 3,\ 5,\ 7,\ 9,\ \cdots$

(2) $S_n=n^2+2n+3 \Longrightarrow 6,\ 5,\ 7,\ 9,\ \cdots$

여기에서 수열 (1)은 첫째항부터 등차수열을 이루고, 수열 (2)는 첫째항이 6이고 제2항부터 등차수열을 이룬다는 것을 알 수 있다.

따라서 (1)의 일반항은 하나의 식으로 나타낼 수 있지만, (2)의 일반항은 $n=1$일 때와 $n\ge2$일 때로 구분하여 나타낼 수밖에 없다.

정 석 S_n이 주어진 수열에서 a_n을 구할 때에는

$\Longrightarrow \boldsymbol{a_1=S_1,\ a_n=S_n-S_{n-1}\ (n=2,\ 3,\ 4,\ \cdots)}$

모범답안 (1) $S_n=n^2+2n$에서

$n\ge2$일 때 $a_n=S_n-S_{n-1}$

$=(n^2+2n)-\{(n-1)^2+2(n-1)\}=2n+1$

$n=1$일 때 $a_1=S_1=1^2+2\times1=3$

$a_1=3$은 위의 $a_n=2n+1$에 $n=1$을 대입한 것과 같다.

$\therefore \boldsymbol{a_n=2n+1\ (n=1,\ 2,\ 3,\ \cdots)}$ ← 답

(2) $S_n=n^2+2n+3$에서

$n\ge2$일 때 $a_n=S_n-S_{n-1}$

$=(n^2+2n+3)-\{(n-1)^2+2(n-1)+3\}=2n+1$

$n=1$일 때 $a_1=S_1=1^2+2\times1+3=6$

$a_1=6$은 위의 $a_n=2n+1$에 $n=1$을 대입한 것과 같지 않다.

$\therefore \boldsymbol{a_1=6,\ a_n=2n+1\ (n=2,\ 3,\ 4,\ \cdots)}$ ← 답

Advice | (1), (2)의 차이점은 S_n에서 상수항이 없고, 있는 것이다.

일반적으로 $S_n=an^2+bn+c$인 수열이 등차수열일 조건은 $c=0$이다.

정 석 $\boldsymbol{S_n=an^2+bn}$ ⟹ 첫째항부터 등차수열을 이룬다.

$\boldsymbol{S_n=an^2+bn+c\ (c\neq0)}$ ⟹ 제2항부터 등차수열을 이룬다.

유제 **13**-18. 첫째항부터 제n항까지의 합 S_n이 $S_n=2n^2-n$인 수열 $\{a_n\}$은 어떤 수열인가?

답 첫째항이 **1**, 공차가 **4**인 등차수열

연습문제 13

13-1 함수 $f(x)=x^2+3x$에 대하여 함수 $g(x)$가 $g(x)=f(x+1)-f(x)$일 때, 등차수열 $\{g(n)\}$의 공차는?

① 1 ② 2 ③ 3 ④ 4 ⑤ 5

13-2 첫째항이 2이고 공차가 $d\,(d\neq 0)$인 등차수열 $\{a_n\}$이 $|a_3-6|=|a_7-6|$을 만족시킬 때, d의 값을 구하시오.

13-3 $a_1=1$인 등차수열 $\{a_n\}$에서 $a_1a_2+a_2a_3$의 최솟값은?

① -2 ② -1 ③ 0 ④ 1 ⑤ 2

13-4 수열 $\{a_n\}$에서 $a_2=2a_1$, $a_{n+2}-2a_{n+1}+a_n=0\,(n=1, 2, 3, \cdots)$이고 $a_{10}=20$일 때, a_6은?

① 6 ② 8 ③ 10 ④ 12 ⑤ 14

13-5 네 수 2, x, y, z가 이 순서로 등차수열을 이룬다. $6x+z=5y$일 때, x, y, z의 값을 구하시오.

13-6 등차수열 $\{a_n\}$에 대하여 다음 중 옳은 것만을 있는 대로 고른 것은?

> ㄱ. $a_1+a_3>0$이면 $a_5+a_7>a_6$이다.
> ㄴ. $a_1\neq a_2$이면 $(a_5-a_6)(a_6-a_7)>0$이다.
> ㄷ. $0<a_1<a_2$이면 $a_6>\sqrt{a_5a_7}$이다.

① ㄴ ② ㄱ, ㄴ ③ ㄱ, ㄷ ④ ㄴ, ㄷ ⑤ ㄱ, ㄴ, ㄷ

13-7 세 변의 길이가 등차수열을 이루는 직각삼각형이 있다. 빗변의 길이가 10일 때, 나머지 두 변의 길이의 합을 구하시오.

13-8 $\angle C=90^\circ$, $\overline{AB}=1$인 직각삼각형 ABC의 꼭짓점 C에서 빗변 AB에 내린 수선의 발을 D라고 하자. $\triangle ACD$, $\triangle CBD$, $\triangle ABC$의 넓이가 이 순서로 등차수열을 이룰 때, 변 BC의 길이를 구하시오.

13-9 그림과 같이 좌표축 위의 점 A, B, C, D, E에 대하여 $\angle ABC=\angle BCD=\angle CDE=90^\circ$이다. $\overline{OA}<\overline{OB}$이고, $\overline{OA}$, $\overline{OC}$, $\overline{AE}$가 이 순서로 등차수열을 이룰 때, 직선 AB의 기울기를 구하시오. 단, O는 원점이다.

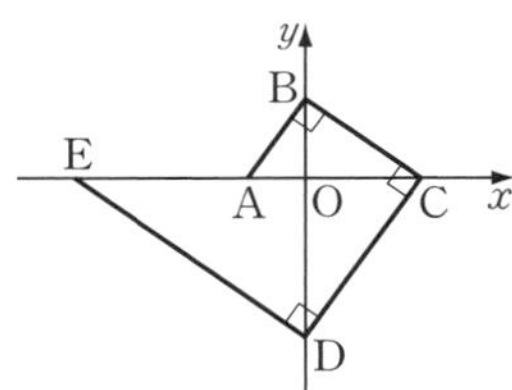

13-10 첫째항이 50이고 공차가 -3인 등차수열 $\{a_n\}$이 있다.
$|a_1|+|a_2|+|a_3|+\cdots+|a_{30}|$의 값을 구하시오.

13-11 공차가 2인 등차수열에서 제n항이 첫째항의 10배와 같고, 첫째항부터 제n항까지의 합이 110일 때, 첫째항과 n의 값을 구하시오.

13-12 등차수열 $\{a_n\}$이 다음을 만족시킬 때, a_1을 구하시오.

$$a_1+a_3+a_5+a_7+a_9=a_2+a_4+a_6+a_8+a_{10}+1={a_1}^2$$

13-13 공차가 양수인 등차수열의 첫째항부터 제n항까지의 항 중에서 홀수 번째 항의 합이 72, 짝수 번째 항의 합이 60일 때, n의 값은?

① 11 ② 12 ③ 13 ④ 14 ⑤ 15

13-14 등차수열 $\{a_n\}$의 첫째항부터 제n항까지의 합을 S_n이라고 할 때, $S_{15}>0$이고 $S_{16}<0$이다. S_n이 최대가 될 때, n의 값을 구하시오.

13-15 100 이하의 자연수에 대하여 다음 물음에 답하시오.

(1) 6으로 나누어떨어지는 수의 합을 구하시오.

(2) 6과 서로소인 수의 합을 구하시오.

13-16 다음과 같은 두 등차수열 $\{a_n\}$, $\{b_n\}$이 있다.

$\{a_n\}$: 4, 7, 10, $\cdots$ $\{b_n\}$: 5, 9, 13, $\cdots$

수열 $\{a_n\}$, $\{b_n\}$에 공통으로 나타나는 수를 작은 것부터 차례로 나열하여 얻은 수열의 첫째항부터 제8항까지의 합을 구하시오.

13-17 어떤 볼록다각형의 내각의 크기는 공차가 6°인 등차수열을 이룬다. 최대각의 크기가 135°일 때, 이 다각형의 변의 수를 구하시오.

13-18 크기가 같은 정육면체 모양의 상자를 오른쪽 그림과 같이 쌓아서 탑을 만들 때, 이 탑이 20층이 되도록 쌓는 데 필요한 상자의 개수는?

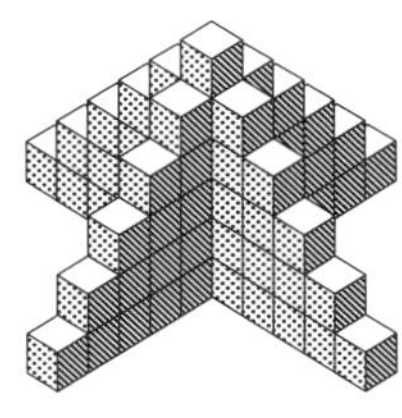

① 740 ② 760 ③ 780

④ 800 ⑤ 820

13-19 첫째항이 a, 공차가 2인 등차수열 $\{a_n\}$의 첫째항부터 제n항까지의 합을 S_n이라고 할 때, $a_7-a_4=2(S_7-S_4)$가 성립한다. a의 값을 구하시오.

13-20 첫째항부터 제n항까지의 합이 $n^2+n\sin^2\theta$인 수열의 제10항과 첫째항부터 제n항까지의 합이 $2n^2+n\cos\theta$인 수열의 제5항이 같을 때, θ의 값을 구하시오. 단, $0\le\theta\le2\pi$이다.

14. 등비수열

등비수열의 일반항／등비수열의 합

§1. 등비수열의 일반항

1 등비수열의 정의

이를테면 두 수열

1, 2, 4, 8, 16, … ……①

16, 8, 4, 2, 1, … ……②

에서 ①은 첫째항 1에 차례로 2를 곱하여 얻어진 수열이고, ②는 첫째항 16에 차례로 $\frac{1}{2}$을 곱하여 얻어진 수열이다.

이와 같이 첫째항에 차례로 일정한 수를 곱하여 얻어지는 수열을 등비수열이라 하고, 곱하는 일정한 수를 공비라고 한다.

위에서 ①은 첫째항이 1, 공비가 2인 등비수열이고, ②는 첫째항이 16, 공비가 $\frac{1}{2}$인 등비수열이다.

이를테면 0이 연속하는 두 수열

2, 0, 0, 0, 0, … ……③

0, 0, 0, 0, 0, … ……④

에 대하여 생각해 보자.

수열 ③은 첫째항 2에 차례로 0을 곱하는 형태라고 생각할 수 있다. 곧, 일정한 수 0을 곱하여 얻을 수 있는 꼴이므로 위의 정의에 의하면 공비가 0인 등비수열이라고 할 수 있다.

수열 ④에서는 첫째항 0에 차례로 1을 곱했다고 할 수도 있고, 2를 곱했다고 할 수도 있다. 이와 같이 곱하는 일정한 수가 임의의 수일 수 있으므로 공비가 임의의 수인 등비수열이라고 할 수 있다.

이상에서 첫째항이 0이거나 공비가 0인 등비수열의 경우에는 0이 연속하는 꼴이 된다는 것을 알 수 있다.

따라서

각 항이 **0**이 아닌 등비수열 $\{\boldsymbol{a_n}\}$

이라고 하면 첫째항과 공비가 모두 0이 아닌 수열이라고 이해하면 된다.

* ***Note*** 1° 등비수열(Geometric Progression)을 G.P.로 나타내기도 한다.

2° 책에 따라서는 '각 항이 0이 아닌 수열 $\{a_n\}$에서 이웃하는 두 항 a_n, a_{n+1}에 대하여 $\dfrac{a_{n+1}}{a_n}$의 값이 일정할 때 이 수열을 등비수열이라 하고, 그 일정한 값을 공비라고 한다'고 정의하기도 한다.

이 정의에 의하면 앞면의 수열 ③, ④는 등비수열이라고 할 수 없다.

3° 수열 ④는 첫째항이 0, 공차가 0인 등차수열로 볼 수도 있다.

2 등비수열의 일반항

일반적으로 등비수열의 첫째항을 a, 공비를 $r(r\neq0)$, 일반항(제 n항)을 a_n이라고 하면

$$\begin{array}{ccccccc} a_1, & a_2, & a_3, & \cdots, & a_{n-1}, & a_n, & \cdots \\ \| & \| & \| & & \| & \| & \\ a, & ar, & ar^2, & \cdots, & ar^{n-2}, & ar^{n-1}, & \cdots \end{array}$$

$\times r \quad \times r \quad \times r$

이다.

여기에서 알 수 있는 바와 같이 $a_n\neq0$일 때에는

$$\boldsymbol{\frac{a_2}{a_1}=\frac{a_3}{a_2}=\cdots=\frac{a_n}{a_{n-1}}=\frac{a_{n+1}}{a_n}=\cdots=r, \quad a_n=ar^{n-1}}$$

이다.

앞면의 수열 ①, ②에서 일반항 a_n을 $a_n=ar^{n-1}$에 대입하여 구하면 다음과 같다.

①에서는 $a=1$, $r=2$이므로 $\quad a_n=1\times2^{n-1}=2^{n-1}$

②에서는 $a=16$, $r=\dfrac{1}{2}$이므로 $\quad a_n=16\times\left(\dfrac{1}{2}\right)^{n-1}=2^{-n+5}$

일반적으로 다음과 같이 정리할 수 있다.

기본정석 — 등비수열의 일반항

첫째항이 a, 공비가 $r(r\neq0)$인 등비수열의 일반항을 a_n이라고 하면

(i) $\boldsymbol{a_n=ar^{n-1}}$

(ii) $\boldsymbol{a_{n+1}=ra_n}$ 특히 $\boldsymbol{a_n\neq0}$일 때 $\boldsymbol{a_{n+1}\div a_n=r}$

보기 1 다음 등비수열의 제10항 a_{10}과 제 n항 a_n을 구하시오.

(1) 1, 3, 9, 27, ⋯　　　　(2) -2, 4, -8, 16, ⋯

연구 (1) $a_{10}=1\times3^{10-1}=\mathbf{3^9}$, $a_n=1\times3^{n-1}=\mathbf{3^{n-1}}$

(2) $a_{10}=(-2)\times(-2)^{10-1}=(-2)^{10}=\mathbf{2^{10}}$, $a_n=(-2)\times(-2)^{n-1}=\mathbf{(-2)^n}$

3 등비중항

0이 아닌 세 수 a, x, b가 이 순서로 등비수열을 이룰 때, x를 a와 b의 등비중항이라고 한다. 이때, 다음 관계가 성립한다.

$$a,\ x,\ b\ (\text{G.P.}) \iff x\div a=b\div x \iff x^2=ab$$

또, 각 항이 0이 아닌 등비수열 $\{a_n\}$에서는 다음 관계가 성립한다.

$$a_1,\ a_2,\ \cdots,\ a_n,\ a_{n+1},\ a_{n+2},\ \cdots\ (\text{G.P.}) \iff a_{n+1}\div a_n=a_{n+2}\div a_{n+1}$$
$$\iff (a_{n+1})^2=a_na_{n+2}$$

기본정석 **등비중항**

(1) $\boldsymbol{a,\ x,\ b}$ (G.P.) $\iff \boldsymbol{x^2=ab} \iff \boldsymbol{x=\pm\sqrt{ab}}$　　⇦ 등비중항

(2) $\boldsymbol{a_1,\ a_2,\ \cdots,\ a_n,\ a_{n+1},\ a_{n+2},\ \cdots}$ (G.P.) $\iff \boldsymbol{(a_{n+1})^2=a_na_{n+2}}$

보기 2 두 수 2와 8의 등비중항을 구하시오.

연구 등비중항을 x라고 하면 2, x, 8이 이 순서로 등비수열을 이루므로

$$x\div2=8\div x \quad \therefore\ x^2=16 \quad \therefore\ x=\mathbf{\pm4}$$

4 등차·등비·조화중항 사이의 관계

두 양수 a와 b의 등차중항을 A, 양의 등비중항을 G, 조화중항을 H라고 하면

$$\boldsymbol{A=\frac{a+b}{2},\quad G=\sqrt{ab},\quad H=\frac{2ab}{a+b}}$$

이고, 이들은 각각 양수 a와 b의 산술평균, 기하평균, 조화평균과 같다.

A, G, H 사이에는 다음 관계가 성립한다.

기본정석 **등차·등비·조화중항 사이의 관계**

(i) $\boldsymbol{A\ge G\ge H}$ (등호는 $\boldsymbol{a=b}$일 때 성립)

(ii) $\boldsymbol{AH=G^2}$　곧, $\boldsymbol{A}$, $\boldsymbol{G}$, $\boldsymbol{H}$는 이 순서로 등비수열을 이룬다.

Advice ∥ (i) 증명은 기본 공통수학**2**의 p. 148을 참조한다.

(ii) $AH=\dfrac{a+b}{2}\times\dfrac{2ab}{a+b}=ab=(\sqrt{ab})^2=G^2$

기본 문제 14-1 다음 물음에 답하시오.

(1) 등비수열 2, -6, 18, -54, $\cdots$에서 -486은 제몇 항인가?

(2) 첫째항이 -2, 제 8 항이 256인 등비수열의 공비를 구하시오.
단, 공비는 실수이다.

(3) 공비가 0.5이고 제 6 항이 14인 등비수열의 첫째항을 구하시오.

(4) 제 n항이 $a_n=3\times2^{2n+1}$인 등비수열의 공비를 구하시오.

정석연구 (1), (2), (3) 첫째항이 a, 공비가 r인 등비수열의 일반항 a_n은

정석 $\boldsymbol{a_n=ar^{n-1}}$

임을 이용한다.

(4) 등비수열이라는 조건이 주어져 있지 않더라도 제 n항을

$$a_n=3\times2^{2n+1}=3\times2^3\times2^{2(n-1)}=24\times4^{n-1}$$

과 같이 정리하면 첫째항이 24, 공비가 4인 등비수열임을 알 수 있다.

그러나 이 문제에서는 등비수열임을 조건에서 밝혔으므로 $a_{n+1}\div a_n$의 값이 공비임을 이용할 수 있다.

정석 $\boldsymbol{a_{n+1}\div a_n=r}$

모범답안 (1) 첫째항이 2, 공비가 -3인 등비수열이므로 제 n항이 -486이라고 하면 $2\times(-3)^{n-1}=-486$ $\quad\therefore (-3)^{n-1}=-243$

$\therefore (-3)^{n-1}=(-3)^5 \quad \therefore n-1=5 \quad \therefore n=6 \quad \therefore$ **제 6 항** ← 답

(2) 공비를 r이라고 하면 $(-2)\times r^{8-1}=256 \quad \therefore r^7=-128$

$\therefore r^7=(-2)^7 \quad \therefore r=\boldsymbol{-2}$ ← 답

(3) 첫째항을 a라고 하면 $a\times0.5^{6-1}=14$

$\therefore a\times\left(\dfrac{1}{2}\right)^5=14 \quad \therefore a=14\times2^5=\boldsymbol{448}$ ← 답

(4) 공비를 r이라고 하면 $r=\dfrac{a_{n+1}}{a_n}=\dfrac{3\times2^{2(n+1)+1}}{3\times2^{2n+1}}=2^2=\boldsymbol{4}$ ← 답

유제 **14**-1. 다음은 등비수열이다. ☐ 안에 알맞게 써넣으시오.

(1) 4, 2, ☐, ☐, $\cdots$

(2) 3, ☐, ☐, 24, $\cdots$ (공비는 실수)

(3) $\log x$, $\log x^2$, ☐, ☐, $\cdots$

(4) $\dfrac{y}{x}$, ☐, $\dfrac{x}{y}$, ☐, $\cdots$

답 (1) **1**, $\boldsymbol{\dfrac{1}{2}}$ (2) **6, 12** (3) $\boldsymbol{\log x^4}$, $\boldsymbol{\log x^8}$ (4) $\boldsymbol{\pm1}$, $\boldsymbol{\pm\dfrac{x^2}{y^2}}$ (복부호동순)

유제 **14**-2. 제 n항이 $a_n=2^{2-n}$인 등비수열의 첫째항과 공비를 구하시오.

답 첫째항 **2**, 공비 $\boldsymbol{\dfrac{1}{2}}$

기본 문제 14-2 제3항이 12, 제6항이 96인 등비수열 $\{a_n\}$에 대하여 다음 물음에 답하시오. 단, 공비는 실수이다.

(1) 첫째항과 공비를 구하시오.

(2) 제몇 항이 384가 되는가?

(3) 제몇 항에서 처음으로 10000보다 커지는가?

단, $\log 2=0.3010$, $\log 3=0.4771$로 계산한다.

정석연구 (1) 첫째항을 a, 공비를 r이라 하고,

$$\textbf{정 석}\quad a_n=ar^{n-1}$$

을 이용하여 a와 r 사이의 관계식을 구한다.

모범답안 (1) 첫째항을 a, 공비를 r이라고 하면

제3항이 12이므로 $ar^2=12$ ······①

제6항이 96이므로 $ar^5=96$ ······②

②÷①하면 $r^3=8$이고, r은 실수이므로 $r=2$

이 값을 ①에 대입하면 $a=3$ 　　　답 첫째항 **3**, 공비 **2**

(2) 이 수열의 제n항 a_n은 $a_n=3\times2^{n-1}$

따라서 제n항이 384라고 하면

$$3\times2^{n-1}=384 \qquad \therefore\ 2^{n-1}=128=2^7$$

$$\therefore\ n-1=7 \qquad \therefore\ n=8$$

답 제**8**항

(3) 제n항에서 처음으로 10000보다 커진다고 하면

$$3\times2^{n-1}>10000$$

양변의 상용로그를 잡으면

$$\log(3\times2^{n-1})>\log 10000 \qquad \therefore\ \log 3+(n-1)\log 2>4$$

$$\therefore\ (n-1)\times0.3010>4-0.4771 \qquad \therefore\ n>12.7\times\times\times$$

따라서 제13항에서 처음으로 10000보다 커진다. 　　답 제**13**항

유제 **14**-3. 공비가 양수인 등비수열 $\{a_n\}$에서 제3항이 2, 제7항이 162일 때, 다음 물음에 답하시오.

(1) 제10항 a_{10}과 제n항 a_n을 구하시오.

(2) 제몇 항이 1458이 되는가?

(3) 제몇 항에서 처음으로 20000보다 커지는가?

단, $\log 3=0.4771$로 계산한다.

답 (1) $\boldsymbol{a_{10}=2\times3^7}$, $\boldsymbol{a_n=2\times3^{n-3}}$ (2) 제**9**항 (3) 제**12**항

기본 문제 **14**-3 다음 물음에 답하시오.

(1) 수열 $\{\log a_n\}$이 등차수열이면 수열 $\{a_n\}$은 등비수열임을 보이시오.

(2) 세 수 8, x, y가 이 순서로 등차수열을 이루고, 세 수 x, y, 36이 이 순서로 등비수열을 이룰 때, 양수 x, y의 값을 구하시오.

정석연구 (1) 수열 $\{b_n\}$이 등차수열, 등비수열일 조건은 다음과 같다.

정석 등차수열 $\Longleftrightarrow$ $\boldsymbol{b_{n+1}-b_n=d}$ (일정) $\Longleftrightarrow$ $\boldsymbol{2b_{n+1}=b_n+b_{n+2}}$

등비수열 $\Longleftrightarrow$ $\boldsymbol{b_{n+1}\div b_n=r}$ (일정) $\Longleftrightarrow$ $\boldsymbol{(b_{n+1})^2=b_n\times b_{n+2}}$

따라서 수열 $\{\log a_n\}$이 $2\log a_{n+1}=\log a_n+\log a_{n+2}$를 만족시킬 때, $(a_{n+1})^2=a_n\times a_{n+2}$가 성립함을 보이면 된다.

또는 수열 $\{\log a_n\}$이 $\log a_{n+1}-\log a_n=d$(일정)를 만족시킬 때, $a_{n+1}\div a_n=r$(일정)이 성립함을 보여도 된다.

(2) 세 수가 등차수열 또는 등비수열을 이룰 때에는 등차중항 또는 등비중항을 이용하면 된다.

모범답안 (1) 수열 $\{\log a_n\}$이 등차수열이므로

$$2\log a_{n+1}=\log a_n+\log a_{n+2}$$

$$\therefore \log(a_{n+1})^2=\log(a_n\times a_{n+2}) \qquad \therefore (a_{n+1})^2=a_n\times a_{n+2}$$

따라서 수열 $\{a_n\}$은 등비수열이다.

****Note*** 수열 $\{a_n\}$의 모든 항이 양수이면 역도 성립한다. 곧, 모든 항이 양수인 수열 $\{a_n\}$이 등비수열이면 수열 $\{\log a_n\}$은 등차수열이다.

(2) 8, x, y가 이 순서로 등차수열을 이루므로 $2x=8+y$ ······①

x, y, 36이 이 순서로 등비수열을 이루므로 $y^2=36x$ ······②

①을 ②에 대입하면 $y^2=18\times(8+y)$ $\therefore (y+6)(y-24)=0$

$y>0$이므로 $y=24$

이 값을 ①에 대입하면 $x=16$ 답 $\boldsymbol{x=16,\ y=24}$

유제 **14**-4. 세 수 a^x, a^y, a^z이 이 순서로 등비수열을 이룰 때, 세 수 x, y, z는 이 순서로 어떤 수열을 이루는가? 단, $a>0$, $a\neq1$이다. 답 등차수열

유제 **14**-5. 등비수열 x, $x+12$, $9x$, $\cdots$의 제5항을 구하시오. 단, $x>0$이다.

답 **486**

유제 **14**-6. 세 수 x, 8, y가 이 순서로 등차수열을 이루고, 세 수 8, y, 2가 이 순서로 등비수열을 이룰 때, 양수 x, y의 값을 구하시오.

답 $\boldsymbol{x=12,\ y=4}$

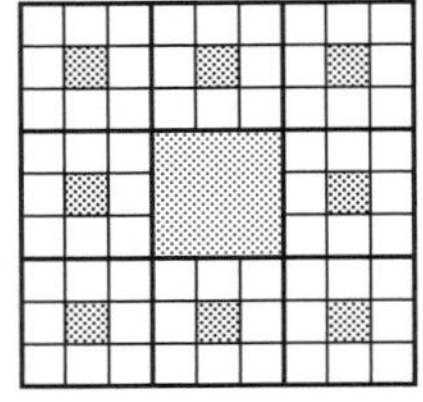

기본 문제 14-4 한 변의 길이가 4인 정사각형 모양의 종이에 오른쪽 그림과 같이 각 변에 평행한 두 개의 가로줄과 두 개의 세로줄을 넣어 크기가 같은 정사각형 9개를 만든다. 그중 가운데의 정사각형을 떼어 내는 시행을 제1회 시행이라 하고, 이 일을 남은 정사각형 8개에 대하여 반복하는 시행을 제2회 시행이라고 하자. 이와 같은 시행을 계속할 때, 제20회 시행이 끝난 후 남아 있는 종이의 넓이를 구하시오.

정석연구 제1회 시행에서 한 변의 길이가 4인 정사각형의 넓이를 9등분한 후 8개가 남으므로 남은 넓이 S_1은

$$S_1=16\times\frac{8}{9}$$

제2회 시행에서도 남은 8개의 정사각형의 넓이를 각각 9등분한 후 8개씩 남으므로 남은 넓이 S_2는

$$S_2=S_1\times\frac{8}{9}=\left(16\times\frac{8}{9}\right)\times\frac{8}{9}=16\times\left(\frac{8}{9}\right)^2$$

곧, 매회 시행 때마다 이전 넓이의 $\frac{8}{9}$이 남으므로 남은 넓이는 공비가 $\frac{8}{9}$인 등비수열을 이룬다.

이와 같이 같은 시행을 되풀이하는 문제는 규칙성이 발견될 때까지 제1회 시행 결과, 제2회 시행 결과, …를 관찰해 본다.

정석 동일 규칙에 따른 반복 시행 ⟹ 규칙성을 찾는다.

모범답안 제n회 시행이 끝난 후 남은 종이의 넓이를 S_n이라고 하자.

$S_1=16\times\frac{8}{9}$이고, 매회 시행 때마다 이전 넓이의 $\frac{8}{9}$이 남으므로 수열 $\{S_n\}$은 첫째항이 $16\times\frac{8}{9}$이고 공비가 $\frac{8}{9}$인 등비수열이다.

$$\therefore\ S_{20}=\left(16\times\frac{8}{9}\right)\times\left(\frac{8}{9}\right)^{20-1}=16\times\left(\frac{8}{9}\right)^{20}=\frac{\mathbf{2^{64}}}{\mathbf{3^{40}}} \longleftarrow \boxed{답}$$

유제 **14**-7. 길이가 a인 선분이 있다. 이 선분을 3등분하고 그 중간 부분을 버리는 시행을 제1회 시행이라고 하자. 또, 이때 남은 두 선분을 각각 3등분하고 그 중간 부분을 버리는 시행을 제2회 시행이라고 하자. 이와 같은 시행을 계속할 때, 제20회 시행이 끝난 후 남아 있는 선분의 길이의 합을 구하시오.

답 $\left(\frac{2}{3}\right)^{20}a$

§2. 등비수열의 합

1 등비수열의 합의 공식

등비수열의 첫째항을 a, 공비를 r, 첫째항부터 제n항까지의 합을 S_n이라고 하면

$$S_n=a+ar+ar^2+\cdots+ar^{n-2}+ar^{n-1} \quad \cdots\cdots①$$

양변에 r을 곱하면

$$rS_n=ar+ar^2+ar^3+\cdots+ar^{n-1}+ar^n \quad \cdots\cdots②$$

①−②하면 $S_n-rS_n=a-ar^n$ 곧, $(1-r)S_n=a(1-r^n)$

$r\neq1$일 때 $S_n=\dfrac{a(1-r^n)}{1-r}=\dfrac{a(r^n-1)}{r-1}$

$r=1$일 때, ①에서 $S_n=a+a+a+\cdots+a=na$

위의 S_n을 유도하는 방법 자체가 수열 문제의 해결에 이용되기도 하므로 합의 공식은 물론 공식을 유도하는 과정도 함께 기억해 두자. ⇦ p. 211 참조

기본정석 — 등비수열의 합의 공식

첫째항이 a, 공비가 r인 등비수열의 첫째항부터 제n항까지의 합을 S_n이라고 하면

$r\neq1$일 때 $\boldsymbol{S_n=\dfrac{a(r^n-1)}{r-1}}$ 또는 $\boldsymbol{S_n=\dfrac{a(1-r^n)}{1-r}}$

$r=1$일 때 $\boldsymbol{S_n=na}$

Advice | $r>1$일 때 $S_n=\dfrac{a(r^n-1)}{r-1}$을, $r<1$일 때 $S_n=\dfrac{a(1-r^n)}{1-r}$을 이용하면 보다 간단히 계산할 수 있다.

보기 1 다음 등비수열의 첫째항부터 제n항까지의 합 S_n을 구하시오.

(1) 2, 4, 8, 16, ⋯ (2) 0.2, 0.02, 0.002, ⋯

(3) 3, 3, 3, 3, ⋯

연구 (1) $a=2$, $r=2$인 등비수열이므로

$$S_n=\frac{a(r^n-1)}{r-1}=\frac{2(2^n-1)}{2-1}=\boldsymbol{2^{n+1}-2}$$

(2) $a=0.2$, $r=0.1$인 등비수열이므로

$$S_n=\frac{a(1-r^n)}{1-r}=\frac{0.2(1-0.1^n)}{1-0.1}=\boldsymbol{\frac{2}{9}\left\{1-\left(\frac{1}{10}\right)^n\right\}}$$

(3) $S_n=\underbrace{3+3+3+\cdots+3}_{n\text{개}}=\boldsymbol{3n}$

기본 문제 14-5 다음 등비수열의 합 S를 구하시오.

(1) $1-\frac{1}{2}+\left(\frac{1}{2}\right)^2-\left(\frac{1}{2}\right)^3+\cdots+\left(-\frac{1}{2}\right)^n$

(2) $1+i+i^2+i^3+i^4+\cdots+i^{100}$ $(i=\sqrt{-1})$

(3) $2+4+8+16+\cdots+1024$

정석연구 먼저 첫째항, 공비 및 제몇 항까지의 합인지를 조사한 다음

정석 $\boldsymbol{r\neq1}$ 일 때 $S_n=\dfrac{\boldsymbol{a(r^n-1)}}{\boldsymbol{r-1}}$ 또는 $S_n=\dfrac{\boldsymbol{a(1-r^n)}}{\boldsymbol{1-r}}$

을 이용한다.

모범답안 (1) $S=1+\left(-\frac{1}{2}\right)+\left(-\frac{1}{2}\right)^2+\left(-\frac{1}{2}\right)^3+\cdots+\left(-\frac{1}{2}\right)^n$

곧, 첫째항이 1, 공비가 $-\frac{1}{2}$인 등비수열의 첫째항부터 제$(n+1)$항까지의 합이므로

$$S=\frac{1\times\left\{1-\left(-\frac{1}{2}\right)^{n+1}\right\}}{1-\left(-\frac{1}{2}\right)}=\boldsymbol{\frac{2}{3}\left\{1-\left(-\frac{1}{2}\right)^{n+1}\right\}} \longleftarrow \text{답}$$

(2) 첫째항이 1, 공비가 i인 등비수열의 첫째항부터 제101항까지의 합이므로

$$S=\frac{1\times(1-i^{101})}{1-i}=\frac{1-(i^2)^{50}i}{1-i}=\frac{1-i}{1-i}=\boldsymbol{1} \longleftarrow \text{답}$$

(3) 제n항이 1024라고 하면 $2\times2^{n-1}=1024$ $\quad\therefore\ 2^n=2^{10}$ $\quad\therefore\ n=10$

곧, 첫째항이 2, 공비가 2인 등비수열의 첫째항부터 제10항까지의 합이므로

$$S=\frac{2(2^{10}-1)}{2-1}=2\times2^{10}-2=\boldsymbol{2046} \longleftarrow \text{답}$$

유제 **14**-8. 다음 등비수열의 합을 구하시오.

(1) $\log_2 4+\log_2 4^3+\log_2 4^9+\cdots+$(제$n$항)

(2) $2-4+8-16+\cdots+128-256$

(3) $-1+\sqrt{2}-2+2\sqrt{2}-\cdots+16\sqrt{2}$

답 (1) $\boldsymbol{3^n-1}$ (2) $\boldsymbol{-170}$ (3) $\boldsymbol{31(\sqrt{2}-1)}$

유제 **14**-9. 다음 수열의 첫째항부터 제10항까지의 합을 구하시오.

(1) $2+\frac{1}{2},\ 4+\frac{1}{4},\ 6+\frac{1}{8},\ 8+\frac{1}{16},\ \cdots$

(2) $9,\ 99,\ 999,\ 9999,\ \cdots$

답 (1) $\boldsymbol{111-\frac{1}{1024}}$ (2) $\boldsymbol{\frac{10^{11}-100}{9}}$

기본 문제 14-6 다음 물음에 답하시오.

(1) 공비가 양수인 등비수열이 있다. 제2항과 제4항의 합이 20, 제4항과 제6항의 합이 80일 때, 제n항 a_n과 첫째항부터 제n항까지의 합 S_n을 구하시오.

(2) 공비가 실수인 등비수열이 있다. 첫째항부터 제5항까지의 합이 1, 첫째항부터 제10항까지의 합이 33일 때, 첫째항부터 제15항까지의 합을 구하시오.

정석연구 주어진 조건을 이용하여 먼저 첫째항 a와 공비 r을 구한다.

정석 첫째항이 $\boldsymbol{a}$, 공비가 $\boldsymbol{r}$인 등비수열에서

$$\boldsymbol{a_n=ar^{n-1}}, \quad \boldsymbol{S_n=\frac{a(r^n-1)}{r-1}} \ (\boldsymbol{r\neq1})$$

모범답안 (1) 첫째항을 a, 공비를 $r(r>0)$이라고 하자.

$a_2+a_4=20$에서 $ar+ar^3=20$ $\quad\therefore\ ar(1+r^2)=20$ ……①

$a_4+a_6=80$에서 $ar^3+ar^5=80$ $\quad\therefore\ ar^3(1+r^2)=80$ ……②

②÷①하면 $r^2=4$ $\quad\therefore\ r=2\ (\because\ r>0)$

이 값을 ①에 대입하면 $a=2$

$$\therefore\ a_n=2\times2^{n-1}=2^n, \quad S_n=\frac{2(2^n-1)}{2-1}=2^{n+1}-2$$

답 $\boldsymbol{a_n=2^n,\ S_n=2^{n+1}-2}$

(2) 첫째항을 a, 공비를 r, 첫째항부터 제n항까지의 합을 S_n이라고 하자.

$S_5=1$, $S_{10}=33$에서 $r\neq1$이므로

$\dfrac{a(r^5-1)}{r-1}=1$ ……① $\qquad \dfrac{a(r^{10}-1)}{r-1}=33$ ……②

②÷①하면 $r^5+1=33$ $\quad\therefore\ r^5=32$ $\qquad \Leftarrow r^{10}-1=(r^5+1)(r^5-1)$

r은 실수이므로 $r=2$

이 값을 ①에 대입하면 $a=\dfrac{1}{31}$ $\quad\therefore\ S_{15}=\dfrac{1}{31}(2^{15}-1)=\mathbf{1057}$ ← 답

유제 **14**-10. 공비가 양수인 등비수열이 있다. 제1항과 제3항의 합이 10, 제3항과 제5항의 합이 90일 때, 제n항 a_n과 첫째항부터 제n항까지의 합 S_n을 구하시오.

답 $\boldsymbol{a_n=3^{n-1},\ S_n=\frac{1}{2}(3^n-1)}$

유제 **14**-11. 공비가 실수인 등비수열이 있다. 첫째항부터 제3항까지의 합이 7, 첫째항부터 제6항까지의 합이 63일 때, 첫째항부터 제n항까지의 합을 구하시오.

답 $\boldsymbol{2^n-1}$

기본 문제 14-7 첫째항부터 제 n항까지의 합을 S_n이라고 할 때, 다음을 만족시키는 수열의 일반항 a_n을 구하시오.

(1) $S_n=3^n-1$ (2) $\log_2(S_n-1)=n$

정석연구 합 S_n을 알고 일반항 a_n을 구하는 문제이다. 등차수열에서와 같이

정석 S_n이 주어진 수열에서 a_n을 구할 때에는
$\Longrightarrow$ $\boldsymbol{a_1=S_1,\ a_n=S_n-S_{n-1}\ (n=2,\ 3,\ 4,\ \cdots)}$

임을 이용한다.

모범답안 (1) $S_n=3^n-1$에서

$n\ge2$일 때 $a_n=S_n-S_{n-1}$
$=(3^n-1)-(3^{n-1}-1)=3^n-3^{n-1}=2\times3^{n-1}$

$n=1$일 때 $a_1=S_1=3^1-1=2$

$a_1=2$는 위의 $a_n=2\times3^{n-1}$에 $n=1$을 대입한 것과 같다.

$\therefore$ $\boldsymbol{a_n=2\times3^{n-1}\ (n=1,\ 2,\ 3,\ \cdots)}$ ← 답

(2) $\log_2(S_n-1)=n$에서 $S_n-1=2^n$ $\therefore$ $S_n=2^n+1$

$n\ge2$일 때 $a_n=S_n-S_{n-1}$
$=(2^n+1)-(2^{n-1}+1)=2^n-2^{n-1}=2^{n-1}$

$n=1$일 때 $a_1=S_1=2^1+1=3$

$a_1=3$은 위의 $a_n=2^{n-1}$에 $n=1$을 대입한 것과 같지 않다.

$\therefore$ $\boldsymbol{a_1=3,\ a_n=2^{n-1}\ (n=2,\ 3,\ 4,\ \cdots)}$ ← 답

Advice | 같은 방법으로 하면 첫째항부터 제 n항까지의 합 S_n이 $S_n=p(r^n-1)\,(p\neq0,\ r\neq0,\ r\neq1)$인 수열 $\{a_n\}$에서 $a_n=p(r-1)r^{n-1}$ $(n=1,\ 2,\ 3,\ \cdots)$이고,

$$\frac{a_{n+1}}{a_n}=\frac{p(r-1)r^n}{p(r-1)r^{n-1}}=r$$

이므로 수열 $\{a_n\}$은 첫째항부터 공비가 r인 등비수열을 이룬다.

정석 $S_n=p(r^n-1)$의 꼴 $\Longrightarrow$ 공비가 r인 등비수열

유제 **14**-12. 첫째항부터 제 n항까지의 합을 S_n이라고 할 때, $S_n=4^n-1$인 수열 $\{a_n\}$은 어떤 수열인가? 답 첫째항이 3, 공비가 4인 등비수열

유제 **14**-13. 첫째항부터 제 n항까지의 합 S_n이 $S_n=3\times2^n+k$인 수열 $\{a_n\}$이 있다. 이 수열이 등비수열이 되도록 상수 k의 값을 정하시오.

답 $\boldsymbol{k=-3}$

기본 문제 14-8 연이율 r, 매년마다 복리로 매년 초에 a원씩 적립하면 n년 말의 원리합계 총액은 얼마가 되는가?

정석연구 원금 a원을 연이율 r, 1년마다 복리로 계산하면 원리합계는

1년 후 $a+ar=a(1+r)$(원), ⇦ (원금)+(이자)

2년 후 $a(1+r)+a(1+r)r=a(1+r)^2$(원),

3년 후 $a(1+r)^2+a(1+r)^2r=a(1+r)^3$(원)

같은 방법으로 계속하면 n년 후의 원리합계는 $a(1+r)^n$원이다.

정 석 원금을 $\boldsymbol{a}$, 이율을 $\boldsymbol{r}$, 기간을 $\boldsymbol{n}$, 원리합계를 S라고 할 때,

복리법으로 ⟹ $S=\boldsymbol{a(1+r)^n}$ ⇦ 등비수열

이것을 기본으로 매년 초에 적립한 각각의 a원이 n년 말에는 각각 얼마가 되는가를 계산하여 나타내면 아래 그림의 초록색 부분이다. 이를 모두 더하면 원리합계 총액이 된다.

1년 초	2년 초	⋯	$(n-1)$년 초	n년 초	n년 말
a원					$a(1+r)^n$
	a원				$a(1+r)^{n-1}$
					⋯
			a원		$a(1+r)^2$
				a원	$a(1+r)$

모범답안 구하는 원리합계 총액을 P원이라고 하면

$$P=a(1+r)+a(1+r)^2+a(1+r)^3+\cdots+a(1+r)^n$$

첫째항이 $a(1+r)$, 공비가 $1+r$인 등비수열의 제n항까지의 합이므로

$$P=\frac{a(1+r)\{(1+r)^n-1\}}{(1+r)-1}=\boldsymbol{\frac{a(1+r)\{(1+r)^n-1\}}{r}}\text{(원)} \longleftarrow \text{답}$$

Advice | 원금이 a, 이율이 r, 기간이 n일 때, 단리법으로 계산하면 원리합계 S는

$$S=\boldsymbol{a(1+rn)}$$

이다. 이때에는 등차수열의 합의 공식을 이용한다.

유제 **14**-14. 월이율 0.2 %, 매월마다 복리로 매월 1일에 100만 원씩 5년 동안 적립하면 만기일에 얼마를 찾을 수 있는가?

단, 만기일은 마지막 불입금을 낸 때로부터 1개월 후이고, $1.002^{60}=1.13$으로 계산한다. 답 **6513**만 원

기본 문제 14-9 240만 원짜리 컴퓨터를 사는데 우선 반값만 지불하고, 나머지 금액은 한 달 후부터 매월 일정한 금액씩 6회로 나누어 갚기로 하였다. 월이율 0.4 %, 매월마다 복리로 계산할 때, 매월 갚아야 할 금액을 구하시오. 단, $1.004^{-6}=0.9763$으로 계산하고, 천 원 미만은 올림한다.

정석연구 나머지 120만 원을 매월 20만 원씩 6회에 나누어 갚으면 된다고 생각해서는 안 된다. 왜냐하면 지금의 120만 원과 6개월 후의 120만 원의 가치는 다르기 때문이다. 따라서 이런 문제를 풀 때는 일정한 시점을 정하고, 그 시점에서 돈의 가치를 비교해야 한다. 흔히 다 갚는 시점을 기준으로 한다.

이 문제에서 6개월 후를 기준으로 삼을 때, 120만 원에 대한 6개월 후의 가치는 $120(1+0.004)^6$만 원이고, 또 매월 갚아야 할 금액을 x만 원이라고 하면 6개월 후의 이 돈의 가치는 아래 그림에서 초록색 부분이다.

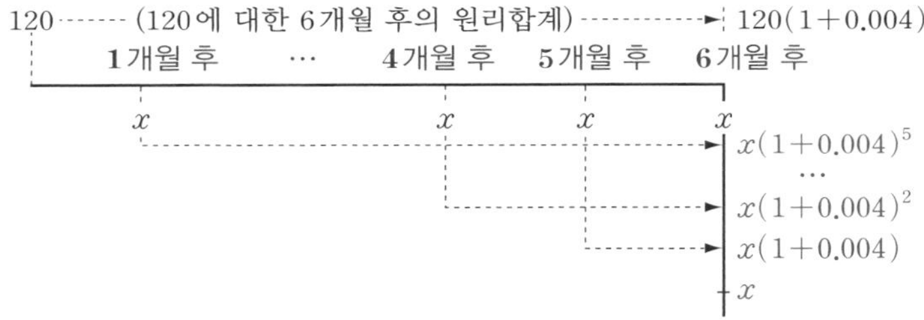

모범답안 120만 원에 대한 6개월 후의 원리합계는 120×1.004^6(만 원) …①

한편 1개월마다 x만 원씩 갚을 때, 이들의 6개월 후의 원리합계 총액은

$$x+x\times1.004+x\times1.004^2+\cdots+x\times1.004^5=\frac{x(1.004^6-1)}{1.004-1}\text{(만 원)} \quad \cdots②$$

①과 ②는 같아야 하므로 $\dfrac{x(1.004^6-1)}{0.004}=120\times1.004^6$

$$\therefore\ x=\frac{120\times1.004^6\times0.004}{1.004^6-1}=\frac{120\times0.004}{1-1.004^{-6}}\fallingdotseq20.3\text{(만 원)}$$

답 **20만 3천 원**

* ***Note*** 빌린 돈을 매월 일정 금액씩 갚아 가는 것을 월부 상환이라 하고, 이 일정 금액을 월부금이라고 한다. 매년 갚아 가는 경우는 연부 상환, 연부금이라고 한다.

유제 **14**-15. 1500만 원짜리 물건을 사는데 300만 원은 먼저 내고, 나머지 금액은 1년 후부터 연이율 5 %, 매년마다 복리로 10년 동안에 모두 갚기로 하였다. 이때, 연부금을 구하시오.

단, $1.05^{10}=1.629$로 계산하고, 만 원 미만은 올림한다. 답 **156만 원**

연습문제 14

14-1 모든 항이 양수인 등비수열 $\{a_n\}$이 $\dfrac{a_1a_3}{a_2}=6$, $\dfrac{a_3}{a_1}-\dfrac{2a_4}{a_3}=3$을 만족시킬 때, a_4는?

① 24　② 34　③ 44　④ 54　⑤ 64

14-2 공비가 1보다 큰 등비수열 $\{a_n\}$이 $a_3+a_9=15$, $a_4a_8=36$을 만족시킬 때, $a_{15}+a_{18}$의 값은?

① 120　② 132　③ 144　④ 156　⑤ 168

14-3 서로 다른 세 수 x, y, z가 이 순서로 공비가 r인 등비수열을 이루고, 세 수 $x, 2y, 3z$가 이 순서로 등차수열을 이룰 때, r의 값을 구하시오.

14-4 다항식 $f(x)=x^2+2x+a$를 $x+1$, $x-1$, $x-2$로 나누었을 때 각각의 나머지가 이 순서로 등비수열을 이룬다. 이때, $f(x)$를 $x+2$로 나눈 나머지는? 단, a는 상수이다.

① 15　② 17　③ 19　④ 21　⑤ 23

14-5 세 실수 a, b, c가 이 순서로 등비수열을 이룬다. 이 세 수의 합이 14, 곱이 64일 때, 이 세 수의 제곱의 합을 구하시오.

14-6 $\triangle$ABC에서 $\overline{\text{AB}}=c$, $\overline{\text{BC}}=a$, $\overline{\text{CA}}=b$라고 할 때, 다음을 보이시오.

(1) a, b, c가 이 순서로 등차수열을 이루면 $\sin(A+C)=\dfrac{\sin A+\sin C}{2}$이다.

(2) a, b, c가 이 순서로 등비수열을 이루면 $\sin(A+C)=\sqrt{\sin A\sin C}$이다.

14-7 오른쪽 그림과 같이 두 직선을 공통접선으로 하고 서로 외접하는 다섯 개의 원이 있다. 가장 큰 원의 반지름의 길이가 12, 가장 작은 원의 반지름의 길이가 6일 때, 세 번째 원의 반지름의 길이를 구하시오.

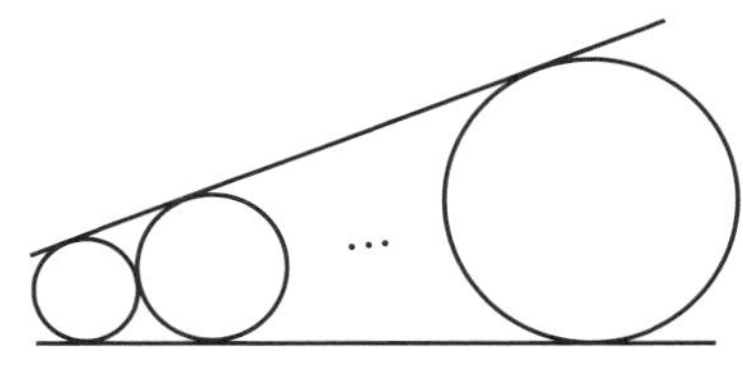

14-8 $\dfrac{1}{10}$과 100 사이에 n개의 양수를 넣어 만든 수열

$$\frac{1}{10},\ a_1,\ a_2,\ a_3,\ \cdots,\ a_n,\ 100$$

이 이 순서로 등비수열을 이루고, 모든 항의 곱이 10000이다. 이때, n의 값을 구하시오.

14-9 함수 $f(x)=x^9-x^8+x^7-x^6+x^5-x^4+x^3-x^2+x+1$에 대하여 $(f\circ f)(1)$의 값을 구하시오.

14-10 수열 $\{a_n\}$이 첫째항이 3, 공비가 2인 등비수열일 때, 수열 $\{a_{2n-1}\}$의 첫째항부터 제 n항까지의 합을 구하시오.

14-11 다음 자연수의 양의 약수의 합을 구하시오.

(1) $2^{10}\times 3^{15}$ (2) $2^{10}\times 3^3\times 5^{100}$

14-12 등비수열 $\{a_n\}$이

$$a_1+a_2+a_3+\cdots+a_{10}=2,\quad \frac{1}{a_1}+\frac{1}{a_2}+\frac{1}{a_3}+\cdots+\frac{1}{a_{10}}=1$$

을 만족시킬 때, $a_1\times a_2\times a_3\times\cdots\times a_{10}$의 값을 구하시오.

14-13 삼차방정식 $x^3-1=0$의 두 허근을 α, β라고 할 때, $(1-\alpha+\alpha^2-\alpha^3+\cdots+\alpha^8)(1-\beta+\beta^2-\beta^3+\cdots+\beta^8)$의 값을 구하시오.

14-14 등비수열 $\frac{1}{2}, \frac{1}{4}, \frac{1}{8}, \frac{1}{16}, \cdots$의 첫째항부터 제 n항까지의 합과 1의 차가 0.001보다 작게 되는 자연수 n의 최솟값은?

① 9 ② 10 ③ 11 ④ 12 ⑤ 13

14-15 $a_1=1$, $a_na_{n+1}-2a_n=2{a_n}^2-a_{n+1}$, $a_n>0\,(n=1, 2, 3, \cdots)$인 수열 $\{a_n\}$에 대하여 다음 물음에 답하시오. 단, $\log 2=0.3010$으로 계산한다.

(1) 일반항 a_n을 구하시오.

(2) $a_1+a_2+a_3+\cdots+a_n>9999$를 만족시키는 n의 최솟값을 구하시오.

14-16 어느 직장인이 연봉의 일부를 매년 1월 1일 적립하기로 하였다. 적립할 금액은 연봉 인상률을 감안하여 매년 전년도보다 2 %씩 증액하기로 하였다. 2023년 1월 1일부터 500만 원을 적립하기 시작했다면 2032년 12월 31일까지 적립한 금액의 원리합계 총액은 얼마인가?

단, 연이율 2 %, 1년마다 복리로 하고, $1.02^{10}=1.22$로 계산한다.

14-17 자연수 n에 대하여 점 P_n을 다음 규칙에 따라 정한다.

(가) 점 P_1의 좌표는 $(1, 1)$이다.

(나) 점 P_n의 좌표가 (a, b)일 때,

$b<2^a$이면 점 P_{n+1}의 좌표는 $(a, b+1)$이고,

$b=2^a$이면 점 P_{n+1}의 좌표는 $(a+1, 1)$이다.

점 P_n의 좌표가 $(10, 2^{10})$일 때, n의 값을 구하시오.

15. 수열의 합

기호 $\sum$의 뜻과 그 성질／기호 $\sum$와 수열의 합／여러 가지 수열의 합

§1. 기호 $\sum$의 뜻과 그 성질

1 기호 $\sum$의 뜻

수열의 합을 나타내는 데 기호 $\sum$('시그마'라고 읽는다)를 사용한다.

이를테면

등차수열의 합 : $\mathbf{2+4+6+\cdots+20}$ ……①

은 제k항인 $2k$에 $k=1, 2, 3, \cdots, 10$을 대입한 값들의 합이다.

이것을 기호 $\sum$를 사용하여 다음과 같이 나타내기로 약속한다.

$$\mathbf{2+4+6+\cdots+20=\sum_{k=1}^{10} 2k} \quad \cdots\cdots②$$

①을 기호 $\sum$를 사용하여 나타내는 방법을 좀 더 구체적으로 설명하면

첫째 — 주어진 등차수열의 제k항을 k에 관한 식으로 나타낸다.

$$a_k=a_1+(k-1)d=2+(k-1)\times 2=\mathbf{2k}$$

둘째 — 위의 $2k$ 앞에 $\sum$를 쓴다. 곧, $\mathbf{\sum 2k}$

셋째 — $2k$에서 k에 어떤 수를 대입하면 첫째항 2가 될까? $\mathbf{k=1}$이다.

또, $2k$에서 k에 어떤 수를 대입하면 마지막 항 20이 될까? $\mathbf{k=10}$이다.

이와 같이 생각해서 기호 $\sum$의 아래에 $\mathbf{k=1}$을, 위에 **10**을 써서 나타낸 것이 ②의 우변이다.

기본정석 — 기호 $\sum$의 뜻

$$\mathbf{a_1+a_2+a_3+\cdots+a_n=\sum_{k=1}^{n} a_k}$$

- n ← 좌변의 마지막 항의 번호
- a_k ← 좌변의 제k항
- $k=1$ ← 좌변의 처음 항의 번호

보기 1 다음 수열의 합을 기호 $\sum$를 사용하여 나타내시오.

(1) $1+2+3+\cdots+10$

(2) $2+5+8+\cdots+26$

(3) $2+4+8+\cdots+2^n$

(4) $1\times2+2\times3+3\times4+\cdots+n(n+1)$

(5) $x_1f_1+x_2f_2+x_3f_3+\cdots+x_nf_n$

(6) $(x_1-A)f_1+(x_2-A)f_2+(x_3-A)f_3+\cdots+(x_n-A)f_n$

연구 (1) $\displaystyle\sum_{k=1}^{10} k$ (2) $\displaystyle\sum_{k=1}^{9}(3k-1)$ (3) $\displaystyle\sum_{k=1}^{n}2^k$

(4) $\displaystyle\sum_{k=1}^{n}k(k+1)$ (5) $\displaystyle\sum_{k=1}^{n}x_kf_k$ (6) $\displaystyle\sum_{k=1}^{n}(x_k-A)f_k$

***Note** k 대신 i, j, p 등의 다른 문자를 쓰기도 한다. 이를테면 (1)을

$$\sum_{k=1}^{10}k,\quad \sum_{i=1}^{10}i,\quad \sum_{j=1}^{10}j,\quad \sum_{p=1}^{10}p$$

등의 어느 것으로 나타내어도 무방하다. 보통 수열에서는 k를 주로 쓰고, 통계에서는 i를 주로 쓴다.

보기 2 다음을 기호 $\sum$를 사용하지 않은 합의 꼴로 나타내시오.

(1) $\displaystyle\sum_{k=1}^{10}k^2$ (2) $\displaystyle\sum_{k=1}^{10}(-1)^k k$ (3) $\displaystyle\sum_{k=2}^{100}(3k+1)$ (4) $\displaystyle\sum_{k=0}^{n}3^k$

연구 위의 **보기 1**의 생각을 역으로 나타내면 된다.

(1) k^2에 $k=1, 2, 3, 4, \cdots, 10$을 대입한 것의 합이다.

$$\sum_{k=1}^{10}k^2=\mathbf{1^2+2^2+3^2+4^2+\cdots+10^2}$$

(2) $(-1)^k k$에 $k=1, 2, 3, \cdots, 10$을 대입한 것의 합이다.

$$\begin{aligned}\sum_{k=1}^{10}(-1)^k k&=(-1)^1\times1+(-1)^2\times2+(-1)^3\times3+\cdots+(-1)^{10}\times10\\&=\mathbf{(-1)+2+(-3)+\cdots+10}\end{aligned}$$

(3) $3k+1$에 $k=2, 3, 4, \cdots, 100$을 대입한 것의 합이다.

$$\begin{aligned}\sum_{k=2}^{100}(3k+1)&=(3\times2+1)+(3\times3+1)+(3\times4+1)+\cdots+(3\times100+1)\\&=\mathbf{7+10+13+\cdots+301}\end{aligned}$$

(4) 3^k에 $k=0, 1, 2, 3, \cdots, n$을 대입한 것의 합이다.

$$\sum_{k=0}^{n}3^k=\mathbf{3^0+3^1+3^2+3^3+\cdots+3^n}$$

Advice | 기호 $\sum$ 위에 쓴 수나 문자가 반드시 항의 개수와 일치하는 것은 아니라는 것에 특히 주의해야 한다.

위의 **보기 2**에서 (1), (2)의 항의 개수는 각각 10, (3)의 항의 개수는 $100-1$, (4)의 항의 개수는 $n+1$이다. 일반적으로

정석 $\displaystyle\sum_{k=m}^{n}a_k=a_m+a_{m+1}+a_{m+2}+\cdots+a_n$ ⇦ 항의 개수 : $n-(m-1)$

2 기호 $\sum$의 성질

이를테면 기호 $\sum$를 포함한 식은 다음과 같은 변형이 가능하다.

▶ $\displaystyle\sum_{k=1}^{n}(k^2+k)=(1^2+1)+(2^2+2)+(3^2+3)+\cdots+(n^2+n)$
$\displaystyle=(1^2+2^2+3^2+\cdots+n^2)+(1+2+3+\cdots+n)$
$\displaystyle=\sum_{k=1}^{n}k^2+\sum_{k=1}^{n}k$

▶ $\displaystyle\sum_{k=1}^{n}2k=2\times1+2\times2+2\times3+\cdots+2\times n=2(1+2+3+\cdots+n)=2\sum_{k=1}^{n}k$

▶ $\displaystyle\sum_{k=1}^{n}5=\underbrace{5+5+5+\cdots+5}_{n\text{개}}=5n$

이상을 일반화하면 기호 $\sum$에 대하여 다음 성질이 성립함을 알 수 있다.

기본정석 **기호 $\sum$의 기본 성질**

(1) $\displaystyle\sum_{k=1}^{n}(a_k\pm b_k)=\sum_{k=1}^{n}a_k\pm\sum_{k=1}^{n}b_k$ (복부호동순)

(2) $\displaystyle\sum_{k=1}^{n}ca_k=c\sum_{k=1}^{n}a_k$ (c는 상수)

(3) $\displaystyle\sum_{k=1}^{n}c=cn$ (c는 상수)

Advice | 위의 기본 성질은 다음과 같이 증명한다.

(1) $\displaystyle\sum_{k=1}^{n}(a_k\pm b_k)=(a_1\pm b_1)+(a_2\pm b_2)+(a_3\pm b_3)+\cdots+(a_n\pm b_n)$
$\displaystyle=(a_1+a_2+a_3+\cdots+a_n)\pm(b_1+b_2+b_3+\cdots+b_n)$
$\displaystyle=\sum_{k=1}^{n}a_k\pm\sum_{k=1}^{n}b_k$ (복부호동순)

(2) $\displaystyle\sum_{k=1}^{n}ca_k=ca_1+ca_2+ca_3+\cdots+ca_n=c(a_1+a_2+a_3+\cdots+a_n)=c\sum_{k=1}^{n}a_k$

(3) $\displaystyle\sum_{k=1}^{n}c=\underbrace{c+c+c+\cdots+c}_{n\text{개}}=cn$

**Note* 다음에서 $p,\ q,\ r$이 상수일 때, 위의 성질을 이용하면

$$\sum_{k=1}^{n}(pa_k+qb_k+r)=\sum_{k=1}^{n}pa_k+\sum_{k=1}^{n}qb_k+\sum_{k=1}^{n}r=p\sum_{k=1}^{n}a_k+q\sum_{k=1}^{n}b_k+rn$$

보기 3 다음 □ 안에 알맞은 식을 써넣으시오.

(1) $\displaystyle\sum_{k=1}^{n}(k^2+3k-2)=\sum_{k=1}^{n}\square+3\sum_{k=1}^{n}\square-2\times\square$

(2) $\displaystyle\sum_{k=1}^{n}k^2-3\sum_{k=1}^{n}k+4n=\sum_{k=1}^{n}(\square)$

답 (1) $k^2,\ k,\ n$ (2) k^2-3k+4

기본 문제 15-1 다음 합을 구하시오.

(1) $\sum_{k=1}^{10}(2^k+3k)$ (2) $\sum_{k=1}^{n}(k^3+1)-\sum_{k=3}^{n}(k^3+1)$

(3) $\sum_{k=1}^{10}a_k=4$, $\sum_{k=1}^{10}a_k{}^2=8$일 때, $\sum_{k=1}^{10}(3a_k+2)^2$

정석연구 앞에서 공부한 기호 Σ의 성질을 활용한다.

정석 $\sum_{k=1}^{n}(a_k\pm b_k)=\sum_{k=1}^{n}a_k\pm\sum_{k=1}^{n}b_k$, $\sum_{k=1}^{n}ca_k=c\sum_{k=1}^{n}a_k$, $\sum_{k=1}^{n}c=cn$

(1) $\sum_{k=1}^{10}2^k$은 등비수열의 합, $\sum_{k=1}^{10}3k$는 등차수열의 합임을 이용한다.

(2) 다음과 같은 방법으로 간단히 할 수 있다.

$$\sum_{k=1}^{n}a_k-\sum_{k=3}^{n}a_k=(a_1+a_2+a_3+\cdots+a_n)-(a_3+a_4+a_5+\cdots+a_n)$$
$$=a_1+a_2=\sum_{k=1}^{2}a_k$$

(3) $\sum_{k=1}^{n}a_k{}^2\neq\left(\sum_{k=1}^{n}a_k\right)^2$인 것에 주의한다.

모범답안 (1) $\sum_{k=1}^{10}(2^k+3k)=\sum_{k=1}^{10}2^k+\sum_{k=1}^{10}3k=\sum_{k=1}^{10}2^k+3\sum_{k=1}^{10}k$

$$=(2^1+2^2+2^3+\cdots+2^{10})+3(1+2+3+\cdots+10)$$
$$=\frac{2(2^{10}-1)}{2-1}+3\times\frac{10(1+10)}{2}=\mathbf{2211}$$ ← 답

(2) $\sum_{k=1}^{n}(k^3+1)-\sum_{k=3}^{n}(k^3+1)=\sum_{k=1}^{2}(k^3+1)=(1^3+1)+(2^3+1)=\mathbf{11}$ ← 답

(3) $\sum_{k=1}^{10}(3a_k+2)^2=\sum_{k=1}^{10}(9a_k{}^2+12a_k+4)=9\sum_{k=1}^{10}a_k{}^2+12\sum_{k=1}^{10}a_k+\sum_{k=1}^{10}4$

$$=9\times8+12\times4+4\times10=\mathbf{160}$$ ← 답

유제 **15**-1. 다음 합을 구하시오.

(1) $\sum_{k=1}^{n}2k$ (2) $\sum_{k=1}^{n}2^{k-1}$ (3) $\sum_{k=3}^{11}(2k+2^k)$

답 (1) $\boldsymbol{n(n+1)}$ (2) $\boldsymbol{2^n-1}$ (3) **4214**

유제 **15**-2. $\sum_{k=1}^{n}a_k=10n$, $\sum_{k=1}^{n}b_k=5n$일 때, $\sum_{k=1}^{n}(2a_k-3b_k+4)$를 구하시오.

답 $\boldsymbol{9n}$

유제 **15**-3. 함수 $f(x)$가 $f(10)=50$, $f(1)=3$을 만족시킬 때,
$\sum_{k=1}^{9}f(k+1)-\sum_{k=2}^{10}f(k-1)$의 값을 구하시오.

답 **47**

§2. 기호 $\sum$와 수열의 합

1 자연수의 거듭제곱의 합

어떤 수열의 합을 구할 때, 그 수열이 등차수열이거나 등비수열이면 합을 구하는 공식이 있으므로 공식에 대입하면 그 합을 구할 수 있다.

그 이외의 수열에서는 앞에서 공부한 기호 $\sum$의 성질과 아래의 자연수의 거듭제곱의 합에 관한 공식을 활용하면 그 합을 구할 수 있는 경우가 많다.

기본정석 **자연수의 거듭제곱의 합**

(1) $\displaystyle\sum_{k=1}^{n} k=1+2+3+\cdots+n=\frac{n(n+1)}{2}$

(2) $\displaystyle\sum_{k=1}^{n} k^2=1^2+2^2+3^2+\cdots+n^2=\frac{n(n+1)(2n+1)}{6}$

(3) $\displaystyle\sum_{k=1}^{n} k^3=1^3+2^3+3^3+\cdots+n^3=\left\{\frac{n(n+1)}{2}\right\}^2=(1+2+3+\cdots+n)^2$

Advice | (1)은 등차수열의 합(p. 177)에서 이미 공부하였다.

(2), (3)은 실력 대수의 p. 187～188에 그 유도 과정이 다루어져 있으므로 이에 대해 공부하고자 한다면 실력 대수를 참조한다.

여기에서는 그 활용 방법을 중심으로 공부해 보자.

보기 1 다음 합을 구하시오.

(1) $\displaystyle\sum_{k=1}^{n}(2k-1)$ (2) $\displaystyle\sum_{k=1}^{10}(k^3+6k^2-4k+3)$

연구 (1) 다음 두 가지 방법을 생각해 보자.

기호 $\sum$의 뜻과 등차수열의 합의 공식을 이용하면

$$(\text{준 식})=1+3+5+\cdots+(2n-1)=\frac{n\{1+(2n-1)\}}{2}=\boldsymbol{n^2}$$

기호 $\sum$의 성질과 자연수의 거듭제곱의 합의 공식을 이용하면

$$(\text{준 식})=\sum_{k=1}^{n}2k-\sum_{k=1}^{n}1=2\sum_{k=1}^{n}k-n=2\times\frac{n(n+1)}{2}-n=\boldsymbol{n^2}$$

(2) $$(\text{준 식})=\sum_{k=1}^{10}k^3+\sum_{k=1}^{10}6k^2-\sum_{k=1}^{10}4k+\sum_{k=1}^{10}3=\sum_{k=1}^{10}k^3+6\sum_{k=1}^{10}k^2-4\sum_{k=1}^{10}k+3\times10$$

$$=\left\{\frac{10(10+1)}{2}\right\}^2+6\times\frac{10(10+1)(2\times10+1)}{6}-4\times\frac{10(10+1)}{2}+30$$

$$=\boldsymbol{5145}$$

기본 문제 15-2 다음 수열의 첫째항부터 제n항까지의 합을 구하시오.

(1) $1\times2,\ 2\times3,\ 3\times4,\ 4\times5,\ \cdots$

(2) $1^2,\ 3^2,\ 5^2,\ 7^2,\ \cdots$

(3) $1,\ 1+10,\ 1+10+10^2,\ 1+10+10^2+10^3,\ \cdots$

정석연구 기호 $\sum$의 정의로부터 첫째항부터 제n항까지의 합 S_n은

$$S_n=a_1+a_2+a_3+\cdots+a_n=\sum_{k=1}^{n}a_k$$

인 것에 착안하여 다음 순서로 구한다.

정석 여러 가지 수열의 합을 구하는 순서

첫째 — 제$\boldsymbol{k}$항 $\boldsymbol{a_k}$를 구한다.

둘째 — $\boldsymbol{a_k}$ 앞에 기호 $\sum$를 붙여 $\displaystyle\sum_{k=1}^{n}\boldsymbol{a_k}$를 계산한다.

모범답안 제k항을 a_k, 첫째항부터 제n항까지의 합을 S_n이라고 하자.

(1) $a_k=k(k+1)=k^2+k$이므로

$$S_n=\sum_{k=1}^{n}(k^2+k)=\sum_{k=1}^{n}k^2+\sum_{k=1}^{n}k$$
$$=\frac{n(n+1)(2n+1)}{6}+\frac{n(n+1)}{2}=\boldsymbol{\frac{n(n+1)(n+2)}{3}} \longleftarrow \text{답}$$

(2) $a_k=(2k-1)^2=4k^2-4k+1$이므로

$$S_n=\sum_{k=1}^{n}(4k^2-4k+1)=4\sum_{k=1}^{n}k^2-4\sum_{k=1}^{n}k+\sum_{k=1}^{n}1$$
$$=4\times\frac{n(n+1)(2n+1)}{6}-4\times\frac{n(n+1)}{2}+n=\boldsymbol{\frac{n(4n^2-1)}{3}} \longleftarrow \text{답}$$

(3) $a_k=1+10+10^2+\cdots+10^{k-1}=\dfrac{1\times(10^k-1)}{10-1}=\dfrac{1}{9}(10^k-1)$이므로

$$S_n=\sum_{k=1}^{n}\frac{1}{9}(10^k-1)=\frac{1}{9}\sum_{k=1}^{n}(10^k-1)=\frac{1}{9}\left(\sum_{k=1}^{n}10^k-\sum_{k=1}^{n}1\right)$$
$$=\frac{1}{9}\left\{\frac{10(10^n-1)}{10-1}-n\right\}=\boldsymbol{\frac{1}{81}(10^{n+1}-9n-10)} \longleftarrow \text{답}$$

유제 **15**-4. 다음 수열의 첫째항부터 제n항까지의 합을 구하시오.

(1) $1\times3,\ 2\times4,\ 3\times5,\ 4\times6,\ \cdots$

(2) $1^2,\ 5^2,\ 9^2,\ 13^2,\ \cdots$

(3) $1,\ 1+2,\ 1+2+4,\ 1+2+4+8,\ 1+2+4+8+16,\ \cdots$

답 (1) $\boldsymbol{\frac{1}{6}n(n+1)(2n+7)}$ (2) $\boldsymbol{\frac{1}{3}n(16n^2-12n-1)}$ (3) $\boldsymbol{2^{n+1}-n-2}$

기본 문제 15-3 수열 $\{a_n\}$에 대하여 다음 물음에 답하시오.

(1) $\sum_{k=1}^{n} a_k = n^2+2n$일 때, $\sum_{k=1}^{10} ka_{3k}$의 값을 구하시오.

(2) $\sum_{k=1}^{n} a_k = \dfrac{n}{n+1}$일 때, $\sum_{k=1}^{n} \dfrac{1}{a_k}$을 구하시오.

정석연구 $\sum_{k=1}^{n} a_k = a_1+a_2+a_3+\cdots+a_n=S_n$이라고 하면

정 석 수열 $\{\boldsymbol{a_n}\}$에서 $\boldsymbol{S_n}$이 주어질 때

$$\Longrightarrow \boldsymbol{a_1=S_1,\ a_n=S_n-S_{n-1}\ (n=2,\ 3,\ 4,\ \cdots)}$$

임을 이용하여 먼저 a_n을 구한다.

모범답안 $\sum_{k=1}^{n} a_k = S_n$이라고 하자.

(1) $S_n=n^2+2n$이므로

$n\ge2$일 때 $a_n=S_n-S_{n-1}=(n^2+2n)-\{(n-1)^2+2(n-1)\}=2n+1$

$n=1$일 때, $a_1=S_1=3$이고, 이것은 위의 식을 만족시킨다.

$$\therefore\ a_n=2n+1\ (n=1,\ 2,\ 3,\ \cdots)$$

$$\therefore\ \sum_{k=1}^{10} ka_{3k}=\sum_{k=1}^{10} k(2\times3k+1)=6\sum_{k=1}^{10}k^2+\sum_{k=1}^{10}k$$

$$=6\times\frac{10\times11\times21}{6}+\frac{10\times11}{2}=\mathbf{2365} \longleftarrow \boxed{답}$$

(2) $S_n=\dfrac{n}{n+1}$이므로

$n\ge2$일 때 $a_n=S_n-S_{n-1}=\dfrac{n}{n+1}-\dfrac{n-1}{n}=\dfrac{1}{n(n+1)}$

$n=1$일 때, $a_1=S_1=\dfrac{1}{2}$이고, 이것은 위의 식을 만족시킨다.

$$\therefore\ a_n=\frac{1}{n(n+1)}\ (n=1,\ 2,\ 3,\ \cdots)$$

$$\therefore\ \sum_{k=1}^{n}\frac{1}{a_k}=\sum_{k=1}^{n}k(k+1)=\sum_{k=1}^{n}k^2+\sum_{k=1}^{n}k$$

$$=\frac{n(n+1)(2n+1)}{6}+\frac{n(n+1)}{2}=\boldsymbol{\frac{n(n+1)(n+2)}{3}} \longleftarrow \boxed{답}$$

유제 **15**-5. $\sum_{k=1}^{n} a_k=n^2-2$일 때, $\sum_{k=1}^{2n} a_{2k}$를 구하시오. 답 $\boldsymbol{2n(4n+1)}$

유제 **15**-6. 수열 $\{a_n\}$의 첫째항부터 제n항까지의 합 S_n이 $S_n=2^n-1$일 때, $\sum_{k=1}^{n}\log_2 a_k$를 구하시오. 답 $\boldsymbol{\frac{1}{2}n(n-1)}$

기본 문제 15-4 다음을 계산하시오.

(1) $\displaystyle\sum_{l=1}^{10}\left\{\sum_{k=1}^{10}(3^k\times l^2)\right\}$ (2) $\displaystyle\sum_{l=1}^{10}\left\{\sum_{k=1}^{10}(k+l)\right\}$ (3) $\displaystyle\sum_{l=1}^{n}\left(\sum_{k=l}^{n}k\right)$

정석연구 $\displaystyle\sum_{k=1}^{n}a_lb_k$에서는 l이 상수이고 k가 변수이지만, $\displaystyle\sum_{l=1}^{n}a_lb_k$에서는 k가 상수이고 l이 변수이다. 곧,

$$\sum_{k=1}^{n}a_lb_k=a_lb_1+a_lb_2+\cdots+a_lb_n=a_l(b_1+b_2+\cdots+b_n)=a_l\sum_{k=1}^{n}b_k$$

$$\sum_{l=1}^{n}a_lb_k=a_1b_k+a_2b_k+\cdots+a_nb_k=(a_1+a_2+\cdots+a_n)b_k=b_k\sum_{l=1}^{n}a_l$$

정석 Σ에서는 ⟹ 변수에 주의한다.

모범답안 (1) (준 식)$\displaystyle=\sum_{l=1}^{10}\left(l^2\sum_{k=1}^{10}3^k\right)=\sum_{k=1}^{10}3^k\times\sum_{l=1}^{10}l^2$

$$=\frac{3(3^{10}-1)}{3-1}\times\frac{10\times11\times21}{6}=\mathbf{\frac{1155}{2}(3^{10}-1)}\longleftarrow \text{답}$$

(2) (준 식)$\displaystyle=\sum_{l=1}^{10}\left(\sum_{k=1}^{10}k+\sum_{k=1}^{10}l\right)=\sum_{l=1}^{10}\left(\frac{10\times11}{2}+10l\right)$

$$=\sum_{l=1}^{10}55+10\sum_{l=1}^{10}l=55\times10+10\times\frac{10\times11}{2}=\mathbf{1100}\longleftarrow \text{답}$$

(3) $l\ge2$일 때 $\displaystyle\sum_{k=l}^{n}k=\sum_{k=1}^{n}k-\sum_{k=1}^{l-1}k=\frac{1}{2}n(n+1)-\frac{1}{2}(l-1)l$

이고, 이 식은 $l=1$일 때에도 성립한다.

$$\therefore \text{(준 식)}=\frac{1}{2}\sum_{l=1}^{n}\{n(n+1)-l^2+l\}=\frac{1}{2}\left\{\sum_{l=1}^{n}n(n+1)-\sum_{l=1}^{n}l^2+\sum_{l=1}^{n}l\right\}$$

$$=\frac{1}{2}\left\{n(n+1)\times n-\frac{n(n+1)(2n+1)}{6}+\frac{n(n+1)}{2}\right\}$$

$$=\frac{1}{2}\times\frac{1}{6}n(n+1)\{6n-(2n+1)+3\}$$

$$=\mathbf{\frac{1}{6}n(n+1)(2n+1)}\longleftarrow \text{답}$$

유제 **15**-7. 다음을 계산하시오.

(1) $\displaystyle\sum_{m=1}^{n}\left(\sum_{k=1}^{m}k\right)$ (2) $\displaystyle\sum_{m=1}^{n}\left\{\sum_{l=1}^{m}\left(\sum_{k=1}^{l}6\right)\right\}$ (3) $\displaystyle\sum_{n=1}^{5}\left(\sum_{m=1}^{n}mn\right)$

답 (1) $\mathbf{\frac{1}{6}n(n+1)(n+2)}$ (2) $\mathbf{n(n+1)(n+2)}$ (3) **140**

유제 **15**-8. $m+n=13$, $mn=40$일 때, $\displaystyle\sum_{x=1}^{m}\left\{\sum_{y=1}^{n}(x+y)\right\}$의 값을 구하시오.

답 **300**

§3. 여러 가지 수열의 합

기본 문제 15-5 다음 물음에 답하시오.

(1) $\displaystyle\sum_{k=1}^{99}\frac{1}{\sqrt{k}+\sqrt{k+1}}$의 값을 구하시오.

(2) 첫째항이 4, 공차가 3인 등차수열 $\{a_n\}$에 대하여 다음 합을 구하시오.

$$\frac{1}{\sqrt{a_1}+\sqrt{a_2}}+\frac{1}{\sqrt{a_2}+\sqrt{a_3}}+\frac{1}{\sqrt{a_3}+\sqrt{a_4}}+\cdots+\frac{1}{\sqrt{a_{32}}+\sqrt{a_{33}}}$$

정석연구 분모를 유리화한 다음, 이웃하는 항 사이에 소거되는 규칙을 찾는다.

정 석 양수와 음수가 반복되는 꼴은

$\Longrightarrow$ 소거되는 규칙이 나타날 때까지 나열해 본다.

모범답안 (1) 분모, 분자에 $\sqrt{k+1}-\sqrt{k}$를 곱하면

$$(\text{준 식})=\sum_{k=1}^{99}\frac{\sqrt{k+1}-\sqrt{k}}{(\sqrt{k+1}+\sqrt{k})(\sqrt{k+1}-\sqrt{k})}=\sum_{k=1}^{99}(\sqrt{k+1}-\sqrt{k})$$
$$=(\sqrt{2}-\sqrt{1})+(\sqrt{3}-\sqrt{2})+(\sqrt{4}-\sqrt{3})+\cdots+(\sqrt{100}-\sqrt{99})$$
$$=-\sqrt{1}+\sqrt{100}=\mathbf{9}$$ ← 답

(2) $a_n=4+(n-1)\times3=3n+1$이므로

$$(\text{준 식})=\frac{1}{\sqrt{4}+\sqrt{7}}+\frac{1}{\sqrt{7}+\sqrt{10}}+\frac{1}{\sqrt{10}+\sqrt{13}}+\cdots+\frac{1}{\sqrt{97}+\sqrt{100}}$$
$$=-\frac{1}{3}\{(\sqrt{4}-\sqrt{7})+(\sqrt{7}-\sqrt{10})+(\sqrt{10}-\sqrt{13})+\cdots+(\sqrt{97}-\sqrt{100})\}$$
$$=-\frac{1}{3}(\sqrt{4}-\sqrt{100})=\mathbf{\frac{8}{3}}$$ ← 답

유제 **15**-9. 다음 합을 구하시오.

(1) $\displaystyle\sum_{k=1}^{48}\frac{2}{\sqrt{k+2}+\sqrt{k}}$　　(2) $\displaystyle\sum_{k=1}^{30}\log\left(\frac{2}{k+1}+1\right)$

(3) $\displaystyle\sum_{k=1}^{n}\frac{1}{\sqrt{k+1}+\sqrt{k+2}}$　　(4) $\displaystyle\sum_{k=1}^{n}\sqrt{2k-1-2\sqrt{k(k-1)}}$

답 (1) $\mathbf{4\sqrt{2}+6}$　(2) **log 176**　(3) $\mathbf{\sqrt{n+2}-\sqrt{2}}$　(4) $\mathbf{\sqrt{n}}$

유제 **15**-10. 첫째항이 1, 공차가 2인 등차수열 $\{a_n\}$에 대하여

$\displaystyle\sum_{k=1}^{60}\frac{2}{\sqrt{a_k}+\sqrt{a_{k+1}}}$의 값을 구하시오.　　답 **10**

기본 문제 15-6 다음 물음에 답하시오.

(1) $\displaystyle\sum_{k=1}^{n}\frac{1}{k(k+2)}$을 구하시오.

(2) $a_n=\displaystyle\sum_{k=1}^{n}k^2$일 때, $\displaystyle\sum_{k=1}^{n}\frac{2k+1}{a_k}$을 구하시오.

정석연구 (1) 이와 같은 꼴의 수열의 합을 구할 때에는

정석 $\displaystyle\frac{1}{AB}=\frac{1}{B-A}\left(\frac{1}{A}-\frac{1}{B}\right)$ ⇦ 기본 공통수학2 p. 232 참조

을 이용하여 각 항을 차의 꼴로 나타내어 보면 이웃하는 항 사이에 소거되는 규칙을 찾을 수 있다.

(2) a_n을 n에 관한 식으로 나타낸 다음 (1)과 같은 방법으로 풀어 보자.

정석 양수와 음수가 반복되는 꼴은
⟹ 소거되는 규칙이 나타날 때까지 나열해 본다.

모범답안 (1) $\displaystyle\frac{1}{k(k+2)}=\frac{1}{2}\left(\frac{1}{k}-\frac{1}{k+2}\right)$이므로

$$\sum_{k=1}^{n}\frac{1}{k(k+2)}=\sum_{k=1}^{n}\frac{1}{2}\left(\frac{1}{k}-\frac{1}{k+2}\right)=\frac{1}{2}\sum_{k=1}^{n}\left(\frac{1}{k}-\frac{1}{k+2}\right)$$

$$=\frac{1}{2}\left\{\left(\frac{1}{1}-\frac{1}{3}\right)+\left(\frac{1}{2}-\frac{1}{4}\right)+\left(\frac{1}{3}-\frac{1}{5}\right)+\left(\frac{1}{4}-\frac{1}{6}\right)+\left(\frac{1}{5}-\frac{1}{7}\right)+\cdots+\left(\frac{1}{n-1}-\frac{1}{n+1}\right)+\left(\frac{1}{n}-\frac{1}{n+2}\right)\right\}$$

$$=\frac{1}{2}\left(1+\frac{1}{2}-\frac{1}{n+1}-\frac{1}{n+2}\right)=\mathbf{\frac{3n^2+5n}{4(n+1)(n+2)}} \longleftarrow \text{답}$$

(2) $\displaystyle a_n=\frac{n(n+1)(2n+1)}{6}$이므로

$$\sum_{k=1}^{n}\frac{2k+1}{a_k}=\sum_{k=1}^{n}\left\{(2k+1)\times\frac{6}{k(k+1)(2k+1)}\right\}$$

$$=6\sum_{k=1}^{n}\frac{1}{k(k+1)}=6\sum_{k=1}^{n}\left(\frac{1}{k}-\frac{1}{k+1}\right)$$

$$=6\left\{\left(\frac{1}{1}-\frac{1}{2}\right)+\left(\frac{1}{2}-\frac{1}{3}\right)+\left(\frac{1}{3}-\frac{1}{4}\right)+\cdots+\left(\frac{1}{n}-\frac{1}{n+1}\right)\right\}$$

$$=6\left(1-\frac{1}{n+1}\right)=\mathbf{\frac{6n}{n+1}} \longleftarrow \text{답}$$

유제 **15**-11. 다음 수열의 첫째항부터 제n항까지의 합을 구하시오.

$$\frac{1}{2^2-1},\ \frac{1}{4^2-1},\ \frac{1}{6^2-1},\ \frac{1}{8^2-1},\ \cdots$$

답 $\mathbf{\dfrac{n}{2n+1}}$

기본 문제 15-7 다음 수열의 합 S를 구하시오.

(1) $S=1\times3+2\times3^2+3\times3^3+4\times3^4+\cdots+n\times3^n$

(2) $S=1+3x+5x^2+7x^3+\cdots+(2n-1)x^{n-1}\ (x\neq1)$

정석연구 이를테면 (2)를 관찰해 보면

등차수열 $1,\ 3,\ 5,\ 7,\ \cdots,\ 2n-1,$

등비수열 $1,\ x,\ x^2,\ x^3,\ \cdots,\ x^{n-1}$

을 서로 대응하는 항끼리 곱하여 그 합을 나타낸 것임을 알 수 있다.

이와 같은 수열의 합을 계산할 때에는 다음 방법을 따르면 된다.

정석 $\boldsymbol{S=1+3x+5x^2+\cdots+(2n-1)x^{n-1}}$의 꼴은

$\Longrightarrow$ $S-xS$를 계산한다(x는 등비수열의 공비).

이것은 등비수열의 합의 공식을 유도하는 방법과 같다. ⇦ p. 193 참조

모범답안 (1) $S=1\times3^1+2\times3^2+3\times3^3+\cdots+(n-1)\times3^{n-1}+n\times3^n$

$3S=\qquad\quad 1\times3^2+2\times3^3+3\times3^4+\ \cdots\ +(n-1)\times3^n+n\times3^{n+1}$

변끼리 빼면 $-2S=3^1+3^2+3^3+\cdots+3^n-n\times3^{n+1}$

$\therefore\ -2S=\dfrac{3(3^n-1)}{3-1}-n\times3^{n+1}\qquad\therefore\ S=-\dfrac{3}{4}(3^n-1)+\dfrac{1}{2}n\times3^{n+1}$

$$\therefore\ \boldsymbol{S=\frac{1}{4}(2n-1)3^{n+1}+\frac{3}{4}}\ \longleftarrow \text{답}$$

(2) $S=1+3x+5x^2+\cdots+(2n-3)x^{n-2}+(2n-1)x^{n-1}$

$xS=\qquad x+3x^2+5x^3+\qquad\cdots\qquad+(2n-3)x^{n-1}+(2n-1)x^n$

변끼리 빼면 $(1-x)S=1+2x+2x^2+\cdots+2x^{n-1}-(2n-1)x^n$

$\therefore\ (1-x)S=2(1+x+x^2+\cdots+x^{n-1})-1-(2n-1)x^n$

$x\neq1$이므로 $(1-x)S=\dfrac{2(1-x^n)}{1-x}-1-(2n-1)x^n$

$$\therefore\ \boldsymbol{S=\frac{2(1-x^n)}{(1-x)^2}-\frac{1+(2n-1)x^n}{1-x}}\ \longleftarrow \text{답}$$

유제 **15**-12. 다음 합을 구하시오. 단, (3)에서 $i=\sqrt{-1}$이다.

(1) $\displaystyle\sum_{k=1}^{n}(k\times2^{k-1})$ (2) $\displaystyle\sum_{k=1}^{n}kx^{k-1}\ (x\neq0,\ x\neq1)$ (3) $\displaystyle\sum_{k=1}^{101}ki^k$

답 (1) $\boldsymbol{(n-1)\times2^n+1}$ (2) $\boldsymbol{\dfrac{1-(1+n)x^n+nx^{n+1}}{(1-x)^2}}$ (3) $\boldsymbol{50+51i}$

유제 **15**-13. n이 자연수일 때, 다음 수열의 합을 구하시오.

$n+(n-1)\times2+(n-2)\times2^2+\cdots+2\times2^{n-2}+2^{n-1}$ 답 $\boldsymbol{2^{n+1}-n-2}$

기본 문제 15-8 다음 수열의 제n항 a_n과 첫째항부터 제n항까지의 합 S_n을 구하시오.

(1) 3, 5, 9, 15, 23, $\cdots$ (2) 1, 3, 7, 15, 31, $\cdots$

정석연구 주어진 수열이 등차수열이나 등비수열이 아닐 때에는

제$(n+1)$항에서 제n항을 뺀 수를 나열해 본다.

주어진 수열 $\{a_n\}$에 대하여

$$b_n=a_{n+1}-a_n \ (n=1,\ 2,\ 3,\ \cdots)$$

이라고 하면 (1)은 수열 $\{b_n\}$이 등차수열을 이루고, (2)는 수열 $\{b_n\}$이 등비수열을 이룬다는 것을 알 수 있다.

모범답안 주어진 수열 $\{a_n\}$에 대하여 $b_n=a_{n+1}-a_n(n=1,\ 2,\ 3,\ \cdots)$이라고 하자.

(1) $\{a_n\}$: 3, 5, 9, 15, 23, $\cdots$

$\{b_n\}$: 2, 4, 6, 8, $\cdots$ $\quad\therefore\ b_n=2n$

수열 $\{a_n\}$의 각 항을 살펴보면

$a_1=3$

$a_2=5=3+2$ $\Leftarrow a_2=a_1+b_1$

$a_3=9=5+4=(3+2)+4=3+(2+4)$ $\Leftarrow a_3=a_1+(b_1+b_2)$

$a_4=15=9+6=(3+2+4)+6=3+(2+4+6)$ $\Leftarrow a_4=a_1+(b_1+b_2+b_3)$

$a_5=23=15+8=(3+2+4+6)+8=3+(2+4+6+8)$

$\Leftarrow a_5=a_1+(b_1+b_2+b_3+b_4)$

$\cdots\cdots$

$a_n=3+\{2+4+6+\cdots+2(n-1)\}$ $\Leftarrow a_n=a_1+(b_1+b_2+b_3+\cdots+b_{n-1})$

따라서 $n\ge2$일 때

$$a_n=a_1+\sum_{k=1}^{n-1}b_k=3+\sum_{k=1}^{n-1}2k=3+2\sum_{k=1}^{n-1}k=3+2\times\frac{(n-1)n}{2}=n^2-n+3$$

이 식은 $n=1$일 때에도 성립하므로 $\boldsymbol{a_n=n^2-n+3}$ ← 답

$$\therefore\ S_n=\sum_{k=1}^{n}a_k=\sum_{k=1}^{n}(k^2-k+3)=\sum_{k=1}^{n}k^2-\sum_{k=1}^{n}k+\sum_{k=1}^{n}3$$

$$=\frac{1}{6}n(n+1)(2n+1)-\frac{1}{2}n(n+1)+3n=\boldsymbol{\frac{1}{3}n(n^2+8)}$$ ← 답

(2) $\{a_n\}$: 1, 3, 7, 15, 31, $\cdots$

$\{b_n\}$: 2, 4, 8, 16, $\cdots$ $\quad\therefore\ b_n=2^n$

(1)과 같은 방법으로 생각하면, $n\ge2$일 때

$$a_n=a_1+\sum_{k=1}^{n-1}b_k=1+\sum_{k=1}^{n-1}2^k=1+\frac{2(2^{n-1}-1)}{2-1}=2^n-1$$

이 식은 $n=1$일 때에도 성립하므로 $\boldsymbol{a_n=2^n-1}$ ← 답

$$\therefore\ S_n=\sum_{k=1}^{n}a_k=\sum_{k=1}^{n}(2^k-1)=\sum_{k=1}^{n}2^k-\sum_{k=1}^{n}1=\frac{2(2^n-1)}{2-1}-n$$
$$=\boldsymbol{2^{n+1}-n-2}\ \leftarrow \text{답}$$

Advice | 계차와 계차수열 (고등학교 교육과정 밖의 내용)

계차수열은 고등학교 교육과정에서 제외된 내용이지만, 수열의 합의 응용으로 여기에서 간단히 다루어 보자.

앞의 (1)에서 $\{a_n\}$: 3, 5, 9, 15, 23, ⋯ ⋯⋯①

$\{b_n\}$: 2, 4, 6, 8, ⋯ ⋯⋯②

이때, ②의 각 수를 ①의 계차라 하고, 계차로 이루어진 수열 $\{b_n\}$을 수열 $\{a_n\}$의 계차수열이라고 한다.

일반적으로 수열 $\{a_n\}$과 계차수열 $\{b_n\}$ 사이에는

$\{a_n\}$: a_1, a_2, a_3, a_4, ⋯, a_n, a_{n+1}, ⋯

$\{b_n\}$: b_1, b_2, b_3, ⋯, b_n, ⋯

인 관계가 있다. 따라서

$$a_1=a_1$$
$$a_2=a_1+b_1$$
$$a_3=a_2+b_2=(a_1+b_1)+b_2=a_1+(b_1+b_2)$$
$$a_4=a_3+b_3=(a_1+b_1+b_2)+b_3=a_1+(b_1+b_2+b_3)$$
$$\cdots\cdots$$
$$a_n=a_1+(b_1+b_2+b_3+\cdots+b_{n-1})=a_1+\sum_{k=1}^{n-1}b_k\ (n\ge2)$$

정석 수열 $\{\boldsymbol{a_n}\}$에 대하여 $\boldsymbol{b_n=a_{n+1}-a_n(n=1,\ 2,\ 3,\ \cdots)}$이라고 하면

$$\boldsymbol{a_n=a_1+\sum_{k=1}^{n-1}b_k\ (n\ge2)}$$

특히 이 식은 일반적으로 $n\ge2$일 때 성립하므로 $n=1$일 때에도 성립하는지 따로 확인해야 한다.

유제 **15**-14. 다음 수열의 제n항 a_n과 첫째항부터 제n항까지의 합 S_n을 구하시오.

(1) 2, 3, 6, 11, 18, ⋯　　(2) 3, 4, 6, 10, 18, ⋯

답 (1) $\boldsymbol{a_n=n^2-2n+3,\ S_n=\frac{1}{6}n(2n^2-3n+13)}$

(2) $\boldsymbol{a_n=2^{n-1}+2,\ S_n=2^n+2n-1}$

기본 문제 15-9 다음과 같이 군으로 나누어진 수열이 있다.

(1), (3, 5), (7, 9, 11), (13, 15, 17, 19), $\cdots$

(1) 제 n 군(n 개의 항으로 이루어진 군)의 첫째항을 구하시오.

(2) 제 n 군의 모든 항의 합을 구하시오.

(3) 제 1 군부터 제 n 군까지의 모든 항의 합을 구하시오.

정석연구 (1)을 제 1 군, (3, 5)를 제 2 군, (7, 9, 11)을 제 3 군, $\cdots$ 으로 군의 뜻을 사용하였다. 이러한 수열을 **군수열**이라고 한다.

(1) 각 군의 첫째항만 뽑아 나열해 보면 계차가 등차수열을 이룬다.

1, 3, 7, 13, $\cdots$
2, 4, 6, $\cdots$

(2) 제 1 군은 항이 1 개, 제 2 군은 2 개, 제 3 군은 3 개, $\cdots$ 이므로 제 n 군은 항이 n 개이다. 또, 각 군의 항은 공차가 2 인 등차수열을 이루므로 제 n 군의 각 항 역시 공차가 2 인 등차수열을 이룬다.

(3) 제 1 군, 제 2 군, 제 3 군, $\cdots$ 의 합을 각각 $a_1, a_2, a_3, \cdots$ 이라고 하면

정의 $S_n = a_1 + a_2 + a_3 + \cdots + a_n = \sum_{k=1}^{n} a_k$

모범답안 (1) 각 군의 첫째항으로 이루어지는 수열은

1, 3, 7, 13, 21, $\cdots$
2, 4, 6, 8, $\cdots$ ⇦ $b_n = 2n$

이므로 제 n 군의 첫째항을 p 라고 하면, $n \geq 2$ 일 때

$$p = 1 + \sum_{k=1}^{n-1} 2k = 1 + 2 \times \frac{(n-1)n}{2} = n^2 - n + 1$$

이 식은 $n=1$ 일 때에도 성립하므로 $p = \boldsymbol{n^2 - n + 1}$ ← 답

(2) 제 n 군은 첫째항이 $n^2 - n + 1$, 공차가 2 인 등차수열의 첫째항부터 제 n 항까지이므로, 제 n 군의 모든 항의 합을 a_n 이라고 하면

$$a_n = \frac{n\{2(n^2 - n + 1) + (n-1) \times 2\}}{2} = \boldsymbol{n^3} \leftarrow \text{답}$$

(3) $\sum_{k=1}^{n} a_k = \sum_{k=1}^{n} k^3 = \boldsymbol{\left\{\frac{n(n+1)}{2}\right\}^2}$ ← 답

유제 **15**-15. 다음 수열의 제 n 항 a_n 과 첫째항부터 제 n 항까지의 합 S_n 을 구하시오.

1, 2+3, 4+5+6, 7+8+9+10, 11+12+13+14+15, $\cdots$

답 $\boldsymbol{a_n = \frac{1}{2}n(n^2+1)}$, $\boldsymbol{S_n = \frac{1}{8}n(n+1)(n^2+n+2)}$

기본 문제 15-10 자연수를 오른쪽과 같이 배열한다. 이때, 가로로 배열된 줄을 위에서부터 제 1 행, 제 2 행, …이라 부르고, 세로로 배열된 줄을 왼쪽에서부터 제 1 열, 제 2 열, …이라고 부르기로 한다. 다음 물음에 답하시오.

1	4	9	16	⋯
2	3	8	15	⋯
5	6	7	14	⋯
10	11	12	13	⋯
17	18	19	20	⋯
⋮	⋮	⋮	⋮	⋱

(1) 제 1 행의 처음 10 개의 수의 합을 구하시오.
(2) 제 3 행과 제 10 열의 교차점의 수를 구하시오.
(3) 제 10 행의 처음 수를 구하시오.
(4) 제 n 행과 제 2 열의 교차점의 수를 구하시오. 단, $n\ge2$ 이다.
(5) 제 m 행과 제 m 열의 교차점의 수를 구하시오.

모범답안 (1) 1, 4, 9, 16, ⋯ 에서 일반항은 n^2 이므로

$$\sum_{k=1}^{10}k^2=\frac{10\times11\times21}{6}=\mathbf{385}$$ ← 답

(2) 제 1 행을 이루는 수열의 일반항이 n^2 이므로 제 10 열의 처음 수는 $10^2(=100)$ 이다.

따라서 교차점의 수는 **98** ← 답

1	4	9	⋯	100
2	3	8	⋯	99
5	6	7	⋯	98

(3) 제 1 열을 이루는 수열을 $\{a_n\}$, $\{a_n\}$ 의 계차수열을 $\{b_n\}$ 이라고 하면

$\{a_n\}$: 1, 2, 5, 10, 17, ⋯

$\{b_n\}$: 1, 3, 5, 7, ⋯ $\therefore\ b_n=2n-1$

$n\ge2$ 일 때 $a_n=a_1+\sum_{k=1}^{n-1}(2k-1)=1+2\times\frac{(n-1)n}{2}-(n-1)$

$=n^2-2n+2$ ⇦ $n=1$ 일 때에도 성립

$\therefore\ a_{10}=10^2-2\times10+2=\mathbf{82}$ ← 답

(4) 오른쪽 표에서 알 수 있듯이 제 n 행$(n\ge2)$의 제 2 열의 수는 제 n 행의 처음 수에 1을 더한 것이므로 (3)의 $a_n=n^2-2n+2$ 를 이용하면 $\mathbf{n^2-2n+3}$ ← 답

1	4
2	3
5	6
⋮	⋮
a	$a+1$

(5) (4)와 같은 방법으로 생각하면 제 m 행의 처음 수는 m^2-2m+2 이고, 제 m 열의 수는 $m-1$을 더한 것이므로

$m^2-2m+2+(m-1)=\mathbf{m^2-m+1}$ ← 답

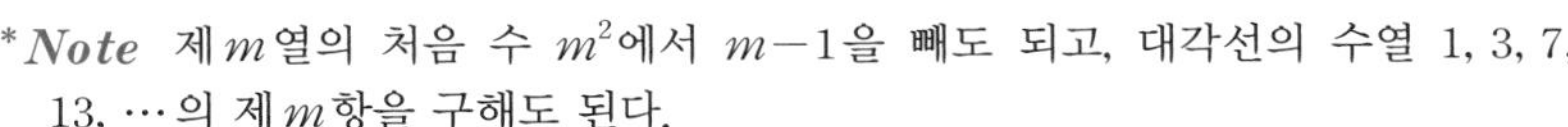

**Note* 제 m 열의 처음 수 m^2 에서 $m-1$을 빼도 되고, 대각선의 수열 1, 3, 7, 13, ⋯ 의 제 m 항을 구해도 된다.

유제 **15**-16. 위의 **기본 문제**에서 제 m 행과 제 m 열의 교차점의 수가 111 일 때, m 의 값을 구하시오.

답 $\mathbf{m=11}$

연습문제 15

15-1 다음 중 옳은 것은?

① $\sum_{k=1}^{n} k^2 = \sum_{k=0}^{n} k^2$ ② $\sum_{k=1}^{n} 2^k = \sum_{k=0}^{n} 2^k$ ③ $\left(\sum_{k=1}^{n} k\right)^2 = \sum_{k=1}^{n} k^2$

④ $\sum_{k=1}^{n} a_k b_k = \left(\sum_{k=1}^{n} a_k\right)\left(\sum_{k=1}^{n} b_k\right)$ ⑤ $\sum_{k=1}^{n}(k^2+1) - \sum_{k=1}^{n-1}(k^2-1) = n^2$

15-2 $\sum_{n=1}^{100} \frac{1}{1+a_n} = 1$일 때, $\sum_{n=1}^{100} \frac{a_n}{1+a_n}$의 값을 구하시오.

15-3 $\sum_{k=1}^{n}(a_k+b_k)^2 = 100$, $\sum_{k=1}^{n} a_k b_k = 30$일 때, $\sum_{k=1}^{n}(a_k{}^2+b_k{}^2)$의 값은?

① 30 ② 35 ③ 40 ④ 45 ⑤ 50

15-4 $x_1, x_2, x_3, \cdots, x_n$은 각각 0, 1, 2 중 어느 하나를 값으로 가진다.
$\sum_{i=1}^{n} x_i = 13$, $\sum_{i=1}^{n} x_i{}^2 = 23$일 때, $\sum_{i=1}^{n} x_i{}^5$의 값을 구하시오.

15-5 등차수열 $\{a_n\}$이 모든 자연수 n에 대하여 $\sum_{k=1}^{n} a_{2k-1} = 4n^2 - n$을 만족시킬 때, $\sum_{k=1}^{10} a_{2k}$의 값을 구하시오.

15-6 수열 $\{a_n\}$에 대하여 $a_n = 2^{b_n}$이라고 할 때, 수열 $\{b_n\}$은 등차수열이고 $b_1 = 1$, $\sum_{n=1}^{10} b_n = 55$이다. 이때, 다음 물음에 답하시오.

(1) 일반항 a_n을 구하시오.

(2) $\sum_{k=1}^{n} a_k \ge 100$을 만족시키는 자연수 n의 최솟값을 구하시오.

15-7 서로 다른 실수로 이루어진 등비수열 $\{a_n\}$이 $\sum_{k=1}^{30} a_k = 3\sum_{k=1}^{10} a_{3k}$를 만족시킨다. $a_3 + a_5 = 5$일 때, a_1을 구하시오.

15-8 자연수 n에 대하여 점 $\mathrm{A}(0, n)$을 지나고 y축에 수직인 직선이 곡선 $y = \log_2(x-2)$와 만나는 점을 B, 점 B에서 x축에 내린 수선의 발을 C라고 하자. 또, 곡선 $y = \log_2(x-2)$가 x축과 만나는 점을 D라고 하자.

선분 CD의 길이를 a_n이라고 할 때, $\sum_{n=1}^{10} a_n$의 값을 구하시오.

15-9 $\sum_{k=1}^{10} k^2 + \sum_{k=2}^{10} k^2 + \sum_{k=3}^{10} k^2 + \cdots + \sum_{k=10}^{10} k^2$의 값을 구하시오.

15-10 수열 $\{a_n\}$에서 $a_n=4n-3$일 때, 다음 수열의 첫째항부터 제n항까지의 합을 구하시오.

(1) $a_1,\ a_3,\ a_5,\ \cdots,\ a_{2n-1},\ \cdots$　　(2) $a_1a_2,\ a_2a_3,\ a_3a_4,\ \cdots,\ a_na_{n+1},\ \cdots$

15-11 다음 수열의 합 S_n을 구하시오.

(1) $S_n=\left(\frac{3}{2}\right)^2+\left(\frac{5}{2}\right)^2+\left(\frac{7}{2}\right)^2+\cdots+\left(\frac{2n+1}{2}\right)^2$

(2) $S_n=1\times n+2\times(n-1)+3\times(n-2)+4\times(n-3)+\cdots+n\times 1$

15-12 다음 합을 구하시오. 단, $[x]$는 x보다 크지 않은 최대 정수이다.

(1) $\sum_{k=1}^{100}[\sqrt{k}]$　　(2) $\sum_{n=0}^{50}(-1)^{n+1}\tan\frac{n}{3}\pi$

15-13 자연수 n에 대하여 x에 관한 이차방정식 $x^2-nx+2n=0$의 두 근을 $\alpha_n,\ \beta_n$이라고 할 때, $\sum_{n=1}^{10}({\alpha_n}^2+1)({\beta_n}^2+1)$의 값은?

① 1715　② 1725　③ 1735　④ 1745　⑤ 1755

15-14 1부터 100까지의 자연수 중에서 양의 약수의 개수가 홀수인 수의 합을 구하시오.

15-15 수열 $\{a_n\}$이 모든 자연수 n에 대하여

$$a_1+2a_2+3a_3+\cdots+na_n=n^2(n+1)$$

을 만족시킬 때, $a_1+a_2+a_3+\cdots+a_n$을 구하시오.

15-16 포물선 $y=x^2$과 직선 $y=100$으로 둘러싸인 도형의 내부에 있고, x좌표와 y좌표가 모두 정수인 점의 개수는?

① 915　② 1014　③ 1113　④ 1212　⑤ 1311

15-17 양수 x에 대하여 $\log x$의 정수부분을 $f(x)$라고 하자.

2 이상의 자연수 n에 대하여

$$(2n-3)\log x=2(n-2)f(x)+3n$$

을 만족시키는 서로 다른 모든 $f(x)$의 합을 a_n이라고 하자. $a_n=300$일 때, n의 값을 구하시오.

15-18 $\sum_{k=1}^{n}\frac{1}{(3k-1)(3k+2)}=\frac{33}{200}$을 만족시키는 n의 값은?

① 56　② 61　③ 66　④ 71　⑤ 76

15-19 $a_k=1+2+3+\cdots+k$일 때, $\frac{1}{a_1}+\frac{1}{a_2}+\frac{1}{a_3}+\cdots+\frac{1}{a_n}$을 구하시오.

15-20 자연수 n에 대하여 원 $x^2+y^2=n^2$이 직선 $y=\sqrt{3}x$와 제1사분면에서 만나는 점의 x좌표를 x_n이라고 하자. 이때, $\sum_{k=1}^{100}\frac{1}{x_k x_{k+1}}$의 값을 구하시오.

15-21 자연수 n에 대하여 $f(n)=\frac{2n}{n^4+n^2+1}$이라고 할 때, $\sum_{k=1}^{30}f(k)$의 값을 구하시오.

15-22 첫째항이 1인 수열 $\{a_n\}$이 모든 자연수 n에 대하여
$\sum_{k=1}^{n}\frac{a_{k+1}-a_k}{(a_k+1)(a_{k+1}+1)}=n$을 만족시킬 때, $a_1\times a_2\times a_3\times\cdots\times a_{100}$의 값은?

① -201　② -199　③ 1　④ 199　⑤ 201

15-23 $\sum_{k=0}^{100}(-1)^k(100-k)^2$의 값은?

① 2500　② 2525　③ 5000　④ 5050　⑤ 100100

15-24 다음 수열의 제n항 a_n과 첫째항부터 제n항까지의 합 S_n을 구하시오.

(1) 2, 22, 222, 2222, 22222, $\cdots$　(2) $\frac{1}{2}$, $\frac{1}{6}$, $\frac{1}{12}$, $\frac{1}{20}$, $\frac{1}{30}$, $\cdots$

15-25 수열

$1,\ \frac{1}{2},\ \frac{2}{2},\ \frac{1}{3},\ \frac{2}{3},\ \frac{3}{3},\ \frac{1}{4},\ \frac{2}{4},\ \frac{3}{4},\ \frac{4}{4},\ \cdots$

에서 $\frac{27}{100}$은 몇 번째 항인가?

15-26 오른쪽과 같이 나열된 55개의 수를 모두 더한 값은?

① 1555　② 1605　③ 1655
④ 1705　⑤ 1755

1
2 4
3 6 9
4 8 12 16
5 10 15 20 25
6 12 18 24 30 36
7 14 21 28 35 42 49
8 16 24 32 40 48 56 64
9 18 27 36 45 54 63 72 81
10 20 30 40 50 60 70 80 90 100

15-27 오른쪽과 같이 자연수 n에 대하여

$\left[\frac{n}{1}\right],\ \left[\frac{n}{2}\right],\ \left[\frac{n}{3}\right],\ \cdots,\ \left[\frac{n}{n}\right]$

을 n행에 1열부터 n열까지 차례로 나열하였다. 이때, 다음을 구하시오.

단, $[x]$는 x보다 크지 않은 최대 정수이다.

(1) 100행에 있는 3의 개수
(2) 1행부터 100행까지에 있는 1의 개수
(3) 3열에 있는 5의 개수

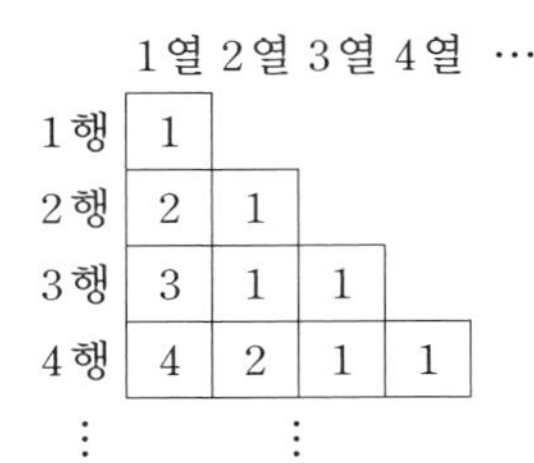

	1열	2열	3열	4열	$\cdots$
1행	1				
2행	2	1			
3행	3	1	1		
4행	4	2	1	1	
$\vdots$		$\vdots$			

16. 수학적 귀납법

수열의 귀납적 정의／수학적 귀납법

§1. 수열의 귀납적 정의

1 수열의 규칙의 발견

이를테면

$$1,\ 3,\ 5,\ 7,\ \square,\ \cdots$$

에서 "$\square$ 안의 수가 무엇인가?"라고 묻는다면 누구나 "**9**이다."라고 대답할 것이다. 그런데 만일 "**33**이다."라고 대답하는 학생이 있다면 대부분의 학생은 의아해할 것이다. 그러나 사실은 9도 될 수 있지만 33도 될 수 있다.

왜냐하면 제 n항 a_n이

$$a_n=2n-1+(n-1)(n-2)(n-3)(n-4)$$

인 수열을 생각하면

$a_1=2\times1-1+(1-1)(1-2)(1-3)(1-4)=1,$
$a_2=2\times2-1+(2-1)(2-2)(2-3)(2-4)=3,$
$a_3=2\times3-1+(3-1)(3-2)(3-3)(3-4)=5,$
$a_4=2\times4-1+(4-1)(4-2)(4-3)(4-4)=7,$
$a_5=2\times5-1+(5-1)(5-2)(5-3)(5-4)=33$

일 수도 있기 때문이다.

> A : 3, 1, 4, 1, 5, $\square$, ⋯ 에서 $\square$ 안의 수는?
> B : 물론 1이지.
> A : 아니야, 9가 맞아! $\pi=3.14159\cdots$ 를 생각해 봐!
> B : ?!

또, a_n이 주어지는 방법에 따라 9 또는 33 외에도 여러 가지 값을 가질 수 있다.

이상에서 수열 '1, 3, 5, 7, ⋯'과 같이 애매한 표현은 수열 $\{a_n\}$을 정의하는 방법으로 충분하지 않다는 것을 알 수 있다.

다음에서는 수열을 정의하는 방법을 공부해 보자.

2 수열의 귀납적 정의

이를테면 수열 $\{a_n\}$을 정의할 때

$$a_n=2n-1 \qquad \cdots\cdots①$$

과 같이 일반항 a_n을 n에 관한 식으로 나타내어 정의하거나

$$a_1=1,\ a_{n+1}-a_n=2\ (n=1,\ 2,\ 3,\ \cdots) \qquad \cdots\cdots②$$

와 같이 첫째항과 서로 이웃하는 두 항 a_n, a_{n+1} 사이의 관계를 식으로 나타내어 정의하는 것이 바람직하다.

①과 같이 정의된 수열은 n에 1, 2, 3, $\cdots$을 대입하면

$$a_1=1,\ a_2=3,\ a_3=5,\ \cdots$$

가 차례로 정해져서 정의된다.

또, ②와 같이 정의된 수열은

$$a_1=1$$
$n=1$일 때 $a_2=a_1+2=1+2=3$
$n=2$일 때 $a_3=a_2+2=3+2=5$
$\cdots\cdots$

와 같이 ②의 첫 번째 식에서 a_1이 정해지고, 두 번째 식의 n에 1, 2, 3, $\cdots$을 차례로 대입하면 제2항, 제3항, $\cdots$이 되어 제2항 이후의 값이 정해져서 수열 $\{a_n\}$이 정의된다.

일반적으로

수열 $\{a_n\}$을 (i) 처음 몇 개의 항
(ii) 이웃하는 여러 항 사이의 관계식(등식)

으로 정할 때, 이것을 수열 $\{a_n\}$의 **귀납적 정의**라 하고, (ii)의 관계식을 **점화식**이라고 한다.

보기 1 다음과 같이 정의된 수열 $\{a_n\}$의 제4항을 구하시오.

(1) $a_1=3,\ a_{n+1}=a_n^{\ 2}-1\ (n=1,\ 2,\ 3,\ \cdots)$

(2) $a_1=2,\ a_2=3,\ a_{n+2}=a_{n+1}+a_n\ (n=1,\ 2,\ 3,\ \cdots)$

연구 (1) $a_{n+1}=a_n^{\ 2}-1$의 n에 1, 2, 3을 차례로 대입하면

$a_2=a_1^{\ 2}-1=3^2-1=8$ ⇦ $a_1=3$
$a_3=a_2^{\ 2}-1=8^2-1=63$ ⇦ $a_2=8$
$a_4=a_3^{\ 2}-1=63^2-1=\mathbf{3968}$ ⇦ $a_3=63$

(2) $a_{n+2}=a_{n+1}+a_n$의 n에 1, 2를 차례로 대입하면

$a_3=a_2+a_1=3+2=5$ ⇦ $a_1=2,\ a_2=3$
$a_4=a_3+a_2=5+3=\mathbf{8}$ ⇦ $a_2=3,\ a_3=5$

3 기본적인 점화식

다음은 앞서 공부한 등차수열, 등비수열, 조화수열의 점화식을 정리한 것이다. 점화식의 기본 꼴로 기억해 두자.

기본정석 ― 기본적인 점화식

수열 $\{a_n\}$에서 $n=1, 2, 3, \cdots$일 때,

(1) $a_{n+1}-a_n=d$ (일정) $\Longrightarrow$ 공차가 d인 등차수열

(2) $a_{n+1}\div a_n=r$ (일정) $\Longrightarrow$ 공비가 r인 등비수열

(3) $2a_{n+1}=a_n+a_{n+2}$ $(a_{n+1}-a_n=a_{n+2}-a_{n+1})$ $\Longrightarrow$ 등차수열

(4) $(a_{n+1})^2=a_n\times a_{n+2}$ $(a_{n+1}\div a_n=a_{n+2}\div a_{n+1})$ $\Longrightarrow$ 등비수열

(5) $\dfrac{2}{a_{n+1}}=\dfrac{1}{a_n}+\dfrac{1}{a_{n+2}}$ $\left(\dfrac{1}{a_{n+1}}-\dfrac{1}{a_n}=\dfrac{1}{a_{n+2}}-\dfrac{1}{a_{n+1}}\right)$ $\Longrightarrow$ 조화수열

보기 2 다음과 같이 정의된 수열 $\{a_n\}$의 일반항 a_n을 구하시오.
단, $n=1, 2, 3, \cdots$이다.

(1) $a_1=5,\ a_{n+1}=a_n+3$

(2) $a_1=2,\ a_{n+1}-3a_n=0$

(3) $a_1=5,\ a_{n+1}=a_n$

(4) $a_1=3,\ \dfrac{1}{a_{n+1}}=\dfrac{1}{a_n}+2$

연구 (1) $a_1=5$이고 $a_{n+1}-a_n=3$이므로 수열 $\{a_n\}$은 첫째항이 5, 공차가 3인 등차수열이다.

$$\therefore\ a_n=5+(n-1)\times3=3n+2 \qquad \text{곧, } \boldsymbol{a_n=3n+2}$$

(2) $a_1=2$이고 $a_{n+1}=3a_n$, 곧 $a_{n+1}\div a_n=3$이므로 수열 $\{a_n\}$은 첫째항이 2, 공비가 3인 등비수열이다.

$$\therefore\ \boldsymbol{a_n=2\times3^{n-1}}$$

(3) 수열 $\{a_n\}$은 첫째항이 5, 공비가 1인 등비수열이다.

$$\therefore\ a_n=5\times1^{n-1}=5 \qquad \text{곧, } \boldsymbol{a_n=5}$$

(4) $\dfrac{1}{a_1}=\dfrac{1}{3}$이고 $\dfrac{1}{a_{n+1}}-\dfrac{1}{a_n}=2$이므로 수열 $\left\{\dfrac{1}{a_n}\right\}$은 첫째항이 $\dfrac{1}{3}$, 공차가 2인 등차수열이다.

$$\therefore\ \frac{1}{a_n}=\frac{1}{3}+(n-1)\times2=\frac{6n-5}{3} \qquad \therefore\ \boldsymbol{a_n=\frac{3}{6n-5}}$$

***Note** 1° (3) 수열 $\{a_n\}$을 첫째항이 5, 공차가 0인 등차수열로 볼 수도 있다.

$$\therefore\ a_n=5+(n-1)\times0=5 \qquad \text{곧, } \boldsymbol{a_n=5}$$

(4) 조건식은 수열 $\{a_n\}$의 이웃하는 두 항의 역수의 차가 2로 일정하다는 것, 곧 각 항의 역수가 등차수열을 이룬다는 것이므로 수열 $\{a_n\}$은 조화수열이다.

2° 위의 **기본정석**의 기본적인 점화식 (3), (4)의 꼴은 **기본 문제 16-1**에서 공부한다.

기본 문제 16-1 다음과 같이 정의된 수열 $\{a_n\}$의 제10항 a_{10}과 첫째항부터 제10항까지의 합 S_{10}을 구하시오.

(1) $a_1=1,\ a_2=3,\ 2a_{n+1}=a_n+a_{n+2}\ (n=1,\ 2,\ 3,\ \cdots)$

(2) $a_1=3,\ a_2=6,\ (a_{n+1})^2=a_na_{n+2}\ (n=1,\ 2,\ 3,\ \cdots)$

정석연구 주어진 점화식의 n에 1, 2, 3, …을 대입하여 $a_3,\ a_4,\ a_5,\ \cdots$를 차례로 구해 보자.

(1) $a_1=1,\ a_2=3$이므로

$n=1$일 때 $2a_2=a_1+a_3$ $\quad\therefore\ a_3=2a_2-a_1=2\times3-1=5$

$n=2$일 때 $2a_3=a_2+a_4$ $\quad\therefore\ a_4=2a_3-a_2=2\times5-3=7$

$n=3$일 때 $2a_4=a_3+a_5$ $\quad\therefore\ a_5=2a_4-a_3=2\times7-5=9$

……

(2) $a_1=3,\ a_2=6$이므로 같은 방법으로 구하면

$a_3=12,\ a_4=24,\ a_5=48,\ \cdots$

따라서 (1)은 첫째항이 1, 공차가 2인 등차수열이고, (2)는 첫째항이 3, 공비가 2인 등비수열임을 추정할 수 있다.

그러나 이와 같은 문제는 주어진 점화식이 등차수열 또는 등비수열을 나타내는 기본적인 점화식임을 알면 굳이 여러 항을 구해 볼 필요가 없다.

정석 수열 $\{a_n\}$에서 $n=1,\ 2,\ 3,\ \cdots$일 때,

$2a_{n+1}=a_n+a_{n+2}\ (a_{n+1}-a_n=a_{n+2}-a_{n+1}) \Longrightarrow$ 등차수열

$(a_{n+1})^2=a_n\times a_{n+2}\ (a_{n+1}\div a_n=a_{n+2}\div a_{n+1}) \Longrightarrow$ 등비수열

모범답안 (1) 수열 $\{a_n\}$은 $a_1=1,\ a_2=3$인 등차수열이고, 공차는 $a_2-a_1=2$이므로 $a_{10}=1+(10-1)\times2=\mathbf{19},\quad S_{10}=\dfrac{10(1+19)}{2}=\mathbf{100}$ ← 답

(2) 수열 $\{a_n\}$은 $a_1=3,\ a_2=6$인 등비수열이고, 공비는 $a_2\div a_1=2$이므로

$a_{10}=3\times2^{10-1}=\mathbf{1536},\quad S_{10}=\dfrac{3(2^{10}-1)}{2-1}=\mathbf{3069}$ ← 답

유제 **16**-1. 다음과 같이 정의된 수열 $\{a_n\}$의 일반항 a_n과 첫째항부터 제n항까지의 합 S_n을 구하시오.

(1) $a_1=4,\ a_2=1,\ a_{n+1}-a_n=a_{n+2}-a_{n+1}\ (n=1,\ 2,\ 3,\ \cdots)$

(2) $a_1=2,\ a_2=-6,\ a_{n+1}\div a_n=a_{n+2}\div a_{n+1}\ (n=1,\ 2,\ 3,\ \cdots)$

답 (1) $\boldsymbol{a_n=-3n+7,\ S_n=-\frac{1}{2}n(3n-11)}$

(2) $\boldsymbol{a_n=2\times(-3)^{n-1},\ S_n=\dfrac{1-(-3)^n}{2}}$

기본 문제 16-2 다음과 같이 정의된 수열 $\{a_n\}$의 일반항 a_n을 구하시오.

$$a_1=2,\ a_{n+1}=\frac{a_n}{a_n+1}\ (n=1,\ 2,\ 3,\ \cdots)$$

정석연구 주어진 점화식의 n에 1, 2, 3, $\cdots$을 대입하여 $a_2,\ a_3,\ a_4,\ \cdots$를 차례로 구해 나가면 a_n을 추정할 수 있다. 곧,

$$a_1=2$$

$n=1$일 때 $a_2=\dfrac{a_1}{a_1+1}=\dfrac{2}{3}$ ⇦ $a_1=2$

$n=2$일 때 $a_3=\dfrac{a_2}{a_2+1}=\dfrac{2}{5}$ ⇦ $a_2=\dfrac{2}{3}$

$n=3$일 때 $a_4=\dfrac{a_3}{a_3+1}=\dfrac{2}{7}$ ⇦ $a_3=\dfrac{2}{5}$

$\cdots\cdots$

이므로 수열 $\{a_n\}$은

$$\frac{2}{1},\ \frac{2}{3},\ \frac{2}{5},\ \frac{2}{7},\ \cdots,\ \frac{2}{2n-1},\ \cdots$$ ⇦ 조화수열

이고, 이 수열의 각 항의 역수가 등차수열을 이룸을 알 수 있다.

일반적으로는

정석 점화식이 분수식일 때 ⟹ 수열 $\left\{\dfrac{1}{a_n}\right\}$의 일반항을 구해 본다.

모범답안 주어진 조건식의 양변의 역수는

$$\frac{1}{a_1}=\frac{1}{2},\ \frac{1}{a_{n+1}}=\frac{1}{a_n}+1$$ ⇦ $\dfrac{1}{a_{n+1}}=\dfrac{a_n+1}{a_n}$

따라서 수열 $\left\{\dfrac{1}{a_n}\right\}$은 첫째항이 $\dfrac{1}{2}$, 공차가 1인 등차수열이므로

$$\frac{1}{a_n}=\frac{1}{2}+(n-1)\times1=\frac{2n-1}{2} \qquad \therefore\ \boldsymbol{a_n=\frac{2}{2n-1}}$$ ← 답

Advice | $\dfrac{1}{a_n}=b_n$으로 놓으면 $b_1=\dfrac{1}{2},\ b_{n+1}=b_n+1$

따라서 수열 $\{b_n\}$은 첫째항이 $\dfrac{1}{2}$, 공차가 1인 등차수열이므로

$$b_n=\frac{1}{2}+(n-1)\times1 \qquad \therefore\ b_n=\frac{2n-1}{2} \qquad \therefore\ \boldsymbol{a_n=\frac{2}{2n-1}}$$

유제 **16**-2. 다음과 같이 정의된 수열 $\{a_n\}$의 일반항 a_n을 구하시오.

$$a_1=1,\ \frac{a_n-a_{n+1}}{a_na_{n+1}}=2\ (n=1,\ 2,\ 3,\ \cdots)$$

답 $\boldsymbol{a_n=\dfrac{1}{2n-1}}$

기본 문제 16-3 n쌍의 부부가 참석한 모임에서 각 참석자가 자신의 배우자가 아닌 모든 참석자와 악수를 할 때, 악수의 총 횟수를 a_n이라고 하자.

(1) 수열 $\{a_n\}$을 귀납적으로 정의하시오.

(2) a_5를 구하시오.

[정석연구] (1)은 점화식을 세워서 수열을 귀납적으로 정의하는 문제이다.

일반적으로 자연수 n에 관한 경우의 수에 대한 문제는 점화식을 세워 해결하면 편할 때가 많다. 곧, a_{n+1}을 a_n의 식으로 표현할 수 있는 규칙을 찾아본다. 이때, 첫째항을 구하는 것도 잊지 않도록 주의한다.

정 석 수열의 귀납적 정의 ⟹ (i) 첫째항을 구한다.
(ii) 점화식을 세운다.

[모범답안] (1) 한 쌍의 부부만 참석한 경우 서로 악수할 참석자가 없으므로

$$a_1=0$$

n쌍의 부부가 서로 악수를 한 후 $(n+1)$번째 부부가 도착했다고 생각하면, 이 부부가 각각 $2n$명의 사람들과 악수를 해야 하므로 $(n+1)$쌍의 부부가 악수를 한 총 횟수 a_{n+1}은

$$a_{n+1}=a_n+2\times 2n=a_n+4n \ (n=1, 2, 3, \cdots)$$

따라서 수열 $\{a_n\}$을 귀납적으로 정의하면

$$\boldsymbol{a_1=0,\ a_{n+1}=a_n+4n\ (n=1, 2, 3, \cdots)} \longleftarrow \boxed{답}$$

(2) $a_1=0$이므로 $a_{n+1}=a_n+4n$의 n에 1, 2, 3, 4를 차례로 대입하면

$n=1$일 때 $a_2=a_1+4\times1=0+4=4$

$n=2$일 때 $a_3=a_2+4\times2=4+8=12$

$n=3$일 때 $a_4=a_3+4\times3=12+12=24$

$n=4$일 때 $a_5=a_4+4\times4=24+16=\boldsymbol{40} \longleftarrow \boxed{답}$

****Note*** 이와 같은 유형의 문제(**기본 문제 16-3, 16-4, 16-5, 16-6, 16-7**)는 수열을 귀납적으로 정의하기 위하여 첫째항과 점화식을 찾고, n에 1, 2, 3, ⋯을 차례로 대입해 보는 것만을 고등학교 교육과정에서 다룬다. 이때 찾은 점화식에서 일반항을 유도하는 방법은 다음 면의 *Advice*에서 알아보자.

[유제] **16**-3. 평면 위의 n개의 직선이 서로 만나서 생길 수 있는 교점의 최대 개수를 a_n이라고 할 때, 다음 물음에 답하시오.

(1) 수열 $\{a_n\}$을 귀납적으로 정의하시오.

(2) a_6을 구하시오.

[답] (1) $\boldsymbol{a_1=0,\ a_{n+1}=a_n+n\ (n=1, 2, 3, \cdots)}$ (2) **15**

Advice | 앞면의 **기본 문제 16-3**과 같이 정의되는 수열은 다음과 같은 방법으로 일반항을 구할 수 있다.

$a_{n+1}=a_n+4n$의 n에 1, 2, 3, ⋯을 대입하면 수열 $\{a_n\}$은

$\{a_n\}$: 0, 4, 12, 24, 40, ⋯
$\{b_n\}$: 4, 8, 12, 16, ⋯ ⇦ $b_n=4n$

과 같이 계차수열이 첫째항이 4, 공차가 4인 등차수열임을 알 수 있다.

따라서 $n\ge2$일 때

$$a_n=a_1+\sum_{k=1}^{n-1}4k=0+4\times\frac{(n-1)n}{2}=2n^2-2n$$

이 식은 $n=1$일 때에도 성립하므로 $\boldsymbol{a_n=2n^2-2n}$

일반적으로는 다음 **정석**을 이용하여 일반항 a_n을 구한다.

정석 $\boldsymbol{a_{n+1}=a_n+f(n)}$ 꼴의 점화식이 주어지면
⟹ $\boldsymbol{n}$에 **1, 2, 3, ⋯, $\boldsymbol{n-1}$**을 대입하고 변끼리 더한다.

곧, $a_{n+1}=a_n+4n$의 n에 1, 2, 3, ⋯, $n-1$을 대입하고 변끼리 더하면(오른쪽 참조), $n\ge2$일 때

$$\begin{aligned}a_n&=a_1+4\{1+2+3+\cdots+(n-1)\}\\&=0+4\times\frac{(n-1)n}{2}\\&=2n^2-2n\end{aligned}$$

$$\begin{array}{rl} & \cancel{a_2}=a_1+4\times1\\ & \cancel{a_3}=\cancel{a_2}+4\times2\\ & \cancel{a_4}=\cancel{a_3}+4\times3\\ & \quad\cdots\\ +) & a_n=\cancel{a_{n-1}}+4\times(n-1)\\ \hline & a_n=a_1+4\{1+2+3+\cdots+(n-1)\}\end{array}$$

이 식은 $n=1$일 때에도 성립하므로 $\boldsymbol{a_n=2n^2-2n}$

이와 같은 방법으로 일반항 a_n을 구해 놓으면 각 항을 차례로 구하지 않고도 여러 문제를 해결할 수 있다. 이를테면 위의 수열 $\{a_n\}$에서

$$a_5=2\times5^2-2\times5=40$$ ⇦ $a_n=2n^2-2n$

이고, 첫째항부터 제n항까지의 합을 S_n이라고 하면

$$\begin{aligned}S_n&=\sum_{k=1}^{n}a_k=\sum_{k=1}^{n}(2k^2-2k)\\&=2\times\frac{n(n+1)(2n+1)}{6}-2\times\frac{n(n+1)}{2}=\boldsymbol{\frac{2}{3}n(n+1)(n-1)}\end{aligned}$$

유제 **16**-4. 다음과 같이 정의된 수열 $\{a_n\}$의 일반항 a_n과 첫째항부터 제n항까지의 합 S_n을 구하시오.

(1) $a_1=1,\ a_{n+1}=a_n+2n-1\ (n=1, 2, 3, \cdots)$

(2) $a_1=3,\ a_{n+1}=a_n+2^n\ (n=1, 2, 3, \cdots)$

답 (1) $\boldsymbol{a_n=n^2-2n+2,\ S_n=\frac{1}{6}n(2n^2-3n+7)}$
(2) $\boldsymbol{a_n=2^n+1,\ S_n=2^{n+1}+n-2}$

기본 문제 16-4 다음 규칙에 따라 단계별로 점수가 부여되는 게임이 있다.

[규칙 1] 1단계를 통과했을 때의 점수는 1점이다.

[규칙 2] n단계를 통과해야 $(n+1)$단계로 넘어갈 수 있고, $(n+1)$단계를 통과하면 n단계를 통과했을 때의 점수에 그 점수의 (3^n-1)배가 추가로 부여된다.

이 게임에서 n단계를 통과했을 때의 점수를 a_n이라고 하자.

(1) a_n과 a_{n+1} 사이의 관계식을 구하시오.

(2) a_5를 구하시오.

정석연구 (1) 주어진 조건을 이용하여 수열을 귀납적으로 정의하기 위하여 필요한 점화식을 세우는 문제이다.

n단계를 통과했을 때의 점수가 a_n이고, $(n+1)$단계를 통과하면 a_n에 a_n의 (3^n-1)배가 추가로 부여되므로

$$a_{n+1}=a_n+a_n\times(3^n-1) \qquad \therefore\ \boldsymbol{a_{n+1}=3^n a_n\ (n=1,\ 2,\ 3,\ \cdots)}$$

정석 반복 시행 문제 ⟹ 규칙을 찾아 점화식을 세워 본다.

(2) (1)에서 구한 점화식의 n에 1, 2, 3, 4를 차례로 대입하면 된다.

이때, 1단계를 통과했을 때의 점수는 1점이므로 $a_1=1$이다.

모범답안 (1) **정석연구** 참조 답 $\boldsymbol{a_{n+1}=3^n a_n\ (n=1,\ 2,\ 3,\ \cdots)}$

(2) $a_1=1$이므로 $a_{n+1}=3^n a_n$의 n에 1, 2, 3, 4를 차례로 대입하면

$n=1$일 때 $a_2=3^1\times a_1=3^1\times 1=3^1$

$n=2$일 때 $a_3=3^2\times a_2=3^2\times 3^1=3^3$

$n=3$일 때 $a_4=3^3\times a_3=3^3\times 3^3=3^6$

$n=4$일 때 $a_5=3^4\times a_4=3^4\times 3^6=\boldsymbol{3^{10}}$ ← 답

유제 **16**-5. 함수 $f(x)=\dfrac{x}{x+1}$에 대하여 수직선 위의 점 P_n을 다음 규칙에 따라 정한다.

[규칙 1] 점 P_1의 좌표는 2이다.

[규칙 2] 점 P_{n+1}의 좌표는 점 P_n의 좌표의 $f(n)$배이다.

점 P_n의 좌표를 a_n이라고 할 때, 다음 물음에 답하시오.

(1) a_n과 a_{n+1} 사이의 관계식을 구하시오.

(2) a_5를 구하시오.

답 (1) $\boldsymbol{a_{n+1}=\dfrac{n}{n+1}a_n\ (n=1,\ 2,\ 3,\ \cdots)}$ (2) $\boldsymbol{\dfrac{2}{5}}$

Advice | 앞면의 **기본 문제 16-4**와 같이 정의되는 수열은 다음과 같은 방법으로 일반항을 구할 수 있다.

$a_{n+1}=3^n a_n$의 n에 1, 2, 3, ⋯을 대입하면 수열 $\{a_n\}$은

$$\{a_n\} : 1,\ 3^1,\ 3^3,\ 3^6,\ 3^{10},\ \cdots$$

이때, 수열 $\{a_n\}$의 각 항의 밑을 3으로 생각하면 각 항의 지수가 이루는 수열은

$$\underbrace{0,\ \ 1,}_{1,}\ \underbrace{\ \ 3,}_{2,}\ \underbrace{\ \ 6,}_{3,}\ \underbrace{\ \ 10,}_{4,}\ \cdots$$

⇦ $b_n=n$

과 같이 계차수열이 첫째항이 1, 공차가 1인 등차수열임을 알 수 있다.

따라서 각 항의 지수가 이루는 수열의 제n항은 $n\geq 2$일 때

$$0+\sum_{k=1}^{n-1}k=\frac{n(n-1)}{2}$$

이고, 이 식은 $n=1$일 때에도 성립한다.

따라서 수열 $\{a_n\}$의 일반항 a_n은 $\boldsymbol{a_n=3^{\frac{1}{2}n(n-1)}}$

일반적으로는 다음 **정석**을 이용하여 일반항 a_n을 구한다.

정석 $\boldsymbol{a_{n+1}=f(n)a_n}$ 꼴의 점화식이 주어지면

⟹ $\boldsymbol{n}$에 **1, 2, 3, ⋯, $\boldsymbol{n-1}$**을 대입하고 변끼리 곱한다.

곧, $a_{n+1}=3^n a_n$의 n에 1, 2, 3, ⋯, $n-1$을 대입하고 변끼리 곱하면(오른쪽 참조), $n\geq 2$일 때

$$\begin{aligned}a_n&=a_1(3^1\times 3^2\times 3^3\times\cdots\times 3^{n-1})\\&=1\times 3^{1+2+3+\cdots+(n-1)}\\&=3^{\frac{1}{2}n(n-1)}\end{aligned}$$

이 식은 $n=1$일 때에도 성립하므로 $\boldsymbol{a_n=3^{\frac{1}{2}n(n-1)}}$

$$\begin{aligned}&\cancel{a_2}=3^1\times a_1\\&\cancel{a_3}=3^2\times \cancel{a_2}\\&\cancel{a_4}=3^3\times \cancel{a_3}\\&\quad\cdots\\\times)\ &a_n=3^{n-1}\times \cancel{a_{n-1}}\\\hline&a_n=a_1(3^1\times 3^2\times 3^3\times\cdots\times 3^{n-1})\end{aligned}$$

유제 **16**-6. 앞면의 **유제 16**-5에서 정의된 수열 $\{a_n\}$의 일반항 a_n을 구하시오.

답 $\boldsymbol{a_n=\dfrac{2}{n}}$

유제 **16**-7. 다음과 같이 정의된 수열 $\{a_n\}$에서 2^{30}은 제몇 항인가?

$$a_1=4,\ a_{n+1}=2^n a_n\ (n=1,\ 2,\ 3,\ \cdots)$$

답 제8항

유제 **16**-8. 다음과 같이 정의된 수열 $\{a_n\}$의 일반항 a_n을 구하시오.

$$a_1=2,\ a_{n+1}=\frac{n+2}{n}a_n\ (n=1,\ 2,\ 3,\ \cdots)$$

답 $\boldsymbol{a_n=n(n+1)}$

기본 문제 16-5 수직선 위의 점 P_n을 다음 규칙에 따라 정한다.

[규칙 1] 점 P_1의 좌표는 2이고, 점 P_2의 좌표는 3이다.

[규칙 2] 점 P_{n+2}는 두 점 P_n, P_{n+1}에 대하여 선분 P_nP_{n+1}을 3 : 2로 외분하는 점이다.

점 P_n의 좌표를 a_n이라고 할 때, 다음 물음에 답하시오.

(1) a_n, a_{n+1}, a_{n+2} 사이의 관계식을 구하시오.

(2) a_5를 구하시오.

정석연구 주어진 조건을 이용하여 이웃하는 세 항 사이의 관계식을 구하고, 그 식의 n에 1, 2, 3, ⋯을 대입해 본다.

점화식을 구할 때에는 다음 **정석**을 이용한다.

정 석 수직선 위의 두 점 $\mathrm{P}(x_1)$, $\mathrm{Q}(x_2)$에 대하여 선분 PQ를

$m : n$으로 내분하는 점의 좌표는 $\Longrightarrow \dfrac{mx_2+nx_1}{m+n}$

$m : n$으로 외분하는 점의 좌표는 $\Longrightarrow \dfrac{mx_2-nx_1}{m-n}$

⇦ 기본 공통수학2 p. 13, 15 참조

모범답안 (1) 두 점 $P_n(a_n)$, $P_{n+1}(a_{n+1})$에 대하여 선분 P_nP_{n+1}을 3 : 2로 외분하는 점이 $P_{n+2}(a_{n+2})$이므로 $a_{n+2}=\dfrac{3a_{n+1}-2a_n}{3-2}$

$$\therefore\ a_{n+2}=3a_{n+1}-2a_n\ (n=1, 2, 3, \cdots) \longleftarrow \boxed{답}$$

(2) $a_1=2$, $a_2=3$이므로 $a_{n+2}=3a_{n+1}-2a_n$의 n에 1, 2, 3을 차례로 대입하면

$n=1$일 때 $a_3=3a_2-2a_1=3\times3-2\times2=5$

$n=2$일 때 $a_4=3a_3-2a_2=3\times5-2\times3=9$

$n=3$일 때 $a_5=3a_4-2a_3=3\times9-2\times5=\mathbf{17} \longleftarrow \boxed{답}$

***Note** $a_{n+2}=3a_{n+1}-2a_n$을 $a_{n+2}-3a_{n+1}+2a_n=0$과 같이 정리하면 점화식이

$$pa_{n+2}+qa_{n+1}+ra_n=0\ (p+q+r=0)$$

의 꼴임을 알 수 있다. 이에 대해서는 다음 면의 *Advice*에서 알아보자.

유제 **16**-9. 수직선 위의 세 점 P_n, P_{n+1}, P_{n+2}에 대하여 점 P_{n+2}는 선분 P_nP_{n+1}을 1 : 2로 내분하는 점이고, $P_1(1)$, $P_2(28)$이다.

점 P_n의 좌표를 a_n이라고 할 때, 다음 물음에 답하시오.

(1) a_n, a_{n+1}, a_{n+2} 사이의 관계식을 구하시오.

(2) a_5를 구하시오.

답 (1) $a_{n+2}=\dfrac{a_{n+1}+2a_n}{3}\ (n=1, 2, 3, \cdots)$ (2) **14**

Advice | 앞면의 **기본 문제 16-5**와 같이 정의되는 수열은 다음과 같은 방법으로 일반항을 구할 수 있다.

$a_{n+2}-3a_{n+1}+2a_n=0$의 n에 1, 2, 3, ⋯을 대입하면 수열 $\{a_n\}$은

$\{a_n\}$: 2, 3, 5, 9, 17, ⋯

$\{b_n\}$: 1, 2, 4, 8, ⋯ ⇦ $b_n=2^{n-1}$

과 같이 계차수열이 첫째항이 1, 공비가 2인 등비수열임을 알 수 있다.

따라서 $n\ge 2$일 때

$$a_n=a_1+\sum_{k=1}^{n-1}2^{k-1}=2+\frac{1\times(2^{n-1}-1)}{2-1}=2^{n-1}+1$$

이 식은 $n=1$일 때에도 성립하므로 $\boldsymbol{a_n=2^{n-1}+1}$

일반적으로는 다음과 같이 점화식을 변형하여 일반항 a_n을 구한다.

정석 $\boldsymbol{pa_{n+2}+qa_{n+1}+ra_n=0\,(p+q+r=0)}$ 꼴의 점화식이 주어지면

(i) $\boldsymbol{a_{n+2}-a_{n+1}=k(a_{n+1}-a_n)}$의 꼴로 변형한다.

(ii) 수열 $\boldsymbol{\{a_n\}}$의 계차수열이 공비가 $\boldsymbol{k}$인 등비수열임을 이용한다.

곧, $a_{n+2}-3a_{n+1}+2a_n=0$에서 $a_{n+2}-a_{n+1}=2a_{n+1}-2a_n$

$$\therefore\ a_{n+2}-a_{n+1}=2(a_{n+1}-a_n)$$

n에 1, 2, 3, ⋯을 대입하면

$$a_3-a_2=2(a_2-a_1),\ a_4-a_3=2(a_3-a_2),\ \cdots$$

이고, 문제의 조건으로부터 $a_1=2$, $a_2=3$이므로 수열 $\{a_n\}$은

a_1, a_2, a_3, a_4, ⋯, a_n, a_{n+1}, a_{n+2}, ⋯

1 1×2 1×2^2 $1\times2^{n-1}$ 1×2^n ⇦ $b_n=2^{n-1}$

와 같이 계차수열이 첫째항이 1, 공비가 2인 등비수열이다. 이를 이용하면 위와 같이 일반항 a_n을 구할 수 있다.

****Note*** $pa_{n+2}+qa_{n+1}+ra_n=0\,(p\neq0)$에서 $p+q+r=0$이면 $q=-p-r$이므로

$$pa_{n+2}+(-p-r)a_{n+1}+ra_n=0 \qquad \therefore\ p(a_{n+2}-a_{n+1})=r(a_{n+1}-a_n)$$

$$\therefore\ a_{n+2}-a_{n+1}=\frac{r}{p}(a_{n+1}-a_n)$$

따라서 수열 $\{a_n\}$의 계차수열은 공비가 $\frac{r}{p}$인 등비수열이다.

유제 **16**-10. 다음과 같이 정의된 수열 $\{a_n\}$에서 $a_{n+1}-a_n$과 a_n을 구하시오.

$$a_1=3,\ a_2=5,\ a_{n+2}-5a_{n+1}+4a_n=0\ (n=1,\ 2,\ 3,\ \cdots)$$

답 $\boldsymbol{a_{n+1}-a_n=2^{2n-1},\ a_n=\frac{1}{3}(2^{2n-1}+7)}$

유제 **16**-11. 수열 $\{a_n\}$이

$$a_2=2a_1,\ a_{n+2}-4a_{n+1}+3a_n=0\ (n=1,\ 2,\ 3,\ \cdots)$$

을 만족시킨다. $a_5=123$일 때, a_4를 구하시오. 답 **42**

기본 문제 16-6 10 % 소금물 100 g이 들어 있는 그릇이 있다. 이 그릇에서 소금물 50 g을 덜어 내고 6 % 소금물 50 g을 추가하는 시행을 n회 반복한 후 소금물의 농도를 a_n(%)이라고 하자.

(1) a_1을 구하시오.

(2) a_n과 a_{n+1} 사이의 관계식을 구하시오.

(3) a_4를 구하시오.

정석연구 (1), (2)에서 수열 $\{a_n\}$의 첫째항과 점화식을 구하면 수열을 귀납적으로 정의할 수 있다.

점화식을 구할 때에는 (소금물의 % 농도)$=\dfrac{(\text{소금의 양})}{(\text{소금물의 양})}\times 100$이므로

정 석 $(\text{소금의 양})=(\text{소금물의 양})\times\dfrac{(\%\text{ 농도})}{100}$

임을 이용한다.

(3)은 (2)에서 구한 점화식의 n에 1, 2, 3을 차례로 대입하면 된다.

모범답안 (1) $a_1=\dfrac{1}{100}\left(50\times\dfrac{10}{100}+50\times\dfrac{6}{100}\right)\times 100=8$ ← 답

(2) $a_{n+1}=\dfrac{1}{100}\left(50\times\dfrac{a_n}{100}+50\times\dfrac{6}{100}\right)\times 100$

$$\therefore\ \boldsymbol{a_{n+1}=\frac{1}{2}a_n+3\ (n=1,\ 2,\ 3,\ \cdots)}$$ ← 답

(3) $a_1=8$이므로 $a_{n+1}=\dfrac{1}{2}a_n+3$의 n에 1, 2, 3을 차례로 대입하면

$n=1$일 때 $a_2=\dfrac{1}{2}a_1+3=\dfrac{1}{2}\times 8+3=7$

$n=2$일 때 $a_3=\dfrac{1}{2}a_2+3=\dfrac{1}{2}\times 7+3=\dfrac{13}{2}$

$n=3$일 때 $a_4=\dfrac{1}{2}a_3+3=\dfrac{1}{2}\times\dfrac{13}{2}+3=\boldsymbol{\dfrac{25}{4}}$ ← 답

유제 **16**-12. 1000 L의 물이 들어 있는 물탱크가 있다. 물탱크에 들어 있는 물의 양의 $\dfrac{1}{2}$을 사용하면 100 L의 물을 보충한 후 물탱크에 들어 있는 물의 양을 기록한다. n번째 기록한 물의 양을 a_n(L)이라고 할 때,

(1) a_n과 a_{n+1} 사이의 관계식을 구하시오.

(2) a_5를 구하시오.

답 (1) $\boldsymbol{a_{n+1}=\frac{1}{2}a_n+100\ (n=1,\ 2,\ 3,\ \cdots)}$ (2) **225**

Advice ‖ 앞면의 **기본 문제 16-6**과 같이 정의되는 수열은 다음과 같은 방법으로 일반항을 구할 수 있다.

$a_{n+1}=\frac{1}{2}a_n+3$의 n에 1, 2, 3, $\cdots$을 대입하면 수열 $\{a_n\}$은

$$\{a_n\} : 8, \quad 7, \quad \frac{13}{2}, \quad \frac{25}{4}, \quad \frac{49}{8}, \quad \cdots$$

$$\{b_n\} : \quad -1, -\frac{1}{2}, \quad -\frac{1}{4}, \quad -\frac{1}{8}, \quad \cdots \qquad \Leftarrow b_n=-\left(\frac{1}{2}\right)^{n-1}$$

와 같이 계차수열이 첫째항이 -1, 공비가 $\frac{1}{2}$인 등비수열임을 알 수 있다.

따라서 $n\geq 2$일 때

$$a_n=a_1+\sum_{k=1}^{n-1}\left\{-\left(\frac{1}{2}\right)^{k-1}\right\}=8+\frac{-1\times\left\{1-\left(\frac{1}{2}\right)^{n-1}\right\}}{1-\frac{1}{2}}=\left(\frac{1}{2}\right)^{n-2}+6$$

이 식은 $n=1$일 때에도 성립하므로 $\boldsymbol{a_n=\left(\frac{1}{2}\right)^{n-2}+6}$

일반적으로는 다음과 같이 점화식을 변형하여 일반항 a_n을 구한다.

정 석 $\boldsymbol{a_{n+1}=pa_n+q}$ 꼴의 점화식이 주어지면

(i) $\boldsymbol{a_{n+1}-k=p(a_n-k)}$의 꼴로 변형한다.

(ii) 수열 $\boldsymbol{\{a_n-k\}}$는 공비가 $\boldsymbol{p}$인 등비수열임을 이용한다.

곧, $a_{n+1}=\frac{1}{2}a_n+3$의 양변에서 6을 빼면

$$a_{n+1}-6=\frac{1}{2}a_n+3-6 \qquad \therefore a_{n+1}-6=\frac{1}{2}(a_n-6)$$

따라서 수열 $\{a_n-6\}$은 첫째항이 $a_1-6=8-6=2$, 공비가 $\frac{1}{2}$인 등비수열이므로 $a_n-6=2\times\left(\frac{1}{2}\right)^{n-1}$ $\qquad \therefore \boldsymbol{a_n=\left(\frac{1}{2}\right)^{n-2}+6}$

* ***Note*** 1° 점화식의 양변에서 빼는 수 6은 다음과 같은 방법으로 찾을 수 있다.

$a_{n+1}=\frac{1}{2}a_n+3$의 양변에서 k를 빼면

$$a_{n+1}-k=\frac{1}{2}a_n+3-k \qquad \therefore a_{n+1}-k=\frac{1}{2}(a_n+6-2k)$$

여기에서 $-k=6-2k$로 놓으면 $k=6$

2° $a_{n+1}=\frac{1}{2}a_n+3$ $\cdots$① 의 n에 $n+1$을 대입하면 $a_{n+2}=\frac{1}{2}a_{n+1}+3$ $\cdots$②

②$-$①하면 $a_{n+2}-a_{n+1}=\frac{1}{2}(a_{n+1}-a_n)$이므로 수열 $\{a_n\}$의 계차수열이 공비가 $\frac{1}{2}$인 등비수열임을 이용할 수도 있다.

유제 **16**-13. 다음과 같이 정의된 수열 $\{a_n\}$의 일반항 a_n을 구하시오.

$a_1=3,\ a_{n+1}=3a_n-2\ (n=1, 2, 3, \cdots)$ 답 $\boldsymbol{a_n=2\times 3^{n-1}+1}$

기본 문제 16-7 흰 바둑돌과 검은 바둑돌을 합하여 n개의 바둑돌을 일렬로 나열할 때, 흰 바둑돌끼리는 이웃하지 않도록 나열하는 방법의 수를 a_n이라고 하자. 다음 물음에 답하시오.

(1) a_n, a_{n+1}, a_{n+2} 사이의 관계식을 구하시오.

(2) a_7을 구하시오.

정석연구 오른쪽 그림과 같이 바둑돌 1개를 나열하는 방법의 수는 $a_1=2$이고, 바둑돌 2개를 나열하는 방법의 수는 $a_2=3$이다. 그러나 바둑돌 7개를 나열하는 방법은 너무 많아 이를 직접 나열하여 a_7을 구하기는 쉽지 않다. 이런 경우 점화식을 생각한다.

정 석 자연수 $\boldsymbol{n}$에 관한 경우의 수 ⟹ 점화식을 세워 본다.

모범답안 (1) a_{n+2}는 바둑돌 $(n+2)$개를 흰 바둑돌끼리는 이웃하지 않도록 일렬로 나열하는 방법의 수이다.

(i) 맨 처음에 흰 바둑돌이 놓인 경우

두 번째에는 반드시 검은 바둑돌이 와야 한다. 그리고 나머지 n개의 자리에는 바둑돌 n개를 흰 바둑돌끼리는 이웃하지 않도록 나열하면 된다.

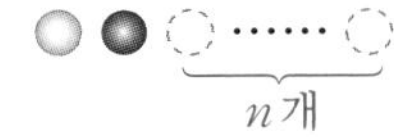

이와 같은 방법의 수는 문제의 조건에 따라 a_n이다.

(ii) 맨 처음에 검은 바둑돌이 놓인 경우

나머지 $(n+1)$개의 자리에는 바둑돌 $(n+1)$개를 흰 바둑돌끼리는 이웃하지 않도록 나열하면 된다. ($(n+1)$개)

이와 같은 방법의 수는 a_{n+1}이다.

(i), (ii)에서 $\boldsymbol{a_{n+2}=a_{n+1}+a_n\ (n=1,\ 2,\ 3,\ \cdots)}$ ← 답

(2) $a_1=2$, $a_2=3$이므로 $a_{n+2}=a_{n+1}+a_n$의 n에 1, 2, 3, ⋯을 대입하면

$\{a_n\}$: 2, 3, 5, 8, 13, 21, 34, ⋯ ∴ $\boldsymbol{a_7=34}$ ← 답

Advice | 자연수 n에 대하여 $a_{n+2}=a_{n+1}+a_n$을 만족시키고 $a_1=1$, $a_2=1$인 수열 $\{a_n\}$을 피보나치수열이라고 한다.

유제 **16**-14. 각 자리 숫자가 0 또는 1이고, 0은 연속하여 나타나지 않는 n자리 자연수의 개수를 a_n이라고 할 때, 다음 물음에 답하시오.

(1) a_n, a_{n+1}, a_{n+2} 사이의 관계식을 구하시오.

(2) a_7을 구하시오. 답 (1) $\boldsymbol{a_{n+2}=a_{n+1}+a_n\ (n=1,\ 2,\ 3,\ \cdots)}$ (2) **21**

Advice | 점화식의 유형별 정리

1 기본적인 점화식

수열 $\{a_n\}$에서 $n=1, 2, 3, \cdots$일 때,

① $a_{n+1}-a_n=d$ (일정) $\Longrightarrow$ 공차가 d인 등차수열

② $a_{n+1}\div a_n=r$ (일정) $\Longrightarrow$ 공비가 r인 등비수열

③ $2a_{n+1}=a_n+a_{n+2}$ $(a_{n+1}-a_n=a_{n+2}-a_{n+1})$ $\Longrightarrow$ 등차수열

④ $(a_{n+1})^2=a_n\times a_{n+2}$ $(a_{n+1}\div a_n=a_{n+2}\div a_{n+1})$ $\Longrightarrow$ 등비수열

⑤ $\dfrac{2}{a_{n+1}}=\dfrac{1}{a_n}+\dfrac{1}{a_{n+2}}$ $\left(\dfrac{1}{a_{n+1}}-\dfrac{1}{a_n}=\dfrac{1}{a_{n+2}}-\dfrac{1}{a_{n+1}}\right)$ $\Longrightarrow$ 조화수열

(예) p. 221 **보기 2**, p. 222 **기본 문제 16-1**, p. 223 **기본 문제 16-2**

2 $a_{n+1}=a_n+f(n)$의 꼴

n에 $1, 2, 3, \cdots, n-1$을 대입하여 얻은 식을 변끼리 더한다.

(예) p. 224 **기본 문제 16-3**

3 $a_{n+1}=f(n)a_n$의 꼴

n에 $1, 2, 3, \cdots, n-1$을 대입하여 얻은 식을 변끼리 곱한다.

(예) p. 226 **기본 문제 16-4**

4 $pa_{n+2}+qa_{n+1}+ra_n=0$의 꼴

$p+q+r=0$인 경우

정석 $pa_{n+2}+qa_{n+1}+ra_n=0$의 꼴
$\Longrightarrow$ $a_{n+2}-a_{n+1}=k(a_{n+1}-a_n)$의 꼴로 변형

하고, 계차수열이 공비가 k인 등비수열임을 이용한다.

(예) p. 228 **기본 문제 16-5**

5 $a_{n+1}=pa_n+q$의 꼴

$p=0$이면 제 2 항부터 각 항이 q인 수열이고,
$p=1$이면 $a_{n+1}-a_n=q$이므로 공차가 q인 등차수열이다.
$q=0$이면 $a_{n+1}=pa_n$이므로 공비가 p인 등비수열이다.
$p\neq0$, $p\neq1$, $q\neq0$이면

정석 $a_{n+1}=pa_n+q$의 꼴
$\Longrightarrow$ $a_{n+1}-k=p(a_n-k)$의 꼴로 변형

하고, 수열 $\{a_n-k\}$는 공비가 p인 등비수열임을 이용한다.

(예) p. 230 **기본 문제 16-6**

§2. 수학적 귀납법

1 수학적 귀납법

기원전 300년경 중국에서 시작된 것으로 알려져 있는 도미노 게임은 여러 개의 도미노 블록을 세워 놓은 다음, 맨 앞에 있는 도미노 블록을 넘어뜨려서 차례로 모든 도미노 블록이 넘어지도록 하는 게임이다.

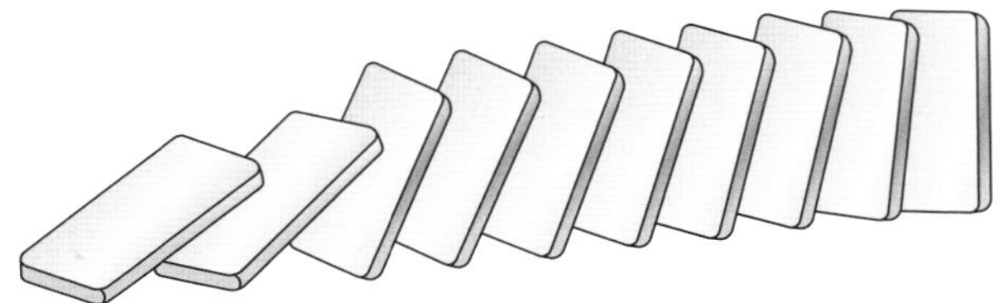

이때, 중간에 어떤 도미노 블록이 넘어지면서 그다음 도미노 블록을 넘어뜨리지 못하면 이후의 도미노 블록은 더 이상 넘어지지 않는다.

그러므로 모든 도미노 블록이 넘어지는 것이 보장되려면 각 도미노 블록이 넘어질 때마다 그다음 도미노 블록을 넘어뜨리도록 세워져 있어야 한다. 곧,

$\boldsymbol{k}$번째 도미노 블록이 넘어지면

$\Longrightarrow$ $(\boldsymbol{k}+\mathbf{1})$번째 도미노 블록이 반드시 넘어진다

라는 사실이 보장되어야 한다.

그러면 첫 번째 도미노 블록을 넘어뜨리면 두 번째 도미노 블록이 넘어지고, 두 번째 도미노 블록이 넘어지므로 세 번째 도미노 블록이 넘어진다. 또, 세 번째 도미노 블록이 넘어지므로 네 번째 도미노 블록이 넘어지며, 이와 같이 계속되어 모든 도미노 블록이 넘어지게 된다.

곧, 위의 사실이 보장될 때 첫 번째 도미노 블록을 넘어뜨리면 모든 도미노 블록이 넘어진다.

여기서 도미노 블록이 무한히 많이 세워져 있다고 하더라도

(i) 첫 번째 도미노 블록이 넘어진다.

(ii) $\boldsymbol{k}$번째 도미노 블록이 넘어지면 $(\boldsymbol{k}+\mathbf{1})$번째 도미노 블록도 넘어진다.

는 두 가지 사실만 성립하면 모든 도미노 블록이 넘어진다는 것을 확신할 수 있다.

이와 같은 논리를 어떤 명제가 모든 자연수에 대하여 성립한다는 것을 증명하는 데에 적용해 보자.

이를테면 모든 자연수 n에 대하여

$$1+3+5+7+\cdots+(2n-1)=n^2 \qquad \cdots\cdots ①$$

이다.

이 등식이 성립함을 보이는 데에는 다음 두 가지 방법을 생각할 수 있다.

(방법 **1**) 등차수열의 합의 공식을 이용한다.

①의 좌변은 첫째항이 1이고 공차가 2인 등차수열의 합이므로

$$(\text{좌변})=\frac{n\{2\times1+(n-1)\times2\}}{2}=n^2=(\text{우변})$$

(방법 **2**) $\sum$의 성질을 이용한다.

$$(\text{좌변})=\sum_{k=1}^{n}(2k-1)=2\sum_{k=1}^{n}k-n=2\times\frac{n(n+1)}{2}-n=n^2=(\text{우변})$$

그러면 다음과 같은 방법으로 ①이 성립함을 보이는 것은 어떨까?

「 $n=1$일 때 (좌변)$=1$, (우변)$=1^2=1$ ∴ (좌변)=(우변)

$n=2$일 때 (좌변)$=1+3=4$, (우변)$=2^2=4$ ∴ (좌변)=(우변)

$n=3$일 때 (좌변)$=1+3+5=9$, (우변)$=3^2=9$ ∴ (좌변)=(우변)

⋯⋯

이므로 모든 자연수 n에 대하여 성립한다. 」

그러나 이와 같은 방법은 단지 n이 1, 2, 3인 몇 개의 경우에 대해서만 성립함을 보인 것일 뿐 모든 자연수에 대하여 성립함을 보인 것은 아니다. 그렇다고 해서 하루 종일 시간을 내어 몇천 개, 몇만 개의 n의 값을 대입하여 그때마다 성립함을 보인다고 해도 이것은 시간 낭비일 뿐 아무 소용이 없다. 무한히 많은 자연수를 모두 대입할 수는 없기 때문이다.

따라서 이와 같은 방법이 엄밀한 증명이 되기 위해서는 n에 자연수를 모두 대입하는 무한 과정을 대신할 수 있는 무엇인가가 필요하다.

결론부터 말하면 앞면의 도미노의 예에서 설명한 바와 같이

$n=k$일 때 성립한다고 가정하면

⟹ **$n=k+1$**일 때에도 성립한다 ⋯⋯②

라는 것을 증명하면 무한히 많은 자연수를 대입하는 과정을 대신할 수 있다.

곧, ②를 증명하면

$n=1$일 때 성립하면 그다음 수인 $n=2$일 때에도 성립한다

$n=2$일 때 성립하면 그다음 수인 $n=3$일 때에도 성립한다

$n=3$일 때 성립하면 그다음 수인 $n=4$일 때에도 성립한다

⋯⋯

는 것을 모두 보인 것이 된다.

따라서 $n=1$일 때 성립한다는 것만 추가로 증명하면 $n=2, 3, 4, \cdots$일 때, 곧 n이 자연수일 때 성립한다는 것을 증명한 것이 된다.

이상을 정리하면

(i) $\boldsymbol{n=1}$일 때 ㉮이 성립한다.

(ii) $\boldsymbol{n=k}$일 때 ㉮이 성립한다고 가정하면

$\boldsymbol{n=k+1}$일 때에도 ㉮이 성립한다.

를 증명하면 모든 자연수 n에 대하여 ㉮이 성립함을 증명한 것이 된다.

이와 같은 증명법을 수학적 귀납법이라고 한다. 수학적 귀납법은 명제 $p(n)$이 모든 자연수 n에 대하여 성립한다는 것을 증명하는 유용한 방법이다.

보기 1 n이 자연수일 때, 다음 등식이 성립함을 수학적 귀납법으로 증명하시오.

$$1+3+5+7+\cdots+(2n-1)=n^2 \quad \cdots\cdots ㉮$$

연구 (i) $\boldsymbol{n=1}$일 때 (좌변)$=1$, (우변)$=1^2=1$이므로 등식 ㉮이 성립한다.

(ii) $\boldsymbol{n=k\,(k\geq 1)}$일 때 등식 ㉮이 성립한다고 가정하면

$$1+3+5+7+\cdots+(2k-1)=k^2$$ ⇦ ㉮에 $n=k$를 대입

이 등식이 성립한다는 가정하에 $n=k+1$일 때에도 등식 ㉮, 곧

$$1+3+5+7+\cdots+(2k-1)+(2k+1)=(k+1)^2$$

이 성립한다는 것을 보여야 한다는 것에 착안한다. 그러자면 $2k-1$의 다음 수인 $2k+1$을 양변에 더하면 된다.

이 식의 양변에 $2k+1$을 더하면

$$1+3+5+7+\cdots+(2k-1)+\boldsymbol{(2k+1)}=k^2+\boldsymbol{(2k+1)}$$

이 식의 우변을 정리하면

$$1+3+5+7+\cdots+(2k-1)+(2k+1)=(k+1)^2$$

따라서 $\boldsymbol{n=k+1}$일 때에도 등식 ㉮이 성립한다.

(i), (ii)에 의하여 모든 자연수 n에 대하여 등식 ㉮이 성립한다.

기본정석 **수학적 귀납법**

명제 $p(n)$이 모든 자연수 n에 대하여 성립함을 증명하려면 다음 두 가지를 증명하면 된다.

(i) $\boldsymbol{n=1}$일 때 명제 $\boldsymbol{p(n)}$이 성립한다.

(ii) $\boldsymbol{n=k}$일 때 명제 $\boldsymbol{p(n)}$이 성립한다고 가정하면

$\boldsymbol{n=k+1}$일 때에도 명제 $\boldsymbol{p(n)}$이 성립한다.

* ***Note*** 명제 $p(n)$이 $n\geq a$(a는 자연수)인 모든 자연수 n에 대하여 성립함을 증명하려면 위의 (i)에서 $n=a$일 때 성립함을 보이면 된다. ⇦ 기본 문제 **16-9** 참조

기본 문제 16-8 모든 자연수 n에 대하여 다음 등식이 성립함을 수학적 귀납법으로 증명하시오.

$$1^2+2^2+3^2+\cdots+n^2=\frac{1}{6}n(n+1)(2n+1)$$

정석연구 수학적 귀납법의 증명 형식을 잘 익혀 두어야 한다.

정석 수학적 귀납법의 증명 형식

(i) $\boldsymbol{n=1}$일 때 명제 $\boldsymbol{p(n)}$이 성립한다.

(ii) $\boldsymbol{n=k}$일 때 명제 $\boldsymbol{p(n)}$이 성립하면 $\boldsymbol{n=k+1}$일 때에도 성립한다.

모범답안 $1^2+2^2+3^2+\cdots+n^2=\frac{1}{6}n(n+1)(2n+1)$ ……①

(i) $n=1$일 때 (좌변)$=1^2=1$, (우변)$=\frac{1}{6}\times1\times2\times3=1$

따라서 $n=1$일 때 등식 ①이 성립한다.

(ii) $n=k(k\ge1)$일 때 등식 ①이 성립한다고 가정하면

$$1^2+2^2+3^2+\cdots+k^2=\frac{1}{6}k(k+1)(2k+1) \quad \cdots\cdots②$$

①에 $n=k+1$을 대입하면

$$1^2+2^2+3^2+\cdots+k^2+(k+1)^2=\frac{1}{6}(k+1)(k+2)(2k+3) \quad \cdots\cdots③$$

이다. 이를 유도하면 $n=k+1$일 때에도 등식 ①이 성립한다는 것을 증명한 것이 된다. 이를 유도하기 위해서는(②, ③의 좌변을 비교) ②의 양변에 $(k+1)^2$을 더한 다음 우변을 정리하면 된다.

②의 양변에 $(k+1)^2$을 더하면

$$\begin{aligned}1^2+2^2+3^2+\cdots+k^2+\boldsymbol{(k+1)^2}&=\frac{1}{6}k(k+1)(2k+1)+\boldsymbol{(k+1)^2}\\&=\frac{1}{6}(k+1)\{k(2k+1)+6(k+1)\}\\&=\frac{1}{6}(k+1)(2k^2+7k+6)\\&=\frac{1}{6}(k+1)(k+2)(2k+3)\end{aligned}$$

따라서 $n=k+1$일 때에도 등식 ①이 성립한다.

(i), (ii)에 의하여 모든 자연수 n에 대하여 등식 ①이 성립한다.

유제 **16**-15. 모든 자연수 n에 대하여 다음 등식이 성립함을 수학적 귀납법으로 증명하시오.

(1) $2+4+6+\cdots+2n=n(n+1)$

(2) $1\times2+2\times3+3\times4+\cdots+n(n+1)=\frac{1}{3}n(n+1)(n+2)$

기본 문제 16-9 $h>0$일 때, 2 이상인 모든 자연수 n에 대하여 다음 부등식이 성립함을 수학적 귀납법으로 증명하시오.

$$(1+h)^n>1+nh$$

정석연구 $(1+h)^n>1+nh$ ……①

(i) 문제의 조건에서 $n\ge2$이므로 이 식을 만족시키는 최초의 자연수인 $n=2$일 때 ①이 성립함을 보인다.

만일 조건이 $n\ge5$로 주어지면 $n=5$일 때 성립함을 보인다.

(ii) $n=k(k\ge2)$일 때 ①이 성립한다고 가정하면 ⇦ n 대신 k를 대입

$$(1+h)^k>1+kh \quad \cdots\cdots②$$

이다. 이로부터 ①의 양변에 $n=k+1$을 대입한 부등식

$$(1+h)^{k+1}>1+(k+1)h \quad \cdots\cdots③$$

을 유도하면 $n=k+1$일 때에도 ①이 성립함을 보인 것이 된다.

여기에서 ②, ③의 좌변을 비교해 보면 ②의 좌변에 $1+h$를 곱한 것이 ③의 좌변임을 알 수 있다. 이에 착안한다.

정 석 $\boldsymbol{n\ge a}$($\boldsymbol{a}$는 자연수)인 모든 자연수 $\boldsymbol{n}$에 대하여

명제 $\boldsymbol{p(n)}$이 성립함을 증명하려면 다음을 증명하면 된다.

(i) $\boldsymbol{n=a}$일 때 성립한다.

(ii) $\boldsymbol{n=k\,(k\ge a)}$일 때 성립한다고 하면 $\boldsymbol{n=k+1}$일 때에도 성립한다.

모범답안 $(1+h)^n>1+nh$ ……①

(i) $n=2$일 때 (좌변)$=(1+h)^2$, (우변)$=1+2h$이므로

(좌변)$-$(우변)$=1+2h+h^2-(1+2h)=h^2>0$ ($\because$ $h>0$)

곧, (좌변)$>$(우변)이므로 $n=2$일 때 ①이 성립한다.

(ii) $n=k(k\ge2)$일 때 ①이 성립한다고 가정하면 $(1+h)^k>1+kh$

양변에 $1+h$를 곱하면 $1+h>0$이므로

$(1+h)^k(1+h)>(1+kh)(1+h)$ $\quad\therefore$ $(1+h)^{k+1}>(1+kh)(1+h)$

여기에서 (우변)$=1+(k+1)h+kh^2>1+(k+1)h$이므로

$$(1+h)^{k+1}>1+(k+1)h$$

따라서 $n=k+1$일 때에도 ①이 성립한다.

(i), (ii)에 의하여 2 이상인 모든 자연수 n에 대하여 ①이 성립한다.

유제 **16**-16. 다음 부등식이 성립함을 수학적 귀납법으로 증명하시오.

(1) $2^n>n$ (n은 자연수) (2) $2^n>2n+1$ (n은 3 이상인 자연수)

기본 문제 16-10 자연수 n에 대한 명제 $p(n)$이 있다.
$p(n)$, $p(n+1)$ 중 어느 하나가 참이면 $p(n+2)$가 참임을 알았다.
명제 $p(n)$이 모든 자연수 n에 대하여 참이기 위한 조건은?

① $p(1)$이 참이다. ② $p(2)$가 참이다.
③ $p(1)$과 $p(2)$가 참이다. ④ $p(1)$과 $p(3)$이 참이다.
⑤ $p(2)$와 $p(3)$이 참이다.

정석연구 $p(n) \Longrightarrow p(n+2)$인 경우와 $p(n+1) \Longrightarrow p(n+2)$인 경우로 나누어 생각한다.

정 석 모든 자연수 $\boldsymbol{n}$에 대하여 명제 $\boldsymbol{p(n)}$이 성립함을 증명하려면 다음을 증명하면 된다.
(i) $\boldsymbol{p(1)}$이 성립한다.
(ii) $\boldsymbol{p(k)}$가 성립한다고 가정하면 $\boldsymbol{p(k+1)}$도 성립한다.

모범답안 (i) $p(n) \Longrightarrow p(n+2)$인 경우

$p(1)$이 참이면 $p(3)$, $p(5)$, $p(7)$, $\cdots$이 참 ……㉮

이므로 모든 자연수 n에 대하여 $p(n)$이 참이기 위해서는 $p(2)$가 참이라는 조건이 필요하다. 곧,

$p(2)$가 참이면 $p(4)$, $p(6)$, $p(8)$, $\cdots$이 참 ……㉯

이므로 ㉮, ㉯에서 모든 자연수 n에 대하여 $p(n)$이 참이 되기 때문이다.

(ii) $p(n+1) \Longrightarrow p(n+2)$인 경우

$p(2)$가 참이면 $p(3)$, $p(4)$, $p(5)$, $\cdots$가 참 ⇦ $n=1, 2, 3, \cdots$

이므로 모든 자연수 n에 대하여 $p(n)$이 참이기 위해서는 $p(1)$이 참이라는 조건이 필요하다.

(i), (ii)에 의하여 $p(1)$과 $p(2)$가 모두 참일 때 모든 자연수 n에 대하여 명제 $p(n)$이 참이라고 말할 수 있다. 답 ③

유제 **16**-17. 정수 n에 대한 명제 $p(n)$에 대하여

A : $p(0)$이 성립한다. B : $p(1)$이 성립한다. C : $p(-1)$이 성립한다.
D : $p(n)$이 성립한다고 가정하면 $p(n+1)$이 성립한다.
E : $p(n)$이 성립한다고 가정하면 $p(n-1)$이 성립한다.

라고 하자. 이 다섯 가지 중 세 가지를 증명했을 때 모든 정수 n에 대하여 $p(n)$이 성립함을 보일 수 있다. 다음 중 그 세 가지가 될 수 있는 것은?

① A, B, C ② A, B, D ③ A, B, E
④ B, C, D ⑤ C, D, E 답 ⑤

연습문제 16

16-1 다음과 같이 정의된 수열 $\{a_n\}$에서 a_{1000}은?

$$a_{2n-1}=n,\ a_{2n}=a_n\ (n=1,\ 2,\ 3,\ \cdots)$$

① 63 ② 125 ③ 250 ④ 500 ⑤ 1000

16-2 다음과 같이 정의된 수열 $\{a_n\}$에 대하여 $\sum_{k=1}^{2025} a_k$의 값을 구하시오.

$$a_1=a_2=1,\ a_{n+2}=(-1)^n a_n a_{n+1}\ (n=1,\ 2,\ 3,\ \cdots)$$

16-3 다음과 같이 정의된 수열 $\{a_n\}$이 있다.

$$a_1=1,\ a_{2n}=a_n+1,\ a_{2n+1}=\frac{1}{a_{2n}}\ (n=1,\ 2,\ 3,\ \cdots)$$

이때, a_{131}을 구하시오.

16-4 다음은 제품 p_n을 만드는 방법과 소요 시간에 대한 설명이다. 단, $n=2^k$(k는 음이 아닌 정수)이다.

(가) 제품 p_1을 한 개 만드는 데 걸리는 시간은 1이다.

(나) 제품 p_n을 차례대로 두 개 만든 다음 이를 연결하면 제품 p_{2n}이 한 개 만들어진다. 이때, 제품 p_n을 두 개 연결하는 데 걸리는 시간은 $2n$이다.

이때, 제품 p_{16}을 한 개 만드는 데 걸리는 시간을 구하시오.

16-5 다음과 같이 정의된 수열 $\{x_n\}$에서 x_7은?

$$x_1=1,\ x_{n+1}={x_n}^2+2x_n\ (n=1,\ 2,\ 3,\ \cdots)$$

① 2^{16} ② $2^{32}-1$ ③ 2^{32} ④ $2^{64}-1$ ⑤ 2^{64}

16-6 다음과 같이 정의된 수열 $\{a_n\}$의 일반항 a_n을 구하시오.

$$a_1=1,\ a_{n+1}=2a_n+2^n\ (n=1,\ 2,\ 3,\ \cdots)$$

16-7 수열 $\{a_n\}$의 첫째항부터 제n항까지의 합을 S_n이라고 할 때,

$$a_1=2,\ a_2=5,\ 3S_{n+1}-S_{n+2}-2S_n=a_n\ (n=1,\ 2,\ 3,\ \cdots)$$

인 관계가 성립한다. 이때, a_{10}은?

① 27 ② 29 ③ 31 ④ 33 ⑤ 35

16-8 각 항이 0이 아닌 수열 $\{a_n\}$이 모든 자연수 n에 대하여 $\sum_{k=1}^{n} {a_k}^2=a_n a_{n+1}-2$를 만족시킨다. $a_1=2$일 때, a_9를 구하시오.

16-9 수열 $\{a_n\}$이 모든 자연수 n에 대하여 $a_{n+1}=a_1+a_2+a_3+\cdots+a_n$을 만족시킨다. $a_1=1$일 때, a_{10}은?

① 55 ② 89 ③ 128 ④ 256 ⑤ 512

16-10 어떤 식물의 씨앗을 파종하면 그중 10 %는 죽고, 나머지는 10배씩의 씨앗을 거두어 그다음 해에 모두 파종한다.

처음에 10개의 씨앗이 있었다면 100년 후의 씨앗의 개수는?

① 10×9^{99} ② 9^{101} ③ 10×9^{100} ④ 9×10^{100} ⑤ 10^{101}

16-11 한 개의 정삼각형에서 각 변의 중점을 선분으로 이어 4개의 작은 정삼각형을 만든 다음 가운데 정삼각형 하나를 잘라 내면 3개의 정삼각형이 남는다. 남은 3개의 각 정삼각형에서 같은 과정을 반복하면 모두 9개의 정삼각형이 남고, 다시 9개의 각 정삼각형에서 같은 과정을 계속한다.

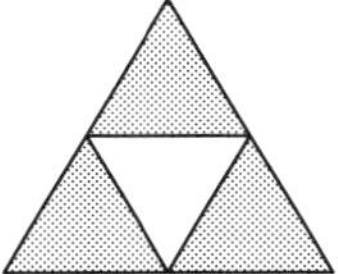

…

두 정삼각형이 공유하는 꼭짓점은 한 개로 세고, n번째 도형에서 남은 정삼각형의 꼭짓점의 개수를 a_n이라고 할 때, 다음 물음에 답하시오.

(1) a_n과 a_{n+1} 사이의 관계식을 구하시오.

(2) a_n을 구하시오.

16-12 수열 $\{a_n\}$을

$$a_2=1,\ na_{n+1}=(n+1)a_n\ (n=1,\ 2,\ 3,\ \cdots)$$

과 같이 정의할 때, $a_n=10$을 만족시키는 n의 값은?

① 16 ② 17 ③ 18 ④ 19 ⑤ 20

16-13 A와 B가 직선 위를 따라 같은 방향으로 달린다. B는 A보다 200 m 앞에서 A와 동시에 출발한다. A의 출발점을 a_1, B의 출발점을 a_2, A가 a_2에 도달했을 때 B의 위치를 a_3, A가 a_3에 도달했을 때 B의 위치를 a_4라고 하자. 이와 같은 방법으로 계속하여 $a_n(n=1,\ 2,\ 3,\ \cdots)$을 정한다.

A의 속력이 B의 속력의 2배일 때, 다음 중 A와 B 사이의 거리가 1 m 이내가 되기 시작할 때의 A의 위치는?

① a_4와 a_5 사이 ② a_6과 a_7 사이 ③ a_8과 a_9 사이

④ a_{10}과 a_{11} 사이 ⑤ a_{12}와 a_{13} 사이

16-14 수열 $\{a_n\}$의 첫째항부터 제 n항까지의 합을 S_n이라고 할 때,

$$a_1=1,\ a_{n+1}=S_n+n+1\ (n=1,\ 2,\ 3,\ \cdots)$$

인 관계가 성립한다. 이때, a_{10}을 구하시오.

16-15 수열 $\{a_n\}$에 대하여 $a_1=2$이고, 모든 자연수 n에 대하여 x에 관한 이차방정식 $a_nx^2-a_{n+1}x+1=0$의 두 근 α_n, β_n 사이에 $\alpha_n-2\alpha_n\beta_n+\beta_n=3$인 관계가 성립할 때, $a_n>1000$을 만족시키는 자연수 n의 최솟값을 구하시오.

16-16 수열 $\{a_n\}$이 다음을 만족시킬 때, a_{2030}을 구하시오.

$$\sqrt{17}-4=\frac{1}{8+a_1}=\frac{1}{8+\dfrac{1}{8+a_2}}=\frac{1}{8+\dfrac{1}{8+\dfrac{1}{8+a_3}}}=\cdots$$

16-17 자연수 n에 대하여 점 A_n이 x축 위의 점일 때, 점 A_{n+1}을 다음 규칙에 따라 정한다.

(가) 점 A_1의 좌표는 $(2,\ 0)$이다.

(나) 점 A_n을 지나고 x축에 수직인 직선이 곡선 $y=\dfrac{1}{x}\,(x>0)$과 만나는 점을 P_n, 점 P_n과 직선 $y=x$에 대하여 대칭인 점을 Q_n, 점 Q_n을 지나고 x축에 수직인 직선이 x축과 만나는 점을 R_n이라고 하자.

(다) 점 R_n을 x축의 방향으로 1만큼 평행이동한 점을 A_{n+1}이라고 하자.

이때, 점 A_5의 좌표를 구하시오.

16-18 다음과 같이 정의된 수열 $\{a_n\}$의 일반항 a_n이 $a_n=2^n-1$임을 수학적 귀납법으로 증명하시오.

$$a_1=1,\ a_{n+1}=2a_n+1\ (n=1,\ 2,\ 3,\ \cdots)$$

16-19 모든 자연수 n에 대하여 n^3+5n이 6의 배수임을 수학적 귀납법으로 증명하시오.

16-20 수열 $\{a_n\}$의 일반항 a_n이 $a_n=\sum\limits_{m=1}^{n}\dfrac{1}{m}$일 때, 2 이상인 모든 자연수 n에 대하여 다음 등식이 성립함을 수학적 귀납법으로 증명하시오.

$$a_1+a_2+a_3+\cdots+a_{n-1}+n=na_n$$

16-21 2 이상인 모든 자연수 n에 대하여 다음 부등식이 성립함을 수학적 귀납법으로 증명하시오.

$$1+\frac{1}{2}+\frac{1}{3}+\cdots+\frac{1}{n}>\frac{2n}{n+1}$$

연습문제
풀이 및 정답

연습문제 풀이 및 정답

1-1. $f(x)=a^x$에서

① $f(x)\times f(y)=a^x\times a^y=a^{x+y}$,
$f(x+y)=a^{x+y}$
$\therefore\ f(x)\times f(y)=f(x+y)$

② $f(x)\div f(y)=a^x\div a^y=a^{x-y}$,
$f(x-y)=a^{x-y}$
$\therefore\ f(x)\div f(y)=f(x-y)$

③ $\{f(x)\}^y=(a^x)^y=a^{xy}$, $f(xy)=a^{xy}$
$\therefore\ \{f(x)\}^y=f(xy)$

④ (반례) $x=y$이면
$f(x\div y)=f(x\div x)=f(1)=a$,
$f(x)-f(y)=f(x)-f(x)=0$
$\therefore\ f(x\div y)\neq f(x)-f(y)$

Note $f(x\div y)=a^{x\div y}=a^{\frac{x}{y}}$,
$f(x)-f(y)=a^x-a^y$
$\therefore\ f(x\div y)\neq f(x)-f(y)$

⑤ $f(2x)=a^{2x}$, $\{f(x)\}^2=(a^x)^2=a^{2x}$
$\therefore\ f(2x)=\{f(x)\}^2$

Note ③에서 $y=2$를 대입하면
$\{f(x)\}^2=f(2x)$

답 ④

1-2. (1) (준 식)$=\sqrt[4]{(\sqrt{2}+1)^2}\times\sqrt[4]{3-2\sqrt{2}}$
$=\sqrt[4]{(3+2\sqrt{2})(3-2\sqrt{2})}$
$=\sqrt[4]{3^2-(2\sqrt{2})^2}=\sqrt[4]{1}=\mathbf{1}$

Note (준 식)$=\sqrt{\sqrt{2}+1}\times\sqrt[4]{(\sqrt{2}-1)^2}$
$=\sqrt{\sqrt{2}+1}\times\sqrt{\sqrt{2}-1}$
$=\sqrt{(\sqrt{2}+1)(\sqrt{2}-1)}$
$=\sqrt{1}=\mathbf{1}$

(2) (준 식)$=\sqrt[3]{54}+\frac{3}{2}\sqrt[6]{4}-\sqrt[3]{\frac{1}{4}}$
$=\sqrt[3]{3^3\times2}+\frac{3}{2}\sqrt[3\times2]{2^2}-\sqrt[3]{\left(\frac{1}{2}\right)^3\times2}$
$=3\sqrt[3]{2}+\frac{3}{2}\sqrt[3]{2}-\frac{1}{2}\sqrt[3]{2}=\mathbf{4\sqrt[3]{2}}$

(3) (준 식)$=x^{ab-ac}\times x^{bc-ba}\times x^{ca-cb}$
$=x^{ab-ac+bc-ba+ca-cb}$
$=x^0=\mathbf{1}$

1-3. ① (준 식)$=[\{(2^{\sqrt{2}})^{\frac{1}{2}}\}^{\sqrt{2}}]^{\frac{1}{2}}$
$=2^{\sqrt{2}\times\frac{1}{2}\times\sqrt{2}\times\frac{1}{2}}=2^{\frac{1}{2}}$

② (준 식)$=[\{(2^{\frac{1}{2}})^{\sqrt{2}}\}^{\frac{1}{2}}]^{\sqrt{2}}$
$=2^{\frac{1}{2}\times\sqrt{2}\times\frac{1}{2}\times\sqrt{2}}=2^{\frac{1}{2}}$

③ (준 식)$=[\{(2^{\frac{1}{2}})^{\sqrt{2}}\}^{\sqrt{2}}]^{\frac{1}{2}}$
$=2^{\frac{1}{2}\times\sqrt{2}\times\sqrt{2}\times\frac{1}{2}}=2^{\frac{1}{2}}$

④ (준 식)$=\{(2^{\frac{\sqrt{2}}{2}})^{\frac{1}{2}}\}^{\sqrt{2}}=2^{\frac{\sqrt{2}}{2}\times\frac{1}{2}\times\sqrt{2}}=2^{\frac{1}{2}}$

⑤ $\sqrt{(\sqrt{2})^{\sqrt{2}}}=\{(2^{\frac{1}{2}})^{\sqrt{2}}\}^{\frac{1}{2}}$
$=2^{\frac{1}{2}\times\sqrt{2}\times\frac{1}{2}}=2^{\frac{\sqrt{2}}{4}}$

$\therefore$ (준 식)$=(2^{\frac{1}{2}})^{2^{\frac{\sqrt{2}}{4}}}=2^{\frac{1}{2}\times2^{\frac{\sqrt{2}}{4}}}=2^{2^{\frac{\sqrt{2}}{4}-1}}$

그런데 $2^{\frac{\sqrt{2}}{4}-1}\neq2^{-1}=\frac{1}{2}$이므로 ①~④의 값은 같고 ⑤의 값만 이와 다르다.

답 ⑤

1-4. ① (좌변)$=a^b$, (우변)$=b^a$
$\therefore\ a*b\neq b*a$

② (좌변)$=(a^b)*c=(a^b)^c=a^{bc}$,
(우변)$=a*(b^c)=a^{b^c}$
$\therefore\ (a*b)*c\neq a*(b*c)$

③ (좌변)$=(ab)^c=a^cb^c$, (우변)$=a^cb^c$
$\therefore\ (ab)*c=(a*c)(b*c)$

④ (좌변)$=a^{bc}$, (우변)$=a^ba^c=a^{b+c}$
$\therefore\ a*(bc)\neq(a*b)(a*c)$

⑤ (좌변)$=(a^b)^n=a^{bn}$,
(우변)$=(an)^{bn}=a^{bn}n^{bn}$

$\therefore\ (a*b)^n \neq (an)*(bn)$

답 ③

* ***Note*** $a=2,\ b=1,\ c=3,\ n=4$일 때, ①, ②, ④, ⑤의 등식은 성립하지 않는다.

1-5. 준 식의 분자, 분모에 x^{12}을 곱하면

$$(\text{준 식})=\frac{x^{12}(1+x+x^2+\cdots+x^{10})}{x^{10}+x^9+\cdots+1}=x^{12}$$

$x=\sqrt[6]{2}$를 대입하면

$$x^{12}=(\sqrt[6]{2})^{12}=2^{\frac{12}{6}}=2^2=\mathbf{4}$$

1-6. $a^{2x}=\sqrt{5}=5^{\frac{1}{2}}$에서 $\quad a=5^{\frac{1}{4x}}$

$b^{3y}=\sqrt{5}=5^{\frac{1}{2}}$에서 $\quad b=5^{\frac{1}{6y}}$

$ab=\sqrt[3]{5}=5^{\frac{1}{3}}$이므로

$$5^{\frac{1}{4x}}\times 5^{\frac{1}{6y}}=5^{\frac{1}{4x}+\frac{1}{6y}}=5^{\frac{1}{3}}$$

$$\therefore\ \frac{1}{4x}+\frac{1}{6y}=\frac{1}{3}$$

양변에 12를 곱하면

$$\frac{3}{x}+\frac{2}{y}=\mathbf{4}$$

* ***Note*** 위에서 다음 성질이 이용되었다.

$a>0,\ a\neq 1$일 때, 모든 실수 x에 대하여 $a^x>0$이고,

$$\boldsymbol{a^{x_1}=a^{x_2} \iff x_1=x_2}$$

이 성질은 p. 46에서 공부하는 지수함수의 그래프의 성질로부터 보다 명확하게 알 수 있다.

1-7. $(\sqrt[3]{2})^{f(n)}$의 6제곱근 중 실수인 것은 $\sqrt[6]{(\sqrt[3]{2})^{f(n)}},\ -\sqrt[6]{(\sqrt[3]{2})^{f(n)}}$이므로

$$\sqrt[6]{(\sqrt[3]{2})^{f(n)}}\times\left\{-\sqrt[6]{(\sqrt[3]{2})^{f(n)}}\right\}$$
$$=-\left\{\sqrt[6]{(\sqrt[3]{2})^{f(n)}}\right\}^2=-\left\{2^{\frac{f(n)}{18}}\right\}^2$$
$$=-2^{\frac{f(n)}{9}}$$

이때, $-\sqrt[4]{8}=-\sqrt[4]{2^3}=-2^{\frac{3}{4}}$이므로

$$\frac{f(n)}{9}=\frac{3}{4} \qquad \therefore\ f(n)=\frac{27}{4}$$

한편 이차함수 $y=f(x)$의 그래프는 직선 $x=3$에 대하여 대칭이므로 조건을 만족시키는 자연수 n의 개수가 2가 되려면 $f(1)=\frac{27}{4}$ 또는 $f(2)=\frac{27}{4}$이어야 한다.

이때, $f(1)=4+k,\ f(2)=1+k$이므로

$$4+k=\frac{27}{4} \text{ 또는 } 1+k=\frac{27}{4}$$

$$\therefore\ k=\frac{11}{4} \text{ 또는 } k=\frac{23}{4}$$

따라서 구하는 k의 값의 합은

$$\frac{11}{4}+\frac{23}{4}=\mathbf{\frac{17}{2}}$$

1-8. (1) 조건식의 양변을 세제곱하면

$$x^3=2+2^{-1}+3(2^{\frac{1}{3}}+2^{-\frac{1}{3}})$$

$$\therefore\ x^3=\frac{5}{2}+3x \qquad \therefore\ 2x^3=5+6x$$

$$\therefore\ 2x^3-6x=\mathbf{5}$$

(2) $x^2-4=(2^{\frac{1}{3}}+2^{-\frac{1}{3}})^2-4$
$$=(2^{\frac{2}{3}}+2+2^{-\frac{2}{3}})-4$$
$$=(2^{\frac{1}{3}}-2^{-\frac{1}{3}})^2$$

$2^{\frac{1}{3}}=\sqrt[3]{2}>1$이므로

$$\sqrt{x^2-4}=2^{\frac{1}{3}}-2^{-\frac{1}{3}}$$

$$\therefore\ \sqrt{x^2-4}-x=2^{\frac{1}{3}}-2^{-\frac{1}{3}}-(2^{\frac{1}{3}}+2^{-\frac{1}{3}})$$
$$=-2\times 2^{-\frac{1}{3}}=-2^{\frac{2}{3}}$$

$$\therefore\ (\sqrt{x^2-4}-x)^3=(-2^{\frac{2}{3}})^3$$
$$=-2^2=\mathbf{-4}$$

1-9. $f(k)=\dfrac{a^k-a^{-k}}{a^k+a^{-k}}=\dfrac{a^{2k}-1}{a^{2k}+1}=\dfrac{1}{2}$

$$\therefore\ a^{2k}-1=\frac{1}{2}(a^{2k}+1) \qquad \therefore\ a^{2k}=3$$

$$\therefore\ f(2k)=\frac{a^{2k}-a^{-2k}}{a^{2k}+a^{-2k}}=\frac{a^{2k}-\frac{1}{a^{2k}}}{a^{2k}+\frac{1}{a^{2k}}}$$

$$=\frac{3-\frac{1}{3}}{3+\frac{1}{3}}=\mathbf{\frac{4}{5}}$$

2-1. 주어진 로그가 정의되려면 모든 실수 x에 대하여 $ax^2-ax+1>0$이어야 한다.

$a=0$일 때 $ax^2-ax+1=1>0$

이므로 성립한다. ……①

$a\neq0$일 때

$a>0$이고 $D=a^2-4a<0$

$\therefore\ 0<a<4$ ……②

①, ②에서 $\boldsymbol{0\leq a<4}$

2-2. $x+y=2\sqrt{3},\ xy=(\sqrt{3})^2-(\sqrt{2})^2=1$ 이므로

$$\begin{aligned}3x^2-5xy+3y^2&=3(x^2+y^2)-5xy\\&=3\{(x+y)^2-2xy\}-5xy\\&=3\{(2\sqrt{3})^2-2\times1\}-5\times1\\&=25\end{aligned}$$

$$\therefore\ \log_{625}(3x^2-5xy+3y^2)=\log_{625}25=\log_{25^2}25=\frac{1}{2}$$

답 ②

2-3. (1) $a=b \Longrightarrow a^x=b^x$

한편 $x=0$인 경우 $a^x=b^x=1$이지만 $a\neq b$일 수 있으므로

$a^x=b^x \not\Longrightarrow a=b$

따라서 $a^x=b^x$은 $a=b$이기 위한 필요조건

(2) $a=b \Longrightarrow \log_a x=\log_b x$

한편 $x=1$인 경우 $\log_a x=\log_b x=0$ 이지만 $a\neq b$일 수 있으므로

$\log_a x=\log_b x \not\Longrightarrow a=b$

따라서 $\log_a x=\log_b x$는 $a=b$이기 위한 필요조건

2-4. $\log_2 23=a$로 놓으면 $2^a=23$

$2^4<23<2^5$이므로 $4<a<5$ ……①

$\therefore\ x=4$

$\log_3 143=b$로 놓으면 $3^b=143$

$3^4<143<3^5$이므로 $4<b<5$

한편 $3^{4.5}=3^4\times3^{0.5}=81\sqrt{3}=137.7$에서

$3^{4.5}<3^b<3^5 \quad \therefore\ 4.5<b<5$

$\therefore\ y=5$

$\therefore\ x^2+y^2=4^2+5^2=41$ 답 ②

* ***Note*** ①에서 다음 지수의 대소 관계가 이용되었다.

$\boldsymbol{a>1}$일 때

$$\boldsymbol{a^M>a^N \Longleftrightarrow M>N}$$

이 성질은 p. 46에서 공부하는 지수함수의 그래프의 성질로부터 보다 명확하게 알 수 있다.

2-5. $a^3b^2=1$에서 양변의 a를 밑으로 하는 로그를 잡으면

$\log_a a^3b^2=\log_a 1$

$\therefore\ \log_a a^3+\log_a b^2=0$

$\therefore\ 3+2\log_a b=0 \quad \therefore\ \log_a b=-\dfrac{3}{2}$

$$\begin{aligned}\therefore\ \log_a a^2b^3&=\log_a a^2+\log_a b^3\\&=2+3\log_a b\\&=2+3\times\left(-\frac{3}{2}\right)=\boldsymbol{-\frac{5}{2}}\end{aligned}$$

* ***Note*** $a^3b^2=1$에서 $b=a^{-\frac{3}{2}}$이므로

$$\begin{aligned}\log_a a^2b^3&=\log_a a^2(a^{-\frac{3}{2}})^3\\&=\log_a a^{-\frac{5}{2}}=\boldsymbol{-\frac{5}{2}}\end{aligned}$$

2-6. $\log_x 3=\log_9 y$에서

$$\frac{1}{\log_3 x}=\frac{1}{2}\log_3 y$$

$\therefore\ \log_3 x\times\log_3 y=2$

$xy=81$에서 $\log_3 xy=\log_3 81$

$\therefore\ \log_3 x+\log_3 y=4$

$$\begin{aligned}\therefore\ \left(\log_3\frac{x}{y}\right)^2&=(\log_3 x-\log_3 y)^2\\&=(\log_3 x+\log_3 y)^2-4\log_3 x\times\log_3 y\\&=4^2-4\times2=\boldsymbol{8}\end{aligned}$$

2-7. (1) $0<\log a<1$이므로

$0<\sqrt{\log a}<1$

$$\begin{aligned}\therefore\ (\text{준 식})&=\sqrt{\log10+\log a-\sqrt{4\log a}}\\&=\sqrt{1+\log a-2\sqrt{\log a}}\end{aligned}$$

$=\sqrt{(1-\sqrt{\log a})^2}$
$=\mathbf{1-\sqrt{\log a}}$

(2) (준 식)$=\log(\sqrt{1+a^2}+1)+\log(\sqrt{1+a^2}-1)$
$=\log(\sqrt{1+a^2}+1)(\sqrt{1+a^2}-1)$
$=\log(1+a^2-1)=\log a^2$
$=2\log 0.01=2\times(-2)$
$=\mathbf{-4}$

2-8. (분자)$=(\log 2+\log 5)^3-3\log 2\times\log 5\times(\log 2+\log 5)-1$
$=1^3-3\log 2\times\log 5\times 1-1$
$=-3\log 2\times\log 5$

(분모)$=(\log 2+\log 5)^2-2\log 2\times\log 5-1$
$=1^2-2\log 2\times\log 5-1$
$=-2\log 2\times\log 5$

$\therefore$ (준 식)$=\dfrac{-3\log 2\times\log 5}{-2\log 2\times\log 5}=\mathbf{\dfrac{3}{2}}$

* ***Note*** $\log 2=a$로 놓으면

$\log 5=\log\dfrac{10}{2}=1-\log 2=1-a$

따라서

(분자)$=a^3+(1-a)^3-1=3(a^2-a)$,
(분모)$=a^2+(1-a)^2-1=2(a^2-a)$

$\therefore$ (준 식)$=\dfrac{3(a^2-a)}{2(a^2-a)}=\mathbf{\dfrac{3}{2}}$

2-9. (1) (준 식)$=\log\dfrac{2}{1}+\log\dfrac{3}{2}+\log\dfrac{4}{3}+\cdots+\log\dfrac{10}{9}$
$=\log\left(\dfrac{2}{1}\times\dfrac{3}{2}\times\dfrac{4}{3}\times\cdots\times\dfrac{10}{9}\right)$
$=\log 10=\mathbf{1}$

(2) (준 식)$=\log_2(\log_3 4\times\log_4 5\times\log_5 6\times\cdots\times\log_{80} 81)$
$=\log_2\left(\dfrac{\log 4}{\log 3}\times\dfrac{\log 5}{\log 4}\times\dfrac{\log 6}{\log 5}\times\cdots\times\dfrac{\log 81}{\log 80}\right)$
$=\log_2\dfrac{\log 81}{\log 3}=\log_2(\log_3 81)$
$=\log_2 4=\mathbf{2}$

2-10. $2<2+\sqrt{3}<4$이고,
$\log_2 2=1$, $\log_2 4=2$이므로
$1<\log_2(2+\sqrt{3})<2$ ……①
$\therefore$ $x=1$,
$y=\log_2(2+\sqrt{3})-1=\log_2\dfrac{2+\sqrt{3}}{2}$
$\therefore$ $xy=\log_2\dfrac{2+\sqrt{3}}{2}$ $\therefore$ $2^{xy}=\mathbf{\dfrac{2+\sqrt{3}}{2}}$

* ***Note*** ①에서 다음 로그의 대소 관계가 이용되었다.

$\boldsymbol{a>1}$**일 때**

$\boldsymbol{\log_a M>\log_a N \iff M>N>0}$

이 성질은 p. 48에서 공부하는 로그 함수의 그래프의 성질로부터 보다 명확하게 알 수 있다.

2-11. 조건식의 좌변은
$\log_2 x+2\log_{2^2} y+3\log_{2^3} z$
$=\log_2 x+\dfrac{2}{2}\log_2 y+\dfrac{3}{3}\log_2 z$
$=\log_2 x+\log_2 y+\log_2 z$
$=\log_2 xyz$

이므로

$\log_2 xyz=1$ $\therefore$ $xyz=2$
$\therefore$ $\{(2^x)^y\}^z=(2^{xy})^z=2^{xyz}=2^2=\mathbf{4}$

2-12. (1) 조건식의 양변의 상용로그를 잡으면
$c\log b=\log 9=2\log 3$ ……①
$a\log c=\log 4=2\log 2$ ……②
$c\log c=\log 16=4\log 2$ ……③

②÷③하면 $\dfrac{a}{c}=\dfrac{1}{2}$ $\therefore$ $2a=c$

①에 대입하면 $2a\log b=2\log 3$
$\therefore$ $\log b^a=\log 3$ $\therefore$ $\boldsymbol{b^a=3}$

(2) $\log 4^x=\log 5^y=\log 20^z$에서
$x\log 4=y\log 5=z\log 20=k$

로 놓으면 $k\neq0$이고,

$$x=\frac{k}{\log 4},\ y=\frac{k}{\log 5},\ z=\frac{k}{\log 20}$$

$$\therefore\ \frac{1}{x}+\frac{1}{y}-\frac{1}{z}=\frac{\log 4}{k}+\frac{\log 5}{k}-\frac{\log 20}{k}=\frac{1}{k}\log\left(4\times5\times\frac{1}{20}\right)=\mathbf{0},$$

$$yz+zx-xy=\frac{k^2}{\log 5\times\log 20}+\frac{k^2}{\log 20\times\log 4}-\frac{k^2}{\log 4\times\log 5}=\frac{k^2(\log 4+\log 5-\log 20)}{\log 5\times\log 20\times\log 4}=\mathbf{0}$$

***Note** (2) $4^x=5^y=20^z=k$로 놓으면

$$4=k^{\frac{1}{x}},\ 5=k^{\frac{1}{y}},\ 20=k^{\frac{1}{z}}$$

$$\therefore\ k^{\frac{1}{x}}\times k^{\frac{1}{y}}=k^{\frac{1}{z}}\qquad \therefore\ \frac{1}{x}+\frac{1}{y}=\frac{1}{z}$$

$$\therefore\ \frac{1}{x}+\frac{1}{y}-\frac{1}{z}=\mathbf{0},$$

$$yz+zx-xy=xyz\left(\frac{1}{x}+\frac{1}{y}-\frac{1}{z}\right)=\mathbf{0}$$

2-13. $\log_2\{\log_3(\log_4 x)\}=1$에서

$$\log_3(\log_4 x)=2\qquad \therefore\ \log_4 x=3^2=9$$

$$\therefore\ \frac{1}{2}\log_2 x=9\qquad \therefore\ \log_2 x=18$$

$$\therefore\ \log_8 x=\frac{1}{3}\log_2 x=\mathbf{6}$$

또, $\log_4\{\log_3(\log_2 y)\}=1$에서

$$\log_3(\log_2 y)=4\qquad \therefore\ \log_2 y=3^4$$

$$\therefore\ \log_x y=\frac{\log_2 y}{\log_2 x}=\frac{3^4}{18}=\mathbf{\frac{9}{2}}$$

2-14. $\log_x w=24$에서 $w>0,\ w\neq1$이므로 w를 밑으로 하는 로그를 생각하면

$$\log_w x=\frac{1}{\log_x w}=\frac{1}{24}\qquad\cdots\cdots①$$

$$\log_w y=\frac{1}{\log_y w}=\frac{1}{40}\qquad\cdots\cdots②$$

$$\log_w xyz=\frac{1}{\log_{xyz} w}=\frac{1}{12}\qquad\cdots\cdots③$$

③에서

$$\log_w x+\log_w y+\log_w z=\frac{1}{12}$$

①, ②를 대입하면

$$\frac{1}{24}+\frac{1}{40}+\log_w z=\frac{1}{12}$$

$$\therefore\ \log_w z=\frac{1}{60}\qquad \therefore\ \log_z w=60$$

답 ④

***Note** 조건식에서

$$w=x^{24},\ w=y^{40},\ w=(xyz)^{12}$$

$$\therefore\ x=w^{\frac{1}{24}},\ y=w^{\frac{1}{40}},\ xyz=w^{\frac{1}{12}}$$

이때, $w^{\frac{1}{24}}w^{\frac{1}{40}}z=w^{\frac{1}{12}}$

$$\therefore\ z=w^{\frac{1}{60}}\qquad \therefore\ z^{60}=w$$

$$\therefore\ \log_z w=60$$

2-15. $\log_a b=t$로 놓으면

$$t+\frac{3}{t}=\frac{13}{2}\qquad \therefore\ 2t^2-13t+6=0$$

$$\therefore\ t=\frac{1}{2}\ \text{또는}\ t=6$$

$$\therefore\ b=\sqrt{a}\ \text{또는}\ b=a^6$$

그런데 $a>b>1$이므로 $b=\sqrt{a}$

$$\therefore\ (\text{준 식})=\frac{a+(\sqrt{a})^4}{a^2+(\sqrt{a})^2}=\frac{a+a^2}{a^2+a}=1$$

답 ①

2-16. $\log_a c:\log_b c=3:2$에서

$$2\log_a c=3\log_b c\qquad \therefore\ \frac{2}{\log_c a}=\frac{3}{\log_c b}$$

$$\therefore\ \frac{\log_c b}{\log_c a}=\frac{3}{2}\qquad \therefore\ \log_a b=\frac{3}{2}$$

$$\therefore\ \log_a b+\log_b a=\log_a b+\frac{1}{\log_a b}=\frac{3}{2}+\frac{2}{3}=\mathbf{\frac{13}{6}}$$

2-17. 주어진 식에서 밑을 c로 바꾸면

$$\frac{1}{\log_c(a+b)}+\frac{1}{\log_c(a-b)}$$

$$=2\times\frac{1}{\log_c(a+b)}\times\frac{1}{\log_c(a-b)}$$

양변에 $\log_c(a+b)\times\log_c(a-b)$를 곱하면

$$\log_c(a-b)+\log_c(a+b)=2$$

$$\therefore\ \log_c(a-b)(a+b)=2$$

$\therefore\ c^2=(a-b)(a+b)\qquad\therefore\ a^2=b^2+c^2$

따라서 이 삼각형은

빗변의 길이가 $\boldsymbol{a}$인 직각삼각형

***Note** 조건을 만족시키는 삼각형은 빗변의 길이가 a인 직각삼각형 중에서

$$a+b\neq1,\ a-b\neq1,\ c\neq1$$

인 삼각형이다.

2-18. 근과 계수의 관계로부터

$$p=\log_{a^2}b^4+\log_{b^2}a^4$$
$$=2\log_a b+2\log_b a,$$
$$q=2\log_a b\times2\log_b a$$

ㄱ. $q=2\log_a b\times\dfrac{2}{\log_a b}=4$

ㄴ. $b=a^2$이면

$$p=2\log_a a^2+2\log_{a^2}a$$
$$=2\times2+2\times\frac{1}{2}=5$$

ㄷ. $a>1,\ b>1$이므로

$$\log a>0,\ \log b>0$$
$$\therefore\ \log_a b=\frac{\log b}{\log a}>0,$$
$$\log_b a=\frac{\log a}{\log b}>0$$

산술평균과 기하평균의 관계에서

$$p=2\log_a b+2\log_b a$$
$$\ge2\sqrt{2\log_a b\times2\log_b a}=4$$

등호는 $\log_a b=\log_b a$, 곧 $a=b$일 때 성립하고, 이때 p의 최솟값은 4이다.

이상에서 옳은 것은 ㄱ, ㄴ, ㄷ이다.

답 ⑤

2-19. (1) $\log_3 4$가 유리수라고 가정하면 $\log_3 4>\log_3 1$에서 $\log_3 4>0$이므로

$$\log_3 4=\frac{n}{m}$$

($m,\ n$은 서로소인 자연수)

인 $m,\ n$이 존재한다.

$$\therefore\ 3^{\frac{n}{m}}=4\qquad\therefore\ 3^n=4^m$$

그런데 좌변은 홀수, 우변은 짝수가 되어 모순이다.

따라서 $\log_3 4$는 유리수가 아니다.

(2) $p(\log_3 3+\log_3 4)-q\log_3 4-2=0$

$$\therefore\ (p-q)\log_3 4+p-2=0$$

$p-q,\ p-2$는 유리수이고, $\log_3 4$는 무리수이므로

$$p-q=0,\ p-2=0$$
$$\therefore\ \boldsymbol{p=2,\ q=2}$$

2-20. $\log_9 3n^4-\log_3\sqrt[4]{n}$

$$=\log_9 3n^4-\log_9\sqrt{n}$$
$$=\log_9\frac{3n^4}{\sqrt{n}}=\log_9 3n^{\frac{7}{2}}$$

이므로

$\log_9 3n^{\frac{7}{2}}=k$ (k는 100 이하의 자연수)

로 놓으면 $3n^{\frac{7}{2}}=9^k$

$$\therefore\ n^{\frac{7}{2}}=3^{2k-1}\qquad\therefore\ n=3^{\frac{4k-2}{7}}$$

이때, n은 자연수이므로 $\dfrac{4k-2}{7}$는 음이 아닌 정수이어야 한다.

$$\therefore\ k=4,\ 11,\ 18,\ \cdots,\ 95$$

⇦ $k=7m-3$ ($m=1,\ 2,\ 3,\ \cdots,\ 14$)

따라서 조건을 만족시키는 k의 개수가 14이므로 구하는 자연수 n의 개수는 14이다.

답 ④

3-1. (1) $\log0.72=\log\dfrac{2^3\times3^2}{100}$

$$=3\log2+2\log3-\log100$$
$$=3\times0.3010+2\times0.4771-2$$
$$=\boldsymbol{-0.1428}$$

(2) $\log\sqrt[3]{\sin60^\circ}=\dfrac{1}{3}\log\dfrac{\sqrt{3}}{2}$

$=\frac{1}{3}\left(\frac{1}{2}\log 3-\log 2\right)$
$=\frac{1}{3}\left(\frac{1}{2}\times 0.4771-0.3010\right)$
$\fallingdotseq \mathbf{-0.0208}$

(3) $\log_{\sqrt{10}} 18=\log_{10^{\frac{1}{2}}} 18=2\log 18$
$=2\log(2\times 3^2)$
$=2(\log 2+2\log 3)$
$=2(0.3010+2\times 0.4771)$
$=\mathbf{2.5104}$

3-2. $4\le\log a<5$ ……①
$5\le\log b<6$ ……②
$6\le\log c<7$ ……③
①의 각 변에 2를 곱하면
$8\le\log a^2<10$ ……④
②+③+④하면
$19\le\log a^2bc<23$
곧, $\log a^2bc$의 정수부분이 될 수 있는 것은 19, 20, 21, 22이므로 a^2bc는
최대 23자리 정수

3-3. (i) $\log 7^x$의 정수부분이 14이므로
$14\le\log 7^x<15$
$\therefore\ 14\le x\log 7<15$
$\therefore\ \frac{14}{\log 7}\le x<\frac{15}{\log 7}$
$\therefore\ 16.5\times\times\times\le x<17.7\times\times\times$
x는 정수이므로 $\boldsymbol{x=17}$

(ii) $7^4=2401$이므로
$7^4=10m+1$ (m은 자연수)
로 놓을 수 있다. 따라서
$7^{17}=7\times(7^4)^4=7(10m+1)^4$
$=7(10n+1)$ (n은 자연수)
로 놓을 수 있다.
따라서 7^{17}의 일의 자리 숫자는 **7**

*****Note*** 7, 7^2, 7^3, 7^4, 7^5, …의 일의 자리 숫자는 차례로
7, 9, 3, 1, 7, …
따라서 $7^{17}=7\times(7^4)^4$에서 $(7^4)^4$의 일의 자리 숫자는 1이므로 7^{17}의 일의 자리 숫자는 7의 일의 자리 숫자와 같다. 곧, 7^{17}의 일의 자리 숫자는 **7**

3-4. 상용로그의 정수부분이 5인 자연수를 A라고 하면
$5\le\log A<6\quad\therefore\ 10^5\le A<10^6$
따라서 A의 개수 x는
$x=10^6-10^5=9\times 10^5$
역수의 상용로그의 정수부분이 -4인 자연수를 B라고 하면
$-4\le\log\frac{1}{B}<-3\quad\therefore\ 3<\log B\le 4$
$\therefore\ 10^3<B\le 10^4$
따라서 B의 개수 y는
$y=10^4-10^3=9\times 10^3$
$\therefore\ \log x-\log y=\log\frac{x}{y}=\log\frac{9\times 10^5}{9\times 10^3}$
$=\log 10^2=2$ 답 ⑤

3-5. N이 4자리 자연수이므로
$\log N=3+\alpha$ $(0.4<\alpha<0.5)$
곧, $3.4<\log N<3.5$이므로
$17<5\log N<17.5$
$\therefore\ 17<\log N^5<17.5$
따라서 N^5은 18자리 자연수이다.
답 ③

3-6. $\log x$의 정수부분을 n, 소수부분을 α라고 하면
$\log x=n+\alpha$ (n은 정수, $0\le\alpha<1$)
(i) $\alpha=0$일 때, $\log x=n$이므로
$\log 10x=1+n,\ \log\frac{100}{x}=2-n$
따라서 정수부분의 합은
$(1+n)+(2-n)=3$
(ii) $0<\alpha<1$일 때
$\log 10x=\log 10+\log x$
$=(1+n)+\alpha$
$\log\frac{100}{x}=\log 100-\log x$

$=2-(n+\alpha)=2-n-\alpha$
$=(1-n)+(1-\alpha)$

따라서 정수부분의 합은

$(1+n)+(1-n)=2$

(i), (ii)에서 정수부분의 합은 **2, 3**

3-7. (i) $1\le n\le 9$일 때 $f(n)=0$

이때, $f(n+10)=1$이어야 하므로

$10\le n+10\le 99$ 곧, $0\le n\le 89$

$\therefore 1\le n\le 9$

(ii) $10\le n\le 99$일 때 $f(n)=1$

이때, $f(n+10)=2$이어야 하므로

$100\le n+10\le 999$ 곧, $90\le n\le 989$

$\therefore 90\le n\le 99$

(iii) $100\le n\le 999$일 때 $f(n)=2$

이때, $f(n+10)=3$이어야 하므로

$1000\le n+10\le 9999$

곧, $990\le n\le 9989$

$\therefore 990\le n\le 999$

(iv) $n=1000$일 때 $f(n)=3$

이때, $f(n+10)=f(1010)=3$이므로 조건을 만족시키지 않는다.

(i)~(iv)에서 자연수 n의 개수는

$9+10+10=$**29**

3-8. $\log x=f(x)+g(x)$

($f(x)$는 정수, $0\le g(x)<1$)

$f(x)-5g(x)=4$에서

$f(x)=4+5g(x)$ ……㉠

$0\le g(x)<1$이므로

$4\le f(x)<9$

$f(x)$는 정수이므로

$f(x)=4,\ 5,\ 6,\ 7,\ 8$

이때, ㉠에서

$g(x)=0,\ \frac{1}{5},\ \frac{2}{5},\ \frac{3}{5},\ \frac{4}{5}$

$\therefore \log x=4,\ 5+\frac{1}{5},\ 6+\frac{2}{5},\ 7+\frac{3}{5},\ 8+\frac{4}{5}$

$\therefore x=10^4,\ 10^{5+\frac{1}{5}},\ 10^{6+\frac{2}{5}},\ 10^{7+\frac{3}{5}},\ 10^{8+\frac{4}{5}}$

따라서 모든 x의 값의 곱은

$10^4\times 10^{5+\frac{1}{5}}\times 10^{6+\frac{2}{5}}\times 10^{7+\frac{3}{5}}\times 10^{8+\frac{4}{5}}=10^{32}$

$\therefore$ $\boldsymbol{a=32}$

3-9. 처음 빛의 밝기를 a라고 하면 유리 10장을 통과한 후의 빛의 밝기는

$$a\left(1-\frac{1}{10}\right)^{10}=a\left(\frac{9}{10}\right)^{10}$$

$x=\left(\frac{9}{10}\right)^{10}$으로 놓으면

$\log x=\log\left(\frac{9}{10}\right)^{10}=10(2\log 3-\log 10)$

$=10(2\times 0.477-1)=-0.460$

$=-1+0.540$ ⇦ $\log 3.47=0.540$

$=\log 10^{-1}+\log 3.47$

$=\log 0.347$

$\therefore x=0.347$

따라서 유리 10장을 통과한 후의 빛의 밝기는

$$a\left(\frac{9}{10}\right)^{10}=0.347a$$

이므로 처음 빛의 밝기의 **34.7 %**

3-10. $T=T_0+k\log(8t+1)$에서

$T_0=24$이고, $t=\frac{9}{8}$일 때 $T=384$이므로

$384=24+k\log 10$ $\therefore k=360$

또, $t=a$일 때 $T=744$이므로

$744=24+360\log(8a+1)$

$\therefore \log(8a+1)=2$

$\therefore 8a+1=10^2=100$ $\therefore$ $\boldsymbol{a=\frac{99}{8}}$

4-1. ① $y=\log_2 3+\log_2 x$

곧, $y-\log_2 3=\log_2 x$

이므로 곡선 $y=\log_2 x$를 y축의 방향으로 $\log_2 3$만큼 평행이동한 것이다.

② $y=\log_2 2\left(x+\frac{1}{2}\right)$

$=\log_2 2+\log_2\left(x+\frac{1}{2}\right)$

곧, $y-1=\log_2\left(x+\frac{1}{2}\right)$

이므로 곡선 $y=\log_2 x$를 x축의 방향으로 $-\frac{1}{2}$만큼, y축의 방향으로 1만큼 평행이동한 것이다.

③ $y-1=-\log_2 x$
이므로 곡선 $y=-\log_2 x$를 y축의 방향으로 1만큼 평행이동한 것이다.

④ $y-1=2\log_2 x$
이므로 곡선 $y=2\log_2 x$를 y축의 방향으로 1만큼 평행이동한 것이다.

⑤ $y-2=-\log_2\{-(x-1)\}$
이므로 곡선 $y=-\log_2(-x)$를 x축의 방향으로 1만큼, y축의 방향으로 2만큼 평행이동한 것이다.

답 ①, ②

***Note** ③ 곡선 $y=\log_2 x$를 x축에 대하여 대칭이동한 다음, y축의 방향으로 1만큼 평행이동하면 겹쳐질 수 있다.

⑤ 곡선 $y=\log_2 x$를 원점에 대하여 대칭이동한 다음, x축의 방향으로 1만큼, y축의 방향으로 2만큼 평행이동하면 겹쳐질 수 있다.

4-2. (1) $x\ge 0$일 때 $y=2^x$,
$x<0$일 때 $y=2^{-x}$

(2) $x>0$일 때 $y=\log_2 x$,
$x<0$일 때 $y=\log_2(-x)$

(1)
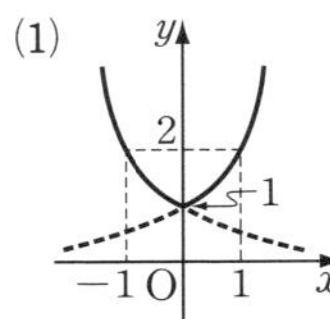

(2)
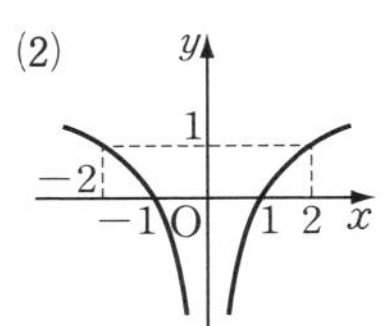

***Note** (1), (2)는 $y=f(|x|)$ 꼴의 그래프를 그리는 방법을 이용해도 된다.

이를테면 (2)는 $x>0$일 때 $y=\log_2 x$의 그래프를 그린 다음, $x<0$인 부분의 그래프는 y축에 대하여 대칭이동하여 그린다.

(3) $y=|f(x)|$ 꼴의 그래프이다.

곧, $y=\log_2(x-1)$의 그래프를 그린 다음, x축 윗부분은 그대로 두고, x축 아랫부분은 x축 위로 꺾어 올려 그린다.

(4) $|y|=f(|x|)$ 꼴의 그래프이다.

먼저 $x>0$, $y\ge 0$일 때 $y=\log_2 x$의 그래프를 그린 다음, 다른 사분면에서의 그래프는 x축, y축, 원점에 대하여 대칭이동하여 그린다.

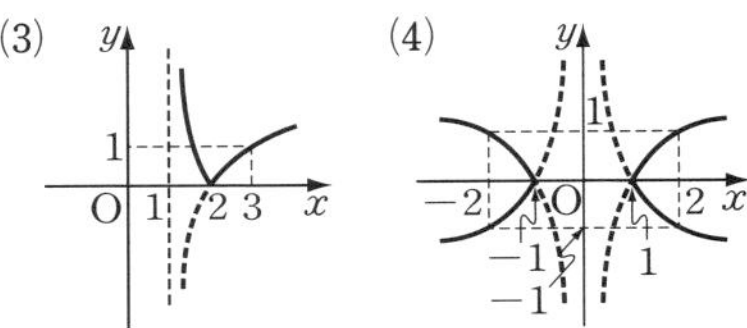

4-3. (1) 곡선 $y=2^x$이 f에 의하여 이동된 곡선의 방정식은

$$y+1=2^{x-\log_2 3}$$

이 곡선이 g에 의하여 이동된 곡선의 방정식은

$$x+1=2^{y-\log_2 3}$$

$$\therefore\ y-\log_2 3=\log_2(x+1)$$

$$\therefore\ y=\log_2(x+1)+\log_2 3$$

$$\therefore\ \boldsymbol{y=\log_2 3(x+1)}$$

(2) 곡선 $y=\log_2 x$가 g에 의하여 이동된 곡선의 방정식은

$$x=\log_2 y$$

이 곡선이 f에 의하여 이동된 곡선의 방정식은

$$x-\log_2 3=\log_2(y+1)$$

$$\therefore\ y+1=2^{x-\log_2 3}=2^x\times 2^{-\log_2 3}=2^x\times 3^{-1}$$

$$\therefore\ \boldsymbol{y=\frac{1}{3}\times 2^x-1}$$

4-4. (1) $y=2^x+1\,(y>1)$에서 $2^x=y-1$

$$\therefore\ x=\log_2(y-1)\ (y>1)$$

x와 y를 바꾸면 $y=\log_2(x-1)$

$\therefore$ $\boldsymbol{f(x)=\log_2(x-1)}$

(2) 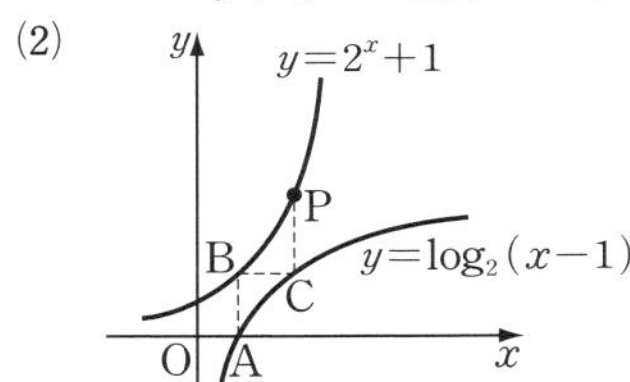

위의 그림에서 곡선 $y=\log_2(x-1)$이 x축과 만나는 점 A의 x좌표는

$\log_2(x-1)=0$에서 $x=2$

점 B의 y좌표는 $y=2^2+1=5$

점 C의 x좌표는

$\log_2(x-1)=5$에서 $x=33$

따라서 점 P의 y좌표는

$\boldsymbol{y=2^{33}+1}$

4-5. 직선 $x=2$에 대하여 서로 대칭이므로

$f(4)=g(0)$, $g(4)=f(0)$

$\therefore$ $f(4)+g(4)=g(0)+f(0)=\dfrac{5}{2}$

$\therefore$ $a+a^{-1}=\dfrac{5}{2}$ $\therefore$ $2a^2-5a+2=0$

$0<a<1$이므로 $a=\dfrac{1}{2}$ 답 ④

4-6. 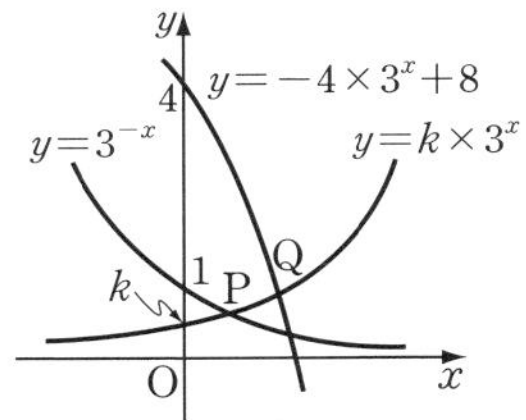

$y=k\times3^x$의 그래프의 y절편이 $k(0<k<1)$이므로 세 함수의 그래프는 위의 그림과 같다.

따라서 점 P, Q의 x좌표를 각각 α, 2α라고 하면

$k\times3^{\alpha}=\dfrac{1}{3^{\alpha}}$ ……①

$k\times3^{2\alpha}=-4\times3^{2\alpha}+8$ ……②

①의 양변에 3^{α}을 곱하고 정리하면

$3^{2\alpha}=\dfrac{1}{k}$

②에 대입하면

$k\times\dfrac{1}{k}=-4\times\dfrac{1}{k}+8$ $\therefore$ $k=\dfrac{4}{7}$

답 ④

4-7. (1) $2^{g(x)+1}=2x$ $(x>0)$

$\therefore$ $2^{g(x)}=x$ $(x>0)$

$\therefore$ $\boldsymbol{g(x)=\log_2 x}$

(2) $f(x)=\log_2(x+1)=t$로 놓으면

$x+1=2^t$ $\therefore$ $x=2^t-1$

따라서 $g(f(x))=2x$는

$g(t)=2(2^t-1)$

$\therefore$ $\boldsymbol{g(x)=2(2^x-1)}$

(3) $\log_2 x=t$로 놓으면 $x=2^t$

따라서 $f(\log_2 x)=2x$는

$f(t)=2\times2^t$ $\therefore$ $f(t)=2^{t+1}$

따라서 $f(g(x))=2^{g(x)+1}=4x^2$에서

$2^{g(x)}=2x^2$

$\therefore$ $\boldsymbol{g(x)=\log_2 2x^2}$

4-8. $2^x+x-2=0$에서 $2^x=-x+2$

$\log_2 x+x-2=0$에서

$\log_2 x=-x+2$

$x+\sqrt{x}-2=0$에서

$\sqrt{x}=-x+2$

따라서 a, b, c는 각각 함수 $y=2^x$, $y=\log_2 x$, $y=\sqrt{x}$의 그래프가 직선 $y=-x+2$와 만나는 점의 x좌표이다.

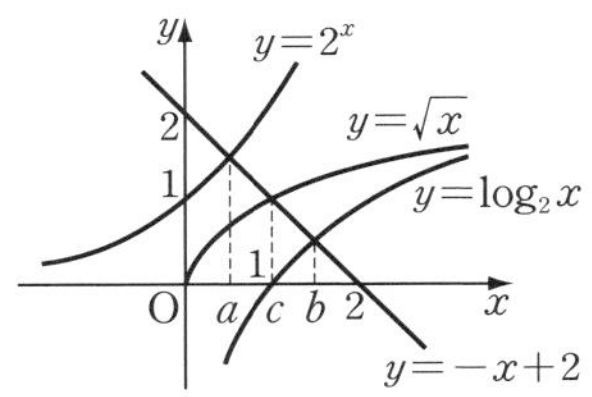

위의 그림에서 $\boldsymbol{a<c<b}$

4-9.

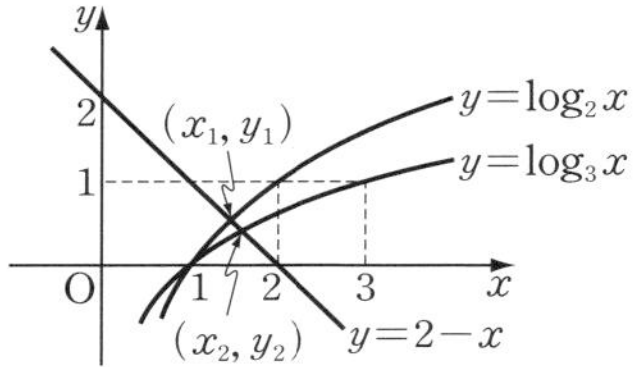

(1) 위의 그림에서 $x_1>1$, $y_2<1$이므로

$$\boldsymbol{x_1>y_2}$$

(2) 점 (x_1, y_1), (x_2, y_2)는 직선 $y=2-x$ 위의 점이므로 기울기에서

$\dfrac{y_2-y_1}{x_2-x_1}=-1$ $\quad\therefore$ $\boldsymbol{x_2-x_1=y_1-y_2}$

(3) $x_1y_1-x_2y_2=x_1(2-x_1)-x_2(2-x_2)$
$=(x_2{}^2-x_1{}^2)-2(x_2-x_1)$
$=(x_2-x_1)(x_2+x_1-2)$

그런데 $x_2-x_1>0$, $x_1>1$, $x_2>1$이므로

$x_1y_1-x_2y_2>0$ $\quad\therefore$ $\boldsymbol{x_1y_1>x_2y_2}$

****Note*** (3)은 다음과 같이 넓이를 이용하여 생각할 수도 있다.

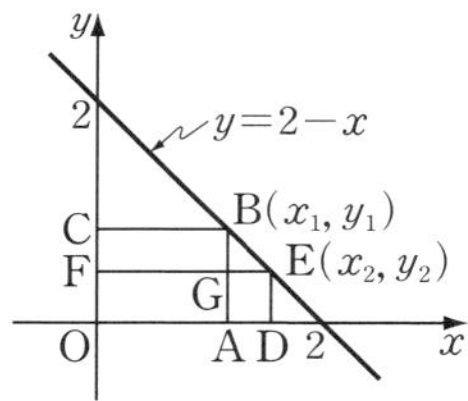

위의 그림의 점 O$(0, 0)$, A$(x_1, 0)$, B(x_1, y_1), C$(0, y_1)$, D$(x_2, 0)$, E(x_2, y_2), F$(0, y_2)$, G(x_1, y_2) 에 대하여

□OABC의 넓이는 x_1y_1,
□ODEF의 넓이는 x_2y_2,
□FGBC의 넓이는 $x_1(y_1-y_2)$,
□ADEG의 넓이는 $y_2(x_2-x_1)$

(1), (2)에 의하여

(□FGBC의 넓이)
>(□ADEG의 넓이)

∴ (□OABC의 넓이)
>(□ODEF의 넓이)

$\therefore$ $\boldsymbol{x_1y_1>x_2y_2}$

4-10. $y=f(x)$의 그래프는 아래 그림에서 꺾인 선이다.

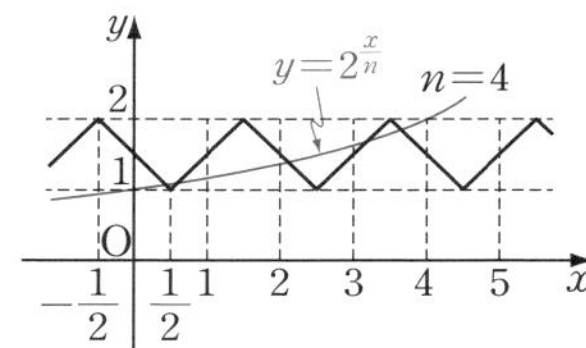

한편 $g(x)=2^{\frac{x}{n}}$이라고 하면 $g(0)=1$, $g(n)=2$이므로 그래프는 두 점 $(0, 1)$, $(n, 2)$를 지나는 곡선이다.

따라서 교점이 5개이려면 $\boldsymbol{n=4, 5}$

4-11. (1) $f(1-x)=\dfrac{4^{1-x}}{4^{1-x}+2}=\dfrac{4}{4+2\times 4^x}$
$=\dfrac{2}{4^x+2}$

이므로

$$f(x)+f(1-x)=\frac{4^x}{4^x+2}+\frac{2}{4^x+2}=\mathbf{1}$$

(2) (준 식)$=\left\{f\left(\dfrac{1}{101}\right)+f\left(\dfrac{100}{101}\right)\right\}$
$+\left\{f\left(\dfrac{2}{101}\right)+f\left(\dfrac{99}{101}\right)\right\}$
$+\cdots$
$+\left\{f\left(\dfrac{50}{101}\right)+f\left(\dfrac{51}{101}\right)\right\}$

$=\underbrace{1+1+\cdots+1}_{50\text{개}}=\mathbf{50}$ ⇦ (1)

4-12. $t=x^2-3x+3$이라고 하면 $t=\left(x-\dfrac{3}{2}\right)^2+\dfrac{3}{4}$이므로 $t\ge\dfrac{3}{4}$이다.

이때, $y=a^t$에서 $a>1$이므로 $t=\dfrac{3}{4}$일 때 y는 최소이고, 최솟값은 $a^{\frac{3}{4}}$이다.

$\therefore$ $a^{\frac{3}{4}}=8$ $\quad\therefore$ $a=(2^3)^{\frac{4}{3}}=2^4=16$

답 ③

4-13. $\log_2 x=t$로 놓으면

$$y=2t^2-2at+b$$
$$=2\left(t-\frac{a}{2}\right)^2+b-\frac{a^2}{2}$$

따라서 y는 $t=\frac{a}{2}$일 때 최솟값 $b-\frac{a^2}{2}$을 가진다.

문제의 조건으로부터

$$\log_2\frac{1}{2}=\frac{a}{2},\ b-\frac{a^2}{2}=1$$

$\therefore\ a=-2,\ b=3 \qquad \therefore\ a+b=1$

답 ①

4-14. $(g\circ f)(x)=g(f(x))=\log_a f(x)$

$f(x)=x^2-2x+10=(x-1)^2+9$이므로 $f(x)$는 $0\le x\le 1$에서

$x=0$일 때 최댓값 10,
$x=1$일 때 최솟값 9

를 가진다. 곧,

$$9\le f(x)\le 10$$

(i) $a>1$인 경우

$f(x)$가 최대일 때 $(g\circ f)(x)$는 최대이고, 최댓값은 $\log_a 10=-1$이다.

이때, $a=10^{-1}$이므로 $a>1$이라는 조건에 어긋난다.

(ii) $0<a<1$인 경우

$f(x)$가 최소일 때 $(g\circ f)(x)$는 최대이고, 최댓값은 $\log_a 9$이다.

$\therefore\ \log_a 9=-1 \qquad \therefore\ a^{-1}=9$

$$\therefore\ a=\frac{1}{9}$$

(i), (ii)에서 $\boldsymbol{a=\frac{1}{9}}$

4-15. $\frac{x(2^x-x)}{4^x}=\frac{x}{2^x}-\left(\frac{x}{2^x}\right)^2$이므로

$\frac{x}{2^x}=t$로 놓으면 $x>0$에서 $t>0$이고,

$$\frac{x(2^x-x)}{4^x}=t-t^2=-\left(t-\frac{1}{2}\right)^2+\frac{1}{4}$$

따라서 $t=\frac{1}{2}$일 때 최댓값은 $\boldsymbol{\frac{1}{4}}$

* ***Note*** $t=\frac{1}{2}$일 때, $2^x=2x$이므로

$x=1,\ 2$

이것은 $y=2^x$과 $y=2x$의 그래프를 그려 보면 알 수 있다.

4-16. (1) $2^x+2^{-x}=t$로 놓으면

$2^x>0,\ 2^{-x}>0$이므로

$$t=2^x+2^{-x}\ge 2\sqrt{2^x\times 2^{-x}}=2$$

(등호는 $x=0$일 때 성립)

이고,

$$4^x+4^{-x}=(2^x+2^{-x})^2-2\times 2^x\times 2^{-x}$$
$$=t^2-2$$

곧, $t\ge 2$이고,

$$y=t^2-2t-2=(t-1)^2-3$$

따라서 $t=2(x=0)$일 때

최솟값은 $\boldsymbol{-2}$

(2) $x^{\log 3}=3^{\log x}$이므로 $3^{\log x}=t$로 놓으면

$$y=t^2-6t=(t-3)^2-9$$

따라서 $t=3(x=10)$일 때

최솟값은 $\boldsymbol{-9}$

* ***Note*** $\log x$는 실수 전체의 값을 가지므로 $t=3^{\log x}>0$이다.

4-17. $x^2y=16$에서

$$2\log_2 x+\log_2 y=\log_2 2^4$$

곧, $2\log_2 x+\log_2 y=4$

$\log_2 x=X,\ \log_2 y=Y$로 놓으면

$2X+Y=4 \qquad \therefore\ Y=4-2X$

또, $x\ge 1,\ y\ge 1$에서

$X\ge 0,\ Y\ge 0 \qquad \therefore\ 0\le X\le 2$

$$\therefore\ \log_2 x\times\log_2 y=XY=X(4-2X)$$
$$=-2(X-1)^2+2$$

따라서 $X=1$일 때 **최댓값 2,**

$X=0,\ 2$일 때 **최솟값 0**

4-18. (1) $\log x+\log y=2$에서 $xy=100$

$x>0,\ y>0$이므로

$$x+4y\ge 2\sqrt{x\times 4y}=4\sqrt{xy}=40$$

(등호는 $x=4y=20$, 곧

$x=20,\ y=5$일 때 성립)

따라서 최솟값은 **40**

(2) $\log_4\sqrt{x}+\dfrac{1}{4}\log_{\frac{1}{2}}\dfrac{1}{y}$

$=\dfrac{\log_2\sqrt{x}}{\log_2 4}+\dfrac{1}{4}\times\dfrac{\log_2 y^{-1}}{\log_2 2^{-1}}$

$=\dfrac{1}{2\times2}\log_2 x+\dfrac{1}{4}\log_2 y$

$=\dfrac{1}{4}\log_2 xy$

$x>0,\ y>0$이고 $4x+y=4$이므로

$4x+y\ge2\sqrt{4x\times y}$에서

$4\ge4\sqrt{xy}\quad\therefore\ xy\le1$

(등호는 $4x=y=2$, 곧

$x=\dfrac{1}{2},\ y=2$일 때 성립)

따라서 xy의 최댓값이 1이므로 주어진 식의 최댓값은 $\dfrac{1}{4}\log_2 1=\mathbf{0}$

****Note*** $4x+y=4$에서

$y=4-4x,\ 0<x<1$

$\therefore\ xy=x(4-4x)$

$=-4\left(x-\dfrac{1}{2}\right)^2+1$

따라서 xy의 최댓값은 $x=\dfrac{1}{2}$일 때 1이다.

5-1. $\sqrt[7]{\left(\sqrt{a}\times\dfrac{a}{\sqrt[3]{a}}\right)^x}=\left(a^{\frac{1}{2}}\times a\times a^{-\frac{1}{3}}\right)^{\frac{x}{7}}$

$=\left(a^{\frac{7}{6}}\right)^{\frac{x}{7}}=a^{\frac{x}{6}}$,

$\sqrt{\sqrt{a^6}\sqrt[3]{a}}=\left(a^{\frac{6}{2}}a^{\frac{1}{3}}\right)^{\frac{1}{2}}=a^{\frac{5}{3}}$

$\therefore\ a^{\frac{x}{6}}=a^{\frac{5}{3}}\quad\therefore\ \dfrac{x}{6}=\dfrac{5}{3}$

$\therefore\ x=10$ 답 ②

5-2. (1) $8^x3^y=2^{3x}3^y,\ 1728=2^6\times3^3$

따라서 주어진 방정식은

$2^{3x}3^y=2^6\times3^3$

$x,\ y$는 정수이므로 $3x=6,\ y=3$

$\therefore\ \boldsymbol{x=2,\ y=3}$

(2) $12^x6^y=(2^2\times3)^x(2\times3)^y=2^{2x+y}3^{x+y}$,

$288=2^5\times3^2$

따라서 주어진 방정식은

$2^{2x+y}3^{x+y}=2^5\times3^2$

$x,\ y$는 정수이므로

$2x+y=5,\ x+y=2$

$\therefore\ \boldsymbol{x=3,\ y=-1}$

5-3. (i) $x+2=0,\ x^2-x-1\ne0$일 때

$x=-2$

(ii) $x^2-x-1=1$일 때 $x^2-x-2=0$

$\therefore\ x=-1,\ 2$

(iii) $x^2-x-1=-1$이고, $x+2$가 짝수일 때, $x^2-x-1=-1$에서 $x^2-x=0$

$x+2$가 짝수이므로 $x=0$

(i), (ii), (iii)에서 $x=-2,\ -1,\ 0,\ 2$

답 ④

****Note*** $x^y=1$의 정수해는

(x는 0이 아닌 정수, $y=0$)

또는 ($x=1$, y는 정수)

또는 ($x=-1$, y는 짝수)

5-4. (1) $2^x\left(8-\dfrac{1}{2}+\dfrac{1}{4}\right)=3^x\left(3+\dfrac{1}{3}+\dfrac{1}{9}\right)$

$\therefore\ 2^x\times\dfrac{31}{4}=3^x\times\dfrac{31}{9}$

$\therefore\ \left(\dfrac{2}{3}\right)^x=\dfrac{4}{9}=\left(\dfrac{2}{3}\right)^2\quad\therefore\ \boldsymbol{x=2}$

(2) $\sqrt{3^x}=t\,(t>0)$로 놓으면 $t+\dfrac{2}{t}=3$

$\therefore\ t^2-3t+2=0\quad\therefore\ t=1,\ 2$

$\therefore\ \sqrt{3^x}=1,\ 2\quad\therefore\ 3^x=1,\ 4$

$\therefore\ \boldsymbol{x=0,\ 2\log_3 2}$

(3) $\left(\dfrac{2}{3}\right)^{x^2+3}=\left(\dfrac{2}{3}\right)^{-(5x+1)}$

$\therefore\ x^2+3=-(5x+1)$

$\therefore\ \boldsymbol{x=-4,\ -1}$

(4) $2^x-4=a\ (a>-4)$,

$4^x-2=b\ (b>-2)$

로 놓으면 $a^3+b^3=(a+b)^3$

$\therefore\ ab(a+b)=0$

$\therefore\ a=0$ 또는 $b=0$ 또는 $a+b=0$

(i) $a=0$일 때, $2^x-4=0$에서 $x=2$

(ii) $b=0$일 때, $4^x-2=0$에서 $2^{2x}=2$

$$\therefore\ x=\frac{1}{2}$$

(iii) $a+b=0$일 때

$(2^x-4)+(4^x-2)=0$에서

$(2^x-2)(2^x+3)=0$

$2^x+3>0$이므로 $2^x=2$ $\quad\therefore\ x=1$

(i), (ii), (iii)에서 $\boldsymbol{x=\frac{1}{2},\ 1,\ 2}$

5-5. $4^x=9^x(4x-x^2)$ ······㉮

$9^x\neq0$이므로 양변을 9^x으로 나누면

$$\left(\frac{4}{9}\right)^x=4x-x^2$$

따라서 방정식 ㉮의 실근의 개수는 두 함수

$$y=\left(\frac{4}{9}\right)^x,\ y=4x-x^2$$

의 그래프의 교점의 개수와 같다.

따라서 아래 그림에서 방정식 ㉮의 실근의 개수는 **2**

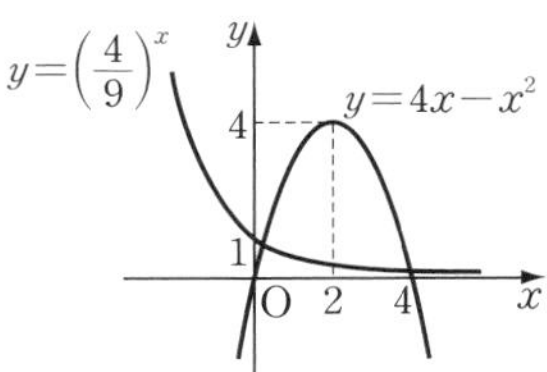

5-6. $2^x=-\left(\frac{1}{2}\right)^x+k$의 양변에 2^x을 곱하고 정리하면

$$(2^x)^2-k\times2^x+1=0$$

이 방정식의 두 근을 $\alpha,\ \beta$라 하고, $2^x=t\,(t>0)$로 놓으면 이차방정식 $t^2-kt+1=0$의 두 근은 $2^\alpha,\ 2^\beta$이다.

따라서 근과 계수의 관계로부터

$$2^\alpha+2^\beta=k,\ 2^\alpha2^\beta=1$$

$2^\alpha2^\beta=1$에서 $2^{\alpha+\beta}=1$ $\quad\therefore\ \alpha+\beta=0$

한편 교점의 좌표는 $(\alpha,\ 2^\alpha),\ (\beta,\ 2^\beta)$이므로 이 두 점을 잇는 선분의 중점의 좌표는

$$\left(\frac{\alpha+\beta}{2},\ \frac{2^\alpha+2^\beta}{2}\right)=\left(0,\ \frac{k}{2}\right)$$

이때, 중점의 좌표가 $\left(a,\ \frac{5}{4}\right)$이므로

$a=0,\ k=\frac{5}{2}$ $\quad\therefore\ \boldsymbol{a+k=\frac{5}{2}}$

5-7. $y=f(x)$의 그래프는 $y=2^x$의 그래프를 y축의 방향으로 -1만큼 평행이동한 다음, x축 윗부분은 그대로 두고 x축 아랫부분은 x축에 대하여 대칭이동한 것으로, 아래 그림과 같다.

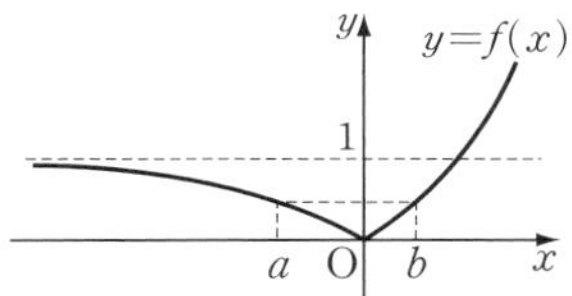

$b-a=\log_2 3>0$에서 $a<b$이므로 $f(a)=f(b)$이려면 위의 그림에서

$$a<0,\ b>0$$

$x<0$일 때 $f(x)=1-2^x$, $x\ge0$일 때 $f(x)=2^x-1$이므로 $f(a)=f(b)$에서

$1-2^a=2^b-1$ $\quad$ 곧, $2^a+2^b=2$

$b=a+\log_2 3$을 대입하면

$2^a+2^a\times2^{\log_2 3}=2$ $\quad\therefore\ 4\times2^a=2$

$\therefore\ 2^a=\frac{1}{2}=2^{-1}$ $\quad\therefore\ \boldsymbol{a=-1}$

5-8. $4^x=t\,(t>0)$로 놓으면 준 방정식은

$$t^2+at-a^2=0 \quad \text{······㉮}$$

한편

$$0<x<\frac{1}{2} \iff 1<t<2$$

이므로 이 범위에서 ㉮이 한 개의 실근을 가질 조건을 구하면 된다.

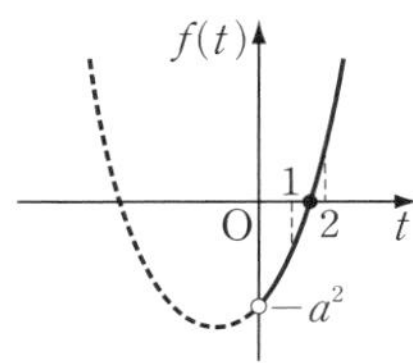

$f(t)=t^2+at-a^2$이라고 하면 꼭짓점의 좌표가 $\left(-\dfrac{a}{2},\ -\dfrac{5}{4}a^2\right)$이고 a는 자연수이므로 그래프는 위의 그림과 같다.

따라서

$$f(1)=1+a-a^2<0,$$
$$f(2)=4+2a-a^2>0$$
$$\therefore\ 1-\sqrt{5}<a<\frac{1-\sqrt{5}}{2},$$
$$\frac{1+\sqrt{5}}{2}<a<1+\sqrt{5}$$

a는 자연수이므로 $\boldsymbol{a=2,\ 3}$

5-9. $2^x+2^{-x}=t$로 놓자.

$$t=2^x+2^{-x}\ge 2\sqrt{2^x\times 2^{-x}}=2$$

(등호는 $x=0$일 때 성립)

이고,

$$4^x+4^{-x}=(2^x+2^{-x})^2-2\times 2^x\times 2^{-x}$$
$$=t^2-2$$

이므로

$$t^2-2t+a-2=0$$

이 $t\ge 2$에서 적어도 한 개의 실근을 가질 조건을 구하면 된다.

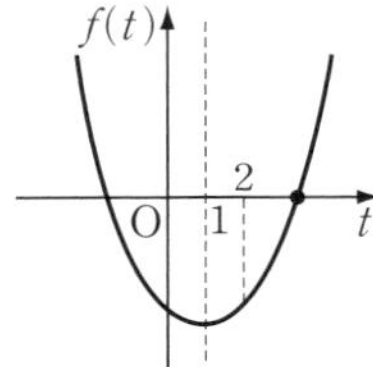

$f(t)=t^2-2t+a-2$라고 하면 위의 그림에서

$f(2)=4-4+a-2\le 0\quad \therefore\ \boldsymbol{a\le 2}$

5-10. $x^{x-y}=y^{18}$에서 양변의 상용로그를 잡으면

$$(x-y)\log x=18\log y\quad \cdots\cdots ①$$

$y^{x-y}=x^2$에서 양변의 상용로그를 잡으면 $(x-y)\log y=2\log x\quad \cdots\cdots ②$

①×②하면

$$(x-y)^2\log x\times\log y=36\log x\times\log y$$

$\log x\neq 0,\ \log y\neq 0$이므로

$$(x-y)^2=36$$

$x>y$이므로 $x-y=6$

②에 대입하면

$$6\log y=2\log x\quad \therefore\ x=y^3$$

이것을 $x-y=6$에 대입하면

$$y^3-y-6=0$$
$$\therefore\ (y-2)(y^2+2y+3)=0$$

y는 양의 실수이므로 $y=2$

따라서 $x=y^3=8$이므로 $\boldsymbol{x+y=10}$

5-11. (1) $\log_3(\log_{10}x)=2$

$\therefore\ \log_{10}x=3^2\quad \therefore\ \boldsymbol{x=10^9}$

(2) $\log_3 x\times\dfrac{\log_3 x}{\log_3 2}=\log_3 2$

$\therefore\ (\log_3 x)^2=(\log_3 2)^2$

$\therefore\ \log_3 x=\pm\log_3 2\quad \therefore\ \boldsymbol{x=2,\ \dfrac{1}{2}}$

(3) $\log_2 x=X$로 놓으면

$$X^3+3X=3X^2+X$$
$$\therefore\ X(X^2-3X+2)=0$$

$\therefore\ X=0,\ 1,\ 2\quad \therefore\ \log_2 x=0,\ 1,\ 2$

$\therefore\ \boldsymbol{x=1,\ 2,\ 4}$

(4) 양변의 3을 밑으로 하는 로그를 잡으면 $(\log_3 x-2)\log_3 x=\log_3 27$

$\therefore\ (\log_3 x)^2-2\log_3 x-3=0$

$\therefore\ (\log_3 x+1)(\log_3 x-3)=0$

$\therefore\ \log_3 x=-1,\ 3\quad \therefore\ \boldsymbol{x=\dfrac{1}{3},\ 27}$

5-12. (1) $\log_2(x-1)=\log_4(2y-1)$

$\therefore\ \log_4(x-1)^2=\log_4(2y-1)$

$\therefore\ (x-1)^2=2y-1\quad \cdots\cdots ①$

진수 조건에서 $x>1,\ y>\dfrac{1}{2}$

①과 $2y-x=1$을 연립하여 풀면

$$\boldsymbol{x=\frac{3+\sqrt{5}}{2},\ y=\frac{5+\sqrt{5}}{4}}$$

(2) $4^x+2^y=48\ \cdots ①\quad 3x-y=1\ \cdots ②$

②에서의 $y=3x-1$을 ①에 대입하면 $4^x+2^{3x-1}=48$

양변에 2를 곱하고, $2^x=t\,(t>0)$로 놓으면

$$t^3+2t^2-96=0$$

$$\therefore\ (t-4)(t^2+6t+24)=0$$

t는 양의 실수이므로 $t=4$

$$\therefore\ \boldsymbol{x=2,\ y=5}$$

(3) $xy=x-y$ …① $x+y=1$ …②

②에서의 $y=1-x$를 ①에 대입하면 $x(1-x)=x-(1-x)$

$$\therefore\ x^2+x-1=0 \qquad \cdots\cdots③$$

밑과 진수의 조건에서

$xy>0,\ xy\neq1,\ x-y>0,\ x+y>0$

이므로

$$x>y>0,\ xy\neq1$$

따라서 ③에서

$$\boldsymbol{x=\frac{-1+\sqrt{5}}{2},\ y=\frac{3-\sqrt{5}}{2}}$$

(4) $5\left(\dfrac{1}{\log_x y}+\log_x y\right)=26$

$\therefore\ 5(\log_x y)^2-26\log_x y+5=0$

$\therefore\ (5\log_x y-1)(\log_x y-5)=0$

$\therefore\ \log_x y=\dfrac{1}{5},\ 5 \quad \therefore\ y=x^{\frac{1}{5}},\ x^5$

이것과 $xy=64$를 각각 연립하여 풀면

$$\boldsymbol{x=32,\ y=2}\ \textbf{또는}\ \boldsymbol{x=2,\ y=32}$$

5-13. $f(g(x))=f(x^2)=\log x^2=2\log x,$

$g(f(x))=g(\log x)=(\log x)^2$

이므로 $f(g(x))=g(f(x))$에서

$$2\log x=(\log x)^2$$

$$\therefore\ (\log x)(\log x-2)=0$$

$\therefore\ \log x=0,\ 2 \quad \therefore\ x=1,\ 100$

따라서 구하는 합은 101 답 ③

5-14. $\log(2x-1)+\log y=1+\log x$

$$\therefore\ (2x-1)y=10x$$

$$\therefore\ y=5+\frac{5}{2x-1}$$

$2x-1>0$이고 $x,\ y$는 자연수이므로 $2x-1$은 5의 약수이다. 따라서

$2x-1=1,\ 5 \quad \therefore\ x=1,\ 3$

$\therefore\ (x,\ y)=(1,\ 10),\ (3,\ 6)$

답 ②

5-15. $a\log_{72}3+b\log_{72}2=c$에서

$\log_{72}3^a2^b=c \quad \therefore\ 3^a2^b=72^c$

$\therefore\ 3^a2^b=(2^33^2)^c=(3^22^3)^c=3^{2c}2^{3c}$

$a,\ b,\ c$는 자연수이므로

$$a=2c,\ b=3c$$

그런데 $a,\ b,\ c$의 최대공약수가 1이므로 $c=1 \quad \therefore\ a=2,\ b=3$

$\therefore\ abc=6$ 답 ①

5-16. 주어진 방정식에서

$$\frac{\log xy}{\log x}\times\frac{\log xy}{\log y}+\frac{\log(x-y)}{\log x}\times\frac{\log(x-y)}{\log y}=0$$

$$\therefore\ \frac{(\log xy)^2+\{\log(x-y)\}^2}{\log x\times\log y}=0$$

$\therefore\ (\log xy)^2+\{\log(x-y)\}^2=0$

$\therefore\ \log xy=0$이고 $\log(x-y)=0$

$\therefore\ xy=1$이고 $x-y=1$

$x-y=1$에서 $y=x-1$이므로 $xy=1$에 대입하여 정리하면

$$x^2-x-1=0 \qquad \cdots\cdots①$$

밑과 진수의 조건에서

$x>0,\ x\neq1,\ y>0,\ y\neq1,\ x-y>0$

이므로

$$x>y>0,\ x\neq1,\ y\neq1$$

따라서 ①에서

$$\boldsymbol{x=\frac{1+\sqrt{5}}{2},\ y=\frac{-1+\sqrt{5}}{2}}$$

5-17. 주어진 방정식의 두 근을 $\alpha,\ \alpha^2$ $(\alpha>0)$이라 하고, $\log x=t$로 놓으면 이차방정식 $t^2+at+a+2=0$의 두 근은 $\log\alpha,\ \log\alpha^2$이다.

따라서 근과 계수의 관계로부터

$$\log\alpha+\log\alpha^2=-a \qquad \cdots\cdots①$$

$$\log\alpha\times\log\alpha^2=a+2$$

변끼리 더하면

$$3\log\alpha+2(\log\alpha)^2=2$$

$$\therefore\ (\log\alpha+2)(2\log\alpha-1)=0$$

$$\therefore\ \log\alpha=-2,\ \frac{1}{2}$$

①에서 $a=-3\log\alpha$이므로

$$\boldsymbol{a=6,\ -\frac{3}{2}}$$

5-18. $\log_2 x+a\log_x 8=b$에서

$$\log_2 x+\frac{3a}{\log_2 x}=b$$

$$\therefore\ (\log_2 x)^2-b\log_2 x+3a=0$$

이 방정식의 두 근이 2, $\frac{1}{8}$이므로

$$1-b+3a=0,\ 9+3b+3a=0$$

$$\therefore\ a=-1,\ b=-2$$

이때, $\log_2 x+b\log_x 8=a$는

$$\log_2 x-2\times\frac{3}{\log_2 x}=-1$$

$$\therefore\ (\log_2 x)^2+\log_2 x-6=0 \quad \cdots\cdots ①$$

$$\therefore\ (\log_2 x+3)(\log_2 x-2)=0$$

$$\therefore\ \log_2 x=-3,\ 2 \qquad \therefore\ x=\frac{1}{8},\ 4$$

따라서 두 근의 곱은 $\frac{1}{8}\times 4=\boldsymbol{\frac{1}{2}}$

****Note*** ①의 두 근을 α, β라 하고, $\log_2 x=t$로 놓으면 이차방정식 $t^2+t-6=0$의 두 근은 $\log_2\alpha$, $\log_2\beta$이므로 근과 계수의 관계로부터

$$\log_2\alpha+\log_2\beta=-1$$

$$\therefore\ \log_2\alpha\beta=-1 \qquad \therefore\ \alpha\beta=2^{-1}=\boldsymbol{\frac{1}{2}}$$

5-19. 진수의 조건에서 $x>0$

밑의 조건에서 $a>0,\ a\neq 1$ ……①

주어진 방정식에서

$$\log_a 2x=\log_a a(x^2+1)$$

$$\therefore\ ax^2-2x+a=0 \quad \cdots\cdots ②$$

따라서 이차방정식 ②가 적어도 하나의 1이 아닌 양의 실근을 가지면 주어진 방정식의 실근은 존재한다.

그런데 ②에서

$$(\text{두 근의 곱})=\frac{a}{a}=1>0$$

이므로 두 근의 부호가 같다. 따라서 ②가 적어도 하나의 양의 실근을 가지려면

$$(\text{두 근의 합})=\frac{2}{a}>0,$$

$$D/4=1-a^2\geq 0$$

$$\therefore\ 0<a\leq 1 \quad \cdots\cdots ③$$

①, ③의 공통 범위는 $\boldsymbol{0<a<1}$

****Note*** 이차방정식 $ax^2+bx+c=0$이 적어도 하나의 양의 실근을 가지려면

(i) 두 근이 모두 양수이거나

(ii) 한 근이 양수, 나머지 한 근은 0 또는 음수

이면 된다.

이 문제에서는 두 근의 곱이 1이므로 (i)이 성립할 조건만 구하면 된다.

5-20. 진수 조건

$$x>0,\ x<2,\ x>-k$$

를 모두 만족시키는 실수 x가 존재해야 하므로 $-k<2 \quad \therefore\ k>-2$

한편

$$\log x+\log(2-x)=\log(x+k) \quad \cdots ①$$

에서

$$\log x(2-x)=\log(x+k)$$

$$\therefore\ x(2-x)=x+k$$

(i) $-2<k<0$일 때

진수 조건은 $-k<x<2$이고, 이 범위에서 두 함수

$y=x(2-x)$, $y=x+k$

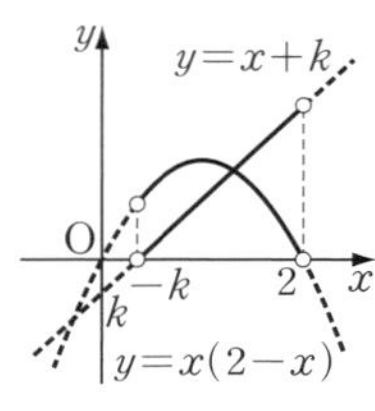

의 그래프는 오직 한 점에서 만난다.

따라서 ①은 서로 다른 두 실근을 가지지 않는다.

(ii) $k\ge 0$일 때

진수 조건은 $0<x<2$이고, 이 범위에서 두 함수

$y=x(2-x)$,

$y=x+k$

의 그래프가 서로 다른 두 점에서 만나면 ㉠은 서로 다른 두 실근을 가진다.

직선 $y=x+k$가 위의 그림의 ②의 위치에 있을 때 $k=0$

직선 $y=x+k$가 포물선 $y=x(2-x)$에 접할 때,

$x(2-x)=x+k$, 곧 $x^2-x+k=0$

이 중근을 가지므로

$$D=1-4k=0 \quad \therefore\ k=\frac{1}{4}$$

따라서 ㉠이 서로 다른 두 실근을 가지려면 $0<k<\frac{1}{4}$

(i), (ii)에서 $\mathbf{0<k<\frac{1}{4}}$

5-21.

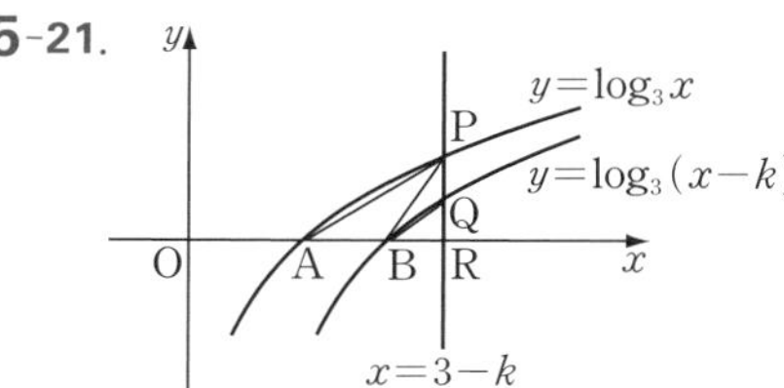

$\triangle\mathrm{PBQ}=\triangle\mathrm{QBR}$이므로 점 Q는 선분 PR의 중점이다.

곧, $\overline{\mathrm{PR}}=2\overline{\mathrm{QR}}$이므로

$\log_3(3-k)=2\log_3(3-2k)$

$\therefore\ 3-k=(3-2k)^2$

$\therefore\ 4k^2-11k+6=0$

$\therefore\ (4k-3)(k-2)=0$

$0<k<1$이므로 $k=\frac{3}{4}$

따라서 $\mathrm{A}(1,\ 0)$, $\mathrm{B}\left(\frac{7}{4},\ 0\right)$, $\mathrm{R}\left(\frac{9}{4},\ 0\right)$

이므로

$$\triangle\mathrm{PAB}=\frac{1}{2}\times\frac{3}{4}\times\log_3\frac{9}{4}=\frac{3}{4}\log_3\frac{3}{2},$$

$$\triangle\mathrm{QBR}=\frac{1}{2}\times\frac{1}{2}\times\log_3\frac{3}{2}=\frac{1}{4}\log_3\frac{3}{2}$$

$\therefore\ \triangle\mathrm{PAB}:\triangle\mathrm{QBR}=\mathbf{3:1}$

6-1. $\frac{3}{2}\left(\frac{4}{9}\right)^x=\frac{3}{2}\left\{\left(\frac{2}{3}\right)^2\right\}^x$

$=\left(\frac{2}{3}\right)^{-1}\left(\frac{2}{3}\right)^{2x}=\left(\frac{2}{3}\right)^{2x-1}$

이므로 주어진 부등식은

$$\left(\frac{2}{3}\right)^4<\left(\frac{2}{3}\right)^{x^2}<\left(\frac{2}{3}\right)^{2x-1}$$

$\therefore\ 4>x^2>2x-1$

$4>x^2$에서 $-2<x<2$,

$x^2>2x-1$에서 $x\ne 1$

이므로 공통 범위는

$-2<x<1,\ 1<x<2$

x는 정수이므로 $x=-1,\ 0$ 답 ②

6-2. (1) $\log_{\frac{1}{2}}x>\dfrac{\log_{\frac{1}{2}}x}{\log_{\frac{1}{2}}\frac{1}{3}}$

$\log_{\frac{1}{2}}\frac{1}{3}>0$이므로 양변에 $\log_{\frac{1}{2}}\frac{1}{3}$을 곱하여 정리하면

$$(\log_{\frac{1}{2}}x)\left(\log_{\frac{1}{2}}\frac{1}{3}-1\right)>0$$

그런데 $\log_{\frac{1}{2}}\frac{1}{3}-1=\log_2 3-1>0$

이므로

$\log_{\frac{1}{2}}x>0 \quad \therefore\ \mathbf{0<x<1}$

* ***Note*** $y=\log_{\frac{1}{2}}x$, $y=\log_{\frac{1}{3}}x$의 그래프를 그려서 주어진 부등식을 만족시키는 x의 값의 범위를 구해도 된다.

또는 주어진 부등식을 변형하면

$-\log_2 x>-\log_3 x$

곧, $\log_2 x<\log_3 x$ ……㉠

이므로 $y=\log_2 x$, $y=\log_3 x$의 그래프를 그려서 ㉠을 만족시키는 x의 값의 범위를 구해도 된다.

(2) 주어진 부등식에서 $\log x^x > \log x$

$\therefore\ x\log x > \log x$

$\therefore\ (x-1)\log x > 0$

$\therefore\ x-1>0,\ \log x>0$

또는 $x-1<0,\ \log x<0$

$\therefore\ \boldsymbol{x>1,\ 0<x<1}$

(3) 주어진 부등식에서

$\log(2x)^{2x} > \log x^x$

$\therefore\ 2x\log 2x > x\log x$

$x>0$이므로 $2(\log 2+\log x) > \log x$

$\therefore\ \log x > -2\log 2$

$\therefore\ x>2^{-2}$ $\therefore\ \boldsymbol{x>\frac{1}{4}}$

(4) $\dfrac{3}{\log_{10}x}+\log_{10}x>4$

(i) $x>1$일 때, $\log_{10}x>0$이므로 양변에 $\log_{10}x$를 곱하면

$(\log_{10}x)^2-4\log_{10}x+3>0$

$\therefore\ (\log_{10}x-1)(\log_{10}x-3)>0$

$\therefore\ \log_{10}x<1,\ \log_{10}x>3$

$\therefore\ 1<x<10,\ x>1000$

(ii) $0<x<1$일 때, $\log_{10}x<0$이므로

$\dfrac{3}{\log_{10}x}+\log_{10}x>4$일 수 없다.

(i), (ii)에서 $\boldsymbol{1<x<10,\ x>1000}$

6-3. $4^x-5\times 2^{x+1}+16<0$에서

$(2^x)^2-5\times 2\times 2^x+16<0$

$\therefore\ (2^x-2)(2^x-8)<0$

$\therefore\ 2<2^x<8$ $\therefore\ 1<x<3$

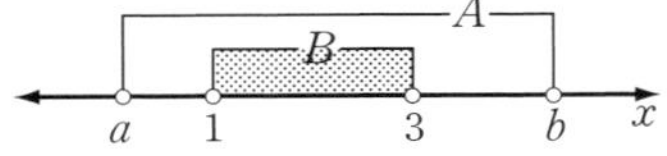

$A\cap B=B \Longleftrightarrow B\subset A$이므로

$a\le 1,\ b\ge 3$

따라서 $b-a$의 최솟값은

$3-1=2$ 답 ②

6-4. $(f\circ f\circ f)(x)=f((f\circ f)(x))$

$=\log_2(f\circ f)(x)$

이므로 $\log_2(f\circ f)(x)\le 1$에서

$0<(f\circ f)(x)\le 2$

$\therefore\ 0<\log_2 f(x)\le 2$ $\therefore\ 1<f(x)\le 2^2$

$\therefore\ 1<\log_2 x\le 4$ $\therefore\ 2<x\le 2^4$

따라서 자연수 x의 개수는

$2^4-2=14$ 답 ③

6-5. $a^{x-1}<a^{2x+b}$에서

$a>1$이면 $x-1<2x+b$

$\therefore\ x>-b-1$

따라서 $x<2$가 해일 수 없다.

$0<a<1$이면 $x-1>2x+b$

$\therefore\ x<-b-1$

해가 $x<2$이므로 $-b-1=2$

$\therefore\ b=-3$

따라서 $0<a<1$일 때

$\log_a(3x+6)>\log_a(x^2-4)$

를 풀면 된다.

진수 조건에서

$3x+6>0$이고 $x^2-4>0$

$\therefore\ x>2$ ……①

$0<a<1$이므로 $3x+6<x^2-4$

$\therefore\ (x+2)(x-5)>0$

$\therefore\ x<-2,\ x>5$ ……②

①, ②의 공통 범위는 $\boldsymbol{x>5}$

6-6. $a^x=\sqrt{3}$에서 $x=\log_a\sqrt{3}$이므로 점 A의 좌표는 $(\log_a\sqrt{3},\ \sqrt{3})$

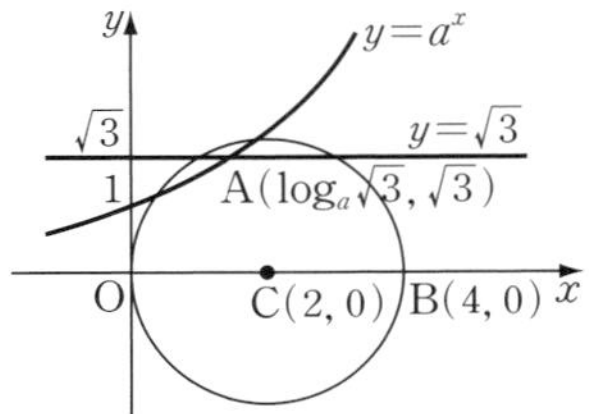

선분 OB를 지름으로 하는 원의 중심은 점 C(2, 0)이고 반지름의 길이는 2이므로 점 A가 이 원의 내부에 있으려면 $\overline{AC}<2$이어야 한다.

곧, $\overline{\mathrm{AC}}^2<4$에서

$$(\log_a\sqrt{3}-2)^2+(\sqrt{3})^2<4$$

$$\therefore\ (\log_a\sqrt{3})^2-4\log_a\sqrt{3}+3<0$$

$$\therefore\ (\log_a\sqrt{3}-1)(\log_a\sqrt{3}-3)<0$$

$$\therefore\ 1<\log_a\sqrt{3}<3$$

곧, $\log_a a<\log_a\sqrt{3}<\log_a a^3$

$a>1$이므로 $a<\sqrt{3}<a^3$

$$\therefore\ \boldsymbol{\sqrt[6]{3}<a<\sqrt{3}}$$

6-7. (i) $0<g(x)<1$일 때

$f(x)>0$이고 $f(x)\le g(x)$이므로

$$2\le x<4$$

(ii) $g(x)>1$일 때

$f(x)>0$이고 $f(x)\ge g(x)$이므로

$$x\ge 10$$

(i), (ii)에서 $\boldsymbol{2\le x<4,\ x\ge 10}$

6-8. $2^x=t$로 놓으면 $t>0$이고, 주어진 부등식은

$$2t^2-4t+a\ge 0 \quad \cdots\cdots ①$$

$t>0$일 때 ①이 항상 성립하려면 오른쪽 그림에서

$$D/4=4-2a\le 0$$

$$\therefore\ \boldsymbol{a\ge 2}$$

6-9. $\log_p(x^2+px+p)>0$이고,

$0<p<1$이므로 $0<x^2+px+p<1$

그런데

$$x^2+px+p=\left(x+\frac{p}{2}\right)^2+\frac{p(4-p)}{4}>0$$

이므로 $x^2+px+p<1$을 만족시키는 x의 값의 범위를 구하면 된다.

$$\therefore\ (x+1)(x+p-1)<0$$

$$\therefore\ \boldsymbol{-1<x<1-p}$$

6-10. 양변의 상용로그를 잡으면

$$\log x\times\log x>a(\log 100+\log x)$$

$$\therefore\ (\log x)^2-a\log x-2a>0$$

$\log x$는 실수이므로 이 부등식이 항상 성립하려면

$$D=a^2+8a<0 \qquad \therefore\ a(a+8)<0$$

$$\therefore\ \boldsymbol{-8<a<0}$$

6-11. (1) 조건식은 $X^2+Y^2=8 \quad \cdots ①$

$X-Y=k$로 놓으면 $Y=X-k$

①에 대입하면

$$2X^2-2kX+k^2-8=0$$

X는 실수이므로

$$D/4=k^2-2(k^2-8)\ge 0$$

$\therefore\ -4\le k\le 4 \qquad \therefore\ \boldsymbol{-4\le X-Y\le 4}$

(2) (1)에서 $-4\le X-Y\le 4$이므로

$$-4\le\log_2 x-\log_2 y\le 4$$

$$\therefore\ -4\le\log_2\frac{x}{y}\le 4$$

$$\therefore\ \boldsymbol{\frac{1}{16}\le\frac{x}{y}\le 16}$$

6-12. 양변의 상용로그를 잡으면

$$\log y\times\log x=1 \quad \cdots\cdots ①$$

또, $\log xy=k$라고 하면

$$\log x+\log y=k \quad \cdots\cdots ②$$

①, ②에 의하여 $\log x$, $\log y$는

$$t^2-kt+1=0$$

의 두 실근이므로

$D=k^2-4\ge 0 \qquad \therefore\ k\le -2,\ k\ge 2$

$$\therefore\ \log xy\le -2,\ \log xy\ge 2$$

$$\therefore\ \boldsymbol{0<xy\le\frac{1}{100},\ xy\ge 100}$$

6-13. 맑은 날에는 전날 수량의 0.96배가 되고, 비 오는 날에는 전날 수량의 1.08배가 된다.

처음 저수량을 A라 하고, 17일 중 비 오는 날이 n일이라고 하면

$$A(1.08)^n(0.96)^{17-n}\ge A$$

$$\therefore\ \left(\frac{2^2\times 3^3}{100}\right)^n\left(\frac{2^5\times 3}{100}\right)^{17-n}\ge 1$$

양변의 상용로그를 잡으면

$$n(2\log 2+3\log 3-2)$$
$$+(17-n)(5\log 2+\log 3-2)\ge 0$$

$\therefore\ 0.051n \geq 0.306 \quad \therefore\ n \geq 6$

따라서 비 오는 날은 **6**일 이상

6-14. 주어진 조건에서

$a \neq 1,\ b \neq 1,\ m \neq n$

자연수 n에 대하여 $a^n < b^n$이므로

$a < b$

(i) $0 < a < b < 1$일 때

$m > n$이면 $\quad a^m < a^n,\ b^m < b^n,$

$m < n$이면 $\quad a^m > a^n,\ b^m > b^n$

이므로 모순이다.

(ii) $1 < a < b$일 때

$m > n$이면 $\quad a^m > a^n,\ b^m > b^n,$

$m < n$이면 $\quad a^m < a^n,\ b^m < b^n$

이므로 모순이다.

(iii) $0 < a < 1 < b$일 때, $m > n$이면 주어진 부등식을 만족시킨다.

(i), (ii), (iii)에서 $\quad a < 1 < b,\ m > n$

답 ①

6-15. (1) $A = 2$

또, $\log_2 3 > 0,\ \log_2 3 \neq 1$이므로

$$B = \frac{1}{\log_2 3} + \log_2 3$$

$$> 2\sqrt{\frac{1}{\log_2 3} \times \log_2 3} = 2$$

곧, $B > 2$

$$C = \log_{2^2} 2 + \log_{3^2} 3 = \frac{1}{2} + \frac{1}{2} = 1$$

$\therefore\ \boldsymbol{C < A < B}$

(2) $A = \log_{2^2} 3^2 = \log_4 9 > C$

또, $B = \log_3 2 < 1,\ C = \log_4 8 > 1$

$\therefore\ \boldsymbol{B < C < A}$

6-16. $\log_a b < 0$, 곧 $\log_a b < \log_a 1$에서

$0 < a < 1$이면 $\quad b > 1,$

$a > 1$이면 $\quad 0 < b < 1$

ㄱ. $0 < a < 1$이면 $b > 1$이므로 $\quad a^b < a^1$

$a > 1$이면 $0 < b < 1$이므로 $\quad a^b < a^1$

따라서 항상 $a^b < a$가 성립한다.

ㄴ. $0 < a < 1$이면 $b > 1$이므로 $\quad b^a < b^1$

$a > 1$이면 $0 < b < 1$이므로 $\quad b^a < b^1$

따라서 항상 $b^a < b$가 성립한다.

ㄷ. (반례) $a = 2,\ b = \dfrac{1}{2}$이면

$\log_a b = -1 < 0$이지만 $a^b = \sqrt{2}$,

$b^a = \dfrac{1}{4}$이므로 $a^b > b^a$이다.

이상에서 옳은 것은 ㄱ, ㄴ이다.

답 ④

6-17. $\log_a \dfrac{x+1}{x} > \log_b \dfrac{x+1}{x} > 0$

에서 $\dfrac{x+1}{x} = c$로 놓으면

$$\log_a c > \log_b c > 0$$

$$\therefore\ \frac{1}{\log_c a} > \frac{1}{\log_c b} > 0$$

곧, $0 < \log_c a < \log_c b$

그런데 $c > 1$이므로 $\quad \boldsymbol{1 < a < b}$

6-18. (1) $a = a^1 = a^{a^0},\ a^a = a^{a^1}$

$0 < a < 1$이므로 $\quad a^0 > a^a > a^1$

$\therefore\ a^{a^0} < a^{a^a} < a^{a^1}$

$\therefore\ \boldsymbol{a < a^{a^a} < a^a}$

(2) $\sqrt[n]{a^{n-1}} = a^{\frac{n-1}{n}},\ \sqrt[n]{a^{n+1}} = a^{\frac{n+1}{n}},$

$\sqrt[n+1]{a^n} = a^{\frac{n}{n+1}}$

$n \geq 2$이므로

$$\frac{n-1}{n} < 1,\ \frac{n}{n+1} < 1,\ \frac{n+1}{n} > 1$$

이때,

$$\frac{n-1}{n} - \frac{n}{n+1} = \frac{-1}{n(n+1)} < 0$$

이므로 $\quad \dfrac{n-1}{n} < \dfrac{n}{n+1} < \dfrac{n+1}{n}$

그런데 $0 < a < 1$이므로

$$a^{\frac{n+1}{n}} < a^{\frac{n}{n+1}} < a^{\frac{n-1}{n}}$$

$$\therefore\ \boldsymbol{\sqrt[n]{a^{n+1}} < \sqrt[n+1]{a^n} < \sqrt[n]{a^{n-1}}}$$

7-1. 동경 OQ가 나타내는 각의 크기는

$$\frac{16}{5}\pi - \frac{8}{15}\pi = 2\pi + \frac{6}{5}\pi - \frac{8}{15}\pi$$

$$= 2\pi + \frac{2}{3}\pi$$

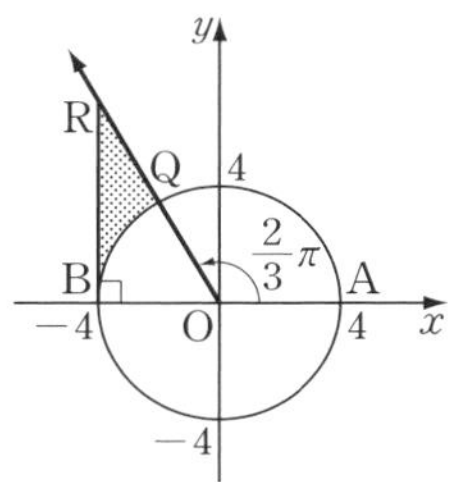

위의 그림에서 $\angle QOB=\frac{\pi}{3}$, $\overline{BO}=4$ 이므로 $\overline{BR}=4\sqrt{3}$

$$\therefore\ \triangle RBO=\frac{1}{2}\times4\times4\sqrt{3}=8\sqrt{3}$$

또, 부채꼴 OQB의 넓이는

$$\frac{1}{2}\times4^2\times\frac{\pi}{3}=\frac{8}{3}\pi$$

따라서 구하는 도형의 넓이는

$$\mathbf{8\sqrt{3}-\frac{8}{3}\pi}$$

7-2. $\sin\frac{\pi}{3}=\frac{\sqrt{3}}{2}$, $\cos\frac{\pi}{6}=\frac{\sqrt{3}}{2}$, $\tan\frac{\pi}{4}=1$이므로

$$(\text{준 식})=\left(1+\frac{\sqrt{3}}{2}\right)\left(1-\frac{\sqrt{3}}{2}\right)(1+1)$$
$$=\mathbf{\frac{1}{2}}$$

7-3.

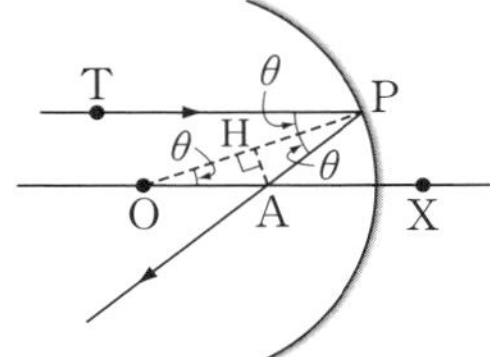

위의 그림과 같이 빛이 거울에 반사되는 점을 P라고 하면

$$\angle TPO=\angle APO=\theta$$

그런데 $\overline{TP}\,/\!/\,\overline{OX}$이므로

$$\angle AOP=\angle TPO=\theta$$

따라서 $\triangle APO$가 이등변삼각형이고, 점 A에서 변 OP에 내린 수선의 발을 H라고 하면 점 H는 변 OP의 중점이다.

$$\therefore\ \overline{OH}=\frac{1}{2}r$$

한편 직각삼각형 AHO에서

$\cos\theta=\frac{\overline{OH}}{\overline{OA}}$이므로 $\overline{OA}=\mathbf{\frac{r}{2\cos\theta}}$

7-4.

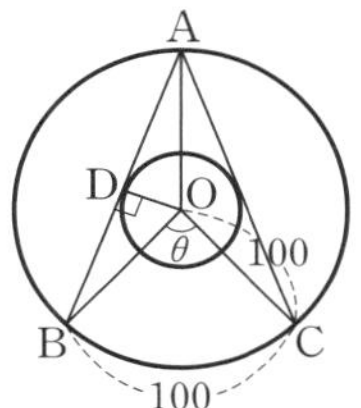

섬의 중심을 O, 선분 AB와 섬의 접점을 D, $\angle BOC=\theta$라고 하자.

호 BC의 길이에서 $100\theta=100$

$$\therefore\ \theta=1$$

원주각과 중심각의 관계에 의하여

$$\angle BAC=\frac{1}{2}\angle BOC=\frac{1}{2}\theta=\frac{1}{2}$$
$$\therefore\ \angle OAD=\frac{1}{2}\angle BAC=\frac{1}{4}$$

직각삼각형 AOD에서

$$\sin\frac{1}{4}=\frac{\overline{OD}}{\overline{AO}}=\frac{\overline{OD}}{100}$$
$$\therefore\ \overline{OD}=\mathbf{100\sin\frac{1}{4}(m)}$$

* ***Note*** 중심이 같고 반지름의 길이가 다른 두 개 이상의 원을 동심원이라고 한다.

7-5. θ가 제3사분면의 각일 때,

$\sin\theta<0,\ \cos\theta<0,\ \tan\theta>0$

답 ④

7-6. $\frac{3}{2}\pi<\theta<2\pi$이므로

$\sin\theta<0,\ \cos\theta>0,\ \tan\theta<0$

$$\therefore\ (\text{준 식})=|\sin\theta+\cos\theta+\tan\theta-\sin\theta+\cos\theta-\tan\theta|$$
$$=|2\cos\theta|=\mathbf{2\cos\theta}$$

7-**7**. $\overline{AC}=\sqrt{5^2+12^2}=13$ 이므로 문제의 그림을 아래와 같이 옮겨 놓는다.

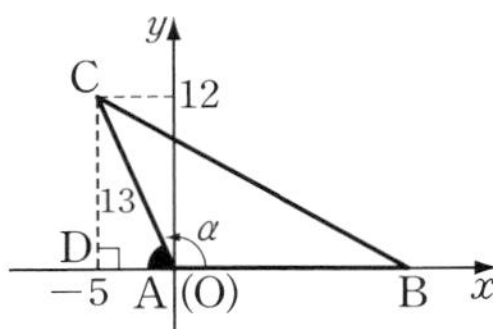

$\therefore\ \boldsymbol{\sin\alpha=\frac{12}{13},\ \cos\alpha=-\frac{5}{13},}$

$\boldsymbol{\tan\alpha=-\frac{12}{5}}$

8-**1**. (좌변)$=2(1-\cos^2\theta)-3(1-\cos^2\theta)^2$

$=-3\cos^4\theta+4\cos^2\theta-1$

이므로 우변과 비교하면

$\boldsymbol{a=-3,\ b=4,\ c=-1}$

8-**2**. (1) $\cos\theta+\cos^2\theta=1$ 에서

$\cos\theta=1-\cos^2\theta=\sin^2\theta$

곧, $\cos\theta=\sin^2\theta$ 이므로

$\cos^2\theta=\sin^4\theta$

$\therefore\ \sin^2\theta+\sin^4\theta=\cos\theta+\cos^2\theta=\mathbf{1}$

(2) $\sin^2\theta=\cos\theta$ 이므로

(준 식)$=\sin^2\theta(1+\sin^4\theta+\sin^6\theta)$

$=\cos\theta(1+\cos^2\theta+\cos^3\theta)$

$=\cos\theta\{1+\cos\theta(\cos\theta+\cos^2\theta)\}$

$=\cos\theta(1+\cos\theta)$

$=\cos\theta+\cos^2\theta=\mathbf{1}$

8-**3**. (1) $4\tan\theta=\cos\theta$ 에서

$4\times\frac{\sin\theta}{\cos\theta}=\cos\theta$

$\therefore\ 4\sin\theta=\cos^2\theta$

$\therefore\ 4\sin\theta=1-\sin^2\theta$

$\therefore\ \sin^2\theta+4\sin\theta-1=0$

$\therefore\ \sin\theta=-2\pm\sqrt{5}$

$-1\le\sin\theta\le1$ 이므로

$\sin\theta=\boldsymbol{-2+\sqrt{5}}$

(2) 조건식에서

$\cos\theta+\sin\theta=(2+\sqrt{3})(\cos\theta-\sin\theta)$

$\therefore\ (3+\sqrt{3})\sin\theta=(1+\sqrt{3})\cos\theta$

$\therefore\ \frac{\sin\theta}{\cos\theta}=\frac{1+\sqrt{3}}{3+\sqrt{3}}=\frac{1+\sqrt{3}}{\sqrt{3}(\sqrt{3}+1)}$

$=\frac{1}{\sqrt{3}}\qquad\therefore\ \tan\theta=\boldsymbol{\frac{1}{\sqrt{3}}}$

***Note** $\cos\theta\neq0$ 이므로 조건식의 분모, 분자를 $\cos\theta$ 로 나누면

$\frac{1+\tan\theta}{1-\tan\theta}=2+\sqrt{3}$

$\therefore\ \tan\theta=\boldsymbol{\frac{1}{\sqrt{3}}}$

8-**4**. $\sin\theta\cos\theta-\cos^2\theta$

$=\cos^2\theta\left(\frac{\sin\theta}{\cos\theta}-1\right)$

$=\cos^2\theta(\tan\theta-1)$

이때, $\tan^2\theta+1=\frac{1}{\cos^2\theta}$ 에서

$\cos^2\theta=\frac{1}{\tan^2\theta+1}$ 이므로

$\sin\theta\cos\theta-\cos^2\theta$

$=\frac{1}{\tan^2\theta+1}\times(\tan\theta-1)$

$=\boldsymbol{\frac{k-1}{k^2+1}}$

***Note** $\sin\theta\cos\theta-\cos^2\theta$

$=\frac{\sin\theta\cos\theta-\cos^2\theta}{\sin^2\theta+\cos^2\theta}$

$=\dfrac{\frac{\sin\theta\cos\theta-\cos^2\theta}{\cos^2\theta}}{\frac{\sin^2\theta+\cos^2\theta}{\cos^2\theta}}$

$=\frac{\tan\theta-1}{\tan^2\theta+1}=\boldsymbol{\frac{k-1}{k^2+1}}$

8-**5**. (1) $\tan\theta+\frac{1}{\tan\theta}=8$ 에서

$\frac{\sin\theta}{\cos\theta}+\frac{\cos\theta}{\sin\theta}=8$

$\therefore\ \frac{1}{\sin\theta\cos\theta}=8$

$\therefore\ \sin\theta\cos\theta=\mathbf{\frac{1}{8}}$

(2) $(\sin\theta+\cos\theta)^2=1+2\sin\theta\cos\theta$

$=1+2\times\frac{1}{8}=\frac{5}{4}$

그런데 $0<\theta<\frac{\pi}{2}$이므로

$\sin\theta+\cos\theta>0$

$\therefore\ \sin\theta+\cos\theta=\sqrt{\frac{5}{4}}=\mathbf{\frac{\sqrt{5}}{2}}$

(3) (준 식)$=\frac{\cos^2\theta+\sin^2\theta}{\sin^2\theta\cos^2\theta}=\frac{1}{(1/8)^2}$

$=\mathbf{64}$

(4) (준 식)$=\frac{\cos\theta}{\sin\theta}\times\frac{2}{1-\sin^2\theta}$

$=\frac{\cos\theta}{\sin\theta}\times\frac{2}{\cos^2\theta}$

$=\frac{2}{\sin\theta\cos\theta}=2\times8=\mathbf{16}$

8-6. (1) $\frac{1}{\sin\theta}-\frac{1}{\cos\theta}=\frac{4}{3}$의 양변에 $3\sin\theta\cos\theta$를 곱하면

$3(\cos\theta-\sin\theta)=4\sin\theta\cos\theta$

양변을 제곱하면

$9(1-2\sin\theta\cos\theta)=16(\sin\theta\cos\theta)^2$

$\sin\theta\cos\theta=t$로 놓으면

$9(1-2t)=16t^2$

$\therefore\ (2t+3)(8t-3)=0$

그런데 $0<\theta<\frac{\pi}{2}$이므로 $t>0$

$\therefore\ t=\frac{3}{8}$ 곧, $\sin\theta\cos\theta=\mathbf{\frac{3}{8}}$

(2) $\sin\theta\cos\theta=\frac{3}{8}$이므로

$(\cos\theta+\sin\theta)^2=\cos^2\theta+\sin^2\theta+2\cos\theta\sin\theta$

$=1+2\times\frac{3}{8}=\frac{7}{4}$

$0<\theta<\frac{\pi}{2}$이므로

$\cos\theta+\sin\theta=\frac{\sqrt{7}}{2}$

$\therefore\ \cos^3\theta+\sin^3\theta=(\cos\theta+\sin\theta)\times(\cos^2\theta-\cos\theta\sin\theta+\sin^2\theta)$

$=\frac{\sqrt{7}}{2}\left(1-\frac{3}{8}\right)=\mathbf{\frac{5\sqrt{7}}{16}}$

8-7. $\frac{\cos\theta}{1-\cos\theta}-\frac{\cos\theta}{1+\cos\theta}=3$에서

$\frac{\cos\theta(1+\cos\theta)-\cos\theta(1-\cos\theta)}{(1-\cos\theta)(1+\cos\theta)}=3$

$\therefore\ \frac{2\cos^2\theta}{1-\cos^2\theta}=3\quad\therefore\ \cos^2\theta=\frac{3}{5}$

$\therefore\ \sin^2\theta=1-\cos^2\theta=1-\frac{3}{5}=\frac{2}{5}$

$\frac{\pi}{2}<\theta<\pi$이므로

$\sin\theta=\sqrt{\frac{2}{5}}=\mathbf{\frac{\sqrt{10}}{5}}$

8-8. (1) $2\sin\theta=\cos\theta+1$ ……㉠

양변을 제곱하면

$4\sin^2\theta=\cos^2\theta+2\cos\theta+1$

$\therefore\ 4(1-\cos^2\theta)=\cos^2\theta+2\cos\theta+1$

$\therefore\ 5\cos^2\theta+2\cos\theta-3=0$

$\therefore\ (5\cos\theta-3)(\cos\theta+1)=0$

$0<\theta<\frac{\pi}{2}$이므로 $\mathbf{\cos\theta=\frac{3}{5}}$

㉠에 대입하면 $\mathbf{\sin\theta=\frac{4}{5}}$

$\therefore\ \mathbf{\tan\theta}=\frac{\sin\theta}{\cos\theta}=\mathbf{\frac{4}{3}}$

(2) $\sin\theta+\cos\theta=\frac{7}{5}$에서 양변을 제곱하여 정리하면

$\sin\theta\cos\theta=\frac{12}{25}$

따라서 $\sin\theta$, $\cos\theta$를 두 근으로 하고 이차항의 계수가 1인 x에 관한 이차방정식은

$x^2-\frac{7}{5}x+\frac{12}{25}=0\quad\therefore\ x=\frac{3}{5},\ \frac{4}{5}$

그런데 $0<\theta<\frac{\pi}{4}$에서 $\sin\theta<\cos\theta$이므로

$\mathbf{\sin\theta=\frac{3}{5},\ \cos\theta=\frac{4}{5}}$

또, $\tan\theta=\dfrac{\sin\theta}{\cos\theta}=\dfrac{3}{4}$

* ***Note*** (1)과 같이 $\cos\theta=\dfrac{7}{5}-\sin\theta$ 의 양변을 제곱하여 풀 수도 있다.

8-9. 조건식에서

$x-5=2\cos\theta,\ y-3=2\sin\theta$

양변을 각각 제곱하여 변끼리 더하면

$(x-5)^2+(y-3)^2=4(\cos^2\theta+\sin^2\theta)$

$\therefore\ \boldsymbol{(x-5)^2+(y-3)^2=4}$

8-10.

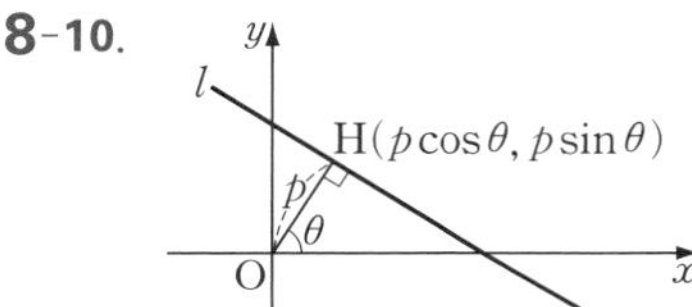

점 H의 좌표는

$\mathrm{H}(p\cos\theta,\ p\sin\theta)$

이고, 직선 l이 좌표축에 평행하지 않으므로 $\cos\theta\neq0,\ \sin\theta\neq0$이다.

또, 직선 l은 선분 OH에 수직이므로 l의 기울기는 $-\dfrac{\cos\theta}{\sin\theta}$이다.

따라서 직선 l의 방정식은

$y-p\sin\theta=-\dfrac{\cos\theta}{\sin\theta}(x-p\cos\theta)$

$\therefore\ x\cos\theta+y\sin\theta=p(\sin^2\theta+\cos^2\theta)$

$\therefore\ \boldsymbol{x\cos\theta+y\sin\theta=p}$ ……①

* ***Note*** $\theta=0,\ \dfrac{\pi}{2},\ \pi,\ \dfrac{3}{2}\pi$로 나누어 생각하면 직선 l이 좌표축에 평행할 때도 ①이 성립함을 확인할 수 있다.

8-11. 변 BA의 삼등분점을 D′, E′, 변 AC의 삼등분점을 D″, E″이라 하고, $\overline{\mathrm{AE'}}=a,\ \overline{\mathrm{AD''}}=b$ 라고 하자.

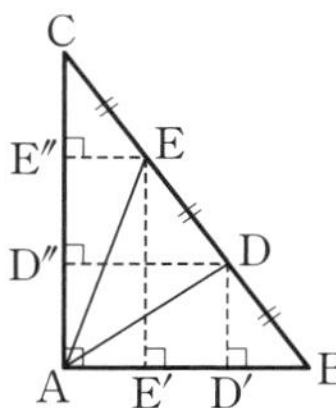

△ADD′에서

$\cos^2x=(2a)^2+b^2$ ……①

△AEE′에서

$\sin^2x=a^2+(2b)^2$ ……②

①+②하면

$\cos^2x+\sin^2x=5(a^2+b^2)$

$\therefore\ a^2+b^2=\dfrac{1}{5}$

△ABC에서

$\overline{\mathrm{BC}}^2=(3a)^2+(3b)^2=9(a^2+b^2)=\dfrac{9}{5}$

$\therefore\ \overline{\mathrm{BC}}=\boldsymbol{\dfrac{3\sqrt{5}}{5}}$

8-12. $y=ax^2+(\sin\theta)x+\cos\theta$

$\iff y=a(x-4)^2+1$

$\iff y=ax^2-8ax+16a+1$

$\therefore\ \sin\theta=-8a$ ……①

$\cos\theta=16a+1$ ……②

①^2+②^{2}하면

$\sin^2\theta+\cos^2\theta=(-8a)^2+(16a+1)^2$

$\therefore\ 320a^2+32a=0$

$a\neq0$이므로 $a=-\dfrac{1}{10}$

①, ②에 대입하면

$\sin\theta=\dfrac{4}{5},\ \cos\theta=-\dfrac{3}{5}$

$\therefore\ \tan\theta=\dfrac{\sin\theta}{\cos\theta}=-\dfrac{4}{3}$ 답 ①

8-13. $y=(x-\sin\theta)^2-\sin^2\theta+\cos^2\theta$

$=(x-\sin\theta)^2-2\sin^2\theta+1$

이므로 꼭짓점의 좌표는

$(\sin\theta,\ -2\sin^2\theta+1)$

따라서

$x=\sin\theta,\ y=-2\sin^2\theta+1$

로 놓고 θ를 소거하면 구하는 자취의 방정식은

$\boldsymbol{y=-2x^2+1\ (-1\le x\le 1)}$

8-14. 조건식에서

$1-\cos^2\dfrac{A}{2}+4\cos\dfrac{A}{2}=2$

$\therefore\ \cos^2\frac{A}{2}-4\cos\frac{A}{2}+1=0$

근의 공식에서

$$\cos\frac{A}{2}=2\pm\sqrt{3}$$

$\left|\cos\frac{A}{2}\right|\le 1$ 이므로 $\cos\frac{A}{2}=2-\sqrt{3}$

또, $B+C=\pi-A$ 이므로

$$\sin\frac{B+C-2\pi}{2}=\sin\frac{\pi-A-2\pi}{2}=\sin\left(-\frac{\pi}{2}-\frac{A}{2}\right)=-\cos\frac{A}{2}=\sqrt{3}-2$$

답 ②

8-15. (i) $n=2k$ (k는 양의 정수)일 때

$$(\text{준 식})=\sin\left\{10k\pi+(-1)^{2k}\frac{\pi}{6}\right\}=\sin\frac{\pi}{6}=\frac{1}{2}$$

(ii) $n=2k+1$ (k는 음이 아닌 정수)일 때

$$(\text{준 식})=\sin\left\{10k\pi+5\pi+(-1)^{2k+1}\frac{\pi}{6}\right\}=\sin\left(5\pi-\frac{\pi}{6}\right)=\sin\frac{\pi}{6}=\frac{1}{2}$$

(i), (ii)에서 (준 식)$=\mathbf{\frac{1}{2}}$

8-16.
$$\begin{aligned}(\text{준 식})&=(\cos^2 1^\circ+\cos^2 89^\circ)+(\cos^2 2^\circ+\cos^2 88^\circ)+\cdots+(\cos^2 44^\circ+\cos^2 46^\circ)+\cos^2 45^\circ+\cos^2 90^\circ\\&=(\cos^2 1^\circ+\sin^2 1^\circ)+(\cos^2 2^\circ+\sin^2 2^\circ)+\cdots+(\cos^2 44^\circ+\sin^2 44^\circ)+\cos^2 45^\circ+\cos^2 90^\circ\\&=\underbrace{1+1+\cdots+1}_{44\text{개}}+\frac{1}{2}+0=\frac{89}{2}\end{aligned}$$

답 ③

8-17.

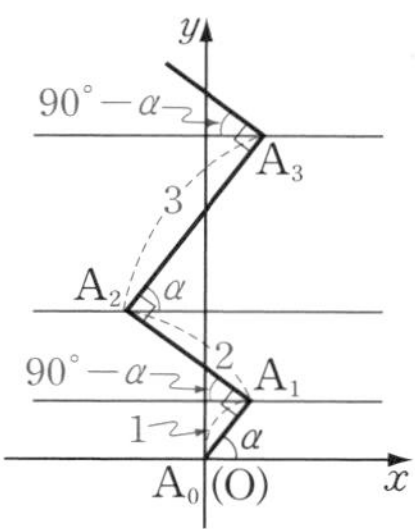

점 A_5의 좌표를 (x, y)라고 하면

$$\begin{aligned}x&=\cos\alpha-2\cos(90^\circ-\alpha)+3\cos\alpha-4\cos(90^\circ-\alpha)+5\cos\alpha\\&=\cos\alpha-2\sin\alpha+3\cos\alpha-4\sin\alpha+5\cos\alpha\\&=9\cos\alpha-6\sin\alpha,\\y&=\sin\alpha+2\sin(90^\circ-\alpha)+3\sin\alpha+4\sin(90^\circ-\alpha)+5\sin\alpha\\&=\sin\alpha+2\cos\alpha+3\sin\alpha+4\cos\alpha+5\sin\alpha\\&=9\sin\alpha+6\cos\alpha\end{aligned}$$

따라서 구하는 거리 $\overline{A_0A_5}$는

$$\sqrt{(9\cos\alpha-6\sin\alpha)^2+(9\sin\alpha+6\cos\alpha)^2}=\sqrt{81+36}=3\sqrt{13}$$

답 ④

8-18. 점 A의 좌표는 $A(\cos\theta, \sin\theta)$이고, 점 C는 점 A와 원점에 대하여 대칭이므로 점 C의 좌표는

$$C(-\cos\theta, -\sin\theta)$$

그런데 $0<\theta<\frac{\pi}{4}$에서

$$\cos(\pi-\theta)=-\cos\theta<0$$

이므로 이 값은 점 C의 x좌표이다.

답 ③

Note 반지름의 길이가 1인 원을 단위원이라고 한다.

9-1. 최댓값, 최솟값, 주기의 순으로

(1) **1, 0,** $\boldsymbol{\frac{\pi}{2}}$ (2) **1, 0,** $\boldsymbol{\frac{\pi}{3}}$

(3) 없다, **0,** $\boldsymbol{\frac{\pi}{2}}$

*Note 1° $y=\sin\omega x$, $y=\cos\omega x$, $y=\tan\omega x$의 주기는 각각

$$\frac{2\pi}{|\omega|},\ \frac{2\pi}{|\omega|},\ \frac{\pi}{|\omega|}$$

2° $y=|\sin\omega x|$, $y=|\cos\omega x|$의 주기는 각각 $y=\sin\omega x$, $y=\cos\omega x$의 주기의 $\frac{1}{2}$이고, $y=|\tan\omega x|$의 주기는 $y=\tan\omega x$의 주기와 같다.

그래프를 그려서 확인해 보자.

9-2. (1) $\frac{2\pi}{a}\times\frac{1}{2}=\pi$로부터 $\boldsymbol{a=1}$

(2) $\frac{2\pi}{a}\times\frac{1}{2}=\pi$로부터 $\boldsymbol{a=1}$

(3) $\frac{\pi}{a}=\pi$로부터 $\boldsymbol{a=1}$

9-3. ①~⑤의 주기는

① $\frac{2\pi}{\pi}=2$ ② $\frac{2\pi}{\sqrt{2}\pi}=\sqrt{2}$

③ $\frac{2\pi}{2\pi}=1$ ④ $\frac{2\pi}{\frac{\sqrt{2}}{2}\pi}=2\sqrt{2}$

⑤ $\frac{2\pi}{\frac{\sqrt{2}}{2}\pi}=2\sqrt{2}$

따라서 $f(x)=f(x+\sqrt{2})$를 만족시키는 것은 ②뿐이다. 답 ②

9-4. $f(x)$의 주기가 p이므로 모든 실수 x에 대하여 $f(x+p)=f(x)$이다.

$x=0$을 대입하면

$$f(p)=f(0)=\sqrt{1+\cos 0}+\sqrt{1-\cos 0}=\sqrt{2}$$

답 ③

9-5. $f(x+3)=f(x)$이므로 n이 정수일 때

$$f(x+3n)=f(x)$$

$$\therefore f\left(\frac{67}{2}\right)=f\left(\frac{1}{2}+3\times 11\right)=f\left(\frac{1}{2}\right)=\sin\frac{\pi}{2}=\boldsymbol{1}$$

9-6. $f:(x,y)\longrightarrow(x',y')$으로 놓으면

$$x'=2x,\ y'=\frac{y}{2}$$

$$\therefore x=\frac{x'}{2},\ y=2y'$$

점 (x,y)는 곡선

$$y=2\sin\left(x-\frac{\pi}{3}\right)+1$$

위의 점이므로

$$2y'=2\sin\left(\frac{x'}{2}-\frac{\pi}{3}\right)+1$$

곧, $y=\sin\left(\frac{x}{2}-\frac{\pi}{3}\right)+\frac{1}{2}$

따라서 주기는 $2\pi\div\frac{1}{2}=\boldsymbol{4\pi}$,

최댓값은 $1+\frac{1}{2}=\boldsymbol{\frac{3}{2}}$

9-7. x축에 대하여 대칭이동하면

$-y=\cos 2x$ 곧, $y=-\cos 2x$

x축의 방향으로 $\frac{\pi}{2}$만큼 평행이동하면

$$y=-\cos 2\left(x-\frac{\pi}{2}\right)$$

$$\therefore \boldsymbol{y=\cos 2x}$$

9-8. $0\le x\le 2\pi$일 때

$f(x)=1$, $f(2\pi-x)=1$

$\therefore g(x)=\sin x$

$x<0$일 때 $f(x)=0$ $\therefore g(x)=0$

$x>2\pi$일 때 $f(2\pi-x)=0$

$\therefore g(x)=0$

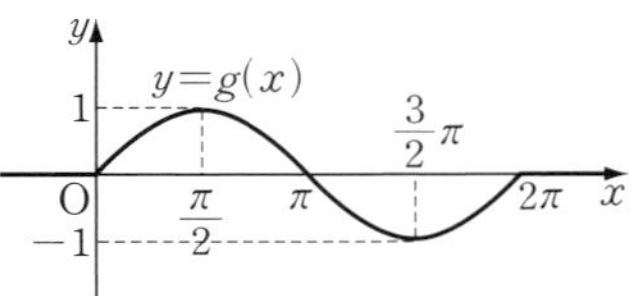

9-9. 함수 f가 우함수이면 정의역에 속하는 모든 x에 대하여

$$f(-x)=f(x)$$

ㄱ. $f(x)=|\sin x|$라고 하면

$$f(-x)=|\sin(-x)|=|-\sin x|=|\sin x|=f(x)$$

∴ 우함수

ㄴ. $f(x)=\cos(2x+\pi)$라고 하면

$f(x)=-\cos 2x$이므로

$$f(-x)=-\cos(-2x)=-\cos 2x$$
$$=f(x)$$

∴ 우함수

ㄷ. $f(x)=\tan\left(\frac{\pi}{2}-x\right)$라고 하면

$f(x)=\frac{1}{\tan x}$이므로

$$f(-x)=\frac{1}{\tan(-x)}=-\frac{1}{\tan x}$$
$$=-f(x)$$

∴ 기함수 답 ③

9-10. $0<x<\frac{\pi}{4}$일 때

$$0<\sin x<\frac{\sqrt{2}}{2},\ \frac{\sqrt{2}}{2}<\cos x<1,$$
$$0<\tan x<1$$

$0<x<\frac{\pi}{4}<1$이고 $\sin x<\cos x$이므로

$$x^{\sin x}>x^{\cos x}>0 \qquad \therefore\ 0<B<A$$

한편 $\frac{1}{x}>1$이고 $0<\tan x<1$이므로

$$\log_{\frac{1}{x}}\tan x<\log_{\frac{1}{x}}1 \qquad \therefore\ C<0$$

$$\therefore\ \boldsymbol{C<B<A}$$

9-11. 함수 $f(x)$의 최솟값은 -3, 최댓값은 3이므로 점 B, C의 y좌표는 각각 -3, 3이다.

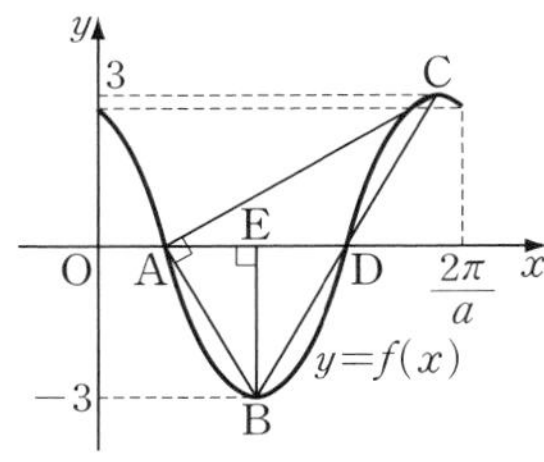

선분 BC의 중점을 D라고 하면 점 D는 $y=f(x)$의 그래프와 x축의 교점이다.

$$\therefore\ \overline{AB}=\overline{BD}=\overline{DC}$$

이때, $\overline{AB}:\overline{BC}=1:2$이고

$\overline{AB}:\overline{AC}=1:\sqrt{3}$이므로

$$\overline{AB}:\overline{BC}:\overline{CA}=1:2:\sqrt{3}$$

따라서 △ABC는 ∠A=90°, ∠B=60°, ∠C=30°인 직각삼각형이다.

이등변삼각형 ABD의 꼭짓점 B에서 변 AD에 내린 수선의 발을 E라고 하면 ∠ABE=30°이므로

$$\overline{AE}:\overline{BE}=1:\sqrt{3}$$

이때, $\overline{BE}=3$이므로 $\overline{AE}=\sqrt{3}$

따라서 $f(x)$의 주기는 $4\times\overline{AE}=4\sqrt{3}$이므로

$$\frac{2\pi}{a}=4\sqrt{3} \qquad \therefore\ \boldsymbol{a=\frac{\sqrt{3}}{6}\pi}$$

9-12. α와 β는 직선 $x=\frac{\pi}{2}$에 대하여 대칭이므로

$$\frac{\alpha+\beta}{2}=\frac{\pi}{2} \qquad \therefore\ \alpha+\beta=\pi$$

또, $\gamma=2\pi+\alpha$이므로

$$\alpha+\beta+\gamma=3\pi+\alpha$$

$$\therefore\ f(\alpha+\beta+\gamma)=3\sin(3\pi+\alpha)$$
$$=-3\sin\alpha=-2$$

답 ②

*****Note*** $\beta=\pi-\alpha,\ \gamma=2\pi+\alpha$이므로

$$\alpha+\beta+\gamma=\alpha+(\pi-\alpha)+(2\pi+\alpha)$$
$$=3\pi+\alpha$$

9-13.

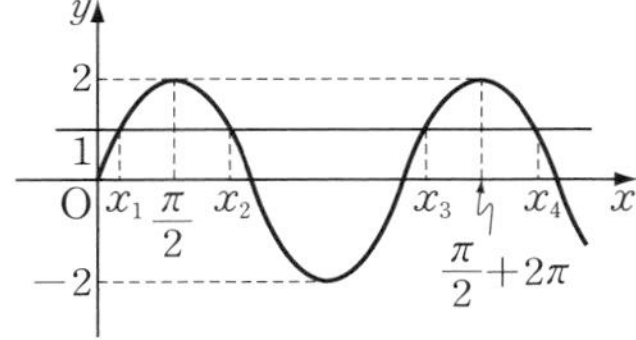

x_1과 x_2는 직선 $x=\frac{\pi}{2}$에 대하여 대칭이므로

$$\frac{x_1+x_2}{2}=\frac{\pi}{2} \qquad \therefore\ x_1+x_2=\pi$$

같은 방법으로 생각하면

$\dfrac{x_3+x_4}{2}=\dfrac{\pi}{2}+2\pi \quad \therefore\ x_3+x_4=5\pi$

$\dfrac{x_5+x_6}{2}=\dfrac{\pi}{2}+4\pi \quad \therefore\ x_5+x_6=9\pi$

$\therefore\ x_1+x_2+x_3+x_4+x_5+x_6=\mathbf{15\pi}$

9-14. 단위원에서는 호의 길이가 각의 크기와 같으므로 t초 후 점 P, Q의 좌표는

$$\mathrm{P}\left(\cos\frac{\pi}{2}t,\ \sin\frac{\pi}{2}t\right),$$
$$\mathrm{Q}\left(\cos\frac{\pi}{3}t,\ \sin\frac{\pi}{3}t\right)$$

두 함수 $y=\sin\frac{\pi}{2}t$, $y=\sin\frac{\pi}{3}t$의 주기는 각각 4, 6이므로 $0<t\le12$에서 두 함수의 그래프를 그리면 아래와 같이 6개의 교점을 가진다.

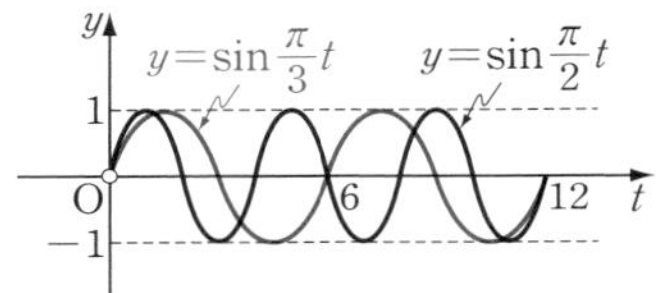

따라서 구하는 횟수는

$$6\times\frac{120}{12}=\mathbf{60}$$

9-15. $\sin x=t$로 놓으면 $-1\le t\le1$이고,

$$y=\frac{3t}{t+2}=\frac{-6}{t+2}+3$$

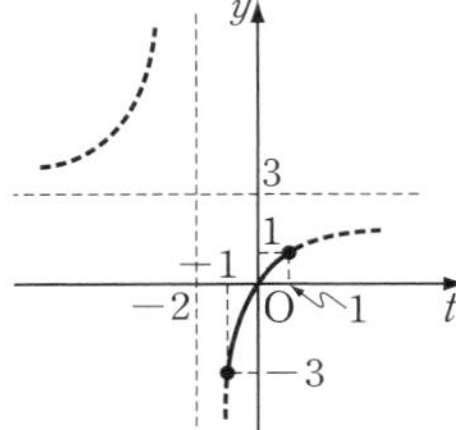

위의 그림에서

최댓값 1, 최솟값 −3

9-16. $\dfrac{\pi}{6}\le x\le\dfrac{2}{3}\pi$에서 $\dfrac{\pi}{2}\le x+\dfrac{\pi}{3}\le\pi$ 이므로

$$-1\le\cos\left(x+\frac{\pi}{3}\right)\le0$$
$$\therefore\ 1\le f(x)\le3$$

이때,

$(g\circ f)(x)=g(f(x))=\log_3 f(x)+2$

이므로

$\log_3 1+2\le(g\circ f)(x)\le\log_3 3+2$

$\therefore\ 2\le(g\circ f)(x)\le3$

따라서 $(g\circ f)(x)$의 최댓값은 3, 최솟값은 2이므로 그 합은 **5**

***Note** $(g\circ f)(x)$는 $x=\dfrac{\pi}{6}$일 때 최대이고, $x=\dfrac{2}{3}\pi$일 때 최소이다.

9-17. $\alpha+\beta=\pi-\gamma$이므로

$$\begin{aligned}(\text{준 식})&=\sin^2(2\pi-\gamma)+\cos\gamma\\&=\sin^2\gamma+\cos\gamma\\&=1-\cos^2\gamma+\cos\gamma\\&=-\cos^2\gamma+\cos\gamma+1\end{aligned}$$

$\cos\gamma=t$로 놓으면

$$\begin{aligned}(\text{준 식})&=-t^2+t+1\\&=-\left(t-\frac{1}{2}\right)^2+\frac{5}{4}\quad\cdots\cdots ㉮\end{aligned}$$

한편 $a^2+b^2=3ab\cos\gamma$에서

$$t=\frac{a^2+b^2}{3ab}=\frac{1}{3}\left(\frac{a}{b}+\frac{b}{a}\right)$$
$$\ge\frac{1}{3}\times2\sqrt{\frac{a}{b}\times\frac{b}{a}}=\frac{2}{3}$$

(등호는 $a=b$일 때 성립)

따라서 ㉮에서 $t=\dfrac{2}{3}$일 때

최댓값은 $\mathbf{\dfrac{11}{9}}$

9-18. $a\sin^2x+b\cos^2x+c$

$$\begin{aligned}&=a\sin^2x+b(1-\sin^2x)+c\\&=(a-b)\sin^2x+b+c\end{aligned}$$

에서 $\sin^2x=t$로 놓고, 주어진 식을 $f(t)$라고 하면 $0\le t\le1$이고,

$$f(t)=(a-b)t+b+c$$

(i) $a\ne b$일 때, $f(t)$는 t의 일차함수이므로 $0\le t\le1$에서 $f(t)>0$일 조건은

$$f(0)=b+c>0,\ f(1)=a+c>0$$

(ii) $a=b$일 때, $0\le t\le 1$에서 $f(t)>0$일 조건은

$$f(t)=b+c=a+c>0$$

(i), (ii)에서 $\boldsymbol{b+c>0,\ a+c>0}$

10-1. (1) $0\le 2x<4\pi$이므로

$$2x=\frac{\pi}{3},\ \frac{2}{3}\pi,\ \frac{7}{3}\pi,\ \frac{8}{3}\pi$$

$$\therefore\ \boldsymbol{x=\frac{\pi}{6},\ \frac{\pi}{3},\ \frac{7}{6}\pi,\ \frac{4}{3}\pi}$$

(2) $0\le 2x<4\pi$이므로

$$2x=\frac{2}{3}\pi,\ \frac{4}{3}\pi,\ \frac{8}{3}\pi,\ \frac{10}{3}\pi$$

$$\therefore\ \boldsymbol{x=\frac{\pi}{3},\ \frac{2}{3}\pi,\ \frac{4}{3}\pi,\ \frac{5}{3}\pi}$$

(3) $0\le\frac{1}{2}x<\pi$이므로 $\frac{1}{2}x=\frac{\pi}{3}$

$$\therefore\ \boldsymbol{x=\frac{2}{3}\pi}$$

(4) $\frac{\pi}{3}\le x+\frac{\pi}{3}<\frac{7}{3}\pi$이므로

$$x+\frac{\pi}{3}=\frac{7}{6}\pi,\ \frac{11}{6}\pi$$

$$\therefore\ \boldsymbol{x=\frac{5}{6}\pi,\ \frac{3}{2}\pi}$$

(5) $\frac{1}{\sqrt{2}}\times\frac{\sqrt{3}}{2}\times\tan x=\frac{1}{2\sqrt{2}}$

$\therefore\ \tan x=\frac{1}{\sqrt{3}}$ $\quad\therefore\ \boldsymbol{x=\frac{\pi}{6},\ \frac{7}{6}\pi}$

10-2. $-\frac{\pi}{5}\le x-\frac{\pi}{5}<\frac{9}{5}\pi$ ……㉮

(1) $\sin\frac{\pi}{10}=\sin\left(\pi-\frac{\pi}{10}\right)$이므로

㉮의 범위에서

$$x-\frac{\pi}{5}=\frac{\pi}{10},\ \pi-\frac{\pi}{10}$$

$$\therefore\ \boldsymbol{x=\frac{3}{10}\pi,\ \frac{11}{10}\pi}$$

(2) $\sin\frac{\pi}{10}=\cos\left(\frac{\pi}{2}-\frac{\pi}{10}\right)=\cos\frac{2}{5}\pi$

이므로

$$\cos\left(x-\frac{\pi}{5}\right)=\cos\frac{2}{5}\pi$$

$\cos\frac{2}{5}\pi=\cos\left(2\pi-\frac{2}{5}\pi\right)$이므로

㉮의 범위에서

$$x-\frac{\pi}{5}=\frac{2}{5}\pi,\ 2\pi-\frac{2}{5}\pi$$

$$\therefore\ \boldsymbol{x=\frac{3}{5}\pi,\ \frac{9}{5}\pi}$$

(3) $\tan\frac{7}{5}\pi=\tan\left(\pi+\frac{2}{5}\pi\right)=\tan\frac{2}{5}\pi$

이므로 ㉮의 범위에서

$$x-\frac{\pi}{5}=\frac{2}{5}\pi,\ \frac{7}{5}\pi$$

$$\therefore\ \boldsymbol{x=\frac{3}{5}\pi,\ \frac{8}{5}\pi}$$

****Note*** (1), (2), (3)의 일반해는 n이 정수일 때

(1) $x-\frac{\pi}{5}=2n\pi+\frac{\pi}{10},\ (2n+1)\pi-\frac{\pi}{10}$

(2) $x-\frac{\pi}{5}=2n\pi\pm\frac{2}{5}\pi$

(3) $x-\frac{\pi}{5}=n\pi+\frac{2}{5}\pi$

따라서 $0\le x<2\pi$를 만족시키는 n의 값을 대입하여 풀 수도 있다.

10-3. $2\sin^2 x-1=0$에서 $\sin^2 x=\frac{1}{2}$

$$\therefore\ \sin x=\frac{1}{\sqrt{2}}\ \text{또는}\ \sin x=-\frac{1}{\sqrt{2}}$$

$0\le x<2\pi$이므로

$$x=\frac{\pi}{4},\ \frac{3}{4}\pi,\ \frac{5}{4}\pi,\ \frac{7}{4}\pi$$

그런데 $\sin x\cos x>0$에서 x는 제1사분면 또는 제3사분면의 각이므로

$$x=\frac{\pi}{4},\ \frac{5}{4}\pi$$

따라서 구하는 합은 $\boldsymbol{\frac{3}{2}\pi}$

10-4. 주어진 방정식에서

$$4(1-\cos^2 x)-8\cos x+1=0$$

$$\therefore\ 4\cos^2 x+8\cos x-5=0$$

$$\therefore\ (2\cos x-1)(2\cos x+5)=0$$

$2\cos x+5>0$이므로 $2\cos x-1=0$

$$\therefore\ \cos x=\frac{1}{2}$$

$0\le x<4\pi$ 이므로

$$x=\frac{\pi}{3},\ \frac{5}{3}\pi,\ 2\pi+\frac{\pi}{3},\ 2\pi+\frac{5}{3}\pi$$

따라서 모든 해의 합은 $\boldsymbol{8\pi}$

10-5. 진수는 양수이므로

$$\sin x>0,\ \cos x>0$$

$$\therefore\ 0<x<\frac{\pi}{2}$$

이때, 주어진 방정식은

$$2\log\sin x+\log 2=\log\cos x+\log 3$$

$$\therefore\ \log(2\sin^2 x)=\log(3\cos x)$$

$$\therefore\ 2\sin^2 x=3\cos x$$

$$\therefore\ 2(1-\cos^2 x)=3\cos x$$

$$\therefore\ (2\cos x-1)(\cos x+2)=0$$

$\cos x+2>0$ 이므로 $2\cos x-1=0$

$$\therefore\ \cos x=\frac{1}{2}$$

$0<x<\frac{\pi}{2}$ 이므로 $\boldsymbol{x=\frac{\pi}{3}}$

10-6. 주어진 조건에서

$$20-5\sqrt{2}\cos\frac{2\pi\times1}{\sqrt{64}}=20-10\cos\frac{2\pi\times2}{\sqrt{x}}$$

$$\therefore\ 20-5\sqrt{2}\cos\frac{\pi}{4}=20-10\cos\frac{4\pi}{\sqrt{x}}$$

$$\therefore\ \cos\frac{4\pi}{\sqrt{x}}=\frac{1}{2} \qquad \cdots\cdots ㉠$$

$x\ge100$ 이므로 $\frac{4\pi}{\sqrt{x}}\le\frac{4\pi}{10}=\frac{2}{5}\pi$

곧, $0<\frac{4\pi}{\sqrt{x}}\le\frac{2}{5}\pi$ 일 때 ㉠을 만족시키는 x의 값을 구하면

$$\frac{4\pi}{\sqrt{x}}=\frac{\pi}{3} \qquad \therefore\ x=144$$

답 ②

10-7. 방정식 $\sin\pi x=\frac{3}{10}x$ 의 실근은 $y=\sin\pi x$ 와 $y=\frac{3}{10}x$ 의 그래프의 교점의 x좌표이다.

따라서 방정식의 실근의 개수는 두 그래프의 교점의 개수와 같다.

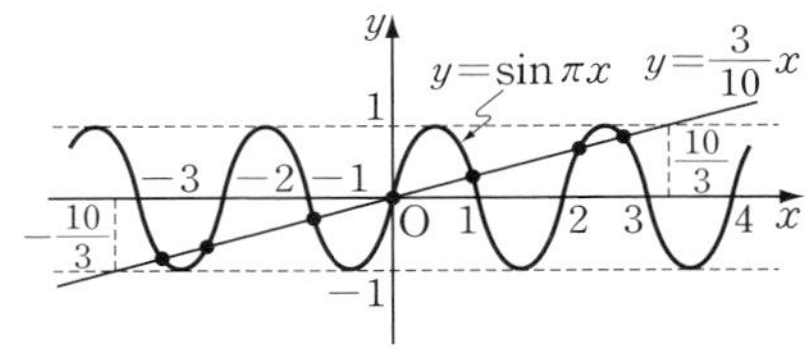

위의 그림에서 교점의 개수는 7이므로 실근의 개수는 7이다. 답 ④

****Note*** $-1\le\sin\pi x\le1$ 이므로

$$-1\le\frac{3}{10}x\le1,\ \text{곧}\ -\frac{10}{3}\le x\le\frac{10}{3}$$

에서만 생각하면 된다.

10-8. 주어진 방정식에서

$$2(1-\sin^2 x)-\sin x-1=a(\sin x+1)$$

$$\therefore\ (2\sin x-1)(\sin x+1)+a(\sin x+1)=0$$

$$\therefore\ (\sin x+1)(2\sin x-1+a)=0 \cdots ㉠$$

한편 $0<x<\pi$ 에서 $0<\sin x\le1$ 이므로

$$\sin x+1\ne0$$

따라서 ㉠에서

$$2\sin x-1+a=0 \qquad \therefore\ \sin x=\frac{1-a}{2}$$

$$\therefore\ 0<\frac{1-a}{2}\le1 \qquad \therefore\ \boldsymbol{-1\le a<1}$$

10-9. $(\sin\theta)x+(\cos\theta)y-1=0$

$$\frac{|\sin\theta+\cos^2\theta-1|}{\sqrt{\sin^2\theta+\cos^2\theta}}=\frac{1}{4}\text{에서}$$

$$|\sin\theta-\sin^2\theta|=\frac{1}{4} \qquad \cdots\cdots ㉠$$

한편 $0\le\theta\le\frac{\pi}{2}$ 에서 $0\le\sin\theta\le1$ 이므로 $\sin\theta\ge\sin^2\theta$

따라서 ㉠은

$$\sin\theta-\sin^2\theta=\frac{1}{4}$$

$$\therefore\ 4\sin^2\theta-4\sin\theta+1=0$$

$$\therefore\ (2\sin\theta-1)^2=0 \qquad \therefore\ \sin\theta=\frac{1}{2}$$

$$\therefore\ \boldsymbol{\theta=\frac{\pi}{6}}$$

10-10. $y=(x-\sin\theta)^2-\sin^2\theta+\cos^2\theta$

$$=(x-\sin\theta)^2-2\sin^2\theta+1$$

이므로 꼭짓점의 좌표는

$$(\sin\theta,\ -2\sin^2\theta+1)$$

이 점이 직선 $x+y=0$ 위에 있으므로

$$\sin\theta-2\sin^2\theta+1=0$$

$$\therefore\ (\sin\theta-1)(2\sin\theta+1)=0$$

$-\dfrac{\pi}{2}<\theta<\dfrac{\pi}{2}$에서 $\sin\theta\neq1$이므로

$$\sin\theta=-\frac{1}{2}\qquad\therefore\ \theta=-\frac{\pi}{6}$$

답 ②

10-11. (1) $y=\sin x$ ……①

$y=\cos x$ ……②

로 놓고 ①, ②의 그래프를 그리면 아래와 같다.

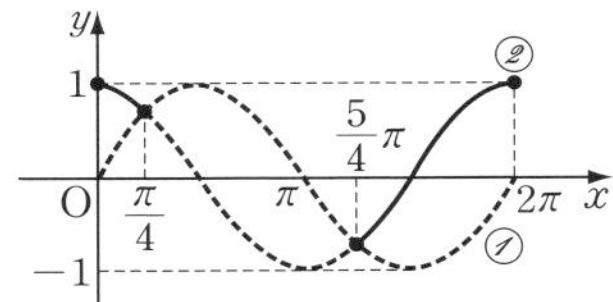

그런데 $\sin x\leq\cos x$의 해는 ①의 그래프가 ②의 그래프보다 위쪽에 있지 않은 x의 값의 범위이므로

$$\mathbf{0\leq x\leq\frac{\pi}{4},\ \frac{5}{4}\pi\leq x\leq2\pi}$$

(2) $2\cos x>\dfrac{3\sin x}{\cos x}$

$0<x<\dfrac{\pi}{2}$에서 $\cos x>0$이므로

$$2\cos^2x>3\sin x$$

$$\therefore\ 2(1-\sin^2x)>3\sin x$$

$$\therefore\ (2\sin x-1)(\sin x+2)<0$$

$\sin x+2>0$이므로

$$2\sin x-1<0\qquad\therefore\ \sin x<\frac{1}{2}$$

$$\therefore\ \mathbf{0<x<\frac{\pi}{6}}$$

10-12. $\cos\dfrac{\pi}{9}=\sin\left(\dfrac{\pi}{2}-\dfrac{\pi}{9}\right)=\sin\dfrac{7}{18}\pi$

이므로 주어진 부등식은

$$\sin x\geq\sin\frac{7}{18}\pi$$

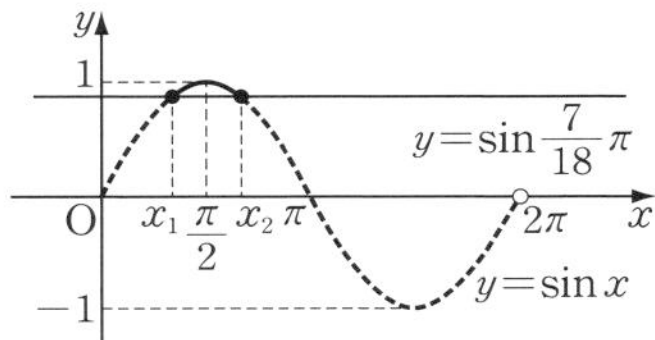

위의 그림과 같이 곡선 $y=\sin x$ $(0\leq x<2\pi)$가 직선 $y=\sin\dfrac{7}{18}\pi$와 만나는 두 점의 x좌표를 각각 $x_1,\ x_2(x_1<x_2)$라고 하면

$$x_1=\frac{7}{18}\pi$$

또, $\dfrac{x_1+x_2}{2}=\dfrac{\pi}{2}$이므로

$$x_2=\pi-x_1=\pi-\frac{7}{18}\pi=\frac{11}{18}\pi$$

따라서 주어진 부등식의 해는

$$\mathbf{\frac{7}{18}\pi\leq x\leq\frac{11}{18}\pi}$$

10-13. $18=B-k\cos\left(\dfrac{\pi}{60}\times20\right)$에서

$$18=B-\frac{1}{2}k\qquad\cdots\cdots①$$

$20=B-k\cos\left(\dfrac{\pi}{60}\times40\right)$에서

$$20=B+\frac{1}{2}k\qquad\cdots\cdots②$$

①, ②에서 $B=19,\ k=2$

$T=19-2\cos\dfrac{\pi}{60}t$이므로 $18<T<20$에서

$$18<19-2\cos\frac{\pi}{60}t<20$$

$$\therefore\ -\frac{1}{2}<\cos\frac{\pi}{60}t<\frac{1}{2}$$

$f(t)=\cos\dfrac{\pi}{60}t$라고 하면 함수 $f(t)$는

주기가 $\dfrac{2\pi}{\frac{\pi}{60}}=120$인 주기함수이다.

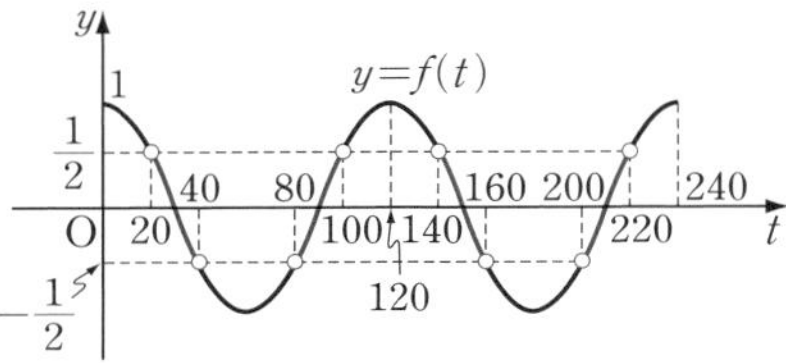

위의 그림에서 주어진 조건을 만족시키는 시간은 $(40-20)\times 4=80$(분) 동안이다. 답 ③

10-14. 주어진 그림에서 y의 최댓값은 2이므로

$$1+c=2 \qquad \therefore\ c=1$$

또, 주기가 π이고 $a>0$이므로

$$\frac{2\pi}{a}=\pi \qquad \therefore\ a=2$$

따라서 주어진 그래프는 $y=\cos 2x+1$의 그래프를 x축의 방향으로 $-\frac{\pi}{3}$만큼 평행이동한 것이고, $0<b<\pi$이므로

$$b=\frac{\pi}{3}$$

곧, $\cos 2\left(\theta+\frac{\pi}{3}\right)+1<1$에서

$$\cos 2\left(\theta+\frac{\pi}{3}\right)<0 \qquad \cdots\cdots㉮$$

한편 $0\le\theta<\pi$이므로

$$\frac{2}{3}\pi\le 2\left(\theta+\frac{\pi}{3}\right)<\frac{8}{3}\pi$$

이 범위에서 ㉮을 만족시키는 θ의 값의 범위를 구하면

$$\frac{2}{3}\pi\le 2\left(\theta+\frac{\pi}{3}\right)<\frac{3}{2}\pi,$$

$$\frac{5}{2}\pi<2\left(\theta+\frac{\pi}{3}\right)<\frac{8}{3}\pi$$

$$\therefore\ \boldsymbol{0\le\theta<\frac{5}{12}\pi,\ \frac{11}{12}\pi<\theta<\pi}$$

10-15. $\cos\theta=t$로 놓으면 $-1\le t\le 1$이고, 이 범위에서

$$t^2-3t-a+9\ge 0$$

을 만족시키는 a의 값의 범위를 구하면 된다.

$f(t)=t^2-3t-a+9$라고 하면

$$f(t)=\left(t-\frac{3}{2}\right)^2+\frac{27}{4}-a$$

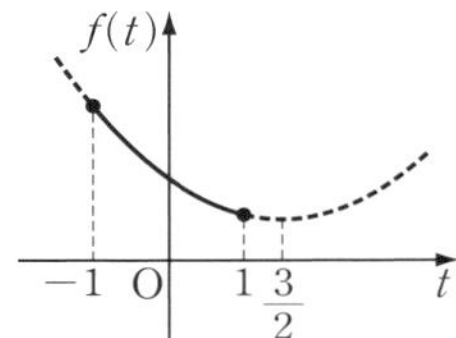

$-1\le t\le 1$이므로 $f(t)$는 $t=1$일 때 최소이고, 최솟값 $f(1)$은

$$f(1)=1-3-a+9\ge 0$$

이어야 한다. $\therefore\ \boldsymbol{a\le 7}$

10-16. $D=(-\sqrt{2})^2-4(\sin^2\theta-\cos^2\theta)\ge 0$

$$\therefore\ 2-4\{\sin^2\theta-(1-\sin^2\theta)\}\ge 0$$

$$\therefore\ 0\le\sin^2\theta\le\frac{3}{4}$$

$0\le\theta\le\pi$이므로 $\quad 0\le\sin\theta\le\frac{\sqrt{3}}{2}$

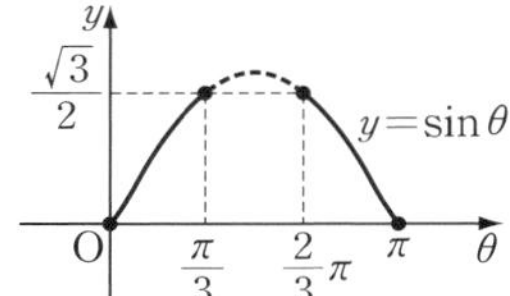

$$\therefore\ \boldsymbol{0\le\theta\le\frac{\pi}{3},\ \frac{2}{3}\pi\le\theta\le\pi}$$

10-17. $f(x)=2x^2+3x\cos\theta-2\sin^2\theta+1$로 놓으면 $f(x)=0$의 두 근 사이에 1이 있으므로

$$f(1)=2+3\cos\theta-2\sin^2\theta+1<0$$

$$\therefore\ 3\cos\theta-2(1-\cos^2\theta)+3<0$$

$$\therefore\ (\cos\theta+1)(2\cos\theta+1)<0$$

$$\therefore\ -1<\cos\theta<-\frac{1}{2}$$

$0\le\theta<2\pi$이므로

$$\boldsymbol{\frac{2}{3}\pi<\theta<\pi,\ \pi<\theta<\frac{4}{3}\pi}$$

10-18. y를 소거하고 정리하면

$x^2+(2\cos\theta+1)x+1=0$ ……㉮

에서

$D=(2\cos\theta+1)^2-4$
$=(2\cos\theta+3)(2\cos\theta-1)$

(1) ㉮이 중근을 가질 때, 직선과 포물선은 접하므로 $D=0$

$2\cos\theta+3\neq0$이므로 $\cos\theta=\frac{1}{2}$

$0\leq\theta\leq2\pi$이므로

$\boldsymbol{\theta=\frac{\pi}{3},\ \frac{5}{3}\pi}$

(2) ㉮이 서로 다른 두 실근을 가질 때, 직선과 포물선은 서로 다른 두 점에서 만나므로 $D>0$

$2\cos\theta+3>0$이므로 $\cos\theta>\frac{1}{2}$

$0\leq\theta\leq2\pi$이므로

$\boldsymbol{0\leq\theta<\frac{\pi}{3},\ \frac{5}{3}\pi<\theta\leq2\pi}$

11-1.

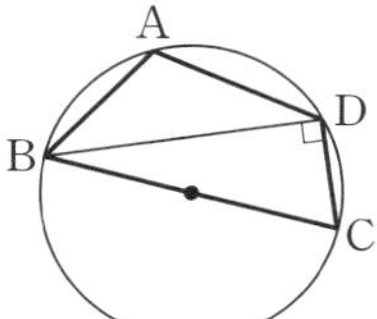

$\angle\text{BDC}=90^\circ$이므로

$\overline{\text{BD}}^2=\overline{\text{BC}}^2-\overline{\text{CD}}^2=13^2-5^2=12^2$

$\therefore\ \overline{\text{BD}}=12$

또, 선분 BC는 △ABD의 외접원의 지름이므로 사인법칙에 의하여

$\frac{\overline{\text{BD}}}{\sin A}=\overline{\text{BC}}$

$\therefore\ \sin A=\frac{\overline{\text{BD}}}{\overline{\text{BC}}}=\frac{12}{13}$ 　답 ⑤

***Note** □ABCD는 원에 내접하므로

$\angle\text{A}+\angle\text{C}=180^\circ$

$\therefore\ \sin A=\sin(180^\circ-C)=\sin C$
$=\frac{\overline{\text{BD}}}{\overline{\text{BC}}}=\frac{12}{13}$

11-2. $A+B+C=180^\circ$이므로 주어진 식은 $4\cos(180^\circ-A)\cos A=-1$

$\therefore\ \cos^2 A=\frac{1}{4}$

$\therefore\ \sin^2 A=1-\cos^2 A=1-\frac{1}{4}=\frac{3}{4}$

$0^\circ<A<180^\circ$이므로 $\sin A>0$

$\therefore\ \sin A=\frac{\sqrt{3}}{2}$

사인법칙에서 $\frac{a}{\sin A}=2R$이므로

$a=2\times2\times\frac{\sqrt{3}}{2}=2\sqrt{3}$ 　답 ⑤

11-3. △ABP의 외접원의 반지름의 길이를 R_1, △ACP의 외접원의 반지름의 길이를 R_2라고 하자.

△ABP에서 사인법칙에 의하여

$\frac{\overline{\text{AP}}}{\sin60^\circ}=2R_1$ 　$\therefore\ R_1=\frac{1}{\sqrt{3}}\overline{\text{AP}}$

△ACP에서 사인법칙에 의하여

$\frac{\overline{\text{AP}}}{\sin45^\circ}=2R_2$ 　$\therefore\ R_2=\frac{1}{\sqrt{2}}\overline{\text{AP}}$

$\therefore\ R_1 : R_2=\frac{1}{\sqrt{3}}:\frac{1}{\sqrt{2}}=\boldsymbol{\sqrt{2}:\sqrt{3}}$

11-4. $A=120^\circ$이므로 $B=C=30^\circ$

△ABC에서 사인법칙에 의하여

$\frac{4}{\sin120^\circ}=\frac{b}{\sin30^\circ}$ 　$\therefore\ b=\frac{4}{\sqrt{3}}$

$\overline{\text{CP}}=x$로 놓으면 $0\leq x\leq\frac{4}{\sqrt{3}}$

(i) $x=0$일 때

점 P가 점 C와 일치하는 경우이므로

$\overline{\text{BP}}^2+\overline{\text{CP}}^2=\overline{\text{BC}}^2=16$

(ii) $0<x\leq\frac{4}{\sqrt{3}}$일 때

△PBC에서 코사인법칙에 의하여

$\overline{\text{BP}}^2=4^2+x^2-2\times4\times x\cos30^\circ$
$=x^2-4\sqrt{3}x+16$

$\therefore\ \overline{\text{BP}}^2+\overline{\text{CP}}^2=(x^2-4\sqrt{3}x+16)+x^2$
$=2(x-\sqrt{3})^2+10$

(i), (ii)에서 $x=\sqrt{3}$일 때 최솟값은 10 이다. 답 ⑤

11-5.

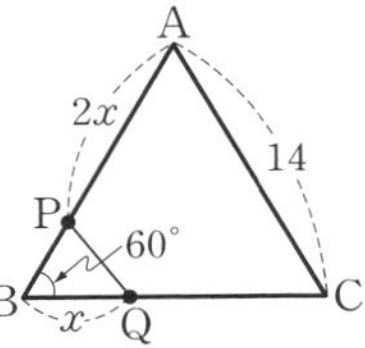

$\overline{BQ}=x$라고 하면 $\overline{AP}=2x$이고,

$$0\le x<7 \quad \cdots\cdots ㉠$$

△PBQ에서 코사인법칙에 의하여

$$\overline{PQ}^2=(14-2x)^2+x^2-2(14-2x)x\cos 60^\circ$$
$$=7x^2-70x+196$$
$$=7(x-5)^2+21$$

㉠의 범위에서 $\overline{PQ}^2$의 최솟값은 $x=5$일 때 21이다.

따라서 $\overline{PQ}$의 최솟값은 $\sqrt{21}$

11-6.

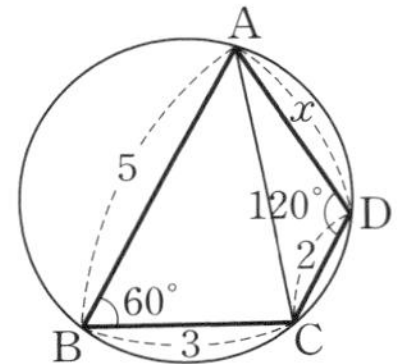

△ABC에서 코사인법칙에 의하여

$$\overline{AC}^2=5^2+3^2-2\times5\times3\cos 60^\circ=19$$

$\overline{AD}=x$라고 하면 △ADC에서 코사인법칙에 의하여

$$\overline{AC}^2=2^2+x^2-2\times2\times x\cos 120^\circ$$
$$=x^2+2x+4$$
$$\therefore\ 19=x^2+2x+4$$
$$\therefore\ (x-3)(x+5)=0$$

$x>0$이므로 $x=3$ $\therefore$ **$\overline{AD}=3$**

11-7. $\overline{PC}=x$로 놓으면 △ABP, △BCP, △CAP에서 코사인법칙에 의하여

$$\overline{AB}^2=10^2+6^2-2\times10\times6\cos 120^\circ$$
$$=196,$$
$$\overline{BC}^2=6^2+x^2-2\times6\times x\cos 120^\circ$$
$$=x^2+6x+36,$$
$$\overline{CA}^2=x^2+10^2-2\times x\times10\cos 120^\circ$$
$$=x^2+10x+100$$

그런데 $\overline{AB}^2+\overline{BC}^2=\overline{CA}^2$이므로

$$196+(x^2+6x+36)=x^2+10x+100$$
$$\therefore\ x=33 \quad \therefore\ \overline{PC}=33$$

답 ②

11-8. (1) $a:b:c=\sin A:\sin B:\sin C$
$=7:5:3$

$a=7k,\ b=5k,\ c=3k$로 놓으면

$$\cos A=\frac{(5k)^2+(3k)^2-(7k)^2}{2\times5k\times3k}=-\frac{1}{2}$$
$$\therefore\ \boldsymbol{A=120^\circ}$$

(2) 각 변을 6으로 나누면

$$\frac{\sin A}{1}=\frac{\sin B}{\sqrt{3}}=\frac{\sin C}{2}$$
$$\therefore\ a:b:c=\sin A:\sin B:\sin C$$
$$=1:\sqrt{3}:2$$

$a=k,\ b=\sqrt{3}k,\ c=2k$로 놓으면

$$\cos A=\frac{(\sqrt{3}k)^2+(2k)^2-k^2}{2\times\sqrt{3}k\times2k}=\frac{\sqrt{3}}{2}$$
$$\therefore\ \boldsymbol{A=30^\circ}$$

***Note** $a:b:c=1:\sqrt{3}:2$이므로 △ABC는 $A=30^\circ,\ B=60^\circ,\ C=90^\circ$인 직각삼각형이다.

11-9. $b+c=5k,\ c+a=6k,\ a+b=7k$로 놓고, 변끼리 더하여 2로 나누면

$$a+b+c=9k$$
$$\therefore\ a=4k,\ b=3k,\ c=2k$$
$$\therefore\ \cos A=\frac{(3k)^2+(2k)^2-(4k)^2}{2\times3k\times2k}$$
$$=\boldsymbol{-\frac{1}{4}},$$
$$\sin A=\sqrt{1-\cos^2 A}=\sqrt{1-\left(-\frac{1}{4}\right)^2}$$
$$=\boldsymbol{\frac{\sqrt{15}}{4}},$$
$$\tan A=\frac{\sin A}{\cos A}=\boldsymbol{-\sqrt{15}}$$

11-10. 각 변의 길이는 모두 양수이므로

$x^2+x+1>0,\ 2x+1>0,\ x^2-1>0$

$\therefore\ x>1$ ……①

①의 범위에서

$(x^2+x+1)-(2x+1)=x(x-1)>0,$

$(x^2+x+1)-(x^2-1)=x+2>0$

따라서 최대변의 길이는 x^2+x+1이고, 최대각은 최대변의 대각이므로 최대각의 크기를 θ라고 하면

$$\cos\theta=\frac{(2x+1)^2+(x^2-1)^2-(x^2+x+1)^2}{2(2x+1)(x^2-1)}$$

$$=-\frac{1}{2}$$

$\therefore\ \theta=\mathbf{120^\circ}$

* ***Note*** $(2x+1)+(x^2-1)-(x^2+x+1)$
$=x-1$

이므로 $x>1$일 때

$(2x+1)+(x^2-1)>x^2+x+1$

이 성립한다.

11-11. $a:b=\sin A:\sin B=\sqrt{2}:1$

에서 $a=\sqrt{2}b$

$$\therefore\ \cos A=\frac{b^2+c^2-a^2}{2bc}$$

$$=\frac{b^2+(b^2+\sqrt{2}bc)-(\sqrt{2}b)^2}{2bc}$$

$$=\frac{\sqrt{2}}{2}\qquad \therefore\ \boldsymbol{A=45^\circ}$$

또, $\sin A=\sqrt{2}\sin B$에서

$$\sin B=\frac{\sin A}{\sqrt{2}}=\frac{\sin 45^\circ}{\sqrt{2}}=\frac{1}{2}$$

따라서 $B=30^\circ$ 또는 $B=150^\circ$이지만 $B=150^\circ$이면 $A+B=195^\circ>180^\circ$이므로 적합하지 않다. $\therefore\ \boldsymbol{B=30^\circ}$

$\therefore\ \boldsymbol{C}=180^\circ-(45^\circ+30^\circ)=\mathbf{105^\circ}$

11-12. (1) $$\cos C=\frac{a^2+b^2-c^2}{2ab}$$

$$=\frac{2a^2+2b^2-2c^2}{4ab}$$

$$=\frac{2a^2+2b^2-(a^2+b^2)}{4ab}$$

$$=\boldsymbol{\frac{a^2+b^2}{4ab}}$$

(2) $a^2+b^2\ge 2ab$이므로

$$\frac{a^2+b^2}{4ab}\ge\frac{2ab}{4ab}=\frac{1}{2}\qquad 곧,\ \cos C\ge\frac{1}{2}$$

(등호는 $a=b$일 때 성립)

$\therefore\ \boldsymbol{0^\circ<C\le 60^\circ}$

(3) (2)에서 $a=b$일 때 $C=60^\circ$로 최대이다.

이때, △ABC는 정삼각형이므로

$$\triangle ABC=\frac{\sqrt{3}}{4}a^2=9\sqrt{3}\qquad \therefore\ a^2=36$$

$a>0$이므로 $a=6$

따라서 △ABC의 둘레의 길이는

$3\times 6=\mathbf{18}$

11-13. (1) 코사인법칙으로부터

$a^2=b^2+c^2-2bc\cos A$

조건 ㈎와 비교하면

$$2\cos A=1\qquad \therefore\ \cos A=\frac{1}{2}$$

$\therefore\ \boldsymbol{A=60^\circ}$ ……①

(2) 조건 ㈏에서 사인법칙과 코사인법칙으로부터

$$\frac{a}{2R}=2\times\frac{c^2+a^2-b^2}{2ca}\times\frac{c}{2R}$$

$\therefore\ b=c$ ……②

①, ②에 의하여 △ABC는

정삼각형

11-14.

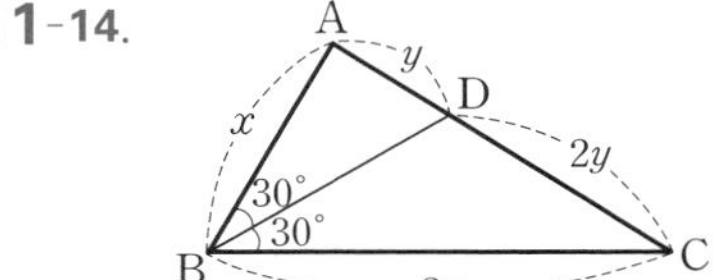

$\overline{AB}:\overline{BC}=\overline{AD}:\overline{DC}=1:2$이므로

$\overline{AB}=x,\ \overline{AD}=y$라고 하면

$\overline{BC}=2x,\ \overline{AC}=3y$

△ABC에서 코사인법칙에 의하여

$(3y)^2=x^2+(2x)^2-2\times x\times 2x\cos 60^\circ$

$\therefore\ 9y^2=3x^2\qquad \therefore\ x=\sqrt{3}y$

$\therefore\ \overline{AB}:\overline{AC}=x:3y=\sqrt{3}y:3y$
$=\mathbf{1}:\sqrt{\mathbf{3}}$

11-15. $\overline{BD}:\overline{CD}=\overline{AB}:\overline{AC}=3:2$이므로 $\overline{BD}=3k$, $\overline{CD}=2k$로 놓을 수 있다.

이때, $\angle BAD=\angle CAD$이므로 $\triangle ABD$와 $\triangle ACD$에서 코사인법칙에 의하여

$$\frac{15^2+(3\sqrt{6})^2-(3k)^2}{2\times15\times3\sqrt{6}}=\frac{10^2+(3\sqrt{6})^2-(2k)^2}{2\times10\times3\sqrt{6}}$$

$\therefore\ k^2=16 \quad \therefore\ k=4$

$\therefore\ \overline{BC}=5k=20$ 답 ⑤

11-16. $\triangle ABC$의 넓이를 S라고 하면

$$S=\frac{1}{2}\times a\times\overline{AD}=\frac{1}{2}\times b\times\overline{BE}=\frac{1}{2}\times c\times\overline{CF} \quad \cdots\cdots ①$$

$\therefore\ \overline{AD}=\dfrac{2S}{a},\ \overline{BE}=\dfrac{2S}{b},\ \overline{CF}=\dfrac{2S}{c}$

$\dfrac{2S}{a}:\dfrac{2S}{b}:\dfrac{2S}{c}=4:3:2$에서

$\dfrac{1}{a}:\dfrac{1}{b}:\dfrac{1}{c}=4:3:2$

$\therefore\ a:b:c=\dfrac{1}{4}:\dfrac{1}{3}:\dfrac{1}{2}=3:4:6$

$a=3k,\ b=4k,\ c=6k$로 놓으면

$$\cos\theta=\frac{c^2+a^2-b^2}{2ca}=\frac{(6k)^2+(3k)^2-(4k)^2}{2\times6k\times3k}=\mathbf{\frac{29}{36}}$$

***Note** ①에서 $\overline{AD}=4l$, $\overline{BE}=3l$, $\overline{CF}=2l$로 놓고 풀어도 된다.

11-17.

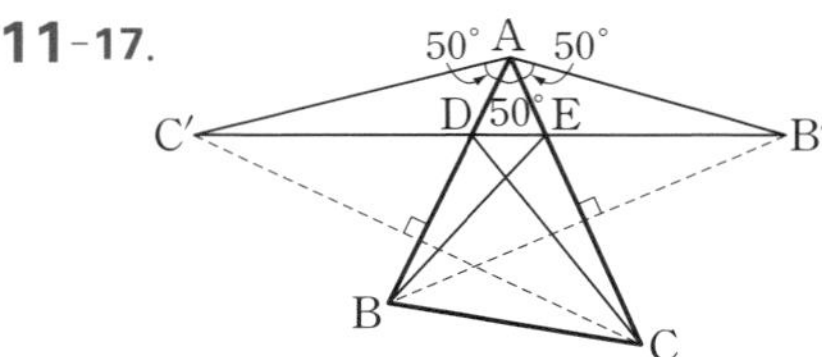

변 AC에 대하여 점 B와 대칭인 점을 B′, 변 AB에 대하여 점 C와 대칭인 점을 C′이라고 하면

$\overline{BE}+\overline{ED}+\overline{DC}=\overline{B'E}+\overline{ED}+\overline{DC'}\geq\overline{B'C'}$

따라서 점 D가 선분 B′C′과 변 AB의 교점이고 점 E가 선분 B′C′과 변 AC의 교점일 때 $\overline{BE}+\overline{ED}+\overline{DC}$는 최소이고, 최솟값은 $\overline{B'C'}$이다.

이때, $\triangle AC'B'$에서 $\overline{AC'}=\overline{AC}=4\sqrt{3}$, $\overline{AB'}=\overline{AB}=6$, $\angle C'AB'=150^\circ$이므로 코사인법칙에 의하여

$$\overline{B'C'}^2=(4\sqrt{3})^2+6^2-2\times4\sqrt{3}\times6\cos150^\circ=48+36-48\sqrt{3}\times\left(-\frac{\sqrt{3}}{2}\right)=156$$

따라서 구하는 최솟값은

$\sqrt{156}=2\sqrt{39}$ 답 ②

11-18.

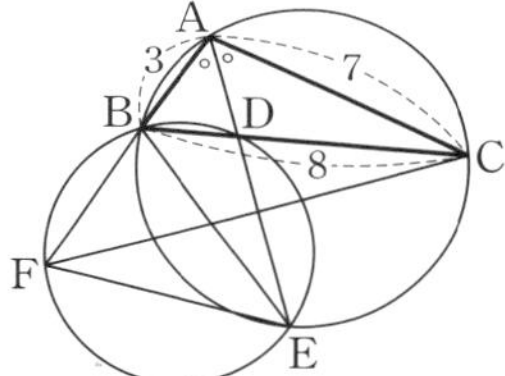

$\triangle ABE$와 $\triangle ADC$에서

$\angle BAE=\angle DAC,\ \angle AEB=\angle ACD$

$\therefore\ \triangle ABE\backsim\triangle ADC$

$\therefore\ \overline{AB}:\overline{AD}=\overline{AE}:\overline{AC} \quad \cdots\cdots ①$

$\triangle ABD$와 $\triangle AEF$에서

$\angle BAD$는 공통, $\angle ABD=\angle AEF$

$\therefore\ \triangle ABD\backsim\triangle AEF$

$\therefore\ \overline{AB}:\overline{AE}=\overline{AD}:\overline{AF}$

곧, $\overline{AB}:\overline{AD}=\overline{AE}:\overline{AF} \quad \cdots\cdots ②$

①, ②에서 $\overline{AF}=\overline{AC}=7$

한편 $\triangle ABC$에서 코사인법칙에 의하여

$$\cos(\angle BAC)=\frac{3^2+7^2-8^2}{2\times3\times7}=-\frac{1}{7}$$

이므로 $\triangle AFC$에서 코사인법칙에 의하여

$$\overline{CF}^2=7^2+7^2-2\times7\times7\times\left(-\frac{1}{7}\right)=112$$

$\therefore\ \overline{\mathrm{CF}}=\sqrt{112}=\mathbf{4\sqrt{7}}$

11-19. 정오각형 ABCDE에서 대각선 AC와 대각선 BE의 교점을 F라고 하자.

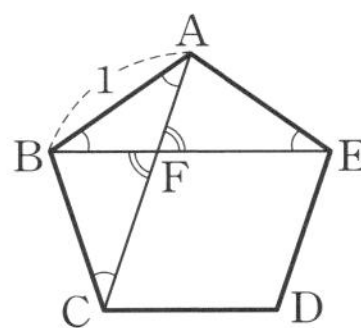

(1) $\triangle\mathrm{ABC}\backsim\triangle\mathrm{AFB}$이므로

$$\overline{\mathrm{AB}}:\overline{\mathrm{AF}}=\overline{\mathrm{AC}}:\overline{\mathrm{AB}} \quad \cdots\cdots ㉮$$

이때, □FCDE는 한 변의 길이가 1인 마름모이므로 $\overline{\mathrm{CF}}=1$

따라서 $\overline{\mathrm{AC}}=x$라고 하면 $\overline{\mathrm{AF}}=x-1$이므로 ㉮에서

$$1:(x-1)=x:1$$

$$\therefore\ x^2-x-1=0$$

$x>0$이므로 $x=\dfrac{1+\sqrt{5}}{2}$

$$\therefore\ \overline{\mathrm{AC}}=\mathbf{\frac{1+\sqrt{5}}{2}}$$

(2) 이등변삼각형 ABC에서

$\angle\mathrm{ABC}=\dfrac{3}{5}\pi$, $\angle\mathrm{BAC}=\dfrac{\pi}{5}$이므로 코사인법칙에 의하여

$$\cos\frac{\pi}{5}=\frac{1^2+\left(\frac{1+\sqrt{5}}{2}\right)^2-1^2}{2\times1\times\frac{1+\sqrt{5}}{2}}=\mathbf{\frac{1+\sqrt{5}}{4}},$$

$$\cos\frac{3}{5}\pi=\frac{1^2+1^2-\left(\frac{1+\sqrt{5}}{2}\right)^2}{2\times1\times1}=\mathbf{\frac{1-\sqrt{5}}{4}}$$

$\triangle\mathrm{BCF}$에서 $\angle\mathrm{BFC}=\dfrac{2}{5}\pi$,

$\overline{\mathrm{BF}}=\overline{\mathrm{AF}}=\overline{\mathrm{AC}}-1=\dfrac{-1+\sqrt{5}}{2}$이므로 코사인법칙에 의하여

$$\cos\frac{2}{5}\pi=\frac{\left(\frac{-1+\sqrt{5}}{2}\right)^2+1^2-1^2}{2\times\frac{-1+\sqrt{5}}{2}\times1}=\mathbf{\frac{-1+\sqrt{5}}{4}}$$

12-1. $\overline{\mathrm{AH}}=h$라고 하면 $\triangle\mathrm{ABC}$의 넓이 S는

$$S=\frac{1}{2}ah=\frac{1}{2}\times6h=3h$$

한편

$$S=\frac{1}{2}ab\sin C=\frac{1}{2}\times6\times10\sin120^\circ=15\sqrt{3}$$

$\therefore\ 3h=15\sqrt{3}\qquad\therefore\ h=5\sqrt{3}$

답 ⑤

***Note** 오른쪽 그림에서

$\overline{\mathrm{AH}}=\overline{\mathrm{AC}}\sin60^\circ=5\sqrt{3}$

12-2. (1) $\overline{\mathrm{AB}}=c$, $\overline{\mathrm{BC}}=a$라고 하면

$$\triangle\mathrm{BDF}=\frac{1}{2}\times\frac{1}{3}a\times\frac{4}{5}c\sin B=\frac{4}{15}\times\frac{1}{2}ac\sin B=\frac{4}{15}\times\triangle\mathrm{ABC}=\frac{4}{15}\times60=\mathbf{16}$$

(2) 같은 방법으로 하면

$$\triangle\mathrm{CED}=\frac{2}{3}\times\frac{1}{4}\times\triangle\mathrm{ABC}=10,$$

$$\triangle\mathrm{AFE}=\frac{3}{4}\times\frac{1}{5}\times\triangle\mathrm{ABC}=9$$

$\therefore\ \triangle\mathrm{DEF}=60-(16+10+9)=\mathbf{25}$

12-3. $\overline{\mathrm{AP}}=x$로 놓으면

$$\triangle\mathrm{ABC}=\triangle\mathrm{ABP}+\triangle\mathrm{ACP}$$

이므로

$\frac{1}{2}\times6\times3\sin120^\circ=\frac{1}{2}\times6\times x\sin60^\circ$
$+\frac{1}{2}\times3\times x\sin60^\circ$

$\therefore\ 18=9x \quad \therefore\ x=2$ 답 ②

12-4. 외접원의 반지름의 길이를 R이라고 하면

$$3+4+5=2\pi R \quad \therefore\ R=\frac{6}{\pi}$$

외접원의 중심을 O라고 하면 한 원에서 중심각의 크기는 호의 길이에 정비례하므로

$$\angle AOB=\frac{3}{12}\times2\pi=\frac{\pi}{2},$$
$$\angle BOC=\frac{4}{12}\times2\pi=\frac{2}{3}\pi,$$
$$\angle COA=\frac{5}{12}\times2\pi=\frac{5}{6}\pi$$

$$\therefore\ \triangle ABC=\triangle OAB+\triangle OBC+\triangle OCA$$
$$=\frac{1}{2}R^2\sin\frac{\pi}{2}+\frac{1}{2}R^2\sin\frac{2}{3}\pi+\frac{1}{2}R^2\sin\frac{5}{6}\pi$$
$$=\frac{1}{2}R^2\left(1+\frac{\sqrt{3}}{2}+\frac{1}{2}\right)$$
$$=\boldsymbol{\frac{9}{\pi^2}(3+\sqrt{3})}$$

12-5. (1) $\triangle ABC$에서 사인법칙에 의하여

$$\frac{2\sqrt{3}}{\sin30^\circ}=\frac{6}{\sin C} \quad \therefore\ \sin C=\frac{\sqrt{3}}{2}$$

$C>90^\circ$이므로 $C=120^\circ$

$$\therefore\ A=180^\circ-(30^\circ+120^\circ)=30^\circ$$
$$\therefore\ \triangle ABC=\frac{1}{2}bc\sin A$$
$$=\frac{1}{2}\times2\sqrt{3}\times6\sin30^\circ$$
$$=\boldsymbol{3\sqrt{3}}$$

(2)

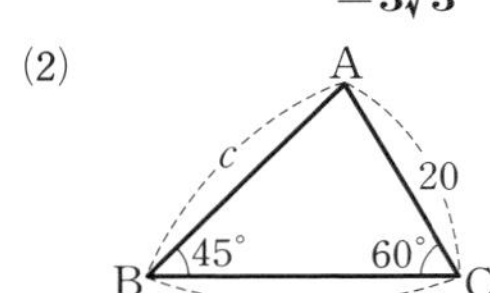

$\triangle ABC$에서 사인법칙에 의하여

$$\frac{c}{\sin60^\circ}=\frac{20}{\sin45^\circ} \quad \therefore\ c=10\sqrt{6}$$

또, 제일 코사인법칙에 의하여

$$a=c\cos B+b\cos C$$
$$=10\sqrt{6}\cos45^\circ+20\cos60^\circ$$
$$=10(\sqrt{3}+1)$$

$$\therefore\ \triangle ABC=\frac{1}{2}ab\sin C$$
$$=\frac{1}{2}\times10(\sqrt{3}+1)\times20\sin60^\circ$$
$$=\boldsymbol{50(3+\sqrt{3})}$$

12-6.

조건을 만족시키는 삼각형을 위의 그림과 같이 $\triangle ABC$라고 하자.

$\triangle ABC$에서 사인법칙에 의하여

$$a=2R\sin A=2\times2\sin60^\circ=2\sqrt{3},$$
$$b=2R\sin B=2\times2\sin45^\circ=2\sqrt{2}$$

또, 제일 코사인법칙에 의하여

$$c=a\cos B+b\cos A$$
$$=2\sqrt{3}\cos45^\circ+2\sqrt{2}\cos60^\circ$$
$$=\sqrt{6}+\sqrt{2}$$

따라서 $\triangle ABC$의 넓이 S는

$$S=\frac{1}{2}bc\sin A$$
$$=\frac{1}{2}\times2\sqrt{2}\times(\sqrt{6}+\sqrt{2})\sin60^\circ$$
$$=\boldsymbol{3+\sqrt{3}}$$

***Note** 기본 문제 **12-4**에서 공부한

$$\boldsymbol{S=2R^2\sin A\sin B\sin C}$$

를 이용하기 위해서는 $\sin75^\circ$의 값을 알아야 한다.

12-7. $\sin A=\sqrt{1-\cos^2 A}$

$$=\sqrt{1-\left(\frac{2}{3}\right)^2}=\frac{\sqrt{5}}{3}$$

이므로 △ABC에서 사인법칙에 의하여

$$\frac{\overline{BC}}{\frac{\sqrt{5}}{3}}=2\times3 \qquad \therefore\ \overline{BC}=2\sqrt{5}$$

$\overline{AB}=c$, $\overline{AC}=b$라고 하면

$$b+c=4\sqrt{5} \qquad \cdots\cdots ㉮$$

또, △ABC에서 코사인법칙에 의하여

$$(2\sqrt{5})^2=b^2+c^2-2bc\cos A$$

$$\therefore\ b^2+c^2-\frac{4}{3}bc=20$$

$$\therefore\ (b+c)^2-\frac{10}{3}bc=20$$

㉮을 대입하여 정리하면 $bc=18$

$$\therefore\ \triangle ABC=\frac{1}{2}bc\sin A$$

$$=\frac{1}{2}\times18\times\frac{\sqrt{5}}{3}=3\sqrt{5}$$

답 ②

12-8. 코사인법칙으로부터

$$a^2=b^2+c^2-2bc\cos A$$

$$=(b+c)^2-2bc-2bc\cos A$$

$$=(b+c)^2-2bc(1+\cos A)$$

이므로

$$(2\sqrt{7})^2=10^2-2bc(1+\cos 60^\circ)$$

$$\therefore\ bc=24$$

$$\therefore\ \triangle ABC=\frac{1}{2}bc\sin A$$

$$=\frac{1}{2}\times24\times\sin 60^\circ$$

$$=6\sqrt{3}$$

답 ④

12-9. △ABC의 넓이가 $3\sqrt{39}$이므로

$$\frac{1}{2}\times8\times6\sin A=3\sqrt{39}$$

$$\therefore\ \sin A=\frac{\sqrt{39}}{8}$$

$$\therefore\ \cos A=\sqrt{1-\sin^2 A}$$

$$=\sqrt{1-\left(\frac{\sqrt{39}}{8}\right)^2}=\frac{5}{8}$$

△ABC에서 코사인법칙에 의하여

$$\overline{BC}^2=8^2+6^2-2\times8\times6\times\frac{5}{8}=40$$

$$\therefore\ \overline{BC}=2\sqrt{10}$$

이때, △ABC의 외접원의 반지름의 길이를 R이라고 하면 사인법칙에 의하여

$$\frac{2\sqrt{10}}{\frac{\sqrt{39}}{8}}=2R \qquad \therefore\ R=\frac{8\sqrt{10}}{\sqrt{39}}$$

따라서 구하는 외접원의 넓이는

$$\mathbf{\frac{640}{39}\pi}$$

12-10.

A, D, B, C, 7, 11, 8, θ

(1) $\angle ABC=\theta$라고 하면 △ABC에서

$$\cos\theta=\frac{7^2+8^2-11^2}{2\times7\times8}=-\frac{1}{14}$$

$\cdots\cdots ㉮$

그런데 $\angle BCD=180^\circ-\theta$, $\overline{CD}=7$이므로 △BCD에서

$$\overline{BD}^2=8^2+7^2-2\times8\times7\cos(180^\circ-\theta)$$

$$=8^2+7^2+2\times8\times7\cos\theta \Leftarrow ㉮$$

$$=105$$

$$\therefore\ \mathbf{\overline{BD}=\sqrt{105}\,(cm)}$$

(2) $s=\frac{1}{2}(7+8+11)=13$이므로 헤론의 공식에 의하여

$$\triangle ABC=\sqrt{13\times6\times5\times2}=2\sqrt{195}$$

$$\therefore\ \square ABCD=2\triangle ABC$$

$$=\mathbf{4\sqrt{195}\,(cm^2)}$$

12-11. 주어진 사각형의 두 대각선의 길이를 $x, y\ (x\ge y)$라고 하자.

두 대각선의 길이의 합이 $4\sqrt{7}$이므로

$$x+y=4\sqrt{7}$$

사각형의 넓이가 $6\sqrt{3}$이므로

$$\frac{1}{2}xy\sin\frac{\pi}{3}=6\sqrt{3}$$

$$\therefore\ \frac{\sqrt{3}}{4}xy=6\sqrt{3} \qquad \therefore\ xy=24$$

이때,

$$(x-y)^2=(x+y)^2-4xy$$
$$=(4\sqrt{7})^2-4\times24=16$$

$x\ge y$이므로 $x-y=\mathbf{4}$

12-12. (1) $\overline{BC}=\overline{BA'}+\overline{A'C}=1+2=3$ 이므로 △ABC는 한 변의 길이가 3인 정삼각형이다.

$\overline{AP}=\overline{A'P}=x$, $\overline{AQ}=\overline{A'Q}=y$라고 하자.

△A′BP에서 코사인법칙에 의하여

$$x^2=1^2+(3-x)^2-2\times1\times(3-x)\cos60^\circ$$
$$\therefore\ x=\frac{7}{5}$$

△A′CQ에서 코사인법칙에 의하여

$$y^2=2^2+(3-y)^2-2\times2\times(3-y)\cos60^\circ$$
$$\therefore\ y=\frac{7}{4}$$

△APQ에서 코사인법칙에 의하여

$$\overline{PQ}^2=\left(\frac{7}{5}\right)^2+\left(\frac{7}{4}\right)^2-2\times\frac{7}{5}\times\frac{7}{4}\cos60^\circ$$
$$=\frac{7^2\times21}{400}$$
$$\therefore\ \overline{PQ}=\mathbf{\frac{7\sqrt{21}}{20}}$$

(2) $\triangle A'PQ=\frac{1}{2}\times\overline{A'P}\times\overline{A'Q}\times\sin60^\circ$

$$=\frac{1}{2}\times\frac{7}{5}\times\frac{7}{4}\times\frac{\sqrt{3}}{2}$$
$$=\mathbf{\frac{49\sqrt{3}}{80}}$$

12-13.

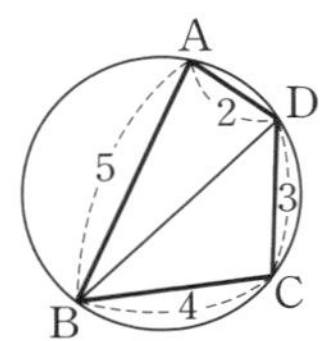

(1) □ABCD가 원에 내접하므로

$$C=180^\circ-A$$

△ABD에서 코사인법칙에 의하여

$$\overline{BD}^2=5^2+2^2-2\times5\times2\cos A$$
$$=29-20\cos A \quad \cdots\cdots①$$

△BCD에서 코사인법칙에 의하여

$$\overline{BD}^2=4^2+3^2-2\times4\times3\cos C$$
$$=25-24\cos(180^\circ-A)$$
$$=25+24\cos A \quad \cdots\cdots②$$

①, ②에서

$$29-20\cos A=25+24\cos A$$
$$\therefore\ \mathbf{\cos A=\frac{1}{11}}$$

(2) $\sin A=\sqrt{1-\cos^2 A}$

$$=\sqrt{1-\left(\frac{1}{11}\right)^2}=\frac{2\sqrt{30}}{11}$$

$\therefore\ \triangle ABD=\frac{1}{2}\times5\times2\sin A$

$$=5\times\frac{2\sqrt{30}}{11}=\frac{10\sqrt{30}}{11},$$

$\triangle BCD=\frac{1}{2}\times4\times3\sin C$

$$=6\sin(180^\circ-A)$$
$$=6\sin A$$
$$=6\times\frac{2\sqrt{30}}{11}=\frac{12\sqrt{30}}{11}$$

$\therefore$ □ABCD$=\triangle ABD+\triangle BCD$

$$=\frac{10\sqrt{30}}{11}+\frac{12\sqrt{30}}{11}$$
$$=\mathbf{2\sqrt{30}}$$

12-14. $\angle BAC=\angle CAD=\theta$라고 하자.

△ABC에서 코사인법칙에 의하여

$$\overline{BC}^2=5^2+(3\sqrt{5})^2-2\times5\times3\sqrt{5}\cos\theta$$
$$=70-30\sqrt{5}\cos\theta$$

△ACD에서 코사인법칙에 의하여

$$\overline{CD}^2=(3\sqrt{5})^2+7^2-2\times3\sqrt{5}\times7\cos\theta$$
$$=94-42\sqrt{5}\cos\theta$$

$\overline{BC}^2=\overline{CD}^2$이므로

$$70-30\sqrt{5}\cos\theta=94-42\sqrt{5}\cos\theta$$
$$\therefore\ \cos\theta=\frac{2}{\sqrt{5}}$$
$$\therefore\ \sin\theta=\sqrt{1-\cos^2\theta}$$
$$=\sqrt{1-\left(\frac{2}{\sqrt{5}}\right)^2}=\frac{1}{\sqrt{5}}$$

$\therefore\ \square ABCD = \triangle ABC + \triangle ACD$

$$= \frac{1}{2}\times 5\times 3\sqrt{5}\times\frac{1}{\sqrt{5}} + \frac{1}{2}\times 3\sqrt{5}\times 7\times\frac{1}{\sqrt{5}}$$

$$=18$$

답 ③

12-15. $\triangle PBC$에서 $\angle BPC=\theta$라고 하면

$$\frac{1}{2}xy\sin\theta = \frac{1}{2}\times 2\times 1$$

$$\therefore\ xy=\frac{2}{\sin\theta}$$

한편 점 P가 점 A에 있을 때

$$\sin\theta=\frac{2}{\sqrt{2^2+1^2}}=\frac{2}{\sqrt{5}}$$

점 P가 점 D에 있을 때

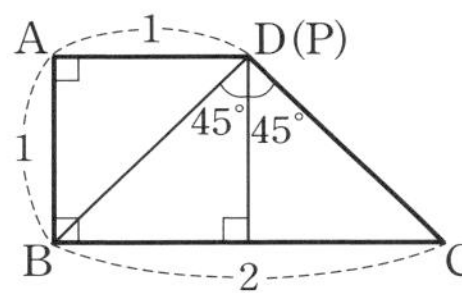

위의 그림에서 $\angle BPC=\theta=90°$이므로

$$\sin\theta=1$$

$$\therefore\ \frac{2}{\sqrt{5}}\le\sin\theta\le 1 \qquad \therefore\ 2\le\frac{2}{\sin\theta}\le\sqrt{5}$$

$$\therefore\ 2\le xy\le\sqrt{5}$$

따라서 **최댓값 $\sqrt{5}$, 최솟값 2**

12-16.

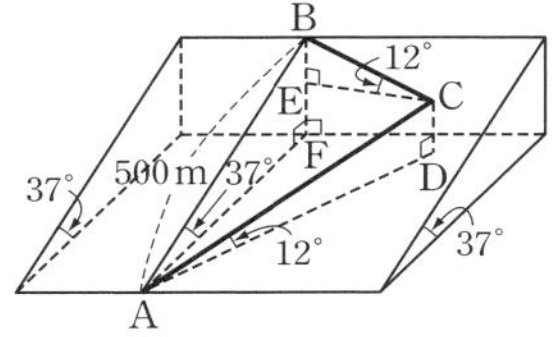

위의 그림에서

$\overline{CD}=\overline{AC}\sin 12°=0.2\overline{AC}$,

$\overline{BE}=\overline{BC}\sin 12°=0.2\overline{BC}$,

$\overline{BF}=\overline{AB}\sin 37°=0.6\overline{AB}$

$=0.6\times 500=300$

그런데

$\overline{BF}=\overline{BE}+\overline{EF}$, 곧 $\overline{BF}=\overline{BE}+\overline{CD}$

이므로

$$300=0.2\overline{BC}+0.2\overline{AC}$$

$$\therefore\ \overline{BC}+\overline{AC}=\frac{300}{0.2}=\mathbf{1500(m)}$$

12-17. 산의 높이를 x라고 하면

$$x=\overline{AQ}\tan 15°=\overline{BQ}\tan 15°=\overline{CQ}\tan 15°$$

$$\therefore\ \overline{AQ}=\overline{BQ}=\overline{CQ}$$

따라서 세 점 A, B, C는 점 Q를 중심으로 하는 한 원 위에 있다.

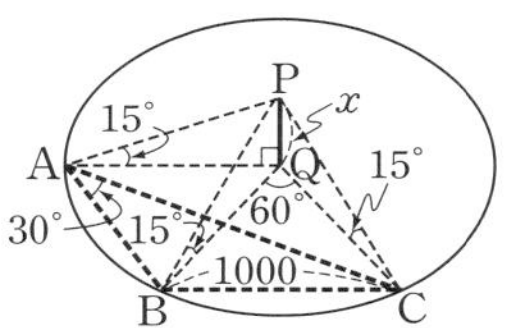

그런데 $\angle BAC=30°$이고, 호 BC에 대하여 $\angle BAC$는 원주각, $\angle BQC$는 중심각이므로

$$\angle BQC=60°$$

따라서 $\triangle BQC$는 정삼각형이므로

$$\overline{BQ}=1000$$

그러므로 $\triangle PBQ$에서

$$x=1000\tan 15°=\mathbf{1000(2-\sqrt{3})(m)}$$

Note $\triangle ABC$에서 $A=30°$, $\overline{BC}=1000$이므로 사인법칙에 의하여

$$\frac{1000}{\sin 30°}=2\overline{BQ} \qquad \therefore\ \overline{BQ}=1000$$

13-1. $g(x)=f(x+1)-f(x)$

$$=\{(x+1)^2+3(x+1)\}-(x^2+3x)$$

$$=2x+4$$

따라서 공차를 d라고 하면

$$d=g(n+1)-g(n)$$

$$=2(n+1)+4-(2n+4)=2$$

답 ②

13-2. $|a_3-6|=|a_7-6|$에서

$$|(2+2d)-6|=|(2+6d)-6|$$

$$\therefore\ |2d-4|=|6d-4|$$

$\therefore\ 2d-4=\pm(6d-4)$

$2d-4=6d-4$이면 $d=0$이 되어 조건에 맞지 않는다.

$2d-4=-6d+4$이면

$8d=8 \quad \therefore\ \boldsymbol{d=1}$

13-3. 공차를 d라고 하면

$a_2=1+d,\ a_3=1+2d$이므로

(준 식)$=1\times(1+d)+(1+d)(1+2d)$

$=2(1+d)^2$

따라서 $d=-1$일 때 최솟값은 0이다.

답 ③

13-4. $a_{n+2}-a_{n+1}=a_{n+1}-a_n$이므로 수열 $\{a_n\}$은 등차수열이고, 공차는

$a_2-a_1=2a_1-a_1=a_1$

$\therefore\ a_{10}=a_1+(10-1)a_1=10a_1$

$a_{10}=20$이므로

$10a_1=20 \quad \therefore\ a_1=2$

$\therefore\ a_6=2+(6-1)\times2=12$ 답 ④

13-5. 2, x, y가 이 순서로 등차수열을 이루므로

$2x=2+y$ ……①

x, y, z가 이 순서로 등차수열을 이루므로

$2y=x+z$ ……②

조건에서 $6x+z=5y$ ……③

①, ②, ③을 연립하여 풀면

$\boldsymbol{x=6,\ y=10,\ z=14}$

***Note** 공차를 d라고 하면

$x=2+d,\ y=2+2d,\ z=2+3d$

이므로 $6x+z=5y$에서

$6(2+d)+(2+3d)=5(2+2d)$

$\therefore\ d=4$

$\therefore\ \boldsymbol{x=6,\ y=10,\ z=14}$

13-6. 수열 $\{a_n\}$의 공차를 d라고 하자.

ㄱ. (반례) $a_1=3,\ d=-1$이면

$a_1+a_3=3+1=4>0$이지만

$a_5+a_7=-1+(-3)=-4,\ a_6=-2$

이므로 $a_5+a_7<a_6$이다.

ㄴ. $a_1\neq a_2$이므로 $d\neq0$

이때,

$(a_5-a_6)(a_6-a_7)=(-d)\times(-d)$

$=d^2>0$

ㄷ. $d=a_2-a_1>0$이므로 수열 $\{a_n\}$의 모든 항은 서로 다른 양수이다.

a_6은 a_5와 a_7의 등차중항이므로

$a_6=\dfrac{a_5+a_7}{2}$

산술평균과 기하평균의 관계에서

$\dfrac{a_5+a_7}{2}>\sqrt{a_5a_7} \quad \therefore\ a_6>\sqrt{a_5a_7}$

이상에서 옳은 것은 ㄴ, ㄷ이다.

답 ④

13-7. 세 변의 길이를

$a-d,\ a,\ a+d\ (a>d>0)$

로 놓으면 $a+d$가 빗변의 길이이고,

$(a-d)^2+a^2=(a+d)^2 \quad \therefore\ a=4d$

$\therefore\ a-d=3d,\ a+d=5d$

따라서 세 변의 길이는 $3d$, $4d$, $5d$이고, 빗변의 길이가 10이므로

$5d=10 \quad \therefore\ d=2$

따라서 나머지 두 변의 길이의 합은

$3d+4d=7d=7\times2=\mathbf{14}$

***Note** 이 직각삼각형의 세 변의 길이의 비는 $3d:4d:5d=3:4:5$이다.

13-8.

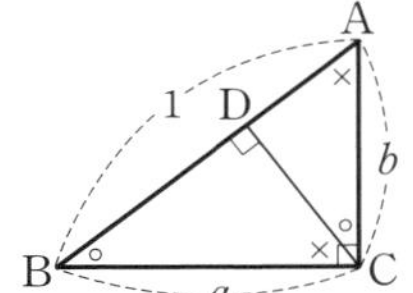

$\overline{\mathrm{BC}}=a,\ \overline{\mathrm{CA}}=b$라고 하면 피타고라스 정리에 의하여

$a^2+b^2=1$ ……①

한편 △ACD, △CBD, △ABC가 닮은

삼각형이고 닮음비가 $b:a:1$이므로 넓이의 비는 $b^2:a^2:1$이다.

따라서 세 삼각형의 넓이를 각각 b^2k, a^2k, $k(k>0)$로 놓으면 이 세 수가 이 순서로 등차수열을 이루므로

$$2a^2k=b^2k+k \qquad \therefore\ 2a^2=b^2+1$$

①에서 $b^2=1-a^2$이므로 대입하면

$$2a^2=1-a^2+1 \qquad \therefore\ a^2=\frac{2}{3}$$

$a>0$이므로 $a=\boldsymbol{\frac{\sqrt{6}}{3}}$

13-9. $\triangle OAB\backsim\triangle OBC\backsim\triangle OCD\backsim\triangle ODE$

이므로

$$\overline{OA}:\overline{OB}=\overline{OB}:\overline{OC}=\overline{OC}:\overline{OD}=\overline{OD}:\overline{OE}$$

$\overline{OA}=1$, $\overline{OB}=m$이라고 하면

$$\overline{OC}=m^2,\ \overline{OD}=m^3,\ \overline{OE}=m^4$$

$\overline{OB}>\overline{OA}$에서 $m>1$이므로

$$\overline{AE}=m^4-1$$

이때, $\overline{OA}$, $\overline{OC}$, $\overline{AE}$가 이 순서로 등차수열을 이루므로

$$2m^2=1+(m^4-1)$$

$$\therefore\ m^2(m^2-2)=0 \qquad \therefore\ m=\sqrt{2}$$

따라서 직선 AB의 기울기는

$$m=\boldsymbol{\sqrt{2}}$$

****Note*** 구하는 것이 직선 AB의 기울기, 곧 $\dfrac{\overline{OB}}{\overline{OA}}$이므로 위와 같이 $\overline{OA}=1$, $\overline{OB}=m$으로 놓고 풀어도 된다.

13-10. $a_n=50+(n-1)\times(-3)>0$이면

$$3n<53 \qquad \therefore\ n<17.6\times\times\times$$

따라서 수열 $\{a_n\}$은 제17항까지가 양수이고, 제18항부터 음수이다.

$|a_{18}|=1$이므로 수열 $\{|a_n|\}$의 제18항 이후는 첫째항이 1, 공차가 3인 등차수열이다.

따라서 구하는 합은

$$\frac{17\{2\times50+(17-1)\times(-3)\}}{2}+\frac{(30-17)\{2\times1+(30-17-1)\times3\}}{2}$$

$$=442+247=\mathbf{689}$$

13-11. 첫째항을 a라고 하면

제n항 : $a+(n-1)\times2=10a$,

합 : $\dfrac{n(a+10a)}{2}=110$

연립하여 풀면 $\boldsymbol{a=2,\ n=10}$

13-12. 수열 $\{a_n\}$의 공차를 d라고 하자.

$a_1, a_3, a_5, \cdots$는 첫째항이 a_1이고 공차가 $2d$인 등차수열이므로

$$a_1+a_3+\cdots+a_9=\frac{5\{2a_1+(5-1)\times2d\}}{2}=5a_1+20d$$

$a_2, a_4, a_6, \cdots$은 첫째항이 $a_2=a_1+d$이고 공차가 $2d$인 등차수열이므로

$$a_2+a_4+\cdots+a_{10}=\frac{5\{2(a_1+d)+(5-1)\times2d\}}{2}=5a_1+25d$$

따라서 주어진 식에서

$$5a_1+20d=5a_1+25d+1 \quad \cdots\cdots①$$

$$5a_1+20d=a_1{}^2 \quad \cdots\cdots②$$

①에서 $d=-\dfrac{1}{5}$

②에 대입하면 $a_1{}^2-5a_1+4=0$

$$\therefore\ \boldsymbol{a_1=1,\ 4}$$

13-13. 공차가 양수이고, 홀수 번째 항의 합이 짝수 번째 항의 합보다 크므로 n은 홀수이다.

첫째항을 a, 공차를 d, $n=2m-1$(m은 자연수)이라고 하면 홀수 번째 항의 개수는 m, 짝수 번째 항의 개수는 $m-1$이다.

홀수 번째 항의 합에서

$$\frac{m\{2a+(m-1)\times2d\}}{2}=72$$

$\therefore\ m\{a+(m-1)d\}=72 \quad \cdots$ ①

짝수 번째 항의 합에서

$$\frac{(m-1)\{2(a+d)+(m-2)\times 2d\}}{2}=60$$

$\therefore\ (m-1)\{a+(m-1)d\}=60 \quad \cdots$ ②

② ÷ ① 하면 $\dfrac{m-1}{m}=\dfrac{5}{6} \quad \therefore\ m=6$

$\therefore\ n=2m-1=11$ 답 ①

13-14. 첫째항을 a, 공차를 d라고 하면

$$S_{15}=\frac{15\{2a+(15-1)d\}}{2}$$
$$=15(a+7d)=15a_8>0$$
$$\therefore\ a_8>0$$
$$S_{16}=\frac{16\{2a+(16-1)d\}}{2}$$
$$=8(2a+15d)$$
$$=8(a+7d+a+8d)$$
$$=8(a_8+a_9)<0$$
$$\therefore\ a_8+a_9<0$$

그런데 $a_8>0$이므로 $a_9<0$

$$\therefore\ d=a_9-a_8<0$$

곧, 수열 $\{a_n\}$은 제8항까지가 양수이고, 제9항부터 음수이다.

따라서 첫째항부터 제8항까지의 합인 S_8이 최대이다. $\therefore\ \boldsymbol{n=8}$

13-15. 100 이하의 자연수 중에서 r로 나누어떨어지는 수의 합을 D_r이라고 하자.

(1) $D_6=6\times1+6\times2+6\times3+\cdots+6\times16$

$$=6\times\frac{16(1+16)}{2}=\mathbf{816}$$

(2) 6과 서로소인 수는 6의 소인수인 2, 3 중 어느 것으로도 나누어떨어지지 않는 수이다. 이때,

$D_2=2\times1+2\times2+2\times3+\cdots+2\times50$

$$=2\times\frac{50(1+50)}{2}=2550$$

$D_3=3\times1+3\times2+3\times3+\cdots+3\times33$

$$=3\times\frac{33(1+33)}{2}=1683$$

또, 100 이하의 자연수의 합 S는

$$S=\frac{100(1+100)}{2}=5050$$

따라서 6과 서로소인 수의 합은

$$S-(D_2+D_3-D_6)=\mathbf{1633}$$

***Note** 100 이하의 자연수 중에서 6과 서로소인 수를 작은 것부터 차례로 나열하면

1, 5, 7, 11, 13, 17, $\cdots$, 95, 97

이 수들의 합을 홀수 번째 항과 짝수 번째 항으로 각각 묶어서 계산하면

$$(1+7+13+\cdots+97)$$
$$+(5+11+17+\cdots+95)$$
$$=\frac{17(1+97)}{2}+\frac{16(5+95)}{2}$$
$$=833+800=\mathbf{1633}$$

13-16. 수열 $\{a_n\}$의 제n항 a_n은

$$a_n=4+(n-1)\times3=3n+1$$

수열 $\{b_n\}$의 제m항 b_m은

$$b_m=5+(m-1)\times4=4m+1$$

$a_n=b_m$이려면

$3n+1=4m+1$ 곧, $3n=4m$

3과 4는 서로소이므로

$n=4k$ (k는 자연수)

로 놓을 수 있다. 이때,

$$3n+1=3\times4k+1=12k+1$$

이므로 공통으로 나타나는 수는 제n항이 $12n+1$인 등차수열을 이룬다.

따라서 구하는 합을 S라고 하면 S는 첫째항이 13, 공차가 12인 등차수열의 첫째항부터 제8항까지의 합이므로

$$S=\frac{8\{2\times13+(8-1)\times12\}}{2}=\mathbf{440}$$

***Note** 수열 $\{a_n\}$, $\{b_n\}$의 각 항을 나열해 보면

$\{a_n\}$: 4, 7, 10, ⑬, 16, 19, 22, ㉕, 28, 31, 34, ㊲, $\cdots$

$\{b_n\}$: 5, 9, ⑬, 17, 21, ㉕, 29, 33, ㊲, 41, $\cdots$

이므로 공통으로 나타나는 수는 13, 25, 37, $\cdots$임을 알 수 있다.

13-17. 최대각의 크기인 $135°$를 첫째항으로 보면 공차가 $-6°$인 등차수열이다.

변의 수를 n이라고 하면 n각형의 내각의 크기의 합은 $180°\times(n-2)$이므로

$$\frac{n\{2\times135°+(n-1)\times(-6°)\}}{2}=180°\times(n-2)$$

$\therefore\ n^2+14n-120=0$

$\therefore\ (n+20)(n-6)=0$

$n\geq3$이므로 $n=6$

이때, 최소각의 크기는 $105°$이므로 성립한다. 답 **6**

13-18. 맨 위층부터 보면 한 층 내려갈 때마다 상자가 4개씩 증가한다.

따라서 첫째항이 1, 공차가 4인 등차수열의 첫째항부터 제 20항까지의 합 S_{20}을 구하면

$$S_{20}=\frac{20\{2\times1+(20-1)\times4\}}{2}=780$$

답 ③

13-19. $a_7-a_4=2(S_7-S_4)$에서

$a_7-a_4=2(a_5+a_6+a_7)$

$a_7-a_4=3\times2=6$, $a_5+a_7=2a_6$이므로

$6=2\times3a_6$ $\quad\therefore\ a_6=1$

$\therefore\ a+5\times2=1$ $\quad\therefore\ \boldsymbol{a=-9}$

13-20. $A_n=n^2+n\sin^2\theta$,

$B_n=2n^2+n\cos\theta$

로 놓고, 합이 A_n인 수열의 제 10항을 a_{10}, 합이 B_n인 수열의 제 5항을 b_5라고 하면

$a_{10}=A_{10}-A_9$

$=(100+10\sin^2\theta)-(81+9\sin^2\theta)$

$=19+\sin^2\theta$,

$b_5=B_5-B_4$

$=(50+5\cos\theta)-(32+4\cos\theta)$

$=18+\cos\theta$

따라서 $a_{10}=b_5$이면

$19+\sin^2\theta=18+\cos\theta$

$\therefore\ 19+1-\cos^2\theta=18+\cos\theta$

$\therefore\ (\cos\theta+2)(\cos\theta-1)=0$

$\cos\theta+2\neq0$이므로 $\cos\theta=1$

$0\leq\theta\leq2\pi$이므로 $\boldsymbol{\theta=0,\ 2\pi}$

14-1. 첫째항을 a, 공비를 r이라고 하면 모든 항이 양수이므로 $a>0,\ r>0$

$\dfrac{a_1a_3}{a_2}=6$에서 $\dfrac{a\times ar^2}{ar}=6$

$\therefore\ ar=6$ $\quad\cdots\cdots$㉠

$\dfrac{a_3}{a_1}-\dfrac{2a_4}{a_3}=3$에서 $\dfrac{ar^2}{a}-\dfrac{2ar^3}{ar^2}=3$

$\therefore\ r^2-2r-3=0$

$\therefore\ (r+1)(r-3)=0$

$r>0$이므로 $r=3$

㉠에 대입하면 $a=2$

$\therefore\ a_4=2\times3^3=54$ 답 ④

14-2. 첫째항을 a, 공비를 $r(r>1)$이라고 하면

$a_4a_8=ar^3\times ar^7=a^2r^{10}$,

$a_3a_9=ar^2\times ar^8=a^2r^{10}$

이므로 $a_3a_9=a_4a_8=36$

이때, $a_3+a_9=15$이므로 a_3, a_9는 이차방정식 $x^2-15x+36=0$의 두 근이다.

$(x-3)(x-12)=0$에서 $x=3,\ 12$

$r>1$이므로 $a_3=3,\ a_9=12$

한편 $a_9=ar^8=ar^2\times r^6=a_3\times r^6$에서

$12=3r^6$ $\quad\therefore\ r^6=4$

$r>1$이므로 $r^3=2$

$\therefore\ a_{15}+a_{18}=ar^{14}+ar^{17}$

$=ar^8\times r^6+ar^8\times r^9$

$=a_9r^6(1+r^3)$

$=12\times4\times(1+2)$

$=144$ 답 ③

*Note $a_4a_8=a_3r\times\dfrac{a_9}{r}=a_3a_9$

14-3. x, y, z가 이 순서로 공비가 r인 등비수열을 이루므로

$$y=xr,\ z=xr^2 \qquad \cdots\cdots ①$$

$x, 2y, 3z$가 이 순서로 등차수열을 이루므로

$$2\times 2y=x+3z$$

①을 대입하면 $4xr=x+3xr^2$

$$\therefore\ x(r-1)(3r-1)=0$$

그런데 x, y, z가 서로 다른 수이므로

$$x\neq 0,\ r\neq 1 \qquad \therefore\ \boldsymbol{r=\frac{1}{3}}$$

14-4. $f(x)$를 $x+1, x-1, x-2$로 나눈 나머지는 각각

$$f(-1)=a-1,\ f(1)=a+3,$$
$$f(2)=a+8$$

이고, 이 순서로 등비수열을 이루므로

$$(a+3)^2=(a-1)(a+8) \qquad \therefore\ a=17$$
$$\therefore\ f(x)=x^2+2x+17$$

따라서 $f(x)$를 $x+2$로 나눈 나머지는

$$f(-2)=17$$ 답 ②

14-5. $b^2=ac \qquad \cdots\cdots ①$

$a+b+c=14 \qquad \cdots\cdots ②$

$abc=64 \qquad \cdots\cdots ③$

①을 ③에 대입하면 $b^3=64$

b는 실수이므로 $b=4$

이 값을 ①, ②에 대입하면

$$ac=16,\ a+c=10$$

$$\begin{aligned}\therefore\ a^2+b^2+c^2&=(a^2+c^2)+b^2\\&=(a+c)^2-2ac+b^2\\&=10^2-2\times16+4^2=\boldsymbol{84}\end{aligned}$$

*Note $ac=16, a+c=10$에서

$$(a, c)=(2, 8), (8, 2)$$

이므로

$$(a, b, c)=(2, 4, 8), (8, 4, 2)$$

14-6. △ABC의 외접원의 반지름의 길이를 R이라고 하면 사인법칙으로부터

$$\frac{a}{\sin A}=\frac{b}{\sin B}=\frac{c}{\sin C}=2R$$

$$\therefore\ a=2R\sin A,\ b=2R\sin B,$$
$$c=2R\sin C \qquad \cdots\cdots ①$$

(1) a, b, c가 이 순서로 등차수열을 이루므로 $b=\dfrac{a+c}{2}$

①을 대입하면

$$2R\sin B=\frac{2R\sin A+2R\sin C}{2}$$

$R\neq 0$이므로 $\sin B=\dfrac{\sin A+\sin C}{2}$

이때, $A+B+C=180^\circ$이므로

$$\begin{aligned}\sin B&=\sin\{180^\circ-(A+C)\}\\&=\sin(A+C) \qquad \cdots\cdots ②\end{aligned}$$

$$\therefore\ \sin(A+C)=\frac{\sin A+\sin C}{2}$$

(2) a, b, c가 이 순서로 등비수열을 이루므로 $b^2=ac$

①을 대입하면

$$4R^2\sin^2 B=2R\sin A\times 2R\sin C$$

$R\neq 0$이므로 $\sin^2 B=\sin A\sin C$

이때, $\sin A>0, \sin B>0, \sin C>0$ 이므로

$$\sin B=\sqrt{\sin A\sin C}$$

②에서

$$\sin(A+C)=\sqrt{\sin A\sin C}$$

14-7.

중심이 점 O_1, O_2, O_3인 원의 반지름의 길이를 각각 x, y, z라고 하자.

$\triangle O_1O_2P \backsim \triangle O_2O_3Q$이므로

$$\overline{O_1O_2}:\overline{O_2O_3}=\overline{PO_2}:\overline{QO_3}$$

$$\therefore\ (x+y):(y+z)=(y-x):(z-y)$$
$$\therefore\ (x+y)(z-y)=(y+z)(y-x)$$
$$\therefore\ y^2=xz$$

따라서 x, y, z는 이 순서로 등비수열을 이루므로 주어진 조건을 만족시키는 원의 반지름의 길이는 등비수열을 이룬다. 이때, 공비를 r이라고 하면

$$12=6r^{5-1} \qquad \therefore\ r^4=2$$

따라서 세 번째 원의 반지름의 길이는

$$6r^{3-1}=6r^2 \quad \Leftarrow r^4=2\text{에서 } r^2=\sqrt{2}$$
$$=\mathbf{6\sqrt{2}}$$

***Note** 세 번째 원의 반지름의 길이는 양 끝 원의 반지름의 길이의 양의 등비중항이다.

14-8. 주어진 수열의 공비를 r이라고 하면 $r>0$이고, 100은 제$(n+2)$항이므로

$$\frac{1}{10}\times r^{n+1}=100$$
$$\therefore\ r^{n+1}=10^3 \qquad \cdots\cdots ①$$

모든 항의 곱이 10000이므로

$$\frac{1}{10}\times a_1\times a_2\times\cdots\times a_n\times 100$$
$$=\frac{1}{10}\times\frac{1}{10}r\times\frac{1}{10}r^2\times\cdots\times\frac{1}{10}r^n\times 100$$
$$=100\times\left(\frac{1}{10}\right)^{n+1}r^{1+2+\cdots+n}$$
$$=\left(\frac{1}{10}\right)^{n-1}r^{\frac{n(n+1)}{2}}=10000$$
$$\therefore\ r^{\frac{n(n+1)}{2}}=10^4\times 10^{n-1}$$
$$\therefore\ (r^{n+1})^{\frac{n}{2}}=10^{n+3}$$

①을 대입하면 $(10^3)^{\frac{n}{2}}=10^{n+3}$

$$\therefore\ \frac{3}{2}n=n+3 \qquad \therefore\ \boldsymbol{n=6}$$

14-9. $f(1)=2$이므로

$$(f\circ f)(1)=f(f(1))=f(2)$$
$$=2^9-2^8+2^7-2^6+\cdots+2+1$$
$$=\frac{2\{1-(-2)^9\}}{1-(-2)}+1=\mathbf{343}$$

14-10. 조건으로부터 $a_n=3\times 2^{n-1}$

$$\therefore\ a_{2n-1}=3\times 2^{2n-1-1}$$
$$=3\times(2^2)^{n-1}=3\times 4^{n-1}$$

따라서 수열 $\{a_{2n-1}\}$은 첫째항이 3, 공비가 4인 등비수열이므로 첫째항부터 제n항까지의 합 S_n은

$$S_n=\frac{3(4^n-1)}{4-1}=\mathbf{4^n-1}$$

14-11. (1) $(1+2^1+2^2+\cdots+2^{10})$

$$\times(1+3^1+3^2+\cdots+3^{15})$$
$$=\frac{1\times(2^{11}-1)}{2-1}\times\frac{1\times(3^{16}-1)}{3-1}$$
$$=\boldsymbol{\frac{1}{2}(2^{11}-1)(3^{16}-1)}$$

(2) $(1+2^1+2^2+\cdots+2^{10})$

$$\times(1+3^1+3^2+3^3)$$
$$\times(1+5^1+5^2+\cdots+5^{100})$$
$$=\frac{1\times(2^{11}-1)}{2-1}\times\frac{1\times(3^4-1)}{3-1}\times\frac{1\times(5^{101}-1)}{5-1}$$
$$=\mathbf{10(2^{11}-1)(5^{101}-1)}$$

***Note** 자연수 N이 $N=a^\alpha b^\beta$과 같이 소인수분해될 때, N의 양의 약수의 합은

$$(1+a+a^2+\cdots+a^\alpha)\times(1+b+b^2+\cdots+b^\beta)$$

이고, 이 값은 등비수열의 합의 공식으로 계산할 수 있다.

14-12. 수열 $\{a_n\}$의 첫째항을 a, 공비를 r이라고 하면 첫째항부터 제10항까지의 합이 2이므로

$$\frac{a(r^{10}-1)}{r-1}=2 \qquad \cdots\cdots ①$$

이때, 수열 $\left\{\frac{1}{a_n}\right\}$은 첫째항이 $\frac{1}{a}$, 공비가 $\frac{1}{r}$인 등비수열이고, 첫째항부터 제10항까지의 합이 1이므로

$$\frac{\frac{1}{a}\left(1-\frac{1}{r^{10}}\right)}{1-\frac{1}{r}}=\frac{r^{10}-1}{ar^9(r-1)}=1$$

①에서 $\frac{r^{10}-1}{r-1}=\frac{2}{a}$이므로 대입하면

$$\frac{2}{a^2r^9}=1 \quad \therefore\ a^2r^9=2$$

$\therefore$ (준 식)$=a\times ar\times ar^2\times\cdots\times ar^9$

$=a^{10}\times r^{45}=(a^2r^9)^5$

$=2^5=$**32**

***Note** $r=1$이면 첫 번째 조건식에서

$$a_1=a_2=a_3=\cdots=a_{10}=\frac{1}{5}$$

이고, 이때

$$\frac{1}{a_1}+\frac{1}{a_2}+\frac{1}{a_3}+\cdots+\frac{1}{a_{10}}=50$$

이므로 두 번째 조건식에 맞지 않는다.

곧, $r\neq1$이다.

14-13. α, β는 $x^3-1=0$의 근이므로

$$\alpha^3=1,\ \beta^3=1$$

또, α, β는 $x^2+x+1=0$의 두 근이므로 $\alpha+\beta=-1,\ \alpha\beta=1$

$\therefore$ (준 식)$=\dfrac{1-(-\alpha)^9}{1-(-\alpha)}\times\dfrac{1-(-\beta)^9}{1-(-\beta)}$

$=\dfrac{1+\alpha^9}{1+\alpha}\times\dfrac{1+\beta^9}{1+\beta}$

$=\dfrac{(1+1)\times(1+1)}{(1+\alpha)(1+\beta)}$

$=\dfrac{4}{1+\alpha+\beta+\alpha\beta}$

$=\dfrac{4}{1+(-1)+1}=$**4**

14-14. 첫째항부터 제n항까지의 합을 S_n이라고 하면

$$S_n=\frac{\frac{1}{2}\left\{1-\left(\frac{1}{2}\right)^n\right\}}{1-\frac{1}{2}}=1-\left(\frac{1}{2}\right)^n$$

$S_n<1$이므로 문제의 조건에서

$$1-\left\{1-\left(\frac{1}{2}\right)^n\right\}<0.001$$

$$\therefore\ \left(\frac{1}{2}\right)^n<0.001 \quad 곧,\ 2^n>1000$$

$2^9=512,\ 2^{10}=1024$이므로 n의 최솟값은 10이다. 답 ②

14-15. (1) 조건식에서

$$(a_n+1)a_{n+1}-2(a_n+1)a_n=0$$

$$\therefore\ (a_n+1)(a_{n+1}-2a_n)=0$$

$a_n+1\neq0$이므로 $a_{n+1}=2a_n$

곧, 수열 $\{a_n\}$은 첫째항이 1, 공비가 2인 등비수열이므로 $\boldsymbol{a_n=2^{n-1}}$

(2) $1+2^1+2^2+\cdots+2^{n-1}>9999$

$$\therefore\ \frac{1\times(2^n-1)}{2-1}>9999$$

$$\therefore\ 2^n>10000$$

양변의 상용로그를 잡으면

$$n\log2>\log10000$$

$$\therefore\ n>\frac{4}{0.3010}=13.2\times\times\times$$

따라서 n의 최솟값은 **14**

14-16. 2023년 1월 1일에 적립한 금액은 500만 원이고, 이 금액의 2032년 말의 원리합계는(이하 단위는 만 원)

$$500\times1.02^{10}$$

2024년 1월 1일에 적립한 금액은 500×1.02이고, 이 금액의 2032년 말의 원리합계는

$$500\times1.02\times1.02^9=500\times1.02^{10}$$

$$\cdots$$

2032년 1월 1일에 적립한 금액은 500×1.02^9이고, 이 금액의 2032년 말의 원리합계는

$$500\times1.02^9\times1.02=500\times1.02^{10}$$

따라서 구하는 원리합계 총액은

$500\times1.02^{10}\times10=500\times1.22\times10$

$=$**6100**(만 원)

14-17. $(1, 1)$에서 $(10, 2^{10})$까지 점 P_n의 좌표를 차례대로 나열하면 아래와 같다.

$(1, 1),\ (1, 2)$

$(2, 1),\ (2, 2),\ (2, 3),\ (2, 2^2)$

$(3, 1),\ (3, 2),\ \cdots,\ (3, 2^3)$

$\vdots$

$(10, 1),\ (10, 2),\ \cdots,\ (10, 2^{10})$

따라서 n의 값은

$$n=2+2^2+2^3+\cdots+2^{10}$$
$$=\frac{2(2^{10}-1)}{2-1}=\mathbf{2046}$$

15-1. ① $\sum_{k=1}^{n} k^2=1^2+2^2+\cdots+n^2$,

$\sum_{k=0}^{n} k^2=0^2+1^2+2^2+\cdots+n^2$

② $\sum_{k=1}^{n} 2^k=2^1+2^2+\cdots+2^n$,

$\sum_{k=0}^{n} 2^k=2^0+2^1+2^2+\cdots+2^n$

③ $\left(\sum_{k=1}^{n} k\right)^2=(1+2+\cdots+n)^2$,

$\sum_{k=1}^{n} k^2=1^2+2^2+\cdots+n^2$

④ $\sum_{k=1}^{n} a_kb_k=a_1b_1+a_2b_2+\cdots+a_nb_n$,

$\left(\sum_{k=1}^{n} a_k\right)\left(\sum_{k=1}^{n} b_k\right)$

$=(a_1+\cdots+a_n)(b_1+\cdots+b_n)$

⑤ (좌변)$=\sum_{k=1}^{n} k^2+\sum_{k=1}^{n} 1-\sum_{k=1}^{n-1} k^2+\sum_{k=1}^{n-1} 1$

$=\sum_{k=1}^{n} k^2-\sum_{k=1}^{n-1} k^2+n+(n-1)$

$=n^2+2n-1$ 답 ①

15-2. $\sum_{n=1}^{100}\frac{a_n}{1+a_n}=\sum_{n=1}^{100}\left(1-\frac{1}{1+a_n}\right)$

$=\sum_{n=1}^{100} 1-\sum_{n=1}^{100}\frac{1}{1+a_n}$

$=100-1=\mathbf{99}$

15-3. ${a_k}^2+{b_k}^2=(a_k+b_k)^2-2a_kb_k$ 이므로

(준 식)$=\sum_{k=1}^{n}(a_k+b_k)^2-2\sum_{k=1}^{n} a_kb_k$

$=100-2\times30=40$ 답 ③

15-4. 조건에서

$x_1+x_2+x_3+\cdots+x_n=13$ ……①

${x_1}^2+{x_2}^2+{x_3}^2+\cdots+{x_n}^2=23$ ……②

$x_1, x_2, x_3, \cdots, x_n$ 중 1이 a개, 2가 b개 있다고 하면

①에서 $1\times a+2\times b=13$

②에서 $1^2\times a+2^2\times b=23$

연립하여 풀면 $a=3,\ b=5$

$\therefore \sum_{i=1}^{n}{x_i}^5={x_1}^5+{x_2}^5+\cdots+{x_n}^5$

$=1^5\times a+2^5\times b$

$=1^5\times3+2^5\times5=\mathbf{163}$

15-5. $\sum_{k=1}^{n} a_{2k-1}=4n^2-n$에

$n=1$을 대입하면 $a_1=3$

$n=2$를 대입하면 $a_1+a_3=14$

$\therefore a_3=11$

공차를 d라고 하면

$a_3=3+2d=11 \quad \therefore d=4$

따라서 $a_n=3+(n-1)\times4=4n-1$ 이므로

$\sum_{k=1}^{10} a_{2k}=\sum_{k=1}^{10}(8k-1)$

$=\frac{10(7+79)}{2}$ ⇦ 등차수열의 합

$=\mathbf{430}$

*__Note__ $\sum_{k=1}^{n} a_{2k}=\sum_{k=1}^{n}(a_{2k-1}+d)$이므로

$\sum_{k=1}^{10} a_{2k}=\sum_{k=1}^{10}(a_{2k-1}+4)$

$=\sum_{k=1}^{10} a_{2k-1}+\sum_{k=1}^{10} 4$

$=4\times10^2-10+4\times10=\mathbf{430}$

15-6. (1) 수열 $\{b_n\}$의 공차를 d라고 하면 첫째항이 1이므로

$\sum_{n=1}^{10} b_n=\frac{10\{2\times1+(10-1)d\}}{2}=55$

$\therefore d=1$

$\therefore b_n=1+(n-1)\times1=n$

$a_n=2^{b_n}$이므로 $\boldsymbol{a_n=2^n}$

(2) $\sum_{k=1}^{n} a_k=\sum_{k=1}^{n} 2^k=\frac{2(2^n-1)}{2-1}\ge100$

에서 $2^n\ge51$

그런데 $2^5=32,\ 2^6=64$이므로 n의 최솟값은 **6**

15-7. 첫째항을 a, 공비를 r이라고 하면

모든 항이 서로 다르므로

$$a\neq0,\ r\neq0,\ r\neq1,\ r\neq-1$$

$\sum_{k=1}^{30} a_k = 3\sum_{k=1}^{10} a_{3k}$에서

$$\frac{a(1-r^{30})}{1-r}=3\times\frac{ar^2\{1-(r^3)^{10}\}}{1-r^3}$$

$\therefore\ 1=\dfrac{3r^2}{1+r+r^2}$ $\quad\therefore\ 2r^2-r-1=0$

$$\therefore\ (2r+1)(r-1)=0$$

$r\neq1$이므로 $\quad r=-\dfrac{1}{2}$

이때, $a_3+a_5=5$에서

$$ar^2+ar^4=a\times\left(-\frac{1}{2}\right)^2+a\times\left(-\frac{1}{2}\right)^4=5$$

$$\therefore\ \frac{5}{16}a=5 \qquad \therefore\ a=\mathbf{16}$$

15-8.

점 C의 x좌표를 b_n이라고 하면 점 $\mathrm{B}(b_n, n)$은 곡선 $y=\log_2(x-2)$ 위의 점이므로

$$n=\log_2(b_n-2) \qquad \therefore\ b_n=2^n+2$$

따라서 $\mathrm{C}(2^n+2, 0)$, $\mathrm{D}(3, 0)$이므로

$$a_n=(2^n+2)-3=2^n-1$$

$$\therefore\ \sum_{n=1}^{10} a_n=\sum_{n=1}^{10}(2^n-1)$$

$$=\frac{2(2^{10}-1)}{2-1}-10=\mathbf{2036}$$

15-9. (준 식)

$$=(1^2+2^2+3^2+4^2+\cdots+10^2)$$
$$+(2^2+3^2+4^2+\cdots+10^2)$$
$$+(3^2+4^2+\cdots+10^2)$$
$$+\cdots+10^2$$
$$=1^2+2\times2^2+3\times3^2+\cdots+10\times10^2$$
$$=\sum_{k=1}^{10}k^3=\left\{\frac{10(10+1)}{2}\right\}^2=\mathbf{3025}$$

15-10. 주어진 수열의 첫째항부터 제n항까지의 합을 S_n이라고 하자.

(1) $a_{2n-1}=4(2n-1)-3=8n-7$

$$\therefore\ S_n=\sum_{k=1}^{n}(8k-7)$$
$$=8\times\frac{n(n+1)}{2}-7n$$
$$=\boldsymbol{n(4n-3)}$$

(2) $a_na_{n+1}=(4n-3)(4n+1)$
$=16n^2-8n-3$

$$\therefore\ S_n=\sum_{k=1}^{n}(16k^2-8k-3)$$
$$=16\times\frac{n(n+1)(2n+1)}{6}$$
$$-8\times\frac{n(n+1)}{2}-3n$$
$$=\boldsymbol{\frac{1}{3}n(16n^2+12n-13)}$$

15-11. (1) $a_k=\left(\dfrac{2k+1}{2}\right)^2=k^2+k+\dfrac{1}{4}$

로 놓으면

$$S_n=\sum_{k=1}^{n}a_k=\sum_{k=1}^{n}\left(k^2+k+\frac{1}{4}\right)$$
$$=\frac{n(n+1)(2n+1)}{6}$$
$$+\frac{n(n+1)}{2}+\frac{1}{4}n$$
$$=\boldsymbol{\frac{1}{12}n(4n^2+12n+11)}$$

(2) $a_k=k\{n-(k-1)\}=-k^2+(n+1)k$

로 놓으면

$$S_n=\sum_{k=1}^{n}a_k=\sum_{k=1}^{n}\{-k^2+(n+1)k\}$$
$$=-\frac{n(n+1)(2n+1)}{6}$$
$$+(n+1)\times\frac{n(n+1)}{2}$$
$$=\boldsymbol{\frac{1}{6}n(n+1)(n+2)}$$

15-12. (1) $1\le k<2^2$일 때 $\quad[\sqrt{k}\,]=1$

$2^2\le k<3^2$일 때 $\quad[\sqrt{k}\,]=2$

$3^2\le k<4^2$일 때 $\quad[\sqrt{k}\,]=3$

$\cdots$

$9^2 \le k < 10^2$일 때 $[\sqrt{k}]=9$

$k=100$일 때 $[\sqrt{k}]=10$

$$\therefore \sum_{k=1}^{100}[\sqrt{k}]=1\times3+2\times5+3\times7+\cdots+9\times19+10$$
$$=\sum_{k=1}^{9}k(2k+1)+10$$
$$=2\times\frac{9\times10\times19}{6}+\frac{9\times10}{2}+10$$
$$=\mathbf{625}$$

(2) $a_n=(-1)^{n+1}\tan\frac{n}{3}\pi$라고 하자.

k가 음이 아닌 정수일 때,

$n=6k,\ 6k+3$이면 $a_n=0$

$n=6k+1,\ 6k+2$이면 $a_n=\sqrt{3}$

$n=6k+4,\ 6k+5$이면 $a_n=-\sqrt{3}$

$$\therefore (\text{준 식})=\sum_{n=0}^{47}(-1)^{n+1}\tan\frac{n}{3}\pi+\sum_{n=48}^{50}(-1)^{n+1}\tan\frac{n}{3}\pi$$
$$=0+(0+\sqrt{3}+\sqrt{3})=\mathbf{2\sqrt{3}}$$

15-13. 근과 계수의 관계로부터

$$\alpha_n+\beta_n=n,\ \alpha_n\beta_n=2n$$

$$\therefore ({\alpha_n}^2+1)({\beta_n}^2+1)$$
$$=(\alpha_n\beta_n)^2+(\alpha_n+\beta_n)^2-2\alpha_n\beta_n+1$$
$$=(2n)^2+n^2-2\times2n+1$$
$$=5n^2-4n+1$$

$$\therefore (\text{준 식})=\sum_{n=1}^{10}(5n^2-4n+1)$$
$$=5\times\frac{10\times11\times21}{6}-4\times\frac{10\times11}{2}+10$$
$$=1715$$

답 ①

15-14. 자연수 A를 소인수분해했을 때

$$A=a^\alpha b^\beta c^\gamma\cdots$$

이라고 하면 A의 양의 약수의 개수는

$$(\alpha+1)(\beta+1)(\gamma+1)\cdots$$

이므로 이것이 홀수이면 $\alpha,\ \beta,\ \gamma,\ \cdots$는 모두 짝수이다.

따라서

$$\alpha=2\alpha',\ \beta=2\beta',\ \gamma=2\gamma',\ \cdots$$

으로 놓으면

$$A=(a^{\alpha'}b^{\beta'}c^{\gamma'}\cdots)^2$$

이므로 A는 제곱수이다.

곧, 양의 약수의 개수가 홀수인 수는 제곱수이고, 1부터 100까지의 자연수 중에서 제곱수는 $1^2,\ 2^2,\ 3^2,\ \cdots,\ 10^2$이므로 구하는 합은

$$\sum_{k=1}^{10}k^2=\frac{10\times11\times21}{6}=\mathbf{385}$$

15-15. $S_n=a_1+2a_2+3a_3+\cdots+na_n=n^2(n+1)$

이라 하고, $na_n=b_n$으로 놓자.

$n\ge2$일 때

$$b_n=S_n-S_{n-1}$$
$$=n^2(n+1)-(n-1)^2n$$
$$=n(3n-1) \quad \cdots\cdots ①$$

$n=1$일 때 $b_1=S_1=1^2\times2=2$

$b_1=2$는 ①에 $n=1$을 대입한 것과 같다.

$$\therefore b_n=n(3n-1)\ (n=1,\ 2,\ 3,\ \cdots)$$

$b_n=na_n$이므로

$$a_n=3n-1\ (n=1,\ 2,\ 3,\ \cdots)$$

$$\therefore (\text{준 식})=\sum_{k=1}^{n}a_k=\sum_{k=1}^{n}(3k-1)$$
$$=3\times\frac{n(n+1)}{2}-n$$
$$=\mathbf{\frac{n(3n+1)}{2}}$$

15-16.

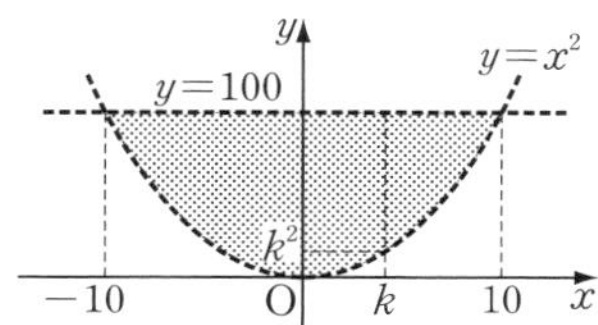

직선 $x=k(k=1,\ 2,\ 3,\ \cdots,\ 9)$ 위의 점으로 $x,\ y$좌표가 모두 정수인 점은

$$(k,\ k^2+1),\ (k,\ k^2+2),\ \cdots,\ (k,\ 99)$$

이므로, 그 개수는 $99-k^2$이다.

또, $x>0$일 때와 $x<0$일 때의 개수는 같고, $x=0$일 때의 개수는 99이다.

따라서 구하는 점의 개수는

$$2\sum_{k=1}^{9}(99-k^2)+99$$
$$=2\left(99\times 9-\frac{9\times 10\times 19}{6}\right)+99$$
$$=1311$$

답 ⑤

15-17. $\log x$의 소수부분을 $g(x)$라고 하면 $0\le g(x)<1$이고,

$$\log x=f(x)+g(x)$$

주어진 조건으로부터

$$(2n-3)\{f(x)+g(x)\}=2(n-2)f(x)+3n$$
$$\therefore\ g(x)=\frac{3n-f(x)}{2n-3}$$

이때, $0\le g(x)<1$이므로

$$0\le\frac{3n-f(x)}{2n-3}<1$$

$n\ge 2$이므로 $\quad 0\le 3n-f(x)<2n-3$

$$\therefore\ n+3<f(x)\le 3n$$

$f(x)$는 정수이므로

$$f(x)=n+4,\ n+5,\ \cdots,\ 3n$$
$$\therefore\ a_n=\sum_{k=1}^{3n}k-\sum_{k=1}^{n+3}k$$
$$=\frac{3n(3n+1)}{2}-\frac{(n+3)(n+4)}{2}$$
$$=4n^2-2n-6$$

$a_n=300$에서 $\quad 4n^2-2n-6=300$

$$\therefore\ (n-9)(2n+17)=0$$

$n\ge 2$이므로 $\quad \boldsymbol{n=9}$

15-18. $\dfrac{1}{(3k-1)(3k+2)}$

$$=\frac{1}{3}\left(\frac{1}{3k-1}-\frac{1}{3k+2}\right)$$

따라서

$$(\text{좌변})=\frac{1}{3}\sum_{k=1}^{n}\left(\frac{1}{3k-1}-\frac{1}{3k+2}\right)$$
$$=\frac{1}{3}\left\{\left(\frac{1}{2}-\frac{1}{5}\right)+\left(\frac{1}{5}-\frac{1}{8}\right)+\cdots+\left(\frac{1}{3n-1}-\frac{1}{3n+2}\right)\right\}$$
$$=\frac{1}{3}\left(\frac{1}{2}-\frac{1}{3n+2}\right)$$
$$\therefore\ \frac{1}{3}\left(\frac{1}{2}-\frac{1}{3n+2}\right)=\frac{33}{200}$$
$$\therefore\ n=66$$

답 ③

15-19. $a_k=\dfrac{k(k+1)}{2}$이므로

$$(\text{준 식})=\sum_{k=1}^{n}\frac{1}{a_k}=\sum_{k=1}^{n}\frac{2}{k(k+1)}$$
$$=2\sum_{k=1}^{n}\left(\frac{1}{k}-\frac{1}{k+1}\right)$$
$$=2\left\{\left(\frac{1}{1}-\frac{1}{2}\right)+\left(\frac{1}{2}-\frac{1}{3}\right)+\cdots+\left(\frac{1}{n}-\frac{1}{n+1}\right)\right\}$$
$$=2\left(1-\frac{1}{n+1}\right)=\boldsymbol{\frac{2n}{n+1}}$$

* ***Note*** 이 문제는 다음 수열의 합을 구하는 것과 같다.

$$\frac{1}{1},\ \frac{1}{1+2},\ \frac{1}{1+2+3},\ \frac{1}{1+2+3+4},\ \cdots,\ \frac{1}{1+2+3+\cdots+n}$$

15-20. $y=\sqrt{3}x$를 $x^2+y^2=n^2$에 대입하여 정리하면

$$x^2=\frac{n^2}{4}\qquad \therefore\ x=\pm\frac{n}{2}$$

x_n은 제 1 사분면에서 만나는 점의 x좌표이므로 $\quad x_n=\dfrac{n}{2}$

$$\therefore\ \sum_{k=1}^{100}\frac{1}{x_kx_{k+1}}=\sum_{k=1}^{100}\frac{1}{\frac{k}{2}\times\frac{k+1}{2}}$$
$$=\sum_{k=1}^{100}\frac{4}{k(k+1)}$$
$$=4\sum_{k=1}^{100}\left(\frac{1}{k}-\frac{1}{k+1}\right)$$
$$=4\left\{\left(\frac{1}{1}-\frac{1}{2}\right)+\left(\frac{1}{2}-\frac{1}{3}\right)+\cdots+\left(\frac{1}{100}-\frac{1}{101}\right)\right\}$$
$$=4\left(1-\frac{1}{101}\right)=\boldsymbol{\frac{400}{101}}$$

15-**21**. $f(n)=\dfrac{2n}{n^4+n^2+1}$

$=\dfrac{2n}{(n^2-n+1)(n^2+n+1)}$

$=\dfrac{1}{n^2-n+1}-\dfrac{1}{n^2+n+1}$

$=\dfrac{1}{(n-1)^2+(n-1)+1}-\dfrac{1}{n^2+n+1}$

$\therefore\ \sum_{k=1}^{30} f(k)=\sum_{k=1}^{30}\left\{\dfrac{1}{(k-1)^2+(k-1)+1}-\dfrac{1}{k^2+k+1}\right\}$

$=\left(\dfrac{1}{0^2+0+1}-\dfrac{1}{1^2+1+1}\right)$
$+\left(\dfrac{1}{1^2+1+1}-\dfrac{1}{2^2+2+1}\right)$
$+\cdots$
$+\left(\dfrac{1}{29^2+29+1}-\dfrac{1}{30^2+30+1}\right)$

$=1-\dfrac{1}{931}=\boldsymbol{\dfrac{930}{931}}$

15-**22**. $\dfrac{a_{k+1}-a_k}{(a_k+1)(a_{k+1}+1)}$

$=\dfrac{(a_{k+1}+1)-(a_k+1)}{(a_k+1)(a_{k+1}+1)}$

$=\dfrac{1}{a_k+1}-\dfrac{1}{a_{k+1}+1}$

이므로 조건식에서

(좌변)$=\sum_{k=1}^{n}\left(\dfrac{1}{a_k+1}-\dfrac{1}{a_{k+1}+1}\right)$

$=\left(\dfrac{1}{a_1+1}-\dfrac{1}{a_2+1}\right)$
$+\left(\dfrac{1}{a_2+1}-\dfrac{1}{a_3+1}\right)$
$+\cdots+\left(\dfrac{1}{a_n+1}-\dfrac{1}{a_{n+1}+1}\right)$

$=\dfrac{1}{a_1+1}-\dfrac{1}{a_{n+1}+1}$

$=\dfrac{1}{2}-\dfrac{1}{a_{n+1}+1}=n$

$\therefore\ \dfrac{1}{a_{n+1}+1}=\dfrac{1-2n}{2}$

$\therefore\ a_{n+1}=-\dfrac{2n+1}{2n-1}$

$\therefore\ a_1\times a_2\times a_3\times\cdots\times a_{100}$

$=1\times\left(-\dfrac{3}{1}\right)\times\left(-\dfrac{5}{3}\right)\times\cdots\times\left(-\dfrac{199}{197}\right)$

$=-199$ 답 ②

15-**23**. (준 식)$=(100^2-99^2)+(98^2-97^2)$
$+\cdots+(4^2-3^2)+(2^2-1^2)+0$

$=(100+99)(100-99)+(98+97)(98-97)$
$+\cdots+(4+3)(4-3)+(2+1)(2-1)$

$=100+99+98+\cdots+2+1$

$=\dfrac{100\times101}{2}=5050$ 답 ④

15-**24**. (1) 2, 22, 222, 2222, $\cdots$
20, 200, 2000, $\cdots$

$n\ge2$일 때

$a_n=2+\sum_{k=1}^{n-1}(20\times10^{k-1})$

$=2+\dfrac{20(10^{n-1}-1)}{10-1}=\dfrac{2}{9}(10^n-1)$

이 식은 $n=1$일 때에도 성립하므로

$$\boldsymbol{a_n=\frac{2}{9}(10^n-1)}$$

$\therefore\ S_n=\sum_{k=1}^{n}a_k=\sum_{k=1}^{n}\dfrac{2}{9}(10^k-1)$

$=\dfrac{2}{9}\left(\sum_{k=1}^{n}10^k-\sum_{k=1}^{n}1\right)$

$=\dfrac{2}{9}\left\{\dfrac{10(10^n-1)}{10-1}-n\right\}$

$=\boldsymbol{\dfrac{2}{81}(10^{n+1}-9n-10)}$

****Note*** $a_n=2(1+10+10^2+\cdots+10^{n-1})$

$=2\times\dfrac{10^n-1}{10-1}=\boldsymbol{\dfrac{2}{9}(10^n-1)}$

(2) 2, 6, 12, 20, 30, $\cdots$, $\dfrac{1}{a_n}$, $\cdots$
4, 6, 8, 10, $\cdots$

$n\ge2$일 때

$\dfrac{1}{a_n}=2+\sum_{k=1}^{n-1}(2k+2)$

$=2+2\times\dfrac{(n-1)n}{2}+2(n-1)$

$=n(n+1)$

이 식은 $n=1$일 때에도 성립하므로

$$\frac{1}{a_n}=n(n+1)$$

$$\therefore\ \boldsymbol{a_n=\frac{1}{n(n+1)}}$$

$$\therefore\ S_n=\sum_{k=1}^{n}a_k=\sum_{k=1}^{n}\frac{1}{k(k+1)}$$
$$=\sum_{k=1}^{n}\left(\frac{1}{k}-\frac{1}{k+1}\right)$$
$$=\left(\frac{1}{1}-\frac{1}{2}\right)+\left(\frac{1}{2}-\frac{1}{3}\right)+\cdots+\left(\frac{1}{n}-\frac{1}{n+1}\right)$$
$$=1-\frac{1}{n+1}=\boldsymbol{\frac{n}{n+1}}$$

***Note** $\frac{1}{2}=\frac{1}{1\times2}$, $\frac{1}{6}=\frac{1}{2\times3}$, $\frac{1}{12}=\frac{1}{3\times4}$, $\frac{1}{20}=\frac{1}{4\times5}$, $\cdots$

$$\therefore\ \boldsymbol{a_n=\frac{1}{n(n+1)}}$$

15-25. 분모가 같은 것끼리 묶어 군으로 나누면

$$\left(\frac{1}{1}\right),\ \left(\frac{1}{2},\ \frac{2}{2}\right),\ \left(\frac{1}{3},\ \frac{2}{3},\ \frac{3}{3}\right),\ \cdots,$$
$$\left(\frac{1}{100},\ \frac{2}{100},\ \cdots,\ \boxed{\frac{27}{100}},\ \cdots,\ \frac{100}{100}\right)$$

1부터 $\frac{99}{99}$까지의 항의 개수는

$$1+2+3+\cdots+99=\frac{99\times100}{2}=4950$$

이므로 $\frac{27}{100}$은

$4950+27=$**4977**(번째 항)

15-26.

1									
2	4								
3	6	9							
4	8	12	16						
…									
10	20	30	40	50	60	70	80	90	100

위에서부터 제1군, 제2군, $\cdots$이라고 하면 제k군은 첫째항이 k, 공차가 k인 등차수열을 첫째항부터 제k항까지 나열한 것이다.

따라서 제k군의 합을 a_k라고 하면

$$a_k=\frac{k\{2k+(k-1)k\}}{2}=\frac{k^3+k^2}{2}$$

또, 제1군부터 제10군까지의 합을 S라고 하면

$$S=\sum_{k=1}^{10}a_k=\sum_{k=1}^{10}\frac{k^3+k^2}{2}$$
$$=\frac{1}{2}\left\{\left(\frac{10\times11}{2}\right)^2+\frac{10\times11\times21}{6}\right\}$$
$$=1705$$

답 ④

15-27. (1) 100행에 나열된 수는

$$\left[\frac{100}{k}\right]\ (k=1,\ 2,\ 3,\ \cdots,\ 100)$$

$\left[\frac{100}{k}\right]=3$으로 놓으면 $3\le\frac{100}{k}<4$

$$\therefore\ 25<k\le\frac{100}{3}=33.3\times\times\times$$

따라서 3의 개수는 **8**

(2) n행에 나열된 수는

$$\left[\frac{n}{k}\right]\ (k=1,\ 2,\ 3,\ \cdots,\ n)$$

$\left[\frac{n}{k}\right]=1$로 놓으면 $1\le\frac{n}{k}<2$

$$\therefore\ \frac{n}{2}<k\le n$$

이 식의 n에 1, 2, 3, $\cdots$, 100을 대입하여 자연수 k의 개수를 구하면

1, 1, 2, 2, 3, 3, $\cdots$, 50, 50

따라서 1의 개수는

$$2(1+2+3+\cdots+50)=2\times\frac{50\times51}{2}$$
$$=\boldsymbol{2550}$$

(3) 3열에 나열된 수는

$$\left[\frac{3}{3}\right],\ \left[\frac{4}{3}\right],\ \left[\frac{5}{3}\right],\ \cdots,\ \left[\frac{k}{3}\right],\ \cdots$$

$\left[\frac{k}{3}\right]=5$로 놓으면 $5\le\frac{k}{3}<6$

$$\therefore\ 15\le k<18$$

따라서 5의 개수는 **3**

16-1. $1000=2\times500$, $500=2\times250$, $250=2\times125$이므로

$$a_{1000}=a_{500}=a_{250}=a_{125}$$

이때, $2n-1=125$에서 $n=63$

$$\therefore\ a_{125}=63$$

답 ①

16-2. $a_{n+2}=(-1)^n a_n a_{n+1}$의 n에 1, 2, 3, …을 대입하여 수열 $\{a_n\}$의 각 항을 구하면

$$1,\ 1,\ -1,\ -1,\ -1,\ 1,$$
$$1,\ 1,\ -1,\ -1,\ -1,\ 1,\ \cdots$$

곧, 수열 $\{a_n\}$은 $1,\ 1,\ -1,\ -1,\ -1,\ 1$이 반복되는 수열이다.

그런데 $a_1+a_2+\cdots+a_6=0$이고, $2025=6\times337+3$이므로

$$\sum_{k=1}^{2025}a_k=\sum_{k=1}^{2022}a_k+a_{2023}+a_{2024}+a_{2025}$$
$$=0+1+1+(-1)=\mathbf{1}$$

16-3. 주어진 정의에 의하여

$$a_{131}=\frac{1}{a_{130}},\ a_{130}=a_{65}+1$$

한편 $a_1=1$이므로

$a_2=a_1+1=2,\ a_4=a_2+1=3,$
$a_8=a_4+1=4,\ a_{16}=a_8+1=5,$
$a_{32}=a_{16}+1=6,\ a_{64}=a_{32}+1=7$

$$\therefore\ a_{65}=\frac{1}{a_{64}}=\frac{1}{7}$$

따라서 $a_{130}=a_{65}+1=\dfrac{1}{7}+1=\dfrac{8}{7}$이므로 $a_{131}=\dfrac{1}{a_{130}}=\mathbf{\dfrac{7}{8}}$

16-4. 제품 p_n을 한 개 만드는 데 걸리는 시간을 a_n이라고 하면

$$a_1=1$$

p_1과 p_1을 연결하여 p_2를 만들므로

$$a_2=1+1+2\times1=4$$

p_2와 p_2를 연결하여 p_4를 만들므로

$$a_4=4+4+2\times2=12$$

p_4와 p_4를 연결하여 p_8을 만들므로

$$a_8=12+12+2\times4=32$$

p_8과 p_8을 연결하여 p_{16}을 만들므로

$$a_{16}=32+32+2\times8=\mathbf{80}$$

16-5. 점화식의 양변에 1을 더하면

$$x_{n+1}+1=(x_n+1)^2 \quad \cdots\cdots ⓐ$$

이므로 수열 $\{x_n+1\}$은 제n항의 제곱을 제$(n+1)$항으로 하는 수열이다.

한편 $x_1=1$이므로 수열 $\{x_n+1\}$의 첫째항은 $x_1+1=1+1=2$이다.

따라서 수열 $\{x_n+1\}$은

$$2,\ 2^2,\ 2^4,\ 2^8,\ 2^{16},\ 2^{32},\ 2^{64},\ \cdots$$

이므로 $x_7+1=2^{64}$

$$\therefore\ x_7=2^{64}-1$$

답 ④

***Note** $x_n+1=a_n$으로 놓으면 ⓐ에서

$$a_{n+1}={a_n}^2$$

양변의 2를 밑으로 하는 로그를 잡으면

$$\log_2 a_{n+1}=2\log_2 a_n$$

또, $\log_2 a_1=\log_2(x_1+1)=\log_2 2=1$이므로 수열 $\{\log_2 a_n\}$은 첫째항이 1, 공비가 2인 등비수열이다.

$$\therefore\ \log_2 a_n=1\times2^{n-1}=2^{n-1}$$
$$\therefore\ a_n=2^{2^{n-1}} \qquad \therefore\ x_n=2^{2^{n-1}}-1$$

16-6. 점화식의 양변을 2^{n+1}으로 나누면

$$\frac{a_{n+1}}{2^{n+1}}=\frac{a_n}{2^n}+\frac{1}{2} \quad \cdots\cdots ⓐ$$

$\dfrac{a_n}{2^n}=b_n$으로 놓으면

$$b_1=\frac{a_1}{2^1}=\frac{1}{2},\ b_{n+1}=b_n+\frac{1}{2}$$

이므로 수열 $\{b_n\}$은 첫째항이 $\dfrac{1}{2}$, 공차가 $\dfrac{1}{2}$인 등차수열이다.

$$\therefore\ b_n=\frac{1}{2}+(n-1)\times\frac{1}{2}=\frac{n}{2}$$
$$\therefore\ \boldsymbol{a_n=n\times2^{n-1}}$$

***Note** ⓐ에서 a_n을 구할 때 b_n으로 치환하지 않고 직접 구해도 된다.

곧, ⓐ에서 $\dfrac{a_{n+1}}{2^{n+1}}-\dfrac{a_n}{2^n}=\dfrac{1}{2}$

따라서 수열 $\left\{\dfrac{a_n}{2^n}\right\}$은 첫째항이

$\dfrac{a_1}{2^1}=\dfrac{1}{2}$, 공차가 $\dfrac{1}{2}$인 등차수열이므로

$$\frac{a_n}{2^n}=\frac{1}{2}+(n-1)\times\frac{1}{2}=\frac{n}{2}$$

$$\therefore\ \boldsymbol{a_n=n\times 2^{n-1}}$$

16-7. $S_{n+1}=S_n+a_{n+1}$,

$S_{n+2}=S_n+a_{n+1}+a_{n+2}$

이므로 조건식은

$3(S_n+a_{n+1})-(S_n+a_{n+1}+a_{n+2})-2S_n=a_n$

$\therefore\ 2a_{n+1}=a_n+a_{n+2}$

따라서 수열 $\{a_n\}$은 등차수열이고, 공차는 $a_2-a_1=5-2=3$이다.

$\therefore\ a_{10}=2+(10-1)\times 3=29$

답 ②

****Note*** 조건식을 다음과 같이 변형할 수도 있다.

$S_{n+1}-S_{n+2}+2S_{n+1}-2S_n=a_n$

$\therefore\ -(S_{n+2}-S_{n+1})+2(S_{n+1}-S_n)=a_n$

$\therefore\ -a_{n+2}+2a_{n+1}=a_n$

$\therefore\ 2a_{n+1}=a_n+a_{n+2}$

16-8. $\sum_{k=1}^{n} {a_k}^2=a_na_{n+1}-2$에서

${a_1}^2+{a_2}^2+{a_3}^2+\cdots+{a_n}^2$

$=a_na_{n+1}-2$ ……①

${a_1}^2+{a_2}^2+{a_3}^2+\cdots+{a_n}^2+{a_{n+1}}^2$

$=a_{n+1}a_{n+2}-2$ ……②

②−①하면

${a_{n+1}}^2=a_{n+1}a_{n+2}-a_na_{n+1}$

$a_{n+1}\neq 0$이므로 $a_{n+1}=a_{n+2}-a_n$

$\therefore\ a_{n+2}=a_{n+1}+a_n$ ……③

한편 $\sum_{k=1}^{n} {a_k}^2=a_na_{n+1}-2$에 $n=1$을 대입하면 ${a_1}^2=a_1a_2-2$

이때, $a_1=2$이므로 $2^2=2a_2-2$

$\therefore\ a_2=3$

③의 n에 1, 2, 3, …을 대입하면

$a_3=a_2+a_1=3+2=5$,

$a_4=a_3+a_2=5+3=8$,

$a_5=a_4+a_3=8+5=13$, …

$\therefore\ \boldsymbol{a_9=89}$

16-9. $a_{n+1}=a_1+a_2+a_3+\cdots+a_n$ …①

$n\ge 2$일 때

$a_n=a_1+a_2+a_3+\cdots+a_{n-1}$ …②

①−②하면 $a_{n+1}-a_n=a_n$

$\therefore\ a_{n+1}=2a_n$ ($n=2, 3, 4, \cdots$)

따라서 수열 $\{a_n\}$은 제2항부터 공비가 2인 등비수열을 이룬다.

한편 ①에서 $a_2=a_1=1$

$\therefore\ a_{10}=a_2\times 2^{9-1}=2^8=256$ 답 ④

****Note*** $a_1+a_2+a_3+\cdots+a_n=S_n$이라고 하면 조건식에서 $a_{n+1}=S_n$이다.

따라서 $S_{n+1}-S_n=S_n$에서 S_n부터 구할 수도 있다.

곧, $S_{n+1}=2S_n$이므로 수열 $\{S_n\}$은 첫째항이 $S_1=a_1=1$이고 공비가 2인 등비수열이다.

$\therefore\ S_n=2^{n-1}$ ($n=1, 2, 3, \cdots$)

$\therefore\ a_{10}=S_{10}-S_9=2^9-2^8=2^8=256$

16-10. n년 후의 씨앗의 개수를 a_n이라고 하면 문제의 조건으로부터

$$a_{n+1}=a_n\left(1-\frac{1}{10}\right)\times 10=9a_n$$

따라서 수열 $\{a_n\}$은 첫째항이

$a_1=10\times\dfrac{9}{10}\times 10=90$, 공비가 9인 등비수열이다.

$\therefore\ a_n=90\times 9^{n-1}=10\times 9^n$

$\therefore\ a_{100}=10\times 9^{100}$ 답 ③

16-11. (1) n번째 도형에서 남은 정삼각형의 개수는 3^n이고, 다음 시행에서 삼각형마다 꼭짓점이 3개씩 더 생기므로 (그림의 흰색의 작은 삼각형) 꼭짓점이 모두 (3×3^n)개 더 생긴다.

$\therefore\ \boldsymbol{a_{n+1}=a_n+3^{n+1}}$ $(\boldsymbol{n=1, 2, 3, \cdots})$

(2) $a_{n+1}-a_n=3^{n+1}$의 n에 1, 2, 3, ⋯, $n-1$을 대입하고 변끼리 더하면, $n\geq2$일 때

$$a_n-a_1=3^2+3^3+3^4+\cdots+3^n$$

$a_1=6$이므로

$$a_n=6+\frac{3^2(3^{n-1}-1)}{3-1}=\frac{3}{2}(3^n+1)$$

이 식은 $n=1$일 때에도 성립하므로

$$\boldsymbol{a_n=\frac{3}{2}(3^n+1)}$$

16-12. $a_{n+1}=\dfrac{n+1}{n}a_n$의 n에 1, 2, 3, ⋯, $n-1$을 대입하고 변끼리 곱하면, $n\geq2$일 때

$$a_n=a_1\left(\frac{2}{1}\times\frac{3}{2}\times\frac{4}{3}\times\cdots\times\frac{n}{n-1}\right)$$

$$\therefore\ a_n=na_1$$

이 식은 $n=1$일 때에도 성립한다.

한편 $a_2=1$이므로 $2a_1=1$

$$\therefore\ a_1=\frac{1}{2}$$

따라서 $a_n=\dfrac{1}{2}n$이므로 $a_n=10$에서

$$\frac{1}{2}n=10 \quad \therefore\ n=20$$ 답 ⑤

*__Note__ $na_{n+1}=(n+1)a_n$에서

$$\frac{a_{n+1}}{n+1}=\frac{a_n}{n}$$

곧, 수열 $\left\{\dfrac{a_n}{n}\right\}$은 첫째항이 a_1, 공차가 0인 등차수열로 볼 수 있다.

이때, $na_{n+1}=(n+1)a_n$의 n에 1을 대입하면

$$1\times a_2=2\times a_1 \quad \therefore\ a_1=\frac{a_2}{2}=\frac{1}{2}$$

$$\therefore\ \frac{a_n}{n}=\frac{1}{2}+(n-1)\times0=\frac{1}{2}$$

$$\therefore\ a_n=\frac{1}{2}n$$

따라서 $a_n=10$에서 $n=20$

16-13.

A ---200 m--- B

a_1 a_2 a_3 a_4 ⋯

A가 a_n에서 a_{n+1}까지 달리는 동안 B는 a_{n+1}에서 a_{n+2}까지 달린다.

그런데 A의 속력이 B의 속력의 2배이므로 같은 시간 동안 달린 거리도 2배이다.

$$\therefore\ a_{n+1}-a_n=2(a_{n+2}-a_{n+1})$$

$$\therefore\ a_{n+2}-a_{n+1}=\frac{1}{2}(a_{n+1}-a_n)$$

따라서 수열 $\{a_{n+1}-a_n\}$은 첫째항이 $a_2-a_1=200$, 공비가 $\dfrac{1}{2}$인 등비수열이다.

$$\therefore\ a_{n+1}-a_n=200\times\left(\frac{1}{2}\right)^{n-1}$$

그런데 A가 a_n과 a_{n+1} 사이에 있을 때, 처음으로 B와의 거리가 1보다 작아지려면

$$a_{n+1}-a_n\geq1,\ a_{n+2}-a_{n+1}<1$$

을 만족시켜야 한다.

$$\therefore\ 200\times\left(\frac{1}{2}\right)^{n-1}\geq1,\ 200\times\left(\frac{1}{2}\right)^{n}<1$$

$$\therefore\ n=8$$ 답 ③

16-14. 조건식에서 $S_n=a_{n+1}-(n+1)$

$n\geq2$일 때

$$\begin{aligned}a_n&=S_n-S_{n-1}\\&=\{a_{n+1}-(n+1)\}-(a_n-n)\\&=a_{n+1}-a_n-1\end{aligned}$$

$$\therefore\ a_{n+1}=2a_n+1 \quad \cdots\cdots ①$$

한편 $a_2=S_1+1+1=a_1+2=3$이므로 ①은 $n=1$일 때에도 성립한다.

$\therefore\ a_{n+1}=2a_n+1$ ($n=1, 2, 3, \cdots$)

양변에 1을 더하면

$$a_{n+1}+1=2(a_n+1)$$

이때, $a_1+1=1+1=2$이므로 수열 $\{a_n+1\}$은 첫째항이 2, 공비가 2인 등비수열이다.

$$\therefore\ a_n+1=2\times2^{n-1} \quad \therefore\ a_n=2^n-1$$

$$\therefore\ a_{10}=2^{10}-1=\mathbf{1023}$$

16-15. 근과 계수의 관계로부터

$$\alpha_n+\beta_n=\frac{a_{n+1}}{a_n},\ \alpha_n\beta_n=\frac{1}{a_n}$$

이므로 이것을 $\alpha_n+\beta_n-2\alpha_n\beta_n=3$에 대입하면

$$\frac{a_{n+1}}{a_n}-2\times\frac{1}{a_n}=3$$

양변에 a_n을 곱하면 $a_{n+1}=3a_n+2$

$$\therefore\ a_{n+1}+1=3(a_n+1)$$

따라서 수열 $\{a_n+1\}$은 첫째항이 $a_1+1=2+1=3$, 공비가 3인 등비수열이다.

$\therefore\ a_n+1=3\times3^{n-1}$ $\quad\therefore\ a_n=3^n-1$

따라서 $a_n>1000$에서 $3^n-1>1000$

$\therefore\ 3^n>1001$ ……㉮

$3^6=729$, $3^7=2187$이므로 ㉮을 만족시키는 n의 최솟값은 **7**

16-16. $\sqrt{17}-4=\dfrac{1}{8+a_1}$에서

$$8+a_1=\frac{1}{\sqrt{17}-4}$$

$\therefore\ 8+a_1=\sqrt{17}+4$ $\quad\therefore\ a_1=\sqrt{17}-4$

한편 조건식에서

$$a_n=\frac{1}{8+a_{n+1}}\ (n=1,\ 2,\ 3,\ \cdots)$$

이므로

$$8+a_{n+1}=\frac{1}{a_n}\quad\therefore\ a_{n+1}=\frac{1}{a_n}-8$$

$a_1=\sqrt{17}-4$이므로 n에 1, 2, 3, …을 대입하여 a_2, a_3, a_4, …를 구하면

$$\sqrt{17}-4,\ \sqrt{17}-4,\ \sqrt{17}-4,\ \cdots$$

$$\therefore\ \boldsymbol{a_{2030}=\sqrt{17}-4}$$

16-17.

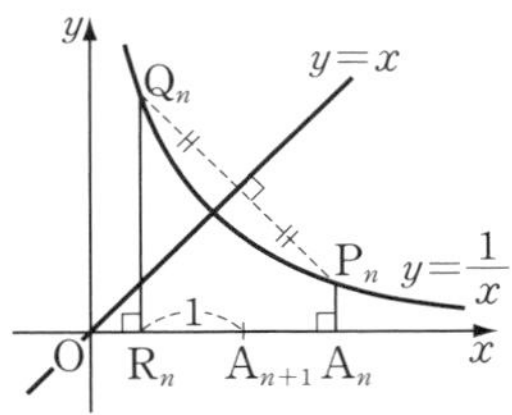

점 A_n의 x좌표를 x_n이라고 하면

$$P_n\left(x_n,\ \frac{1}{x_n}\right),\ Q_n\left(\frac{1}{x_n},\ x_n\right),\ R_n\left(\frac{1}{x_n},\ 0\right)$$

$$\therefore\ A_{n+1}\left(\frac{1}{x_n}+1,\ 0\right)$$

$$\therefore\ x_{n+1}=\frac{1}{x_n}+1$$

$x_1=2$이고, 이 식의 n에 1, 2, 3, …을 대입하여 수열 $\{x_n\}$의 각 항을 구하면

$$2,\ \frac{3}{2},\ \frac{5}{3},\ \frac{8}{5},\ \frac{13}{8},\ \cdots$$

$$\therefore\ \mathbf{A_5\left(\frac{13}{8},\ 0\right)}$$

16-18. $a_n=2^n-1$ ……㉮

(i) $n=1$일 때

(좌변)$=a_1=1$, (우변)$=2^1-1=1$

이므로 ㉮이 성립한다.

(ii) $n=k(k\ge1)$일 때 ㉮이 성립한다고 가정하면 $a_k=2^k-1$

이때, $a_{k+1}=2a_k+1$에서

$$a_{k+1}=2(2^k-1)+1=2^{k+1}-1$$

따라서 $n=k+1$일 때에도 ㉮이 성립한다.

(i), (ii)에 의하여 모든 자연수 n에 대하여 ㉮이 성립한다.

16-19. $a_n=n^3+5n$이라고 하자.

(i) $n=1$일 때 $a_1=1^3+5\times1=6$이므로 a_1은 6의 배수이다.

(ii) $n=k(k\ge1)$일 때 a_k가 6의 배수라고 가정하면

$$a_k=k^3+5k=6l\ (l\text{은 자연수})$$

로 놓을 수 있다.

$n=k+1$일 때

$$\begin{aligned}a_{k+1}&=(k+1)^3+5(k+1)\\&=k^3+3k^2+3k+1+5k+5\\&=(k^3+5k)+6+3k(k+1)\\&=6(l+1)+3k(k+1)\end{aligned}$$

그런데 $k(k+1)$은 연속하는 두 자연수의 곱으로 2의 배수이므로 $3k(k+1)$은 6의 배수이고, $6(l+1)$도 6의 배수

이다.

따라서 $n=k+1$일 때에도 a_n은 6의 배수이다.

(i), (ii)에 의하여 모든 자연수 n에 대하여 n^3+5n은 6의 배수이다.

***Note** $n^3+5n=n(n^2+5)$

$$=n(n^2-1+6)$$
$$=n(n^2-1)+6n$$
$$=(n-1)n(n+1)+6n$$

그런데 $(n-1)n(n+1)$은 연속하는 세 정수의 곱이므로 6의 배수이고, $6n$도 6의 배수이다.

따라서 n^3+5n은 6의 배수이다.

16-20. (i) $n=2$일 때

$$(\text{좌변})=a_1+2=\frac{1}{1}+2=3,$$
$$(\text{우변})=2a_2=2\sum_{m=1}^{2}\frac{1}{m}=2\left(\frac{1}{1}+\frac{1}{2}\right)=3$$

따라서 $n=2$일 때 주어진 등식이 성립한다.

(ii) $n=k(k\geq 2)$일 때 주어진 등식이 성립한다고 가정하면

$$a_1+a_2+a_3+\cdots+a_{k-1}+k=ka_k$$

양변에 a_k+1을 더하면

$$a_1+a_2+a_3+\cdots+a_{k-1}+k+(a_k+1)=ka_k+(a_k+1)$$

$$\therefore\ a_1+a_2+a_3+\cdots+a_{k-1}+a_k+(k+1)$$
$$=(k+1)a_k+1$$
$$=(k+1)\left(a_k+\frac{1}{k+1}\right)$$
$$=(k+1)\left(\sum_{m=1}^{k}\frac{1}{m}+\frac{1}{k+1}\right)$$
$$=(k+1)\sum_{m=1}^{k+1}\frac{1}{m}=(k+1)a_{k+1}$$

따라서 $n=k+1$일 때에도 주어진 등식이 성립한다.

(i), (ii)에 의하여 2 이상인 모든 자연수 n에 대하여 주어진 등식이 성립한다.

16-21. (i) $n=2$일 때

$$(\text{좌변})=1+\frac{1}{2}=\frac{3}{2},$$
$$(\text{우변})=\frac{2\times 2}{2+1}=\frac{4}{3}$$

따라서 $n=2$일 때 주어진 부등식이 성립한다.

(ii) $n=k(k\geq 2)$일 때 주어진 부등식이 성립한다고 가정하면

$$1+\frac{1}{2}+\frac{1}{3}+\cdots+\frac{1}{k}>\frac{2k}{k+1}$$

양변에 $\frac{1}{k+1}$을 더하면

$$1+\frac{1}{2}+\frac{1}{3}+\cdots+\frac{1}{k}+\frac{1}{k+1}>\frac{2k}{k+1}+\frac{1}{k+1}\ \left(=\frac{2k+1}{k+1}\right)$$

그런데

$$\frac{2k+1}{k+1}-\frac{2(k+1)}{k+2}=\frac{k}{(k+1)(k+2)}>0$$

$$\therefore\ \frac{2k+1}{k+1}>\frac{2(k+1)}{k+2}$$

$$\therefore\ 1+\frac{1}{2}+\frac{1}{3}+\cdots+\frac{1}{k}+\frac{1}{k+1}>\frac{2(k+1)}{k+2}$$

따라서 $n=k+1$일 때에도 주어진 부등식이 성립한다.

(i), (ii)에 의하여 2 이상인 모든 자연수 n에 대하여 주어진 부등식이 성립한다.

유제
풀이 및 정답

유제 풀이 및 정답

1-1. (1) $\sqrt[4]{2}=\sqrt[20]{2^5}=\sqrt[20]{32}$,

$\sqrt[5]{3}=\sqrt[20]{3^4}=\sqrt[20]{81}$

$\therefore\ \boldsymbol{\sqrt[5]{3}>\sqrt[4]{2}}$

(2) $\sqrt{3}=\sqrt[12]{3^6}=\sqrt[12]{729}$,

$\sqrt[3]{4}=\sqrt[12]{4^4}=\sqrt[12]{256}$,

$\sqrt[4]{10}=\sqrt[12]{10^3}=\sqrt[12]{1000}$

$\therefore\ \boldsymbol{\sqrt[4]{10}>\sqrt{3}>\sqrt[3]{4}}$

1-2. (1) (준 식)$=\dfrac{\sqrt{\sqrt[3]{a}}}{\sqrt{\sqrt[4]{a}}}\times\dfrac{\sqrt[4]{\sqrt{a}}}{\sqrt[4]{\sqrt[3]{a}}}$

$=\dfrac{\sqrt[6]{a}}{\sqrt[8]{a}}\times\dfrac{\sqrt[8]{a}}{\sqrt[12]{a}}=\dfrac{\sqrt[6]{a}}{\sqrt[12]{a}}$

$=\dfrac{\sqrt[12]{a^2}}{\sqrt[12]{a}}=\sqrt[12]{\dfrac{a^2}{a}}=\boldsymbol{\sqrt[12]{a}}$

(2) (준 식)$=\dfrac{\sqrt{\sqrt[5]{a}}}{\sqrt{\sqrt[4]{a}}}\times\dfrac{\sqrt[5]{\sqrt[4]{a}}}{\sqrt[5]{\sqrt{a}}}\times\dfrac{\sqrt[4]{\sqrt{a}}}{\sqrt[4]{\sqrt[5]{a}}}$

$=\dfrac{\sqrt[10]{a}}{\sqrt[8]{a}}\times\dfrac{\sqrt[20]{a}}{\sqrt[10]{a}}\times\dfrac{\sqrt[8]{a}}{\sqrt[20]{a}}=\mathbf{1}$

1-3. (1) (준 식)$=\dfrac{1}{\left(-\dfrac{1}{2}\right)^5}=\dfrac{1}{-\dfrac{1}{2^5}}$

$=-2^5=\mathbf{-32}$

(2) (준 식)$=\left(\dfrac{27}{125}\right)^{-\frac{1}{2}}\times\left(\dfrac{27}{5}\right)^{\frac{1}{2}}$

$=\left(\dfrac{125}{27}\right)^{\frac{1}{2}}\times\left(\dfrac{27}{5}\right)^{\frac{1}{2}}$

$=\left(\dfrac{125}{27}\times\dfrac{27}{5}\right)^{\frac{1}{2}}$

$=25^{\frac{1}{2}}=(5^2)^{\frac{1}{2}}=\mathbf{5}$

(3) (준 식)$=(2^4)^{\frac{1}{3}}\div(2^3\times3)^{\frac{2}{3}}\times(2\times3^2)^{\frac{1}{3}}$

$=2^{\frac{4}{3}}\div(2^2\times3^{\frac{2}{3}})\times(2^{\frac{1}{3}}\times3^{\frac{2}{3}})$

$=2^{\frac{4}{3}-2+\frac{1}{3}}\times3^{-\frac{2}{3}+\frac{2}{3}}$

$=2^{-\frac{1}{3}}=\boldsymbol{\dfrac{1}{\sqrt[3]{2}}}$

(4) (준 식)$=(5^{3^3\times\frac{1}{3}}\times5^3)^{\frac{1}{3}}=(5^{3^2+3})^{\frac{1}{3}}$

$=(5^{12})^{\frac{1}{3}}=5^4=\mathbf{625}$

(5) (준 식)$=a^{\frac{3}{2}}\times a^{\frac{3}{4}}\div a^{\frac{1}{4}}$

$=a^{\frac{3}{2}+\frac{3}{4}-\frac{1}{4}}=\boldsymbol{a^2}$

(6) (준 식)$=\{a\times(a\times a^{\frac{1}{2}})^{\frac{1}{2}}\}^{\frac{1}{2}}$

$=\{a\times(a^{\frac{3}{2}})^{\frac{1}{2}}\}^{\frac{1}{2}}=(a\times a^{\frac{3}{4}})^{\frac{1}{2}}$

$=(a^{\frac{7}{4}})^{\frac{1}{2}}=\boldsymbol{a^{\frac{7}{8}}}$

***Note** (준 식)$=\sqrt{a}\times\sqrt[4]{a}\times\sqrt[8]{a}$

$=a^{\frac{1}{2}}\times a^{\frac{1}{4}}\times a^{\frac{1}{8}}$

$=a^{\frac{1}{2}+\frac{1}{4}+\frac{1}{8}}=\boldsymbol{a^{\frac{7}{8}}}$

1-4. (1) $a^{\frac{1}{2}}=x,\ b^{\frac{1}{2}}=y$로 놓으면

(준 식)$=(x+y)(x-y)=x^2-y^2$

$=(a^{\frac{1}{2}})^2-(b^{\frac{1}{2}})^2=\boldsymbol{a-b}$

(2) $a^{\frac{1}{2}}=x,\ b^{-\frac{1}{2}}=y$로 놓으면

(준 식)$=(x+y)(x-y)=x^2-y^2$

$=(a^{\frac{1}{2}})^2-(b^{-\frac{1}{2}})^2=\boldsymbol{a-\dfrac{1}{b}}$

(3) $a^{\frac{1}{3}}=x,\ b^{\frac{1}{3}}=y$로 놓으면

$a^{\frac{2}{3}}=x^2,\ b^{\frac{2}{3}}=y^2$

$\therefore$ (준 식)$=(x+y)(x^2-xy+y^2)$

$=x^3+y^3=(a^{\frac{1}{3}})^3+(b^{\frac{1}{3}})^3$

$=\boldsymbol{a+b}$

(4) $a^{\frac{1}{2}}=x,\ a^{-\frac{1}{2}}=y$로 놓으면

$a=x^2,\ a^{-1}=y^2$

$\therefore$ (준 식)$=(x^2-y^2)\div(x-y)$

$=x+y=\boldsymbol{a^{\frac{1}{2}}+a^{-\frac{1}{2}}}$

(5) $a+b^{-1}=(a^{\frac{1}{3}})^3+(b^{-\frac{1}{3}})^3$이므로

$a^{\frac{1}{3}}=x,\ b^{-\frac{1}{3}}=y$로 놓으면

(준 식)$=(x^3+y^3)\div(x+y)$
$=(x+y)(x^2-xy+y^2)\div(x+y)$
$=x^2-xy+y^2$
$=(a^{\frac{1}{3}})^2-a^{\frac{1}{3}}b^{-\frac{1}{3}}+(b^{-\frac{1}{3}})^2$
$=\boldsymbol{a^{\frac{2}{3}}-a^{\frac{1}{3}}b^{-\frac{1}{3}}+b^{-\frac{2}{3}}}$

1-5. $x+y=a+3a^{\frac{1}{3}}b^{\frac{2}{3}}+b+3a^{\frac{2}{3}}b^{\frac{1}{3}}$
$=(a^{\frac{1}{3}})^3+3a^{\frac{2}{3}}b^{\frac{1}{3}}+3a^{\frac{1}{3}}b^{\frac{2}{3}}+(b^{\frac{1}{3}})^3$
$=(a^{\frac{1}{3}}+b^{\frac{1}{3}})^3$
같은 방법으로 하면
$x-y=(a^{\frac{1}{3}}-b^{\frac{1}{3}})^3$
$\therefore$ (준 식)$=(a^{\frac{1}{3}}+b^{\frac{1}{3}})^2+(a^{\frac{1}{3}}-b^{\frac{1}{3}})^2$
$=2(a^{\frac{2}{3}}+b^{\frac{2}{3}})=2\times4=\mathbf{8}$

1-6. 조건식에서
$$\sqrt{x}+\frac{1}{\sqrt{x}}=3 \quad \cdots\cdots①$$
(1) ①의 양변을 제곱하면
$$x+2\sqrt{x}\times\frac{1}{\sqrt{x}}+\frac{1}{x}=9$$
$$\therefore\ x+\frac{1}{x}=\mathbf{7} \quad \cdots\cdots②$$
(2) ②의 양변을 제곱하면
$$x^2+2x\times\frac{1}{x}+\frac{1}{x^2}=49$$
$$\therefore\ x^2+\frac{1}{x^2}=\mathbf{47}$$
(3) ①의 양변을 세제곱하면
$$x\sqrt{x}+3x\times\frac{1}{\sqrt{x}}+3\sqrt{x}\times\frac{1}{x}+\frac{1}{x\sqrt{x}}=27$$
$$\therefore\ x\sqrt{x}+3\left(\sqrt{x}+\frac{1}{\sqrt{x}}\right)+\frac{1}{x\sqrt{x}}=27$$
$\sqrt{x}+\dfrac{1}{\sqrt{x}}=3$이므로
$$x\sqrt{x}+\frac{1}{x\sqrt{x}}=\mathbf{18}$$

1-7. (1) $(a^x+a^{-x})^2=a^{2x}+2+a^{-2x}$
$=6+2=8$
$a^x>0,\ a^{-x}>0$이므로 $a^x+a^{-x}>0$
$\therefore\ a^x+a^{-x}=\sqrt{8}=\mathbf{2\sqrt{2}}$
(2) $(a^x-a^{-x})^2=a^{2x}-2+a^{-2x}$
$=6-2=4$
$0<a^x<1$이므로 $a^{-x}=\dfrac{1}{a^x}>1$
$\therefore\ a^x-a^{-x}<0 \quad \therefore\ a^x-a^{-x}=\mathbf{-2}$
(3) (준 식)$=(a^x-a^{-x})$
$\times(a^{2x}+a^x\times a^{-x}+a^{-2x})$
$=-2\times(6+1)=\mathbf{-14}$

1-8. $3^{x+1}=6$에서 $3\times3^x=6 \quad \therefore\ 3^x=2$
$\therefore\ \left(\dfrac{1}{27}\right)^{-x}=27^x=(3^3)^x=(3^x)^3$
$=2^3=\mathbf{8}$

1-9. $a^{-2}=5$에서 $a^2=\dfrac{1}{5}$
(1) 분자, 분모에 a를 곱하면
$$\frac{a^3-a^{-3}}{a+a^{-1}}=\frac{a^4-a^{-2}}{a^2+1}=\frac{(a^2)^2-a^{-2}}{a^2+1}$$
$$=\frac{\left(\frac{1}{5}\right)^2-5}{\frac{1}{5}+1}=\mathbf{-\frac{62}{15}}$$
(2) 분자, 분모에 a^3을 곱하면
$$\frac{a^3+a^{-3}}{a^3-a^{-3}}=\frac{a^6+1}{a^6-1}=\frac{(a^2)^3+1}{(a^2)^3-1}$$
$$=\frac{\left(\frac{1}{5}\right)^3+1}{\left(\frac{1}{5}\right)^3-1}=\mathbf{-\frac{63}{62}}$$

* ***Note*** (2)는 분자, 분모에 a를 곱하여 구해도 된다.

2-1. (1) $\log_3 81=x$라고 하면
$3^x=81=3^4 \quad \therefore\ x=\mathbf{4}$
(2) $\log_8 2=x$라고 하면 $8^x=2$
$\therefore\ 2^{3x}=2 \quad \therefore\ 3x=1 \quad \therefore\ x=\mathbf{\dfrac{1}{3}}$
(3) $\log_7\dfrac{1}{\sqrt{7}}=x$라고 하면
$7^x=\dfrac{1}{\sqrt{7}}=7^{-\frac{1}{2}} \quad \therefore\ x=\mathbf{-\dfrac{1}{2}}$

(4) $\log_2(\cos 45^\circ)=x$라고 하면

$2^x=\cos 45^\circ$

$\therefore\ 2^x=\dfrac{1}{\sqrt{2}}=2^{-\frac{1}{2}}\quad \therefore\ x=\boldsymbol{-\frac{1}{2}}$

(5) $\log_{2\sqrt{5}}400=x$라고 하면

$(2\sqrt{5})^x=400$

$\therefore\ (\sqrt{20})^x=20^2\quad \therefore\ 20^{\frac{1}{2}x}=20^2$

$\therefore\ \dfrac{1}{2}x=2\quad \therefore\ x=\boldsymbol{4}$

(6) $\log_2(4^{\frac{3}{4}}\times\sqrt{2^5})^{\frac{1}{2}}=x$라고 하면

$2^x=(4^{\frac{3}{4}}\times\sqrt{2^5})^{\frac{1}{2}}$

$\therefore\ 2^x=(2^{\frac{3}{2}}\times 2^{\frac{5}{2}})^{\frac{1}{2}}=2^2\quad \therefore\ x=\boldsymbol{2}$

****Note*** 다음과 같이 로그의 성질(p. 23)을 이용해도 된다.

(1) $\log_3 3^4=4\log_3 3=\boldsymbol{4}$

(3) $\log_7 7^{-\frac{1}{2}}=-\dfrac{1}{2}\log_7 7=\boldsymbol{-\frac{1}{2}}$

(6) $\log_2(2^{\frac{3}{2}}\times 2^{\frac{5}{2}})^{\frac{1}{2}}=\log_2 2^2=2\log_2 2$

$=\boldsymbol{2}$

2-2. (1) $\log_x 4=4$에서 $x^4=4$

$x^2>0$이므로 $x^2=2$

$x>0,\ x\neq 1$이므로 $\boldsymbol{x=\sqrt{2}}$

(2) $\log_x 81=-\dfrac{4}{3}$에서 $x^{-\frac{4}{3}}=81=3^4$

양변을 $-\dfrac{3}{4}$제곱하면

$x=(3^4)^{-\frac{3}{4}}=\boldsymbol{\frac{1}{27}}$

(3) $\log_8(\log_{81}x)=-1$에서

$\log_{81}x=8^{-1}=\dfrac{1}{8}$

$\therefore\ x=81^{\frac{1}{8}}=(3^4)^{\frac{1}{8}}=3^{\frac{1}{2}}=\boldsymbol{\sqrt{3}}$

2-3. (1) $\log 50=\log\dfrac{100}{2}=\log 10^2-\log 2$

$=\boldsymbol{2-a}$

(2) $\log 1.08=\log\dfrac{2^2\times 3^3}{10^2}$

$=2\log 2+3\log 3-2$

$=\boldsymbol{2a+3b-2}$

(3) $\log\left(\dfrac{3}{5}\right)^{-20}=-20\log\dfrac{3\times 2}{10}$

$=-20(\log 3+\log 2-1)$

$=\boldsymbol{-20(a+b-1)}$

(4) $\log 0.48=\log\dfrac{2^4\times 3}{10^2}$

$=4\log 2+\log 3-2$

$=\boldsymbol{4a+b-2}$

2-4. $\log_2 12=a$에서 $\log_2(2^2\times 3)=a$

$\therefore\ 2\log_2 2+\log_2 3=a$

$\therefore\ \log_2 3=a-2$

$\therefore\ \log_2 9=\log_2 3^2=2\log_2 3=2(a-2)$

$=\boldsymbol{2a-4}$

2-5. $\log\left(1-\dfrac{1}{3}\right)=a$에서 $\log\dfrac{2}{3}=a$

$\therefore\ \log 2-\log 3=a\quad\cdots\cdots①$

$\log\left(1-\dfrac{1}{9}\right)=b$에서 $\log\dfrac{8}{9}=b$

$\therefore\ \log\dfrac{2^3}{3^2}=b$

$\therefore\ 3\log 2-2\log 3=b\quad\cdots\cdots②$

②$-$①$\times 2$하면 $\log 2=b-2a$

②$-$①$\times 3$하면 $\log 3=b-3a$

$\therefore\ \log\left(1-\dfrac{1}{81}\right)=\log\dfrac{80}{81}=\log\dfrac{2^3\times 10}{3^4}$

$=3\log 2+1-4\log 3$

$=3(b-2a)+1-4(b-3a)$

$=\boldsymbol{6a-b+1}$

2-6. (1) (준 식)$=\log 5^2+\log(\sqrt{2})^4$

$=\log(25\times 4)=\log 100$

$=\boldsymbol{2}$

(2) (준 식)$=\log\dfrac{2\times\sqrt{10}}{\sqrt{0.4}}=\log\sqrt{\dfrac{4\times 10}{0.4}}$

$=\log 10=\boldsymbol{1}$

(3) (분자)$=\log\left(\sqrt{27}\times 8\times\dfrac{1}{\sqrt{1000}}\right)$

$=\log\left(3^{\frac{3}{2}}\times 2^3\times\dfrac{1}{10^{\frac{3}{2}}}\right)$

$$=\log\left(\frac{3\times2^2}{10}\right)^{\frac{3}{2}}=\frac{3}{2}\log 1.2$$

$$\therefore\ (\text{준 식})=\frac{\frac{3}{2}\log 1.2}{\frac{1}{2}\log 1.2}=\mathbf{3}$$

(4) $(\text{분자})=\log_2(\sqrt{810}\times\sqrt{3.6})+\frac{1}{2}$

$$=\log_2\sqrt{810\times\frac{36}{10}}+\frac{1}{2}$$

$$=\log_2(2\times3^3)+\frac{1}{2}$$

$$=\frac{3}{2}+3\log_2 3$$

$$(\text{분모})=\log_2\frac{63}{3.5}=\log_2\frac{630}{35}$$

$$=\log_2(2\times3^2)=1+2\log_2 3$$

$$\therefore\ (\text{준 식})=\frac{\frac{3}{2}+3\log_2 3}{1+2\log_2 3}=\mathbf{\frac{3}{2}}$$

(5) $(\text{준 식})=(\log_{2^3}2^5+\log_{7^2}7)\times\log_{10^{-1}}10^6$

$$=\left(\frac{5}{3}\log_2 2+\frac{1}{2}\log_7 7\right)\times\frac{6}{-1}\log_{10}10$$

$$=\mathbf{-13}$$

(6) $(\text{준 식})=\left(\log_a b+\frac{2}{2}\log_a b\right)\times\left(2\log_b a+\frac{1}{2}\log_b a\right)$

$$=2\log_a b\times\frac{5}{2}\log_b a=\mathbf{5}$$

2-7. 근과 계수의 관계로부터

$$\alpha+\beta=8,\ \alpha\beta=2$$

$$\therefore\ (\text{준 식})=\log_2\left(\frac{1}{\alpha}+\frac{1}{\beta}\right)=\log_2\frac{\alpha+\beta}{\alpha\beta}$$

$$=\log_2\frac{8}{2}=\log_2 2^2=\mathbf{2}$$

2-8. 근과 계수의 관계로부터

$$\alpha+\beta=8,\ \alpha\beta=4$$

$$\therefore\ (\text{준 식})=\log_{\frac{2}{5}}\left(\alpha+\frac{1}{\beta}\right)\left(\beta+\frac{1}{\alpha}\right)$$

$$=\log_{\frac{2}{5}}\left(\alpha\beta+\frac{1}{\alpha\beta}+2\right)$$

$$=\log_{\frac{2}{5}}\left(4+\frac{1}{4}+2\right)=\log_{\frac{2}{5}}\frac{25}{4}$$

$$=\log_{\frac{2}{5}}\left(\frac{2}{5}\right)^{-2}=\mathbf{-2}$$

2-9. 근과 계수의 관계로부터

$$\alpha+\beta=6,\ \alpha\beta=2$$

$$\therefore\ d=\alpha^2+\beta^2=(\alpha+\beta)^2-2\alpha\beta$$

$$=6^2-2\times2=32$$

$$\therefore\ (\text{준 식})=\log_d(\alpha\beta)^3=\log_{32}2^3$$

$$=\log_{2^5}2^3=\frac{3}{5}\log_2 2=\mathbf{\frac{3}{5}}$$

***Note** $\log_{32}2^3=\frac{\log 2^3}{\log 32}=\frac{3\log 2}{5\log 2}=\mathbf{\frac{3}{5}}$

2-10. (1) $3\log_3 2+\log_3 5-\log_3 4$

$$=\log_3 2^3+\log_3 5-\log_3 4$$

$$=\log_3\left(8\times5\times\frac{1}{4}\right)$$

$$=\log_3 10$$

$$\therefore\ (\text{준 식})=3^{\log_3 10}=\mathbf{10}$$

(2) $\frac{\log(\log a)}{\log a}=\log_a(\log a)$이므로

$$a^{\frac{\log(\log a)}{\log a}}=a^{\log_a(\log a)}=\mathbf{\log a}$$

2-11. $a=\log_3 10\sqrt{6}-\log_3\left(\frac{1}{5}\right)^{\frac{1}{2}}-\log_3(30^{\frac{1}{3}})^{\frac{3}{2}}$

$$=\log_3 10\sqrt{6}-\log_3\frac{1}{\sqrt{5}}-\log_3\sqrt{30}$$

$$=\log_3\left(10\sqrt{6}\times\sqrt{5}\times\frac{1}{\sqrt{30}}\right)$$

$$=\log_3 10$$

$$\therefore\ f(a)=(\sqrt{3})^a=(\sqrt{3})^{\log_3 10}\ \cdots\cdots㉮$$

$$=3^{\frac{1}{2}\log_3 10}=3^{\log_3\sqrt{10}}=\mathbf{\sqrt{10}}$$

***Note** ㉮에서 $a^{\log_b c}=c^{\log_b a}$을 이용하면

$$(\sqrt{3})^{\log_3 10}=10^{\log_3\sqrt{3}}=10^{\log_3 3^{\frac{1}{2}}}$$

$$=10^{\frac{1}{2}}=\mathbf{\sqrt{10}}$$

2-12. $a^{\log_b c}=c^{\log_b a}$이므로

$$5^{\log_3 2}=2^{\log_3 5}$$

답 ②

2-13. 주어진 두 조건식에서 양변의 10을 밑으로 하는 로그를 각각 잡는다.

$11.2^x=1000$ 에서

$$\log 11.2^x=\log 1000$$

$\therefore\ x\log 11.2=3 \qquad \therefore\ x=\dfrac{3}{\log 11.2}$

$0.112^y=1000$ 에서

$$\log 0.112^y=\log 1000$$

$\therefore\ y\log 0.112=3 \qquad \therefore\ y=\dfrac{3}{\log 0.112}$

$$\therefore\ \frac{1}{x}-\frac{1}{y}=\frac{\log 11.2}{3}-\frac{\log 0.112}{3}$$

$$=\frac{1}{3}\log\frac{11.2}{0.112}=\frac{1}{3}\log 100$$

$$=\boldsymbol{\frac{2}{3}}$$

2-14. $a^x=b^y=c^z=81$의 각 변의 3을 밑으로 하는 로그를 잡으면

$$\log_3 a^x=\log_3 b^y=\log_3 c^z=\log_3 81$$

$$\therefore\ x\log_3 a=y\log_3 b=z\log_3 c=4$$

$$\therefore\ \frac{1}{x}=\frac{\log_3 a}{4},\ \frac{1}{y}=\frac{\log_3 b}{4},$$

$$\frac{1}{z}=\frac{\log_3 c}{4}$$

$$\therefore\ \frac{1}{x}+\frac{1}{y}+\frac{1}{z}=\frac{\log_3 a+\log_3 b+\log_3 c}{4}$$

$$=\frac{\log_3 abc}{4}=\frac{4}{4}=\mathbf{1}$$

***Note** $a^x=b^y=c^z=81$ 에서

$$a=81^{\frac{1}{x}},\ b=81^{\frac{1}{y}},\ c=81^{\frac{1}{z}}$$

$$\therefore\ abc=81^{\frac{1}{x}+\frac{1}{y}+\frac{1}{z}}$$

한편 $\log_3 abc=4$ 에서 $abc=3^4=81$ 이므로

$$\frac{1}{x}+\frac{1}{y}+\frac{1}{z}=\mathbf{1}$$

2-15. $(3\log_8 a+2\log_2 b)\times\log_{ab^2}16$

$$=(\log_{2^3}a^3+2\log_2 b)\times\frac{\log_2 16}{\log_2 ab^2}$$

$$=(\log_2 a+2\log_2 b)\times\frac{\log_2 2^4}{\log_2 a+2\log_2 b}$$

$$=4\log_2 2=\mathbf{4}$$

***Note** $(3\log_8 a+2\log_2 b)\times\log_{ab^2}16$

$$=(\log_2 a+\log_2 b^2)\times\log_{ab^2}16$$

$$=\log_2 ab^2\times\log_{ab^2}2^4$$

$$=\log_2 ab^2\times 4\log_{ab^2}2$$

$$=\mathbf{4}$$

2-16. $3^x=a,\ 3^y=b$ 에서

$$\log_3 a=x,\ \log_3 b=y$$

(1) $\log_a b=\dfrac{\log_3 b}{\log_3 a}=\boldsymbol{\dfrac{y}{x}}$

(2) $\log_{a^2} b=\dfrac{\log_3 b}{\log_3 a^2}=\dfrac{\log_3 b}{2\log_3 a}=\boldsymbol{\dfrac{y}{2x}}$

(3) $\log_{ab} a^2b=\dfrac{\log_3 a^2b}{\log_3 ab}$

$$=\frac{2\log_3 a+\log_3 b}{\log_3 a+\log_3 b}$$

$$=\boldsymbol{\frac{2x+y}{x+y}}$$

2-17. (1) $\log_{800}1.08=\dfrac{\log_{10}1.08}{\log_{10}800}$

$$=\frac{\log_{10}(2^2\times 3^3\div 10^2)}{\log_{10}(2^3\times 10^2)}$$

$$=\frac{2\log_{10}2+3\log_{10}3-2}{3\log_{10}2+2}$$

$$=\boldsymbol{\frac{2a+3b-2}{3a+2}}$$

(2) $\log_{\sqrt{12}}\sqrt[3]{48}=\dfrac{\log_{10}\sqrt[3]{48}}{\log_{10}\sqrt{12}}$

$$=\frac{\frac{1}{3}\log_{10}(2^4\times 3)}{\frac{1}{2}\log_{10}(2^2\times 3)}$$

$$=\frac{2(4\log_{10}2+\log_{10}3)}{3(2\log_{10}2+\log_{10}3)}$$

$$=\boldsymbol{\frac{2(4a+b)}{3(2a+b)}}$$

2-18. $\log_2 3=a$ 이므로

$$\log_2 6=\log_2(3\times 2)=\log_2 3+\log_2 2$$

$$=a+1$$

$\therefore$ (준 식)$=\log_3 6^{\frac{3}{4}}+\log_6 3^{\frac{3}{4}}$

$$=\frac{3}{4}\log_3 6+\frac{3}{4}\log_6 3$$

$=\frac{3}{4}\times\frac{\log_2 6}{\log_2 3}+\frac{3}{4}\times\frac{\log_2 3}{\log_2 6}$

$=\frac{3}{4}\left(\frac{a+1}{a}+\frac{a}{a+1}\right)$

$=\mathbf{\frac{3(2a^2+2a+1)}{4a(a+1)}}$

3-1. (1) $\log 2^{50}=50\log 2=50\times 0.3010$
$=15.05$

곧, $\log 2^{50}$의 정수부분이 15이므로 2^{50}의 자릿수는 **16**

(2) $\log 6^{52}=52(\log 2+\log 3)$
$=52(0.3010+0.4771)$
$=40.4612$

곧, $\log 6^{52}$의 정수부분이 40이므로 6^{52}의 자릿수는 **41**

(3) $\log(\tan 60^\circ)^{100}=100\log\sqrt{3}$
$=50\log 3$
$=50\times 0.4771$
$=23.855$

곧, $\log(\tan 60^\circ)^{100}$의 정수부분이 23이므로 $(\tan 60^\circ)^{100}$의 자릿수는 **24**

(4) $\log(2^{100}\times 3^{10})=100\log 2+10\log 3$
$=100\times 0.3010+10\times 0.4771$
$=34.871$

곧, $\log(2^{100}\times 3^{10})$의 정수부분이 34이므로 $2^{100}\times 3^{10}$의 자릿수는 **35**

3-2. (1) $\log 3^{-20}=-20\log 3$
$=-20\times 0.4771$
$=-9.542=-10+0.458$

곧, $\log 3^{-20}$의 정수부분이 -10이므로 3^{-20}은 소수 **10**째 자리에서 처음으로 0이 아닌 숫자가 나타난다.

(2) $\log(\sin 45^\circ)^{30}=30\log\frac{1}{\sqrt{2}}$
$=-15\log 2$
$=-15\times 0.3010$
$=-4.515$
$=-5+0.485$

곧, $\log(\sin 45^\circ)^{30}$의 정수부분이 -5이므로 $(\sin 45^\circ)^{30}$은 소수 **5**째 자리에서 처음으로 0이 아닌 숫자가 나타난다.

(3) $\log\sqrt[5]{0.0004}=\frac{1}{5}\log(4\times 10^{-4})$
$=\frac{1}{5}(2\log 2-4)$
$=\frac{1}{5}(2\times 0.3010-4)$
$=-0.6796$
$=-1+0.3204$

곧, $\log\sqrt[5]{0.0004}$의 정수부분이 -1이므로 $\sqrt[5]{0.0004}$는 소수 첫째 자리에서 처음으로 0이 아닌 숫자가 나타난다.

3-3. (1) $\log 3^{20}=20\log 3=20\times 0.4771$
$=9.542$

그런데

$\log(3\times 10^9)=\log 3+9=9.4771,$
$\log(4\times 10^9)=2\log 2+9=9.6020$

$\therefore\ \log(3\times 10^9)<\log 3^{20}<\log(4\times 10^9)$

$\therefore\ 3\times 10^9<3^{20}<4\times 10^9$

따라서 가장 높은 자리의 숫자는 **3**

(2) $\log(27^{100}\div 5^{200})$
$=300\log 3-200(1-\log 2)$
$=300\times 0.4771-200(1-0.3010)$
$=3.33$

그런데

$\log(2\times 10^3)=\log 2+3=3.3010,$
$\log(3\times 10^3)=\log 3+3=3.4771$

$\therefore\ \log(2\times 10^3)<\log(27^{100}\div 5^{200})$
$<\log(3\times 10^3)$

$\therefore\ 2\times 10^3<27^{100}\div 5^{200}<3\times 10^3$

따라서 가장 높은 자리의 숫자는 **2**

3-4. 23^{100}이 137자리 수이므로

$136\le\log 23^{100}<137$

$\therefore\ 136\le 100\log 23<137$

$\therefore\ 1.36\le\log 23<1.37$

$\therefore\ 23\times 1.36\le 23\log 23<23\times 1.37$

$\therefore\ 31.28 \le \log 23^{23} < 31.51$

곧, $\log 23^{23}$의 정수부분이 31이므로 23^{23}의 자릿수는 **32**

3-5. a^{10}이 9자리 수이므로

$8 \le \log a^{10} < 9 \quad \therefore\ 8 \le 10\log a < 9$

$\therefore\ 0.8 \le \log a < 0.9 \quad \cdots\cdots ①$

b^{10}이 11자리 수이므로

$10 \le \log b^{10} < 11 \quad \therefore\ 10 \le 10\log b < 11$

$\therefore\ 1 \le \log b < 1.1 \quad \cdots\cdots ②$

(1) ①에서 $4 \le 5\log a < 4.5$

$\therefore\ 4 \le \log a^5 < 4.5$

곧, $\log a^5$의 정수부분이 4이므로 a^5의 자릿수는 **5**

(2) ②에서 $7 \le 7\log b < 7.7$

$\therefore\ 7 \le \log b^7 < 7.7$

곧, $\log b^7$의 정수부분이 7이므로 b^7의 자릿수는 **8**

(3) ①+②하면 $1.8 \le \log a + \log b < 2.0$

$\therefore\ 5.4 \le 3\log ab < 6$

$\therefore\ 5.4 \le \log (ab)^3 < 6$

곧, $\log (ab)^3$의 정수부분이 5이므로 $(ab)^3$의 자릿수는 **6**

3-6. a^2이 7자리 수이므로

$6 \le \log a^2 < 7$

$\therefore\ 3 \le \log a < 3.5 \quad \cdots\cdots ①$

ab^3이 20자리 수이므로

$19 \le \log ab^3 < 20$

$\therefore\ 19 \le \log a + 3\log b < 20 \quad \cdots ②$

②−①하면

$19 - 3.5 < 3\log b < 20 - 3$

$\therefore\ 5.16\times\times < \log b < 5.66\times\times$

곧, $\log b$의 정수부분이 5이므로 b의 자릿수는 **6**

3-7. (1) 소수부분이 같으므로

$$\log a - \log\frac{a}{x} = \log a - (\log a - \log x) = \log x \text{ (정수)}$$

한편 $\log x$의 정수부분은 2이므로

$2 \le \log x < 3$

$\therefore\ \log x = 2 \quad \therefore\ \boldsymbol{x = 100}$

(2) 소수부분의 합이 1이므로

$$\log x + \log\sqrt{x} = \log x + \frac{1}{2}\log x = \frac{3}{2}\log x \text{ (정수)}$$

한편 $\log x$의 정수부분은 5이므로

$5 \le \log x < 6$

$\therefore\ \dfrac{15}{2} \le \dfrac{3}{2}\log x < 9$

$\therefore\ \dfrac{3}{2}\log x = 8 \quad \therefore\ \log x = \dfrac{16}{3}$

$\therefore\ x = 10^{\frac{16}{3}} = \boldsymbol{\sqrt[3]{10^{16}}}$

* ***Note*** $\log x$의 정수부분이 5이므로

$\log x = 5 + \alpha \ (0 \le \alpha < 1)$

로 놓으면

$$\log\sqrt{x} = \frac{5}{2} + \frac{\alpha}{2} \ \left(0 \le \frac{\alpha}{2} < \frac{1}{2}\right)$$

이므로 $\log\sqrt{x}$의 정수부분은 2, 소수부분은 $\dfrac{1}{2} + \dfrac{\alpha}{2}$이다.

그런데 $\log x$와 $\log\sqrt{x}$의 소수부분의 합이 1이므로

$\alpha + \left(\dfrac{1}{2} + \dfrac{\alpha}{2}\right) = 1 \quad \therefore\ \alpha = \dfrac{1}{3}$

$\therefore\ \log x = 5 + \dfrac{1}{3} = \dfrac{16}{3}$

$\therefore\ x = 10^{\frac{16}{3}} = \boldsymbol{\sqrt[3]{10^{16}}}$

3-8. 20년 후에 받을 수 있는 원리합계는

$100(1+0.04)^{20} = 100 \times 1.04^{20}$(만 원)

$x = 1.04^{20}$으로 놓으면

$\log x = \log 1.04^{20} = 20\log 1.04$
$= 20 \times 0.0170 = 0.3400$

$\log 2.19 = 0.3400$이므로 $x = 2.19$

따라서 구하는 원리합계는

$100 \times 2.19 = $ **219**(만 원)

3-9. 30년 후의 인구는

$10(1+0.01)^{30} = 10 \times 1.01^{30}$(만 명)

$x=1.01^{30}$으로 놓으면

$\log x=\log 1.01^{30}=30\log 1.01$

$=30\times 0.0043=0.1290$

$\log 1.35=0.1290$이므로 $x=1.35$

따라서 구하는 인구는

$10\times 1.35=13.5$(만 명)

답 **13만 5천 명**

3-10. 10년 후의 영업 이익은

$10(1+0.02)^{10}=10\times 1.02^{10}$(억 원)

$x=1.02^{10}$으로 놓으면

$\log x=\log 1.02^{10}=10\log 1.02$

$=10\times 0.0086=0.0860$

$\log 1.22=0.0860$이므로 $x=1.22$

따라서 구하는 영업 이익은

$10\times 1.22=12.2$(억 원)

답 **12억 2천만 원**

3-11. $P_{\text{A}}=20\log 255-\log E_{\text{A}}$ ……①

$P_{\text{B}}=20\log 255-\log E_{\text{B}}$ ……②

①−②하면

$P_{\text{A}}-P_{\text{B}}=\log E_{\text{B}}-\log E_{\text{A}}$

$P_{\text{A}}-P_{\text{B}}=1$이므로 $1=\log\dfrac{E_{\text{B}}}{E_{\text{A}}}$

$\therefore \dfrac{E_{\text{B}}}{E_{\text{A}}}=10$ 곧, $E_{\text{B}}=10E_{\text{A}}$

$\therefore \boldsymbol{k=10}$

4-1. $y=\dfrac{1}{8}\times 2^{3x}-2 \iff y+2=2^{-3}2^{3x}$

$\iff y+2=2^{3(x-1)}$

따라서 곡선 $y=\dfrac{1}{8}\times 2^{3x}-2$는 곡선 $y=2^{3x}$을 x축의 방향으로 1만큼, y축의 방향으로 -2만큼 평행이동한 것이다.

$\therefore \boldsymbol{T:(x, y)\longrightarrow(x+1, y-2)}$

4-2. 곡선 $y=3^x$을 T에 의하여 평행이동한 곡선의 방정식은 $y-n=3^{x-m}$

$\therefore y=3^{-m}3^x+n$

이것이 $y=2\times 3^x+2$와 같으므로

$3^{-m}=2,\ n=2$

$3^{-m}=2$에서 $3^m=2^{-1}$

$\therefore 3^m+2^n=2^{-1}+2^2=\boldsymbol{\dfrac{9}{2}}$

4-3. $y=\log_3(54x-108)$

$\iff y=\log_3 27(2x-4)$

$\iff y=\log_3 27+\log_3(2x-4)$

$\iff y-3=\log_3 2(x-2)$

따라서 곡선 $y=\log_3(54x-108)$은 곡선 $y=\log_3 2x$를 x축의 방향으로 2만큼, y축의 방향으로 3만큼 평행이동한 것이다. $\therefore \boldsymbol{m=2,\ n=3}$

4-4. (1) $P^3\times\sqrt[3]{Q}=(10^{0.1})^3\times(10^{0.6})^{\frac{1}{3}}$

$=10^{0.3}\times 10^{0.2}=10^{0.5}=b$

답 ②

(2) $\log_{10}a^2bc=\log_{10}a^2+\log_{10}b+\log_{10}c$

$=2\log_{10}a+\log_{10}b+\log_{10}c$

그런데 그래프에서

$10^{0.3}=a,\ 10^{0.5}=b,\ 10^{0.7}=c$

이므로

$\log_{10}a=0.3,\ \log_{10}b=0.5,$

$\log_{10}c=0.7$

$\therefore \log_{10}a^2bc=2\times 0.3+0.5+0.7=1.8$

답 ③

4-5. (1) $y=3^x\,(y>0)$에서 $x=\log_3 y$

x와 y를 바꾸면

$y=\log_3 x\ (x>0)$ $\therefore \boldsymbol{y=\log_3 x}$

(2) $y=\dfrac{1}{2^x+1}\,(0<y<1)$에서

$2^x+1=\dfrac{1}{y}$ $\therefore 2^x=\dfrac{1-y}{y}$

$\therefore x=\log_2\dfrac{1-y}{y}$

x와 y를 바꾸면

$y=\log_2\dfrac{1-x}{x}\ (0<x<1)$

$\therefore \boldsymbol{y=\log_2\dfrac{1-x}{x}}$

(3) $y=\dfrac{1}{2}(2^x-2^{-x})$에서 $2y=2^x-\dfrac{1}{2^x}$

$\therefore\ 2y\times2^x=(2^x)^2-1$

$\therefore\ (2^x)^2-2y\times2^x-1=0$

근의 공식에 대입하면

$2^x=y\pm\sqrt{y^2+1}$

$2^x>0$이므로 $2^x=y+\sqrt{y^2+1}$

$\therefore\ x=\log_2(y+\sqrt{y^2+1})$

x와 y를 바꾸면

$\boldsymbol{y=\log_2(x+\sqrt{x^2+1})}$

(4) $y=\log_{10}x$에서 $x=10^y$

x와 y를 바꾸면 $\boldsymbol{y=10^x}$

(5) $y=\log_3(x-1)$에서

$x-1=3^y$ $\therefore\ x=3^y+1$

x와 y를 바꾸면 $\boldsymbol{y=3^x+1}$

(6) $y=1+\log_{10}(x-3)$에서

$y-1=\log_{10}(x-3)$

$\therefore\ x-3=10^{y-1}$ $\therefore\ x=10^{y-1}+3$

x와 y를 바꾸면 $\boldsymbol{y=10^{x-1}+3}$

***Note** 1° (2)에서 모든 실수 x에 대하여 $2^x>0$이므로 $2^x+1>1$

$\therefore\ 0<\dfrac{1}{2^x+1}<1$ $\therefore\ 0<y<1$

2° (3)~(6)에서 주어진 함수의 그래프를 그려 보면 치역이 실수 전체의 집합임을 알 수 있다. 따라서 역함수의 정의역은 실수 전체의 집합이다.

특히 (3)의 그래프는 아래 그림의 실선과 같다.

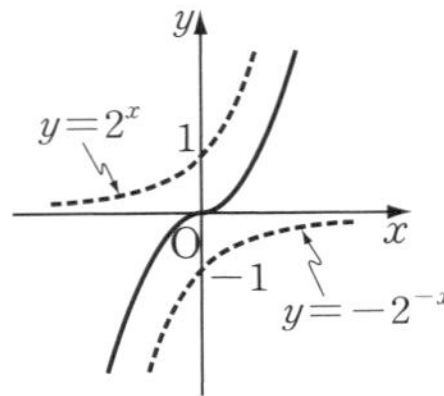

4-6. (1) $x^2-2x+3=(x-1)^2+2$

는 $x=1$에서 최솟값 2를 가지며, 최댓값은 없다.

주어진 함수의 밑이 $\dfrac{1}{2}$이므로

$x=1$일 때 최댓값 $\left(\dfrac{1}{2}\right)^2=\boldsymbol{\dfrac{1}{4}}$,

최솟값 없다.

(2) $y=\left(\dfrac{1}{2}\right)^{2x}-6\left(\dfrac{1}{2}\right)^x+1$

에서 $\left(\dfrac{1}{2}\right)^x=t$로 놓으면

$y=t^2-6t+1=(t-3)^2-8$

한편 $-2\le x\le0$일 때 $1\le t\le4$

따라서

$t=1\,(x=0)$일 때 최댓값 $\boldsymbol{-4}$,

$t=3\,(x=-\log_2 3)$일 때 최솟값 $\boldsymbol{-8}$

***Note** $t=3$이면 $\left(\dfrac{1}{2}\right)^x=3$

곧, $2^{-x}=3$이므로 $-x=\log_2 3$

$\therefore\ x=-\log_2 3$

4-7. 주어진 로그의 밑이 1보다 작으므로 진수 $x^2+2x+11$이 최소일 때 $\log_{0.1}(x^2+2x+11)$은 최대이다.

그런데

$x^2+2x+11=(x+1)^2+10\ge10$

따라서 $x=-1$일 때 최댓값은

$\log_{0.1}10=\boldsymbol{-1}$

4-8. $\log_5 x+\log_5 y=\log_5 xy$

이고, 밑이 1보다 크므로 xy가 최대일 때 $\log_5 x+\log_5 y$도 최대이다.

한편 $x+y=10$에서 $y=10-x$이므로

$xy=x(10-x)=-(x-5)^2+25$

의 최댓값은 $x=5$일 때 25이다.

따라서 $\boldsymbol{x=5,\ y=5}$일 때

최댓값 $\log_5 25=\boldsymbol{2}$

***Note** $x>0,\ y>0$이므로

$\dfrac{x+y}{2}\ge\sqrt{xy}$

(등호는 $x=y$일 때 성립)

$x+y=10$이므로 $0<\sqrt{xy}\le5$

각 변을 제곱하면 $0<xy\le25$

따라서 xy의 최댓값은 $x=5,\ y=5$ 일 때 25이다.

4-9. (1) $2\le x\le 4$이므로 $\log_2 x=t$로 놓으면 $1\le t\le 2$이고, 주어진 식은

$$y=t^2-2t+5=(t-1)^2+4$$

따라서

$t=2\,(x=4)$일 때　최댓값 **5**,

$t=1\,(x=2)$일 때　최솟값 **4**

(2) $2\le x\le 4$이므로 $\log_{\frac{1}{2}} x=t$로 놓으면 $-2\le t\le -1$이고, 주어진 식은

$$y=t^2-2t+5=(t-1)^2+4$$

따라서

$t=-2\,(x=4)$일 때　최댓값 **13**,

$t=-1\,(x=2)$일 때　최솟값 **8**

4-10. $y=100x^{\log x}$에서 $x>0$이므로 $y>0$이다.

양변의 상용로그를 잡으면

$$\begin{aligned}\log y&=\log(100x^{\log x})\\&=\log 100+\log x^{\log x}\\&=2+(\log x)^2\end{aligned}$$

따라서 $\log x=0$일 때 $\log y$의 최솟값은 2이다.

따라서 $x=1$일 때 y의 최솟값은　**100**

4-11. $a^x>0,\ a^{-x}>0$이므로

$$a^x+a^{-x}\ge 2\sqrt{a^x a^{-x}}=2$$

(등호는 $a=1$ 또는 $x=0$일 때 성립)

따라서 a^x+a^{-x}의 최솟값은　**2**

4-12. $3^x>0,\ 9^y>0$이므로

$$\begin{aligned}3^x+9^y&\ge 2\sqrt{3^x 9^y}=2\sqrt{3^x 3^{2y}}\\&=2\sqrt{3^{x+2y}}=2\sqrt{3^2}=6\end{aligned}$$

(등호는 $x=2y=1$, 곧 $x=1,\ y=\frac{1}{2}$일 때 성립)

따라서 3^x+9^y의 최솟값은　**6**

***Note**　$3^x=9^y$이면 $3^x=3^{2y}$이므로

$$x=2y$$

이 식과 $x+2y-2=0$을 연립하여 풀면　$x=1,\ y=\frac{1}{2}$

따라서 $x=1,\ y=\frac{1}{2}$일 때 등호가 성립한다.

4-13. $x>1$일 때　$\log_2 x>0,\ \log_x 16>0$

$$\begin{aligned}\therefore\ y&=\log_2 x+\log_x 16\\&\ge 2\sqrt{\log_2 x\times\log_x 16}\\&=2\sqrt{\log_2 16}=2\sqrt{4}=4\end{aligned}$$

(등호는 $x=4$일 때 성립)

따라서 y의 최솟값은　**4**

***Note**　$\log_2 x=\log_x 16$에서

$$\log_x 16=4\log_x 2=\frac{4}{\log_2 x}$$

이므로　$\log_2 x=\dfrac{4}{\log_2 x}$

$$\therefore\ (\log_2 x)^2=4$$

$x>1$일 때 $\log_2 x>0$이므로

$\log_2 x=2$　　$\therefore\ x=2^2=4$

따라서 $x=4$일 때 등호가 성립한다.

4-14. $1<x<100$이므로

$$\log x>0,\ \log\frac{100}{x}>0$$

$$\therefore\ \log x+\log\frac{100}{x}\ge 2\sqrt{\log x\times\log\frac{100}{x}}$$

그런데

$$(\text{좌변})=\log\left(x\times\frac{100}{x}\right)=2$$

이므로　$2\ge 2\sqrt{\log x\times\log\dfrac{100}{x}}$

$$\therefore\ \log x\times\log\frac{100}{x}\le 1$$

(등호는 $x=10$일 때 성립)

따라서 y의 최댓값은　**1**

***Note**　$y=(\log x)(2-\log x)$

$\log x=t$로 놓으면 $1<x<100$이므로 $0<t<2$이고,

$$y=t(2-t)=-(t-1)^2+1$$

따라서 $t=1\,(x=10)$일 때 최댓값은　**1**

5-1. (1) $3^{-2x}=3^{\frac{5}{4}}$ $\quad\therefore\ -2x=\frac{5}{4}$

$\therefore\ \boldsymbol{x=-\frac{5}{8}}$

(2) $3^{x^2-1-(x+1)}=3^4$ $\quad\therefore\ x^2-x-2=4$

$\therefore\ \boldsymbol{x=-2,\ 3}$

(3) $2^{3x^3+6x^2+3}=2^{3(2x^3-x^2+x-2)}$

$\therefore\ 3x^3+6x^2+3=3(2x^3-x^2+x-2)$

$\therefore\ (x-3)(x^2+1)=0$ $\quad\therefore\ \boldsymbol{x=3}$

(4) $\log 3^x=\log(3\times 2^{3x})$

$\therefore\ x\log 3=\log 3+3x\log 2$

$\therefore\ x(\log 3-3\log 2)=\log 3$

$\therefore\ \boldsymbol{x=\frac{\log 3}{\log 3-3\log 2}}$

(5) $x^{x^x}=x^{x^2}$

$x\neq 1$일 때 $\quad x^x=x^2$ $\quad\therefore\ x=2$

$x=1$일 때, 주어진 식은 $1^{1^1}=(1^1)^1$ 이므로 성립한다.

$\therefore\ \boldsymbol{x=1,\ 2}$

(6) $x\neq 3$일 때 $\quad x-1=4$ $\quad\therefore\ x=5$

$x=3$일 때, 주어진 식은 $2^0=4^0$이므로 성립한다.

$\therefore\ \boldsymbol{x=3,\ 5}$

5-2. (1) $3^x=t\,(t>0)$로 놓으면

$t^2-7t-18=0$

$\therefore\ (t-9)(t+2)=0$

그런데 $t>0$이므로 $\quad t=9$

곧, $3^x=9$ $\quad\therefore\ \boldsymbol{x=2}$

(2) $3-2\sqrt{2}=\frac{1}{3+2\sqrt{2}}=(3+2\sqrt{2})^{-1}$

$(3+2\sqrt{2})^x=t\,(t>0)$로 놓으면

$(3-2\sqrt{2})^x=t^{-1}$이므로 준 방정식은

$t+t^{-1}=6$ $\quad\therefore\ t^2-6t+1=0$

$\therefore\ t=3\pm 2\sqrt{2}$

$t=3+2\sqrt{2}$일 때,

$(3+2\sqrt{2})^x=3+2\sqrt{2}$에서 $\quad x=1$

$t=3-2\sqrt{2}$일 때,

$(3+2\sqrt{2})^x=3-2\sqrt{2}=(3+2\sqrt{2})^{-1}$

에서 $\quad x=-1$

$\therefore\ \boldsymbol{x=\pm 1}$

(3) $2^x=X\,(X>0)$, $2^y=Y\,(Y>0)$로 놓으면 $2^x+2^y=20$에서

$X+Y=20$ $\quad\cdots\cdots①$

$2^{x+y}=64$, 곧 $2^x2^y=64$에서

$XY=64$ $\quad\cdots\cdots②$

①, ②를 연립하여 풀면

$X=4,\ Y=16$ 또는 $X=16,\ Y=4$

$\therefore\ 2^x=4,\ 2^y=16$ 또는 $2^x=16,\ 2^y=4$

$\therefore$ $\boldsymbol{x=2,\ y=4}$ **또는** $\boldsymbol{x=4,\ y=2}$

(4) $\begin{cases}4\times 2^{2x}+9\times 3^y=29\\ 2\times 2^{2x}+3^y=4\end{cases}$

에서 $2^{2x}=X\,(X>0)$, $3^y=Y\,(Y>0)$로 놓으면

$\begin{cases}4X+9Y=29\\ 2X+Y=4\end{cases}$ $\quad\therefore\ X=\frac{1}{2},\ Y=3$

$\therefore\ 2^{2x}=\frac{1}{2},\ 3^y=3$

$\therefore\ \boldsymbol{x=-\frac{1}{2},\ y=1}$

5-3. $2^x=t\,(t>0)$로 놓으면 $2^{-x}=t^{-1}$이므로 주어진 방정식은

$t-t^{-1}=4$ $\quad\therefore\ t^2-4t-1=0$

$\therefore\ t=2\pm\sqrt{5}$

$t>0$이므로 $\quad t=2+\sqrt{5}$

$\therefore\ 4^x=(2^2)^x=(2^x)^2=t^2$

$=(2+\sqrt{5})^2=\boldsymbol{9+4\sqrt{5}}$

5-4. $2^x+2^{-x}=a$에서

$(2^x)^2-a\times 2^x+1=0$

이 방정식의 두 근을 $\alpha,\ \beta$라고 하면 $2^x=t\,(t>0)$로 치환한 이차방정식 $t^2-at+1=0$의 두 근은 $2^\alpha,\ 2^\beta$이다.

근과 계수의 관계로부터 $\quad 2^\alpha 2^\beta=1$

$\therefore\ 2^{\alpha+\beta}=1$ $\quad\therefore\ \boldsymbol{\alpha+\beta=0}$

5-5. $(2^x)^2-2\times 2^x-a=0$ $\quad\cdots\cdots①$

여기에서 $2^x=t$로 놓으면 $t>0$이고,

$$t^2-2t-a=0 \quad \cdots\cdots ②$$

방정식 ①이 서로 다른 두 실근을 가지려면 방정식 ②가 서로 다른 두 양의 실근을 가져야 하므로

$$D/4=1+a>0, \ -a>0$$

$$\therefore \ \mathbf{-1<a<0}$$

5-6. (1) $\log(2x-1)(x-9)=2$

$\therefore \ (2x-1)(x-9)=100$

$\therefore \ 2x^2-19x-91=0$

$\therefore \ x=-\dfrac{7}{2}, 13$

그런데 $x=-\dfrac{7}{2}$은 진수를 음수가 되게 하므로 해가 아니다. $\quad \therefore \ \boldsymbol{x=13}$

(2) $2(\log x)^2-7\log x+3=0$

$\therefore \ (\log x-3)(2\log x-1)=0$

$\therefore \ \log x=3, \dfrac{1}{2}$

$\therefore \ \boldsymbol{x=1000, \sqrt{10}}$

(3) $\log_4(x-1)=\dfrac{\log_2(x-1)}{\log_2 4}$

$=\dfrac{1}{2}\log_2(x-1)$

이므로 주어진 방정식은

$\log_2(x-3)=\dfrac{1}{2}\log_2(x-1)$

$\therefore \ 2\log_2(x-3)=\log_2(x-1)$

$\therefore \ \log_2(x-3)^2=\log_2(x-1)$

$\therefore \ (x-3)^2=x-1$

$\therefore \ (x-2)(x-5)=0 \quad \therefore \ x=2, 5$

그런데 $x=2$는 진수를 음수가 되게 하므로 해가 아니다. $\quad \therefore \ \boldsymbol{x=5}$

(4) $\log_x 4=\dfrac{\log_2 4}{\log_2 x}=\dfrac{2}{\log_2 x}$

이므로 주어진 방정식은

$\dfrac{2}{\log_2 x}-\log_2 x=1$

$\therefore \ (\log_2 x)^2+\log_2 x-2=0$

$\therefore \ (\log_2 x+2)(\log_2 x-1)=0$

$\therefore \ \log_2 x=-2, 1 \quad \therefore \ \boldsymbol{x=\frac{1}{4}, 2}$

5-7. (1) 양변의 상용로그를 잡으면

$\log x\times\log x=\log 10^4+\log x^3$

$\therefore \ (\log x)^2-3\log x-4=0$

$\therefore \ (\log x+1)(\log x-4)=0$

$\therefore \ \log x=-1, 4$

$\therefore \ \boldsymbol{x=0.1, 10000}$

(2) $x^{\log 2}=2^{\log x}$이므로 주어진 방정식은

$(2^{\log x})^2-2\times2^{\log x}+1=0$

$\therefore \ (2^{\log x}-1)^2=0 \quad \therefore \ 2^{\log x}=1$

$\therefore \ \log x=0 \quad \therefore \ \boldsymbol{x=1}$

5-8. (1) $2x-y=8$에서

$y=2x-8 \quad \cdots\cdots ①$

$\log x+\log y=1$, 곧 $\log xy=1$에서

$xy=10 \quad \cdots\cdots ②$

①, ②를 연립하여 풀면

$x=5, \ y=2$ 또는 $x=-1, \ y=-10$

그런데 $x=-1, \ y=-10$은 진수를 음수가 되게 하므로 해가 아니다.

$\therefore \ \boldsymbol{x=5, \ y=2}$

(2) $2^x3^{y+1}=108$에서

$2^x3^y=36 \quad \cdots\cdots ①$

$\log_x y=1$에서 $\quad x=y \quad \cdots\cdots ②$

②를 ①에 대입하면

$2^y3^y=36 \quad \therefore \ 6^y=6^2$

$\therefore \ \boldsymbol{y=2} \quad \therefore \ \boldsymbol{x=2}$ ($\because$ ②)

(3) $\log_x y=1$에서 $\quad x=y \quad \cdots\cdots ①$

$y^{\log_2 x}=4$에서 $\quad \log_2 y^{\log_2 x}=\log_2 4$

$\therefore \ \log_2 x\times\log_2 y=2 \quad \cdots\cdots ②$

①을 ②에 대입하면 $\quad (\log_2 x)^2=2$

$\therefore \ \log_2 x=\pm\sqrt{2} \quad \therefore \ x=2^{\pm\sqrt{2}}$

①에서 $\quad y=2^{\pm\sqrt{2}}$

$\therefore \ \boldsymbol{x=2^{\pm\sqrt{2}}, \ y=2^{\pm\sqrt{2}}}$ (복부호동순)

(4) $\begin{cases} 4\log_x 2-\log_y 2=3 \\ 2\log_x 2+3\log_y 2=-2 \end{cases}$

에서 $\log_x 2=X, \ \log_y 2=Y$로 놓으면

$\begin{cases} 4X-Y=3 \\ 2X+3Y=-2 \end{cases}$

연립하여 풀면 $X=\frac{1}{2},\ Y=-1$

$\therefore\ \log_x 2=\frac{1}{2},\ \log_y 2=-1$

$\therefore\ x^{\frac{1}{2}}=2,\ y^{-1}=2$

$\therefore\ \boldsymbol{x=4,\ y=\frac{1}{2}}$

(5) $xy=10^5$에서 $\log xy=\log 10^5$

$\therefore\ \log x+\log y=5$ ……①

$x^{\log y}=10^6$에서 $\log x^{\log y}=\log 10^6$

$\therefore\ \log x\times\log y=6$ ……②

$x\geq y$이므로 ①, ②에서

$\log x=3,\ \log y=2$

$\therefore\ \boldsymbol{x=1000,\ y=100}$

5-9. 근과 계수의 관계로부터

$2+3=1+\log pq,\ 2\times3=\log p^2q$

$\therefore\ \log p+\log q=4,\ 2\log p+\log q=6$

연립하여 풀면 $\log p=2,\ \log q=2$

$\therefore\ \boldsymbol{p=100,\ q=100}$

5-10. $(\log 2+\log x)(\log 3+\log x)=1$

$\therefore\ (\log x)^2+(\log 2+\log 3)\log x+\log 2\times\log 3-1=0$

$\therefore\ (\log x)^2+\log 6\times\log x+\log 2\times\log 3-1=0$

이 방정식의 두 근이 $\alpha,\ \beta$이므로 $\log x=t$로 치환한 이차방정식

$t^2+(\log 6)t+\log 2\times\log 3-1=0$

의 두 근은 $\log\alpha,\ \log\beta$이다.

따라서 근과 계수의 관계로부터

$\log\alpha+\log\beta=-\log 6$

$\therefore\ \log\alpha\beta=-\log 6\qquad\therefore\ \boldsymbol{\alpha\beta=\frac{1}{6}}$

6-1. (1) $2^0<2^x<2^4\times2^{\frac{1}{3}}\qquad\therefore\ \boldsymbol{0<x<\frac{13}{3}}$

(2) $8^x>9^x$에서 양변의 상용로그를 잡으면 $\log 8^x>\log 9^x$

$\therefore\ x(\log 8-\log 9)>0$

$\log 8-\log 9<0$이므로 $\boldsymbol{x<0}$

***Note** $8^x>9^x$에서 $9^x>0$이므로 양변을 9^x으로 나누면

$\frac{8^x}{9^x}>1\qquad\therefore\ \left(\frac{8}{9}\right)^x>\left(\frac{8}{9}\right)^0$

$0<\frac{8}{9}<1$이므로 $\boldsymbol{x<0}$

(3) $(2^x)^2-2\times2^2\times2^x+12\leq0$

$2^x=t\ (t>0)$로 놓으면

$t^2-8t+12\leq0\qquad\therefore\ 2\leq t\leq6$

$\therefore\ 2\leq2^x\leq6\qquad\therefore\ \boldsymbol{1\leq x\leq\log_2 6}$

(4) $2^x(2\times2^x+8)\geq(2^x)^3(5-2^x)$

$2^x=t\ (t>0)$로 놓으면

$t(2t+8)\geq t^3(5-t)$

$\therefore\ t^4-5t^3+2t^2+8t\geq0$

$\therefore\ t(t+1)(t-2)(t-4)\geq0$ …①

$t>0$이므로 $t(t+1)>0$

따라서 ①에서 $(t-2)(t-4)\geq0$

$\therefore\ 0<t\leq2,\ t\geq4$

$\therefore\ 0<2^x\leq2,\ 2^x\geq4$

$\therefore\ \boldsymbol{x\leq1,\ x\geq2}$

6-2. $\frac{1}{81}<3^x<\frac{1}{9}$에서 $3^{-4}<3^x<3^{-2}$

$\therefore\ -4<x<-2$ ……①

또, $\left(\frac{1}{2}\right)^{1+x}<64<\left(\frac{1}{4}\right)^x$에서

$2^{-1-x}<2^6<2^{-2x}$

$\therefore\ -1-x<6<-2x$

$\therefore\ -7<x<-3$ ……②

①, ②의 공통 범위는 $\boldsymbol{-4<x<-3}$

6-3. (1) 진수는 양수이므로

$x-1>0,\ x+2>0$

$\therefore\ x>1$ ……①

또, 주어진 부등식에서

$\log(x-1)(x+2)<\log 10$

$\therefore\ (x-1)(x+2)<10$

$\therefore\ -4<x<3$ ……②

①, ②의 공통 범위는 $\boldsymbol{1<x<3}$

(2) 진수는 양수이므로

$x-4>0,\ x-2>0$

$\therefore\ x>4$ ……①

또, 주어진 부등식에서

$\log_{0.5}(x-4)^2>\log_{0.5}(x-2)$

$\therefore\ (x-4)^2<x-2$

$\therefore\ 3<x<6$ ……②

①, ②의 공통 범위는 **$4<x<6$**

(3) 진수는 양수이므로

$x-5>0,\ x-2>0$

$\therefore\ x>5$ ……①

또, 주어진 부등식에서

$\log_2(x-5)<\frac{1}{2}\log_2(x-2)+1$

$\therefore\ 2\log_2(x-5)<\log_2(x-2)+2$

$\therefore\ (x-5)^2<4(x-2)$

$\therefore\ 3<x<11$ ……②

①, ②의 공통 범위는 **$5<x<11$**

(4) 밑의 조건에서 $x>0,\ x\neq1$

$\log_x 2>2$에서 $\log_x 2>\log_x x^2$

(i) $0<x<1$일 때 $2<x^2$

동시에 만족시키는 x는 없다.

(ii) $x>1$일 때 $2>x^2$

$\therefore\ 1<x<\sqrt{2}$

(i), (ii)에서 **$1<x<\sqrt{2}$**

6-4. (1) $(\log x)^2+3\log x-4<0$

$\therefore\ (\log x+4)(\log x-1)<0$

$\therefore\ -4<\log x<1$

$\therefore\ \log 10^{-4}<\log x<\log 10$

$\therefore\ \boldsymbol{\frac{1}{10000}<x<10}$

(2) $(2+\log_2 x)(3+\log_2 x)\leq 12$

$\therefore\ (\log_2 x)^2+5\log_2 x-6\leq 0$

$\therefore\ (\log_2 x+6)(\log_2 x-1)\leq 0$

$\therefore\ -6\leq\log_2 x\leq 1$

$\therefore\ \log_2 2^{-6}\leq\log_2 x\leq\log_2 2$

$\therefore\ \boldsymbol{\frac{1}{64}\leq x\leq 2}$

(3) (i) $\log_2 4x>(\log_2 x)^2$에서

$(\log_2 x)^2-\log_2 x-2<0$

$\therefore\ (\log_2 x-2)(\log_2 x+1)<0$

$\therefore\ -1<\log_2 x<2$

$\therefore\ \log_2 2^{-1}<\log_2 x<\log_2 2^2$

$\therefore\ \frac{1}{2}<x<4$ ……①

(ii) $(\log_2 x)^2>\log_2 x^2$에서

$(\log_2 x)^2-2\log_2 x>0$

$\therefore\ (\log_2 x)(\log_2 x-2)>0$

$\therefore\ \log_2 x<0,\ \log_2 x>2$

$\therefore\ \log_2 x<\log_2 1,\ \log_2 x>\log_2 4$

$\therefore\ 0<x<1,\ x>4$ ……②

①, ②의 공통 범위는 **$\frac{1}{2}<x<1$**

(4) 양변의 상용로그를 잡으면

$\log x^{\log x}<\log 10^4x^3$

$\therefore\ (\log x)^2<4+3\log x$

$\therefore\ (\log x+1)(\log x-4)<0$

$\therefore\ -1<\log x<4$

$\therefore\ \log 10^{-1}<\log x<\log 10^4$

$\therefore\ \boldsymbol{\frac{1}{10}<x<10000}$

6-5. $x^2-2(\log a)x+\log a=0$에서

$D/4=(-\log a)^2-\log a$

$=(\log a)(\log a-1)$

(1) $D/4=0$에서 $\log a=0,\ 1$

$\therefore\ \boldsymbol{a=1,\ 10}$

(2) $D/4>0$에서 $\log a<0,\ \log a>1$

$\therefore\ \boldsymbol{0<a<1,\ a>10}$

(3) $D/4<0$에서 $0<\log a<1$

$\therefore\ \boldsymbol{1<a<10}$

(4) $D/4\leq 0$에서 $0\leq\log a\leq 1$

$\therefore\ \boldsymbol{1\leq a\leq 10}$

(5) 두 근의 곱이 음수이면 되므로

$\log a<0$ $\therefore\ \boldsymbol{0<a<1}$

6-6. 현재의 인구를 a명이라고 하면 n년 후의 인구는 $a(1+0.03)^n$명이다.

이것이 현재의 인구의 2배 이상이면

$a(1+0.03)^n \ge 2a$ 곧, $1.03^n \ge 2$

양변의 상용로그를 잡으면

$\log 1.03^n \ge \log 2$ $\therefore$ $n\log 1.03 \ge \log 2$

$\therefore$ $n \ge \dfrac{\log 2}{\log 1.03} = \dfrac{0.3010}{0.0128} = 23.5\times\times\times$

따라서 **24**년 후

6-7. 2000년 1월부터 n년 후에 초고령화 사회가 된다고 하면 n년 후 총인구와 65세 이상의 인구는 각각

$10^7\times(1+0.003)^n$(명),

$5\times10^5\times(1+0.04)^n$(명)

이므로

$\dfrac{5\times10^5\times1.04^n}{10^7\times1.003^n} \ge 0.2$

$\therefore$ $1.04^n \ge 4\times1.003^n$

양변의 상용로그를 잡으면

$n\log 1.04 \ge \log 4 + n\log 1.003$

$\therefore$ $n(\log 1.04 - \log 1.003) \ge 2\log 2$

$\therefore$ $n \ge \dfrac{2\times0.3010}{0.0170-0.0013} = 38.3\times\times\times$

따라서 **2038**년도

6-8. $1<x<3$이므로

$x^2-3x = x(x-3) < 0$ $\therefore$ $x^2 < 3x$

$\therefore$ $x^{x^2} < x^{3x}$ 곧, $\boldsymbol{A<B}$

6-9. $0<a<b<1$이므로

$\log a < \log b < 0$

$\therefore$ $A-B = \log_a b - \log_b a$

$= \dfrac{\log b}{\log a} - \dfrac{\log a}{\log b}$

$= \dfrac{(\log b+\log a)(\log b-\log a)}{\log a\times\log b} < 0$

또, $A-C = \log_a b - \log_a \dfrac{b}{a}$

$= \log_a b - (\log_a b - \log_a a)$

$= 1 > 0$

곧, $A<B$, $A>C$에서 $\boldsymbol{C<A<B}$

6-10. $\log 10^{30} = 30$

$\log 2^{100} = 100\log 2 = 100\times0.3010$

$= 30.1$

$\log 5^{44} = 44\log \dfrac{10}{2} = 44(1-\log 2)$

$= 44(1-0.3010) = 30.756$

$\therefore$ $\log 10^{30} < \log 2^{100} < \log 5^{44}$

$\therefore$ $\boldsymbol{10^{30} < 2^{100} < 5^{44}}$

6-11. $\log 2^{35} = 35\log 2 = 35\times0.3010$

$= 10.535$

$\log 5^{13} = 13\log 5 = 13(1-\log 2)$

$= 13(1-0.3010) = 9.087$

$\log 6^{11} = 11\log 6 = 11(\log 2 + \log 3)$

$= 11(0.3010+0.4771)$

$= 8.5591$

$\therefore$ $\log 6^{11} < \log 5^{13} < \log 2^{35}$

$\therefore$ $\boldsymbol{6^{11} < 5^{13} < 2^{35}}$

6-12. $P = \log\sqrt{ab} = \dfrac{1}{2}(\log a + \log b)$

$a>1$, $b>1$에서 $\log a>0$, $\log b>0$이므로

$\dfrac{1}{2}(\log a+\log b) \ge \sqrt{\log a\times\log b}$

$\therefore$ $\boldsymbol{P \ge Q}$ (등호는 $\boldsymbol{a=b}$일 때 성립)

6-13. (1) $A = \log(x+y)^2$, $B = \log 2xy$

그런데 $(x+y)^2 - 2xy = x^2+y^2 > 0$

이므로

$\log(x+y)^2 > \log 2xy$ $\therefore$ $\boldsymbol{A>B}$

(2) $A = \log(x+y)$, $B = \log xy$

그런데

$xy-(x+y) = (x-1)(y-1)-1$

이고, $x>2$, $y>2$에서

$(x-1)(y-1) > 1$

이므로 $xy-(x+y) > 0$

$\therefore$ $\log xy > \log(x+y)$ $\therefore$ $\boldsymbol{A<B}$

6-14. $a>0$, $b>0$, $c>0$이므로

$\dfrac{a+b}{2} \ge \sqrt{ab}$, $\dfrac{b+c}{2} \ge \sqrt{bc}$, $\dfrac{c+a}{2} \ge \sqrt{ca}$

$\therefore$ $A \ge \log\sqrt{ab} + \log\sqrt{bc} + \log\sqrt{ca}$

$= \log\sqrt{a^2b^2c^2} = \log abc = B$

$\therefore$ $\boldsymbol{A \ge B}$ (등호는 $\boldsymbol{a=b=c}$일 때 성립)

7-1. 부채꼴의 반지름의 길이를 r, 중심각의 크기를 θ라고 하자.

(1) 부채꼴의 둘레의 길이가 $2r+r\theta$이므로 문제의 조건으로부터

$$2r+r\theta=\frac{1}{2}\times 2\pi r$$

$$\therefore\ \theta=\boldsymbol{\pi-2(\text{rad})}$$

(2) $\frac{1}{2}r^2\theta=\frac{1}{2}\times 2^2\times(\pi-2)$

$$=\boldsymbol{2(\pi-2)(\text{cm}^2)}$$

7-2. 부채꼴의 반지름의 길이를 r cm, 넓이를 S cm^2라고 하면 호의 길이는 $(40-2r)$ cm이므로

$$S=\frac{1}{2}r(40-2r)=-r^2+20r$$

$$=-(r-10)^2+100\ (0<r<20)$$

따라서 $r=10$일 때 S의 최댓값은 100이다.

∴ 반지름 **10 cm**, 넓이 **100 cm²**

7-3. 부채꼴의 반지름의 길이를 r cm, 호의 길이를 l cm, 중심각의 크기를 θ rad이라고 하면

$$2r+l=24,\ \frac{1}{2}rl=32$$

연립하여 풀면

$r=4,\ l=16$ 또는 $r=8,\ l=8$

$l=r\theta$에서

$r=4,\ l=16$일 때 $\theta=\boldsymbol{4(\text{rad})}$

$r=8,\ l=8$일 때 $\theta=\boldsymbol{1(\text{rad})}$

7-4. $a^2+b^2=c^2$이므로 △ABC는 ∠C=90°인 직각삼각형이다.

$$\therefore\ \tan B=\frac{b}{a}=\frac{\sqrt{3}a}{a}=\boldsymbol{\sqrt{3}}$$

7-5. $\overline{\text{AB}}=\sqrt{\overline{\text{BC}}^2+\overline{\text{AC}}^2}=\sqrt{a^2+1}$

이때, $\angle\text{DAB}=\frac{\theta}{2}$이므로

$$\overline{\text{BD}}=\overline{\text{AB}}=\sqrt{a^2+1}$$

$$\therefore\ \tan\frac{\theta}{2}=\frac{\overline{\text{AC}}}{\overline{\text{DC}}}=\frac{1}{\sqrt{a^2+1}+a}$$

$$=\frac{\sqrt{a^2+1}-a}{(\sqrt{a^2+1}+a)(\sqrt{a^2+1}-a)}$$

$$=\boldsymbol{\sqrt{a^2+1}-a}$$

7-6.

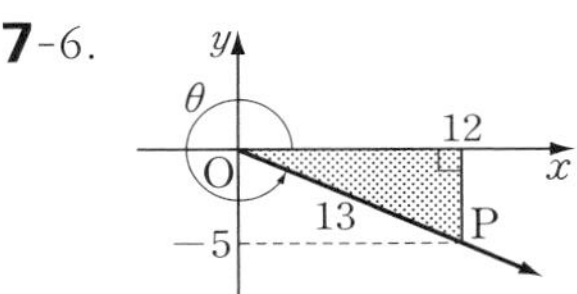

위의 그림에서 P(12, −5)이므로

$$\overline{\text{OP}}=\sqrt{12^2+(-5)^2}=13$$

$$\therefore\ \boldsymbol{\sin\theta=-\frac{5}{13},\ \cos\theta=\frac{12}{13},}$$

$$\boldsymbol{\tan\theta=-\frac{5}{12}}$$

7-7. (1) 675°=360°×1+315°이므로

$$\sin 675^\circ=\sin 315^\circ=\boldsymbol{-\frac{1}{\sqrt{2}}}$$

(2) −510°=360°×(−1)−150°이므로

$$\cos(-510^\circ)=\cos(-150^\circ)$$

$$=\boldsymbol{-\frac{\sqrt{3}}{2}}$$

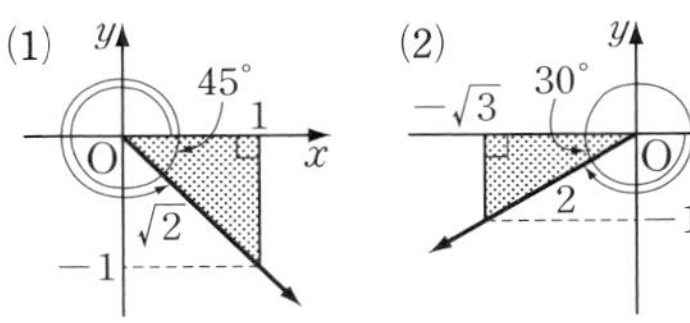

(3) $\frac{17}{6}\pi=2\pi\times 1+\frac{5}{6}\pi$이므로

$$\sin\frac{17}{6}\pi=\sin\frac{5}{6}\pi=\boldsymbol{\frac{1}{2}}$$

(4) $\frac{22}{3}\pi=2\pi\times 3+\frac{4}{3}\pi$이므로

$$\tan\frac{22}{3}\pi=\tan\frac{4}{3}\pi=\boldsymbol{\sqrt{3}}$$

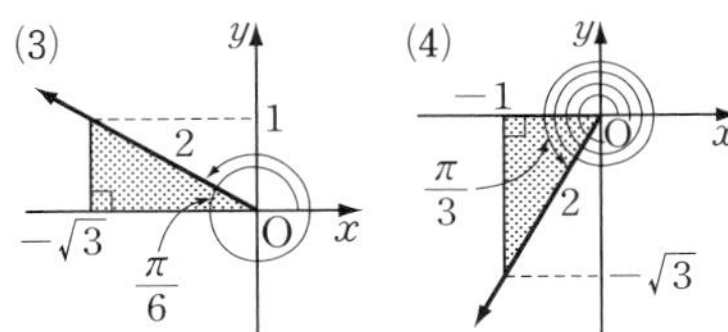

7-8.

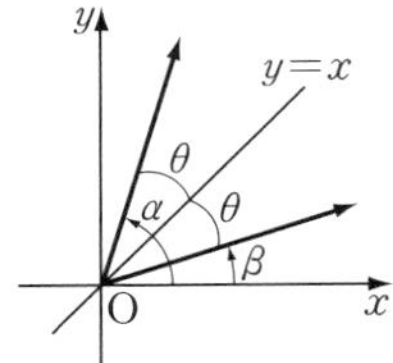

각 α의 동경이 직선 $y=x$와 이루는 각의 크기를 θ라고 하면

$\alpha=360^\circ\times n'+45^\circ+\theta$ ……①

$\beta=360^\circ\times n''+45^\circ-\theta$ ……②

(n', n''은 정수)

①, ②에서 θ를 소거하면

$\alpha+\beta=360^\circ\times(n'+n'')+90^\circ$

$n'+n''$은 정수이므로 $n'+n''=n$으로 놓으면

$\boldsymbol{\alpha+\beta=360^\circ\times n+90^\circ}$ (**n은 정수**)

7-9.

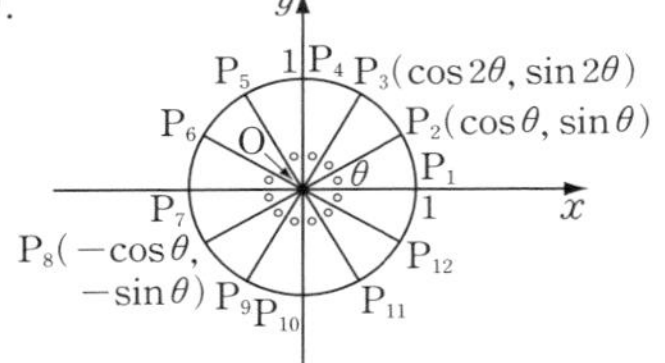

점 P_k와 점 $P_{k+6}(k=1, 2, \cdots, 6)$은 원점에 대하여 대칭이다.

따라서

$\cos\theta+\cos 7\theta=0$

$\cos 2\theta+\cos 8\theta=0$

$\cdots$

$\cos 6\theta+\cos 12\theta=0$

이므로

$\cos\theta+\cos 2\theta+\cdots+\cos 12\theta=\mathbf{0}$

8-1. (1) $(\sin\theta+\cos\theta)^2+(\sin\theta-\cos\theta)^2$

$=(\sin^2\theta+2\sin\theta\cos\theta+\cos^2\theta)$

$\quad+(\sin^2\theta-2\sin\theta\cos\theta+\cos^2\theta)$

$=2(\sin^2\theta+\cos^2\theta)=2$

(2) $\sin^2\theta-\sin^4\theta=\sin^2\theta(1-\sin^2\theta)$

$=(1-\cos^2\theta)\cos^2\theta$

$=\cos^2\theta-\cos^4\theta$

(3) $\dfrac{\sin^2\theta}{1-\cos\theta}=\dfrac{1-\cos^2\theta}{1-\cos\theta}$

$=\dfrac{(1+\cos\theta)(1-\cos\theta)}{1-\cos\theta}$

$=1+\cos\theta$

(4) $\dfrac{1}{1+\sin\theta}+\dfrac{1}{1-\sin\theta}$

$=\dfrac{(1-\sin\theta)+(1+\sin\theta)}{(1+\sin\theta)(1-\sin\theta)}$

$=\dfrac{2}{1-\sin^2\theta}=\dfrac{2}{\cos^2\theta}$,

$2(1+\tan^2\theta)=2\left(1+\dfrac{\sin^2\theta}{\cos^2\theta}\right)$

$=2\left(\dfrac{\cos^2\theta+\sin^2\theta}{\cos^2\theta}\right)$

$=\dfrac{2}{\cos^2\theta}$

이므로

$\dfrac{1}{1+\sin\theta}+\dfrac{1}{1-\sin\theta}=2(1+\tan^2\theta)$

(5) $1+\tan^2\theta=1+\dfrac{\sin^2\theta}{\cos^2\theta}$

$=\dfrac{\cos^2\theta+\sin^2\theta}{\cos^2\theta}=\dfrac{1}{\cos^2\theta}$,

$1+\dfrac{1}{\tan^2\theta}=1+\dfrac{\cos^2\theta}{\sin^2\theta}$

$=\dfrac{\sin^2\theta+\cos^2\theta}{\sin^2\theta}=\dfrac{1}{\sin^2\theta}$

이므로

(좌변)$=\cos^2\theta\times\sin^2\theta\times\dfrac{1}{\cos^2\theta}\times\dfrac{1}{\sin^2\theta}$

$=1$

(6) (좌변)$=\left(1+\dfrac{\sin\theta}{\cos\theta}+\dfrac{1}{\cos\theta}\right)$

$\times\left(1+\dfrac{\cos\theta}{\sin\theta}-\dfrac{1}{\sin\theta}\right)$

$=\dfrac{\cos\theta+\sin\theta+1}{\cos\theta}\times\dfrac{\sin\theta+\cos\theta-1}{\sin\theta}$

$=\dfrac{(\cos\theta+\sin\theta)^2-1}{\cos\theta\sin\theta}$

$=\dfrac{\cos^2\theta+2\cos\theta\sin\theta+\sin^2\theta-1}{\cos\theta\sin\theta}$

$=\dfrac{2\cos\theta\sin\theta}{\cos\theta\sin\theta}=2$

(7) (좌변)$=\left(\sin^2\theta-2+\dfrac{1}{\sin^2\theta}\right)$

$+\left(\cos^2\theta-2+\dfrac{1}{\cos^2\theta}\right)$

$-\left(\dfrac{\sin^2\theta}{\cos^2\theta}-2+\dfrac{\cos^2\theta}{\sin^2\theta}\right)$

$=\sin^2\theta+\cos^2\theta$

$+\dfrac{1-\cos^2\theta}{\sin^2\theta}+\dfrac{1-\sin^2\theta}{\cos^2\theta}-2$

$=1+\dfrac{\sin^2\theta}{\sin^2\theta}+\dfrac{\cos^2\theta}{\cos^2\theta}-2=1$

8-2. $\sin^2\theta+\cos^2\theta=1$에서

$\cos^2\theta=1-\sin^2\theta=1-\left(-\dfrac{3}{5}\right)^2=\dfrac{16}{25}$

$\dfrac{3}{2}\pi<\theta<2\pi$이므로 $\cos\theta=\boldsymbol{\dfrac{4}{5}}$

$\therefore\ \tan\theta=\dfrac{\sin\theta}{\cos\theta}=\dfrac{-3/5}{4/5}=\boldsymbol{-\dfrac{3}{4}}$

*Note $\dfrac{3}{2}\pi<\theta<2\pi$이고 $\sin\theta=-\dfrac{3}{5}$ 이므로 θ의 동경 OP는 아래와 같다.

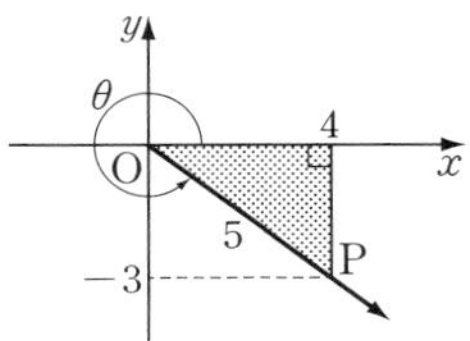

$\therefore\ \boldsymbol{\cos\theta=\dfrac{4}{5},\ \tan\theta=-\dfrac{3}{4}}$

8-3. $\tan^2\theta+1=\dfrac{1}{\cos^2\theta}$에서

$\dfrac{1}{\cos^2\theta}=\left(-\dfrac{4}{3}\right)^2+1=\dfrac{25}{9}$

θ는 제2사분면의 각이므로

$\dfrac{1}{\cos\theta}=-\dfrac{5}{3}$ $\therefore\ \boldsymbol{\cos\theta=-\dfrac{3}{5}}$

또,

$\sin^2\theta=1-\cos^2\theta=1-\left(-\dfrac{3}{5}\right)^2=\dfrac{16}{25}$

θ는 제2사분면의 각이므로

$\boldsymbol{\sin\theta=\dfrac{4}{5}}$

*Note 1° $\tan\theta=-\dfrac{4}{3}$, $\cos\theta=-\dfrac{3}{5}$이므로 $\tan\theta=\dfrac{\sin\theta}{\cos\theta}$에서

$\sin\theta=\tan\theta\cos\theta$

$=\left(-\dfrac{4}{3}\right)\times\left(-\dfrac{3}{5}\right)=\boldsymbol{\dfrac{4}{5}}$

2° θ가 제2사분면의 각이고 $\tan\theta=-\dfrac{4}{3}$이므로 θ의 동경 OP는 아래와 같다.

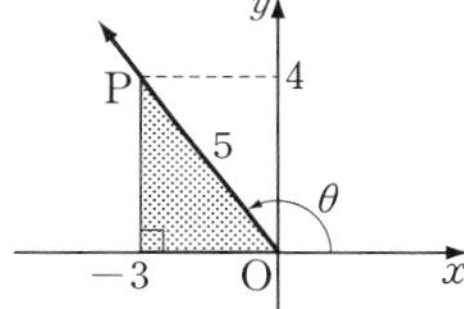

$\therefore\ \boldsymbol{\sin\theta=\dfrac{4}{5},\ \cos\theta=-\dfrac{3}{5}}$

8-4. (1) $(\sin\theta+\cos\theta)^2$

$=\sin^2\theta+2\sin\theta\cos\theta+\cos^2\theta$

$=1+2\sin\theta\cos\theta$

$=1+2\times\dfrac{1}{4}=\dfrac{3}{2}$

$\therefore\ \sin\theta+\cos\theta=\pm\sqrt{\dfrac{3}{2}}=\boldsymbol{\pm\dfrac{\sqrt{6}}{2}}$

(2) $(\sin\theta-\cos\theta)^2$

$=\sin^2\theta-2\sin\theta\cos\theta+\cos^2\theta$

$=1-2\sin\theta\cos\theta$

$=1-2\times\dfrac{1}{4}=\dfrac{1}{2}$

$\therefore\ \sin\theta-\cos\theta=\pm\sqrt{\dfrac{1}{2}}=\boldsymbol{\pm\dfrac{\sqrt{2}}{2}}$

(3) $\sin^3\theta-\cos^3\theta=(\sin\theta-\cos\theta)$

$\times(\sin^2\theta+\sin\theta\cos\theta+\cos^2\theta)$

$=\pm\dfrac{\sqrt{2}}{2}\left(1+\dfrac{1}{4}\right)=\boldsymbol{\pm\dfrac{5\sqrt{2}}{8}}$

*Note 다음을 이용해도 된다.

$\sin^3\theta-\cos^3\theta=(\sin\theta-\cos\theta)^3$

$+3\sin\theta\cos\theta(\sin\theta-\cos\theta)$

(4) $\tan\theta+\dfrac{1}{\tan\theta}=\dfrac{\sin\theta}{\cos\theta}+\dfrac{\cos\theta}{\sin\theta}$

$=\dfrac{\sin^2\theta+\cos^2\theta}{\sin\theta\cos\theta}$

$=\dfrac{1}{1/4}=\mathbf{4}$

8-5. 조건식의 양변을 제곱하면

$\sin^2\theta-2\sin\theta\cos\theta+\cos^2\theta=\dfrac{1}{3}$

$\therefore\ \sin\theta\cos\theta=\dfrac{1}{3}$

(1) $\tan\theta+\dfrac{1}{\tan\theta}=\dfrac{\sin\theta}{\cos\theta}+\dfrac{\cos\theta}{\sin\theta}$

$=\dfrac{\sin^2\theta+\cos^2\theta}{\sin\theta\cos\theta}=3$

$\therefore$ (준 식)$=\left(\tan\theta+\dfrac{1}{\tan\theta}\right)^3$

$-3\left(\tan\theta+\dfrac{1}{\tan\theta}\right)$

$=3^3-3\times3=\mathbf{18}$

(2) (준 식)$=\dfrac{1}{\cos\theta}\left(\dfrac{\sin\theta}{\cos\theta}-\dfrac{\cos^2\theta}{\sin^2\theta}\right)$

$=\dfrac{\sin^3\theta-\cos^3\theta}{\sin^2\theta\cos^2\theta}$

$=\dfrac{(\sin\theta-\cos\theta)(1+\sin\theta\cos\theta)}{(\sin\theta\cos\theta)^2}$

$=\dfrac{\dfrac{1}{\sqrt{3}}\left(1+\dfrac{1}{3}\right)}{\left(\dfrac{1}{3}\right)^2}=\mathbf{4\sqrt{3}}$

8-6. 다른 한 근을 β라고 하면 근과 계수의 관계로부터

$(2+\sqrt{3})\times\beta=1 \quad \therefore\ \beta=2-\sqrt{3}$

$\therefore\ \tan\theta+\dfrac{1}{\tan\theta}=(2+\sqrt{3})+(2-\sqrt{3})$

$=4$

$\therefore\ \dfrac{\sin\theta}{\cos\theta}+\dfrac{\cos\theta}{\sin\theta}=\dfrac{\sin^2\theta+\cos^2\theta}{\sin\theta\cos\theta}=4$

$\therefore\ \mathbf{\sin\theta\cos\theta=\dfrac{1}{4}}$

8-7. 근과 계수의 관계로부터

$\sin\theta+\cos\theta=\dfrac{1}{2}$ ……①

$\sin\theta\cos\theta=\dfrac{a}{2}$ ……②

①의 양변을 제곱하여 정리하면

$\sin\theta\cos\theta=-\dfrac{3}{8}$

②와 비교하면 $\boldsymbol{a=-\dfrac{3}{4}}$

또,

$\dfrac{\sin\theta\tan\theta-\cos\theta}{\tan\theta-1}$

$=\dfrac{\sin\theta\times\dfrac{\sin\theta}{\cos\theta}-\cos\theta}{\dfrac{\sin\theta}{\cos\theta}-1}$

$=\dfrac{\sin^2\theta-\cos^2\theta}{\sin\theta-\cos\theta}$

$=\sin\theta+\cos\theta=\mathbf{\dfrac{1}{2}}$

8-8. $\sin\theta+\cos\theta=0$의 양변을 제곱하여 정리하면

$\sin\theta\cos\theta=-\dfrac{1}{2}$

따라서

$\sin^3\theta+\cos^3\theta$

$=(\sin\theta+\cos\theta)^3$

$-3\sin\theta\cos\theta(\sin\theta+\cos\theta)$

$=0,$

$\sin^3\theta\cos^3\theta=(\sin\theta\cos\theta)^3=-\dfrac{1}{8}$

이므로 구하는 이차방정식은

$x^2-0\times x-\dfrac{1}{8}=0 \quad \therefore\ \boldsymbol{x^2-\dfrac{1}{8}=0}$

8-9. (1) $\sin\left(\dfrac{3}{2}\pi+\theta\right)=-\cos\theta$

$\sin\left(\dfrac{\pi}{2}-\theta\right)=\cos\theta$

$\sin(\pi-\theta)=\sin\theta$

$\therefore$ (준 식)$=\sin^2\theta+\cos^2\theta$

$+\cos^2\theta+\sin^2\theta$

$=2(\sin^2\theta+\cos^2\theta)=\mathbf{2}$

(2) $\sin(\pi+\theta)=-\sin\theta$

$\tan(\pi-\theta)=-\tan\theta$

$$\cos\left(\frac{3}{2}\pi+\theta\right)=\sin\theta$$
$$\sin\left(\frac{3}{2}\pi-\theta\right)=-\cos\theta$$
$$\sin\left(\frac{\pi}{2}+\theta\right)=\cos\theta$$
$$\cos(2\pi-\theta)=\cos\theta$$

$\therefore$ (준 식)$=\dfrac{-\sin\theta(-\tan\theta)^2}{\sin\theta}-\dfrac{-\cos\theta}{\cos\theta\cos^2\theta}$

$$=-\tan^2\theta+\frac{1}{\cos^2\theta}$$
$$=\frac{-\sin^2\theta+1}{\cos^2\theta}=\frac{\cos^2\theta}{\cos^2\theta}$$
$$=\mathbf{1}$$

8-10. (1) $\cos\dfrac{11}{6}\pi=\cos\left(\dfrac{\pi}{2}\times3+\dfrac{\pi}{3}\right)$

$$=\sin\frac{\pi}{3}=\frac{\sqrt{3}}{2}$$
$$\tan\frac{7}{3}\pi=\tan\left(\frac{\pi}{2}\times4+\frac{\pi}{3}\right)$$
$$=\tan\frac{\pi}{3}=\sqrt{3}$$

$\therefore$ (준 식)$=\dfrac{\sqrt{3}}{2}\times\sqrt{3}=\boldsymbol{\dfrac{3}{2}}$

****Note*** p. 101의 주기 공식과 음각 공식을 이용하여 다음과 같이 풀어도 된다.

$$\cos\frac{11}{6}\pi=\cos\left(2\pi-\frac{\pi}{6}\right)$$
$$=\cos\left(-\frac{\pi}{6}\right)=\cos\frac{\pi}{6}$$
$$=\frac{\sqrt{3}}{2}$$
$$\tan\frac{7}{3}\pi=\tan\left(2\pi+\frac{\pi}{3}\right)=\tan\frac{\pi}{3}$$
$$=\sqrt{3}$$

$\therefore$ (준 식)$=\dfrac{\sqrt{3}}{2}\times\sqrt{3}=\boldsymbol{\dfrac{3}{2}}$

(2) (준 식)$=\sin\left(\dfrac{\pi}{2}\times2+\dfrac{\pi}{6}\right)+\tan\left\{\dfrac{\pi}{2}\times(-10)+\dfrac{\pi}{4}\right\}$

$$=-\sin\frac{\pi}{6}+\tan\frac{\pi}{4}$$
$$=-\frac{1}{2}+1=\boldsymbol{\frac{1}{2}}$$

(3) $\cos750^\circ=\cos(90^\circ\times8+30^\circ)$

$$=\cos30^\circ=\frac{\sqrt{3}}{2}$$
$$\sin420^\circ=\sin(90^\circ\times4+60^\circ)$$
$$=\sin60^\circ=\frac{\sqrt{3}}{2}$$
$$\sin225^\circ=\sin(90^\circ\times2+45^\circ)$$
$$=-\sin45^\circ=-\frac{\sqrt{2}}{2}$$
$$\sin1125^\circ=\sin(90^\circ\times12+45^\circ)$$
$$=\sin45^\circ=\frac{\sqrt{2}}{2}$$
$$\cos330^\circ=\cos(90^\circ\times3+60^\circ)$$
$$=\sin60^\circ=\frac{\sqrt{3}}{2}$$
$$\cos135^\circ=\cos(90^\circ+45^\circ)$$
$$=-\sin45^\circ=-\frac{\sqrt{2}}{2}$$

따라서

(준 식)$=\dfrac{\frac{\sqrt{3}}{2}}{\frac{\sqrt{3}}{2}-\frac{\sqrt{2}}{2}}-\dfrac{\frac{\sqrt{2}}{2}}{\frac{\sqrt{3}}{2}+\frac{\sqrt{2}}{2}}$

$$=\frac{\sqrt{3}}{\sqrt{3}-\sqrt{2}}-\frac{\sqrt{2}}{\sqrt{3}+\sqrt{2}}$$
$$=\sqrt{3}(\sqrt{3}+\sqrt{2})-\sqrt{2}(\sqrt{3}-\sqrt{2})$$
$$=\mathbf{5}$$

8-11. $\cos20^\circ=\cos(90^\circ-70^\circ)$

$$=\sin70^\circ=\sqrt{1-\cos^2 70^\circ}$$
$$=\boldsymbol{\sqrt{1-a^2}}$$

8-12. (1) $\cos160^\circ=\cos(90^\circ+70^\circ)$

$$=-\sin70^\circ$$
$$\cos110^\circ=\cos(90^\circ+20^\circ)$$
$$=-\sin20^\circ$$

$\therefore$ (준 식)$=-\sin70^\circ-(-\sin20^\circ)+\sin70^\circ-\sin20^\circ$

$$=\mathbf{0}$$

(2) $\tan 80^\circ=\tan(90^\circ-10^\circ)=\dfrac{1}{\tan 10^\circ}$

$\tan 100^\circ=\tan(90^\circ+10^\circ)=-\dfrac{1}{\tan 10^\circ}$

$\tan 190^\circ=\tan(180^\circ+10^\circ)=\tan 10^\circ$

$\tan 350^\circ=\tan(360^\circ-10^\circ)$

$=-\tan 10^\circ$

$\therefore$ (준 식)$=\dfrac{1}{\tan 10^\circ}-\dfrac{1}{\tan 10^\circ}$

$+\tan 10^\circ-\tan 10^\circ$

$=\mathbf{0}$

9-1. (1) $y-2=\sin x$

따라서 $y=\sin x$의 그래프를 y축의 방향으로 2만큼 평행이동한 것이다.

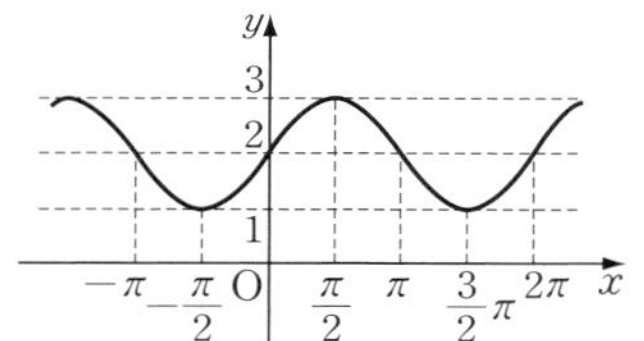

(2) $y=\dfrac{1}{2}\cos\left(3x+\dfrac{3}{4}\pi\right)$

$=\dfrac{1}{2}\cos 3\left(x+\dfrac{\pi}{4}\right)$

따라서 $y=\dfrac{1}{2}\cos 3x$의 그래프를 x축의 방향으로 $-\dfrac{\pi}{4}$만큼 평행이동한 것이다.

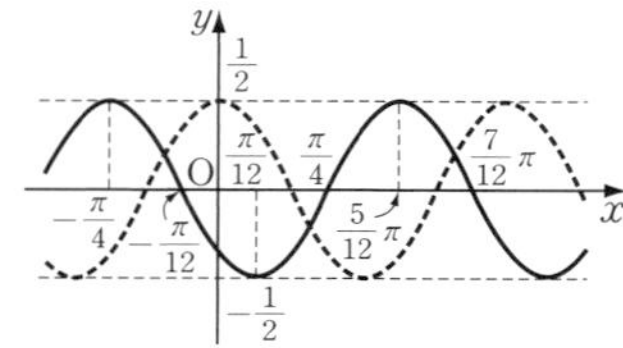

9-2. (i) $y=\sin|x|$

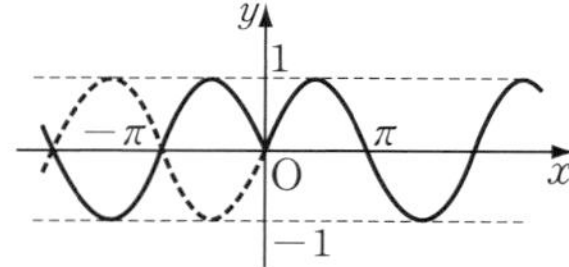

(ii) $y=|\sin x|$

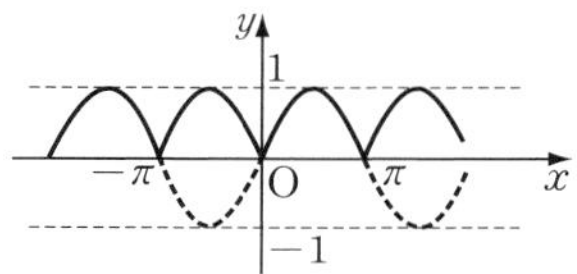

(iii) $y=\cos|x|$

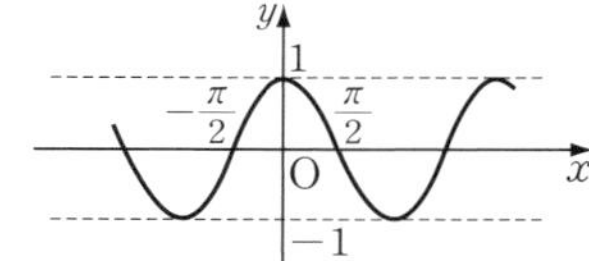

(iv) $y=|\cos x|$

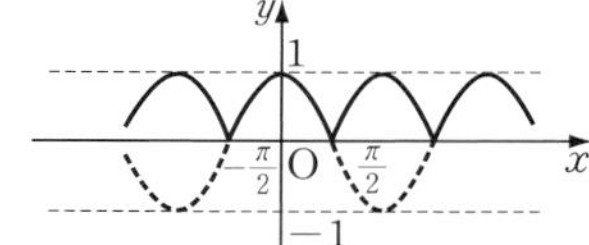

따라서 주어진 두 함수의 그래프가 일치하는 것은 ④이다. 답 ④

* ***Note*** $y=\cos|x|$는

$x\ge 0$일 때 $y=\cos x$,

$x<0$일 때 $y=\cos(-x)=\cos x$

이므로 $y=\cos x$와 같다.

9-3. (1) $y=\cos\dfrac{\pi}{2}x$에서

최댓값 1, 최솟값 -1,

주기 $\dfrac{2\pi}{\frac{\pi}{2}}=4$

이므로 그래프는 아래 그림과 같다.

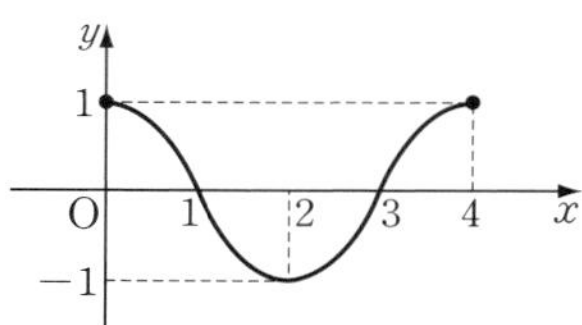

(2) $-1\le\cos\dfrac{\pi}{2}x<0$일 때

$y=\left[\cos\dfrac{\pi}{2}x\right]=-1$

$0 \le \cos\frac{\pi}{2}x < 1$일 때

$$y=\left[\cos\frac{\pi}{2}x\right]=0$$

$\cos\frac{\pi}{2}x=1$일 때

$$y=\left[\cos\frac{\pi}{2}x\right]=1$$

따라서 그래프는 아래 그림과 같다.

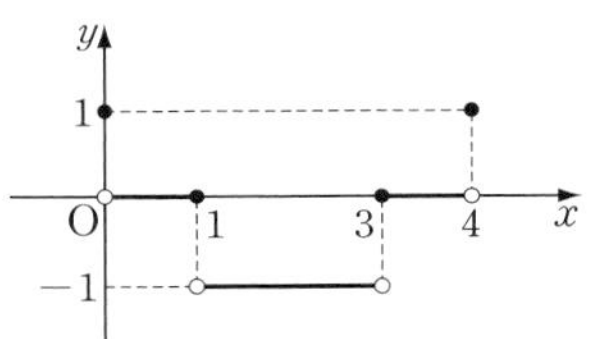

9-4. $(g\circ f)(x)=g(f(x))=g(\sin x)$
$=[\sin x]$

그런데 $-1\le \sin x \le 1$이므로

$[\sin x]=-1,\ 0,\ 1$

따라서 치역은 $\mathbf{\{-1,\ 0,\ 1\}}$

9-5. $f(x+4)=f(x)$이므로

$f(19.2)=f(-0.8+4\times5)$
$=f(-0.8)=|-0.8|=\mathbf{0.8}$,

$f(-8.7)=f(-0.7+4\times(-2))$
$=f(-0.7)=|-0.7|=\mathbf{0.7}$

*__Note__ $f(x)$의 주기가 a일 때

$f(x+a)=f(x)$,

$f(x+2a)=f((x+a)+a)$
$=f(x+a)=f(x)$

같은 방법으로 하면 n이 정수일 때

$f(x+na)=f(x)$

9-6. $y=\cos(2x-6)+1$

$\Longleftrightarrow y-1=\cos2(x-3)$

따라서 $y=\cos(2x-6)+1$의 그래프는 $y=\cos2x$의 그래프를 x축의 방향으로 3만큼, y축의 방향으로 1만큼 평행이동한 것이다.

$\therefore\ m=3,\ n=1$ 답 ④

*__Note__ $y=\cos2x$의 주기가 π이므로

$3+k\pi$ (k는 정수)

는 모두 m의 값이 될 수 있다.

9-7. (1) $y=\frac{1}{3}\sin\left(x+\frac{\pi}{3}\right)$에서

최댓값 $\mathbf{\frac{1}{3}}$, 최솟값 $\mathbf{-\frac{1}{3}}$, 주기 $\mathbf{2\pi}$

(2) $y=-\sqrt{2}\cos\left(2x-\frac{\pi}{6}\right)$에서

최댓값 $\mathbf{\sqrt{2}}$, 최솟값 $\mathbf{-\sqrt{2}}$,

주기 $\frac{2\pi}{2}=\boldsymbol{\pi}$

(3) $y=\tan\frac{1}{3}x$에서

최댓값 없다, 최솟값 없다,

주기 $\pi\div\frac{1}{3}=\mathbf{3\pi}$

9-8. $f(x)=a\sin(bx+c)+d$에서 $a>0$, $b>0$이므로

최댓값 : $a+d=5$ ……①

최솟값 : $-a+d=-1$ ……②

주기 : $\frac{2\pi}{b}=\pi$ ……③

①, ②, ③에서 $\mathbf{a=3,\ b=2,\ d=2}$

이때, $f(x)=3\sin(2x+c)+2$이고,

$f(0)=\frac{7}{2}$이므로 $3\sin c+2=\frac{7}{2}$

$\therefore\ \sin c=\frac{1}{2}$

$0<c<\frac{\pi}{2}$이므로 $\mathbf{c=\frac{\pi}{6}}$

9-9. $y=\cos ax+b\,(a>0)$에서

최댓값 : $1+b=\frac{1}{2}$ $\therefore\ \mathbf{b=-\frac{1}{2}}$

주기 : $\frac{2\pi}{a}=\frac{7}{10}\pi-\frac{1}{10}\pi=\frac{3}{5}\pi$

$\therefore\ \mathbf{a=\frac{10}{3}}$

9-10. (1) $y=|\sin x-2|-3$에서

$\sin x=t$로 놓으면 $-1\le t\le1$이고,

$y=|t-2|-3$

아래 그림에서

최댓값 0, 최솟값 −2

(2) $y=2-|2\cos x+1|$에서

$\cos x=t$로 놓으면 $-1\le t\le 1$이고,

$y=2-|2t+1|$

아래 그림에서

최댓값 2, 최솟값 −1

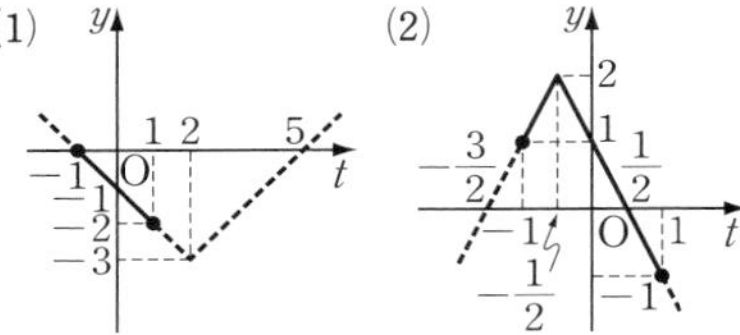

*Note (1) $-1\le\sin x\le 1$이므로

$y=|\sin x-2|-3$

$=-(\sin x-2)-3$

$=-\sin x-1$

$-2\le-\sin x-1\le 0$이므로

최댓값 0, 최솟값 −2

9-11. (1) $y=3\sin^2 x-4\cos^2 x$

$=3\sin^2 x-4(1-\sin^2 x)$

에서 $\sin x=t$로 놓으면

$y=3t^2-4(1-t^2)=7t^2-4$

$-1\le t\le 1$이므로

$t=-1, 1$일 때 **최댓값 3,**

$t=0$일 때 **최솟값 −4**

(2) $y=-\cos^2 x+2\cos x$에서

$\cos x=t$로 놓으면

$y=-t^2+2t=-(t-1)^2+1$

$-1\le t\le 1$이므로

$t=1$일 때 **최댓값 1,**

$t=-1$일 때 **최솟값 −3**

(3) $y=\tan^2 x+\tan x+1$에서

$\tan x=t$로 놓으면

$y=t^2+t+1=\left(t+\frac{1}{2}\right)^2+\frac{3}{4}$

그런데 $-\frac{\pi}{4}\le x\le\frac{\pi}{4}$이므로

$-1\le\tan x\le 1$ ∴ $-1\le t\le 1$

따라서 $t=1$일 때 **최댓값 3,**

$t=-\frac{1}{2}$일 때 **최솟값 $\frac{3}{4}$**

9-12. $y=1-2a\sin x-(1-\sin^2 x)$

$=\sin^2 x-2a\sin x$

여기에서 $\sin x=t$로 놓으면

$-1\le t\le 1$이고,

$y=t^2-2at=(t-a)^2-a^2$

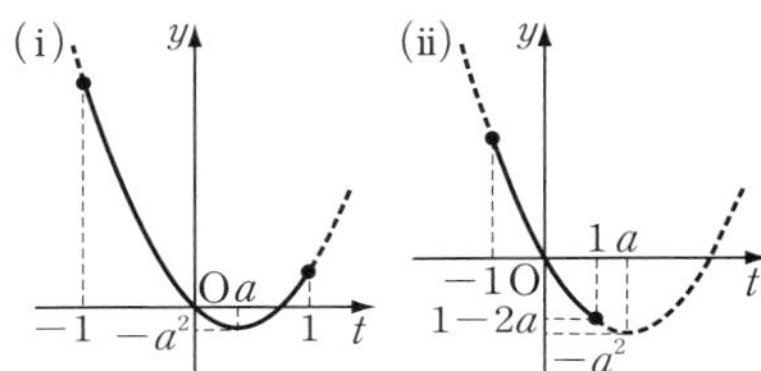

(i) $0<a<1$일 때

$t=a$에서 최솟값은 $-a^2$이므로

$-a^2=-\frac{1}{4}$

$0<a<1$이므로 $a=\frac{1}{2}$

(ii) $a\ge 1$일 때

$t=1$에서 최솟값은 $1-2a$이므로

$1-2a=-\frac{1}{4}$ ∴ $a=\frac{5}{8}$

이것은 $a\ge 1$을 만족시키지 않는다.

(i), (ii)에서 $\boldsymbol{a=\frac{1}{2}}$

10-1. (1) $x+\frac{\pi}{3}=t$로 놓으면

$\frac{\pi}{3}\le t<\frac{7}{3}\pi$

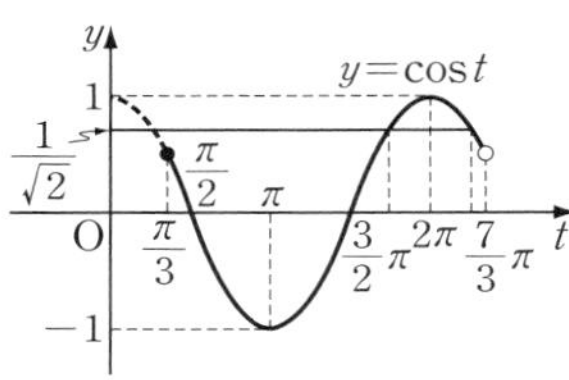

$\cos t=\frac{1}{\sqrt{2}}$의 해는 위의 그림에서

$$t=2\pi-\frac{\pi}{4}=\frac{7}{4}\pi,\ t=2\pi+\frac{\pi}{4}=\frac{9}{4}\pi$$

$$\therefore\ \boldsymbol{x=\frac{17}{12}\pi,\ \frac{23}{12}\pi}$$

(2) $2x=t$로 놓으면 $\quad -2\pi<t<2\pi$

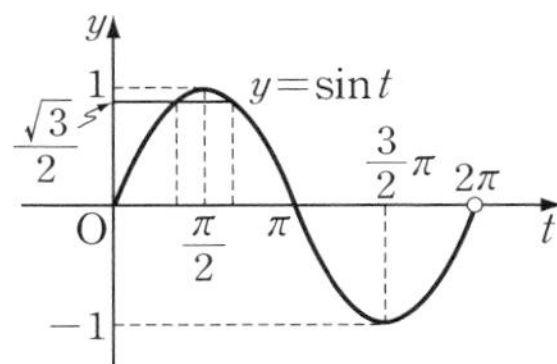

$0\le t<2\pi$일 때 $\sin t=\frac{\sqrt{3}}{2}$의 해는 위의 그림에서

$$t=\frac{\pi}{3},\ \frac{2}{3}\pi$$

또, $y=\sin t$의 주기가 2π이므로

$$t=\frac{\pi}{3}-2\pi=-\frac{5}{3}\pi,$$

$$t=\frac{2}{3}\pi-2\pi=-\frac{4}{3}\pi$$

$$\therefore\ \boldsymbol{x=-\frac{5}{6}\pi,\ -\frac{2}{3}\pi,\ \frac{\pi}{6},\ \frac{\pi}{3}}$$

(3) $\cos\frac{7}{6}\pi=\cos\left(\pi+\frac{\pi}{6}\right)$

$$=-\cos\frac{\pi}{6}=-\frac{\sqrt{3}}{2}$$

이므로 주어진 방정식은

$$2\times\left(-\frac{\sqrt{3}}{2}\right)\times\tan\frac{1}{2}x=1$$

$$\therefore\ \tan\frac{1}{2}x=-\frac{1}{\sqrt{3}}$$

$\frac{1}{2}x=t$로 놓으면 $\quad -\pi<t<\pi$

$-\frac{\pi}{2}<t<\frac{\pi}{2}$일 때 $\tan t=-\frac{1}{\sqrt{3}}$의 해는 오른쪽 그림에서

$$t=-\frac{\pi}{6}$$

또, $y=\tan t$의 주기가 π이므로

$$t=-\frac{\pi}{6}+\pi=\frac{5}{6}\pi$$

$$\therefore\ \boldsymbol{x=-\frac{\pi}{3},\ \frac{5}{3}\pi}$$

10-2. (1) $2\sin^2 x-3\cos x=0$에서

$$2(1-\cos^2 x)-3\cos x=0$$

$$\therefore\ 2\cos^2 x+3\cos x-2=0$$

$$\therefore\ (2\cos x-1)(\cos x+2)=0$$

$\cos x\ne-2$이므로 $\quad \cos x=\frac{1}{2}$

$$\therefore\ \boldsymbol{x=\frac{\pi}{3},\ \frac{5}{3}\pi}$$

(2) $\sin^4 x-\cos^2 x-1=0$에서

$$\sin^4 x-(1-\sin^2 x)-1=0$$

$$\therefore\ \sin^4 x+\sin^2 x-2=0$$

$$\therefore\ (\sin^2 x+2)(\sin^2 x-1)=0$$

$\sin^2 x\ne-2$이므로 $\quad \sin^2 x=1$

$$\therefore\ \sin x=\pm1$$

$$\therefore\ \boldsymbol{x=\frac{\pi}{2},\ \frac{3}{2}\pi}$$

(3) $(\tan x+\sqrt{3})(\tan x+1)=0$

$$\therefore\ \tan x=-\sqrt{3},\ -1$$

$\tan x=-\sqrt{3}$에서 $\quad x=\frac{2}{3}\pi,\ \frac{5}{3}\pi$

$\tan x=-1$에서 $\quad x=\frac{3}{4}\pi,\ \frac{7}{4}\pi$

$$\therefore\ \boldsymbol{x=\frac{2}{3}\pi,\ \frac{3}{4}\pi,\ \frac{5}{3}\pi,\ \frac{7}{4}\pi}$$

10-3. $\sin x=t$로 놓으면 $0\le x\le\pi$에서 $0\le t\le1$이고,

$$2t^2-2t-a+1=0$$

따라서 $0\le t\le1$에서 두 함수

$$y=2t^2-2t+1,\ y=a$$

의 그래프가 만날 조건을 찾으면 된다.

$$y=2t^2-2t+1$$

$$=2\left(t-\frac{1}{2}\right)^2+\frac{1}{2}$$

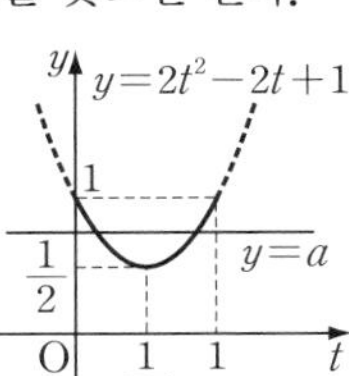

이므로 오른쪽 그래프에서

$$\boldsymbol{\frac{1}{2}\le a\le1}$$

*Note 함수 $y=2t^2-2t-a+1$의 그래프가 $0\le t\le 1$에서 t축과 만날 조건을 찾아도 된다.

10-4. (1) $1-\sin^2 x<1-\sin x$에서

$\sin x(\sin x-1)>0$

$\sin x-1\le 0$이므로 $\sin x<0$

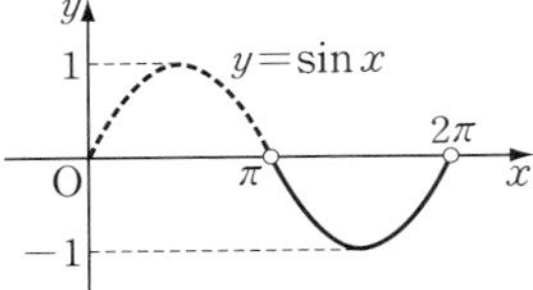

$\therefore$ $\boldsymbol{\pi<x<2\pi}$

(2) $(\tan x+1)(\tan x-1)\ge 0$

$\therefore$ $\tan x\le -1,\ \tan x\ge 1$

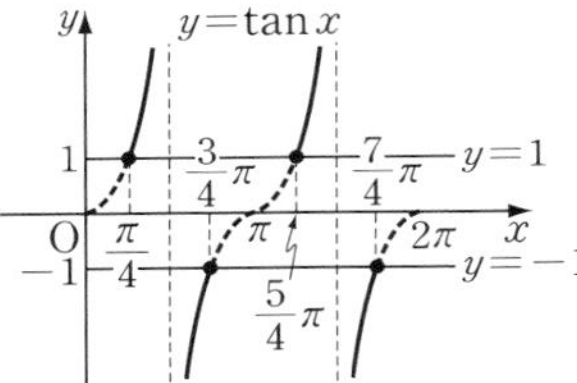

$\therefore$ $\boldsymbol{\dfrac{\pi}{4}\le x<\dfrac{\pi}{2},\ \dfrac{\pi}{2}<x\le\dfrac{3}{4}\pi,}$

$\boldsymbol{\dfrac{5}{4}\pi\le x<\dfrac{3}{2}\pi,\ \dfrac{3}{2}\pi<x\le\dfrac{7}{4}\pi}$

10-5. $x^2-2x-\sqrt{2}\sin\theta=0$에서

$D/4=1+\sqrt{2}\sin\theta$

(1) $D/4=0$으로부터 $\sin\theta=-\dfrac{1}{\sqrt{2}}$

$0\le\theta\le 2\pi$이므로 $\boldsymbol{\theta=\dfrac{5}{4}\pi,\ \dfrac{7}{4}\pi}$

(2) $D/4>0$으로부터 $\sin\theta>-\dfrac{1}{\sqrt{2}}$

$0\le\theta\le 2\pi$이므로

$\boldsymbol{0\le\theta<\dfrac{5}{4}\pi,\ \dfrac{7}{4}\pi<\theta\le 2\pi}$

(3) $D/4<0$으로부터 $\sin\theta<-\dfrac{1}{\sqrt{2}}$

$0\le\theta\le 2\pi$이므로 $\boldsymbol{\dfrac{5}{4}\pi<\theta<\dfrac{7}{4}\pi}$

11-1. $\dfrac{a}{\sin A}=\dfrac{b}{\sin B}=\dfrac{c}{\sin C}=2R$에서

$a=2R\sin A,\ b=2R\sin B,$

$c=2R\sin C$ ……①

$\sin A=\dfrac{a}{2R},\ \sin B=\dfrac{b}{2R},$

$\sin C=\dfrac{c}{2R}$ ……②

(1) $C=90^\circ$이므로 $a^2+b^2=c^2$

여기에 ①을 대입하면

$(2R\sin A)^2+(2R\sin B)^2=(2R\sin C)^2$

$\therefore$ $\sin^2 A+\sin^2 B=\sin^2 C$

(2) $a^2>b^2+c^2$에 ①을 대입하면

$(2R\sin A)^2>(2R\sin B)^2+(2R\sin C)^2$

$\therefore$ $\boldsymbol{\sin^2 A>\sin^2 B+\sin^2 C}$

(3) 주어진 두 식을 연립하여 b, c를 a로 나타내면

$b=\dfrac{5}{3}a,\ c=\dfrac{7}{3}a$

②에서

$\sin A:\sin B:\sin C$

$=\dfrac{a}{2R}:\dfrac{b}{2R}:\dfrac{c}{2R}=a:b:c$

$=a:\dfrac{5}{3}a:\dfrac{7}{3}a=\boldsymbol{3:5:7}$

(4) ①에서

$a:b:c$

$=2R\sin A:2R\sin B:2R\sin C$

$=\sin A:\sin B:\sin C$

$=4:5:2$

$a=4k,\ b=5k,\ c=2k$로 놓으면

$ab:bc:ca$

$=(4k\times 5k):(5k\times 2k):(2k\times 4k)$

$=\boldsymbol{10:5:4}$

11-2. 사인법칙으로부터

$\sin A=\dfrac{a}{2R},\ \sin B=\dfrac{b}{2R},\ \sin C=\dfrac{c}{2R}$

따라서

$(\text{좌변})=a\left(\dfrac{b}{2R}-\dfrac{c}{2R}\right)$

$$+b\left(\frac{c}{2R}-\frac{a}{2R}\right)+c\left(\frac{a}{2R}-\frac{b}{2R}\right)$$
$$=\frac{1}{2R}(ab-ac+bc-ab+ac-bc)$$
$$=0$$

11-3. 사인법칙으로부터

$\sin A=\frac{a}{2R}$, $\sin B=\frac{b}{2R}$,

$\sin C=\frac{c}{2R}$ ……㉮

(1) $\cos^2 A-\cos^2 B+\cos^2 C=1$에서

$$(1-\sin^2 A)-(1-\sin^2 B)+(1-\sin^2 C)=1$$

$\therefore\ \sin^2 A-\sin^2 B+\sin^2 C=0$

여기에 ㉮을 대입하면

$$\left(\frac{a}{2R}\right)^2-\left(\frac{b}{2R}\right)^2+\left(\frac{c}{2R}\right)^2=0$$

$\therefore\ a^2+c^2=b^2$

따라서 $\boldsymbol{B=90^\circ}$인 직각삼각형

(2) $a\sin^2 A=b\sin^2 B$에 ㉮을 대입하면

$$a\left(\frac{a}{2R}\right)^2=b\left(\frac{b}{2R}\right)^2$$

$\therefore\ a^3=b^3\quad \therefore\ a=b$

따라서 $\boldsymbol{a=b}$인 이등변삼각형

11-4. $(\sin A)x^2+2(\sin B)x+\sin C=0$ 이 중근을 가지므로

$$D/4=\sin^2 B-\sin A\sin C=0$$

사인법칙으로부터

$$\left(\frac{b}{2R}\right)^2-\frac{a}{2R}\times\frac{c}{2R}=0\quad \therefore\ \boldsymbol{b^2=ac}$$

11-5. (1) △ABC에서 사인법칙에 의하여

$$\frac{3}{\sin 30^\circ}=\frac{6}{\sin C}$$

$\therefore\ \sin C=1\quad \therefore\ C=90^\circ$

$\therefore\ B=180^\circ-(30^\circ+90^\circ)=60^\circ$

따라서 △ABC는 $C=90^\circ$인 직각삼각형이므로 $c^2=a^2+b^2$

$\therefore\ 36=9+b^2\quad \therefore\ b=3\sqrt{3}$

$\therefore\ \boldsymbol{B=60^\circ,\ C=90^\circ,\ b=3\sqrt{3}}$

(2) △ABC에서 사인법칙에 의하여

$$\frac{2\sqrt{3}}{\sin 120^\circ}=\frac{2}{\sin C}\quad \therefore\ \sin C=\frac{1}{2}$$

$\therefore\ C=30^\circ\ (\because\ B=120^\circ)$

$\therefore\ A=180^\circ-(120^\circ+30^\circ)=30^\circ$

따라서 △ABC는 $A=C$이므로 이등변삼각형이다.

$\therefore\ a=c=2$

$\therefore\ \boldsymbol{A=30^\circ,\ C=30^\circ,\ a=2}$

(3) △ABC에서 사인법칙에 의하여

$$\frac{\sqrt{3}}{\sin 30^\circ}=\frac{3}{\sin C}\quad \therefore\ \sin C=\frac{\sqrt{3}}{2}$$

$\therefore\ C=60^\circ$ 또는 $C=120^\circ$

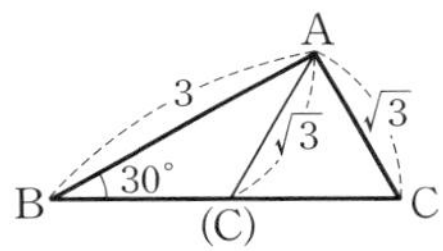

(i) $C=60^\circ$일 때

$A=180^\circ-(30^\circ+60^\circ)=90^\circ$

따라서 △ABC는 $A=90^\circ$인 직각삼각형이므로 $a^2=b^2+c^2$

$\therefore\ a^2=3+9=12$

$a>0$이므로 $a=2\sqrt{3}$

(ii) $C=120^\circ$일 때

$A=180^\circ-(30^\circ+120^\circ)=30^\circ$

따라서 △ABC는 $A=B$이므로 이등변삼각형이다.

$\therefore\ a=b=\sqrt{3}$

$\therefore\ \boldsymbol{A=90^\circ,\ C=60^\circ,\ a=2\sqrt{3}}$

또는 $\boldsymbol{A=30^\circ,\ C=120^\circ,\ a=\sqrt{3}}$

11-6. $A=180^\circ-(60^\circ+75^\circ)=45^\circ$

△ABC에서 사인법칙에 의하여

$$\frac{100}{\sin 45^\circ}=\frac{b}{\sin 60^\circ}\quad \therefore\ b=50\sqrt{6}$$

또, 제일 코사인법칙에 의하여

$$c=100\cos 60^\circ+50\sqrt{6}\cos 45^\circ$$
$$=50(\sqrt{3}+1)$$

$\therefore\ \boldsymbol{A=45^\circ,\ b=50\sqrt{6},\ c=50(\sqrt{3}+1)}$

11-7. △ABC에서 코사인법칙에 의하여

$a^2=2^2+(\sqrt{3}+1)^2-2\times2\times(\sqrt{3}+1)\cos\frac{\pi}{3}$
$=6$

$a>0$이므로 $a=\sqrt{6}$

또, 사인법칙에 의하여

$$\frac{\sqrt{6}}{\sin\frac{\pi}{3}}=\frac{2}{\sin B} \quad \therefore \sin B=\frac{1}{\sqrt{2}}$$

그런데 $B<\pi-A=\frac{2}{3}\pi$이므로

$$B=\frac{\pi}{4}$$

$$\therefore C=\pi-\left(\frac{\pi}{3}+\frac{\pi}{4}\right)=\frac{5}{12}\pi$$

$$\therefore \boldsymbol{a=\sqrt{6},\ B=\frac{\pi}{4},\ C=\frac{5}{12}\pi}$$

11-8. △ABC에서 $a=13$, $b=8$, $c=7$로 놓으면, 최대각은 최대변 a의 대각이므로 A이다.

△ABC에서 코사인법칙에 의하여

$$\cos A=\frac{b^2+c^2-a^2}{2bc}$$
$$=\frac{8^2+7^2-13^2}{2\times8\times7}=-\frac{1}{2}$$
$$\therefore A=\mathbf{120^\circ}$$

11-9.

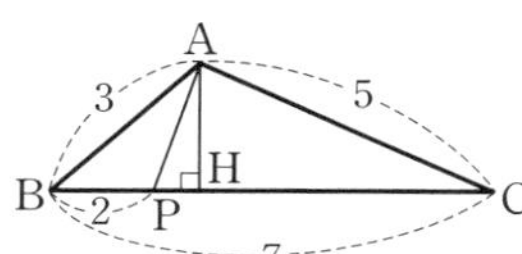

$$\cos B=\frac{3^2+7^2-5^2}{2\times3\times7}=\frac{11}{14}$$

(1) △ABP에서 코사인법칙에 의하여

$$\overline{AP}^2=3^2+2^2-2\times3\times2\cos B$$
$$=13-12\times\frac{11}{14}=\frac{25}{7}$$
$$\therefore \overline{AP}=\boldsymbol{\frac{5\sqrt{7}}{7}}$$

(2) $\overline{AH}=3\sin B$이고,

$$\sin^2 B=1-\cos^2 B=1-\left(\frac{11}{14}\right)^2=\frac{75}{14^2}$$

$0^\circ<B<180^\circ$이므로 $\sin B=\frac{5\sqrt{3}}{14}$

$$\therefore \overline{AH}=3\times\frac{5\sqrt{3}}{14}=\boldsymbol{\frac{15\sqrt{3}}{14}}$$

****Note*** $\overline{BH}=x$로 놓으면 피타고라스 정리에 의하여

$$3^2-x^2=5^2-(7-x)^2 \quad \therefore x=\frac{33}{14}$$

$$\therefore \overline{AH}=\sqrt{3^2-x^2}=\boldsymbol{\frac{15\sqrt{3}}{14}}$$

11-10. (1) $a\cos B=b\cos A$에서 코사인법칙으로부터

$$a\times\frac{c^2+a^2-b^2}{2ca}=b\times\frac{b^2+c^2-a^2}{2bc}$$
$$\therefore c^2+a^2-b^2=b^2+c^2-a^2$$
$$\therefore a^2=b^2 \quad \therefore \boldsymbol{a=b}$$

(2) 코사인법칙으로부터

$$c=2a\times\frac{c^2+a^2-b^2}{2ca}$$
$$\therefore c^2=c^2+a^2-b^2$$
$$\therefore a^2=b^2 \quad \therefore \boldsymbol{a=b}$$

(3) 코사인법칙으로부터

$$a\times\frac{c^2+a^2-b^2}{2ca}-b\times\frac{b^2+c^2-a^2}{2bc}=c$$
$$\therefore c^2+a^2-b^2-(b^2+c^2-a^2)=2c^2$$
$$\therefore a^2-b^2=c^2 \quad \therefore \boldsymbol{a^2=b^2+c^2}$$

****Note*** 주어진 식에서

$c=a\cos B-b\cos A$ ……①

제일 코사인법칙으로부터

$c=a\cos B+b\cos A$ ……②

①, ②에서 $\cos A=0$

$$\therefore A=90^\circ \quad \therefore \boldsymbol{a^2=b^2+c^2}$$

(4) 사인법칙과 코사인법칙으로부터

$$a^2\times\frac{b^2+c^2-a^2}{2bc}\times\frac{b}{2R}$$
$$=b^2\times\frac{a}{2R}\times\frac{c^2+a^2-b^2}{2ca}$$
$$\therefore a^2(b^2+c^2-a^2)=b^2(c^2+a^2-b^2)$$
$$\therefore (a^2-b^2)(c^2-a^2-b^2)=0$$

$\therefore$ $\boldsymbol{a=b}$ 또는 $\boldsymbol{a^2+b^2=c^2}$

(5) 사인법칙과 코사인법칙으로부터

$$\frac{a}{2R}+\frac{b}{2R}=\frac{c}{2R}\left(\frac{b^2+c^2-a^2}{2bc}+\frac{c^2+a^2-b^2}{2ca}\right)$$

$\therefore\ 2ab(a+b)=a(b^2+c^2-a^2)+b(c^2+a^2-b^2)$

a에 관하여 정리하면

$a^3+a^2b+a(b^2-c^2)+b(b^2-c^2)=0$

$\therefore\ a^2(a+b)+(b^2-c^2)(a+b)=0$

$\therefore\ (a+b)(a^2+b^2-c^2)=0$

$a+b\neq0$이므로 $\boldsymbol{a^2+b^2=c^2}$

12-1.

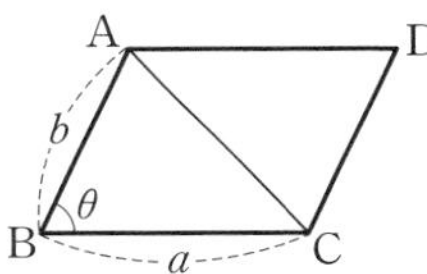

평행사변형 ABCD에서 $\angle B=\theta$라고 할 때, 대각선 AC로 나누어지는 두 삼각형의 넓이는 같으므로

$$\square ABCD=2\triangle ABC=2\times\frac{1}{2}ab\sin\theta=\boldsymbol{ab\sin\theta}$$

12-2. 등변사다리꼴에서 두 대각선의 길이는 같다.

따라서 대각선의 길이를 a라고 하면

$$\frac{1}{2}\times a\times a\sin60^\circ=\sqrt{3}$$

$\therefore\ a^2=4\qquad\therefore\ a=\mathbf{2}$

12-3.

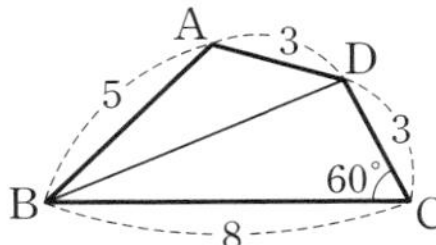

$\triangle$BCD에서 코사인법칙에 의하여

$\overline{BD}^2=8^2+3^2-2\times8\times3\cos60^\circ$
$=49$ ······㉮

따라서 $\triangle$ABD에서

$$\cos A=\frac{3^2+5^2-49}{2\times3\times5}=-\frac{1}{2}$$

$\therefore\ \boldsymbol{A=120^\circ}$

$\therefore\ \triangle ABD=\frac{1}{2}\times5\times3\sin120^\circ=\boldsymbol{\frac{15\sqrt{3}}{4}}$

*_**Note**_ 다음과 같이 헤론의 공식을 이용하여 $\triangle$ABD의 넓이를 구할 수도 있다.

㉮에서 $\overline{BD}=7$이므로

$$s=\frac{1}{2}(3+5+7)=\frac{15}{2}$$

$\therefore\ \triangle ABD=\sqrt{\frac{15}{2}\left(\frac{15}{2}-3\right)\left(\frac{15}{2}-5\right)\left(\frac{15}{2}-7\right)}=\boldsymbol{\frac{15\sqrt{3}}{4}}$

12-4. $\triangle ACD=\frac{1}{2}\times7\times8\sin120^\circ=14\sqrt{3}$

또, $\triangle$ACD에서 코사인법칙에 의하여

$\overline{AC}^2=7^2+8^2-2\times7\times8\cos120^\circ=169$

$\therefore\ \overline{AC}=13$

이때, $\overline{AB}:\overline{BC}=2:3$에서 $\overline{AB}=2k$, $\overline{BC}=3k$로 놓으면 $\triangle$ABC가 직각삼각형이므로

$13^2=(2k)^2+(3k)^2\qquad\therefore\ k^2=13$

$\therefore\ \triangle ABC=\frac{1}{2}\times2k\times3k=3k^2=39$

$\therefore\ \square ABCD=\triangle ABC+\triangle ACD=\boldsymbol{39+14\sqrt{3}}$

12-5.

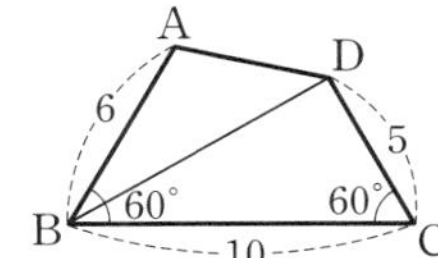

$$\triangle BCD=\frac{1}{2}\times10\times5\sin60^\circ=\frac{25\sqrt{3}}{2}$$

또, $\triangle$BCD에서 코사인법칙에 의하여

$\overline{BD}^2=10^2+5^2-2\times10\times5\cos60^\circ=75$

$\therefore\ \overline{BD}=5\sqrt{3}$

따라서 사인법칙에 의하여

$$\frac{5\sqrt{3}}{\sin 60^\circ}=\frac{5}{\sin(\angle\mathrm{CBD})}$$

$$\therefore\ \sin(\angle\mathrm{CBD})=\frac{1}{2}$$

그런데 $0^\circ<\angle\mathrm{CBD}<60^\circ$이므로

$\angle\mathrm{CBD}=30^\circ \quad \therefore\ \angle\mathrm{ABD}=30^\circ$

$$\therefore\ \triangle\mathrm{ABD}=\frac{1}{2}\times6\times5\sqrt{3}\sin30^\circ=\frac{15\sqrt{3}}{2}$$

$$\therefore\ \square\mathrm{ABCD}=\triangle\mathrm{ABD}+\triangle\mathrm{BCD}=\frac{15\sqrt{3}}{2}+\frac{25\sqrt{3}}{2}=\mathbf{20\sqrt{3}}$$

****Note*** 두 변 AB, DC의 연장선이 만나는 점을 E라고 하면 △EBC는 한 변의 길이가 10인 정삼각형이다.

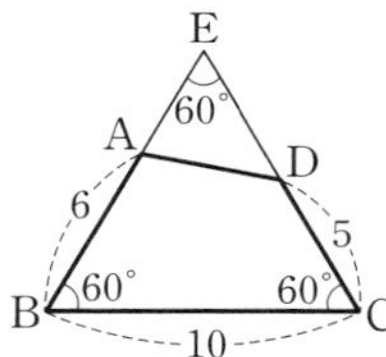

$\overline{\mathrm{EA}}=4$, $\overline{\mathrm{ED}}=5$, $\angle\mathrm{E}=60^\circ$이므로

$$\square\mathrm{ABCD}=\triangle\mathrm{EBC}-\triangle\mathrm{EAD}=\frac{\sqrt{3}}{4}\times10^2-\frac{1}{2}\times4\times5\sin60^\circ=25\sqrt{3}-5\sqrt{3}=\mathbf{20\sqrt{3}}$$

12-6.

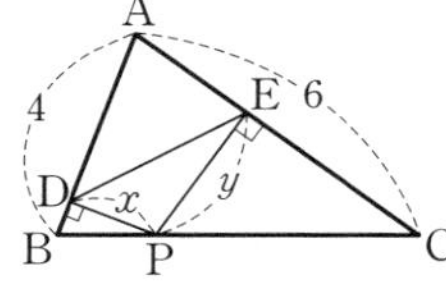

$$\triangle\mathrm{ABC}=\frac{1}{2}\times4\times6\sin A=12\sin A$$

또, $\overline{\mathrm{PD}}=x$, $\overline{\mathrm{PE}}=y$라고 하면 $\angle\mathrm{DPE}=180^\circ-A$이므로

$$\triangle\mathrm{PDE}=\frac{1}{2}xy\sin(180^\circ-A)=\frac{1}{2}xy\sin A$$

그런데 $\triangle\mathrm{ABC}=8\triangle\mathrm{PDE}$이므로

$12\sin A=8\times\frac{1}{2}xy\sin A \quad \therefore\ xy=\mathbf{3}$

12-7.

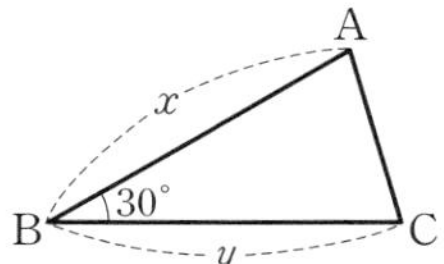

$\overline{\mathrm{AB}}=x$, $\overline{\mathrm{BC}}=y$라고 하면 $\triangle\mathrm{ABC}=4$이므로

$\frac{1}{2}xy\sin30^\circ=4 \quad \therefore\ xy=16$

한편 △ABC에서 코사인법칙에 의하여

$$\overline{\mathrm{AC}}^2=x^2+y^2-2xy\cos30^\circ=x^2+y^2-16\sqrt{3}\ge2\sqrt{x^2y^2}-16\sqrt{3}=2xy-16\sqrt{3}=32-16\sqrt{3}$$

따라서 $x=y=4$일 때 $\overline{\mathrm{AC}}^2$은 최소이고, $\overline{\mathrm{AC}}$도 최소이다. 이때,

$\overline{\mathrm{AB}}+\overline{\mathrm{BC}}=x+y=4+4=\mathbf{8}$

12-8. $\overline{\mathrm{AP}}=x$, $\overline{\mathrm{AQ}}=y$ 라고 하자.

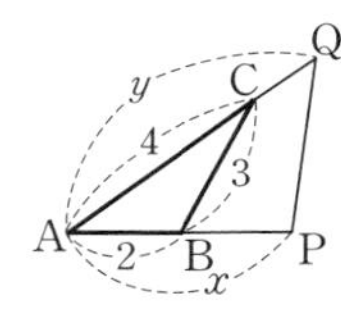

문제의 조건에서

$\triangle\mathrm{APQ}=2\triangle\mathrm{ABC}$

$$\therefore\ \frac{1}{2}xy\sin A=2\times\frac{1}{2}\times2\times4\sin A \qquad \therefore\ xy=16$$

△APQ에서 코사인법칙에 의하여

$$\overline{\mathrm{PQ}}^2=x^2+y^2-2xy\cos A$$

그런데 △ABC에서

$$\cos A=\frac{4^2+2^2-3^2}{2\times4\times2}=\frac{11}{16}$$

이고, $x^2+y^2\ge2xy=32$이므로

$$\overline{\mathrm{PQ}}^2\ge32-2\times16\times\frac{11}{16}=10$$

따라서 $x=y=4$일 때 $\overline{PQ}^2$은 최소이고, 최솟값이 10이므로 $\overline{PQ}$의 최솟값은 $\boldsymbol{\sqrt{10}}$

12-9. 오른쪽 그림에서 △ABC는 직각삼각형이므로 그 넓이는

$$\frac{1}{2}\times 3\times 4=6$$

한편 내접원의 중심을 O, 반지름의 길이를 r이라고 하면

$$\triangle ABC=\triangle OAB+\triangle OBC+\triangle OCA$$

$$\therefore\ 6=\frac{1}{2}\times 5r+\frac{1}{2}\times 3r+\frac{1}{2}\times 4r$$

$$\therefore\ r=\mathbf{1(cm)}$$

또, 외접원의 반지름의 길이를 R이라고 하면

$$R=\frac{abc}{4S}=\frac{3\times 4\times 5}{4\times 6}=\mathbf{\frac{5}{2}(cm)}$$

****Note*** 직각삼각형에서 외접원의 중심은 빗변의 중점이므로

$$R=\frac{1}{2}\overline{AB}=\mathbf{\frac{5}{2}(cm)}$$

12-10.

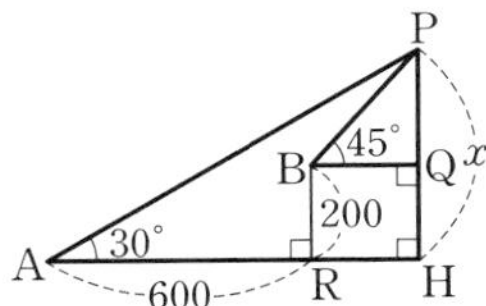

위의 그림에서 $\overline{PH}=x$라고 하자.

△PBQ는 직각이등변삼각형이므로

$$\overline{BQ}=\overline{PQ}=x-200$$

$$\therefore\ \overline{AH}=\overline{AR}+\overline{RH}$$

$$=600+(x-200)=x+400$$

△PAH에서 $\dfrac{\overline{PH}}{\overline{AH}}=\tan 30^\circ$이므로

$$\frac{x}{x+400}=\frac{1}{\sqrt{3}}\qquad \therefore\ \sqrt{3}x=x+400$$

$$\therefore\ x=\frac{400}{\sqrt{3}-1}=\mathbf{200(\sqrt{3}+1)(m)}$$

12-11. 점 B에서 선분 PQ에 내린 수선의 발을 H라 하고, $\overline{AQ}=x$라고 하자.

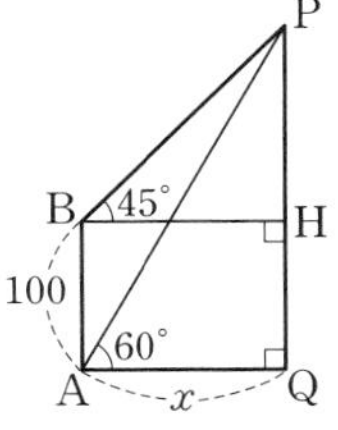

△BHP에서

$$\overline{PH}=\overline{BH}$$

$$=\overline{AQ}=x$$

△AQP에서 $\dfrac{\overline{PQ}}{\overline{AQ}}=\tan 60^\circ$이므로

$$\overline{PQ}=\sqrt{3}\times\overline{AQ}\qquad \therefore\ x+100=\sqrt{3}x$$

$$\therefore\ x=\frac{100}{\sqrt{3}-1}=50(\sqrt{3}+1)$$

$$\therefore\ \overline{PQ}=\sqrt{3}x=\mathbf{50(3+\sqrt{3})(m)}$$

12-12. △BPQ에서 ∠BPQ$=90^\circ$이므로

$$\frac{\overline{PQ}}{\overline{BP}}=\tan 4^\circ$$

$$\therefore\ \overline{BP}=\frac{\overline{PQ}}{\tan 4^\circ}=\frac{0.21}{0.07}=3(\text{km})$$

또, △ABP에서 코사인법칙에 의하여

$$\overline{AP}^2=\overline{AB}^2+\overline{BP}^2-2\times\overline{AB}\times\overline{BP}\times\cos 45^\circ$$

$$=2^2+3^2-2\times 2\times 3\times\frac{1}{\sqrt{2}}$$

$$=13-6\sqrt{2}$$

$$\therefore\ \overline{AP}=\mathbf{\sqrt{13-6\sqrt{2}}\ (km)}$$

12-13.

위의 그림과 같이 비행기의 위치를 P, 비행기의 높이 PH를 x라고 하자.

△AHP에서 $\dfrac{\overline{PH}}{\overline{AH}}=\tan 45^\circ$

$$\therefore\ \overline{AH}=x \qquad \cdots\cdots①$$

△BHP에서 $\dfrac{\overline{PH}}{\overline{BH}}=\tan 30^\circ$

$$\therefore\ \overline{BH}=\sqrt{3}x \qquad \cdots\cdots②$$

그런데 △ABH에서

$$\overline{BH}^2=\overline{AB}^2+\overline{AH}^2$$

이므로 ⑦, ⓛ와 $\overline{AB}=500$을 대입하면

$$(\sqrt{3}x)^2=500^2+x^2 \quad \therefore\ x^2=\frac{500^2}{2}$$

$x>0$이므로 $\quad x=\mathbf{250\sqrt{2}}$ **(m)**

12-14.

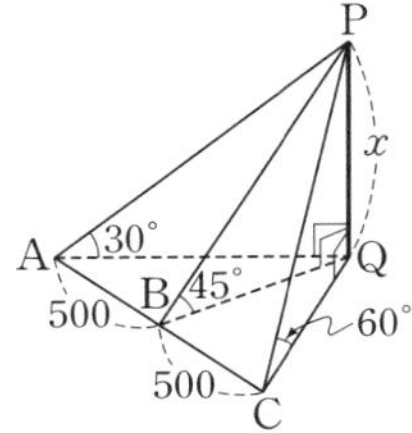

위의 그림에서 $\overline{PQ}=x$라고 하자.

△APQ에서 $\dfrac{\overline{PQ}}{\overline{AQ}}=\tan 30^\circ$

$$\therefore\ \frac{x}{\overline{AQ}}=\frac{1}{\sqrt{3}} \quad \therefore\ \overline{AQ}=\sqrt{3}x$$

△CPQ에서 $\dfrac{\overline{PQ}}{\overline{CQ}}=\tan 60^\circ$

$$\therefore\ \frac{x}{\overline{CQ}}=\sqrt{3} \quad \therefore\ \overline{CQ}=\frac{1}{\sqrt{3}}x$$

△BPQ에서 $\angle PBQ=45^\circ$이므로

$$\overline{BQ}=\overline{PQ}=x$$

△ACQ에서 중선 정리를 이용하면

$$\overline{AQ}^2+\overline{CQ}^2=2(\overline{BQ}^2+\overline{AB}^2)$$

$$\therefore\ (\sqrt{3}x)^2+\left(\frac{1}{\sqrt{3}}x\right)^2=2(x^2+500^2)$$

$$\therefore\ x^2=\frac{3\times 500^2}{2}$$

$x>0$이므로 $\quad x=\mathbf{250\sqrt{6}}$ **(m)**

12-15.

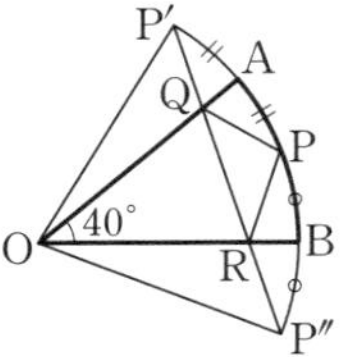

위의 그림과 같이

$$\overset{\frown}{AP'}=\overset{\frown}{AP},\ \overset{\frown}{BP''}=\overset{\frown}{BP}$$

가 되도록 점 P′과 P″을 잡고, 직선 P′P″이 선분 OA, OB와 만나는 점을 각각 Q, R이라 하면 이때 △PQR의 둘레의 길이

$$\overline{PQ}+\overline{QR}+\overline{RP}$$

가 최소이고, 최솟값은 $\overline{P'P''}$이다.

$\angle AOP=\angle AOP'$, $\angle BOP=\angle BOP''$ 이므로

$$\angle P'OP''=2\angle AOB=80^\circ$$

또, $\overline{OP}=\overline{OP'}=\overline{OP''}=10$

$$\therefore\ \overline{P'P''}^2=10^2+10^2-2\times 10\times 10\cos 80^\circ$$

그런데 $\cos 80^\circ=\sin 10^\circ=0.17$이므로

$$\overline{P'P''}^2=10^2+10^2-2\times 10^2\times 0.17=166$$

$$\therefore\ \overline{P'P''}=\mathbf{\sqrt{166}}\ \textbf{(cm)}$$

12-16.

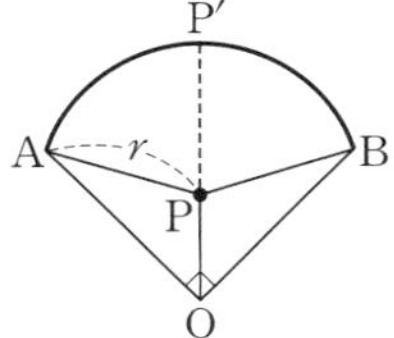

$\overline{OA}=\overline{OB}$, $\overline{PA}=\overline{PB}$이므로

$\triangle AOP\equiv\triangle BOP \quad \therefore\ \angle AOP=45^\circ$

$\overline{PA}=r$이라고 하면 △AOP에서

$$r^2=50^2+100^2-2\times 50\times 100\cos 45^\circ$$
$$=50^2(1+2^2-2\sqrt{2})=50^2\times 2.2$$
$$\therefore\ r=50\sqrt{2.2}=75$$

그런데 $\overline{OP}$의 연장선이 홈런 울타리와 만날 때 최대이므로 거리의 최댓값은

$$50+75=\mathbf{125}\ \textbf{(m)}$$

13-1. (1) 공차를 d라고 하면

$$d=12-8=4$$

따라서 제 2 항은 $\quad 8-4=\mathbf{4}$,

첫째항은 $\quad 4-4=\mathbf{0}$

(2) 공차를 d라고 하면

$$d=4-\frac{3}{2}=\frac{5}{2}$$

따라서 첫째항은 $\quad \dfrac{3}{2}-\dfrac{5}{2}=\mathbf{-1}$,

제 4 항은 $\quad 4+\dfrac{5}{2}=\mathbf{\dfrac{13}{2}}$

(3) 공차를 d라고 하면

$\log\frac{3}{2}+3d=\log 12 \quad \therefore\ d=\log 2$

따라서

제 2 항은 $\log\frac{3}{2}+\log 2=\mathbf{\log 3}$,

제 3 항은 $\log 3+\log 2=\mathbf{\log 6}$

(4) 첫째항을 a, 공차를 d라고 하면

$a+d=3,\ a+3d=-1$

$\therefore\ a=5,\ d=-2$

따라서 첫째항은 **5**,

제 3 항은 $5+2\times(-2)=\mathbf{1}$

***Note** 공차를 d라고 하면

$3+2d=-1 \quad \therefore\ d=-2$

따라서 첫째항은 $3-(-2)=\mathbf{5}$,

제 3 항은 $3+(-2)=\mathbf{1}$

13-2. $a_n=3n-1$에서

$a_1=3\times1-1=\mathbf{2}$,

$a_{10}=3\times10-1=\mathbf{29}$

공차를 d라고 하면

$d=a_{n+1}-a_n$

$=\{3(n+1)-1\}-(3n-1)=\mathbf{3}$

13-3. (1) 첫째항을 a, 공차를 d라고 하자.

$a_5=14$이므로 $a+4d=14$

$a_{20}=-46$이므로 $a+19d=-46$

연립하여 풀면 $a=30,\ d=-4$

$\therefore$ 첫째항 **30**, 공차 **−4**

(2) $a_n=30+(n-1)\times(-4)$

$=\mathbf{-4n+34}$

(3) $a_{153}=-4\times153+34=\mathbf{-578}$

(4) $a_n<0$인 n의 값의 범위를 구하면

$a_n=-4n+34<0$

$\therefore\ n>8.5 \quad \therefore$ 제**9**항

13-4. 첫째항을 a, 공차를 d라고 하자.

$a_2+a_6=0$이므로

$(a+d)+(a+5d)=0 \quad \therefore\ a+3d=0$

$a_3=1$이므로 $a+2d=1$

연립하여 풀면 $a=3,\ d=-1$

$\therefore$ 첫째항 **3**, 공차 **−1**

13-5. 첫째항을 a, 공차를 d라고 하자.

$a_3=11$이므로 $a+2d=11$ ……①

$a_6:a_{10}=5:8$이므로

$(a+5d):(a+9d)=5:8$

$\therefore\ 8(a+5d)=5(a+9d)$

$\therefore\ 3a-5d=0$ ……②

①, ②를 연립하여 풀면

$a=5,\ d=3$

$\therefore\ a_{20}=5+(20-1)\times3=\mathbf{62}$,

$a_n=5+(n-1)\times3=\mathbf{3n+2}$

13-6. 수열 $\{a_n\}$은 첫째항이 50, 공차가 −3인 등차수열이다.

$\therefore\ a_n=50+(n-1)\times(-3)$

$=-3n+53$

(1) $a_k=20$이므로 $-3k+53=20$

$\therefore\ \boldsymbol{k=11}$

(2) $a_n<0$인 n의 값의 범위를 구하면

$a_n=-3n+53<0$

$\therefore\ n>17.6\times\times\times \quad \therefore$ 제**18**항

13-7. 문제의 조건으로부터

$2\log(x-1)=\log 2+\log(x+3)$

$\therefore\ \log(x-1)^2=\log 2(x+3)$

$\therefore\ (x-1)^2=2(x+3)$

$\therefore\ x^2-4x-5=0$

$\therefore\ (x+1)(x-5)=0$

그런데 진수 조건에서 $x-1>0$, $x+3>0$이므로 $x>1$이다.

$\therefore\ \boldsymbol{x=5}$

13-8. 구하는 세 항을 $a-d,\ a,\ a+d$로 놓으면

$(a-d)+a+(a+d)=15$ …①

$(a-d)^2+a^2+(a+d)^2=83$ …②

①에서 $a=5$

②에 대입하고 정리하면

$d^2=4 \quad \therefore\ d=\pm2$

따라서 구하는 세 항은

3, 5, 7 또는 7, 5, 3

13-9. (1) 각 항의 역수는

$$1,\ 3,\ 5,\ 7,\ \cdots$$

이것은 첫째항이 1, 공차가 2인 등차수열이므로

$$\frac{1}{a_n}=1+(n-1)\times2=2n-1$$

$$\therefore\ \boldsymbol{a_n=\frac{1}{2n-1}}$$

(2) 각 항의 역수는

$$\frac{1}{6},\ \frac{1}{3},\ \frac{1}{2},\ \frac{2}{3},\ \cdots$$

이것은 첫째항이 $\frac{1}{6}$, 공차가 $\frac{1}{6}$인 등차수열이므로

$$\frac{1}{a_n}=\frac{1}{6}+(n-1)\times\frac{1}{6}=\frac{n}{6}$$

$$\therefore\ \boldsymbol{a_n=\frac{6}{n}}$$

13-10. 조건식의 양변을 xyz로 나누면

$$\frac{1}{x}+\frac{1}{z}=\frac{2}{y}$$

따라서 $\frac{1}{x}$, $\frac{1}{y}$, $\frac{1}{z}$은 이 순서로 등차수열을 이룬다. 답 ④

*__Note__ 1° x, y, z는 이 순서로 조화수열을 이룬다.

2° $yz+xy=2xz$이므로

$yz,\ zx,\ xy$ 또는 $xy,\ zx,\ yz$

는 이 순서로 등차수열을 이룬다.

13-11. 두 지점 사이의 거리를 S km라고 하면 왕복 거리는 $2S$ km이고, 걸린 시간은 $\frac{S}{6}+\frac{S}{4}=\frac{5}{12}S$(시간)이다.

따라서 평균 속력은

$$\frac{2S}{\frac{5}{12}S}=\frac{24}{5}=\boldsymbol{4.8\,(km/h)}$$

*__Note__ 4 km/h의 속력으로 이동한 시간이 더 길기 때문에 평균 속력은 6(km/h)과 4(km/h)의 산술평균인 5(km/h)가 될 수 없다.

실제로 평균 속력은 6(km/h)과 4(km/h)의 조화평균과 같다.

13-12. 첫째항부터 제10항까지의 합을 S_{10}이라고 하자.

(1) 분모를 유리화하면

$$\sqrt{2}+1,\ \sqrt{2},\ \sqrt{2}-1,\ \cdots$$

따라서 첫째항이 $\sqrt{2}+1$, 공차가 -1인 등차수열이므로

$$S_{10}=\frac{10\{2(\sqrt{2}+1)+(10-1)\times(-1)\}}{2}$$

$$=\boldsymbol{-35+10\sqrt{2}}$$

(2) $\log_2 4,\ 2\log_2 4,\ 3\log_2 4,\ \cdots$

따라서 첫째항이 $\log_2 4=2$, 공차가 $\log_2 4=2$인 등차수열이므로

$$S_{10}=\frac{10\{2\times2+(10-1)\times2\}}{2}$$

$$=\boldsymbol{110}$$

13-13. 29는 첫째항이 2, 공차가 d인 등차수열의 제$(n+2)$항이므로

$$2+\{(n+2)-1\}d=29 \quad \cdots\cdots ㉮$$

또, 첫째항부터 제$(n+2)$항까지의 합이 155이므로

$$\frac{(n+2)(2+29)}{2}=155 \qquad \therefore\ \boldsymbol{n=8}$$

㉮에 대입하면 $\boldsymbol{d=3}$

13-14. 첫째항을 a, 공차를 d, 첫째항부터 제n항까지의 합을 S_n이라고 하면 $S_6=-36$, $S_{11}=-231$이므로

$$\frac{6\{2a+(6-1)d\}}{2}=-36,$$

$$\frac{11\{2a+(11-1)d\}}{2}=-231$$

$$\therefore\ 2a+5d=-12,\ a+5d=-21$$

연립하여 풀면 $a=9,\ d=-6$

따라서 이 수열의 제20항은

$$9+(20-1)\times(-6)=\boldsymbol{-105}$$

13-15. 첫째항이 -20, 공차가 3이므로 일반항 a_n은

$$a_n=-20+(n-1)\times3=3n-23$$

(1) $a_n>0$인 n의 값의 범위를 구하면

$$a_n=3n-23>0$$

$\therefore\ n>7.6\times\times\times\quad\therefore$ **제8항**

(2) 첫째항부터 제n항까지의 합을 S_n이라고 하면

$$S_n=\frac{n\{2\times(-20)+(n-1)\times3\}}{2}$$
$$=\frac{3n^2-43n}{2}$$
$$=\frac{3}{2}\left(n-\frac{43}{6}\right)^2-\frac{43^2}{24}$$

따라서 n의 값이 $\frac{43}{6}$에 가장 가까운 정수, 곧 $n=7$일 때 S_n은 최소이다.

$\therefore$ **제7항**

Note 주어진 수열은 제7항까지가 음수이고, 제8항부터 양수이므로 첫째항부터 제7항까지의 합이 최소라고 해도 된다.

(3) $S_n>0$인 n의 값의 범위를 구하면

$$S_n=\frac{3n^2-43n}{2}>0$$

$\therefore\ n>\frac{43}{3}=14.3\times\times\times\quad\therefore$ **제15항**

13-16. 주어진 수열은

첫째항이 $\frac{12-\sqrt{3}}{12}$, 공차가 $-\frac{\sqrt{3}}{12}$

인 등차수열이므로 일반항 a_n은

$$a_n=\frac{12-\sqrt{3}}{12}+(n-1)\times\left(-\frac{\sqrt{3}}{12}\right)$$
$$=\frac{12-n\sqrt{3}}{12}$$

(1) $a_n<0$인 n의 값의 범위를 구하면

$$a_n=\frac{12-n\sqrt{3}}{12}<0$$

$\therefore\ n>4\sqrt{3}=\sqrt{48}\quad\therefore$ **제7항**

(2) $a_1>a_2>\cdots>a_6>0>a_7$이므로 첫째항부터 **제6항**까지의 합이 최대이다.

13-17.

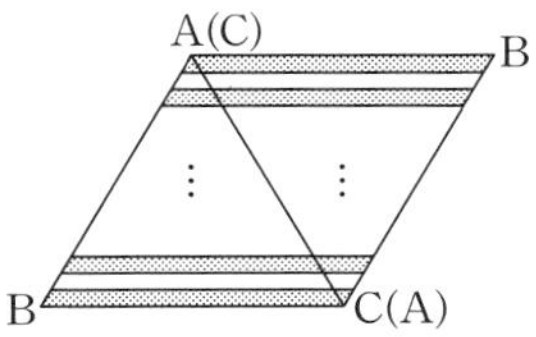

위의 그림과 같이 △ABC를 두 개 붙이면 합동인 평행사변형을 33개 얻고, 이 중 색칠한 것은 17개, 색칠하지 않은 것은 16개이다.

따라서 문제의 그림에서 색칠한 부분의 넓이를 S, 색칠하지 않은 부분의 넓이를 S'이라고 하면

$$S:S'=2S:2S'=\mathbf{17:16}$$

13-18. $n\ge2$일 때

$$a_n=S_n-S_{n-1}$$
$$=(2n^2-n)-\{2(n-1)^2-(n-1)\}$$
$$=4n-3$$

$n=1$일 때

$$a_1=S_1=2\times1^2-1=1$$

이때, $a_1=1$은 위의 $a_n=4n-3$에 $n=1$을 대입한 것과 같다.

$$\therefore\ a_n=4n-3\ (n=1,\ 2,\ 3,\ \cdots)$$

따라서 수열 $\{a_n\}$은

첫째항이 **1**, 공차가 **4**인 등차수열

14-1. (1) 첫째항이 4, 공비가 $\frac{1}{2}$인 등비수열이다.

따라서 제3항은 $2\times\frac{1}{2}=\mathbf{1}$,

제4항은 $1\times\frac{1}{2}=\mathbf{\frac{1}{2}}$

(2) 공비를 r이라고 하면

$$3\times r^3=24\quad\therefore\ r^3=8$$

r은 실수이므로 $r=2$

따라서 제2항은 $3\times2=\mathbf{6}$,

제3항은 $6\times2=\mathbf{12}$

(3) $\log x^2=2\log x$이므로 첫째항이 $\log x$, 공비가 2인 등비수열이다.

따라서

제 3 항은 $(\log x^2)\times 2=\mathbf{\log x^4}$,

제 4 항은 $(\log x^4)\times 2=\mathbf{\log x^8}$

(4) 공비를 r이라고 하면

$$\frac{y}{x}\times r^2=\frac{x}{y} \qquad \therefore\ r^2=\left(\frac{x}{y}\right)^2$$

$$\therefore\ r=\pm\frac{x}{y}$$

따라서

제 2 항은 $\frac{y}{x}\times\left(\pm\frac{x}{y}\right)=\mathbf{\pm 1}$,

제 4 항은 $\frac{x}{y}\times\left(\pm\frac{x}{y}\right)=\pm\boldsymbol{\frac{x^2}{y^2}}$

(복부호동순)

14-2. $a_1=2^{2-1}=2$

공비를 r이라고 하면

$$r=\frac{a_{n+1}}{a_n}=\frac{2^{2-(n+1)}}{2^{2-n}}=\frac{1}{2}$$

$\therefore$ 첫째항 **2**, 공비 $\mathbf{\frac{1}{2}}$

***Note** $a_1=2$, $a_2=2^{2-2}=1$이므로

$$r=\frac{a_2}{a_1}=\frac{1}{2}$$

14-3. (1) 첫째항을 a, 공비를 $r(r>0)$이라고 하면 제 3 항이 2이므로

$$ar^2=2 \qquad \cdots\cdots ①$$

제 7 항이 162이므로

$$ar^6=162 \qquad \cdots\cdots ②$$

②÷①하면 $r^4=81$

$r>0$이므로 $r=3$

①에 대입하면 $a=\frac{2}{9}$

$$\therefore\ a_{10}=\frac{2}{9}\times 3^9=\mathbf{2\times 3^7},$$

$$a_n=\frac{2}{9}\times 3^{n-1}=\mathbf{2\times 3^{n-3}}$$

(2) 제 n항이 1458이라고 하면

$2\times 3^{n-3}=1458 \qquad \therefore\ 3^{n-3}=3^6$

$\therefore\ n-3=6 \qquad \therefore\ n=9 \qquad \therefore$ 제 **9** 항

(3) 제 n항에서 처음으로 20000보다 커진다고 하면

$2\times 3^{n-3}>20000 \qquad \therefore\ 3^{n-3}>10000$

양변의 상용로그를 잡으면

$$(n-3)\log 3>\log 10000$$

$$\therefore\ (n-3)\times 0.4771>4$$

$\therefore\ n>11.3\times\times\times \qquad \therefore$ 제 **12** 항

14-4. a^x, a^y, a^z이 이 순서로 등비수열을 이루므로

$$(a^y)^2=a^xa^z \qquad \therefore\ a^{2y}=a^{x+z}$$

$a>0$, $a\neq 1$이므로 $2y=x+z$

따라서 x, y, z는 이 순서로 **등차수열을 이룬다.**

14-5. $x, x+12, 9x$가 이 순서로 등비수열을 이루므로

$$(x+12)^2=x\times 9x$$

$$\therefore\ (x+3)(x-6)=0$$

$x>0$이므로 $x=6$

따라서 첫째항이 6, 공비가 3인 등비수열이므로 제 5 항은 $6\times 3^4=\mathbf{486}$

14-6. $x, 8, y$가 이 순서로 등차수열을 이루므로

$$2\times 8=x+y \qquad \cdots\cdots ①$$

$8, y, 2$가 이 순서로 등비수열을 이루므로 $y^2=8\times 2$

$y>0$이므로 $\boldsymbol{y=4}$

①에 대입하면 $\boldsymbol{x=12}$

14-7.

제 n회 시행이 끝난 후 남은 선분의 길이의 합을 l_n이라고 하자.

$l_1=\frac{2}{3}a$이고, 매회 시행 때마다 선분이 $\frac{2}{3}$씩 남으므로 수열 $\{l_n\}$은 첫째항이 $\frac{2}{3}a$, 공비가 $\frac{2}{3}$인 등비수열이다.

$$\therefore\ l_{20}=\frac{2}{3}a\times\left(\frac{2}{3}\right)^{20-1}=\boldsymbol{\left(\frac{2}{3}\right)^{20}a}$$

14-8. 등비수열의 합을 S라고 하자.

(1) $S=\log_2 4+3\log_2 4+9\log_2 4+\cdots+3^{n-1}\log_2 4$

$=\dfrac{(\log_2 4)(3^n-1)}{3-1}=\mathbf{3^n-1}$

(2) 제 n항이 -256이라고 하면

$2\times(-2)^{n-1}=-256$

$\therefore\ (-2)^n=(-2)^8 \quad \therefore\ n=8$

$\therefore\ S=\dfrac{2\{1-(-2)^8\}}{1-(-2)}=\mathbf{-170}$

(3) 제 n항이 $16\sqrt{2}$라고 하면

$-1\times(-\sqrt{2})^{n-1}=16\sqrt{2}$

$\therefore\ (-\sqrt{2})^{n-1}=(-\sqrt{2})^9$

$\therefore\ n-1=9 \quad \therefore\ n=10$

$\therefore\ S=\dfrac{-1\times\{1-(-\sqrt{2})^{10}\}}{1-(-\sqrt{2})}$

$=\dfrac{31}{1+\sqrt{2}}=\mathbf{31(\sqrt{2}-1)}$

14-9. 첫째항부터 제 10항까지의 합을 S_{10}이라고 하자.

(1) $S_{10}=\{2+4+6+\cdots+(\text{제 10항})\}+\left\{\dfrac{1}{2}+\dfrac{1}{4}+\dfrac{1}{8}+\cdots+(\text{제 10항})\right\}$

$=\dfrac{10\{2\times2+(10-1)\times2\}}{2}+\dfrac{\frac{1}{2}\left\{1-\left(\frac{1}{2}\right)^{10}\right\}}{1-\frac{1}{2}}$

$=\mathbf{111-\dfrac{1}{1024}}$

(2) $S_{10}=9+99+999+\cdots+(\text{제 10항})$

$=(10-1)+(10^2-1)+(10^3-1)+\cdots+(10^{10}-1)$

$=(10+10^2+10^3+\cdots+10^{10})-10$

$=\dfrac{10(10^{10}-1)}{10-1}-10$

$=\mathbf{\dfrac{10^{11}-100}{9}}$

14-10. 첫째항을 a, 공비를 $r(r>0)$이라고 하자.

$a_1+a_3=10$에서 $\quad a+ar^2=10$

$\therefore\ a(1+r^2)=10 \quad\cdots\cdots①$

$a_3+a_5=90$에서 $\quad ar^2+ar^4=90$

$\therefore\ ar^2(1+r^2)=90 \quad\cdots\cdots②$

②÷①하면 $\quad r^2=9$

$r>0$이므로 $\quad r=3$

①에 대입하면 $\quad a=1$

$\therefore\ a_n=1\times3^{n-1}=\mathbf{3^{n-1}}$,

$S_n=\dfrac{1\times(3^n-1)}{3-1}=\mathbf{\dfrac{1}{2}(3^n-1)}$

14-11. 첫째항을 a, 공비를 r, 첫째항부터 제 n항까지의 합을 S_n이라고 하자.

$S_3=7$, $S_6=63$에서 $r\neq1$이므로

$\dfrac{a(r^3-1)}{r-1}=7 \quad\cdots\cdots①$

$\dfrac{a(r^6-1)}{r-1}=63 \quad\cdots\cdots②$

②÷①하면 $\quad r^3+1=9 \quad \therefore\ r^3=8$

r은 실수이므로 $\quad r=2$

①에 대입하면 $\quad a=1$

$\therefore\ S_n=\dfrac{1\times(2^n-1)}{2-1}=\mathbf{2^n-1}$

14-12. $n\ge2$일 때

$a_n=S_n-S_{n-1}$

$=(4^n-1)-(4^{n-1}-1)=4^n-4^{n-1}$

$=4\times4^{n-1}-4^{n-1}=(4-1)\times4^{n-1}$

$=3\times4^{n-1}$

$n=1$일 때 $\quad a_1=S_1=4^1-1=3$

이때, $a_1=3$은 위의 $a_n=3\times4^{n-1}$에 $n=1$을 대입한 것과 같다.

$\therefore\ a_n=3\times4^{n-1}\ (n=1, 2, 3, \cdots)$

따라서 수열 $\{a_n\}$은

첫째항이 3, 공비가 4인 등비수열

14-13. $n\ge2$일 때

$a_n=S_n-S_{n-1}$

$=(3\times2^n+k)-(3\times2^{n-1}+k)$

$=3\times2^n-3\times2^{n-1}$

$=6\times2^{n-1}-3\times2^{n-1}$

$=(6-3)\times 2^{n-1}=3\times 2^{n-1}$

$n=1$일 때 $a_1=S_1=3\times 2+k=6+k$

이때, $a_1=6+k$는 위의 $a_n=3\times 2^{n-1}$에 $n=1$을 대입한 값과 같아야 한다.

$\therefore\ 6+k=3\times 2^{1-1}\quad \therefore\ \boldsymbol{k=-3}$

14-14. 만기일에 찾을 수 있는 금액을 P만 원이라고 하면

$P=100\times 1.002+100\times 1.002^2+100\times 1.002^3+\cdots+100\times 1.002^{60}$

$=\dfrac{100\times 1.002\times(1.002^{60}-1)}{1.002-1}$

$=\dfrac{100\times 1.002\times(1.13-1)}{0.002}$

$=\mathbf{6513}$(만 원)

14-15. 1200만 원에 대한 10년 후의 원리합계는

1200×1.05^{10}(만 원) ……①

한편 1년마다 x만 원씩 갚을 때, 이들의 10년 후의 원리합계 총액은

$x+x\times 1.05+x\times 1.05^2+\cdots+x\times 1.05^9$

$=\dfrac{x(1.05^{10}-1)}{1.05-1}$(만 원) ……②

①과 ②는 같아야 하므로

$\dfrac{x(1.05^{10}-1)}{0.05}=1200\times 1.05^{10}$

$\therefore\ x=\dfrac{1200\times 1.05^{10}\times 0.05}{1.05^{10}-1}$

$=\dfrac{1200\times 1.629\times 0.05}{1.629-1}$

$\fallingdotseq\mathbf{156}$(만 원)

15-1. (1) $\displaystyle\sum_{k=1}^{n}2k=2\sum_{k=1}^{n}k$

$=2(1+2+3+\cdots+n)$

$=2\times\dfrac{n(1+n)}{2}$

$=\boldsymbol{n(n+1)}$

(2) $\displaystyle\sum_{k=1}^{n}2^{k-1}=1+2+2^2+\cdots+2^{n-1}$

$=\dfrac{1\times(2^n-1)}{2-1}=\boldsymbol{2^n-1}$

(3) (준 식)$\displaystyle=\sum_{k=1}^{11}(2k+2^k)-4-8$

$\displaystyle=2\sum_{k=1}^{11}k+\sum_{k=1}^{11}2^k-12$

$=2\times\dfrac{11(1+11)}{2}+\dfrac{2(2^{11}-1)}{2-1}-12$

$=\mathbf{4214}$

15-2. (준 식)$\displaystyle=2\sum_{k=1}^{n}a_k-3\sum_{k=1}^{n}b_k+\sum_{k=1}^{n}4$

$=2\times 10n-3\times 5n+4n$

$=\boldsymbol{9n}$

15-3. $\displaystyle\sum_{k=1}^{9}f(k+1)=f(2)+f(3)+f(4)+\cdots+f(10)$

$\displaystyle\sum_{k=2}^{10}f(k-1)=f(1)+f(2)+f(3)+\cdots+f(9)$

$\therefore$ (준 식)$=f(10)-f(1)$

$=50-3=\mathbf{47}$

15-4. 제k항을 a_k, 첫째항부터 제n항까지의 합을 S_n이라고 하자.

(1) $a_k=k(k+2)=k^2+2k$이므로

$\displaystyle S_n=\sum_{k=1}^{n}(k^2+2k)$

$=\dfrac{n(n+1)(2n+1)}{6}+2\times\dfrac{n(n+1)}{2}$

$=\boldsymbol{\dfrac{1}{6}n(n+1)(2n+7)}$

(2) $a_k=(4k-3)^2=16k^2-24k+9$이므로

$\displaystyle S_n=\sum_{k=1}^{n}(16k^2-24k+9)$

$=16\times\dfrac{n(n+1)(2n+1)}{6}-24\times\dfrac{n(n+1)}{2}+9n$

$=\boldsymbol{\dfrac{1}{3}n(16n^2-12n-1)}$

(3) $a_k=1+2+4+\cdots+2^{k-1}$

$=\dfrac{1\times(2^k-1)}{2-1}=2^k-1$

이므로

$$S_n=\sum_{k=1}^{n}(2^k-1)=\sum_{k=1}^{n}2^k-\sum_{k=1}^{n}1$$
$$=\frac{2(2^n-1)}{2-1}-n=\mathbf{2^{n+1}-n-2}$$

15-5. $\sum_{k=1}^{n}a_k=S_n$이라고 하자.

$S_n=n^2-2$이므로

$n\ge2$일 때

$$a_n=S_n-S_{n-1}$$
$$=(n^2-2)-\{(n-1)^2-2\}$$
$$=2n-1$$

$n=1$일 때 $a_1=S_1=-1$

$\therefore\ a_1=-1,\ a_n=2n-1\ (n=2, 3, 4, \cdots)$

$$\therefore\ \sum_{k=1}^{2n}a_{2k}=\sum_{k=1}^{2n}(2\times2k-1)$$
$$=4\times\frac{2n(2n+1)}{2}-2n$$
$$=\mathbf{2n(4n+1)}$$

15-6. $S_n=2^n-1$이므로

$n\ge2$일 때

$$a_n=S_n-S_{n-1}$$
$$=(2^n-1)-(2^{n-1}-1)=2^{n-1}$$

$n=1$일 때 $a_1=S_1=1$

이것은 위의 식을 만족시킨다.

$\therefore\ a_n=2^{n-1}\ (n=1, 2, 3, \cdots)$

$$\therefore\ \sum_{k=1}^{n}\log_2 a_k=\sum_{k=1}^{n}\log_2 2^{k-1}=\sum_{k=1}^{n}(k-1)$$
$$=\frac{n(n+1)}{2}-n$$
$$=\mathbf{\frac{1}{2}n(n-1)}$$

15-7. (1) (준 식)$=\sum_{m=1}^{n}\frac{m(m+1)}{2}$

$$=\frac{1}{2}\sum_{m=1}^{n}(m^2+m)$$
$$=\frac{1}{2}\left\{\frac{n(n+1)(2n+1)}{6}+\frac{n(n+1)}{2}\right\}$$
$$=\frac{1}{2}\times\frac{1}{6}n(n+1)\{(2n+1)+3\}$$
$$=\mathbf{\frac{1}{6}n(n+1)(n+2)}$$

(2) (준 식)$=\sum_{m=1}^{n}\left(\sum_{l=1}^{m}6l\right)=\sum_{m=1}^{n}\left(6\sum_{l=1}^{m}l\right)$

$$=\sum_{m=1}^{n}\left\{6\times\frac{m(m+1)}{2}\right\}=3\sum_{m=1}^{n}(m^2+m)$$
$$=3\left\{\frac{n(n+1)(2n+1)}{6}+\frac{n(n+1)}{2}\right\}$$
$$=3\times\frac{1}{6}n(n+1)\{(2n+1)+3\}$$
$$=\mathbf{n(n+1)(n+2)}$$

(3) (준 식)$=\sum_{n=1}^{5}\left(n\sum_{m=1}^{n}m\right)$

$$=\sum_{n=1}^{5}\left\{n\times\frac{n(n+1)}{2}\right\}=\frac{1}{2}\sum_{n=1}^{5}(n^3+n^2)$$
$$=\frac{1}{2}\left[\left\{\frac{5(5+1)}{2}\right\}^2+\frac{5(5+1)(2\times5+1)}{6}\right]$$
$$=\mathbf{140}$$

15-8. $\sum_{y=1}^{n}(x+y)=\sum_{y=1}^{n}x+\sum_{y=1}^{n}y$

$$=xn+\frac{n(n+1)}{2}$$

이므로

(준 식)$=\sum_{x=1}^{m}\left\{xn+\frac{n(n+1)}{2}\right\}$

$$=n\sum_{x=1}^{m}x+\sum_{x=1}^{m}\frac{n(n+1)}{2}$$
$$=n\times\frac{m(m+1)}{2}+\frac{n(n+1)}{2}\times m$$
$$=\frac{mn}{2}(m+n+2)=\frac{40}{2}(13+2)$$
$$=\mathbf{300}$$

15-9. (1) $\frac{2}{\sqrt{k+2}+\sqrt{k}}$

$$=\frac{2(\sqrt{k+2}-\sqrt{k})}{(\sqrt{k+2}+\sqrt{k})(\sqrt{k+2}-\sqrt{k})}$$
$$=\sqrt{k+2}-\sqrt{k}$$

이므로

(준 식)$=\sum_{k=1}^{48}(\sqrt{k+2}-\sqrt{k})$

$$=(\sqrt{3}-\sqrt{1})+(\sqrt{4}-\sqrt{2})$$
$$+(\sqrt{5}-\sqrt{3})+(\sqrt{6}-\sqrt{4})$$
$$+(\sqrt{7}-\sqrt{5})+(\sqrt{8}-\sqrt{6})$$
$$+\cdots$$
$$+(\sqrt{49}-\sqrt{47})+(\sqrt{50}-\sqrt{48})$$

$=-\sqrt{1}-\sqrt{2}+\sqrt{49}+\sqrt{50}$
$=\mathbf{4\sqrt{2}+6}$

(2) $\log\left(\dfrac{2}{k+1}+1\right)=\log\dfrac{k+3}{k+1}$
$=\log(k+3)-\log(k+1)$

이므로

$$(\text{준 식})=\sum_{k=1}^{30}\{\log(k+3)-\log(k+1)\}$$
$$=(\log 4-\log 2)+(\log 5-\log 3)+(\log 6-\log 4)+\cdots+(\log 32-\log 30)+(\log 33-\log 31)$$
$$=-\log 2-\log 3+\log 32+\log 33$$
$$=\log\frac{32\times 33}{2\times 3}=\mathbf{\log 176}$$

* ***Note*** $(\text{준 식})=\sum_{k=1}^{30}\log\dfrac{k+3}{k+1}$

$$=\log\frac{4}{2}+\log\frac{5}{3}+\log\frac{6}{4}+\cdots+\log\frac{32}{30}+\log\frac{33}{31}$$
$$=\log\left(\frac{4}{2}\times\frac{5}{3}\times\frac{6}{4}\times\cdots\times\frac{32}{30}\times\frac{33}{31}\right)$$
$$=\log\frac{32\times 33}{2\times 3}=\mathbf{\log 176}$$

(3) $\dfrac{1}{\sqrt{k+1}+\sqrt{k+2}}$

$$=\frac{\sqrt{k+2}-\sqrt{k+1}}{(\sqrt{k+2}+\sqrt{k+1})(\sqrt{k+2}-\sqrt{k+1})}$$
$$=\sqrt{k+2}-\sqrt{k+1}$$

이므로

$$(\text{준 식})=\sum_{k=1}^{n}(\sqrt{k+2}-\sqrt{k+1})$$
$$=(\sqrt{3}-\sqrt{2})+(\sqrt{4}-\sqrt{3})+(\sqrt{5}-\sqrt{4})+\cdots+(\sqrt{n+2}-\sqrt{n+1})$$
$$=\mathbf{\sqrt{n+2}-\sqrt{2}}$$

(4) $\sqrt{2k-1-2\sqrt{k(k-1)}}$

$$=\sqrt{\{k+(k-1)\}-2\sqrt{k(k-1)}}$$
$$=\sqrt{(\sqrt{k})^2-2\sqrt{k}\sqrt{k-1}+(\sqrt{k-1})^2}$$
$$=\sqrt{(\sqrt{k}-\sqrt{k-1})^2}=\sqrt{k}-\sqrt{k-1}$$

이므로

$$(\text{준 식})=\sum_{k=1}^{n}(\sqrt{k}-\sqrt{k-1})$$
$$=(\sqrt{1}-\sqrt{0})+(\sqrt{2}-\sqrt{1})+(\sqrt{3}-\sqrt{2})+\cdots+(\sqrt{n}-\sqrt{n-1})$$
$$=\boldsymbol{\sqrt{n}}$$

15-10. $a_n=1+(n-1)\times 2=2n-1$

이므로

$$\frac{2}{\sqrt{a_k}+\sqrt{a_{k+1}}}=\frac{2}{\sqrt{2k-1}+\sqrt{2k+1}}$$
$$=\frac{2(\sqrt{2k+1}-\sqrt{2k-1})}{(\sqrt{2k+1}+\sqrt{2k-1})(\sqrt{2k+1}-\sqrt{2k-1})}$$
$$=\sqrt{2k+1}-\sqrt{2k-1}$$
$$\therefore\ (\text{준 식})=\sum_{k=1}^{60}(\sqrt{2k+1}-\sqrt{2k-1})$$
$$=(\sqrt{3}-\sqrt{1})+(\sqrt{5}-\sqrt{3})+(\sqrt{7}-\sqrt{5})+\cdots+(\sqrt{121}-\sqrt{119})$$
$$=-\sqrt{1}+\sqrt{121}=\mathbf{10}$$

15-11. 제 n 항을 a_n, 첫째항부터 제 n 항까지의 합을 S_n 이라고 하면

$$a_n=\frac{1}{(2n)^2-1}=\frac{1}{(2n-1)(2n+1)}$$
$$=\frac{1}{2}\left(\frac{1}{2n-1}-\frac{1}{2n+1}\right)$$
$$\therefore\ S_n=\sum_{k=1}^{n}\frac{1}{2}\left(\frac{1}{2k-1}-\frac{1}{2k+1}\right)$$
$$=\frac{1}{2}\left\{\left(\frac{1}{1}-\frac{1}{3}\right)+\left(\frac{1}{3}-\frac{1}{5}\right)+\left(\frac{1}{5}-\frac{1}{7}\right)+\cdots+\left(\frac{1}{2n-1}-\frac{1}{2n+1}\right)\right\}$$
$$=\frac{1}{2}\left(1-\frac{1}{2n+1}\right)=\boldsymbol{\frac{n}{2n+1}}$$

15-12. (1) 주어진 식을 S 라고 하면

$$S=1+2\times 2^1+3\times 2^2+4\times 2^3+\cdots+n\times 2^{n-1}$$
$$2S=1\times 2^1+2\times 2^2+3\times 2^3+4\times 2^4+\cdots+n\times 2^n$$

변끼리 빼면

$$-S=1+2^1+2^2+2^3+\cdots+2^{n-1}-n\times2^n$$

$$\therefore\ -S=\frac{1\times(2^n-1)}{2-1}-n\times2^n$$

$$\therefore\ S=\boldsymbol{(n-1)\times2^n+1}$$

(2) 주어진 식을 S라고 하면

$$S=1+2x+3x^2+4x^3+\cdots+nx^{n-1}$$

$$xS=x+2x^2+3x^3+4x^4+\cdots+nx^n$$

변끼리 빼면

$$(1-x)S=1+x+x^2+\cdots+x^{n-1}-nx^n$$

$x\neq1$이므로

$$(1-x)S=\frac{1\times(1-x^n)}{1-x}-nx^n=\frac{1-(1+n)x^n+nx^{n+1}}{1-x}$$

$$\therefore\ S=\boldsymbol{\frac{1-(1+n)x^n+nx^{n+1}}{(1-x)^2}}$$

(3) 주어진 식을 S라고 하면

$$S=i+2i^2+3i^3+\cdots+101i^{101}$$

$$iS=i^2+2i^3+3i^4+\cdots+101i^{102}$$

변끼리 빼면

$$(1-i)S=i+i^2+i^3+\cdots+i^{101}-101i^{102}$$

$$\therefore\ (1-i)S=\frac{i(1-i^{101})}{1-i}-101i^{102}$$

그런데

$$i^{101}=(i^2)^{50}i=(-1)^{50}i=i,$$
$$i^{102}=(i^2)^{51}=(-1)^{51}=-1$$

이므로 $(1-i)S=i+101$

$$\therefore\ S=\frac{i+101}{1-i}=\frac{(i+101)(1+i)}{(1-i)(1+i)}=\boldsymbol{50+51i}$$

15-13. 주어진 식을 S라고 하면

$$S=n+(n-1)\times2+(n-2)\times2^2+\cdots+2\times2^{n-2}+2^{n-1}$$

$$2S=n\times2+(n-1)\times2^2+(n-2)\times2^3+\cdots+2\times2^{n-1}+2^n$$

변끼리 빼면

$$-S=n-2-2^2-2^3-\cdots-2^{n-1}-2^n$$

$$\therefore\ -S=n-\frac{2(2^n-1)}{2-1}=n-2^{n+1}+2$$

$$\therefore\ S=\boldsymbol{2^{n+1}-n-2}$$

15-14. 주어진 수열 $\{a_n\}$의 계차수열을 $\{b_n\}$이라고 하자.

(1) $\{a_n\}$: 2, 3, 6, 11, 18, $\cdots$
$\{b_n\}$: 1, 3, 5, 7, $\cdots$

$$\therefore\ b_n=2n-1$$

따라서 $n\geq2$일 때

$$a_n=a_1+\sum_{k=1}^{n-1}b_k=2+\sum_{k=1}^{n-1}(2k-1)=2+2\times\frac{(n-1)n}{2}-(n-1)=n^2-2n+3$$

이 식은 $n=1$일 때에도 성립하므로

$$\boldsymbol{a_n=n^2-2n+3}$$

$$\therefore\ S_n=\sum_{k=1}^{n}a_k=\sum_{k=1}^{n}(k^2-2k+3)=\frac{1}{6}n(n+1)(2n+1)-2\times\frac{1}{2}n(n+1)+3n=\boldsymbol{\frac{1}{6}n(2n^2-3n+13)}$$

(2) $\{a_n\}$: 3, 4, 6, 10, 18, $\cdots$
$\{b_n\}$: 1, 2, 4, 8, $\cdots$

$$\therefore\ b_n=2^{n-1}$$

따라서 $n\geq2$일 때

$$a_n=a_1+\sum_{k=1}^{n-1}b_k=3+\sum_{k=1}^{n-1}2^{k-1}=3+\frac{1\times(2^{n-1}-1)}{2-1}=2^{n-1}+2$$

이 식은 $n=1$일 때에도 성립하므로

$$\boldsymbol{a_n=2^{n-1}+2}$$

$$\therefore\ S_n=\sum_{k=1}^{n}a_k=\sum_{k=1}^{n}(2^{k-1}+2)=\sum_{k=1}^{n}2^{k-1}+\sum_{k=1}^{n}2=\frac{1\times(2^n-1)}{2-1}+2n=\boldsymbol{2^n+2n-1}$$

15-15. $a_1, a_2, a_3, a_4, \cdots$의 첫 번째 수로 이루어지는 수열은

$$1,\ 2,\ 4,\ 7,\ 11,\ \cdots$$
$$1,\ 2,\ 3,\ 4,\ \cdots$$

따라서 a_n의 첫 번째 수는 $n \geq 2$일 때

$$1+\sum_{k=1}^{n-1} k = 1+\frac{(n-1)n}{2} = \frac{n^2-n+2}{2}$$

이 식은 $n=1$일 때에도 성립한다.

따라서 a_n은 첫째항이 $\frac{n^2-n+2}{2}$, 공차가 1인 등차수열의 첫째항부터 제n항까지의 합이므로

$$a_n=\frac{n\left\{2\times\frac{n^2-n+2}{2}+(n-1)\times 1\right\}}{2}$$
$$=\boldsymbol{\frac{1}{2}n(n^2+1)}$$

$$\therefore\ S_n=\sum_{k=1}^{n} a_k=\sum_{k=1}^{n}\frac{1}{2}k(k^2+1)$$
$$=\frac{1}{2}\sum_{k=1}^{n}(k^3+k)$$
$$=\frac{1}{2}\left[\left\{\frac{n(n+1)}{2}\right\}^2+\frac{n(n+1)}{2}\right]$$
$$=\boldsymbol{\frac{1}{8}n(n+1)(n^2+n+2)}$$

15-16. 제m행과 제m열의 교차점의 수는 m^2-m+1이므로

$$m^2-m+1=111$$
$$\therefore\ (m+10)(m-11)=0$$

m은 자연수이므로 $\boldsymbol{m=11}$

16-1. (1) $a_1=4$, $a_2=1$인 등차수열이고, 공차는 $a_2-a_1=-3$이므로

$$a_n=4+(n-1)\times(-3)$$
$$=\boldsymbol{-3n+7},$$
$$S_n=\frac{n\{2\times 4+(n-1)\times(-3)\}}{2}$$
$$=\boldsymbol{-\frac{1}{2}n(3n-11)}$$

(2) $a_1=2$, $a_2=-6$인 등비수열이고, 공비는 $a_2 \div a_1=-3$이므로

$$a_n=\boldsymbol{2\times(-3)^{n-1}},$$
$$S_n=\frac{2\{1-(-3)^n\}}{1-(-3)}=\boldsymbol{\frac{1-(-3)^n}{2}}$$

16-2. 주어진 조건식에서

$$\frac{1}{a_{n+1}}-\frac{1}{a_n}=2$$

따라서 수열 $\left\{\frac{1}{a_n}\right\}$은 첫째항이 $\frac{1}{1}$, 공차가 2인 등차수열이므로

$$\frac{1}{a_n}=1+(n-1)\times 2=2n-1$$
$$\therefore\ \boldsymbol{a_n=\frac{1}{2n-1}}$$

16-3. (1) 1개의 직선만 있는 경우 교점이 생길 수 없으므로

$$a_1=0$$

n개의 직선이 교점의 개수가 최대가 되도록 있을 때, $(n+1)$번째 직선을 교점의 개수가 최대가 되도록 그으려면 원래 있던 n개의 직선과 각각 다른 점에서 만나도록 그으면 된다.

$$\therefore\ a_{n+1}=a_n+n\ (n=1, 2, 3, \cdots)$$

따라서 수열 $\{a_n\}$을 귀납적으로 정의하면

$$\boldsymbol{a_1=0,}$$
$$\boldsymbol{a_{n+1}=a_n+n\ (n=1, 2, 3, \cdots)}$$

(2) $a_1=0$이므로 $a_{n+1}=a_n+n$의 n에 1, 2, 3, 4, 5를 차례로 대입하면

$$a_2=a_1+1=0+1=1$$
$$a_3=a_2+2=1+2=3$$
$$a_4=a_3+3=3+3=6$$
$$a_5=a_4+4=6+4=10$$
$$a_6=a_5+5=10+5=\boldsymbol{15}$$

16-4. (1) $a_{n+1}=a_n+2n-1$의 n에 1, 2, 3, $\cdots$, $n-1$을 대입하면

$$a_2=a_1+2\times 1-1$$
$$a_3=a_2+2\times 2-1$$
$$a_4=a_3+2\times 3-1$$
$$\cdots$$
$$a_n=a_{n-1}+2(n-1)-1$$

변끼리 더하면, $n\ge2$일 때

$$a_n=a_1+2\{1+2+3+\cdots+(n-1)\}-1\times(n-1)$$

$$=1+2\times\frac{(n-1)n}{2}-(n-1)$$

$$=n^2-2n+2$$

이 식은 $n=1$일 때에도 성립하므로

$$\boldsymbol{a_n=n^2-2n+2}$$

$$\therefore\ S_n=\sum_{k=1}^{n}a_k=\sum_{k=1}^{n}(k^2-2k+2)$$

$$=\frac{n(n+1)(2n+1)}{6}-2\times\frac{n(n+1)}{2}+2n$$

$$=\boldsymbol{\frac{1}{6}n(2n^2-3n+7)}$$

(2) $a_{n+1}=a_n+2^n$의 n에 1, 2, 3, $\cdots$, $n-1$을 대입하면

$$a_2=a_1+2^1$$
$$a_3=a_2+2^2$$
$$a_4=a_3+2^3$$
$$\cdots$$
$$a_n=a_{n-1}+2^{n-1}$$

변끼리 더하면, $n\ge2$일 때

$$a_n=a_1+(2^1+2^2+2^3+\cdots+2^{n-1})$$

$$=3+\frac{2(2^{n-1}-1)}{2-1}=2^n+1$$

이 식은 $n=1$일 때에도 성립하므로

$$\boldsymbol{a_n=2^n+1}$$

$$\therefore\ S_n=\sum_{k=1}^{n}a_k=\sum_{k=1}^{n}(2^k+1)$$

$$=\frac{2(2^n-1)}{2-1}+n=\boldsymbol{2^{n+1}+n-2}$$

Note (1) $a_{n+1}-a_n=2n-1$이므로 수열 $\{a_n\}$의 계차수열의 제n항은 $2n-1$이다.

따라서 $n\ge2$일 때

$$a_n=a_1+\sum_{k=1}^{n-1}(2k-1)$$

$$=1+2\times\frac{(n-1)n}{2}-(n-1)$$

$$=n^2-2n+2$$

이 식은 $n=1$일 때에도 성립하므로 $\boldsymbol{a_n=n^2-2n+2}$

(2) $a_{n+1}-a_n=2^n$이므로 수열 $\{a_n\}$의 계차수열의 제n항은 2^n이다.

따라서 $n\ge2$일 때

$$a_n=a_1+\sum_{k=1}^{n-1}2^k$$

$$=3+\frac{2(2^{n-1}-1)}{2-1}=2^n+1$$

이 식은 $n=1$일 때에도 성립하므로 $\boldsymbol{a_n=2^n+1}$

16-5. (1) 점 P_n의 좌표가 a_n이고, 점 P_{n+1}의 좌표는 a_n의 $f(n)$배, 곧 $\dfrac{n}{n+1}$배이므로

$$\boldsymbol{a_{n+1}=\frac{n}{n+1}a_n\ (n=1,\ 2,\ 3,\ \cdots)}$$

(2) $a_1=2$이므로 $a_{n+1}=\dfrac{n}{n+1}a_n$의 n에 1, 2, 3, 4를 차례로 대입하면

$$a_2=\frac{1}{1+1}a_1=\frac{1}{2}\times2=1$$

$$a_3=\frac{2}{2+1}a_2=\frac{2}{3}\times1=\frac{2}{3}$$

$$a_4=\frac{3}{3+1}a_3=\frac{3}{4}\times\frac{2}{3}=\frac{1}{2}$$

$$a_5=\frac{4}{4+1}a_4=\frac{4}{5}\times\frac{1}{2}=\boldsymbol{\frac{2}{5}}$$

16-6. $a_{n+1}=\dfrac{n}{n+1}a_n$의 n에 1, 2, 3, $\cdots$, $n-1$을 대입하면

$$a_2=\frac{1}{2}a_1$$
$$a_3=\frac{2}{3}a_2$$
$$a_4=\frac{3}{4}a_3$$
$$\cdots$$
$$a_n=\frac{n-1}{n}a_{n-1}$$

변끼리 곱하면, $n\ge2$일 때

$$a_n=a_1\left(\frac{1}{2}\times\frac{2}{3}\times\frac{3}{4}\times\cdots\times\frac{n-1}{n}\right)$$
$$=2\times\frac{1}{n}=\frac{2}{n}$$

이 식은 $n=1$일 때에도 성립하므로

$$\boldsymbol{a_n=\frac{2}{n}}$$

16-7. $a_{n+1}=2^n a_n$의 n에 1, 2, 3, $\cdots$, $n-1$을 대입하면

$$a_2=2^1\times a_1$$
$$a_3=2^2\times a_2$$
$$a_4=2^3\times a_3$$
$$\cdots$$
$$a_n=2^{n-1}\times a_{n-1}$$

변끼리 곱하면, $n\ge2$일 때

$$a_n=a_1(2^1\times2^2\times2^3\times\cdots\times2^{n-1})$$
$$=4\times2^{1+2+3+\cdots+(n-1)}$$
$$=2^2\times2^{\frac{1}{2}n(n-1)}=2^{\frac{1}{2}(n^2-n+4)}$$

⇦ $n=1$일 때에도 성립

2^{30}을 제 k항이라고 하면

$$2^{\frac{1}{2}(k^2-k+4)}=2^{30}$$

이므로 $\frac{1}{2}(k^2-k+4)=30$

$$\therefore\ (k+7)(k-8)=0$$

k는 자연수이므로 $k=8$

$\therefore$ **제8항**

16-8. $a_{n+1}=\dfrac{n+2}{n}a_n$의 n에 1, 2, 3, $\cdots$, $n-1$을 대입하면

$$a_2=\frac{3}{1}a_1$$
$$a_3=\frac{4}{2}a_2$$
$$a_4=\frac{5}{3}a_3$$
$$\cdots$$
$$a_{n-1}=\frac{n}{n-2}a_{n-2}$$
$$a_n=\frac{n+1}{n-1}a_{n-1}$$

변끼리 곱하면, $n\ge2$일 때

$$a_n=a_1\left(\frac{3}{1}\times\frac{4}{2}\times\frac{5}{3}\times\cdots\times\frac{n}{n-2}\times\frac{n+1}{n-1}\right)$$
$$=2\times\frac{n(n+1)}{1\times2}=n(n+1)$$

이 식은 $n=1$일 때에도 성립하므로

$$\boldsymbol{a_n=n(n+1)}$$

16-9. (1) 선분 P_nP_{n+1}을 $1:2$로 내분하는 점이 P_{n+2}이므로

$$\boldsymbol{a_{n+2}=\frac{a_{n+1}+2a_n}{3}\ (n=1,\ 2,\ 3,\ \cdots)}$$

(2) $a_1=1$, $a_2=28$이므로

$a_{n+2}=\dfrac{a_{n+1}+2a_n}{3}$의 n에 1, 2, 3을 차례로 대입하면

$$a_3=\frac{a_2+2a_1}{3}=\frac{28+2\times1}{3}=10$$
$$a_4=\frac{a_3+2a_2}{3}=\frac{10+2\times28}{3}=22$$
$$a_5=\frac{a_4+2a_3}{3}=\frac{22+2\times10}{3}=\boldsymbol{14}$$

16-10. $a_{n+2}-5a_{n+1}+4a_n=0$에서

$$a_{n+2}-a_{n+1}=4(a_{n+1}-a_n)$$

(i) 수열 $\{a_{n+1}-a_n\}$은 첫째항이 $a_2-a_1=2$, 공비가 4인 등비수열이므로

$$a_{n+1}-a_n=2\times4^{n-1}=\boldsymbol{2^{2n-1}}$$

(ii) 수열 $\{a_n\}$의 계차수열은 첫째항이 $a_2-a_1=2$, 공비가 4인 등비수열이므로, $n\ge2$일 때

$$a_n=a_1+\sum_{k=1}^{n-1}(2\times4^{k-1})$$
$$=3+\frac{2(4^{n-1}-1)}{4-1}=\frac{1}{3}(2^{2n-1}+7)$$

이 식은 $n=1$일 때에도 성립하므로

$$\boldsymbol{a_n=\frac{1}{3}(2^{2n-1}+7)}$$

16-11. $a_{n+2}-4a_{n+1}+3a_n=0$에서

$$a_{n+2}-a_{n+1}=3(a_{n+1}-a_n)$$

따라서 수열 $\{a_n\}$의 계차수열은 첫째항이 $a_2-a_1=a_1$, 공비가 3인 등비수열이다.

$\therefore\ a_5=a_1+\sum_{k=1}^{4}(a_1\times 3^{k-1})$
$=a_1+a_1\times\frac{3^4-1}{3-1}=41a_1$

문제의 조건에서 $a_5=123$이므로

$41a_1=123 \quad \therefore\ a_1=3$

$\therefore\ a_4=a_1+\sum_{k=1}^{3}(a_1\times 3^{k-1})$
$=a_1+a_1\times\frac{3^3-1}{3-1}=14a_1=\mathbf{42}$

16-12. (1) $(n+1)$번째 기록한 물의 양 a_{n+1}(L)은

$$\boldsymbol{a_{n+1}=\frac{1}{2}a_n+100\ (n=1,\ 2,\ 3,\ \cdots)}$$

(2) $a_1=\frac{1}{2}\times1000+100=600$이므로 $a_{n+1}=\frac{1}{2}a_n+100$의 n에 1, 2, 3, 4를 차례로 대입하면

$a_2=\frac{1}{2}a_1+100=\frac{1}{2}\times600+100=400$

$a_3=\frac{1}{2}a_2+100=\frac{1}{2}\times400+100=300$

$a_4=\frac{1}{2}a_3+100=\frac{1}{2}\times300+100=250$

$a_5=\frac{1}{2}a_4+100=\frac{1}{2}\times250+100=\mathbf{225}$

16-13. $a_{n+1}=3a_n-2$의 양변에서 1을 빼면 $a_{n+1}-1=3a_n-2-1$

$\therefore\ a_{n+1}-1=3(a_n-1)$

따라서 수열 $\{a_n-1\}$은 첫째항이 $a_1-1=2$, 공비가 3인 등비수열이므로

$a_n-1=2\times3^{n-1}$

$\therefore\ \boldsymbol{a_n=2\times3^{n-1}+1}$

****Note*** $a_{n+1}=3a_n-2$ ……①

n에 $n+1$을 대입하면

$a_{n+2}=3a_{n+1}-2$ ……②

②−①하면

$a_{n+2}-a_{n+1}=3(a_{n+1}-a_n)$

따라서 수열 $\{a_n\}$의 계차수열은 첫째항이 $a_2-a_1=4$, 공비가 3인 등비수열이므로, $n\ge2$일 때

$a_n=a_1+\sum_{k=1}^{n-1}(4\times3^{k-1})$
$=3+\frac{4(3^{n-1}-1)}{3-1}=2\times3^{n-1}+1$

이 식은 $n=1$일 때에도 성립하므로

$\boldsymbol{a_n=2\times3^{n-1}+1}$

16-14. (1) 조건을 만족시키는 한 자리 자연수는 1이고, 두 자리 자연수는 10, 11이므로

$a_1=1,\ a_2=2$

또, $(n+2)$자리 자연수의 맨 앞자리 숫자는 1이고, 다음 자리 숫자는 1 또는 0이다.

(i) 다음 자리 숫자가 1일 때

조건을 만족시키는 $(n+1)$자리 자연수의 개수와 같으므로 그 개수는

a_{n+1}

(ii) 다음 자리 숫자가 0일 때

그다음 자리 숫자는 1이어야 한다. 따라서 조건을 만족시키는 n자리 자연수의 개수와 같으므로 그 개수는 a_n

(i), (ii)에서

$$\boldsymbol{a_{n+2}=a_{n+1}+a_n\ (n=1,\ 2,\ 3,\ \cdots)}$$

(2) $a_1=1,\ a_2=2$이므로 $a_{n+2}=a_{n+1}+a_n$의 n에 1, 2, 3, …을 대입하면

$\{a_n\}$: 1, 2, 3, 5, 8, 13, 21, …

$\therefore\ \boldsymbol{a_7=21}$

16-15. (1) $2+4+6+\cdots+2n=n(n+1)$ ……①

(i) $n=1$일 때

(좌변)$=2$, (우변)$=1\times2=2$

따라서 $n=1$일 때 등식 ①이 성립한다.

(ii) $n=k(k\ge1)$일 때 등식 ①이 성립한다고 가정하면

$2+4+6+\cdots+2k=k(k+1)$

양변에 $2(k+1)$을 더하면

$2+4+6+\cdots+2k+2(k+1)$
$=k(k+1)+2(k+1)$
$=(k+1)(k+2)$

따라서 $n=k+1$일 때에도 등식 ①이 성립한다.

(i), (ii)에 의하여 모든 자연수 n에 대하여 등식 ①이 성립한다.

(2) $1\times2+2\times3+3\times4+\cdots+n(n+1)$
$=\dfrac{1}{3}n(n+1)(n+2)$ ……②

(i) $n=1$일 때

(좌변)$=1\times2=2$,

(우변)$=\dfrac{1}{3}\times1\times2\times3=2$

따라서 $n=1$일 때 등식 ②가 성립한다.

(ii) $n=k(k\ge1)$일 때 등식 ②가 성립한다고 가정하면

$1\times2+2\times3+3\times4+\cdots+k(k+1)$
$=\dfrac{1}{3}k(k+1)(k+2)$

양변에 $(k+1)(k+2)$를 더하면

$1\times2+2\times3+3\times4$
$+\cdots+k(k+1)+(k+1)(k+2)$
$=\dfrac{1}{3}k(k+1)(k+2)+(k+1)(k+2)$
$=\dfrac{1}{3}(k+1)(k+2)(k+3)$

따라서 $n=k+1$일 때에도 등식 ②가 성립한다.

(i), (ii)에 의하여 모든 자연수 n에 대하여 등식 ②가 성립한다.

16-16. (1) $2^n>n$ ……①

(i) $n=1$일 때

(좌변)$=2^1=2$, (우변)$=1$

곧, (좌변)>(우변)이므로 부등식 ①이 성립한다.

(ii) $n=k(k\ge1)$일 때 부등식 ①이 성립한다고 가정하면 $2^k>k$

양변에 2를 곱하면

$2^k\times2>2k$ $\therefore$ $2^{k+1}>2k$

여기에서 $k\ge1$이면

(우변)$=2k\ge k+1$

$\therefore$ $2^{k+1}>k+1$

따라서 $n=k+1$일 때에도 부등식 ①이 성립한다.

(i), (ii)에 의하여 모든 자연수 n에 대하여 부등식 ①이 성립한다.

(2) $2^n>2n+1$ ……②

(i) $n=3$일 때

(좌변)$=2^3=8$, (우변)$=2\times3+1=7$

곧, (좌변)>(우변)이므로 부등식 ②가 성립한다.

(ii) $n=k(k\ge3)$일 때 부등식 ②가 성립한다고 가정하면 $2^k>2k+1$

양변에 2를 곱하면

$2^k\times2>2(2k+1)$

$\therefore$ $2^{k+1}>4k+2$

여기에서

(우변)$=4k+2=2(k+1)+2k$
$>2(k+1)+1$ ($\because$ $k\ge3$)

$\therefore$ $2^{k+1}>2(k+1)+1$

따라서 $n=k+1$일 때에도 부등식 ②가 성립한다.

(i), (ii)에 의하여 $n\ge3$인 모든 자연수 n에 대하여 부등식 ②가 성립한다.

16-17. (A, D, E), (B, D, E), (C, D, E) 중의 어느 하나를 보이면 된다.

만일 (C, D, E)를 보이게 되면

C, D에 의하여

$p(-1)\Longrightarrow p(0)\Longrightarrow p(1)$
$\Longrightarrow\cdots$

C, E에 의하여

$p(-1)\Longrightarrow p(-2)\Longrightarrow p(-3)$
$\Longrightarrow\cdots$

이 되어 모든 정수 n에 대하여 명제 $p(n)$이 성립한다.

답 ⑤

상용로그표 (1)

수	0	1	2	3	4	5	6	7	8	9
1.0	.0000	.0043	.0086	.0128	.0170	.0212	.0253	.0294	.0334	.0374
1.1	.0414	.0453	.0492	.0531	.0569	.0607	.0645	.0682	.0719	.0755
1.2	.0792	.0828	.0864	.0899	.0934	.0969	.1004	.1038	.1072	.1106
1.3	.1139	.1173	.1206	.1239	.1271	.1303	.1335	.1367	.1399	.1430
1.4	.1461	.1492	.1523	.1553	.1584	.1614	.1644	.1673	.1703	.1732
1.5	.1761	.1790	.1818	.1847	.1875	.1903	.1931	.1959	.1987	.2014
1.6	.2041	.2068	.2095	.2122	.2148	.2175	.2201	.2227	.2253	.2279
1.7	.2304	.2330	.2355	.2380	.2405	.2430	.2455	.2480	.2504	.2529
1.8	.2553	.2577	.2601	.2625	.2648	.2672	.2695	.2718	.2742	.2765
1.9	.2788	.2810	.2833	.2856	.2878	.2900	.2923	.2945	.2967	.2989
2.0	.3010	.3032	.3054	.3075	.3096	.3118	.3139	.3160	.3181	.3201
2.1	.3222	.3243	.3263	.3284	.3304	.3324	.3345	.3365	.3385	.3404
2.2	.3424	.3444	.3464	.3483	.3502	.3522	.3541	.3560	.3579	.3598
2.3	.3617	.3636	.3655	.3674	.3692	.3711	.3729	.3747	.3766	.3784
2.4	.3802	.3820	.3838	.3856	.3874	.3892	.3909	.3927	.3945	.3962
2.5	.3979	.3997	.4014	.4031	.4048	.4065	.4082	.4099	.4116	.4133
2.6	.4150	.4166	.4183	.4200	.4216	.4232	.4249	.4265	.4281	.4298
2.7	.4314	.4330	.4346	.4362	.4378	.4393	.4409	.4425	.4440	.4456
2.8	.4472	.4487	.4502	.4518	.4533	.4548	.4564	.4579	.4594	.4609
2.9	.4624	.4639	.4654	.4669	.4683	.4698	.4713	.4728	.4742	.4757
3.0	.4771	.4786	.4800	.4814	.4829	.4843	.4857	.4871	.4886	.4900
3.1	.4914	.4928	.4942	.4955	.4969	.4983	.4997	.5011	.5024	.5038
3.2	.5051	.5065	.5079	.5092	.5105	.5119	.5132	.5145	.5159	.5172
3.3	.5185	.5198	.5211	.5224	.5237	.5250	.5263	.5276	.5289	.5302
3.4	.5315	.5328	.5340	.5353	.5366	.5378	.5391	.5403	.5416	.5428
3.5	.5441	.5453	.5465	.5478	.5490	.5502	.5514	.5527	.5539	.5551
3.6	.5563	.5575	.5587	.5599	.5611	.5623	.5635	.5647	.5658	.5670
3.7	.5682	.5694	.5705	.5717	.5729	.5740	.5752	.5763	.5775	.5786
3.8	.5798	.5809	.5821	.5832	.5843	.5855	.5866	.5877	.5888	.5899
3.9	.5911	.5922	.5933	.5944	.5955	.5966	.5977	.5988	.5999	.6010
4.0	.6021	.6031	.6042	.6053	.6064	.6075	.6085	.6096	.6107	.6117
4.1	.6128	.6138	.6149	.6160	.6170	.6180	.6191	.6201	.6212	.6222
4.2	.6232	.6243	.6253	.6263	.6274	.6284	.6294	.6304	.6314	.6325
4.3	.6335	.6345	.6355	.6365	.6375	.6385	.6395	.6405	.6415	.6425
4.4	.6435	.6444	.6454	.6464	.6474	.6484	.6493	.6503	.6513	.6522
4.5	.6532	.6542	.6551	.6561	.6571	.6580	.6590	.6599	.6609	.6618
4.6	.6628	.6637	.6646	.6656	.6665	.6675	.6684	.6693	.6702	.6712
4.7	.6721	.6730	.6739	.6749	.6758	.6767	.6776	.6785	.6794	.6803
4.8	.6812	.6821	.6830	.6839	.6848	.6857	.6866	.6875	.6884	.6893
4.9	.6902	.6911	.6920	.6928	.6937	.6946	.6955	.6964	.6972	.6981
5.0	.6990	.6998	.7007	.7016	.7024	.7033	.7042	.7050	.7059	.7067
5.1	.7076	.7084	.7093	.7101	.7110	.7118	.7126	.7135	.7143	.7152
5.2	.7160	.7168	.7177	.7185	.7193	.7202	.7210	.7218	.7226	.7235
5.3	.7243	.7251	.7259	.7267	.7275	.7284	.7292	.7300	.7308	.7316
5.4	.7324	.7332	.7340	.7348	.7356	.7364	.7372	.7380	.7388	.7396

상용로그표 (2)

수	0	1	2	3	4	5	6	7	8	9
5.5	.7404	.7412	.7419	.7427	.7435	.7443	.7451	.7459	.7466	.7474
5.6	.7482	.7490	.7497	.7505	.7513	.7520	.7528	.7536	.7543	.7551
5.7	.7559	.7566	.7574	.7582	.7589	.7597	.7604	.7612	.7619	.7627
5.8	.7634	.7642	.7649	.7657	.7664	.7672	.7679	.7686	.7694	.7701
5.9	.7709	.7716	.7723	.7731	.7738	.7745	.7752	.7760	.7767	.7774
6.0	.7782	.7789	.7796	.7803	.7810	.7818	.7825	.7832	.7839	.7846
6.1	.7853	.7860	.7868	.7875	.7882	.7889	.7896	.7903	.7910	.7917
6.2	.7924	.7931	.7938	.7945	.7952	.7959	.7966	.7973	.7980	.7987
6.3	.7993	.8000	.8007	.8014	.8021	.8028	.8035	.8041	.8048	.8055
6.4	.8062	.8069	.8075	.8082	.8089	.8096	.8102	.8109	.8116	.8122
6.5	.8129	.8136	.8142	.8149	.8156	.8162	.8169	.8176	.8182	.8189
6.6	.8195	.8202	.8209	.8215	.8222	.8228	.8235	.8241	.8248	.8254
6.7	.8261	.8267	.8274	.8280	.8287	.8293	.8299	.8306	.8312	.8319
6.8	.8325	.8331	.8338	.8344	.8351	.8357	.8363	.8370	.8376	.8382
6.9	.8388	.8395	.8401	.8407	.8414	.8420	.8426	.8432	.8439	.8445
7.0	.8451	.8457	.8463	.8470	.8476	.8482	.8488	.8494	.8500	.8506
7.1	.8513	.8519	.8525	.8531	.8537	.8543	.8549	.8555	.8561	.8567
7.2	.8573	.8579	.8585	.8591	.8597	.8603	.8609	.8615	.8621	.8627
7.3	.8633	.8639	.8645	.8651	.8657	.8663	.8669	.8675	.8681	.8686
7.4	.8692	.8698	.8704	.8710	.8716	.8722	.8727	.8733	.8739	.8745
7.5	.8751	.8756	.8762	.8768	.8774	.8779	.8785	.8791	.8797	.8802
7.6	.8808	.8814	.8820	.8825	.8831	.8837	.8842	.8848	.8854	.8859
7.7	.8865	.8871	.8876	.8882	.8887	.8893	.8899	.8904	.8910	.8915
7.8	.8921	.8927	.8932	.8938	.8943	.8949	.8954	.8960	.8965	.8971
7.9	.8976	.8982	.8987	.8993	.8998	.9004	.9009	.9015	.9020	.9025
8.0	.9031	.9036	.9042	.9047	.9053	.9058	.9063	.9069	.9074	.9079
8.1	.9085	.9090	.9096	.9101	.9106	.9112	.9117	.9122	.9128	.9133
8.2	.9138	.9143	.9149	.9154	.9159	.9165	.9170	.9175	.9180	.9186
8.3	.9191	.9196	.9201	.9206	.9212	.9217	.9222	.9227	.9232	.9238
8.4	.9243	.9248	.9253	.9258	.9263	.9269	.9274	.9279	.9284	.9289
8.5	.9294	.9299	.9304	.9309	.9315	.9320	.9325	.9330	.9335	.9340
8.6	.9345	.9350	.9355	.9360	.9365	.9370	.9375	.9380	.9385	.9390
8.7	.9395	.9400	.9405	.9410	.9415	.9420	.9425	.9430	.9435	.9440
8.8	.9445	.9450	.9455	.9460	.9465	.9469	.9474	.9479	.9484	.9489
8.9	.9494	.9499	.9504	.9509	.9513	.9518	.9523	.9528	.9533	.9538
9.0	.9542	.9547	.9552	.9557	.9562	.9566	.9571	.9576	.9581	.9586
9.1	.9590	.9595	.9600	.9605	.9609	.9614	.9619	.9624	.9628	.9633
9.2	.9638	.9643	.9647	.9652	.9657	.9661	.9666	.9671	.9675	.9680
9.3	.9685	.9689	.9694	.9699	.9703	.9708	.9713	.9717	.9722	.9727
9.4	.9731	.9736	.9741	.9745	.9750	.9754	.9759	.9763	.9768	.9773
9.5	.9777	.9782	.9786	.9791	.9795	.9800	.9805	.9809	.9814	.9818
9.6	.9823	.9827	.9832	.9836	.9841	.9845	.9850	.9854	.9859	.9863
9.7	.9868	.9872	.9877	.9881	.9886	.9890	.9894	.9899	.9903	.9908
9.8	.9912	.9917	.9921	.9926	.9930	.9934	.9939	.9943	.9948	.9952
9.9	.9956	.9961	.9965	.9969	.9974	.9978	.9983	.9987	.9991	.9996

삼각함수표

θ	$\sin\theta$	$\cos\theta$	$\tan\theta$	θ	$\sin\theta$	$\cos\theta$	$\tan\theta$
0°	0.0000	1.0000	0.0000	45°	0.7071	0.7071	1.0000
1°	0.0175	0.9998	0.0175	46°	0.7193	0.6947	1.0355
2°	0.0349	0.9994	0.0349	47°	0.7314	0.6820	1.0724
3°	0.0523	0.9986	0.0524	48°	0.7431	0.6691	1.1106
4°	0.0698	0.9976	0.0699	49°	0.7547	0.6561	1.1504
5°	0.0872	0.9962	0.0875	50°	0.7660	0.6428	1.1918
6°	0.1045	0.9945	0.1051	51°	0.7771	0.6293	1.2349
7°	0.1219	0.9925	0.1228	52°	0.7880	0.6157	1.2799
8°	0.1392	0.9903	0.1405	53°	0.7986	0.6018	1.3270
9°	0.1564	0.9877	0.1584	54°	0.8090	0.5878	1.3764
10°	0.1736	0.9848	0.1763	55°	0.8192	0.5736	1.4281
11°	0.1908	0.9816	0.1944	56°	0.8290	0.5592	1.4826
12°	0.2079	0.9781	0.2126	57°	0.8387	0.5446	1.5399
13°	0.2250	0.9744	0.2309	58°	0.8480	0.5299	1.6003
14°	0.2419	0.9703	0.2493	59°	0.8572	0.5150	1.6643
15°	0.2588	0.9659	0.2679	60°	0.8660	0.5000	1.7321
16°	0.2756	0.9613	0.2867	61°	0.8746	0.4848	1.8040
17°	0.2924	0.9563	0.3057	62°	0.8829	0.4695	1.8807
18°	0.3090	0.9511	0.3249	63°	0.8910	0.4540	1.9626
19°	0.3256	0.9455	0.3443	64°	0.8988	0.4384	2.0503
20°	0.3420	0.9397	0.3640	65°	0.9063	0.4226	2.1445
21°	0.3584	0.9336	0.3839	66°	0.9135	0.4067	2.2460
22°	0.3746	0.9272	0.4040	67°	0.9205	0.3907	2.3559
23°	0.3907	0.9205	0.4245	68°	0.9272	0.3746	2.4751
24°	0.4067	0.9135	0.4452	69°	0.9336	0.3584	2.6051
25°	0.4226	0.9063	0.4663	70°	0.9397	0.3420	2.7475
26°	0.4384	0.8988	0.4877	71°	0.9455	0.3256	2.9042
27°	0.4540	0.8910	0.5095	72°	0.9511	0.3090	3.0777
28°	0.4695	0.8829	0.5317	73°	0.9563	0.2924	3.2709
29°	0.4848	0.8746	0.5543	74°	0.9613	0.2756	3.4874
30°	0.5000	0.8660	0.5774	75°	0.9659	0.2588	3.7321
31°	0.5150	0.8572	0.6009	76°	0.9703	0.2419	4.0108
32°	0.5299	0.8480	0.6249	77°	0.9744	0.2250	4.3315
33°	0.5446	0.8387	0.6494	78°	0.9781	0.2079	4.7046
34°	0.5592	0.8290	0.6745	79°	0.9816	0.1908	5.1446
35°	0.5736	0.8192	0.7002	80°	0.9848	0.1736	5.6713
36°	0.5878	0.8090	0.7265	81°	0.9877	0.1564	6.3138
37°	0.6018	0.7986	0.7536	82°	0.9903	0.1392	7.1154
38°	0.6157	0.7880	0.7813	83°	0.9925	0.1219	8.1443
39°	0.6293	0.7771	0.8098	84°	0.9945	0.1045	9.5144
40°	0.6428	0.7660	0.8391	85°	0.9962	0.0872	11.4301
41°	0.6561	0.7547	0.8693	86°	0.9976	0.0698	14.3007
42°	0.6691	0.7431	0.9004	87°	0.9986	0.0523	19.0811
43°	0.6820	0.7314	0.9325	88°	0.9994	0.0349	28.6363
44°	0.6947	0.7193	0.9657	89°	0.9998	0.0175	57.2900
45°	0.7071	0.7071	1.0000	90°	1.0000	0.0000	∞

찾 아 보 기

〈ㄱ〉

가수 ······ 37
거듭제곱근 ······ 8
거듭제곱근의 계산 법칙 ······ 10
계차수열 ······ 213
  계차 ······ 213
공비 ······ 186
공차 ······ 168
군수열 ······ 214

〈ㄷ〉

단위원 ······ 269
동경 ······ 89
동심원 ······ 265
등비수열 ······ 186
  일반항 ······ 187
  합 ······ 193
등비중항 ······ 188
등차수열 ······ 168
  일반항 ······ 168
  합 ······ 176
등차중항 ······ 169

〈ㄹ〉

라디안(radian) ······ 83
로그 ······ 21
로그방정식 ······ 63
로그부등식 ······ 71
로그의 기본 성질 ······ 23
로그함수 ······ 46
  그래프 ······ 48
  성질 ······ 49

〈ㅁ〉

무한수열 ······ 167
밑 ······ 21
밑의 변환 공식 ······ 25

〈ㅂ〉

보각 공식 ······ 101
부채꼴의 호의 길이와 넓이 ······ 84

〈ㅅ〉

사분면의 각 ······ 90
사인법칙 ······ 137
사인함수 ······ 90
삼각방정식 ······ 126
  일반해 ······ 127
  특수해 ······ 127
삼각부등식 ······ 132
삼각비 ······ 87
삼각함수 ······ 90
  그래프 ······ 108
  성질 ······ 112
삼각함수의 기본 공식 ······ 96

$\frac{n}{2}\pi \pm \theta$ ······ 101
삼각함수표 ······ 87, 353
삼각형을 푼다 ······ 142
삼각형의 6요소 ······ 137
삼각형의 넓이 ······ 153
상용로그 ······ 26, 35
　소수부분 ······ 37
　정수부분 ······ 37
상용로그표 ······ 35, 351
수열 ······ 166
　일반항 ······ 166
　항 ······ 166
수열의 귀납적 정의 ······ 220
수열의 합과 일반항의 관계 ······ 182
수학적 귀납법 ······ 236
시그마($\sum$) ······ 201
　성질 ······ 203
시초선 ······ 89

〈ㅇ〉

양의 각 ······ 89
여각 공식 ······ 101
연부금 ······ 198
연부 상환 ······ 198
월부금 ······ 198
월부 상환 ······ 198
유한수열 ······ 167
　끝항 ······ 167
육십분법 ······ 83
음각 공식 ······ 101
음의 각 ······ 89
일반각 ······ 89

〈ㅈ〉

자연수의 거듭제곱의 합 ······ 205
점화식 ······ 172, 220
　기본적인 점화식 ······ 221
　유형별 정리 ······ 233
조화수열 ······ 175
조화중항 ······ 175
주기 ······ 112
주기 공식 ······ 101
주기함수 ······ 112
지수방정식 ······ 59
지수법칙 ······ 12
　실수 지수 ······ 14
　유리수 지수 ······ 13
　정수 지수 ······ 12
지수부등식 ······ 70
지수함수 ······ 46
　그래프 ······ 46
　성질 ······ 47
지표 ······ 37
진수 ······ 21

〈ㅊ〉

최대와 최소
　삼각함수 ······ 119
　지수·로그함수 ······ 53

〈ㅋ〉

코사인법칙 ······ 143
　제이 코사인법칙 ······ 143
　제일 코사인법칙 ······ 143

코사인함수 ········· 90

〈ㅌ〉

탄젠트함수 ········· 90

〈ㅍ〉

피보나치수열 ········· 232

〈ㅎ〉

헤론(Heron)의 공식 ········· 154
호도법 ········· 83

기본 수학의 정석

대수

1966년 초판 발행
총개정 제13판 발행

지은이 홍 성 대 (洪性大)

도운이 남 진 영
박 재 희
박 지 영

발행인 홍 상 욱

발행소 **성지출판(주)**

06743 서울특별시 서초구 강남대로 202
등록 1997.6.2. 제22-1152호
전화 02-574-6700(영업부), 6400(편집부)
Fax 02-574-1400, 1358

인쇄 : 동화피앤피 · 제본 : 광성문화사

- 파본은 구입하신 곳에서 교환해 드립니다.

ISBN 979-11-5620-045-1 53410

수학의 정석 시리즈

홍성대 지음

개정 교육과정에 따른

수학의 정석 시리즈 안내

기본 수학의 정석 공통수학1
기본 수학의 정석 공통수학2
기본 수학의 정석 대수
기본 수학의 정석 미적분I
기본 수학의 정석 확률과 통계
기본 수학의 정석 미적분II
기본 수학의 정석 기하

실력 수학의 정석 공통수학1
실력 수학의 정석 공통수학2
실력 수학의 정석 대수
실력 수학의 정석 미적분I
실력 수학의 정석 확률과 통계
실력 수학의 정석 미적분II
실력 수학의 정석 기하